普通高等教育“十一五”国家级规划教材

模拟电子技术基础简明教程

（第三版）

● 清华大学电子学教研组 编
● 杨素行 主编

高等教育出版社
Higher Education Press

作者声明

第三版前言

自从本书第二版出版以来,短短几年间,世界已经进入了21世纪,而电子技术本身以及高等学校的电子技术课程教学都发生了巨大的变化和迅速的发展。在这样的形势下,本书第三版的修订提上了日程。

修订第三版时,在继续遵循原来的编写原则:“保证基础,精选内容,加强概念,面向更新,联系实际,利于自学”的同时,主要考虑以下几个问题。首先,为了适应电子技术迅猛发展的现实情况,在内容方面,进一步加强集成放大器和其他模拟集成电路的应用。在介绍集成运算放大器、集成功率放大器、集成仪器放大器、集成比较器以及集成稳压器等电路时,尽量结合国内外通用的主流产品,而且从应用的要求出发,除了扼要介绍它们的电路原理外,着重介绍器件的主要技术性能、典型应用或连接方法。同时,进一步删减比较陈旧的内容,适当简化分立元件放大电路和器件内部原理的介绍。

考虑到电子电路设计自动化也是目前电子技术发展的一个重要趋势,因此,在第三版引入了EDA(Electronics Design Automation)的内容。每章均有Multisim仿真实例,并给出仿真练习题。仿真实例围绕教学的基本要求和重点内容展开。所有仿真实例都经作者上机仿真通过,可以实现。第三版中所有仿真实例的电路均在本书所附的光盘中给出,读者可以利用正版的Multisim 7教育版,调用这些电路自己进行仿真实验。

在第三版的结构上,将功率放大器的内容提前安排在第4章,避免了在介绍集成运算放大器的输出级时,与功率放大器一章的部分内容重复。

修订第三版时,尽量注意保持原书的风格,力求简明扼要,深入浅出,在各章增加Multisim仿真实例和仿真练习题的情况下,避免全书篇幅过大。

第三版的修订由杨素行担任主编。修订过程中得到清华大学自动化系电子学教研组以及清华大学电工电子学教学实验中心许多老师的关心。华成英教授对本书的修订大纲提出了很多意见和建议。陈莉平和秦俭对仿真实验提供了许多帮助和支持。

本书修订过程中,在高等教育出版社的帮助下,广泛听取了采用本书作为教材的许多高等学校教学第一线教师的意见。许多老师根据自己多年的教学实践,对本书的修订工作提出了具体中肯的意见。

主审单位北京工业大学自动化系的陆培新教授认真审阅了第三版的全部书稿,提出了详细的修改意见和许多很好的建议。谨对以上所有同志的指导、帮助和支持致以衷心的感谢。

承蒙加拿大 IIT 公司(Interactive Image Technologies Ltd.)授权作者编著本书时引用该公司产品 Multisim 的有关内容,并授权高等教育出版社将原厂之 Multisim 7 演示盘随本书出版,在此表示深深的感谢。还要感谢 IIT 公司的中国大陆市场总代理北京掌宇金仪科教仪器设备有限公司,在软件、资料和技术方面的大力支持和帮助。

本书属于高等教育出版社出版的一套立体化教材中的主教材,与本书配套的其他教材有《Multisim 7 Product Demo》光盘(随本书出版),《模拟电子技术基础简明教程(第三版)教学指导书》等。

书中注有"*"号处,是选讲内容,可根据学时多少,决定取舍。在各章"习题与思考题"中,凡题号前标有符号"△"者,均选自中央广播电视大学历届试题。

本书各章的 Multisim 仿真实例中,如果电路图中的器件(如二极管、三极管等)没有标注具体型号,而只注上标号(如 VD、VT 等),表示选用的器件为 Multisim 7 元器件库提供的虚拟器件。否则,如果电路中选用 Multisim 7 元器件库中的真实器件,则在电路图上将不仅注上标号,而且明确标注该器件的具体型号。

由于作者水平的限制,书中一定存在许多错误或不妥之处,敬请广大读者批评指正,以便帮助我们改进工作。

作　者

2005 年 10 月　于清华大学

第二版前言

《模拟电子技术基础简明教程》一书自1985年出版以来，被许多院校选为教材，得到了广大读者的关心。但是，由于电子技术的迅猛发展，原教材中的有些内容显得比较陈旧，因此，在初版基础上，进行了修订，使本书更加符合当前电子技术课程教学的需要。

本书第二版修订工作的指导思想是，主要依据国家教育委员会高等学校工科电工课程教学指导委员会电子技术课程教学指导小组制定的“电子技术基础课程教学基本要求(1995年修订版)”，同时，继续遵循本书第一版的编写原则：“保证基础，精选内容，加强概念，面向更新，联系实际，利于自学”。在具体内容上，修订的重点主要有以下几方面：

首先，为适应当前电子技术发展的形势，在保证基本概念、基本原理和基本分析方法的前提下，进一步压缩分立元件放大电路以及其他比较陈旧或次要的内容，加强以集成运算放大器为主的各种模拟集成电路的分析和应用。在教材内容的安排上，将集成运算放大电路的介绍提前到半导体器件和放大电路的基本原理等最基本的内容之后进行，以便于随后的反馈放大电路、运算电路、信号处理电路以及正弦波和非正弦波发生电路等，均以集成电路为主进行分析。在第二版中，还介绍了集成模拟乘法器、集成电压比较器、集成功率放大器、集成稳压器以及开关型稳压电源等电路的原理和应用。

其次，在本书的第二版中，新增加了半导体器件一章。在第一版中，半导体器件的内容放在《数字电子技术基础简明教程》一书中。总结两本教材多年的使用实践，可以看到，虽然数字电子电路与模拟电子电路一样，也要使用半导体二极管、双极型三极管和场效应三极管等半导体器件，但是，在数字电路中比较注重器件的开关特性，因而在数字电子技术教材中不便于对半导体器件的放大特性进行更加深入、详尽的介绍，所以，此次修订将半导体器件的内容移至《模拟电子技术基础简明教程》中。但是，这一变动并不影响电子技术课程教学过程中，模拟电路和数字电路两部分的先后顺序安排。采用本书作为教材时，既可以先讲模拟电子电路，也可以先讲数字电子电路。

最后，在修订第二版时，注意保持和发扬原书的风格和特点，力求简明扼要，深入浅出，便于自学。在加强模拟集成电路和增加半导体器件一章的情况下，尽量避免全书的篇幅过于膨胀。

书中注有“*”号处，是选讲内容，可根据学时多少，决定取舍。在各章“习题与思考题”中，凡题号前标有符号“△”者，均选自中央广播电视大学历届试题。

本书可与《数字电子技术基础简明教程》一书配套使用，同时又有相对的独立性，可以作为高等院校工科有关专业讲授模拟电子技术课程的教材，也可供从事电子技术工作的工程技术人员学习参考。

本书第二版的修订由杨素行完成，并担任主编。修订工作自始至终在童诗白教授的悉心指导下进行。胡东成教授多次参加了修订大纲的讨论，提出了许多宝贵意见。修订工作得到了清华大学电子学教研组华成英主任和教研组其他许多老师的关心和支持。

北京工业大学自动化系陆培新教授担任本书第二版的主审工作，他在百忙中认真审阅了全部修订稿，提出了中肯、详细的修改意见。虞光楣教授也十分关心本书的修订工作，提出了许多有益的意见。谨对以上同志的指导和帮助表示由衷的感谢。

由于编者的水平所限，本书第二版中一定仍有不少错误和缺点，敬请广大读者给予批评指正，帮助我们不断加以改进。

编　者

1997年5月

初版前言

我们编写的《模拟电子技术基础》(童诗白主编)和《数字电子技术基础》(阎石主编)试用教材,自从1980年和1981年分别出版以来,经过我校本科有关专业和中央广播电视大学讲授“电子技术基础”课程的试用,并得到了其他高等院校、企业部门的关心。在为84届中央广播电视大学准备教材时,由于讲课学时大幅度削减,原来的教材显得篇幅过于庞大,容易造成学生负担过重。同时为了适应我校本科各有关专业的需要,我们在上述两套教材的基础上,按照总授课时间为120学时(不包括实验)的教学大纲,改编了目前这套《数字电子技术基础简明教程》和《模拟电子技术基础简明教程》。

我们的编写原则是:“保证基础,精选内容,加强概念,面向更新,联系实际,利于自学”。目的是为了在保证基本内容学到手的前提下,努力培养学生处理实际问题和自学的能力,同时避免学习负担过重。考虑到目前电子技术的飞速发展,适当地加强了新技术的内容。例如在模拟电子技术部分,在保证基本概念、基本原理和基本分析方法的前提下,大幅度地压缩各种分立元件电路的设计和其他次要内容,加强以集成运放为主的模拟集成电路的功能和应用。在数字电子技术部分,以中、小规模集成电路为主,适当介绍大规模集成电路,分立元件部分基本删去。在教学方法上,我们力图多用物理概念来阐明问题的本质,避免大量地推导公式。

关于电子技术课程中模拟电路和数字电路的先后顺序问题,国内外各种教材中两种安排都有。在编写本教程时,主要为了处理好电路原理、电子技术基础和计算机原理几门课程之间的衔接关系,便于安排教学计划,因此把数字电路安排在模拟电路之前,半导体器件的基本知识放在《数字电子技术基础简明教程》一书中。但是,采用本教程时也可以先讲授模拟电路,只要在开始讲模拟电路之前,先介绍半导体器件的基本知识一章即可。

这套教材的《模拟电子技术基础简明教程》部分由杨素行执笔,《数字电子技术基础简明教程》部分由余孟尝执笔。全部编写工作是在童诗白教授和阎石副教授的具体组织下进行的。童诗白教授不仅为改编工作提出了如上所述的基本原则,指导制订了编写大纲,而且与执笔的同志多次进行讨论,提出了许多指导意见，并且还详细地审阅和修改了模拟部分的全部初稿。

参加本教程大纲讨论的还有孙家炘、孙梅生、高扬、华成英、唐竞新、徐振英和胡尔珊等同志。其中孙家炘和孙梅生同志为本教程模拟电路部分提供了一些补充习题。

在本教程编写过程中，主审单位北京工业大学自动化系陆培新副教授和虞光楣副教授认真审阅了全部初稿，指出了初稿中的错误和不妥之处，并提出了详细的修改意见。中央广播电视大学电子组的全体同志参加了教材大纲的讨论，提出了许多宝贵意见。谨对以上同志们的指导和帮助，表示诚挚的谢意。

由于我们水平有限，加之时间过于仓促，书中一定存在不少错误和不妥之处，敬请各方面的读者给予批评指正，以便今后不断改进。

清华大学自动化系电子学教研组

1985年春

本书常用文字符号说明

通常一个文字符号包括两部分：基本符号和下标。基本符号大都为一个字母，少数情况有多个字母。下标可由一个或多个字母组成。当基本符号或下标分别采用大写或小写时，各自表示不同的含义，一般规定如下：

① 电流和电压

I_B、U_{BE}　大写字母、大写下标表示直流量

I_b、U_{be}　大写字母、小写下标表示交流有效值

$\dot{I}_b$、$\dot{U}_{be}$　大写字母上面加点、小写下标表示正弦相量

i_B、u_B　小写字母、大写下标表示总瞬时值

i_{be}、u_{be}　小写字母、小写下标表示交流分量瞬时值

② 直流电源电压

V_{CC}　双极型三极管集电极直流电源电压

V_{BB}　双极型三极管基极直流电源电压

V_{EE}　双极型三极管发射极直流电源电压

V_{DD}　场效应管漏极直流电源电压

V_{GG}　场效应管栅极直流电源电压

V_{SS}　场效应管源极直流电源电压

③ 电阻

R　大写字母表示电路中外接的电阻或电路的等效电阻

r　小写字母表示器件的等效电阻

1. 基本符号

(1) 电流和电压

I_i、U_i　输入电流、输入电压

I'_i、U'_i　净输入电流、净输入电压

I_o、U_o　输出电流、输出电压

$U_{o(AV)}$　输出电压平均值

U_{om}　最大输出电压

I_f、U_f　反馈电流、反馈电压

I_Q、U_Q　静态电流、静态电压

U_{REF}　参考电压

U_S　信号源电压

U_T　电压比较器的门限电平或阈值电压

U_T　温度的电压当量

I_+、U_+　集成运放同相输入端的电流、电压

I_-、U_-　集成运放反相输入端的电流、电压

(2) 功率

P　功率的通用符号

P_o　输出交变功率

P_{om}　输出交变功率最大值

P_V　电源提供的直流功率

(3) 频率

BW　通频带

f_H　放大电路的上限(-3 dB)频率

f_L　放大电路的下限(-3 dB)频率

f_0　振荡频率、谐振频率

ω　角频率的通用符号

(4) 电阻、电容、电感、阻抗

R_i、R_o　电路的输入电阻、输出电阻

R_{if}、R_{of}　有反馈时电路的输入电阻、输出电阻

R_L　负载电阻

R_s　信号源内阻

G　电导的通用符号

C　电容的通用符号

L　电感的通用符号

X　电抗的通用符号

Z　阻抗的通用符号

(5) 增益或放大倍数、反馈系数

A　增益或放大倍数的通用符号

A_c　共模电压放大倍数

A_d　差模电压放大倍数

A_i　电流放大倍数

A_u　电压放大倍数

A_{uf}　有反馈时的电压放大倍数

A_{us}　考虑信号源内阻时的电压放大倍数

F　反馈系数的通用符号

2. 器件符号

(1) 器件及引脚名称

VD　二极管

VD_Z　稳压管

VT　双极型三极管,场效应管

b　双极型三极管的基极

c　双极型三极管的集电极

e　双极型三极管的发射极

d　场效应管的漏极

g　场效应管的栅极

s　场效应管的源极

（2）器件参数

A_{od}　集成运放的开环差模电压增益

$C_{b'c}$　集电结等效电容

$C_{b'e}$　发射结等效电容

I_{CBO}　集电极-基极之间的反向饱和电流

I_{CEO}　集电极-发射极之间的穿透电流

I_{CM}　集电极最大允许电流

$I_{D(AV)}$　整流二极管平均电流

I_S　二极管反向饱和电流

I_Z　稳压管稳定电流

I_{IB}　集成运放输入偏置电流

I_{IO}　集成运放输入失调电流

P_{CM}　集电极最大允许耗散功率

P_{DM}　漏极最大允许耗散功率

S_R　集成运放转换速率

U_Z　稳压管稳定电压

$U_{(BR)CBO}$　发射极开路时集电极-基极之间的反向击穿电压

$U_{(BR)CEO}$　基极开路时集电极-发射极之间的反向击穿电压

$U_{(BR)EBO}$　集电极开路时发射极-基极之间的反向击穿电压

U_{CES}　集电极-发射极之间的饱和管压降

U_{Icm}　集成运放最大共模输入电压

U_{Idm}　集成运放最大差模输入电压

U_{IO}　集成运放输入失调电压

$U_{GS(off)}$　场效应管的夹断电压

$U_{GS(th)}$　场效应管的开启电压

BW_G　集成运放的单位增益带宽

f_T　双极型三极管的特征频率

f_α　共基截止频率

f_β　共射截止频率

g_m　跨导

$r_{bb'}$　基区体电阻

$r_{b'e}$　发射结微变等效电阻

r_{be} 共射接法下基极-发射极之间的微变等效电阻

r_{ce} 共射接法下集电极-发射极之间的微变等效电阻

r_{ds} 场效应管漏极-源极之间的微变等效电阻

r_{gs} 场效应管栅极-源极之间的微变等效电阻

r_{id} 集成运放差模输入电阻

α 共基电流放大系数

$\overline{\alpha}$ 共基直流电流放大系数

α_{IIO} 集成运放输入失调电流温漂

α_{UIO} 集成运放输入失调电压温漂

β 共射电流放大系数

$\overline{\beta}$ 共射直流电流放大系数

3. 其他符号

D 非线性失真系数

K 热力学温度

K_{CMR} 共模抑制比

M 互感系数

Q 品质因数

S 整流电路的脉动系数

S_r 稳压系数

T 周期,温度

η 效率

τ 时间常数

φ 相位角

目　录

第1章　半导体器件

内容提要

本章首先介绍半导体的特性，半导体中载流子的运动，阐明PN结的单向导电性，然后分别介绍半导体二极管、稳压二极管、双极型三极管以及场效应三极管的结构、工作原理、特性曲线和主要参数。

▶1.1　半导体的特性

半导体器件是构成各种电子电路——包括模拟电路和数字电路、集成电路和分立元件电路的基础。而这些半导体器件主要是利用各种半导体材料制成的，例如硅（Si）和锗（Ge）等。

图1.1.1　4价元素原子的简化表示法

半导体的主要特性是什么呢？通常将导电能力介于导体和绝缘体之间的一大类物质统称为半导体。而半导体的导电性能是由其原子结构决定的。以硅为例，它的原子序数是14，在硅原子中共有14个电子围绕原子核旋转，最外层的轨道上有4个电子，通常称为**价电子**。锗的原子序数是32，原子最外层的轨道上也有4个价电子，所以硅和锗都是4价元素。为了简单明了，常常用带有+4电荷的正离子以及它周围的4个价电子来表示一个4价元素的原子，如图1.1.1所示。

在硅或锗的晶体中，原子在空间排列成规则的晶格。其中每个原子最外层的价电子，不仅受到自身原子核的束缚，同时也受到相邻原子核的吸引。因此，每个价电子不仅围绕自身的原子核，同时也围绕相邻的原子核而运动。也就是说，两个相邻的原子共有一对价电子，这一对价电子组成所谓的**共价键**，如图1.1.2所示。在硅或锗的晶体中，每个原子都与周围的4个原子以共价键的形式紧密地联系在一起，组成整齐的晶格。

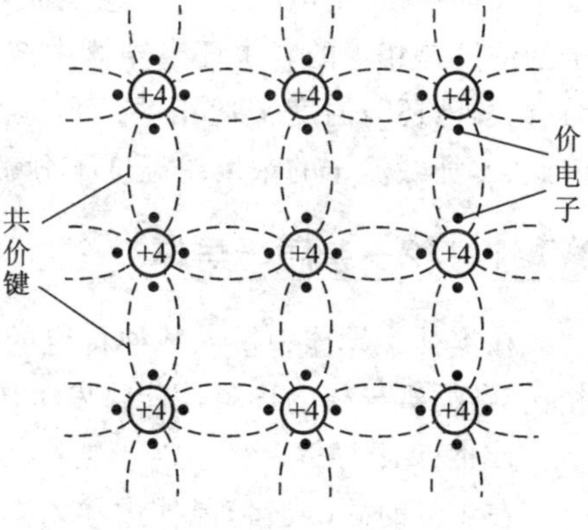

图1.1.2　晶体中的价电子与共价键

▶▶1.1.1 本征半导体

纯净的、不含杂质的半导体称为**本征半导体**。在本征半导体中，由于晶体中共价键的结合力很强，在热力学温度零度（即 $T=0$ K，相当于-273℃）时，价电子的能量不足以挣脱共价键的束缚，因此，晶体中不存在能够导电的载流子。所以，在 $T=0$ K 时，半导体不能导电。如果温度升高，例如在室温下，将有少数价电子获得足够的能量，克服共价键的束缚而成为**自由电子**。但因自由电子的数量很少，所以本征半导体的导电能力非常微弱。

当本征半导体中的某些价电子挣脱共价键的束缚成为自由电子时，在原来的共价键中留下一个空位，这种空位称为**空穴**，如图 1.1.3 所示。对于这样的空位，附近共价键中的电子比较容易进来填补，而在附近的共价键中留下一个新的空位，同样，其他地方的电子又有可能来填补后一个空位。从效果上看，这种共有电子的填补运动，相当于带正电荷的空穴在运动。为了与自由电子的运动区别开来，将这种运动称为空穴运动，并将空穴视为带正电的载流子。

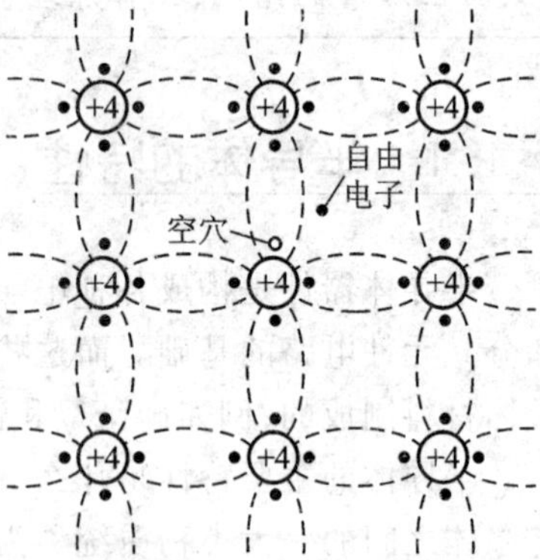

图 1.1.3 本征半导体中的自由电子与空穴

由此可见，半导体中存在两种载流子：带负电的自由电子和带正电的空穴。在本征半导体中，自由电子和空穴总是成对出现，称为**电子-空穴对**，因此两种载流子的浓度是相等的。本征半导体中载流子的浓度，除了与半导体材料本身的性质有关外，还与温度密切相关，而且随着温度的升高，基本上按指数规律增加。因此，本征载流子的浓度对温度十分敏感。

▶▶1.1.2 杂质半导体

在本征半导体中掺入某种特定的杂质，就成为**杂质半导体**。与本征半导体相比，杂质半导体的导电性能将发生质的变化。

1. N 型半导体

在 4 价的硅（或锗）晶体中掺入少量的 5 价杂质元素，如磷、锑、砷等，则原来晶格中的一些硅原子将被杂质原子代替。而杂质原子的最外层有 5 个价电子，它与周围 4 个硅原子组成共价键时将多余一个电子。这个电子不受共价键的束缚，而只受自身原子核的吸引。这种束缚力比较微弱，在室温下即可成为自由电子，如图 1.1.4 所示。失去自由电子的杂质原子固定在晶格上不能移动，并带有正电荷,称为正离子(以后用符号⊕表示)。在这种杂质半导体中,电子的浓度将大大高于空穴的浓度。因主要依靠电子导电,故称为电子型半导体或**N 型半导体**①。其中 5 价的杂质原子可以提供电子,所以称为**施主原子**。N 型半导体中的电子称为**多数载流子**(简称多子),而其中的空穴称为**少数载流子**(简称少子)。

2. P 型半导体

如果在硅或锗的晶体中掺入少量的 3 价元素,如硼、镓、铟等,由于杂质原子的最外层只有 3 个价电子,当它和周围的硅原子组成共价键时,将缺少一个价电子,在常温下很容易从其他位置的共价键中夺取一个电子,使杂质原子对外呈现为负电荷,形成负离子(以后用符号⊖表示),同时在其他地方产生一个空穴,如图 1.1.5 所示。在这种杂质半导体中,空穴的浓度将比电子的浓度高得多,因而主要依靠空穴导电,故称为空穴型半导体或 **P 型半导体**②。3 价的杂质原子产生多余的空穴,起着接受电子的作用,所以称为**受主原子**。在 P 型半导体中,多数载流子是空穴,而少数载流子是电子。

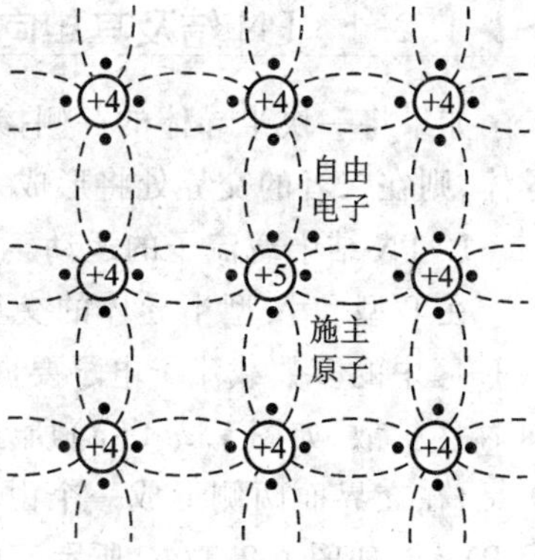

图 1.1.4　N 型半导体的晶体结构

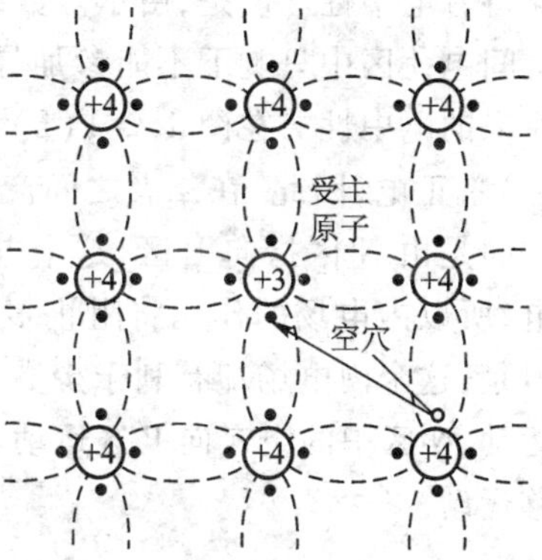

图 1.1.5　P 型半导体的晶体结构

在杂质半导体中,多数载流子的浓度主要决定于掺入的杂质浓度;而少数载流子的浓度与温度密切相关。

无论是 N 型或 P 型半导体,从总体来看,仍然保持电中性。以后,为简单起见,表示 N 型半导体时,通常只画出其中的正离子和等量的自由电子;同样地,对于 P 型半导体,只画出负离子和等量的空穴。

由上面的分析可以看出,在纯净的半导体中掺入杂质以后,导电性能将大为改观。当然,仅仅提高导电能力不是最终目的,杂质半导体的奇妙之处在于,掺入不同性质、不同浓度的杂质,并使 N 型半导体和 P 型半导体采用不同的方式组合,可以制造出形形色色、品种繁多、用途各异的半导体器件。

---

① 由于电子带负电,故用 N(Negative)表示。

② 由于空穴带正电,故用 P(Positive)表示。

▶1.2 半导体二极管

首先来观察一下，当 P 型半导体和 N 型半导体结合在一起时，将会出现什么现象。

▶▶1.2.1 PN 结及其单向导电性

如果将一块半导体的一侧掺杂成为 P 型半导体，而另一侧掺杂成为 N 型半导体，则在二者的交界处将形成一个 **PN 结**。

1. PN 结中载流子的运动

在 P 型和 N 型半导体的交界面两侧，由于电子和空穴的浓度相差悬殊，所以 N 区中的多数载流子电子要向 P 区扩散；同时，P 区中的多数载流子空穴也要向 N 区扩散，如图 1.2.1(a)所示。当电子和空穴相遇时，将发生复合而消失。于是，在交界面两侧形成一个由不能移动的正、负离子组成的**空间电荷区**，也就是 PN 结，如图 1.2.1(b)所示。由于空间电荷区内缺少可以自由运动的载流子，所以又称为**耗尽层**。在扩散之前，无论 P 型区还是 N 型区，从整体来说，各自都保持着电中性。但是，由于多数载流子的扩散运动，电子和空穴因复合而消失，空间电荷区中只剩下不能参加导电的正、负离子，因而破坏了 P 型区和 N 型区原来的电中性。在图 1.2.1(b)中，空间电荷区的左侧(P 区)带负电，右侧(N 区)带正电，因此，在二者之间产生了一个电位差 U_D，称为**电位壁垒**。它的电场方向是由 N 区指向 P 区，这个电场称为**内电场**。因为空穴带正电，而电子带负电，所以内电场的作用将阻止多数载流子继续进行扩散，所以它又称为**阻挡层**。但是，这个内电场却有利于少数载流子的运动，即有利于 P 区中的电子向 N 区运动，N 区中的空穴向 P 区运动。通常，载流子在电场作用下的定向运动称为漂移运动。

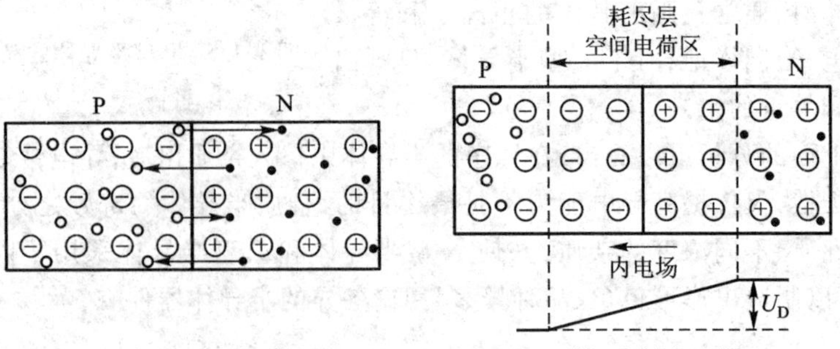

(a) 多数载流子的扩散运动　　(b) 形成空间电荷区

图 1.2.1　PN 结的形成

上面分析了PN结中进行的两种载流子的运动，即多数载流子的**扩散运动**和少数载流子的**漂移运动**，前者产生的电流称为扩散电流，而后者产生的电流称为漂移电流。随着扩散运动的进行，空间电荷区的宽度逐渐增大，而随着漂移运动的进行，空间电荷区的宽度逐渐减小。到达动态平衡时，扩散电流与漂移电流达到相等，则PN结中总的电流等于零，空间电荷区的宽度也达到稳定。一般，空间电荷区很薄，约为几微米～几十微米。电位壁垒 U_D 的大小与半导体材料有关，硅材料约为(0.6～0.8)V，锗材料约为(0.2～0.3)V。

2. PN结的单向导电性

(1) 假设在PN结上外加一个电压 V，其正极接P区，负极接N区，如图1.2.2所示。这种接法称为**正向接法**或**正向偏置**(简称正偏)。

由图可见，外电场的作用将使P区中的空穴向右移动，与空间电荷区内的一部分负离子中和；使N区中的电子向左移动，与空间电荷区内的一部分正离子中和。结果，由于多子移向耗尽层，使空间电荷区变窄，于是电位壁垒随之降低，这将有利于多数载流子的扩散运动，而不利于少数载流子的漂移运动。因此，扩散电流将大大超过漂移电流，最后在回路中形成一个正向电流 I，其方向在PN结中是从P区流向N区，如图1.2.2所示。

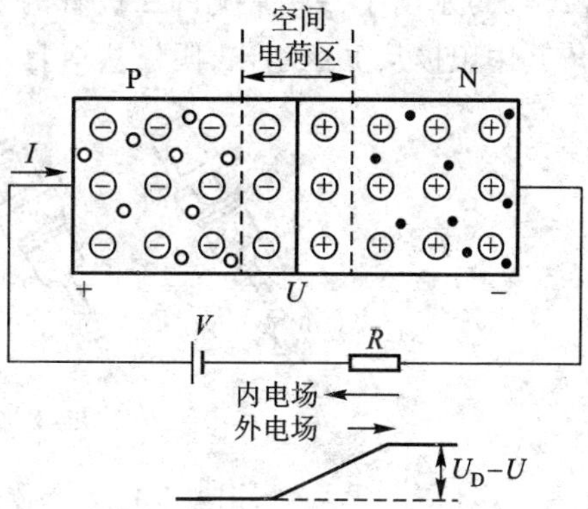

图1.2.2　正向偏置的PN结

正向偏置时，只要在PN结上加一个较小的电压，即可得到较大的正向电流。为了防止回路中电流过大，一般应接入一个电阻 R。

(2) 假设在PN结上外加电压 V 的正极接N区，而负极接P区，如图1.2.3所示，这种接法称为**反向接法**或**反向偏置**(简称反偏)。

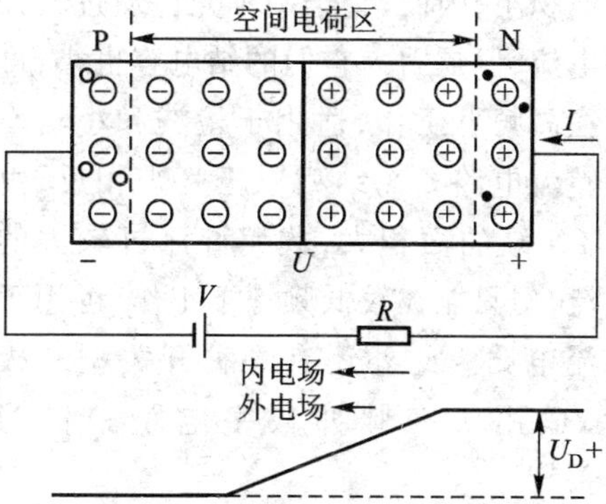

图1.2.3　反向偏置的PN结

此时，外电场的作用将使P区中的空穴和N区中的电子各自向着远离耗尽层的方向移动，从而使空间电荷区变宽，因此电位壁垒随之升高，结果将不利于多子的扩散运动，而有利于少子的漂移运动。所以漂移电流将超过扩散电流，最后在回路中形成一个主要由少数载流子运动产生的反向电流 I,方向见图 1.2.3。在一定温度下,当外加的反向电压超过一定值(大约零点几伏)后,反向电流将不再随着反向电压而增大,所以又称为**反向饱和电流**。正因为反向饱和电流是由少子产生的,所以对温度十分敏感。

综上所述,当 PN 结正向偏置时,回路中将产生一个较大的正向电流,PN 结处于**导通**状态;当 PN 结反向偏置时,回路中的反向电流非常小,几乎等于零,PN 结处于**截止**状态。可见,PN 结具有**单向导电性**。

▶▶1.2.2 二极管的伏安特性

在 PN 结的外面装上管壳,再引出两个电极,就可以做成半导体二极管。图 1.2.4(a)示出了一些常见的二极管的外形图。图 1.2.4(b)是二极管的图形符号,其中阳极从 P 区引出,阴极从 N 区引出。

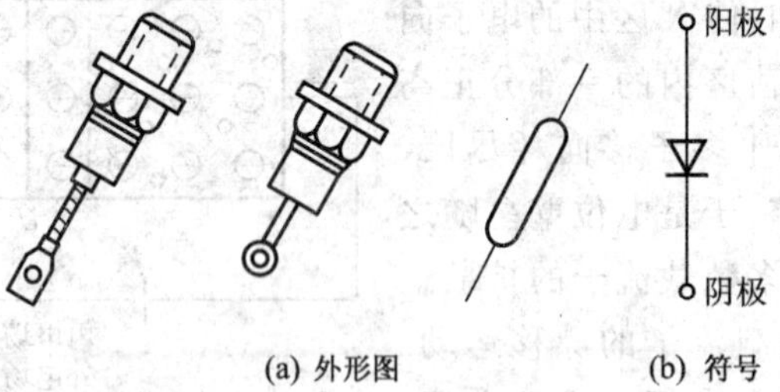

图 1.2.4 半导体二极管的外形及符号

二极管的类型很多,从制造二极管的材料来分,有硅二极管和锗二极管。从管子的结构来分,主要有点接触型和面结型。点接触型二极管的特点是 PN 结的面积小,因而,管子中不允许通过较大的电流,但是因为它们的结电容也小,可以在高频下工作,适用于检波和小功率的整流电路。面结型二极管则相反,由于 PN 结的面积大,故允许流过较大的电流,但只能在较低频率下工作,可用于整流电路。此外还有一种开关型二极管,适用于在脉冲数字电路中作为开关管。

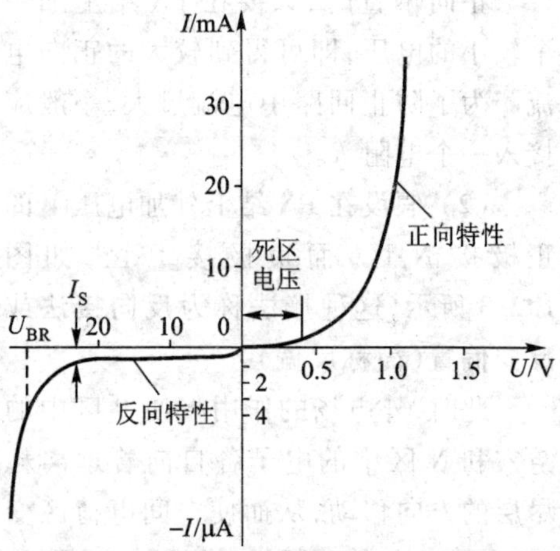

图 1.2.5 二极管的伏安特性

二极管的性能可用其伏安特性来描述。流过二极管的电流 I 与加在管子两端的电压 U 之间的关系曲线 $I=f(U)$ 就是二极管的伏安特性。

一个典型的二极管的伏安特性如图 1.2.5 所示。特性曲线包括两部分:正向特性和反向特性。

1. 正向特性

图 1.2.5 的右半部分示出了二极管的正向特性。由图可见,当正向电压比较小时,正向电流几乎等于零。只有当正向电压超过一定值时,正向电流才开始快速增长。正向特性上的这一数值通常称为死区电压。死区电压的大小与二极管的材料以及温度等因素有关。一般,硅二极管的死区电压为 0.5V 左右,锗二极管为 0.1V 左右。

2. 反向特性

图 1.2.5 的左半部分为二极管的反向特性。由图可见,二极管加上反向电压时,反向电流的值很小。而且,在一定范围内,反向电流并不随着反向电压而增大,故称为**反向饱和电流**,用符号 I_S 表示。

如果反向电压继续升高,当超过 U_{BR} 以后,反向电流将急剧增大,这种现象称为击穿,U_{BR} 称为**反向击穿电压**。二极管击穿以后,不再具有单向导电性。

但是,发生击穿并不意味着二极管被损坏。实际上,当反向击穿时,只要注意控制反向电流的数值,不使其过大,以免因过热而烧坏二极管,则当反向电压降低时,二极管的性能可能恢复正常。

根据半导体物理的原理,可以分析得到如下 PN 结伏安特性的表达式,此式通常称为**二极管方程**,即

$$I = I_S(e^{U/U_T} - 1) \tag{1.2.1}$$

式中 I_S 为反向饱和电流,U_T 是温度的电压当量,在常温(300 K)下,$U_T \approx 26$ mV。

由二极管方程可见,如果给二极管加上一个反向电压,即 $U<0$,而且 $|U| \gg U_T$,则 $I \approx -I_S$。若二极管加上正向电压,即 $U>0$,而且 $U \gg U_T$,则上式中的 $e^{U/U_T} \gg 1$,可得 $I \approx I_S e^{U/U_T}$,说明电流 I 与电压 U 基本上成为指数关系。

►►1.2.3 二极管的主要参数

电子器件的参数是其特性的定量描述,也是实际工作中选用器件的主要依据。各种器件的参数可由手册查得。半导体二极管的主要参数有以下几个:

1. 最大整流电流 I_F

指二极管长期运行时,允许通过管子的最大正向平均电流。I_F 的数值是由二极管允许的温升所限定。使用时,管子的平均电流不得超过此值,否则可能使二极管过热而损坏。

2. 最高反向工作电压 U_R

工作时加在二极管两端的反向电压不得超过此值,否则二极管可能被击穿。为了留有余地,通常将击穿电压 U_{BR} 的一半定为 U_R。

3. 反向电流 I_R

I_R 系指在室温条件下，在二极管两端加上规定的反向电压时，流过管子的反向电流。通常希望 I_R 值愈小愈好。反向电流愈小，说明二极管的单向导电性愈好。此外，由于反向电流是由少数载流子形成，所以 I_R 受温度的影响很大。

4. 最高工作频率 f_M

f_M 值主要决定于 PN 结结电容的大小。结电容愈大，则二极管允许的最高工作频率愈低。

二极管除了具有单向导电性以外，还具有一定的**电容效应**。这是因为如果二极管两端的电压发生变化，PN 结中存储的电荷量也将随之产生变化，如同一个电容器一样。这种电容效应用 PN 结的**结电容**来表示。二极管结电容的值通常为几皮法～几十皮法，有些结面积大的二极管结电容可达几百皮法。

▶▶1.2.4 稳压管①

如果二极管工作在反向击穿区，则当反向电流有一个比较大的变化量 ΔI 时，管子两端相应的电压变化量 ΔU 却很小。利用这一特点，可以实现“稳压”作用。因此，稳压管实质上也是一种二极管，但是通常工作在反向击穿区。

稳压管的伏安特性和符号分别见图 1.2.6(a)和(b)。

稳压管的主要参数有以下几项：

1. 稳定电压 U_Z

U_Z 是稳压管工作在反向击穿区时的工作电压。稳定电压 U_Z 是挑选稳压管的主要依据之一。由于稳定电压随着工作电流的不同而略有变化，所以测试 U_Z 时应使稳压管的电流为规定值。不同型号的稳压管，其稳定电压的值不同。对于同一型号的稳压管，由于制造工艺的分散性，各个不同管子的 U_Z 值也有些差别。例如稳压管 2DW7C，其 U_Z=6.1～6.5V，表示型号同为 2DW7C 的不同的稳压管，其稳定电压有的可能为 6.1V，有的可能为 6.5V 等，但并不意味着同一个管子的稳定电压会有如此之大的变化范围。

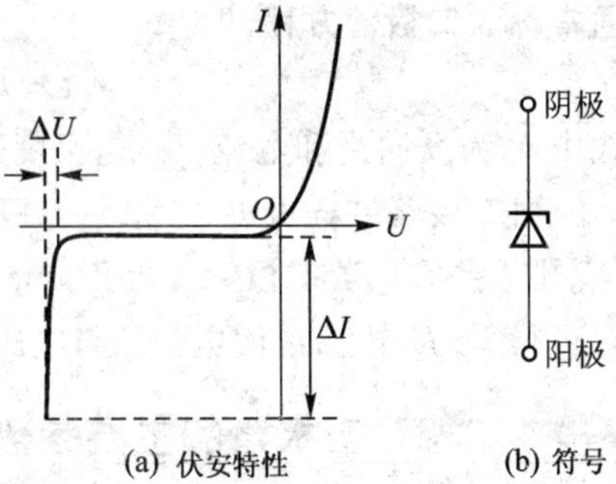

图 1.2.6　稳压管的伏安特性和符号

2. 稳定电流 I_Z

I_Z 是使稳压管正常工作时的参考电流。若工作电流低于 I_Z，则管子的稳压

① 稳压二极管的简称。

性能变差;如工作电流高于 I_Z,只要不超过额定功耗,稳压管可以正常工作。而且一般来说,工作电流较大时稳压性能较好。

3. 动态内阻 r_Z

r_Z 指稳压管两端电压和电流的变化量之比,即

$$r_Z = \frac{\Delta U}{\Delta I}$$

显然,稳压管的 r_Z 值愈小,则稳压性能愈好。对于同一个稳压管,一般工作电流愈大,其 r_Z 值愈小。通常手册上给出的 r_Z 值是在规定的稳定电流之下得到的。

4. 额定功耗 P_Z

由于稳压管两端加有电压 U_Z,而管子中又流过一定的电流,因此要消耗一定的功率。这部分功耗转化为热能,使稳压管发热。额定功耗 P_Z 决定于稳压管允许的温升。也有的手册上给出最大稳定电流 I_{ZM}。稳压管的最大稳定电流 I_{ZM} 与耗散功率 P_Z 之间存在以下关系:$I_{ZM}=P_Z/U_Z$。如果手册上只给出 P_Z,可由上式自行计算出 I_{ZM}。

5. 电压的温度系数 α_U

α_U 表示当稳压管的电流保持不变时,环境温度每变化 1℃ 所引起的稳定电压变化的百分比。一般来说,稳定电压大于 7 V 的稳压管,其 α_U 为正值,即当温度升高时,稳定电压值将增大。稳定电压小于 4 V 的稳压管,其 α_U 为负值,即温度升高时,稳定电压值将减小。而稳定电压在 4 V 至 7 V 之间的稳压管,α_U 的值比较小,表示其稳定电压值受温度的影响较小,性能比较稳定。

使用稳压管组成稳压电路时,需要注意几个问题。首先,应使外加电源的正极接管子的 N 区,电源的负极接 P 区,以保证稳压管工作在反向击穿区,如图 1.2.7 所示。其次,稳压管应与负载电阻 R_L 并联,由于稳压管两端电压的变化量很小,因而使输出电压比较稳定。第三,必须限制流过稳压管的电流 I_Z,使其不超过规定值,以免因过热而烧毁管子。但 I_Z 的值也不能太小,若小于临界值 I_{Zmin},则稳压管将失去稳压作用。因此稳压管电路中必须接入一个限流电阻 R,它的作用就是调节稳压管电流 I_Z 的大小。

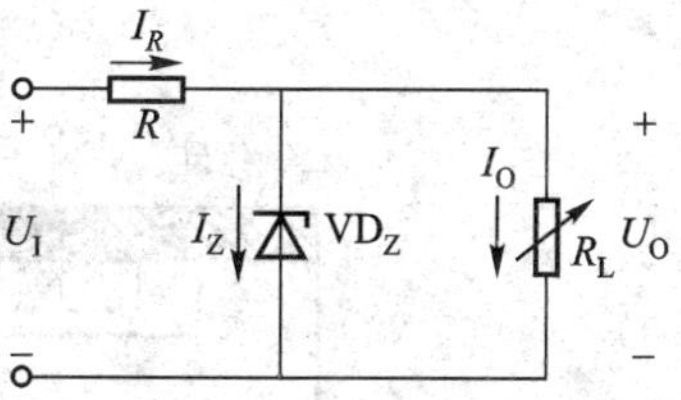

图 1.2.7　稳压管电路

▶1.3　双极结型三极管

双极结型三极管(Bipolar Junction Transistor,缩写是 BJT)又称为双极型三极管、半导体三极管或晶体管,简称为三极管。它们常常是组成各种电子电路的核

心器件。双极型三极管的外形如图 1.3.1 所示。

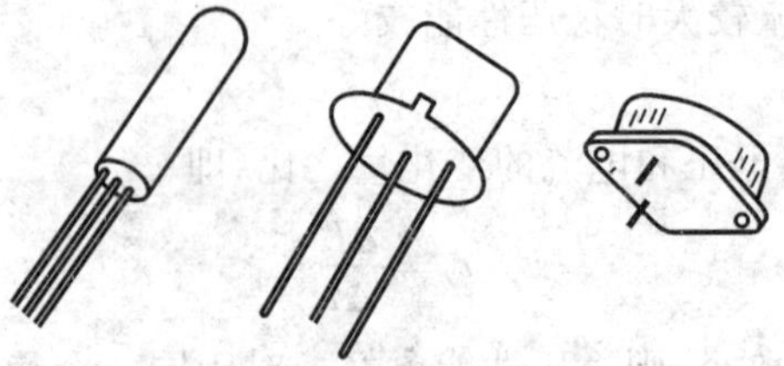

图 1.3.1　三极管的外形

▶▶1.3.1　三极管的结构

我国生产的半导体三极管，目前最常见的结构有硅平面管和锗合金管两种类型。硅平面管的结构见图 1.3.2(a)。首先在 N 型硅片（集电区）的氧化膜上利用光刻的工艺刻出一个窗口，将硼杂质进行扩散，形成 P 型的基区，然后再在这个 P 型区上光刻一个窗口，将磷杂质进行扩散，形成 N 型的发射区，并引出三个电极：发射极(e)、基极(b)和集电极(c)。

锗合金管的基区是很薄的 N 型锗片（几微米到几十微米），在其两边各置一个小铟球。当加热到高于铟的熔点而低于锗的熔点的高温时，铟被熔化并与 N 型锗接触，冷却后在 N 型锗片的两侧各形成一个 P 型区，其中集电区与基区的接触面积较大，而发射区则掺杂浓度比较高，其结构见图 1.3.2(b)。

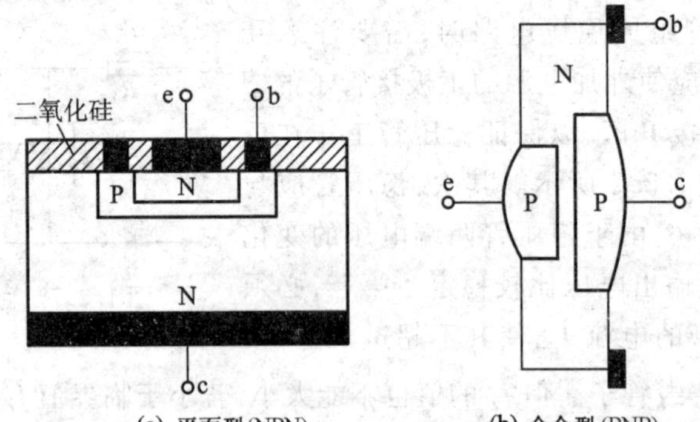

(a) 平面型(NPN)　　(b) 合金型(PNP)

图 1.3.2　三极管的结构

无论是 NPN 型或 PNP 型的三极管，内部均包含三个区：**发射区**、**基区**和**集电区**，并相应地引出三个电极：**发射极**(e)、**基极**(b)和**集电极**(c)，同时，在三个区的两两交界处，形成两个 PN 结，分别称为**发射结**和**集电结**。

NPN 和 PNP 型三极管的结构示意图和符号分别示于图 1.3.3(a)和(b)中。

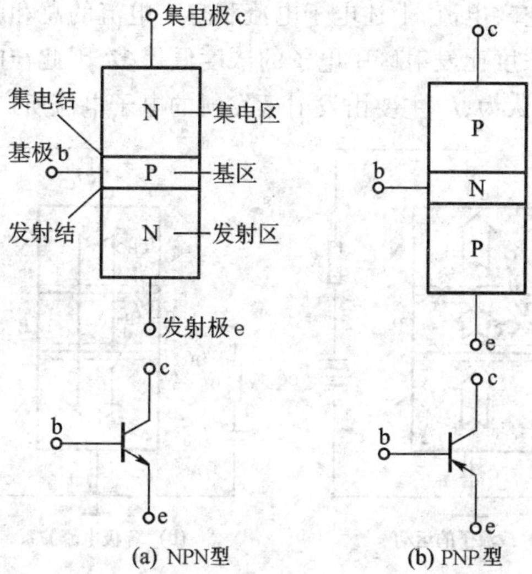

图 1.3.3　三极管的结构示意图和符号

▶▶1.3.2　三极管中载流子的运动和电流分配关系

对于 NPN 型和 PNP 型的三极管，它们的工作原理是类似的。下面以 NPN 型三极管为例进行讨论。

1. 三极管中载流子的运动

由图 1.3.3(a)所示的 NPN 型三极管的结构示意图可见，管子内部存在两个 PN 结，表面看来，似乎相当于两个背靠背的二极管。但是，如果将两个单独的二极管背靠背地串联起来，就会发现它们并不具有放大作用。为了使三极管实现放大，还必须由三极管的内部制造工艺和外部所加电源的极性两方面的条件来保证。

从三极管内部制造工艺来看，主要有两个特点。第一，**发射区高掺杂**，即发射区中多数载流子的浓度很高。NPN 三极管的发射区为 N 型，其中的多子是电子，因此发射区中电子的浓度很高。第二，**基区很薄**，而且掺杂浓度比较低。NPN 三极管的基区为 P 型，所以其中的多子空穴比较少。

从外部条件来看，外加电源的极性应使**发射结正向偏置，集电结反向偏置。**

在满足上述内部和外部条件的情况下，三极管内部载流子的运动有以下三个过程：

(1) 发射　由于发射结正向偏置，因而外加电场有利于多数载流子的扩散运动。又因为发射区的多子电子的浓度很高，于是发射区发射出大量的电子。这些电子越过发射结到达基区，形成电子电流。因为电子带负电，所以电子电流的方向与电子流动的方向相反，见图 1.3.4(a)和(b)。与此同时，基区中的多子空穴也向发射区扩散而形成空穴电流，上述电子电流和空穴电流的总和就是发射极电流 I_E。由于基区中空穴的浓度比发射区中电子的浓度低得多，因此与电子电流相比，空穴电流可以忽略，可以认为，I_E 主要由发射区发射的电子电流所产生。

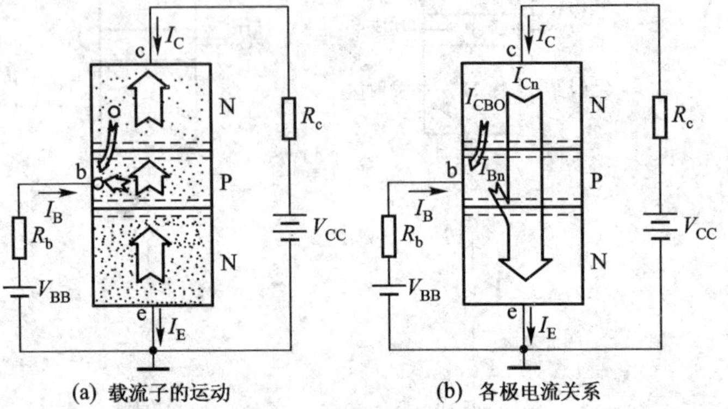

图 1.3.4　三极管中载流子的运动和电流关系

（2）复合和扩散　电子到达基区后，因为基区为 P 型，其中的多子是空穴，所以从发射区扩散过来的电子和空穴产生复合运动而形成基极电流 I_{Bn}，基区被复合掉的空穴由外电源 V_{BB} 不断进行补充。但是，因为基区空穴的浓度比较低，而且基区很薄，所以，到达基区的电子与空穴复合的机会很少，因而基极电流 I_{Bn} 比发射极电流 I_E 小得多。大多数电子在基区中继续扩散，到达靠近集电结的一侧。

（3）收集　由于集电结反向偏置，外电场的方向将阻止集电区中的多子电子向基区运动，但是却有利于将基区中扩散过来的电子收集到集电极而形成集电极电流 I_{Cn}。由图 1.3.4 可见，外电源 V_{CC} 的正端接集电极，因此对基区中集电结附近的电子有吸引作用。

以上说明了三极管中载流子运动的主要过程。此外，因为集电结反向偏置，所以集电区中的少子空穴和基区中的少子电子在外电场的作用下还将进行漂移运动而形成反向电流，这个电流称为**反向饱和电流**，用 I_{CBO} 表示。

2. 三极管的电流分配关系

由图 1.3.4(b)可见，集电极电流 I_C 由两部分组成，即

$$I_C = I_{Cn} + I_{CBO} \tag{1.3.1}$$

而发射极电流 I_E 也包括两部分，即

$$I_E = I_{Cn} + I_{Bn}$$

通常将 I_{Cn} 与 I_E 之比定义为**共基直流电流放大系数**，用符号 $\overline{\alpha}$ 表示，即

$$\overline{\alpha} = \frac{I_{Cn}}{I_E} \tag{1.3.2}$$

由于发射区发射的电子绝大部分能够到达集电极形成 I_{Cn}，而只有很少一部分与

基区中的空穴复合形成 I_{Bn}，因此三极管的 $\bar{\alpha}$ 值一般可达 0.95 ~ 0.99。将上式代入式(1.3.1)，可得

$$I_C = \bar{\alpha} I_E + I_{CBO} \tag{1.3.3}$$

当 $I_{CBO} \ll I_C$ 时，可将 I_{CBO} 忽略，则由上式可得

$$\bar{\alpha} \approx \frac{I_C}{I_E} \tag{1.3.4}$$

即 $\bar{\alpha}$ 近似等于集电极电流 I_C 与发射极电流 I_E 之比。

另外，由图 1.3.4(b) 可见，三极管三个极的电流之间应满足节点电流定律，即

$$I_E = I_C + I_B \tag{1.3.5}$$

将此式代入式(1.3.3)，可得

$$I_C = \bar{\alpha}(I_C + I_B) + I_{CBO}$$

上式经移项整理后即可得到

$$I_C = \frac{\bar{\alpha}}{1-\bar{\alpha}} I_B + \frac{1}{1-\bar{\alpha}} I_{CBO}$$

令

$$\bar{\beta} = \frac{\bar{\alpha}}{1-\bar{\alpha}} \tag{1.3.6}$$

则上式成为

$$I_C = \bar{\beta} I_B + (1+\bar{\beta}) I_{CBO}$$

$\bar{\beta}$ 称为**共射直流电流放大系数**。上式中的最后一项常用符号 I_{CEO} 表示，称为**穿透电流**，即

$$I_{CEO} = (1+\bar{\beta}) I_{CBO} \tag{1.3.7}$$

则 I_C 也可表示为

$$I_C = \bar{\beta} I_B + I_{CEO} \tag{1.3.8}$$

当穿透电流 $I_{CEO} \ll I_C$ 时，可将 I_{CEO} 忽略，则由上式可得

$$\bar{\beta} \approx \frac{I_C}{I_B} \tag{1.3.9}$$

即 $\bar{\beta}$ 近似等于 I_C 与 I_B 之比。一般三极管的 $\bar{\beta}$ 值约为几十 ~ 几百。

▶▶1.3.3 三极管的特性曲线

利用三极管的输入、输出特性曲线，可以较全面地描述三极管各极电流和电压之间的关系。本节主要介绍 NPN 三极管的共射特性曲线。

1. 输入特性

当三极管的 u_{CE} 不变时，输入回路中的电流 i_B 与电压 u_{BE} 之间的关系曲线称为输入特性，可用下式表示：

$$i_B = f(u_{BE})\Big|_{u_{CE}=\text{常数}} \tag{1.3.10}$$

先来考察 $u_{CE}=0$ 时的输入特性曲线。当 $u_{CE}=0$ 时，即三极管的集电极与发射极短接在一起，此时从三极管的输入回路看，基极与发射极之间相当于两个PN结（发射结和集电结）并联，如图 1.3.5 所示，因此，当 b、e 之间加正向电压时，三极管的输入特性相当于二极管的正向伏安特性，见图 1.3.6 中左边的一条输入特性。

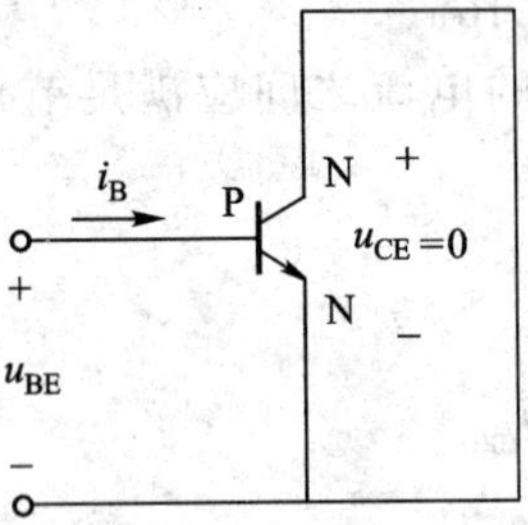

图 1.3.5　$u_{CE}=0$ 时三极管的输入回路

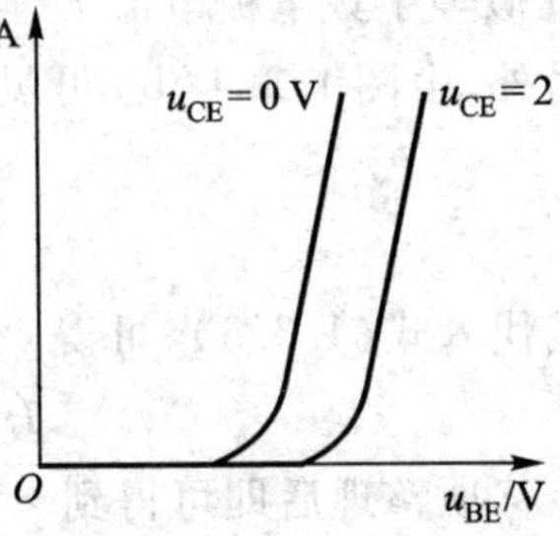

图 1.3.6　三极管的输入特性

当 $u_{CE}>0$ 时，集电极电压的极性将有利于将发射区扩散到基区的电子收集到集电极。此时发射区发射的电子只有一小部分在基区与空穴复合，成为 i_B，大部分将被集电极收集，成为 i_C。所以，与 $u_{CE}=0$ 时相比，在同样的 u_{BE} 之下，i_B 将减小很多，结果输入特性将右移，见图 1.3.6 中右边的一条输入特性。

当 u_{CE} 继续增大时，严格地说，输入特性应继续右移。但是，当 u_{CE} 大于某一数值以后，在一定的 u_{BE} 之下，集电极电压已足以将扩散到基区的电子基本上都收集到集电极，此时即使 u_{CE} 再增大，i_B 也不会减小很多。因此，u_{CE} 大于某一数值以后，不同 u_{CE} 的各条输入特性几乎重叠在一起，所以，常常用 u_{CE} 大于某一数值（例如 $u_{CE}=2$V）时的一条输入特性来代表 u_{CE} 更高的情况。

在实际的放大电路中，三极管的 u_{CE} 一般都大于零，因而图 1.3.6 中右边的一条输入特性更有实用意义。

2. 输出特性

当 i_B 不变时，三极管输出回路中的电流 i_C 与电压 u_{CE} 之间的关系曲线称为输出特性，其表达式为

$$i_C = f(u_{CE})\Big|_{i_B=\text{常数}} \tag{1.3.11}$$

NPN 三极管的输出特性曲线见图 1.3.7。输出特性曲线可以划分为三个区域：截止区、放大区和饱和区。

（1）截止区

一般将 $i_B \leqslant 0$ 的区域称为截止区，此时 i_C 也近似为零。由于管子的各极电流都基本上等于零，因此认为三极管处于截止状态。

实际上当 $i_B=0$ 时,集电极电流并不等于零,而是有一个比较小的穿透电流 I_{CEO}。一般硅三极管的 I_{CEO} 小于 1 μA,锗三极管的 I_{CEO} 约为几十 ~ 几百微安。可以认为,当发射结反向偏置时,发射区不再向基区注入电子,则三极管真正处于截止状态,没有放大作用。

所以,在截止区,三极管的发射结和集电结都处于反向偏置状态。对于 NPN 三极管来说,此时 $u_{BE}<0$,$u_{BC}<0$。

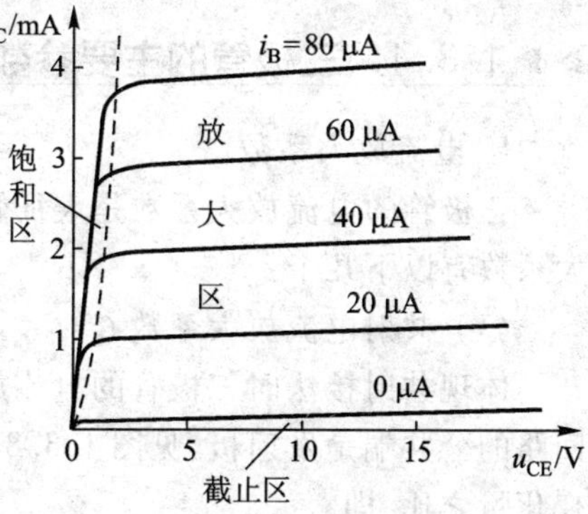

图 1.3.7　三极管的输出特性

(2) 放大区

由图 1.3.7 可见,在放大区内,各条输出特性曲线近似为水平的直线,表示当 i_B 一定时,i_C 的值基本上不随 u_{CE} 而变化。但是,当基极电流有一个微小的变化量 Δi_B 时,相应的集电极电流将产生一个较大的变化量 Δi_C。例如,在图 1.3.7 中,当 $u_{CE}=5$ V 时,如果 i_B 由 20 μA 增加到 40 μA($\Delta i_B=20$ μA = 0.02 mA),相应的 i_C 由 1 mA 增加到 2 mA($\Delta i_C=1$ mA),可见,三极管具有**电流放大作用**。

将集电极电流与基极电流的变化量之比定义为三极管的**共射电流放大系数**,用 β 表示,即

$$\beta=\frac{\Delta i_C}{\Delta i_B}$$

在放大区,三极管的发射结正向偏置,集电结反向偏置。对于 NPN 三极管来说,$u_{BE}>0$,而 $u_{BC}<0$。

(3) 饱和区

图 1.3.7 中靠近纵坐标的附近,各条输出特性曲线的上升部分属于三极管的饱和区。在这个区域,不同 i_B 值的各条特性曲线几乎重叠在一起,十分密集。也就是说,此时三极管的集电极电流 i_C 基本上不随基极电流 i_B 而变化,这种现象称为饱和。在饱和区,不能用放大区中的 β 来描述 i_C 和 i_B 的关系,三极管失去了放大作用。

由图 1.3.7 可见,在饱和区,三极管的管压降 u_{CE} 很小,一般认为,当 $u_{CE}<u_{BE}$ 时,三极管达到饱和状态。三极管饱和时的管压降用 U_{CES} 表示,一般小功率硅三极管的 $U_{CES}<0.4$ V。

三极管工作在饱和区时,发射结和集电结都处于正向偏置状态。对于 NPN 三极管来说,$u_{BE}>0$,$u_{BC}>0$。

▶▶1.3.4 三极管的主要参数

1. 电流放大系数

三极管的电流放大系数是表征管子放大作用的主要参数。三极管的电流放大系数有以下几个:

(1) 共射电流放大系数 β

体现共射接法时三极管的电流放大作用。所谓共射接法指输入回路和输出回路的公共端是发射极,见图 1.3.8(a)。β 的定义为集电极电流与基极电流的变化量之比,即

$$\beta = \frac{\Delta i_C}{\Delta i_B} \tag{1.3.12}$$

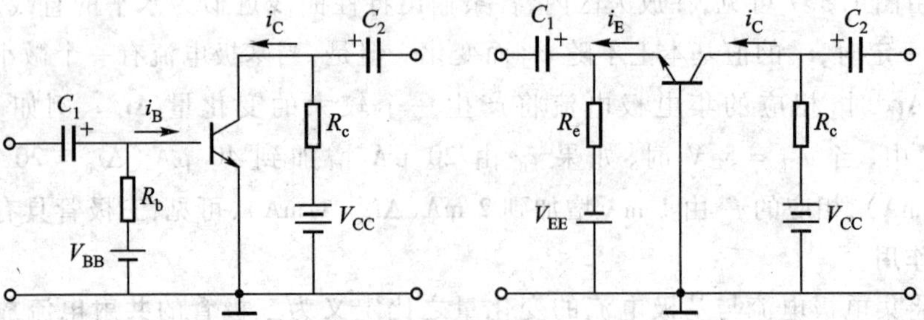

(a) 共射接法 (b) 共基接法

图 1.3.8 三极管的电流放大关系

(2) 共射直流电流放大系数 $\overline{\beta}$

当忽略穿透电流 I_{CEO} 时,$\overline{\beta}$ 近似等于集电极电流与基极电流的直流量之比,即

$$\overline{\beta} \approx \frac{I_C}{I_B}$$

(3) 共基电流放大系数 α

体现共基接法时三极管的电流放大作用。共基接法指输入回路和输出回路的公共端为基极,如图 1.3.8(b)所示。α 的定义是集电极电流与发射极电流的变化量之比,即

$$\alpha = \frac{\Delta i_C}{\Delta i_E} \tag{1.3.13}$$

(4) 共基直流电流放大系数 $\overline{\alpha}$

当忽略反向饱和电流 I_{CBO} 时,$\overline{\alpha}$ 近似等于集电极电流与发射极电流的直流量之比,即

$$\overline{\alpha} \approx \frac{I_C}{I_E}$$

根据β和α的定义可知,这两个参数不是独立的,二者之间存在以下关系:

$$\alpha = \frac{\Delta i_C}{\Delta i_E} = \frac{\Delta i_C}{\Delta i_B + \Delta i_C} = \frac{\Delta i_C / \Delta i_B}{(\Delta i_B + \Delta i_C)/\Delta i_B} = \frac{\beta}{1+\beta}$$

即
$$\alpha = \frac{\beta}{1+\beta} \quad 或 \quad \beta = \frac{\alpha}{1-\alpha} \tag{1.3.14}$$

根据前面的介绍还可以知道,直流参数$\overline{\alpha}$、$\overline{\beta}$与交流参数α、β的含义是不同的,但是,对于大多数三极管来说,同一管子的β与$\overline{\beta}$,α与$\overline{\alpha}$的数值差别不大,所以在今后的计算中,常常不再将它们严格地区分。

2. 反向饱和电流

(1) 集电极和基极之间的反向饱和电流I_{CBO}

表示当发射极e开路时,集电极c和基极b之间的反向电流。测量I_{CBO}的电路见图1.3.9(a)。一般小功率锗三极管的I_{CBO}约为几微安~几十微安,硅三极管的I_{CBO}要小得多,有的可以达到纳安数量级。

(2) 集电极和发射极之间的穿透电流I_{CEO}

表示当基极b开路时,集电极c和发射极e之间的电流。测量I_{CEO}的电路见图1.3.9(b)。

由式(1.3.7)可知,上述两个反向电流之间存在以下关系:

$$I_{CEO} = (1+\overline{\beta})I_{CBO}$$

因此,如果三极管的$\overline{\beta}$值愈大,则该管的I_{CEO}也愈大。

因为I_{CBO}和I_{CEO}都是由少数载流子的运动形成的,所以对温度非常敏感。当温度升高时,I_{CBO}和I_{CEO}都将急剧地增大。实际工作中选用三极管时,要求三极管的反向饱和电流I_{CBO}和穿透电流I_{CEO}尽可能小一些,这两个反向电流的值愈小,表明三极管的质量愈好。

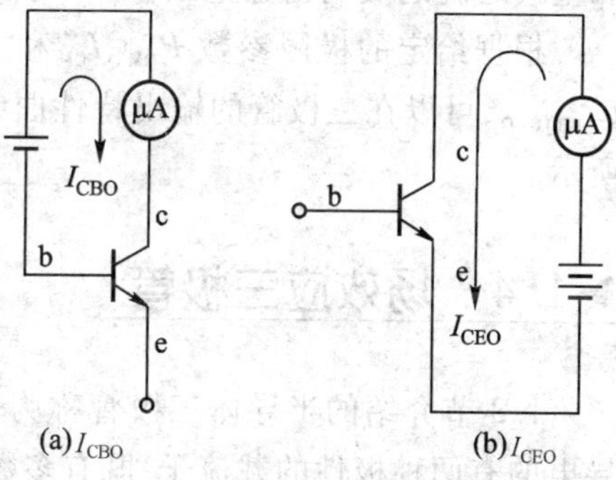

图1.3.9 反向饱和电流的测量电路

3. 极限参数

三极管的极限参数是指使用时不得超过的限度,以保证三极管的安全或保证三极管参数的变化不超过规定的允许值。主要有以下几项:

(1) 集电极最大允许电流I_{CM}

当集电极电流过大时,三极管的β值就要减小。当$i_C = I_{CM}$时,管子的β值下降到额定值的三分之二。

(2) 集电极最大允许耗散功率 P_{CM}

当三极管工作时,管子两端的压降为 u_{CE},集电极流过的电流为 i_C,因此损耗的功率为 $p_C=i_C u_{CE}$。集电极消耗的电能将转化为热能使管子的温度升高。如果温度过高,将使三极管的性能恶化甚至被损坏,所以集电极损耗有一定的限制。在三极管的输出特性上,将 i_C 与 u_{CE} 的乘积等于规定的 P_{CM} 值的各点连接起来,可以得到一条双曲线,如图 1.3.10 中的虚线所示。双曲线左下方的区域中,满足 $i_C u_{CE}<P_{CM}$ 的关系,是安全的。而在双曲线的右上方,$i_C u_{CE}>P_{CM}$,即三极管的功率损耗超过了允许的最大值,属于过损耗区。

(3) 极间反向击穿电压

表示外加在三极管各电极之间的最大允许反向电压,如果超过这个限度,则管子的反向电流急剧增大,甚至可能被击穿而损坏。极间反向击穿电压主要有以下几项:

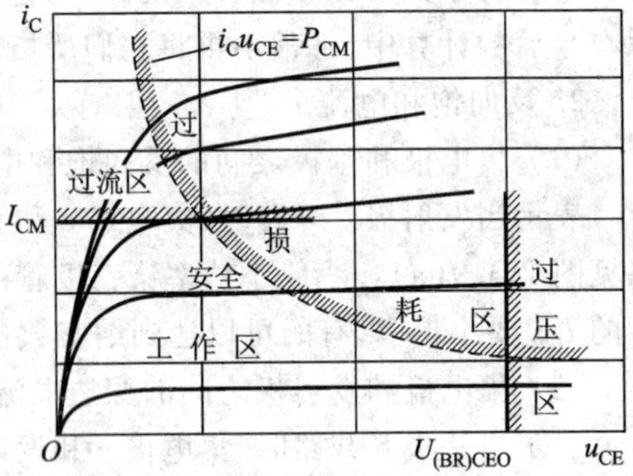

图 1.3.10 三极管的安全工作区

$U_{(BR)CEO}$:基极开路时,集电极和发射极之间的反向击穿电压。

$U_{(BR)CBO}$:发射极开路时,集电极和基极之间的反向击穿电压。

根据给定的极限参数 P_{CM}、I_{CM} 和 $U_{(BR)CEO}$,可以在三极管的输出特性曲线上画出管子的安全工作区,如图 1.3.10 所示。

▶1.4 场效应三极管①

1.3 节介绍的半导体三极管称为双极型三极管,因为在这种三极管中参与导电的有两种极性的载流子:既有多数载流子,又有少数载流子。本节将要介绍另一种类型的三极管,它们只有一种极性的载流子(多数载流子)参与导电,故称为**单极型三极管**。又因为这种管子是利用电场效应来控制电流的,所以也称为**场效应三极管**(Field Effect Transistor,缩写是 FET),本书简称为场效应管。

场效应管分为两大类:一类是**结型场效应管**,另一类是**绝缘栅场效应管**。

▶▶1.4.1 结型场效应管

结型场效应管(Junction Field Effect Transistor,缩写是 JFET)根据其导电沟

① 也称场效晶体管。

道的不同又分为两种类型:N 沟道结型场效应管和 P 沟道结型场效应管,它们的工作原理是类似的。本节以 N 沟道结型场效应管为例,介绍它们的结构、工作原理和特性曲线。

1. 结构

N 沟道结型场效应管的结构示意图和符号分别如图 1.4.1(a)和(b)所示。

在一块 N 型半导体的两侧,利用合金法、扩散法或其他工艺做成两个掺杂浓度比较高的 P 型区,此时在 P 型区和 N 型区的交界处将形成一个 PN 结,即耗尽层。将两侧的 P 型区连接起来,引出一个电极,称为**栅极**(g),再在 N 型半导体的一端引出**源极**(s),另一端引出**漏极**(d),如图 1.4.1(a)所示。

N 沟道结型场效应管的电路符号见图 1.4.1(b),注意栅极上的箭头方向指向内部,即由 P 区指向 N 区。

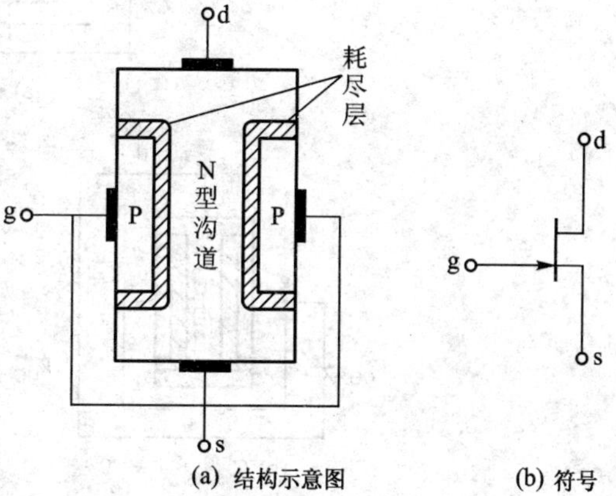

图 1.4.1　N 沟道结型场效应管的结构和符号

2. 工作原理

由图 1.4.1(a)可见,因为 N 型半导体中存在多数载流子电子,所以若在漏极与源极之间加上一个电压,就有可能导电。由于这种场效应管的导电沟道是电子型的,因此称为 **N 沟道结型场效应管**。

下面分别讨论当这种场效应管的栅极与源极之间的电压 u_{GS},以及漏极与源极之间的电压 u_{DS} 变化时,导电沟道和漏极电流 i_D 将如何变化。

(1) 假设 $u_{DS}=0$,在栅源之间加上负电压,即 $u_{GS}\leqslant 0$,观察 u_{GS} 变化时对导电沟道的影响。

由图 1.4.2(a)可见,当 $u_{GS}=0$ 时,耗尽层比较窄,导电沟道比较宽。

当 $u_{GS}<0$ 时,栅源之间加上一个反向偏置电压,因此耗尽层的宽度增大,导电沟道相应地变窄,见图 1.4.2(b)。但若满足 $U_{GS(off)}<u_{GS}<0$,仍然存在导电沟道。

当 $u_{GS}=U_{GS(off)}$ 时,两侧的耗尽层合拢在一起,导电沟道被夹断,如图 1.4.2(c)所示。$U_{GS(off)}$ 称为**夹断电压**。N 沟道结型场效应管的夹断电压 $U_{GS(off)}$ 本身是一个负值。

在图 1.4.2 中,当 u_{GS} 变化时,虽然导电沟道的宽度随着发生变化,但因 $u_{DS}=0$,所以漏极电流 i_D 总是等于零。

(2) 假设 u_{GS} 固定不变(但 u_{GS} 的值满足 $U_{GS(off)}<u_{GS}\leqslant 0$),在漏源之间加上正

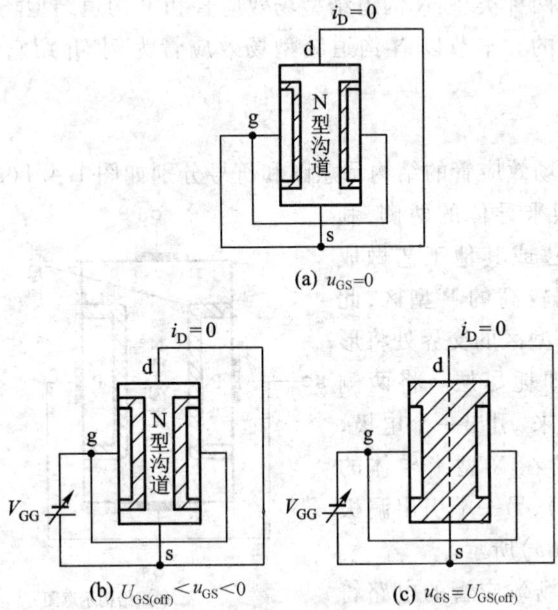

图 1.4.2　当 $u_{DS}=0$ 时,u_{GS} 对耗尽层和导电沟道的影响

电压,即 $u_{DS}>0$,观察 u_{DS} 变化时对导电沟道和漏极电流 i_D 的影响。

当 $u_{DS}=0$ 时,虽然存在导电沟道,但 $i_D=0$,相当于前面图 1.4.2(b)的情况。

当 $u_{DS}>0$ 时,将产生一个漏极电流 i_D。i_D 流过导电沟道时,沿着沟道的方向从漏极到源极产生一个电压降落,使沟道上不同位置的电位各不相等,漏极处的电位最高,源极处的电位最低。因此,沟道上各点与栅极之间的电位差也不相等。由于沟道的不同位置上加在 PN 结上的反向偏置电压不等,致使沟道上各处耗尽层的宽度也不相同。漏极处反向偏置电压最大,耗尽层最宽;源极处反向偏置电压最小,耗尽层最窄,如图 1.4.3(a)所示。

随着 u_{DS} 的升高,i_D 将逐渐增大。同时,沟道上不同位置的耗尽层不等宽的情况逐渐加剧。当 $u_{GD}=U_{GS(off)}$ 时,漏极处的耗尽层开始合拢在一起,见图 1.4.3(b),这种情况称为**预夹断**。

如果 u_{DS} 继续升高,耗尽层合拢的部分将延长,如图 1.4.3(c)所示。但是,预夹断并不表示导电沟道完全被夹断,使 i_D 为零。实际上,在 u_{DS} 产生的电场的作用下,电子可以在夹断区的窄缝中高速通过。u_{DS} 升高时,夹断部分延长,导电沟道的电阻增大,限制了 i_D 的增大。也就是说,达到预夹断后,沟道电阻的增大抵消了 u_{DS} 的升高,使 i_D 几乎不再随着 u_{DS} 而增大,而达到基本恒定。

如果 u_{DS} 的值过高,则 PN 结将由于反向偏置电压过高而被击穿,使场效应管受到损害。

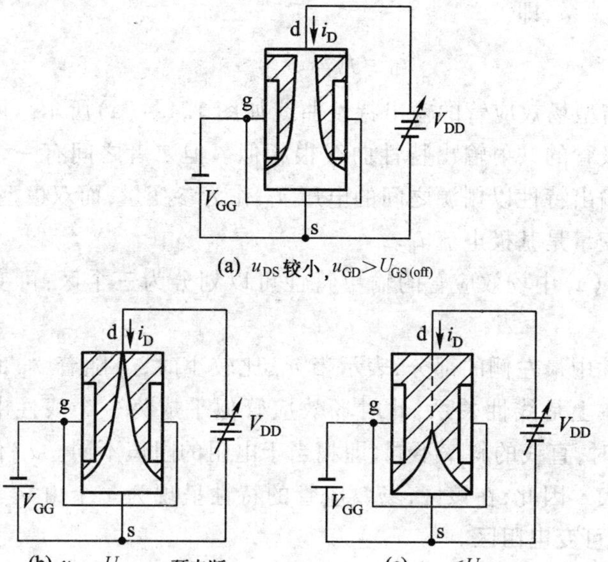

(a) u_{DS} 较小，$u_{GD} > U_{GS(off)}$

(b) $u_{GD} = U_{GS(off)}$，预夹断

(c) $u_{GD} < U_{GS(off)}$

图 1.4.3　当 $U_{GS(off)} < u_{GS} \leq 0$ 时，

u_{DS}对导电沟道和 i_D 的影响

（3）假设 u_{DS}固定不变（$u_{DS}>0$），在栅源之间加上负电压，$u_{GS} \leq 0$，观察 u_{GS}变化时对导电沟道和漏极电流 i_D 的影响。

我们注意到，这种情况是在前面讨论的第（1）种情况的基础上，改为 $u_{DS}>0$，因此，与第（1）种情况的不同之处在于，将产生漏极电流 i_D。

当 $u_{GS}=0$ 时，由于耗尽层比较窄，导电沟道比较宽，因此 i_D 比较大。因 i_D 流过导电沟道时产生电压降落，故沟道上不同位置的耗尽层存在不等宽的现象。

当 $u_{GS}<0$ 时，耗尽层变宽，导电沟道变窄，i_D 将减小。耗尽层和导电沟道的情况相当于前面的图 1.4.3(a)。

如果 u_{GS}更负，则耗尽层更宽，导电沟道更窄，i_D 相应地减小。当 $u_{GS} \leq U_{GS(off)}$ 时，导电沟道完全被夹断，i_D 减为零。

根据以上分析可知，改变栅极与源极之间的电压 u_{GS}，即可控制漏极电流 i_D。这种器件利用栅源之间的电压 u_{GS}来改变 PN 结中的电场，从而控制漏极电流 i_D，故称为结型场效应管。

3. 特性曲线

通常利用以下两种特性曲线来描述场效应管的电流和电压之间的关系：输出特性和转移特性。

（1）输出特性

场效应管的**输出特性**表示当栅源之间的电压不变时，漏极电流 i_D 与漏源之间电压 u_{DS} 的关系，即

$$i_D = f(u_{DS})\Big|_{u_{GS}=\text{常数}} \tag{1.4.1}$$

N 沟道结型场效应管的输出特性曲线如图 1.4.4(a)所示。可以看出，它们与双极型三极管的共射输出特性曲线很相似。但二者之间有一个重要区别，即场效应管的输出特性以栅源之间的电压 u_{GS} 作为参变量，而双极型三极管输出特性曲线的参变量是基极电流 i_B。

图 1.4.4(a)中场效应管的输出特性可以划分为三个区：可变电阻区、恒流区和截止区。

输出特性中最左侧的部分，表示当 u_{DS} 比较小时，i_D 随着 u_{DS} 的增加而上升，二者之间基本上是线性关系，此时场效应管似乎成为一个线性电阻。不过，当 u_{GS} 的值不同时，直线的斜率不同，即相当于电阻的阻值不同。u_{GS} 值愈负，则相应的电阻值愈大。因此，在该区，场效应管的特性呈现为一个由 u_{GS} 控制的可变电阻，所以称为**可变电阻区**。

在输出特性的中间部分，各条输出特性曲线近似为水平的直线，表示漏极电流 i_D 基本上不随 u_{DS} 而变化，i_D 的值主要决定于 u_{GS}，因此称为**恒流区**，也称为饱和区①。当组成场效应管放大电路时，应使场效应管工作在此区域内，以避免出现严重的非线性失真。

在输出特性的最右侧部分，表示当 u_{DS} 升高到某一限度时，PN 结因反向偏置电压过高而被击穿，i_D 将突然增大，场效应管被击穿。为了保证器件的安全，场效应管的 u_{DS} 不能超过规定的极限值。

可变电阻区与恒流区之间的虚线表示预夹断轨迹。每条输出特性曲线与此虚线相交的各个点上，u_{DS} 与 u_{GS} 的关系均满足 $u_{GD}=u_{GS}-u_{DS}=U_{GS(off)}$，此时场效应管出现预夹断现象。

在输出特性的最下面靠近横坐标的部分，表示场效应管的 $u_{GS} \leqslant U_{GS(off)}$，则导电沟道完全被夹断，场效应管不能导电，这个区域称为**截止区**。

(2) 转移特性

当场效应管的漏源之间的电压 u_{DS} 保持不变时，漏极电流 i_D 与栅源之间电压 u_{GS} 的关系称为**转移特性**，其表达式如下：

$$i_D = f(u_{GS})\Big|_{u_{DS}=\text{常数}} \tag{1.4.2}$$

转移特性描述栅源之间电压 u_{GS} 对漏极电流 i_D 的控制作用。N 沟道结型场

① 请注意，场效应管输出特性上的恒流区或饱和区，相当于双极型三极管输出特性上的放大区，而不是双极型三极管的饱和区，二者不可混淆。

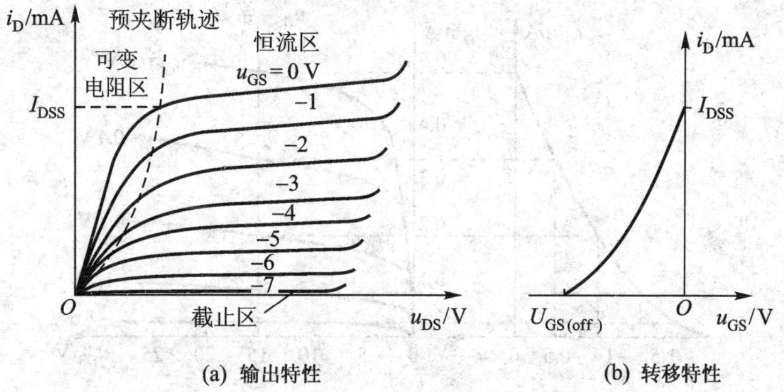

图 1.4.4　N 沟道结型场效应管的特性曲线

效应管的转移特性曲线如图 1.4.4(b)所示。由图可见，当 $u_{GS}=0$ 时，i_D 达到最大，u_{GS}愈负，则 i_D 愈小。当 u_{GS}等于夹断电压 $U_{GS(off)}$时，$i_D\approx 0$。

从转移特性上还可以得到场效应管的两个重要参数。转移特性与横坐标轴交点处的电压，表示 $i_D=0$ 时的 u_{GS}，所以即是**夹断电压** $U_{GS(off)}$。此外，转移特性与纵坐标轴交点处的电流，表示 $u_{GS}=0$ 时的漏极电流，称为**饱和漏极电流**，用符号 I_{DSS}表示。

图 1.4.4(b)中结型场效应管的转移特性曲线可近似用以下公式表示：

$$i_D=I_{DSS}\left(1-\frac{u_{GS}}{U_{GS(off)}}\right)^2 \quad (当\ U_{GS(off)}\leqslant u_{GS}\leqslant 0\ 时) \qquad (1.4.3)$$

场效应管的上述两组特性曲线之间互相是有联系的，可以根据输出特性，利用作图的方法得到相应的转移特性。因为转移特性表示 u_{DS}不变时，i_D 与 u_{GS}之间的关系，所以只要在输出特性上，对应于 u_{DS}等于某一固定电压处作一条垂直的直线，见图 1.4.5，该直线与 u_{GS}为不同值的各条输出特性有一系列的交点，根据这些交点，可以得到不同 u_{GS}时的 i_D 值，由此即可画出相应的转移特性曲线。作图的过程示于图 1.4.5 中。

在结型场效应管中，由于栅极与导电沟道之间的 PN 结被反向偏置，所以栅极基本上不取电流，其输入电阻很高，可达 $10^7\ \Omega$ 以上。但是，在某些情况下希望得到更高的输入电阻，此时可以考虑采用绝缘栅型场效应管。

▶▶1.4.2　绝缘栅型场效应管

绝缘栅型场效应管由金属、氧化物和半导体制成，所以称为**金属-氧化物-半导体场效应管**，或简称 **MOS 场效应管**(Metal-Oxide-Semiconductor Field Effect Transistor，缩写是 MOSFET)。由于这种场效应管的栅极被绝缘层(例如 SiO_2)隔离，因此其输入电阻更高，可达 $10^9\ \Omega$ 以上。从导电沟道来分，绝缘栅型

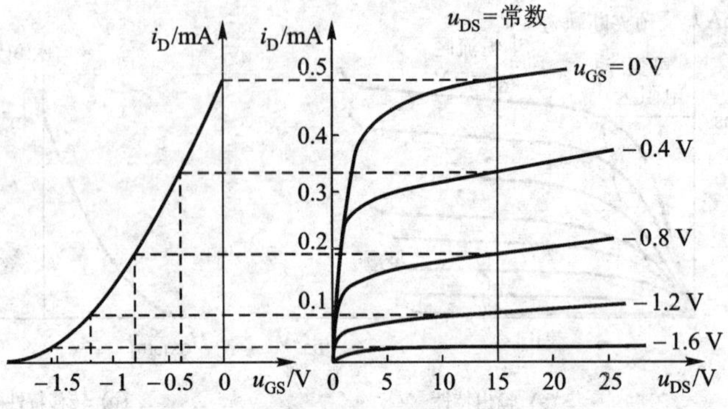

图 1.4.5 在输出特性上用作图法求转移特性

场效应管也有 N 沟道和 P 沟道两种类型。无论 N 沟道或 P 沟道，又都可以分为增强型和耗尽型两种。本节将以 N 沟道增强型 MOS 场效应管为主，介绍它们的结构、工作原理和特性曲线。

1. N 沟道增强型 MOS 场效应管

(1) 结构

N 沟道增强型 MOS 场效应管的结构示意图见图 1.4.6(a)。用一块掺杂浓度较低的 P 型硅片作为衬底，在其表面上覆盖一层二氧化硅(SiO_2)的绝缘层，再在二氧化硅层上刻出两个窗口，通过扩散形成两个高掺杂的 N 区，分别引出源极 s 和漏极 d，然后在源极和漏极之间的二氧化硅上面引出栅极 g，栅极与其他电极之间是绝缘的。衬底也引出一根引线，用 B 表示。通常情况下将衬底与源极在管子内部连接在一起。由图 1.4.6(a) 可见，这种场效应管由金属、氧化物和半导体组成。N 沟道增强型 MOS 场效应管的符号见图 1.4.6(b)。

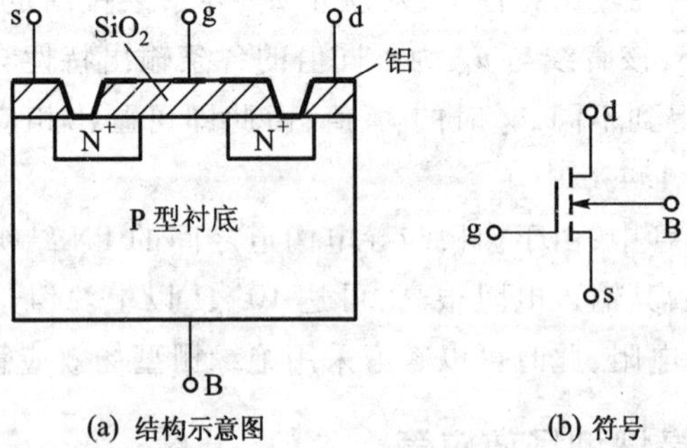

图 1.4.6 N 沟道增强型 MOSFET
的结构示意图和符号

(2) 工作原理

绝缘栅型场效应管的工作原理与结型有所不同。结型场效应管是利用 u_{GS}

来控制 PN 结耗尽层的宽窄，从而改变导电沟道的宽度，以控制漏极电流 i_D。而绝缘栅型场效应管则是利用 u_{GS}来控制“感应电荷”的多少，以改变由这些“感应电荷”形成的导电沟道的状况，然后控制漏极电流 i_D。如果 $u_{GS}=0$ 时漏源之间已经存在导电沟道，称为**耗尽型场效应管**。如果 $u_{GS}=0$ 时不存在导电沟道，则称为**增强型场效应管**。

对于 N 沟道增强型 MOS 场效应管，当 $u_{GS}=0$ 时，在漏极和源极的两个 N 区之间是 P 型衬底，因此漏源之间相当于两个背靠背的 PN 结，所以，无论漏源之间加上何种极性的电压，总是不能导电。

假设场效应管的 $u_{DS}=0$，同时 $u_{GS}>0$，如图 1.4.7 所示。此时栅极的金属极板（铝）与 P 型衬底之间构成一个平板电容，中间为二氧化硅绝缘层作为介质。由于栅极的电压为正，它所产生的电场对 P 型衬底中的空穴（多子）起排斥作用，也就是说，把 P 型半导体中的电子（少子）吸引到衬底靠近二氧化硅的一侧，与空穴复合，于是产生了由负离子组成的耗尽层。若增大 u_{GS}，则耗尽层变宽。当 u_{GS}增大到一定值时，由于吸引了足够多的电子，便在耗尽层与二氧化硅之间形成可移动的表面电荷层，如图 1.4.7 所示（图中耗尽层未画出）。因为是在 P 型半导体中感应产生出 N 型电荷层，所以称之为**反型层**。于是，在漏极和源极之间有了 N 型的导电沟道。由于 P 型衬底中电子的浓度很低，因此这种表面负电荷主要从源极和漏极的 N 区得到。开始形成反型层所需的 u_{GS}称为**开启电压**，用符号 $U_{GS(th)}$ 表示。以后，随着 u_{GS}的升高，感应电荷增多，导电沟道变宽。但因 $u_{DS}=0$，故 i_D总是为零。

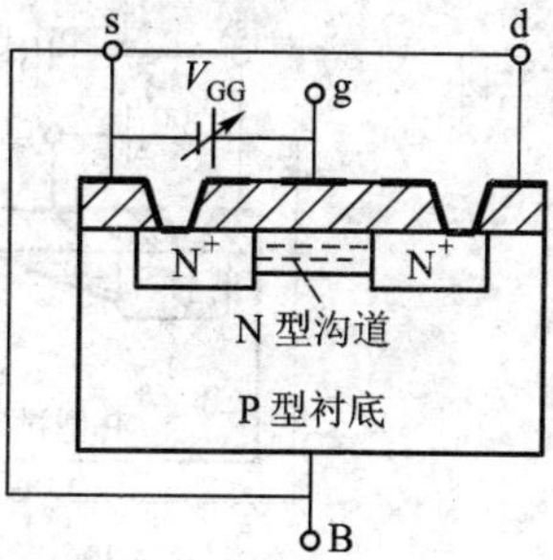

图 1.4.7　$u_{GS}>U_{GS(th)}$ 时形成导电沟道

假设使 u_{GS}为某一个大于 $U_{GS(th)}$ 的固定值，并在漏极和源极之间加上正电压 u_{DS}，且 $u_{DS}<u_{GS}-U_{GS(th)}$，即 $u_{GD}=u_{GS}-u_{DS}>U_{GS(th)}$，此时由于漏源之间存在导电沟道，所以将有一个电流 i_D。但是，因为 i_D流过导电沟道时产生电压降落，使沟道上各点电位不同。沟道上靠近漏极处电位最高，故该处栅漏之间的电位差 $u_{GD}=u_{GS}-u_{DS}$最小，因而感应电荷产生的导电沟道最窄；而沟道上靠近源极处电位最低，栅源之间的电位差 u_{GS}最大，所以导电沟道最宽，结果，导电沟道呈现一个楔形，如图 1.4.8(a) 所示。

当 u_{DS}增大时，i_D将随之而增大。但与此同时，导电沟道宽度的不均匀性也愈益加剧。当 u_{DS}增大到 $u_{DS}=u_{GS}-U_{GS(th)}$，即 $u_{GD}=u_{GS}-u_{DS}=U_{GS(th)}$ 时，靠近漏极处的沟道达到临界开启的程度，出现了**预夹断**的情况，如图 1.4.8(b) 所示。如果继续增大 u_{DS}，则沟道的夹断区逐渐延长，见图 1.4.8(c)。在此过程中，由于

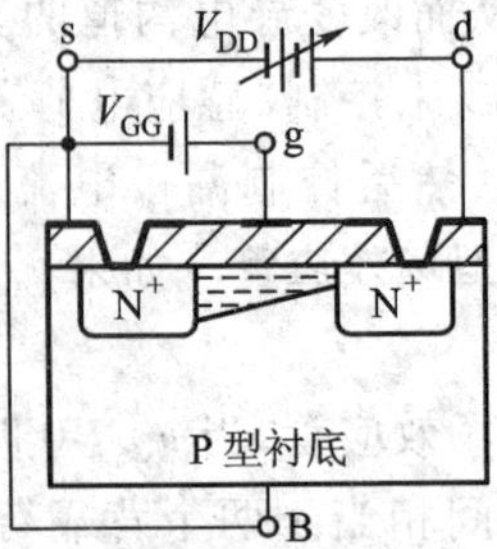

(a) $u_{GD}>U_{GS(th)}$

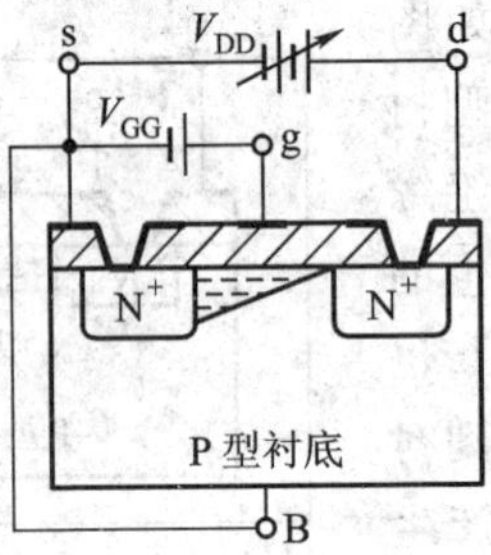

(b) $u_{GD}=U_{GS(th)}$

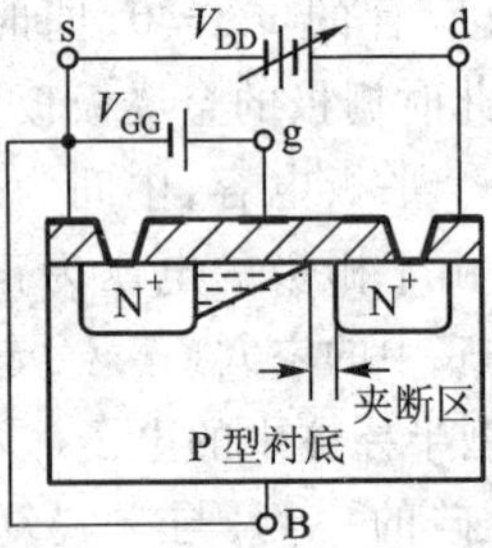

(c) $u_{GD}<U_{GS(th)}$

图 1.4.8 u_{DS}对导电沟道的影响

夹断区的沟道电阻很大，所以当 u_{DS}逐渐增大时，增加的 u_{DS}几乎都降落在夹断区上，而导电沟道两端的电压几乎没有增大，即基本保持不变，因而漏极电流 i_D也基本不变。

(3) 特性曲线

N 沟道增强型 MOS 场效应管的输出特性和转移特性分别示于图 1.4.9(a)和(b)中。

N 沟道增强型 MOS 场效应管的输出特性同样可以分为三个区域：可变电阻区、恒流区和截止区，如图 1.4.9(a)所示。可变电阻区与恒流区之间的虚线表示预夹断轨迹，该虚线与各条输出特性的交点满足关系 $u_{GD}=u_{GS}-u_{DS}=U_{GS(th)}$。

图 1.4.9(b)示出了 N 沟道增强型 MOS 场效应管的转移特性。由图可见，当 $u_{GS}<U_{GS(th)}$时，由于尚未形成导电沟道，因此 i_D基本为零。当 $u_{GS}=U_{GS(th)}$时，开始形成导电沟道，产生 i_D。然后随着 u_{GS}的增大，导电沟道变宽，沟道电阻减小，i_D增大。

图 1.4.9(b)所示的转移特性可近似用以下公式表示：

$$i_D=I_{DO}\left(\frac{u_{GS}}{U_{GS(th)}}-1\right)^2 \quad (u_{GS}\geqslant U_{GS(th)}) \tag{1.4.4}$$

式中 I_{DO}为当 $u_{GS}=2U_{GS(th)}$时的 i_D 值，见图 1.4.9(b)。

2. N 沟道耗尽型 MOS 场效应管

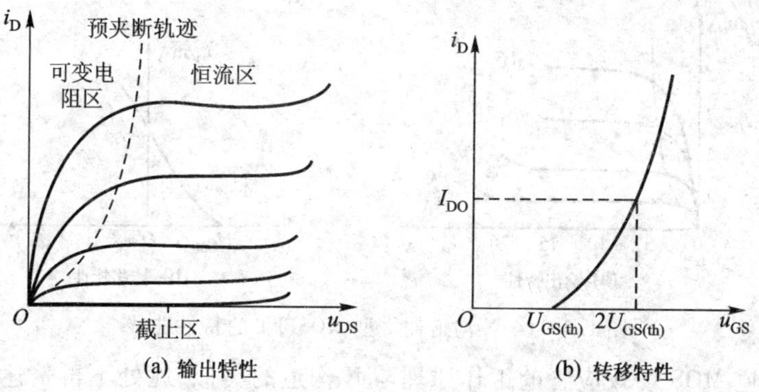

图 1.4.9　N 沟道增强型 MOSFET 的特性曲线

根据前面的分析可知，对于 N 沟道增强型 MOS 场效应管，只有当 $u_{GS}>U_{GS(th)}$ 时，漏极和源极之间才存在导电沟道。耗尽型的 MOS 场效应管则不然，由于在制造过程中预先在二氧化硅的绝缘层中掺入了大量的正离子，因此，即使 $u_{GS}=0$，这些正离子产生的电场也能在 P 型衬底中"感应"出足够的负电荷，形成"反型层"，从而产生 N 型导电沟道，如图 1.4.10(a)所示。所以当 $u_{DS}>0$ 时，将有一个较大的漏极电流 i_D。N 沟道耗尽型 MOS 场效应管的符号见图 1.4.10(b)。

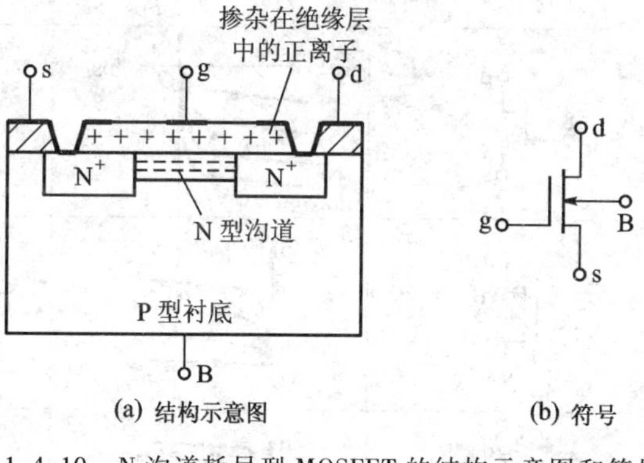

图 1.4.10　N 沟道耗尽型 MOSFET 的结构示意图和符号

如果这种场效应管的 $u_{GS}<0$，则由于栅极接到电源的负端，其电场将削弱原来二氧化硅绝缘层中预先注入的正离子的电场，使感应电荷减少，于是 N 型沟道变窄，从而使 i_D减小。当 u_{GS}更负，达到某一值时，感应电荷被"耗尽"，导电沟道消失，于是 $i_D=0$。因此这种场效应管称为耗尽型 MOS 场效应管。使 i_D减为零时的 u_{GS}称为**夹断电压**，用符号 $U_{GS(off)}$ 表示，与结型场效应管类似。

与 N 沟道结型场效应管不同之处在于，耗尽型 MOS 场效应管也允许在 $u_{GS}>0$ 的情况下工作。此时，导电沟道比 $u_{GS}=0$ 时更宽，因而 i_D更大。

N 沟道耗尽型 MOS 场效应管的输出特性和转移特性分别示于图 1.4.11(a)和(b)。由图可见，当 $u_{GS}>0$ 时，i_D增大；当 $u_{GS}<0$ 时，i_D减小。

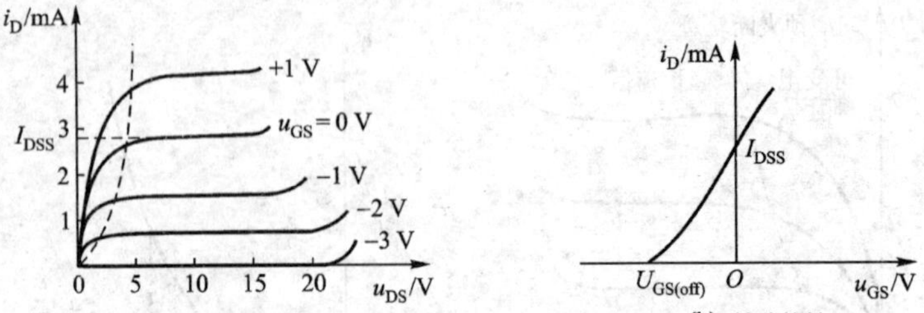

(a) 输出特性　　　　(b) 转移特性

图 1.4.11　N 沟道耗尽型 MOSFET 的特性曲线

P 沟道 MOS 场效应管的工作原理与 N 沟道的类似,此处不再赘述。它们的符号也与 N 沟道 MOS 管相似,但衬底 B 上箭头的方向相反。为了便于比较,现将各种场效应管的符号和特性曲线列于表 1-1 中。

表 1-1　各种场效应管的符号和特性曲线

种　类		符　号	输 出 特 性	转移特性
结型 N 沟道	耗尽型	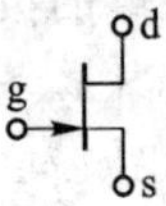	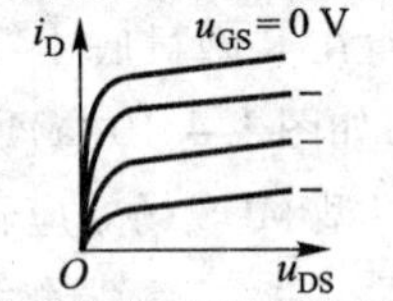	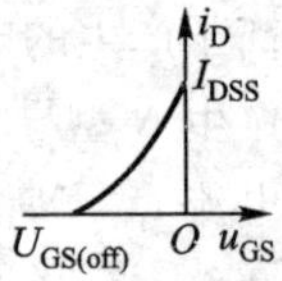
结型 P 沟道	耗尽型	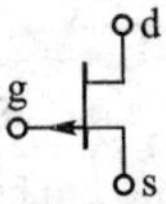	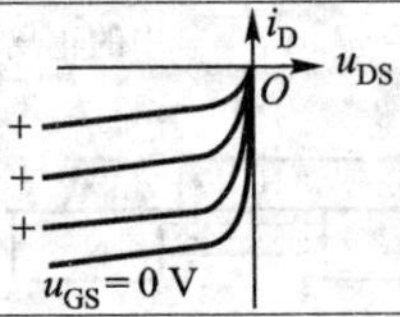	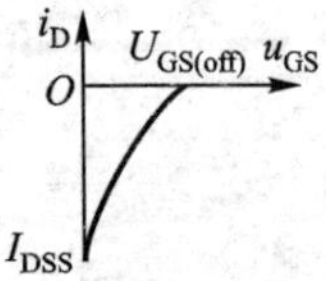
绝缘栅型 N 沟道	增强型	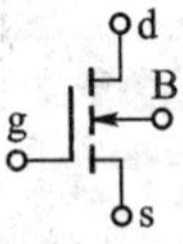	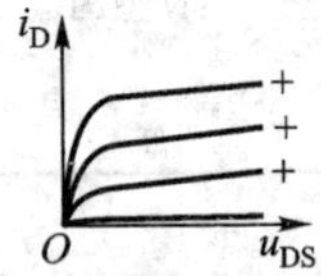	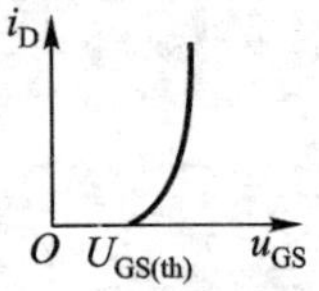
	耗尽型	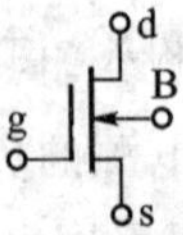	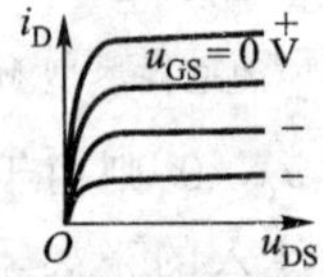	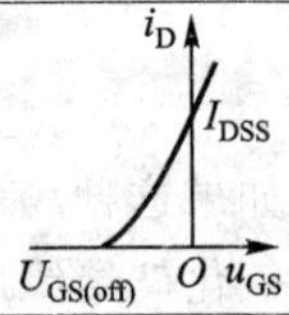
绝缘栅型 P 沟道	增强型	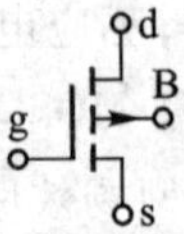	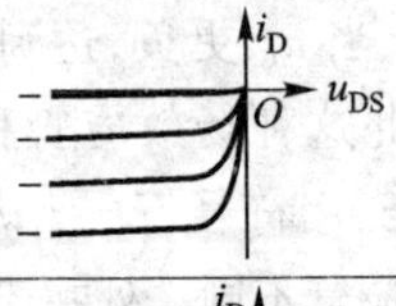	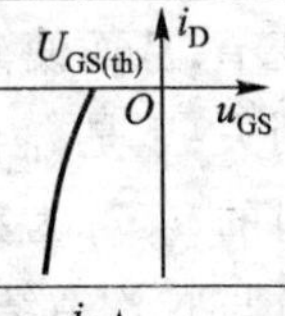
	耗尽型	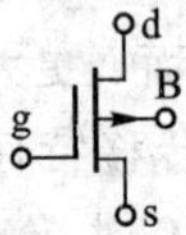	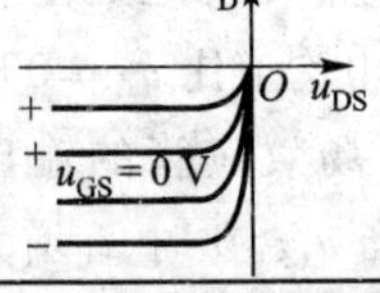	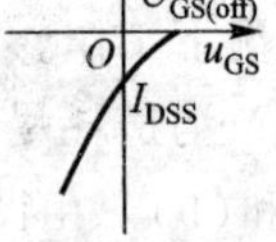

►►1.4.3 场效应管的主要参数

场效应管的主要参数有：

1. 直流参数

(1) 饱和漏极电流 I_{DSS}

这是耗尽型场效应管的一个重要参数。它的定义是当栅源之间的电压 u_{GS} 等于零,而漏源之间的电压 u_{DS}大于夹断电压 $U_{GS(off)}$时对应的漏极电流。

(2) 夹断电压 $U_{GS(off)}$

$U_{GS(off)}$也是耗尽型场效应管的一个重要参数。其定义是当 u_{DS}一定时,使 i_D 减小到某一个微小电流时所需的 u_{GS}值。

(3) 开启电压 $U_{GS(th)}$

$U_{GS(th)}$是增强型场效应管的一个重要参数。它的定义是当 u_{DS}一定时,使漏极电流达到某一数值时所需加的 u_{GS}值。

(4) 直流输入电阻 R_{GS}

即栅源之间所加电压与产生的栅极电流之比。由于场效应管的栅极几乎不取电流,因此其输入电阻很高。结型场效应管的 R_{GS}一般在 $10^7\,\Omega$ 以上,绝缘栅场效应管的输入电阻更高,一般大于 $10^9\,\Omega$。

2. 交流参数

(1) 低频跨导 g_m

用以描述栅源之间的电压 u_{GS} 对漏极电流 i_D 的控制作用。它的定义是当 u_{DS}一定时,i_D 与 u_{GS}的变化量之比,即

$$g_m = \left.\frac{\Delta i_D}{\Delta u_{GS}}\right|_{u_{DS}=\text{常数}} \tag{1.4.5}$$

若 i_D 的单位是毫安(mA),u_{GS}的单位是伏(V),则 g_m 的单位是毫西[门子](mS)。

(2) 极间电容

这是场效应管三个电极之间的等效电容,包括 C_{gs}、C_{gd}和 C_{ds}。极间电容愈小,则管子的高频性能愈好。一般为几个皮法。

3. 极限参数

(1) 漏极最大允许耗散功率 P_{DM}

场效应管的漏极耗散功率等于漏极电流与漏源之间电压的乘积,即 $p_D = i_D u_{DS}$。这部分功率将转化为热能,使管子的温度升高。漏极最大允许耗散功率决定于场效应管允许的温升。

(2) 漏源击穿电压 $U_{(BR)DS}$

这是在场效应管的漏极特性曲线上,当漏极电流 i_D 急剧上升产生雪崩击穿

时的 u_{DS}。工作时外加在漏源之间的电压不得超过此值。

(3) 栅源击穿电压 $U_{(BR)GS}$

结型场效应管正常工作时,栅源之间的 PN 结处于反向偏置状态,若 u_{GS} 过高,PN 结将被击穿。MOS 场效应管的栅极与沟道之间有一层很薄的二氧化硅绝缘层,当 u_{GS} 过高时,可能将二氧化硅绝缘层击穿,使栅极与衬底发生短路。这种击穿不同于一般的 PN 结击穿,而与电容器击穿的情况类似,属于破坏性击穿。栅源间发生击穿,MOS 管即被破坏。

▶1.5 半导体器件 Multisim 仿真实例

1. 利用 Multisim 观察半导体二极管的单向导电性

在 Multisim 中构建二极管电路,如图 1.5.1(a)所示,图中 VD 是虚拟二极管,输入端加上最大值 $U_{im}=4$ V,频率为 1 kHz 的正弦波电压,接入一台虚拟示波器 XSC1,这是一台双踪示波器,有 A、B 两个通道,A 端接二极管电路的输入端,B 端接电路的输出端,如图 1.5.1(a)所示。

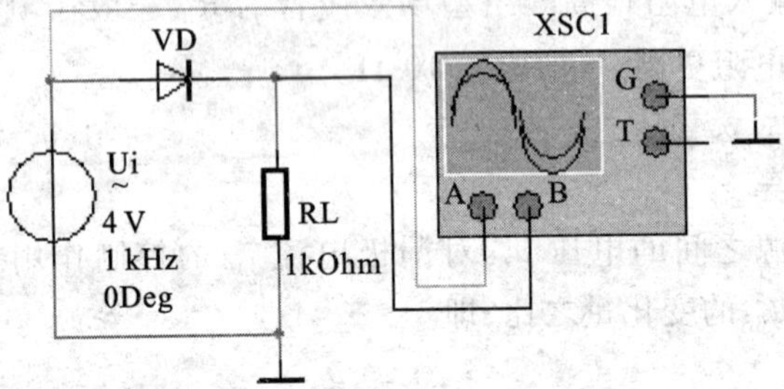

(a) 电路图

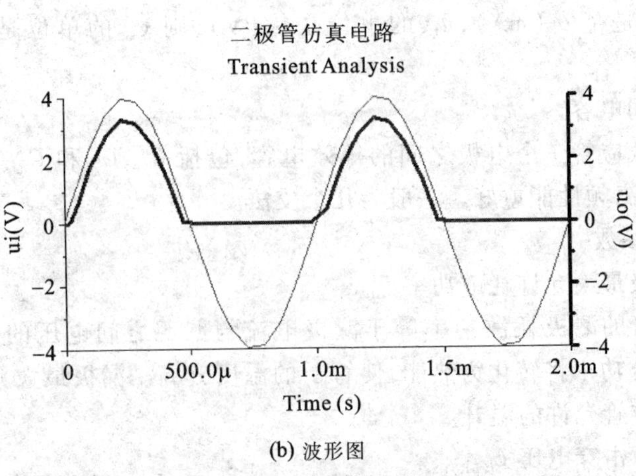

(b) 波形图

图 1.5.1 二极管仿真电路

电路仿真以后，可由示波器观察到输入、输出波形，如图 1.5.1(b)所示。为便于区别，用较浅的颜色显示输入波形，用较深的颜色显示输出波形。由图可见，输入信号是一个双向的正弦波电压，而经过二极管以后，在输出端得到一个单方向的脉动电压，可见二极管具有单向导电性。

2. 利用 Multisim 观察稳压管的稳压作用

在 Multisim 中构建稳压管电路如图 1.5.2 所示，图中 XMM1 和 XMM2 均为虚拟数字万用表，其中 XMM1 设定为直流电流表，XMM2 设定为直流电压表。分别改变直流输入电压 U 和负载电阻 R_L 的大小，测试负载两端电压和稳压管中电流如何变化。

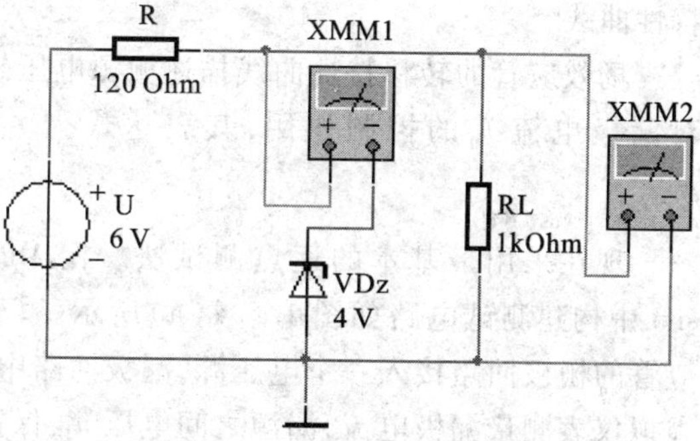

图 1.5.2　稳压管仿真电路

当直流输入电压 $U=6$ V，负载电阻 $R_L=1$ kΩ 时，电路仿真后，从虚拟仪表 XMM2 测得输出电压 $U_O=3.991$ V，从 XMM1 测得稳压管电流 $I_Z=12.751$ mA。

将直流输入电压改为 $U=8$ V，R_L 不变，再次进行仿真后，可测得 $U_O=4.008$ V，$I_Z=29.262$ mA。

再将负载电阻改为 $R_L=500$ Ω，而 $U=6$ V 不变，可测得 $U_O=3.984$ V，$I_Z=8.836$ mA。

由上可见，当直流输入电压或负载电阻发生变化时，稳压管两端电压(即输出电压 U_O)能够保持基本不变，但稳压管电流将产生较大的变化。实质上，当直流输入电压或负载电阻变化时，通过稳压管电流 I_Z 的变化来调整限流电阻 R 上的电压降，从而保持输出电压基本稳定。

关于稳压管稳压电路的工作原理，在本书第 10 章中还将进一步讨论。

3. 利用 Multisim 测试双极型三极管的电流放大作用

在 Multisim 中构建三极管测试电路，如图 1.5.3 所示。三极管的基极回路接入一个电流源，集电极回路接入虚拟数字万用表，并设置成直流电流表，以测量集电极电流。集电极电压 $U_{CE}=10$ V 保持不变。

改变基极电流 i_B 的数值，并从虚拟仪表上测得相应的集电极电流 i_C，可得以下一组数据：

i_B/μA	0	10	20	30	40	50
i_C/μA	1.776	500.933	1 002	1 501	2 002	2 501

由上可知，当 i_B 由 20 μA 增至 30 μA（Δi_B = 10 μA）时，相应的 i_C 由 1 002μA 增至 1 501 μA（Δi_C = 499 μA），Δi_C 将近等于 Δi_B 的 50 倍，说明三极管具有电流放大作用。

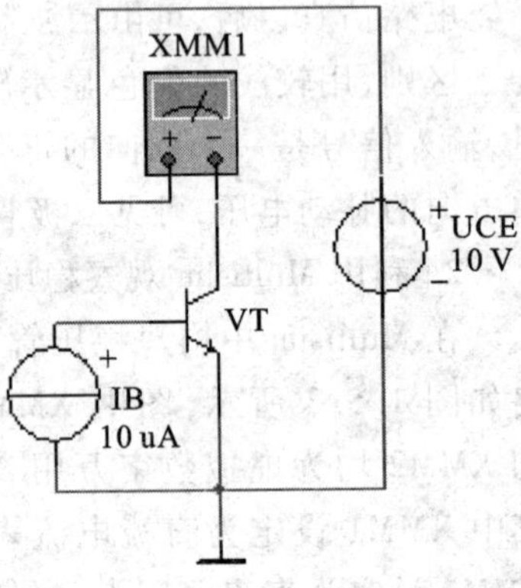

图 1.5.3 双极型三极管仿真电路

4. 利用 Multisim 测试 MOS 场效应管的转移特性曲线

场效应管的转移特性曲线描述栅源电压 u_{GS} 对漏极电流 i_D 的控制作用，其表达式为 $i_D = f(u_{GS})\big|_{u_{DS}=\text{常数}}$。

现在采用最基本的逐点测试法。在 Multisim 中构建测试电路如图 1.5.4（a）所示。场效应管的栅极回路接入一个电压源，漏极回路中的虚拟仪表测量漏极电流，漏源之间电压 u_{DS} 保持不变。

改变栅源电压 u_{GS} 的大小，电路仿真后测出相应的 i_D 值，测试结果如下：

u_{GS}/V	0	1	2	2.5	3	3.5	4	4.5	5
i_D/μA	1.776	1.776	1.776	126.121	500.933	1 126	2 002	3 126	4 501

根据测得的数据即可画出该场效应管的转移特性曲线，如图 1.5.4（b）所示。由图可知，该场效应管的开启电压 $U_{GS(th)}$ = 2 V，在 u_{GS} = 4 V 附近的跨导为

$$g_m = \frac{\Delta i_D}{\Delta u_{GS}} = \frac{3.126 - 1.126}{4.5 - 3.5}\ \text{mS} = 2\ \text{mS}$$

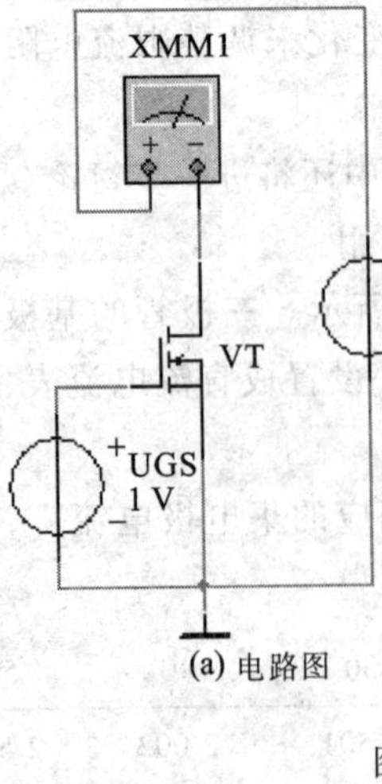

(a) 电路图

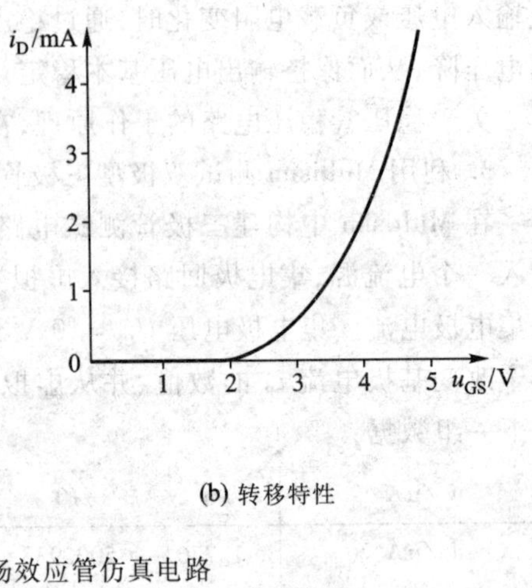

(b) 转移特性

图 1.5.4 MOS 场效应管仿真电路

采用逐点测试法需要逐一改变 u_{GS} 的值，然后进行仿真，再测出 i_D 值，最后还要用手工方法画出转移特性曲线，过程比较繁琐。实际上，利用 Multisim 7 的直流扫描分析功能(DC Sweep Analysis)或利用虚拟仪器，可以快速、直接地测出二极管、双极型三极管以及场效应管的特性曲线。由于现在刚刚开始学习 Multisim 仿真软件的使用，所以，将最基本、最简单的操作方法作为练习。

本章小结

1. 电子电路中常用的半导体器件有二极管、稳压管、双极型三极管和场效应管等。制造这些器件的主要材料是半导体，例如硅和锗等。

半导体中存在两种载流子：电子和空穴。纯净的半导体称为本征半导体，它的导电能力很差。掺有少量其他元素的半导体称为杂质半导体。杂质半导体分为两种：N 型半导体——多数载流子是电子；P 型半导体——多数载流子是空穴。当把 P 型半导体和 N 型半导体结合在一起时，在二者的交界处形成一个 PN 结，这是制造各种半导体器件的基础。

2. 二极管就是利用一个 PN 结加上外壳，引出两个电极而制成的。它的主要特点是具有单向导电性，在电路中可以起整流和检波等作用。

3. 二极管工作在反向击穿区时，即使流过管子的电流变化很大，而管子两端的电压变化很小，利用这种特性可以做成稳压管。

4. 双极型三极管有两种类型：NPN 型和 PNP 型。无论何种类型，内部均包含两个 PN 结：发射结和集电结，并引出三个电极：发射极、基极和集电极。

利用三极管的电流控制作用可以实现放大。三极管实现放大作用的内部结构条件是：发射区掺杂浓度很高；基区做得很薄，且掺杂浓度很低。实现放大作用的外部条件是：外加电源的极性应保证发射结正向偏置；而集电结反向偏置。

描述三极管放大作用的重要参数是共射电流放大系数 $\beta=\Delta i_C/\Delta i_B$ 以及共基电流放大系数 $\alpha=\Delta i_C/\Delta i_E$。另外可以用输入、输出特性曲线来描述三极管的特性。三极管的共射输出特性可以划分为三个区：截止区、放大区和饱和区。为了对输入信号进行线性放大，避免产生严重的非线性失真，应使三极管工作在放大区内。

5. 场效应管利用栅源之间电压的电场效应来控制漏极电流，是一种电压控制器件。场效应管分为结型和绝缘栅型两大类，后者又称为 MOS 场效应管。无论结型或绝缘栅型场效应管，都有 N 沟道和 P 沟道之分。对于绝缘栅场效应管，又有增强型和耗尽型两种类型，但结型场效应管只有耗尽型。

表征场效应管放大作用的重要参数是跨导 $g_m=\Delta i_D/\Delta u_{GS}$。也可用输出特性和转移特性来描述场效应管各极电流与电压之间的关系。

场效应管的主要特点是输入电阻高，而且易于大规模集成，近年来发展很快。

学完本章以后，应能达到以下教学要求：

① 掌握普通二极管和稳压管的外特性和主要参数。正确理解它们的工作原理。

② 掌握双极型三极管的外特性（包括输入特性和输出特性）以及双极型三极管的主要参数。正确理解双极型三极管的工作原理。

③ 掌握场效应管的外特性（包括输出特性和转移特性）以及场效应管的主要参数。正确理解场效应管的工作原理。

④ 了解本征半导体、杂质半导体和 PN 结的形成。

习题与思考题

习题 1-1 欲使二极管具有良好的单向导电性，管子的正向电阻和反向电阻分别为大一些好，还是小一些好？

习题 1-2 假设一个二极管在 50 ℃时的反向电流为 10 μA，试问它在 20 ℃和 80 ℃时的反向电流大约分别为多大？已知温度每升高 10 ℃，反向电流大致增加一倍。

习题 1-3 某二极管的伏安特性如图 P1-3(a)所示：

① 如在二极管两端通过 1 kΩ 的电阻加上 1.5 V 的电压，见图 P1-3(b)，此时二极管的电流 I 和电压 U 各为多少？

② 如将图 P1-3(b)中的 1.5 V 电压改为 3 V，则二极管的电流和电压各为多少？

提示：可用图解法。

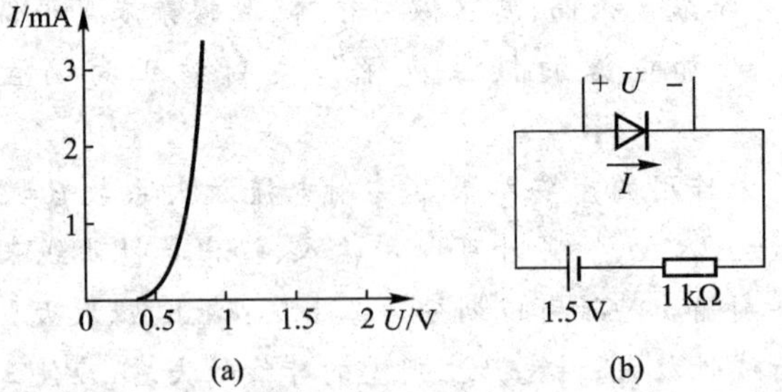

图 P1-3

习题 1-4 已知在图 P1-4 中，$u_I = 10\ \sin\omega t$(V)，$R_L = 1\ \text{k}\Omega$，试对应地画出二极管的电流 i_D、电压 u_D 以及输出电压 u_O 的波形，并在波形图上标出幅值。设二极管的正向压降和反向电流可以忽略。

习题 1-5 欲使稳压管具有良好的稳压特性，它的工作电流 I_Z、动态内阻 r_Z 以及温度系数 α_U 等各项参数，大一些好还是小一些好？

习题 1-6 某稳压管在温度为 20 ℃，工作电流为 5 mA 时，稳定电压 $U_Z = 10$ V，已知其动

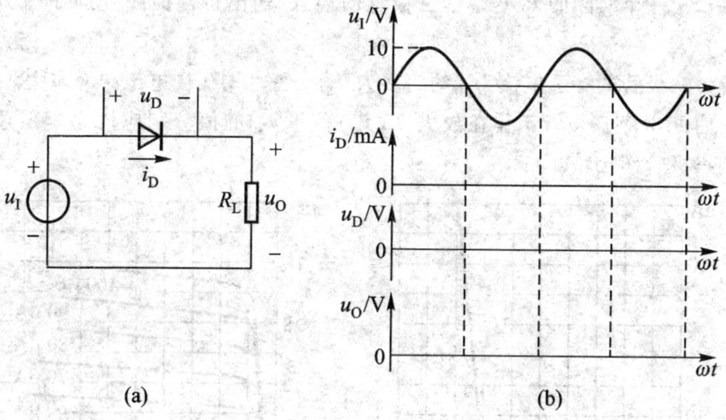

图 P1-4

态内阻 $r_Z=8\ \Omega$,电压的温度系数 $\alpha_U=0.09\%/℃$,试问:

① 当温度不变,工作电流改为 20 mA 时,U_Z 约等于多少?

② 当工作电流仍为 5 mA,但温度上升至 50 ℃时,U_Z 约等于多少?

习题 1-7 在图 P1-7 中,已知电源电压 $U=10$ V,$R=200\ \Omega$,$R_L=1\ k\Omega$,稳压管的 $U_Z=6$ V,试求:

① 稳压管中的电流 $I_Z=$?

② 当电源电压 U 升高到 12 V 时,I_Z 将变为多少?

③ 当 U 仍为 10 V,但 R_L 改为 2 kΩ 时,I_Z 将变为多少?

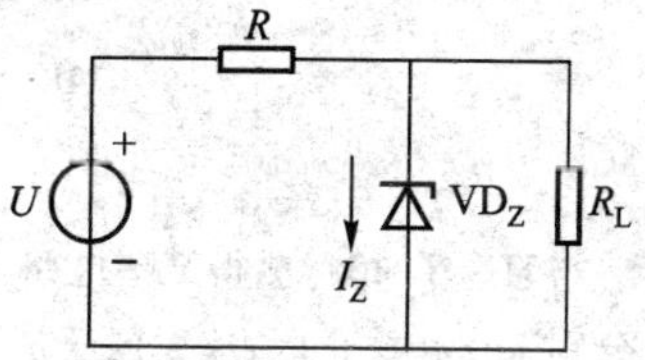

图 P1-7

习题 1-8 设有两个相同型号的稳压管,稳压值均为 6 V,当工作在正向时管压降均为 0.7 V,如果将它们用不同的方法串联后接入电路,可能得到几种不同的稳压值?试画出各种不同的串联方法。

习题 1-9 一个三极管的输出特性曲线见图 P1-9:

① 试在图上求出 $u_{CE}=5$ V,$i_C=6$ mA 处的电流放大系数 $\bar{\beta}$、$\bar{\alpha}$、β 和 α,并进行比较。

② 设三极管的极限参数为 $I_{CM}=20$ mA,$U_{(BR)CEO}=15$ V,$P_{CM}=100$ mW,试在图 P1-9 的特性曲线上画出三极管的安全工作区。

习题 1-10 假设有两个三极管,已知第一个管子的$\bar{\beta}_1=99$,则$\bar{\alpha}_1=$?当该管的 $I_{B1}=10\ \mu A$ 时,其 I_{C1} 和 I_{E1} 各等于多少?已知第二个管子的$\bar{\alpha}_2=0.95$,则其$\bar{\beta}_2=$?若该管的 $I_{E2}=1$ mA,则 I_{C2} 和 I_{B2} 各等于多少?

习题 1-11 设某三极管在 20 ℃时的反向饱和电流 $I_{CBO}=1\ \mu A$,$\beta=30$;试估算该管在 50 ℃时的 I_{CBO} 和穿透电流 I_{CEO} 大致等于多少。已知每当温度升高 10 ℃时,I_{CBO} 大约增大一倍,而每当温度升高 1℃时,β 大约增大 1%。

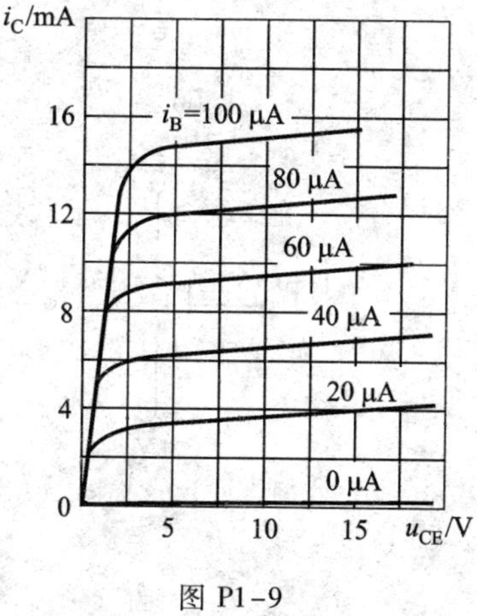

图 P1-9

习题 1-12 一个实际的 PNP 型锗三极管的输入、输出特性曲线分别如图 P1-12(a)和(b)所示。

① 查看该三极管的穿透电流 I_{CEO} 约为多大，输入特性的死区电压约为多大。

② 为了使 PNP 型三极管工作在放大区，其 u_{BE} 和 u_{BC} 的值分别应该大于零还是小于零？并与 NPN 型三极管作比较。

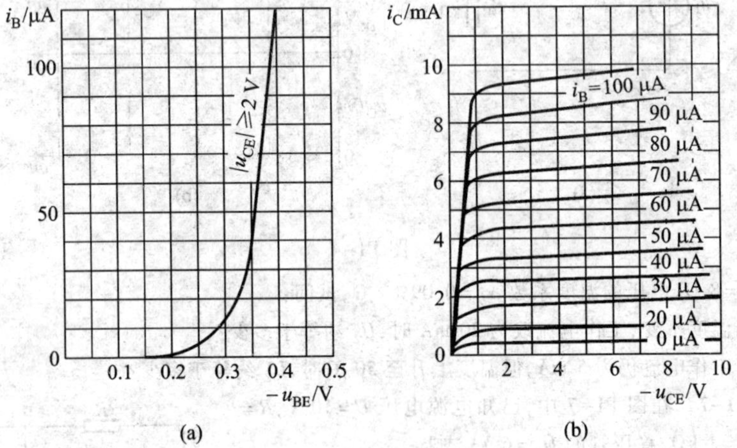

图 P1-12

习题 1-13 测得某些电路中几个三极管各极的电位如图 P1-13 所示，试判断各三极管分别工作在截止区、放大区还是饱和区。

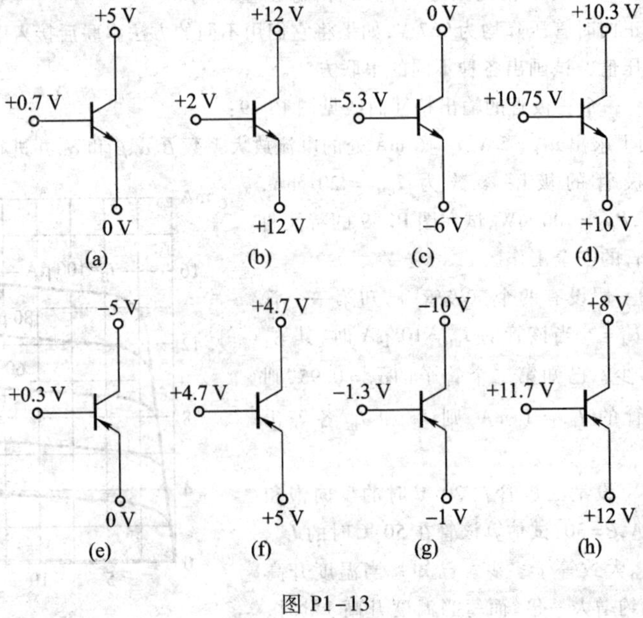

图 P1-13

习题 1-14 已知图 P1-14(a)~(f)中各三极管的 β 均为 50，$U_{BE}\approx 0.7$ V，试分别估算各电路中三极管的 i_C 和 u_{CE}，判断它们各自工作在哪个区(截止区、放大区或饱和区)，并将各管子的 i_C 和 u_{CE} 对应在输出特性曲线上的位置分别画在图 P1-14(g)上。

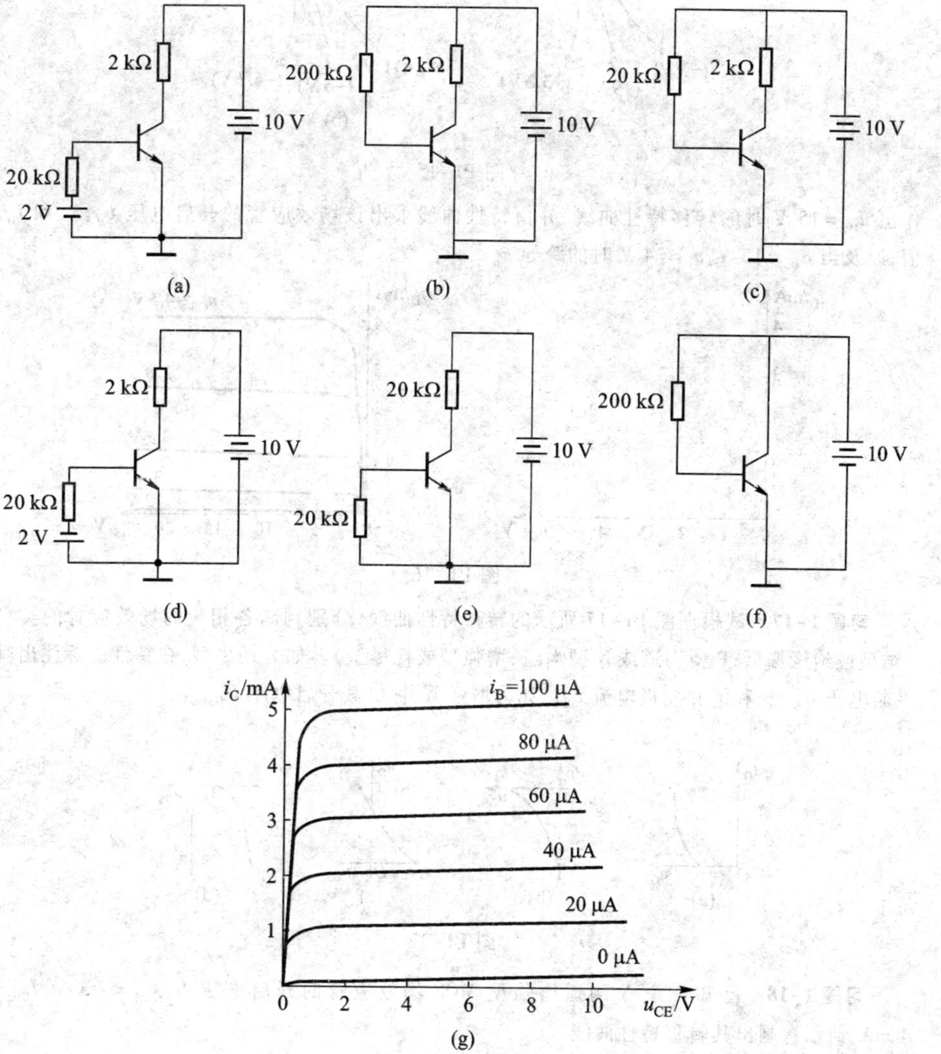

图 P1-14

习题 1-15 分别测得两个放大电路中三极管的各极电位如图 P1-15(a)和(b)所示，试识别它们的管脚，分别标上 e、b、c，并判断这两个三极管是 NPN 型，还是 PNP 型，硅管还是锗管。

习题 1-16 已知一个 N 沟道增强型 MOS 场效应管的输出特性曲线如图 P1-16 所示，试

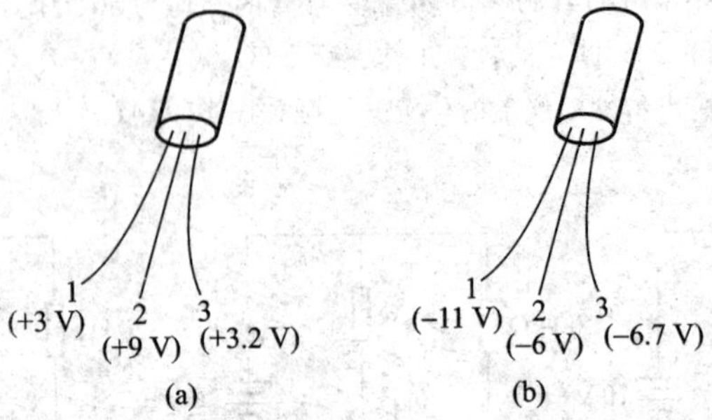

图 P1-15

作出 $u_{DS}=15$ V 时的转移特性曲线，并由特性曲线求出该场效应管的开启电压 $U_{GS(th)}$ 和 I_{DO} 值，以及当 $u_{DS}=15$ V，$u_{GS}=4$ V 时的跨导 g_m。

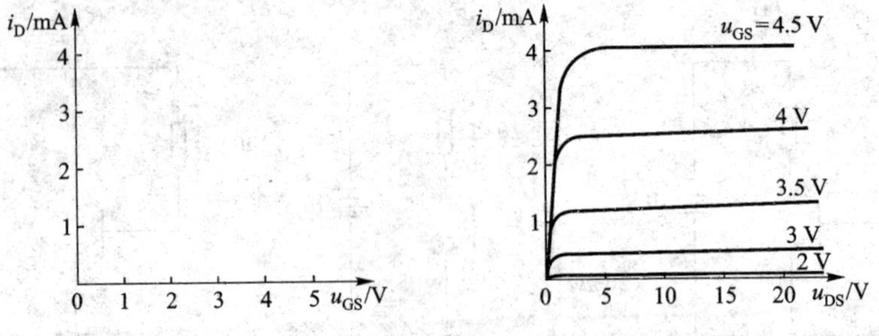

图 P1-16

习题 1-17 试根据图 P1-17 所示的转移特性曲线，分别判断各相应的场效应管的类型（结型或绝缘栅型，P 型沟道或 N 型沟道，增强型或耗尽型）。如为耗尽型，在特性上标注出其夹断电压 $U_{GS(off)}$ 和饱和漏极电流 I_{DSS}；如为增强型，标出其开启电压 $U_{GS(th)}$。

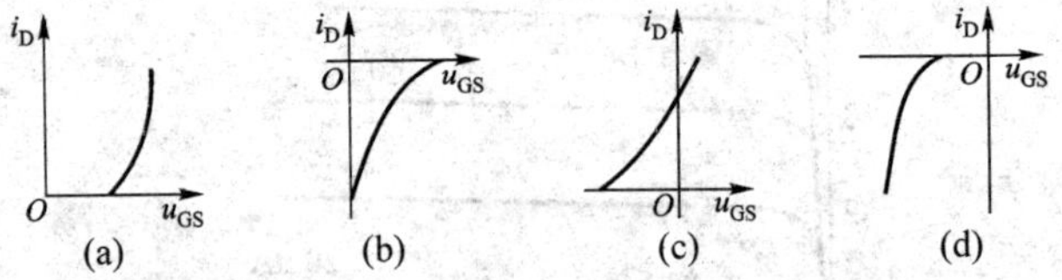

图 P1-17

习题 1-18 已知一个 N 沟道增强型 MOS 场效应管的开启电压 $U_{GS(th)}=+3$ V，$I_{DO}=4$ mA，请示意画出其转移特性曲线。

习题 1-19 已知一个 P 沟道耗尽型 MOS 场效应管的饱和漏极电流 $I_{DSS}=-2.5$ mA，夹断电压 $U_{GS(off)}=4$ V，请示意画出其转移特性曲线。

Multisim 仿真练习题

仿真题 1-1 测试一个半导体二极管的正向伏安特性。

仿真题 1-2 仿真图 P1-4(a) 电路，用虚拟示波器观测 u_I 和 u_O 的波形。

仿真题 1-3 测试一个稳压管的伏安特性。

仿真题 1-4 仿真图 P1-7 电路，测出习题 1-7 中①②③小题的结果，并与估算的结果进行比较。

仿真题 1-5 测试一个 N 沟道结型场效应管的转移特性，测出其夹断电压 $U_{GS(off)}$ 以及饱和漏极电流 I_{DSS} 的值。

仿真题 1-6 分别仿真图 P1-14(a)、(b)、(c)和(d)电路，用虚拟仪表测出各三极管的 i_B、i_C 和 u_{CE} 值，并与估算结果进行比较。

第2章　放大电路的基本原理和分析方法

内容提要

本章在阐明放大的概念,提出放大电路主要技术指标的基础上,以单管共发射极放大电路为例,介绍放大电路的组成以及实现放大作用的基本原理。然后介绍模拟电子电路最常用的两种分析方法:图解法和微变等效电路法。

由于温度变化将对半导体器件的参数产生影响，进而引起放大电路的静态工作点发生波动，从而导致放大电路整体性能的不稳定。因此，本章介绍一种常用的分压式工作点稳定电路。

除了共发射极组态以外，本章也介绍了放大电路的另外两种基本组态：共集电极组态和共基极组态，并对三种不同组态的特点进行列表比较。

在双极型三极管放大电路的基础上，本章介绍了场效应管放大电路的特点和分析方法。

在本章的最后，介绍多级放大电路三种常用的耦合方式，然后扼要地分析多级放大电路的电压放大倍数和输入、输出电阻。

2.1　放大的概念

放大电路是模拟电子电路中最常用、最基本的一种典型电路。无论日常使用的收音机、电视机,或者精密的测量仪表和复杂的自动控制系统等,其中一般都有各种各样不同类型的放大电路。可见,放大电路是应用十分广泛的模拟电路。另外,从模拟电子技术课程的内容来看,本书随后几章涉及的其他模拟电路,如模拟信号运算电路、信号处理电路以及波形发生电路等,实质上都是在放大电路的基础上发展、演变而得到的,因此说,放大电路是最基本的模拟电路。

既然放大电路如此重要,那么,究竟什么叫放大,也就是说,放大的概念是什么。

所谓“放大”,从表面上看,似乎就是将信号的幅度由小变大。但是,在电子技术中,“放大”的本质首先是实现**能量的控制**。即用能量比较小的输入信号来控制另一个能源,使输出端的负载上得到能量比较大的信号。负载上信号的变化规律是由输入信号控制的，而负载上得到的较大能量是由另一个能源提供的。例如，从收音机天线上接收到的信号能量非常微弱，需要经过放大和处理，才能驱动扬声器发出声音。我们从扬声器听到什么样的声音，决定于从天线上接收到的信号，而功率很大的音量，其能量来源于另外一个直流电源。这种小能量对大能量的控制就是放大的实质。

另外，放大作用是针对变化量而言的。所谓放大，是指当输入信号有一个比较小的变化量时，在输出端的负载上得到一个比较大的变化量。而放大电路的放大倍数，也是指输出信号与输入信号的变化量之比。由此可见，所谓放大作用，其**放大的对象是变化量**。

为了进行能量的控制，实现放大作用，必须采用具有放大作用的电子器件。已经知道，双极型三极管的基极电流 i_B 对集电极电流 i_C 有控制作用，而场效应管的栅源之间电压 u_{GS} 对漏极电流 i_D 也有控制作用，因此，这两种器件都可以实现放大作用，它们是组成放大电路的核心元件。

▶2.2 放大电路的主要技术指标

放大电路的技术指标用以定量地描述电路的有关技术性能。测试时通常在放大电路的输入端加上一个正弦测试电压，然后测量电路中的其他有关电量。测试技术指标的示意图见图 2.2.1。下面扼要介绍放大电路的主要技术指标。

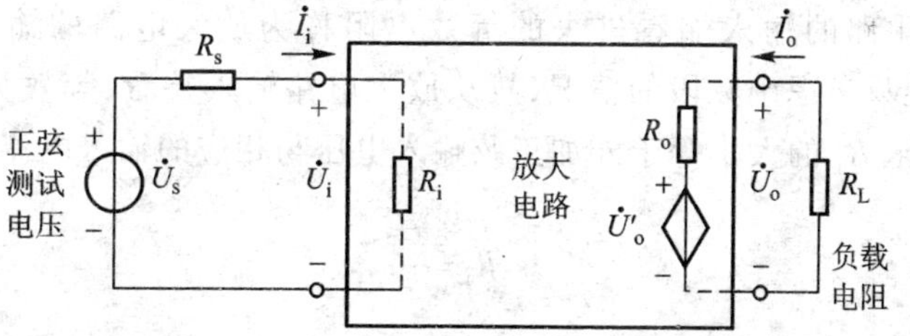

图 2.2.1 放大电路技术指标测试示意图

1. 放大倍数

放大倍数是描述一个放大电路放大能力的指标，其中电压放大倍数定义为输出电压与输入电压的变化量之比。当输入一个正弦测试电压时，也可用输出电压与输入电压的正弦相量之比来表示，即

$$\dot{A}_u = \frac{\dot{U}_o}{\dot{U}_i} \tag{2.2.1}$$

与此类似，电流放大倍数定义为输出电流与输入电流的变化量之比，同样也

可用二者的正弦相量之比来表示，即

$$\dot{A}_i=\frac{\dot{I}_\mathrm{o}}{\dot{I}_\mathrm{i}} \tag{2.2.2}$$

必须注意，以上两个表达式只有在输出电压和输出电流基本上也是正弦波，即输出信号没有明显失真的情况下才有意义。下面各项有关指标也有同样的要求。

2. 最大输出幅度

表示在输出波形没有明显失真的情况下，放大电路能够提供给负载的最大输出电压（或最大输出电流），一般指电压的有效值，以 U_om 表示。也可用峰-峰值表示，正弦信号的峰-峰值等于其有效值的 $2\sqrt{2}$ 倍。

3. 非线性失真系数

由于放大器件输入、输出特性的非线性，因此放大电路的输出波形不可避免地将产生或多或少的非线性失真。当输入单一频率的正弦波信号时，输出波形中除基波成分外，还将含有一定数量的谐波。所有的谐波总量与基波成分之比，定义为非线性失真系数，符号为 D，即

$$D=\frac{\sqrt{U_2^2+U_3^2+\cdots}}{U_1} \tag{2.2.3}$$

式中 U_1、U_2、U_3 等分别表示输出信号中基波、二次谐波、三次谐波等的幅值。

4. 输入电阻

从放大电路的输入端看进去的等效电阻称为放大电路的输入电阻，见图 2.2.1。此处只考虑中频段的情况，故从放大电路输入端看，等效为一个纯电阻 R_i。输入电阻 R_i 的大小等于外加正弦输入电压与相应的输入电流之比，即

$$R_\mathrm{i}=\frac{\dot{U}_\mathrm{i}}{\dot{I}_\mathrm{i}} \tag{2.2.4}$$

输入电阻这项技术指标描述放大电路对信号源索取电流的大小。通常希望放大电路的输入电阻愈大愈好，R_i 愈大，说明放大电路对信号源索取的电流愈小。

5. 输出电阻

输出电阻是从放大电路的输出端看进去的等效电阻，见图 2.2.1。在中频段，从放大电路的输出端看，同样等效为一个纯电阻 R_o。输出电阻 R_o 的定义是当输入端信号短路（即 $\dot{U}_\mathrm{s}=0$，但保留 R_s），输出端负载开路（即 $R_\mathrm{L}=\infty$）时，外加一个正弦输出电压 $\dot{U}_\mathrm{o}$，得到相应的输出电流 $\dot{I}_\mathrm{o}$，二者之比即是输出电阻 R_o，即

$$R_o = \left.\frac{\dot{U}_o}{\dot{I}_o}\right|_{\substack{\dot{U}_s=0 \\ R_L=\infty}} \tag{2.2.5}$$

实际工作中测试输出电阻时，通常在输入端加上一个固定的正弦交流电压 $\dot{U}_i$，首先使负载开路，测得输出电压为 $\dot{U}_o'$，然后接上阻值为 R_L 的负载电阻，测得此时的输出电压为 $\dot{U}_o$，根据图 2.2.1 的输出回路可得到

$$R_o = \left(\frac{\dot{U}_o'}{\dot{U}_o} - 1\right) R_L \tag{2.2.6}$$

输出电阻是描述放大电路带负载能力的一项技术指标。通常希望放大电路的输出电阻愈小愈好。R_o 愈小，说明放大电路的带负载能力愈强。

6. 通频带

由于放大器件本身存在极间电容，还有一些放大电路中接有电抗性元件，因此，放大电路的放大倍数将随着信号频率的变化而变化。一般情况下，当频率升高或降低时，放大倍数都将减小，而在中间一段频率范围内，因各种电抗性元件的作用可以忽略，故放大倍数基本不变，如图 2.2.2 所示。通常将放大倍数在高频和低频段分别下降至中频段放大倍数的 $\frac{1}{\sqrt{2}}$ 时所包括的频率范围，定义为放大电路的通频带，用符号 BW 表示，如图 2.2.2 所示。

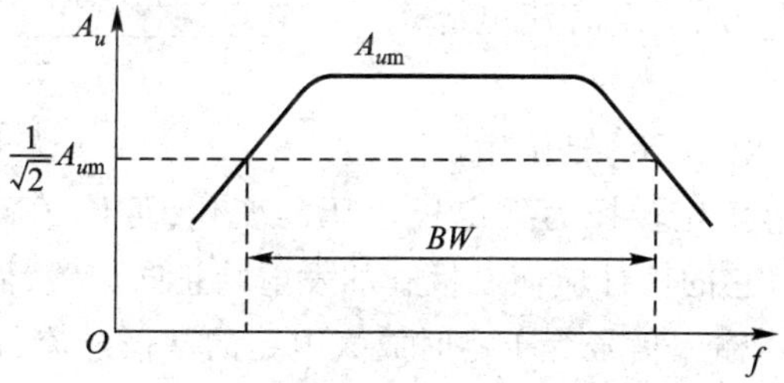

图 2.2.2　放大电路的通频带

显然，通频带愈宽，表明放大电路对信号频率的变化具有更强的适应能力。

7. 最大输出功率与效率

放大电路的输出功率，是指在输出信号不产生明显失真的前提下，能够向负载提供的最大输出功率，通常用符号 P_{om} 表示。

前已述及，放大的本质是能量的控制，负载上得到的输出功率，实际上是利用放大器件的控制作用将直流电源的功率转换成交流功率而得到的，因此就存在一个功率转换的效率问题。放大电路的效率 η 定义为最大输出功率 P_{om} 与直

流电源消耗的功率 P_V 之比，即

$$\eta=\frac{P_{om}}{P_V} \tag{2.2.7}$$

以上介绍了放大电路的几个主要技术指标，此外，针对不同的使用场合，还可能对放大电路提出其他一些指标，在此不再赘述。

▶2.3 单管共发射极放大电路

单管放大电路是构成各种复杂放大电路的基础。本节以单管共发射极放大电路为例，介绍放大电路的组成和放大的基本原理。

▶▶2.3.1 单管共发射极放大电路的组成

图 2.3.1 示出一个由 NPN 三极管组成的单管共发射极放大电路（通常简称为单管共射放大电路）的原理电路图。由图可见，电路中只有一个三极管作为放大元件，而且，输入回路和输出回路的公共端是三极管的发射极，故称为单管共射放大电路。

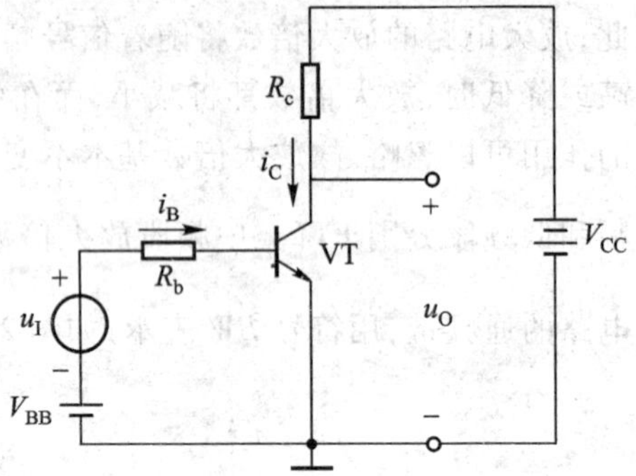

图 2.3.1 单管共射放大电路的原理电路

放大电路中各元件的作用为，三极管 VT 作为放大元件，是放大电路的核心。集电极电源 V_{CC} 是一个直流电源，输出端负载上得到的较大能量由 V_{CC} 提供。集电极负载电阻 R_c 的作用是，将集电极电流 i_C 的变化转换为集电极电压的变化，再传送到放大电路的输出端。基极电源 V_{BB}，它的极性应使三极管的发射结正向偏置，而且，V_{BB} 与基极电阻 R_b 共同决定了当输入信号等于零时放大电路的基极电流，这个电流称为静态基极电流。在以后的分析中将会看到，静态基极电流的大小对三极管能否工作在放大区，以及对放大电路的其他性能具有重要的影响。

▶▶2.3.2 单管共发射极放大电路的工作原理

假设在图 2.3.1 所示单管共射放大电路的输入端加上一个微小的输入电压的变化量 Δu_I，则三极管基极与发射极之间的电压也将随之发生变化，产生 Δu_{BE}。因三极管的发射结处于正向偏置状态，故当 u_{BE} 发生变化时，i_B 将产生相应的变化 Δi_B。如果三极管工作在放大区，则 i_B 的变化将引起 i_C 产生更大的变化，即 $\Delta i_C=\beta\Delta i_B$。这个 Δi_C 流过集电极负载电阻 R_c，使集电极电压 u_{CE} 也发生相应的变化。由图 2. 3. 1 可见,当 i_C 增大时,R_c 上的电压降也增大,于是 u_{CE} 将降低。由于 R_c 上的电压与 u_{CE}之和等于 V_{CC},而 V_{CC}是一个恒定不变的直流电源,因此 u_{CE}的变化量与 R_c 上电压的变化量数值相等而极性相反,即 $\Delta u_{CE}=-\Delta i_C R_c$。在本电路中,集电极电压 u_{CE}就是输出电压 u_O,即 $\Delta u_O=\Delta u_{CE}$。

综上所述,当放大电路的输入电压有一个变化量 Δu_I 时,在电路中将产生以下一系列电压或电流的变化量:

$$\Delta u_I \to \Delta u_{BE} \to \Delta i_B \to \Delta i_C \to \Delta u_{CE} \to \Delta u_O$$

当电路参数满足一定条件时,有可能使输出电压的变化量 Δu_O 比输入电压的变化量 Δu_I 大得多,也就是说,当放大电路的输入电压有一个微小的变化量 Δu_I 时,在输出端将得到一个放大了的变化量 Δu_O,从而实现了放大作用。

从以上分析可知,组成放大电路时必须遵循以下几个原则:

首先,外加直流电源的极性必须使三极管的发射结正向偏置,而集电结反向偏置,以保证三极管工作在放大区。此时,若基极电流有一个微小的变化量 Δi_B,将控制集电极电流产生一个较大的变化量 Δi_C,二者之间的关系为 $\Delta i_C=\beta\Delta i_B$。

其次,输入回路的接法应该使输入电压的变化量 Δu_I 能够传送到三极管的基极回路,并使基极电流产生相应的变化量 Δi_B。

第三,输出回路的接法应使集电极电流的变化量 Δi_C 能够转化为集电极电压的变化量 Δu_{CE},并传送到放大电路的输出端。

只要符合上述几项原则,即使电路的形式有所变化,仍然能够实现放大作用。

但是,图 2. 3. 1 所示的单管共射放大电路只是一个原理性电路,若付诸实用主要存在两个缺点,其一,在这个只有一个放大元件的简单电路中需要两路直流电源 V_{CC}和 V_{BB},既不方便也很不经济;其二,放大电路的输入电压 u_I与输出电压 u_O不共地,在实际应用时也不可取。为此,可以根据上述组成放大电路的几项原则,对原来的电路加以改进。

首先,省去基极直流电源 V_{BB},将基极电阻 R_b 改接到 V_{CC} 的正端。由图 2. 3. 2(a)可见,V_{CC}的极性能够保证发射结正向偏置。其次,将输入电压 u_I的一端接至公共端,以便与 u_O 共地,另一端通过电容 C_1 接到三极管的基极,如图 2. 3. 2(a)所示。在一定的信号频率时,输入电压中的交流成分能够基本上没有衰减地通过电容到达基极,但其中的直流成分则不能通过。这样的电容称为**隔直电容**或**耦合电容**。与输入回路的接法类似,三极管的集电极也通过一个隔直电容 C_2 接到输出端,图中的 R_L是放大电路的负载电阻。图 2. 3. 2 所示的电路通常称为**阻容耦合单管共射放大电路**。

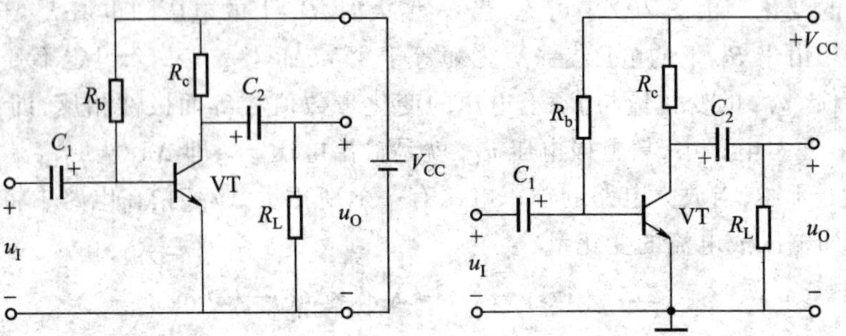

(a) 完整画法　　　(b) 简化画法

图 2.3.2　单管共射放大电路

图 2.3.2(a)中的电路克服了原来的缺点，比较实用，而且电路符合组成放大电路的三项原则，能够实现放大作用。

今后，为了简化画图过程，通常不将直流电源 V_{CC} 画出，而只标出其正端，如图 2.3.2(b)所示。

▶2.4　放大电路的基本分析方法

双极型三极管或场效应管是组成放大电路的主要器件，而它们的特性曲线都是非线性的，因此，对放大电路进行定量分析时，主要矛盾在于如何处理放大器件的非线性问题。对此问题，常用的解决办法有两个：第一是**图解法**，这是在承认放大器件特性曲线为非线性的前提下，在放大管的特性曲线上用作图的方法求解。第二是**微变等效电路法**，其实质是在一个比较小的变化范围内，近似认为双极型三极管和场效应管的特性曲线是线性的，由此导出放大器件的等效电路以及相应的微变等效参数，从而将非线性的问题转化为线性问题，于是就可以利用电路原理中介绍的适用于线性电路的各种定律、定理等来对放大电路进行求解。

随着电子技术和计算机应用的不断发展，电子电路的分析已经从传统的手工分析计算发展为借助于专用的**计算机软件**进行**仿真**、**分析**和**设计**。目前，对于模拟电子电路的分析，已经开发了许多优秀的计算机仿真软件，其中应用比较广泛的有 SPICE、Multisim 等。本书除了介绍图解法和微变等效电路法以外，还将在各章利用 Multisim 仿真软件对各种典型电路进行仿真和分析。

对一个放大电路进行定量分析时，首先要进行**静态分析**，即分析未加输入信号时的工作状态，估算电路中各处的直流电压和直流电流。然后进行**动态分析**，即分析加上交流输入信号时的工作状态，估算放大电路的各项动态技术指标，如电压放大倍数、输入电阻、输出电阻、通频带、最大输出功率等。分析的过程一般是**先静态后动态**。

静态分析讨论的对象是直流成分，动态分析讨论的对象则是交流成分。由于放大电路中存在着电抗性元件，所以直流成分的通路和交流成分的通路是不一样的。为了分别进行静态分析和动态分析，首先来分析放大电路的直流通路和交流通路有何不同。

▶▶2.4.1 直流通路与交流通路

放大电路中的电抗性元件对直流信号和交流信号呈现的阻抗是不同的。例如，电容对直流信号的阻抗是无穷大，故相当于开路；但对交流信号而言，电容容抗的大小为$\frac{1}{\omega C}$，当电容值足够大，交流信号在电容上的压降可以忽略时，可视为短路。电感对直流信号的阻抗为零，相当于短路；而对交流信号而言，感抗的大小为 ωL。此外，对于理想电压源，如 V_{CC} 等，由于其电压恒定不变，即电压的变化量等于零，故在交流通路中相当于短路。而理想电流源，由于其电流恒定不变，即电流的变化量等于零，故在交流通路中相当于开路，等等。

现在以图 2.3.2(b)中的单管共射放大电路为例，分析其直流通路和交流通路。

画直流通路时，应将隔直电容 C_1 和 C_2 开路。画交流通路时，应将 C_1 和 C_2 短路，此外，集电极直流电源 V_{CC}也应短路。因此，单管共射放大电路的直流通路和交流通路分别如图 2.4.1(a)和(b)所示。

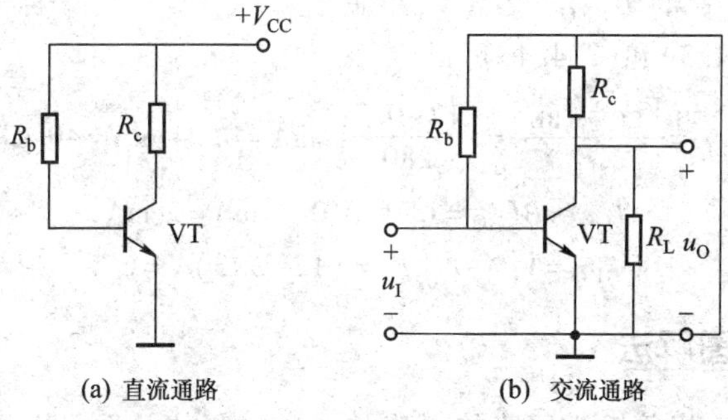

图 2.4.1 单管共射放大电路的交、直流通路

根据放大电路的直流通路和交流通路，即可分别进行静态分析和动态分析。进行静态分析时，有时也采用一些简单实用的近似估算法。

▶▶2.4.2 静态工作点的近似估算

当外加输入信号为零时，在直流电源 V_{CC}的作用下，三极管的基极回路和集电极回路均存在着直流电流和直流电压，这些直流电流和电压在三极管的输入、输出特性上各自对应一个点，称为**静态工作点**。静态工作点处的基极电流、基极与发射极之间的电压分别用符号 I_{BQ}、U_{BEQ} 表示，集电极电流、集电极与发射极之间的电压则用 I_{CQ}、U_{CEQ} 表示①。

由图 2.4.1(a)中的直流通路，可求得单管共射放大电路的静态基极电流为

$$I_{BQ}=\frac{V_{CC}-U_{BEQ}}{R_b} \tag{2.4.1}$$

由三极管的输入特性可知，U_{BEQ}的变化范围很小，可近似认为

$$\begin{aligned}&\text{硅管}\quad U_{BEQ}=(0.6\sim0.8)\text{ V}\\&\text{锗管}\quad U_{BEQ}=(0.1\sim0.3)\text{ V}\end{aligned} \tag{2.4.2}$$

根据以上近似值，若给定 V_{CC} 和 R_b，即可由式(2.4.1)估算 I_{BQ}。

已知三极管的集电极电流与基极电流之间存在关系 $I_C\approx\bar{\beta}I_B$，且 $\beta\approx\bar{\beta}$，故可得静态集电极电流为

$$I_{CQ}\approx\beta I_{BQ} \tag{2.4.3}$$

然后由图 2.4.1(a)的直流通路可得

$$U_{CEQ}=V_{CC}-I_{CQ}R_c \tag{2.4.4}$$

【例 2.4.1】 在图 2.4.2 所示的单管共射放大电路中，已知三极管的 $\beta=50$，试估算放大电路的静态工作点。

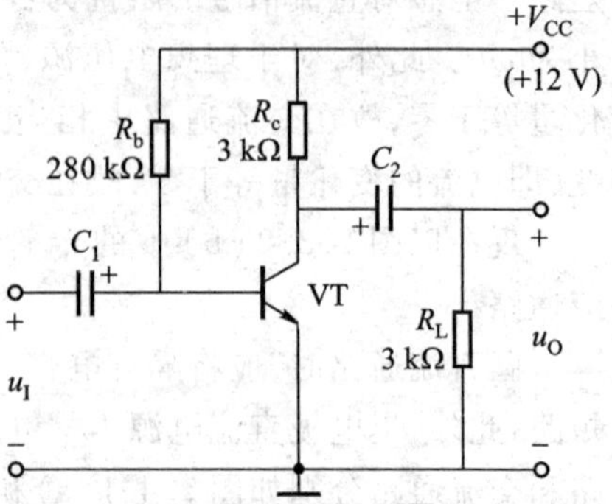

图 2.4.2 例 2.4.1 电路

解：设三极管的 $U_{BEQ}=0.7$ V，根据式(2.4.1)、(2.4.3)和(2.4.4)可得

$$I_{BQ}=\frac{V_{CC}-U_{BEQ}}{R_b}=\left(\frac{12-0.7}{280}\right)\text{ mA}=0.04\text{ mA}=40\ \mu\text{A}$$

$$I_{CQ}\approx\beta I_{BQ}=(50\times0.04)\text{ mA}=2\text{ mA}$$

$$U_{CEQ}=V_{CC}-I_{CQ}R_c=(12-2\times3)\text{ V}=6\text{ V}$$

►►2.4.3 图解法

已经知道，三极管输入回路的电流与电压之间的关系可以用输入特性曲线来描述；输出回路的电流与电压之间的关系可以用输出特性曲线来描述。图解法就是在放大三极管的输入、输出特性曲线上，直接用作图的方法求解放大电路的工作情况。

本节首先讨论图解的基本方法，然后介绍图解法的应用。

---

① 凡静态电流或电压，下标均有字母 Q，这是英文 Quiescent 的第一个字母。

1. 图解的基本方法

图解法既可分析放大电路的静态，也可分析动态。分析的过程仍是先静态后动态。

(1) 图解分析静态

图解分析静态的任务是用作图的方法确定放大电路的静态工作点，求出I_{BQ}、U_{BEQ}、I_{CQ}和U_{CEQ}的值。

由于器件手册通常不给出三极管的输入特性曲线，而输入特性也不易准确地测出，因此，一般不在输入特性曲线上用图解法求I_{BQ}和U_{BEQ}。利用前面介绍的近似估算法，根据式(2.4.1)和(2.4.2)估算I_{BQ}和U_{BEQ}，一般可以满足实际工作的要求。

为了用图解法分析I_{CQ}和U_{CEQ}，将图2.4.1(a)所示单管共射放大电路的直流通路的输出回路画在图2.4.3(a)中。图中有一条虚线MN将输出回路分为两部分，左边是三极管的集电极回路，其中i_C与u_{CE}的关系是非线性的，可用三极管的输出特性曲线表示，如图2.4.3(b)。右边是放大电路的外电路部分，由负载电阻R_c和集电极直流电源V_{CC}串联而成，因二者皆为线性元件，故此处i_C与u_{CE}之间存在线性关系，可用以下直线方程表示：

$$u_{CE}=V_{CC}-i_CR_c$$

这条直线画在图2.4.3(c)中。直线上有两个特殊点：直线与横坐标的交点，$i_C=0, u_{CE}=V_{CC}$；直线与纵坐标的交点，$u_{CE}=0, i_C=\frac{V_{CC}}{R_c}$。这条直线是根据放大电路的直流通路得到的，表示外电路的伏安特性，所以称为**直流负载线**。直流负载线的斜率为$-\frac{1}{R_c}$。集电极负载电阻R_c愈大，则直流负载线愈平坦，反之，R_c愈小，则直流负载线愈陡。

由于输出回路的左右两部分实际上是连在一起的，因此i_C与u_{CE}之间既要符合左边三极管输出特性曲线表示的关系，又要符合右边直流负载线所表示的关系，因此，二者的交点确定了放大电路的静态工作点，如图2.4.3(d)所示。根据估算得到的I_{BQ}值可以找到$i_B=I_{BQ}$的一条输出特性曲线，该条特性曲线与直流负载线的交点就是静态工作点Q，在Q点处即可求得静态集电极电流I_{CQ}和静态集电极电压U_{CEQ}，见图2.4.3(d)。

(2) 图解分析动态

分析放大电路的动态工作情况应该根据它的交流通路，现将图2.4.1(b)中单管共射放大电路的交流通路画在图2.4.4中。因为讨论动态工作情况，所以图中的集电极电流和集电极电压分别用变化量Δi_C和Δu_{CE}表示。

交流通路外电路的伏安特性称为**交流负载线**。由图可见，交流通路的外电

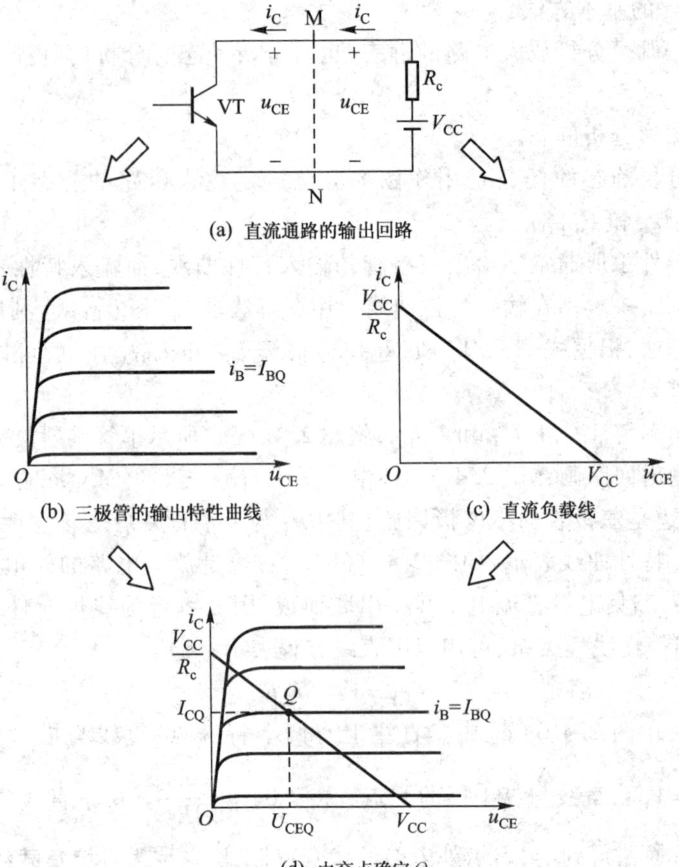

图 2.4.3　直流负载线和静态工作点的求法

路包括两个电阻 R_c 和 R_L 的并联。现用 R'_L 表示 R_c 与 R_L 并联后得到的阻值，即 $R'_L=R_c /\!/ R_L$。因此，交流负载线的斜率将与直流负载线不同，不是 $-\frac{1}{R_c}$，而是 $-\frac{1}{R'_L}$。由于 R'_L 小于 R_c，因此，通常交流负载线比直流负载线更陡。

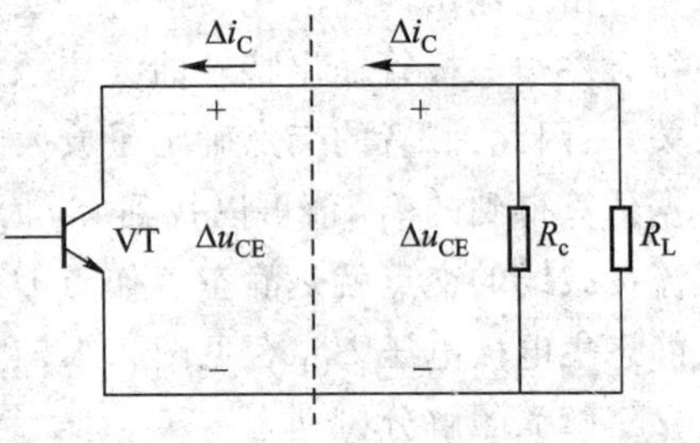

图 2.4.4　交流通路的输出回路

通过分析还可以知道，交流负载线一定通过静态工作点 Q。因为当外加输入电压 u_I 的瞬时值等于零时，如果不考虑电容 C_1 和 C_2 的作用，可认为放大电路相当于静态时的情况，则此时放大电路的工作点既在交流负载线上，又在静态工作点 Q 上，即交流负载线必定经过 Q 点。因此，只要通过 Q 点作一条斜率为 $-\frac{1}{R'_L}$ 的直线，即可得到交流负载线。

当外加一个正弦输入电压 u_I 时，放大电路的工作点将沿着交流负载线运动。所以，只有交流负载线才能描述动态时 i_C 与 u_{CE} 的关系，而直流负载线的作用只能用以确定静态工作点，不能表示放大电路的动态工作情况。

如果在放大电路的输入端加上一个正弦电压 u_I，则在线性范围内，三极管的 u_{BE} 和 i_B 将在输入特性曲线上，围绕静态工作点 Q 基本上按正弦规律变化，如图 2.4.5(a)所示。此时，三极管的 i_C 和 u_{CE} 将在输出特性曲线上，沿着交流负载线，围绕着 Q 点也基本上按正弦规律变化，如图 2.4.5(b)所示。

如需利用图解法求放大电路的电压放大倍数，可假设基极电流在静态值 I_{BQ} 附近有一个变化量 Δi_B，在输入特性上找到相应的 Δu_{BE}，如图 2.4.5(a)所示。然后再根据 Δi_B，在输出特性的交流负载线上找到相应的 Δu_{CE}，如图 2.4.5(b)所示，则电压放大倍数为

$$A_u=\frac{\Delta u_O}{\Delta u_I}=\frac{\Delta u_{CE}}{\Delta u_{BE}}$$

但是，利用图解法定量计算放大电路的电压放大倍数时，由于作图误差等原因，不易得出准确的结果。

【例 2.4.2】 在图 2.4.2 所示的单管共射放大电路中，假设三极管的输出特性曲线如图 2.4.5(b)所示，

① 试在输出特性上画出直流负载线；

② 确定放大电路的静态工作点；

③ 画出交流负载线。

解： ① 首先根据式(2.4.1)估算 I_{BQ}，即

$$I_{BQ}=\frac{V_{CC}-U_{BEQ}}{R_b}=\frac{12-0.7}{280}\ \text{mA}=0.04\ \text{mA}=40\ \mu\text{A}$$

然后在输出特性曲线上画直流负载线。直流负载线上的两个特殊点为

当 $i_C=0$ 时，$u_{CE}=V_{CC}=12\text{V}$；

当 $u_{CE}=0$ 时，$i_C=\frac{V_{CC}}{R_c}=\frac{12}{3}\ \text{mA}=4\ \text{mA}$。

连接以上两点，即可得到直流负载线，如图 2.4.5(b)所示。

② 直流负载线与 $i_B=I_{BQ}=40\ \mu\text{A}$ 的一条输出特性的交点，就是静态工作点 Q，由图 2.4.5(b)可得，在 Q 点处，$I_{CQ}=2\ \text{mA}$，$U_{CEQ}=6\ \text{V}$。

③ 为了画交流负载线，需先求出 R'_L，即

$$R'_L=R_c /\!/ R_L=\frac{3\times3}{3+3}\ \text{k}\Omega=1.5\ \text{k}\Omega$$

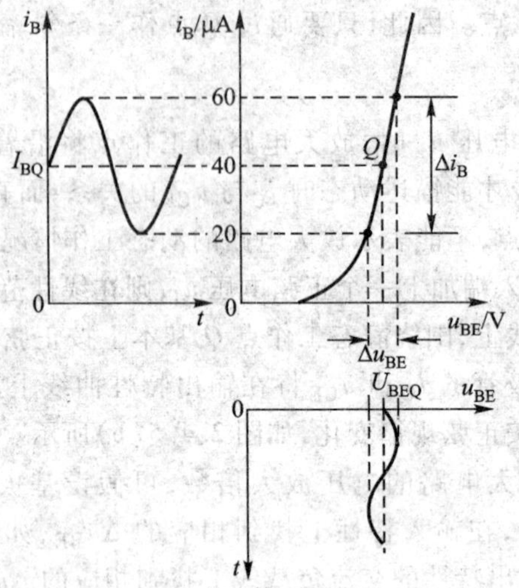

(a) 输入回路工作情况

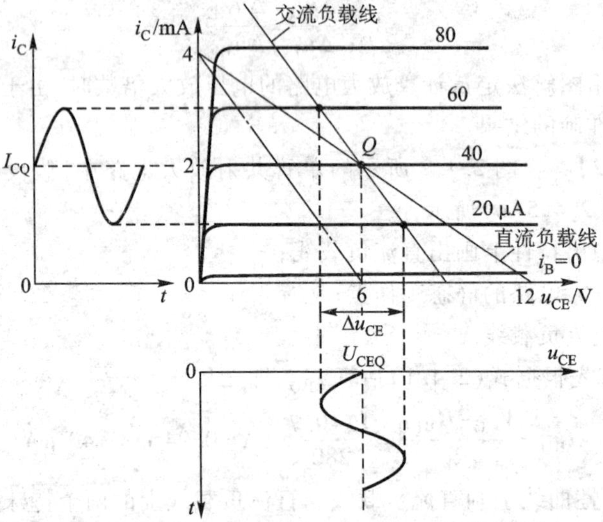

(b) 输出回路工作情况

图 2.4.5　加正弦输入信号时放大电路的工作情况

在图 2.4.5(b)中，经过 Q 点画一条斜率等于 $-\frac{1}{R'_L}$ 的直线，即可得到交流负载线。

为了作图的方便，可以先画一条斜率等于 $-\frac{1}{R'_L}$ 的辅助线。例如，在 i_C 轴上选择一个合适的 i_C 值（本例中为 4 mA），然后算出 $i_C R'_L$（本例中为 (4×1.5) V =

6 V)，在 u_{CE} 轴上找到相应的一点，连接此两点就是斜率为 $-\frac{1}{R'_L}$ 的辅助线，见图 2.4.5(b)中的点画线。然后，通过 Q 点作平行于此辅助线的直线即是交流负载线。由图 2.4.5(b)可见，交流负载线比直流负载线更陡。

根据图 2.4.5(a)和(b)，可以得到当放大电路的输入端加上正弦电压 u_I 时，电路中相应的 u_{BE}、i_B、i_C、u_{CE} 和 u_O 的波形，现将它们在同一个时间坐标下，集中地画在图 2.4.6 中。

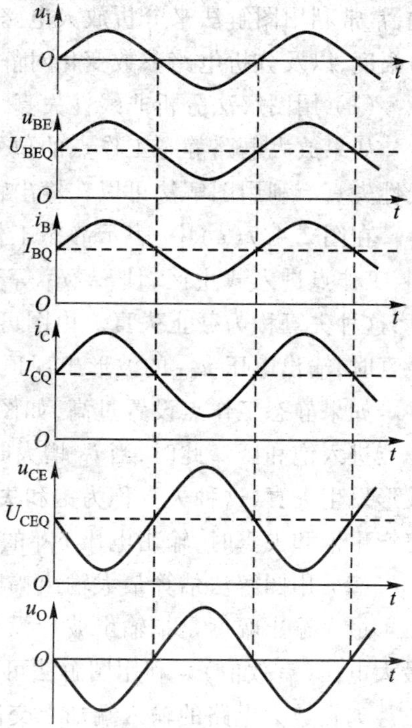

图 2.4.6　单管共射放大电路的电压、电流波形

仔细观察这些波形，可以得到以下几点重要结论：

首先，当输入一个正弦电压 u_I 时，在线性范围内，放大电路三极管的各极电压和电流均围绕各自的静态值，也基本上按正弦规律变化。即 u_{BE}、i_B、i_C 和 u_{CE} 的波形都是在原来静态直流量的基础上，再叠加一个正弦交流成分，成为**交直流并存**的状态。

其次，当输入电压有一个微小的变化量时，通过放大电路，在输出端可得到一个比较大的电压变化量，可见单管共射放大电路能够实现**电压放大作用**。

最后，当 u_I 的瞬时值增大时，u_{BE}、i_B 和 i_C 的瞬时值也随之增大，但因 i_C 在 R_c 上的压降增大，故 u_{CE} 和 u_O 的瞬时值将减小。换言之，当输入一个正弦电压 u_I 时，输出端的正弦电压信号 u_O 的相位与 u_I 相反，可见单管共射放大电路具有**倒相**作用。

根据前面的介绍，可以将利用图解法分析放大电路的基本方法归纳如下：

① 由放大电路的直流通路画出输出回路的直流负载线。

② 根据式(2.4.1)估算静态基极电流 I_{BQ}。直流负载线与 $i_B=I_{BQ}$ 的一条输出特性的交点即是静态工作点 Q，由图可得到 I_{CQ} 和 U_{CEQ} 值。

③ 由放大电路的交流通路计算等效的交流负载电阻 $R'_L=R_c/\!/R_L$。在三极管的输出特性上，通过 Q 点画出斜率为 $-\frac{1}{R'_L}$ 的直线，即是交流负载线。

④ 如欲求电压放大倍数，可在 Q 点附近取一个 Δi_B 值，在输入特性上找到

相应的 Δu_{BE}值，再在输出特性的交流负载线上找到相应的 Δu_{CE} 值，Δu_{CE} 与 Δu_{BE}的比值即是放大电路的电压放大倍数。

2. 图解法的应用

通过在三极管的特性曲线上作图，可以直观地看到三极管的工作情况，因此，常常利用图解法来分析放大电路输出波形的非线性失真，估算最大不失真输出幅度，以及分析电路参数变化对静态工作点的影响等。

(1) 用图解法分析非线性失真

如果放大电路静态工作点的位置设置不当，则输出波形容易产生明显的非线性失真。利用图解法可以在输出特性上形象地观察到波形失真的情况。

在图 2.4.7(a)中，表示静态工作点 Q 设置过低，在输入信号正弦波的负半周，工作点进入截止区，使 i_B、i_C 等于零，从而引起 i_B、i_C 和 u_{CE}的波形发生失真，这种失真称为**截止失真**。由图可见，对于 NPN 三极管，当放大电路产生截止失真时，输出电压 u_{CE}的波形出现顶部失真。

如果静态工作点设置过高，如图 2.4.7(b)所示，则在输入信号的正半周工作点进入饱和区。此时，当 i_B 增大时，i_C 不再随之增大，因此将引起 i_C 和 u_{CE}的波形发生失真，这种失真称为**饱和失真**。由图可见，对于 NPN 三极管，当放大电路产生饱和失真时，输出电压 u_{CE}的波形产生底部失真。

(2) 用图解法估算最大输出幅度

最大输出幅度是指输出波形没有明显失真的情况下，放大电路能够输出的最大电压(有效值)。利用图解法可以估算出最大不失真输出电压的范围。

如在放大电路的输入端加上交流正弦电压，则工作点将围绕 Q 点在交流负载线上移动。由图 2.4.8 可见，当工作点向上移动超过 A 点时，将进入饱和区；当工作点向下移动超过 B 点时，将进入截止区。可见，输出波形不产生明显失真的动态工作范围，由交流负载线上 A、B 两点所限定的范围决定。

一般来说，集电极直流电源 V_{CC}愈大，则工作点的动态范围也愈大。在 V_{CC}值一定的情况下，应将静态工作点 Q 尽量设置在交流负载线上线段 AB 的中点，即 $AQ=QB$。若 AQ 和 QB 在横坐标上的投影分别为 CD 和 DE，则 $CD=DE$。由图 2.4.8 可见，此时最大不失真输出幅度为

$$U_{om}=\frac{CD}{\sqrt{2}}=\frac{DE}{\sqrt{2}}$$

如果静态工作点设置过高或过低，则交流负载线上 AB 之间的动态工作范围不能充分利用，使最大输出幅度减小，此时，$CD\neq DE$，U_{om}将由 CD 和 DE 二者中之较小者决定。

(3) 用图解法分析电路参数对静态工作点的影响

利用图解法还可以直观地看到，当放大电路的各种参数如 V_{CC}、R_b、R_c 和 β

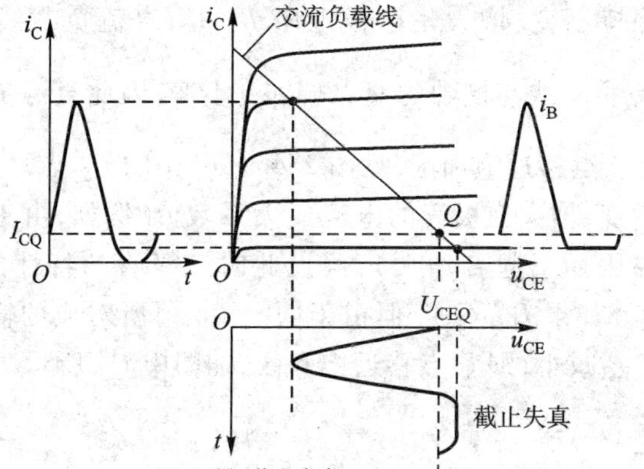

(a) 截止失真

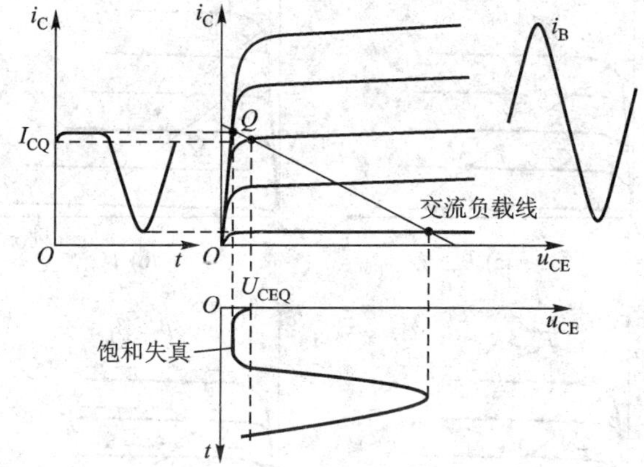

(b) 饱和失真

图 2.4.7 静态工作点对非线性失真的影响

等改变时，Q 点的位置如何变化。

当电路中其他参数保持不变，增大基极电阻 R_b 时，I_{BQ}将减小，使 Q 点沿直流负载线下移，靠近截止区，见图 2.4.9(a)中的 Q_2 点，则输出波形容易产生截止失真；反之，如果减小 R_b，则 I_{BQ}增大，Q 点上移，靠近饱和区，此时输出波形易产生饱和失真。

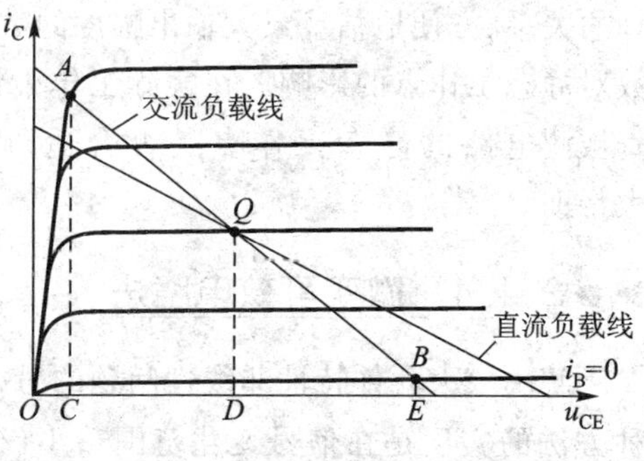

图 2.4.8 用图解法估算最大输出幅度

当电路中其他参数不变，升高集电极直流电源 V_{CC}时，直流负载线将平行右移，Q 点移向右上方，见图 2.4.9(b)中的 Q_2 点，则放大电路的动态工作范围增大，但同时三极管的静态功耗也增大。

当其他参数保持不变，增大集电极电阻 R_c 时，直流负载线与纵轴的交点 $\left(\frac{V_{CC}}{R_c}\right)$ 下降，但直流负载线与横轴的交点（V_{CC}）不变，因此直流负载线比原来平坦，而 I_{BQ} 不变，故 Q 点移近饱和区，见图 2.4.9(c)中的 Q_2 点。

若其他参数不变，增大三极管的电流放大系数 β（例如，由于更换三极管或由于温度升高等原因而引起 β 增大），假设此时三极管的特性曲线如图 2.4.9(d)中的虚线所示。如果 I_{BQ} 不变，但由于同一 I_{BQ} 值所对应的输出特性曲线上移，使 I_{CQ} 增大，U_{CEQ} 减小，则 Q 点移近饱和区，如图中 Q_2 所示。

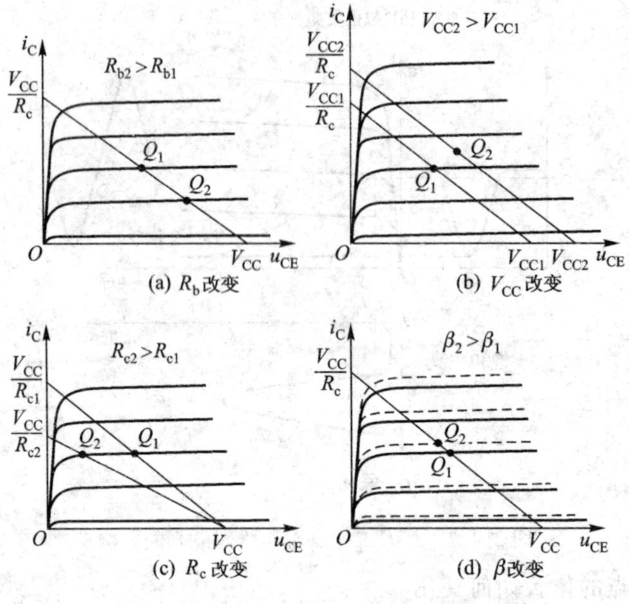

图 2.4.9　电路参数对 Q 点位置的影响

以上分析表明，图解法不仅能够形象地显示静态工作点的位置与非线性失真的关系，方便地估算最大输出幅度的数值，而且可以直观地表示出电路各种参数对静态工作点的影响。在实际工作中调试放大电路时，这种分析方法对于检查被测电路的静态工作点是否合适，以及如何调整电路参数等，都将有很大帮助。

►►2.4.4　微变等效电路法

解决放大元件特性非线性问题的另一种常用的方法是微变等效电路法。这种方法的实质是在信号变化范围很小（微变）的情况下，可以认为三极管电压、电流之间的关系基本上是线性的。也就是说，在一个很小的变化范围内，可以将三极管的输入、输出特性曲线近似地视为直线，此时，可以用一个线性电路来等效非线性的三极管。这样的电路称为三极管的微变等效电路。

从实用的要求出发，本节主要介绍简化的 h 参数微变等效电路。

1. 简化的 h 参数微变等效电路

(1) 三极管的等效电路

首先来观察三极管的共射输入、输出特性。假设三极管工作在线性区，则由图 2.4.10(a)可见，在 Q 点附近，输入特性曲线基本上是一段直线，即可认为 Δu_{BE}与 Δi_B 之比是一个常数，因而可以用一个等效电阻 r_{be}来描述 Δu_{BE}与 Δi_B 之间的关系，即

$$r_{be}=\frac{\Delta u_{BE}}{\Delta i_B}$$

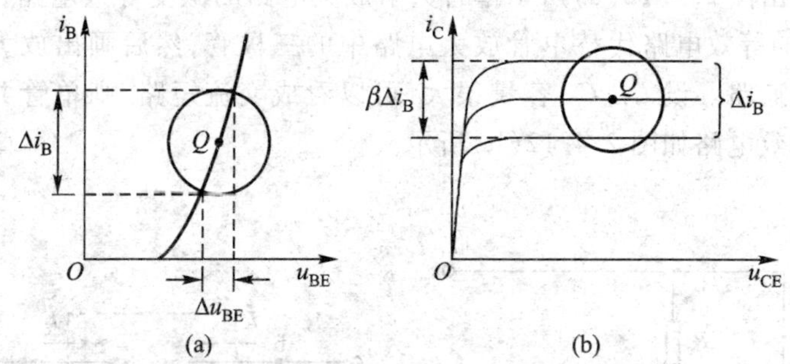

图 2.4.10　三极管特性曲线的局部线性化

再从图 2.4.10(b)中的输出特性看，假定在 Q 点附近特性曲线基本上是水平的，即 Δi_C 与 Δu_{CE}无关，而只取决于 Δi_B；在数量关系上，Δi_C 比 Δi_B 大 β 倍；所以从三极管的输出端看进去，可以用一个大小为 $\beta\Delta i_B$ 的恒流源来代替三极管。但是，这个电流源是一个**受控电流源**而不是独立电流源。受控源 $\beta\Delta i_B$ 实质上体现了基极电流 i_B 对集电极电流 i_C 的控制作用。这样，就得到了图 2.4.11(b)中的微变等效电路。在这个等效电路中，忽略了 u_{CE}对 i_C 的影响，也没有考虑 u_{CE}对输入特性的影响，所以称之为简化的 h 参数微变等效电路①。

严格地说，从三极管的输出特性看，i_C 不仅与 i_B 有关，而且当 u_{CE}增大时，i_C 也随之稍有增大；从输入特性看，当 u_{CE}增大时，i_B 与 u_{BE}之间的关系曲线将逐渐右移，互相之间略有不同。但是实际上在放大区内，三极管的输出特性近似为水平的直线，当 u_{CE}变化时可以认为 i_C 基本不变；在输入特性上，当 u_{CE}大于某一值时，各条输入特性曲线实际上靠得很近，基本上重合在一起，因此，忽略 u_{CE}

---

① h 参数意为混合参数(hybrid)，常被用于放大电路的等效电路中。

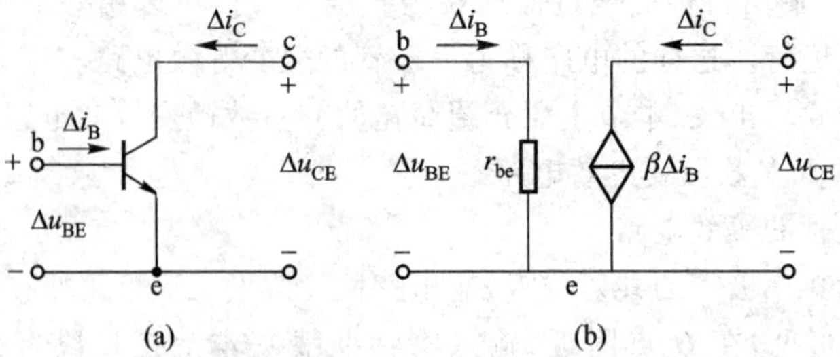

图 2.4.11　三极管的简化 h 参数等效电路

对输入特性和输出特性的影响，带来的误差很小。在大多数情况下，简化的 h 参数微变等效电路对于工程计算来说已经足够了。

(2) 单管共射放大电路的微变等效电路

为了画出图 2.4.12(a)所示单管共射放大电路的微变等效电路，首先，用图 2.4.11(b)的等效电路代替单管放大电路中的三极管，然后画出放大电路其余部分的交流通路。设 C_1、C_2 容量很大，可以看成交流短路，则单管共射放大电路的微变等效电路如图 2.4.12(b)所示。

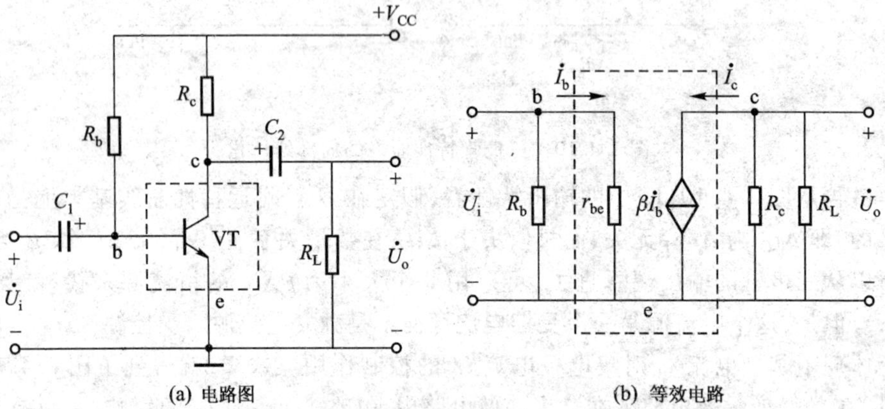

图 2.4.12　单管共射放大电路的等效电路

假设在放大电路的输入端加上一个正弦电压，在图中用 $\dot{U}_i$、$\dot{U}_o$、$\dot{I}_b$ 和 $\dot{I}_c$ 分别表示输入电压、输出电压、基极电流和集电极电流的正弦相量。

由等效电路可得

$$\dot{U}_i = \dot{I}_b r_{be}$$

$$\dot{U}_o = -\dot{I}_c R'_L$$

其中 $$\dot{I}_c=\beta\dot{I}_b$$

$$R'_L=R_c /\!/ R_L$$

由此可求得单管共射放大电路的电压放大倍数为

$$\dot{A}_u=\frac{\dot{U}_o}{\dot{U}_i}=-\frac{\beta R'_L}{r_{be}} \tag{2.4.5}$$

由图 2.4.12(b)的等效电路还可求得放大电路的输入电阻和输出电阻分别为

$$R_i=r_{be} /\!/ R_b \tag{2.4.6}$$

$$R_o=R_c \tag{2.4.7}$$

(3) r_{be}的近似估算公式

由式(2.4.5)和(2.4.6)可知,电压放大倍数 $\dot{A}_u$和输入电阻 R_i 都与 r_{be}有关,因此需要找出一个简单实用的估算 r_{be}的公式。

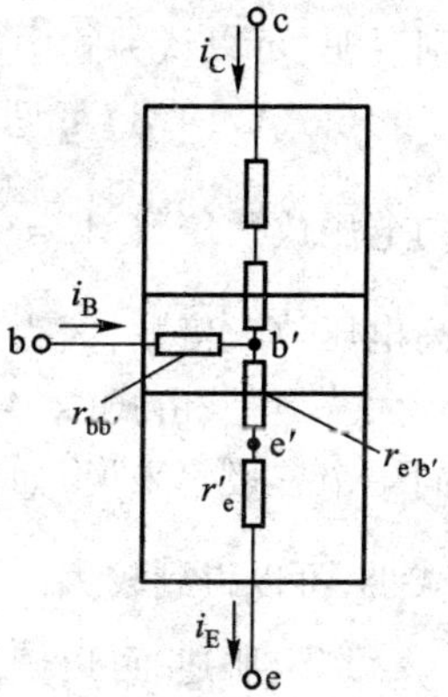

图 2.4.13 三极管结构示意图

图 2.4.13 是三极管的结构示意图。由图可见,三极管 b、e 之间的电阻由三部分组成:基区的体电阻 $r_{bb'}$、基射之间的结电阻 $r_{e'b'}$和发射区的体电阻 r'_e。其中,对于不同类型的三极管 $r_{bb'}$的数值有所不同,一般低频小功率三极管的 $r_{bb'}$约为几百欧。由于发射区多子的浓度很高,因此其体电阻 r'_e较小,约为几欧,与 $r_{e'b'}$相比一般可以忽略。所以主要应寻找基射之间结电阻 $r_{e'b'}$的近似估算公式。

根据第 1 章介绍的二极管方程,流过 PN 结的电流 i_E 与 PN 两端电压 u_{BE}之间存在以下关系:

$$i_E=I_S(e^{u_{BE}/U_T}-1)$$

式中 I_S 为反向饱和电流,U_T 为温度的电压当量,常温时 $U_T\approx 26$ mV。三极管工作在放大区时,发射结正向偏置,u_{BE}通常大于 0.1 V,则 $e^{u_{BE}/U_T}\gg 1$,于是上式可简化为

$$i_E\approx I_S e^{u_{BE}/U_T}$$

将此式对 u_{BE}求导数,可得 $r_{e'b'}$之倒数为

$$\frac{1}{r_{e'b'}}=\frac{di_E}{du_{BE}}\approx\frac{I_S}{U_T}e^{u_{BE}/U_T}\approx\frac{i_E}{U_T}$$

在静态工作点附近一个比较小的变化范围内,可认为 $i_E\approx I_{EQ}$,则可得

$$r_{e'b'}=\frac{U_T}{I_{EQ}}\approx\frac{26\ (\text{mV})}{I_{EQ}}$$

此式中分子为 26 mV，如分母 I_{EQ} 的单位为 mA，则上式中求得的 $r_{e'b'}$ 的单位是 Ω。

得到 $r_{e'b'}$ 后，可根据图 2.4.13 求 r_{be} 的近似估算公式。当忽略 r'_e 时，由图可得

$$u_{BE} \approx i_B r_{bb'} + i_E r_{e'b'} = i_B r_{bb'} + (1+\beta) i_B \frac{26(\text{mV})}{I_{EQ}}$$

将此式对 i_B 求导数，可得

$$r_{be} = \frac{du_{BE}}{di_B} \approx r_{bb'} + (1+\beta)\frac{26(\text{mV})}{I_{EQ}} \tag{2.4.8}$$

这个表达式就是 r_{be} 的近似估算公式。以后，在利用微变等效电路法分析放大电路时，可以根据式(2.4.8)估算 r_{be}。对于低频、小功率三极管，如果没有特别说明，可以认为式中之 $r_{bb'}$ 约为 300 Ω。

由式(2.4.8)可见，当 I_{EQ} 一定时，β 愈大则 r_{be} 也愈大，而单管共射放大电路的电压放大倍数 $\dot{A}_u = -\dfrac{\beta R'_L}{r_{be}}$，由此可知，选用 β 值大的三极管并不能按比例地提高电压放大倍数，因为在 I_{EQ} 相同的条件下，β 值大的三极管，其 r_{be} 值也相应地较大。但是，由式(2.4.8)可以看出，当 β 值一定时，I_{EQ} 愈大则 r_{be} 愈小，说明对同一个三极管来说，如果设法调整静态工作点的位置，适当提高 I_{EQ}，则由于 r_{be} 减小，可以得到较大的 $|\dot{A}_u|$。

综上所述，可以归纳出利用微变等效电路法分析放大电路的步骤如下：

① 首先利用图解法或近似估算法确定放大电路的静态工作点 Q。

② 求出静态工作点处的微变等效电路参数 β 和 r_{be}。

③ 画出放大电路的微变等效电路。可先画出三极管的等效电路，然后画出放大电路其余部分的交流通路。

④ 列出电路方程并求解。

【例 2.4.3】 在图 2.4.2 所示的单管共射放大电路中，已知三极管的 $\beta=50$，

① 试用微变等效电路法估算 $\dot{A}_u$、R_i 和 R_o；

② 如欲提高 $|\dot{A}_u|$，可采用何种措施，应调整电路中哪些参数？

解： ① 首先需估算三极管的 r_{be}。前面例 2.4.1 已解得此电路的 I_{CQ} = 2 mA，可认为 $I_{EQ} \approx I_{CQ} = 2$ mA，则

$$r_{be} = r_{bb'} + (1+\beta)\frac{26(\text{mV})}{I_{EQ}} = \left(300 + 51\times\frac{26}{2}\right)\ \Omega = 963\ \Omega$$

$$R'_L = R_c /\!/ R_L = \frac{3\times 3}{3+3}\ \text{k}\Omega = 1.5\ \text{k}\Omega$$

所以
$$\dot{A}_u=-\frac{\beta R'_L}{r_{be}}=-\frac{50\times1.5}{0.963}=-77.9$$
$$R_i=r_{be}/\!/R_b\approx r_{be}=963\ \Omega$$
$$R_o=R_c=3\ \text{k}\Omega$$

② 如欲提高$|\dot{A}_u|$，可调整 Q 点使 I_{EQ}增大，则 r_{be}减小，$|\dot{A}_u|$增大。例如将 I_{EQ}增至 3 mA，则此时

$$r_{be}=\left(300+51\times\frac{26}{3}\right)\ \Omega=742\ \Omega$$
$$\dot{A}_u=-\frac{50\times1.5}{0.742}\approx-101$$

为了增大 I_{EQ}，在 V_{CC}、R_c 等电路参数不变的情况下，可减小基极电阻 R_b。但要注意，当 I_{EQ}增大时，Q 点将沿着直流负载线向左上方移动，靠近饱和区，容易产生饱和失真。

2. 微变等效电路法的应用

有些放大电路无法用图解法直接求出电压放大倍数，例如图 2.4.14(a)所示的电路中，三极管的发射极不直接接地，而是通过一个电阻 R_e 接地，故不能用图解法求解。但是，可以利用微变等效电路法分析这种电路的电压放大倍数和输入、输出电阻。

假设电容 C_1、C_2 的容量足够大，可认为交流短路，即可得到图 2.4.14(b)所示的微变等效电路。

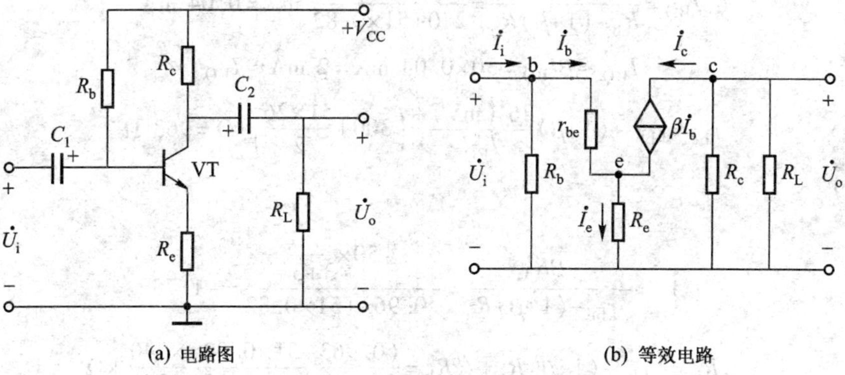

图 2.4.14 接有发射极电阻的单管放大电路

根据图(b)可得

$$\dot{U}_i=\dot{I}_b r_{be}+\dot{I}_e R_e=[r_{be}+(1+\beta)R_e]\dot{I}_b$$

$$\dot{U}_o = -\dot{I}_c R'_L = -\beta \dot{I}_b R'_L$$

则电压放大倍数为

$$\dot{A}_u = \frac{\dot{U}_o}{\dot{U}_i} = -\frac{\beta R'_L}{r_{be}+(1+\beta)R_e} \tag{2.4.9}$$

由式(2.4.9)可见,接入发射极电阻 R_e 后,放大电路的电压放大倍数的值 $\left|\dot{A}_u\right|$ 降低了。

由图 2.4.14(b)可求得放大电路的输入电阻为

$$R_i = \frac{\dot{U}_i}{\dot{I}_i} = [r_{be}+(1+\beta)R_e] /\!/ R_b \tag{2.4.10}$$

由式(2.4.10)可见,接入 R_e 后,输入电阻提高了。

如果不考虑三极管 c、e 之间的等效内阻 r_{ce},则输出电阻为

$$R_o = R_c \tag{2.4.11}$$

【例 2.4.4】 在图 2.4.14(a)所示的放大电路中,设 $V_{CC}=12\ \text{V}$,$R_b=240\ \text{k}\Omega$,$R_c=R_L=3\ \text{k}\Omega$,$R_e=820\ \Omega$,三极管的 $\beta=50$,

① 试估算放大电路的静态工作点;

② 估算放大电路的 $\dot{A}_u$、R_i 和 R_o。

解: 根据图 2.4.14(a)电路直流通路的基极回路可得

$$I_{BQ}R_b + U_{BEQ} + I_{EQ}R_e = V_{CC}$$

则

$$I_{BQ} = \frac{V_{CC}-U_{BEQ}}{R_b+(1+\beta)R_e} = \frac{12-0.7}{240+51\times 0.82}\ \text{mA} = 0.04\ \text{mA}$$

$$I_{CQ} \approx \beta I_{BQ} = 50\times 0.04\ \text{mA} = 2\ \text{mA} \approx I_{EQ}$$

$$r_{be} = r_{bb'} + (1+\beta)\frac{26\ (\text{mV})}{I_{EQ}} = \left(300+\frac{51\times 26}{2}\right)\ \Omega = 963\ \Omega$$

所以

$$\dot{A}_u = -\frac{\beta R'_L}{r_{be}+(1+\beta)R_e} = -\frac{50\times\frac{3\times 3}{3+3}}{0.963+51\times 0.82} = -1.75$$

$$R_i = [r_{be}+(1+\beta)R_e] /\!/ R_b = \frac{(0.963+51\times 0.82)\times 240}{(0.963+51\times 0.82)+240}\ \text{k}\Omega$$

$$= 36.3\ \text{k}\Omega$$

如不考虑三极管的 r_{ce},则

$$R_o = R_c = 3\ \text{k}\Omega$$

本节主要介绍模拟电子电路常用的两种分析方法:图解法和微变等效电路

法，现将两种分析方法的主要优、缺点作一比较，列在表 2-1 中。

表 2-1　图解法与微变等效电路法的主要优、缺点比较

	图解法	微变等效电路法
主要优点	既能分析静态，也能分析动态；直观、形象；尤其适合分析大信号状态	可分析简单的或较复杂的电路；无需作图，分析过程简单方便
主要缺点	实际的与手册给定的特性曲线有差别；作图过程繁琐，且有误差；较复杂电路无法直接求解	只能分析动态，不能分析静态；不能分析非线性失真和最大输出幅度等

▶2.5　静态工作点的稳定问题

放大电路的多项重要技术指标均与静态工作点的位置密切相关。如果静态工作点不稳定，则放大电路的某些性能也将发生波动。因此，如何使静态工作点保持稳定，是一个十分重要的问题。

▶▶2.5.1　温度对静态工作点的影响

有时，一些电子设备在常温下能够正常工作，但当温度升高时，性能就可能不稳定，甚至不能正常工作。产生这种现象的主要原因，是电子器件的参数受温度影响而发生变化。

三极管是一种对温度十分敏感的元件。温度变化对三极管参数的影响主要表现在以下三方面：

首先，从输入特性看，当温度升高时，为得到同样的 I_B 所需的 U_{BE} 值将减小。在单管共射放大电路中，已知 $I_{BQ}=\dfrac{V_{CC}-U_{BEQ}}{R_b}$，因此，当 U_{BEQ} 减小时 I_{BQ} 将增大。但因一般情况下总是 $V_{CC}\gg U_{BEQ}$，所以，因 U_{BEQ} 减小而引起 I_{BQ} 的增大并不太明显。三极管 U_{BE} 的温度系数约为 -2 mV/℃，即温度每升高 1℃，U_{BE} 约下降2 mV。

其次，温度升高时三极管的 β 值也将增大，使输出特性之间的间距增大。温度每升高 1℃，β 值约增大 0.5% ~1%，但对不同的三极管，β 的温度系数分散性比较大。

最后，当温度升高时，三极管的反向饱和电流 I_{CBO} 将急剧增加。这是因为反向电流是由少数载流子形成的，因此受温度影响比较严重。温度每升高 10℃，I_{CBO} 大致将增加一倍，说明 I_{CBO} 将随温度按指数规律上升。

综上所述，温度升高对三极管各种参数的影响，最终将导致集电极电流 I_C 增大。例如，20℃时三极管的输出特性如图 2.5.1 中实线所示，而当温度上升至 50℃时，输出特性可能变为如图中的虚线所示。静态工作点将由 Q 点上移至 Q'点。由图可见，该放大电路在常温下能够正常工作，但当温度升高时，静态工作点移近饱和区，使输出波形产生严重的饱和失真。

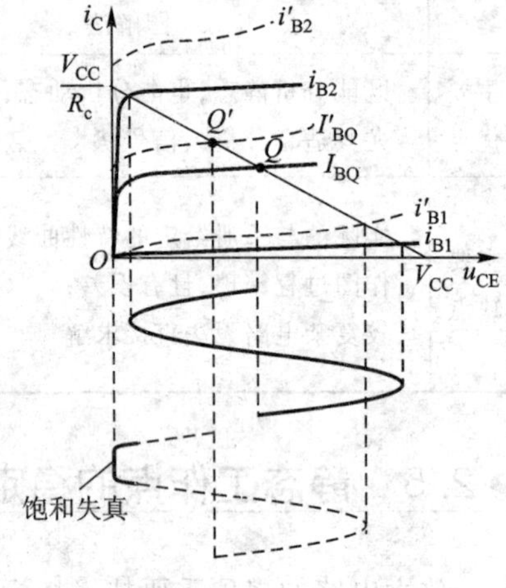

图 2.5.1　温度对 Q 点和输出波形的影响
实线—20℃时的特性曲线
虚线—50℃时的特性曲线

为了抑制放大电路 Q 点的波动，以保持放大电路技术性能的稳定，需要从电路结构上采取适当的措施，使其在环境温度变化时，尽量减小静态工作点的波动。例如，分压式静态工作点稳定电路就是一种结构比较简单，成本比较低廉，并能比较有效地保持静态工作点稳定的电路。

►►2.5.2　分压式静态工作点稳定电路

1. 电路组成及工作原理

图 2.5.2 给出了常用的静态工作点稳定电路。不难看出，此电路与前面介绍的单管共射放大电路的差别，在于发射极接有电阻 R_e 和电容 C_e，另外，直流电源 V_{CC} 经电阻 R_{b1}、R_{b2} 分压后接到三极管的基极，所以通常称为**分压式工作点稳定电路**。

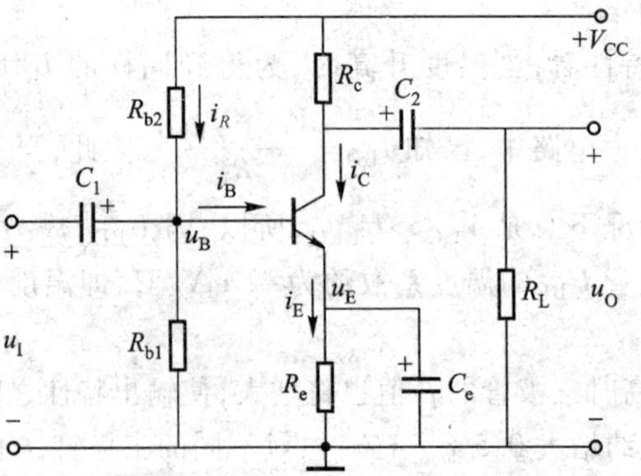

图 2.5.2　分压式工作点稳定电路

在图 2.5.2 所示的电路中，三极管的静态基极电位 U_{BQ} 由 V_{CC} 经电阻分压得到，可认为其基本上不受温度变化的影响，比较稳定。当温度升高时，集电极

电流 I_{CQ}增大，发射极电流 I_{EQ}也相应地增大。I_{EQ}流过 R_e 使发射极电位 U_{EQ}升高，则三极管的发射结电压 $U_{BEQ}=U_{BQ}-U_{EQ}$将降低，从而使静态基极电流 I_{BQ}减小，于是 I_{CQ}也随之减小，最终使静态工作点基本保持稳定。

可见，本电路实际上是通过发射极电流的负反馈作用来牵制集电极电流的变化，使 Q 点保持稳定，所以也称为**电流负反馈式工作点稳定电路**。

前面已经看到，如果在电路中仅接入发射极电阻 R_e，则电压放大倍数将降低很多。在本电路中，R_e 两端并联一个电容 C_e。如果 C_e 的容量足够大，可以认为交流短路，此时 R_e 和 C_e 对电压放大倍数基本没有影响。通常将 C_e 称为**旁路电容**。

为了保证 U_{BQ}基本稳定，要求流过分压电阻的电流 $I_R \gg I_{BQ}$，为此要求电阻 R_{b1}、R_{b2}小一些，但若 R_{b1}、R_{b2}太小，则电阻上消耗的功率将增大，而且放大电路的输入电阻将降低。在实际工作中通常选用适中的 R_{b1}、R_{b2}值。一般取 $I_R=(5\sim10)I_{BQ}$，而且使 $U_{BQ}=(5\sim10)U_{BEQ}$。

2. 静态与动态分析

(1) 静态分析

分析分压式工作点稳定电路的静态工作点时，可先从估算 U_{BQ}入手。由于 $I_R \gg I_{BQ}$，可得

$$U_{BQ}\approx\frac{R_{b1}}{R_{b1}+R_{b2}}V_{CC} \qquad (2.5.1)$$

然后可得到静态发射极电流为

$$I_{EQ}=\frac{U_{EQ}}{R_e}=\frac{U_{BQ}-U_{BEQ}}{R_e}\approx I_{CQ} \qquad (2.5.2)$$

则三极管 c、e 之间的静态电压为

$$U_{CEQ}=V_{CC}-I_{CQ}R_c-I_{EQ}R_e\approx V_{CC}-I_{CQ}(R_c+R_e) \qquad (2.5.3)$$

最后可得到静态基极电流为

$$I_{BQ}\approx\frac{I_{CQ}}{\beta} \qquad (2.5.4)$$

(2) 动态分析

当旁路电容 C_e 足够大时，在分压式工作点稳定电路的交流通路中可视为短路。此时这种工作点稳定电路实际上也是一个共射放大电路，故可利用图解法或微变等效电路法来分析其动态工作情况。经过分析可知，分压式工作点稳定电路的电压放大倍数与单管共射放大电路相同，即

$$\dot{A}_u=-\frac{\beta R'_L}{r_{be}} \qquad (2.5.5)$$

式中 $$R'_L=R_c /\!/ R_L$$

电路的输入电阻为

$$R_i = r_{be} // R_{b1} // R_{b2} \tag{2.5.6}$$

输出电阻为

$$R_o = R_c \tag{2.5.7}$$

【例 2.5.1】 在图 2.5.2 所示的分压式工作点稳定电路中，已知 $V_{CC}=12\ V$，$R_{b1}=2.5\ k\Omega$，$R_{b2}=7.5\ k\Omega$，$R_c=R_L=2\ k\Omega$，$R_e=1\ k\Omega$，三极管的 $\beta=30$。

① 试估算放大电路的静态工作点；

② 估算放大电路的 $\dot{A}_u$、R_i 和 R_o；

③ 如果换上一个 $\beta=60$ 的三极管，电路其他参数不变，则静态工作点有何变化？

解：① $U_{BQ} \approx \dfrac{R_{b1}}{R_{b1}+R_{b2}} V_{CC} = \dfrac{2.5}{2.5+7.5} \times 12\ V = 3\ V$

$$I_{EQ} = \frac{U_{BQ}-U_{BEQ}}{R_e} = \frac{3-0.7}{1}\ mA = 2.3\ mA \approx I_{CQ}$$

$$U_{CEQ} \approx V_{CC} - I_{CQ}(R_c+R_e) = [12-2.3\times(2+1)]\ V = 5.1\ V$$

$$I_{BQ} = \frac{I_{CQ}}{\beta} = \frac{2.3}{30}\ mA = 0.077\ mA = 77\ \mu A$$

② $r_{be} = r_{bb'} + (1+\beta)\dfrac{26(mV)}{I_{EQ}} = \left(300 + \dfrac{31\times 26}{2.3}\right)\ \Omega = 650\ \Omega$

$$R'_L = R_c // R_L = \frac{2\times 2}{2+2}\ k\Omega = 1\ k\Omega$$

所以

$$\dot{A}_u = -\frac{\beta R'_L}{r_{be}} = -\frac{30\times 1}{0.65} = -46.2$$

$$R_i = r_{be} // R_{b1} // R_{b2} = \frac{1}{\dfrac{1}{0.65}+\dfrac{1}{2.5}+\dfrac{1}{7.5}}\ k\Omega = 0.483\ k\Omega = 483\ \Omega$$

$$R_o = R_c = 2\ k\Omega$$

③ 如果 $\beta=60$，则根据以上估算过程可知，U_{BQ}、I_{EQ}、I_{CQ} 和 U_{CEQ} 的值均基本保持不变，即仍为

$$U_{BQ} \approx 3\ V$$

$$I_{EQ} = 2.3\ mA \approx I_{CQ}$$

$$U_{CEQ} \approx 5.1\ V$$

但

$$I_{BQ} = \frac{2.3}{60}\ mA = 0.038\ mA = 38\ \mu A$$

即 I_{BQ} 减小了。

估算结果表明，当三极管的 β 由 30 增大至 60 时，分压式静态工作点稳定电

路的 Q 点基本保持不变，这正是此种放大电路的优点。

▶2.6 双极型三极管放大电路的三种基本组态

根据输入信号与输出信号公共端的不同，双极型三极管放大电路有三种基本的接法，或称三种基本的组态，即**共射组态**、**共集组态**和**共基组态**。对于共射组态，本章前面几节已经进行了比较详尽的分析。在本节，将首先分别介绍共集和共基放大电路，然后对三种基本组态的特点和应用进行比较。

▶▶2.6.1 共集电极放大电路

图 2.6.1(a)是一个共集组态的单管放大电路，由图 2.6.1(b)的等效电路可以看出，输入信号与输出信号的公共端是三极管的集电极，所以属于共集组态。又由于输出信号从发射极引出，因此这种电路也称为**射极输出器**。

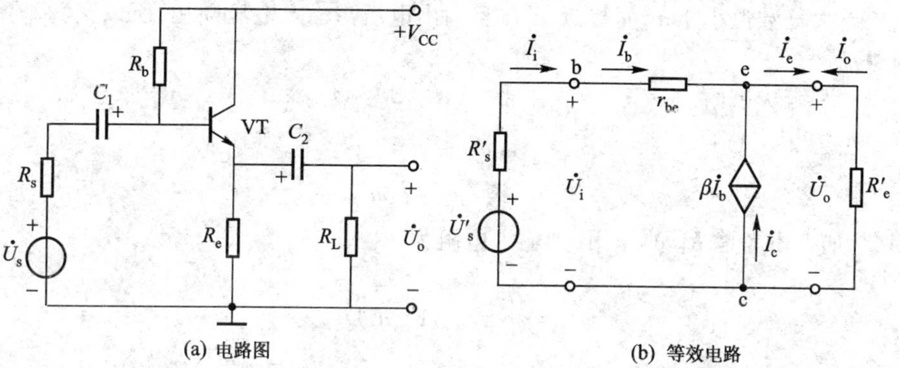

图 2.6.1 共集电极放大电路

下面对共集电极放大电路进行静态和动态分析。

1. 静态分析

根据图 2.6.1(a)电路的直流通路可求得

$$I_{BQ}=\frac{V_{CC}-U_{BEQ}}{R_b+(1+\beta)R_e} \tag{2.6.1}$$

则

$$I_{CQ}\approx\beta I_{BQ} \tag{2.6.2}$$

$$U_{CEQ}=V_{CC}-I_{EQ}R_e\approx V_{CC}-I_{CQ}R_e \tag{2.6.3}$$

2. 动态分析

(1) 电流放大倍数

由图 2.6.1(b)的等效电路可知

$$\dot{I}_i=\dot{I}_b$$

$$\dot{I}_o = -\dot{I}_e$$

所以
$$\dot{A}_i = \frac{\dot{I}_o}{\dot{I}_i} = -\frac{\dot{I}_e}{\dot{I}_b} = -(1+\beta) \tag{2.6.4}$$

(2) 电压放大倍数

由图 2.6.1(b)可得

$$\dot{U}_o = \dot{I}_e R'_e = (1+\beta)\dot{I}_b R'_e$$

$$\dot{U}_i = \dot{I}_b r_{be} + \dot{I}_e R'_e = \dot{I}_b r_{be} + (1+\beta)\dot{I}_b R'_e$$

因此
$$\dot{A}_u = \frac{\dot{U}_o}{\dot{U}_i} = \frac{(1+\beta)R'_e}{r_{be}+(1+\beta)R'_e} \tag{2.6.5}$$

其中
$$R'_e = R_e /\!/ R_L$$

由式(2.6.4)和(2.6.5)可知,共集电极放大电路的电流放大倍数大于1,但电压放大倍数恒小于1,而接近于1,且输出电压与输入电压同相,所以又称为**射极跟随器**。

(3) 输入电阻

由图 2.6.1(b)可得

$$\dot{U}_i = \dot{I}_b r_{be} + \dot{I}_e R'_e$$

因此,如暂不考虑 R_b 的作用,则输入电阻为

$$R'_i = \frac{\dot{U}_i}{\dot{I}_i} = r_{be} + (1+\beta)R'_e$$

由上式可见,射极输出器的输入电阻等于 r_{be} 和 $(1+\beta)R'_e$ 相串联,因此输入电阻大大提高了。由上式可见,发射极回路中的电阻 R'_e 折合到基极回路,需乘 $(1+\beta)$ 倍。

如果考虑 R_b,则射极输出器的输入电阻为

$$R_i = [r_{be} + (1+\beta)R'_e] /\!/ R_b \tag{2.6.6}$$

(4) 输出电阻

在图 2.6.1(b)中,当输出端外加电压 $\dot{U}_o$,而 $\dot{U}_s = 0$ 时,如暂不考虑 R_e 的作用,可得等效电路如图 2.6.2 所示。

由图 2.6.2 可得

$$\dot{U}_o = -\dot{I}_b(r_{be} + R'_s)$$

式中
$$R'_s = R_s /\!/ R_b$$

而
$$\dot{I}_o = -\dot{I}_e = -(1+\beta)\dot{I}_b$$

所以
$$R'_o=\frac{\dot U_o}{\dot I_o}=\frac{r_{be}+R'_s}{1+\beta} \tag{2.6.7}$$

由上式可知，射极输出器的输出电阻等于基极回路的总电阻（$r_{be}+R'_s$）除以（$1+\beta$），因此输出电阻很低，故带负载能力比较强。由上式也可见，基极回路的电阻折合到发射极，需除以（$1+\beta$）。

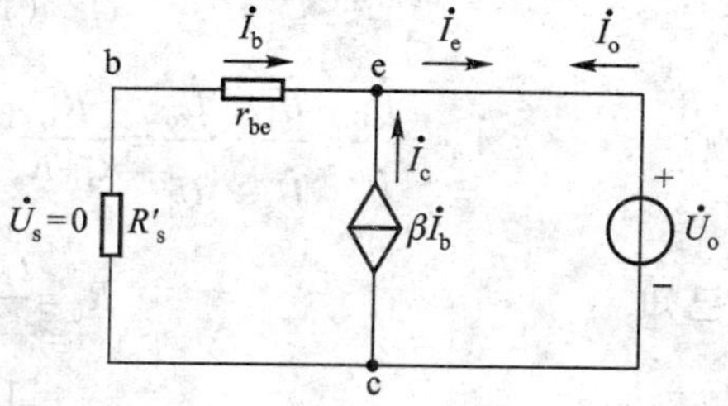

图 2.6.2　求射极输出器 R'_o 的等效电路

如果考虑发射极电阻 R_e，则共集电极放大电路的输出电阻为

$$R_o=\frac{r_{be}+R'_s}{1+\beta}/\!/R_e \tag{2.6.8}$$

【例 2.6.1】　在图 2.6.1（a）所示的共集电极放大电路中，设 $V_{CC}=10\ \text{V}$，$R_e=5.6\ \text{k}\Omega$，$R_b=240\ \text{k}\Omega$，$R_s=10\ \text{k}\Omega$，$R_L=5.6\ \text{k}\Omega$，三极管的 $\beta=40$。

① 试估算放大电路的静态工作点；

② 估算放大电路的 $\dot A_i$、$\dot A_u$、$\dot A_{us}$[①]、R_i 和 R_o。

解：① 根据式（2.6.1）、（2.6.2）和（2.6.3）可得

$$I_{BQ}=\frac{V_{CC}-U_{BEQ}}{R_b+(1+\beta)R_e}=\frac{10-0.7}{240+41\times5.6}\ \text{mA}=0.0198\ \text{mA}=19.8\ \mu\text{A}$$

$$I_{CQ}\approx\beta I_{BQ}=40\times0.0198\ \text{mA}=0.792\ \text{mA}\approx I_{EQ}$$

$$U_{CEQ}=V_{CC}-I_{EQ}R_e\approx(10-0.792\times5.6)\ \text{V}=5.56\ \text{V}$$

② 可根据式（2.6.4）、（2.6.5）、（2.6.6）和（2.6.8）分别估算 $\dot A_i$、$\dot A_u$、$\dot A_{us}$、R_i 和 R_o。

$$\dot A_i=-(1+\beta)=-41$$

已知
$$\dot A_u=\frac{(1+\beta)R'_e}{r_{be}+(1+\beta)R'_e}$$

其中
$$R'_e=R_e/\!/R_L=\frac{5.6\times5.6}{5.6+5.6}\ \text{k}\Omega=2.8\ \text{k}\Omega$$

$$r_{be}=r_{bb'}+(1+\beta)\frac{26(\text{mV})}{I_{EQ}}=\left(300+\frac{41\times26}{0.792}\right)\ \Omega=1\,646\ \Omega\approx1.65\ \text{k}\Omega$$

---

① $\dot A_{us}$ 是指考虑信号源内阻时的电压放大倍数，$\dot A_{us}=\dfrac{\dot U_o}{\dot U_s}$。

所以
$$\dot{A}_u=\frac{41\times2.8}{1.65+41\times2.8}=0.986$$

$$R_i=[r_{be}+(1+\beta)R'_e]/\!/R_b=\frac{(1.65+41\times2.8)\times240}{(1.65+41\times2.8)+240}\ \text{k}\Omega=78.4\ \text{k}\Omega$$

则
$$\dot{A}_{us}=\frac{\dot{U}_o}{\dot{U}_s}=\frac{\dot{U}_i}{\dot{U}_s}\cdot\frac{\dot{U}_o}{\dot{U}_i}=\frac{R_i}{R_i+R_s}\cdot\dot{A}_u=\frac{78.4}{78.4+10}\times0.986=0.874$$

已知
$$R_o=\frac{r_{be}+R'_s}{1+\beta}/\!/R_e$$

其中
$$R'_s=R_s/\!/R_b=\frac{10\times240}{10+240}\ \text{k}\Omega=9.6\ \text{k}\Omega$$

则
$$\frac{r_{be}+R'_s}{1+\beta}=\frac{1.65+9.6}{41}\ \text{k}\Omega=0.274\ \text{k}\Omega$$

所以
$$R_o=\frac{0.274\times5.6}{0.274+5.6}\ \text{k}\Omega=0.261\ \text{k}\Omega=261\ \Omega$$

▶▶2.6.2 共基极放大电路

图 2.6.3(a)是共基极放大电路的原理性电路。由图可见,输入信号与输出信号的公共端是三极管的基极,因此属于共基组态。电路中发射极电源 V_{EE} 的极性保证发射结正向偏置,集电极电源 V_{CC} 的极性保证集电结反向偏置,所以可使三极管工作在放大区。

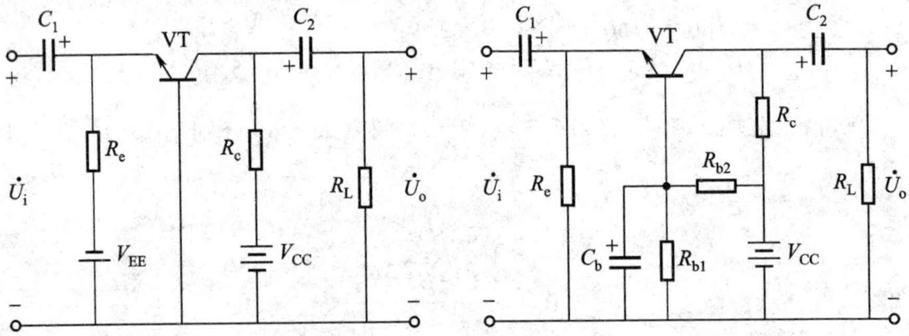

(a) 原理性电路　　(b) 实际电路

图 2.6.3　共基极放大电路

为了减少直流电源的种类,实际电路中一般不再另用一个发射极电源 V_{EE},而是采用如图 2.6.3(b)的形式,将 V_{CC} 在电阻 R_{b1}、R_{b2} 上分压得到的结果接到基极。当旁路电容 C_b 足够大时,可认为 R_{b1} 两端电压基本稳定。可以看出,此电压能够代替 V_{EE},保证发射结正向偏置。

下面对图 2.6.3(b)中的共基极放大电路进行静态和动态分析。

1. 静态分析

如果静态基极电流很小，相对于 R_{b1}、R_{b2} 分压回路中的电流可以忽略不计，则由图 2.6.3(b)可得

$$I_{EQ}=\frac{U_{BQ}-U_{BEQ}}{R_e}\approx\frac{1}{R_e}\left(\frac{R_{b1}}{R_{b1}+R_{b2}}V_{CC}-U_{BEQ}\right)\approx I_{CQ} \tag{2.6.9}$$

$$I_{BQ}=\frac{I_{EQ}}{1+\beta} \tag{2.6.10}$$

$$U_{CEQ}=V_{CC}-I_{CQ}R_c-I_{EQ}R_e\approx V_{CC}-I_{CQ}(R_c+R_e) \tag{2.6.11}$$

2. 动态分析

为了进行动态分析，画出共基极放大电路的微变等效电路如图 2.6.4 所示。下面分别估算共基极放大电路的电流放大倍数、电压放大倍数、输入电阻和输出电阻。

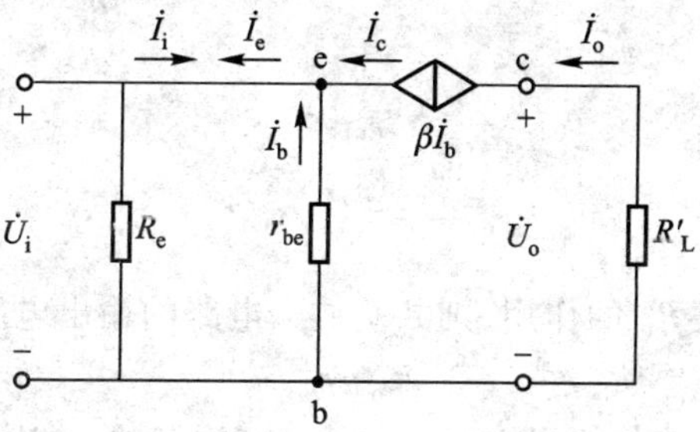

图 2.6.4　共基极放大电路的等效电路

(1) 电流放大倍数

由图 2.6.4 可得

$$\dot{I}_i=-\dot{I}_e$$

$$\dot{I}_o=\dot{I}_c$$

所以

$$\dot{A}_i=\frac{\dot{I}_o}{\dot{I}_i}=-\frac{\dot{I}_c}{\dot{I}_e}=-\alpha \tag{2.6.12}$$

α 是三极管的共基电流放大系数，由于 α 小于 1 而近似等于 1，所以共基极放大电路没有电流放大作用。

(2) 电压放大倍数

由图 2.6.4 可得

$$\dot{U}_i=-\dot{I}_b r_{be}$$

$$\dot{U}_o=-\beta\dot{I}_b R'_L$$

所以 $$\dot{A}_u=\frac{\dot{U}_o}{\dot{U}_i}=\frac{\beta R'_L}{r_{be}} \tag{2.6.13}$$

由式(2.6.12)和(2.6.13)可知,共基极放大电路虽然没有电流放大作用,但是具有电压放大作用。其电压放大倍数与共射电路的电压放大倍数在数值上相等,但是没有负号,表示共基极放大电路的输出电压与输入电压相位一致,即没有倒相作用。

(3) 输入电阻

如暂不考虑电阻 R_e 的作用,由图 2.6.4 可得

$$R'_i=\frac{\dot{U}_i}{\dot{I}_i}=\frac{-\dot{I}_b r_{be}}{-(1+\beta)\dot{I}_b}=\frac{r_{be}}{1+\beta}$$

说明共基接法的输入电阻比共射接法低,是后者的$\frac{1}{1+\beta}$。

如果考虑 R_e 则

$$R_i=\frac{r_{be}}{1+\beta}/\!/R_e \tag{2.6.14}$$

(4) 输出电阻

如暂不考虑电阻 R_c 的作用,则共基放大电路的输出电阻为

$$R'_o=r_{cb} \tag{2.6.15}$$

已知共射放大电路的输出电阻为 r_{ce},而三极管的 r_{cb} 比其 r_{ce} 大得多,可认为

$$r_{cb}\approx(1+\beta)r_{ce}$$

可见共基接法的输出电阻比共射接法时高得多,约为后者的$(1+\beta)$倍。

如果考虑集电极负载电阻,则共基极放大电路的输出电阻为

$$R_o=r_{cb}/\!/R_c\approx R_c \tag{2.6.16}$$

【例 2.6.2】 在图 2.6.3(b)所示的共基极放大电路中,已知 $V_{CC}=12\ \text{V}$,$R_c=5.1\ \text{k}\Omega$,$R_e=2\ \text{k}\Omega$,$R_{b1}=1.5\ \text{k}\Omega$,$R_{b2}=5\ \text{k}\Omega$,$R_L=5.1\ \text{k}\Omega$,三极管的 $\beta=50$。

① 试估算放大电路的静态工作点;

② 估算放大电路的 $\dot{A}_i$、$\dot{A}_u$、R_i 和 R_o。

解: ① 根据式(2.6.9)、(2.6.10)和(2.6.11)可得

$$I_{EQ}=\frac{1}{R_e}\left(\frac{R_{b1}}{R_{b1}+R_{b2}}V_{CC}-U_{BEQ}\right)=\frac{1}{2}\left(\frac{1.5}{1.5+5}\times12-0.7\right)\ \text{mA}$$
$$=1.03\ \text{mA}\approx I_{CQ}$$

$$I_{BQ}=\frac{I_{EQ}}{1+\beta}=\frac{1.03}{51}\ \text{mA}\approx0.02\ \text{mA}=20\ \mu\text{A}$$

$$U_{CEQ}\approx V_{CC}-I_{CQ}(R_c+R_e)=[12-1.03\times(5.1+2)]\ \text{V}=4.69\ \text{V}$$

② 可根据式(2.6.12)、(2.6.13)、(2.6.14)和(2.6.16)估算 $\dot{A}_i$、$\dot{A}_u$、R_i 和 R_o。

$$\dot{A}_i=-\alpha=-\frac{\beta}{1+\beta}=-\frac{50}{51}=-0.98$$

已知
$$\dot{A}_u=\frac{\beta R'_L}{r_{be}}$$

其中
$$R'_L=R_c /\!/ R_L=\frac{5.1\times5.1}{5.1+5.1}\ \text{k}\Omega=2.55\ \text{k}\Omega$$

$$r_{be}=r_{bb'}+(1+\beta)\frac{26(\text{mV})}{I_{EQ}}=\left(300+\frac{51\times26}{1.03}\right)\ \Omega=1\ 587\ \Omega\approx1.59\ \text{k}\Omega$$

所以
$$\dot{A}_u=\frac{50\times2.55}{1.59}=80.2$$

$$R_i=\frac{r_{be}}{1+\beta} /\!/ R_e=\frac{\frac{1.59}{51}\times2}{\frac{1.59}{51}+2}\ \text{k}\Omega=0.030\ 7\ \text{k}\Omega=30.7\ \Omega$$

$$R_o\approx R_c=5.1\ \text{k}\Omega$$

▶▶2.6.3 三种基本组态的比较

根据前面的分析,现将共射、共集和共基三种基本组态的性能特点进行归纳和对比,并列于表 2-2 中。

对于以上三种基本组态的主要特点和应用方面,可以分述如下:

① 共射电路同时具有较大的电压放大倍数和电流放大倍数,输入电阻和输出电阻值比较适中,所以,一般只要对输入电阻、输出电阻和频率响应没有特殊要求的地方,均常采用。因此,共射电路被广泛地用作低频电压放大电路的输入级、中间级和输出级。

② 共集电路的特点是电压跟随,这就是电压放大倍数接近于 1 而小于 1,而且输入电阻很高、输出电阻很低,由于具有这些特点,常被用作多级放大电路的输入级、输出级或作为隔离用的中间级。

首先,可以利用它作为测量放大器的输入级,以减小对被测电路的影响,提高测量的精度。

其次,如果放大电路输出端是一个变化的负载,那么为了在负载变化时保证放大电路的输出电压比较稳定,要求放大电路具有很低的输出电阻。此时,可以采用射极输出器作为放大电路的输出级,以提高带负载能力。

最后,共集电路也可以作为中间级,以减小前后两级之间的相互影响,起隔离作用。

表 2－2　BJT 放大电路三种基本组态的比较

组态 \ 性能	共射组态	共集组态	共基组态
电路	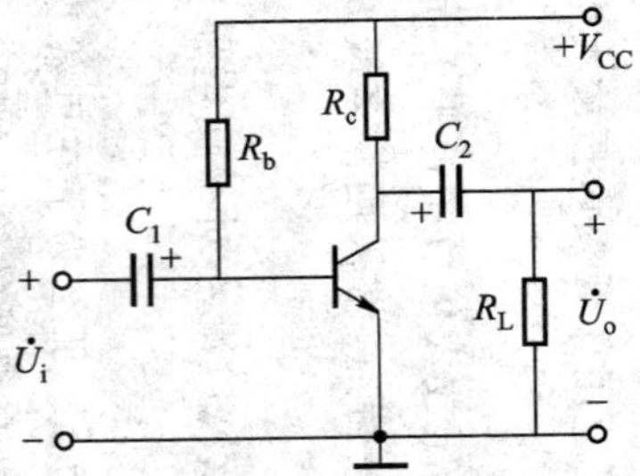	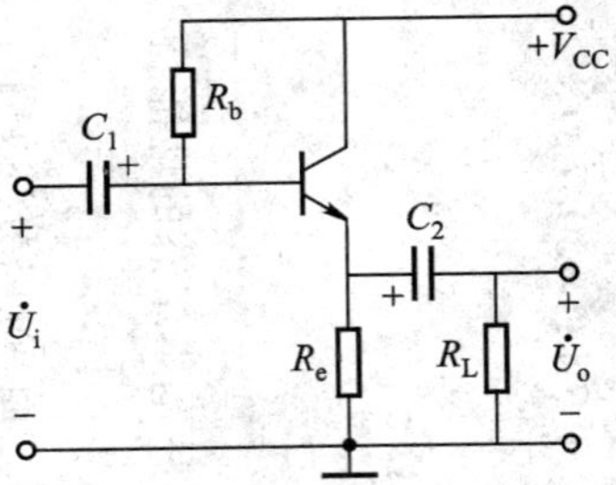	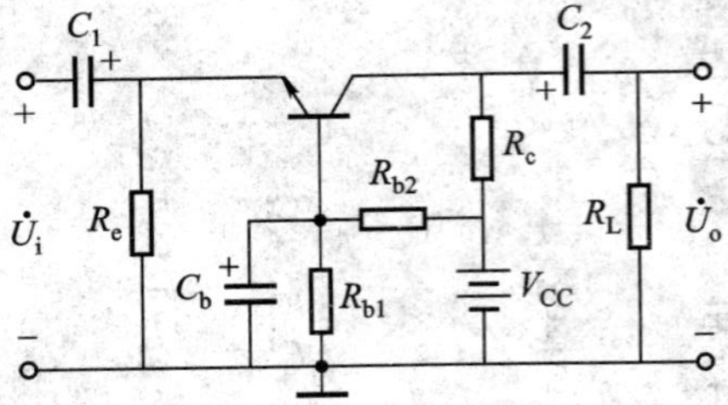
$\dot{A}_i$	大 （几十～一百以上） β	大 （几十～一百以上） $-(1+\beta)$	小 （小于、近于 1） $-\alpha$
$\dot{A}_u$	大 （十几～几百） $-\dfrac{\beta R'_L}{r_{be}}$	小 （小于、近于 1） $\dfrac{(1+\beta)R'_e}{r_{be}+(1+\beta)R'_e}$	大 $\dfrac{\beta R'_L}{r_{be}}$ （数值同共射电路，但同相）
R_i	中 （几百欧～几千欧） r_{be}	大 （几十千欧以上） $r_{be}+(1+\beta)R'_e$	小 （几欧～几十欧） $\dfrac{r_{be}}{1+\beta}$
R_o	中 （几十千欧～几百千欧） r_{ce}	小 （几欧～几十欧） $\dfrac{r_{be}+R'_s}{1+\beta}$	大 （几百千欧～几兆欧） $(1+\beta)r_{ce}$
频率响应	差	较好	好

③ 共基电路的突出特点在于它具有很低的输入电阻，使晶体管结电容的影响不显著，因而频率响应得到很大改善，所以这种接法常常用于宽频带放大器中。另外，由于输出电阻高，共基电路还可以作为恒流源。

►2.7 场效应管放大电路

场效应管（FET）和双极型三极管（BJT）都是组成模拟电子电路常用的放大元件。这两种元件有许多共同之处，同时又有若干不同的特点。如果对两种放大元件的异同了解得比较清楚，那么，在前面学习双极型三极管放大电路的基础上，再来学习场效应管放大电路的组成、工作原理和分析方法等，就比较容易理解了。

两种元件最主要的共同点是它们都具有放大作用，因此都能作为放大电路中的核心元件。其次，FET 和 BJT 都有三个电极，而且两种放大元件的电极之间具有明确的对应关系，即 FET 的栅极 g、源极 s 和漏极 d 分别与 BJT 的基极 b、发射极 e 和集电极 c 一一对应。最后，FET 和 BJT 都是非线性元件，前面介绍的用于分析 BJT 放大电路的图解法和微变等效电路法等，在分析 FET 放大电路时通常也可以采用。也就是说，两种放大元件组成的放大电路，所采用的分析方法也是基本上一致的。

但是，这两种放大元件之间存在以下主要的不同点。首先，通常认为 BJT 是一种电流控制器件，利用基极电流 i_B 的变化控制集电极电流 i_C，通过共射电流放大系数 $\beta=\dfrac{\Delta i_C}{\Delta i_B}$ 来描述其放大作用，在 BJT 放大电路中，为了防止输出波形产生明显的非线性失真，必须设置一个合适的静态偏置电流 I_{BQ}。而 FET 则是一种电压控制器件，利用栅源之间电压 u_{GS} 的变化控制漏极电流 i_D，通过跨导 $g_m=\left.\dfrac{\Delta i_D}{\Delta u_{GS}}\right|_{u_{DS}=常数}$ 来描述其放大作用，在 FET 放大电路中，要求设置一个合适的静态偏置电压 U_{GSQ}。两种放大元件之间另一个不同点是，BJT 的共射输入电阻比较低，约为 1 kΩ 的数量级，而 FET 的共源输入电阻很高，结型场效应管一般高于 $10^7\ \Omega$，MOS 场效应管则高达 $10^{10}\ \Omega$ 以上。还有，FET 的跨导相对比较小，在组成放大电路时，在相同的负载电阻下，电压放大倍数一般比 BJT 低。此外，由于 FET 利用一种极性的多数载流子导电，是单极型器件，因此，与双极型三极管相比，具有噪声小，受外界温度及辐射等影响小的特点，等等。

从实用的要求出发，本节主要介绍 N 沟道增强型 MOS 场效应管组成的放大电路。

▶▶2.7.1 共源极放大电路

根据场效应管的以上特点,利用 BJT 与 FET 的电极对应关系,即可在单管共射放大电路的基础上,组成共源极放大电路。

图 2.7.1 示出一个单管共源极放大电路的原理电路图。其中 VT 是 N 沟道增强型 MOS 场效应管,V_{DD}为漏极电源,V_{GG}为栅极电源,R_d 为漏极负载电阻,R_g 为栅极电阻。

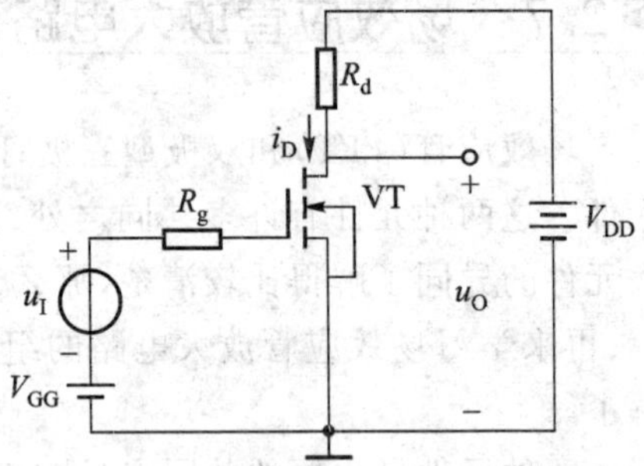

图 2.7.1　共源极放大电路的原理电路

为了保证场效应管工作在恒流区,以实现放大作用,电路中 V_{DD}和 V_{GG}的值应使放大电路工作时,场效应管的 u_{GS}和 u_{DS}满足以下条件:

$$u_{GS}>U_{GS(th)}$$

$$u_{DS}>u_{GS}-U_{GS(th)}$$

其中 $U_{GS(th)}$是 N 沟道增强型 MOS 场效应管的开启电压。

下面利用本章前面介绍的基本分析方法对共源极放大电路进行静态和动态分析。

1. 静态分析

可以采用近似估算法或图解法分析共源极放大电路的静态工作点。下面采用近似估算法进行分析。

在图 2.7.1 中,由于 MOS 场效应管的栅极电流几乎为零,因此可认为电阻 R_g 上没有电压降,则当输入电压等于零时,MOS 场效应管栅源之间的静态偏置电压为

$$U_{GSQ}=V_{GG} \tag{2.7.1}$$

由本书第 1 章式(1.4.4)可知,N 沟道 MOS 场效应管的漏极电流 i_D 与栅源电压 u_{GS}之间近似满足以下关系:

$$i_D=I_{DO}\left(\frac{u_{GS}}{U_{GS(th)}}-1\right)^2 \quad (当\ u_{GS}\geqslant U_{GS(th)})$$

式中 I_{DO}为 $u_{GS}=2U_{GS(th)}$时的 i_D 值。因此,静态漏极电流为

$$I_{DQ}=I_{DO}\left(\frac{U_{GSQ}}{U_{GS(th)}}-1\right)^2 \tag{2.7.2}$$

由图 2.7.1 可求得静态漏极电压为

$$U_{DSQ}=V_{DD}-I_{DQ}R_d \tag{2.7.3}$$

当然也可采用图解法分析共源极放大电路的静态工作点,首先根据放大电路

的漏极回路列出直流负载线方程，然后在场效应管的输出特性曲线上画出直流负载线，直流负载线与 $u_{GS}=U_{GSQ}=V_{GG}$ 的一条输出特性的交点即是静态工作点 Q。具体做法与双极型三极管放大电路图解求 Q 点的过程类似，此处不再重复。

2. 动态分析

可以利用微变等效电路法对场效应管放大电路进行动态分析。

首先讨论场效应管的微变等效电路。已经知道漏极电流 i_D 是栅源电压 u_{GS} 和漏源电压 u_{DS} 的函数，故可表示为

$$i_D=f(u_{GS},u_{DS})$$

由此式求 i_D 的全微分，可得

$$di_D=\left.\frac{\partial i_D}{\partial u_{GS}}\right|_{U_{DS}}du_{GS}+\left.\frac{\partial i_D}{\partial u_{DS}}\right|_{U_{GS}}du_{DS} \tag{2.7.4}$$

上式中，定义

$$g_m=\left.\frac{\partial i_D}{\partial u_{GS}}\right|_{U_{DS}}$$

$$\frac{1}{r_{ds}}=\left.\frac{\partial i_D}{\partial u_{DS}}\right|_{U_{GS}}$$

其中 g_m 称为场效应管的跨导，r_{ds} 是场效应管漏源之间的等效电阻。

如果输入正弦波信号，则可用 $\dot{I}_d$、$\dot{U}_{gs}$ 和 $\dot{U}_{ds}$ 分别代替式(2.7.4)中的变化量 di_D、du_{GS} 和 du_{DS}，则式(2.7.4)成为

$$\dot{I}_d=g_m\dot{U}_{gs}+\frac{1}{r_{ds}}\dot{U}_{ds} \tag{2.7.5}$$

根据式(2.7.5)可画出场效应管的微变等效电路，如图 2.7.2 所示。图中栅极与源极之间虽然有一个电压 $\dot{U}_{gs}$，但是没有栅极电流，所以栅极是悬空的。d、s 之间的受控电流源 $g_m\dot{U}_{gs}$ 体现了 $\dot{U}_{gs}$ 对 $\dot{I}_d$ 的控制作用。

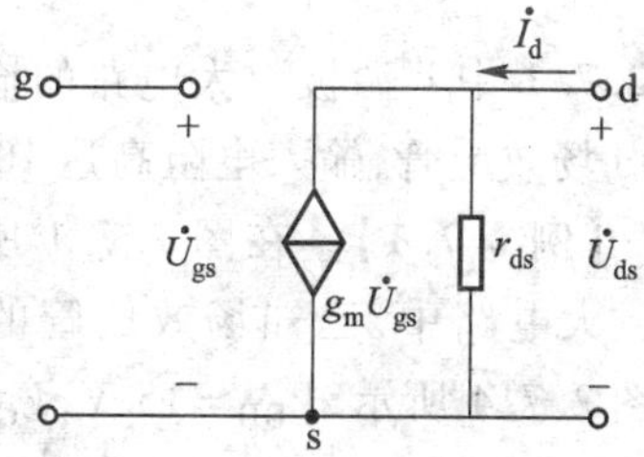

图 2.7.2　场效应管的微变等效电路

等效电路中有两个微变参数：g_m 和 r_{ds}，它们的数值可以根据定义，在场效应管的特性曲线上通过作图的方法求得。其中 g_m 的数值也可根据式(1.4.4)对 u_{GS} 求导数而得到，即

$$g_m=\frac{di_D}{du_{GS}}=\frac{2I_{DO}}{U_{GS(th)}}\left(\frac{u_{GS}}{U_{GS(th)}}-1\right)=\frac{2}{U_{GS(th)}}\sqrt{I_{DO}i_D}$$

在 Q 点附近，可用 I_{DQ} 表示上式中的 i_D，则可得

$$g_m = \frac{2}{U_{GS(th)}}\sqrt{I_{DO}I_{DQ}} \qquad (2.7.6)$$

由上式可见，跨导 g_m 的数值与静态漏极电流 I_{DQ} 有关，因此，对于同一个场效应管，其跨导 g_m 的值将随着 Q 点的位置而变化，通常 Q 点愈高，即 I_{DQ} 值愈大，则 g_m 值也愈大。一般 g_m 的数值为 0.1 至 20 mS。r_{ds} 的数值通常为几百千欧的数量级。当放大电路中漏极负载电阻 R_d 比 r_{ds} 小得多时，可认为等效电路中的 r_{ds} 开路。

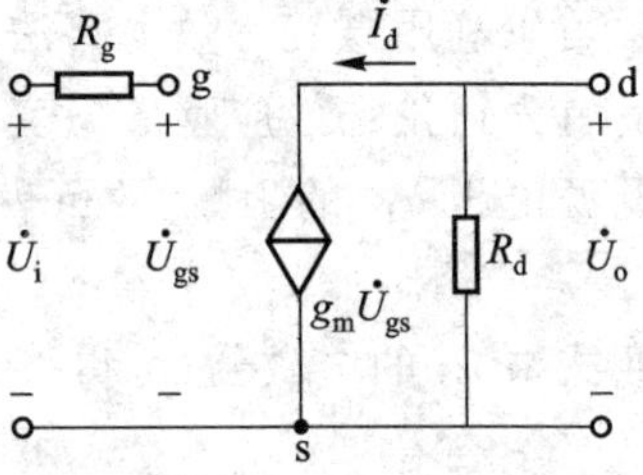

图 2.7.3　共源极放大电路的微变等效电路

现在利用微变等效电路法分析图 2.7.1 中的共源极放大电路。可画出该共源极放大电路的微变等效电路如图 2.7.3 所示，图中的 r_{ds} 已开路。

因栅极电流为零，电阻 R_g 上没有电压降，因此

$$\dot{U}_i = \dot{U}_{gs}$$

而
$$\dot{U}_o = -\dot{I}_d R_d = -g_m \dot{U}_{gs} R_d$$

所以共源极放大电路的电压放大倍数为

$$\dot{A}_u = \frac{\dot{U}_o}{\dot{U}_i} = -g_m R_d \qquad (2.7.7)$$

如认为 r_{ds} 开路，则共源极放大电路的输出电阻为

$$R_o = R_d \qquad (2.7.8)$$

图 2.7.1 中共源极放大电路的输入电阻近似等于场效应管栅源间的电阻，对于 MOS 场效应管，输入电阻高达 $10^{10}\ \Omega$ 以上。

【例 2.7.1】　在图 2.7.1 所示的共源极放大电路中，已知场效应管的转移特性如图 2.7.4 所示，$V_{DD} = 15$ V，$V_{GG} = 3.5$ V，$R_d = 7.5\ \text{k}\Omega$，$R_g = 1\ \text{M}\Omega$。

① 试估算静态工作点 Q；

② 估算放大电路的 $\dot{A}_u$ 和 R_o。

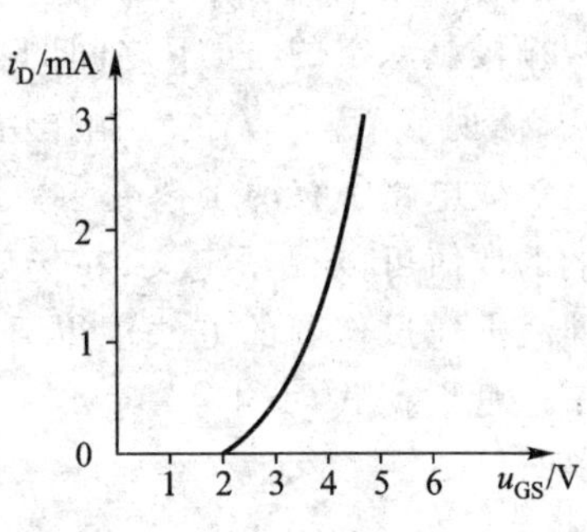

图 2.7.4　例 2.7.1 中 FET 的转移特性

解： ① 由图 2.7.4 的转移特性可得到，场效应管的开启电压 $U_{GS(th)} = 2$ V，当 $u_{GS} = 2U_{GS(th)} = 4$ V 时，$i_D = 2\ \text{mA} = I_{DO}$，则根据式(2.7.1)、(2.7.2)和(2.7.3)可得

$$U_{GSQ} = V_{GG} = 3.5\ \mathrm{V}$$

$$I_{DQ} = I_{DO}\left(\frac{U_{GSQ}}{U_{GS(th)}} - 1\right)^2 = \left[2 \times \left(\frac{3.5}{2} - 1\right)^2\right]\ \mathrm{mA} = 1.13\ \mathrm{mA}$$

$$U_{DSQ} = V_{DD} - I_{DQ}R_d = (15 - 1.13 \times 7.5)\ \mathrm{V} = 6.5\ \mathrm{V}$$

② 为了估算 $\dot{A}_u$,需先求出场效应管的跨导 g_m,由式(2.7.6)可得

$$g_m = \frac{2}{U_{GS(th)}}\sqrt{I_{DO}I_{DQ}} = \left(\frac{2}{2} \times \sqrt{2 \times 1.13}\right)\ \mathrm{mS} = 1.5\ \mathrm{mS}$$

然后根据式(2.7.7)和(2.7.8)可得

$$\dot{A}_u = -g_m R_d = -1.5 \times 7.5 = -11.3$$

$$R_o = R_d = 7.5\ \mathrm{k\Omega}$$

▶▶2.7.2 分压-自偏压式共源极放大电路

图 2.7.5 实质上也是一个共源极放大电路。与图 2.7.1 中的原理电路相比,只需一路直流电源 V_{DD},同时解决了输入电压与输出电压的共地问题,因此比较实用。

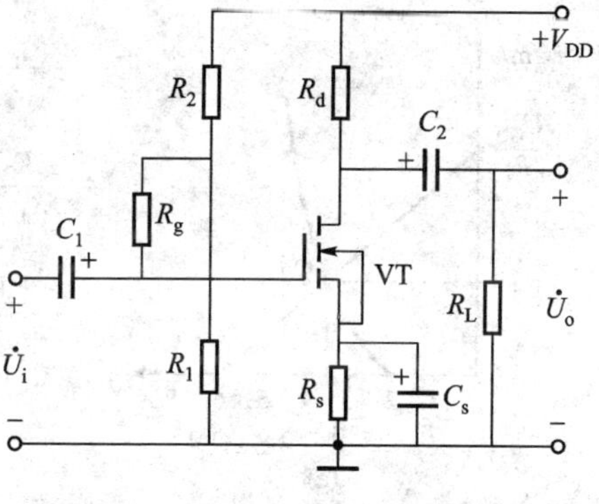

图 2.7.5 分压-自偏式共源放大电路

静态时,场效应管的栅极电压由 V_{DD}经电阻 R_1、R_2 分压后提供。另外,静态漏极电流流过电阻 R_s 产生一个自偏压,因此,场效应管的静态偏置电压 U_{GSQ} 由分压和自偏压的结果共同决定,故称为分压-自偏压式共源极放大电路。引入 R_s 有利于稳定电路的静态工作点。当旁路电容 C_s 足够大时,可认为 R_s 两端交流短路,则从交流通路看,输入信号和输出信号的公共端是场效应管的源极,所以是共源极放大电路。栅极回路接入一个大电阻 R_g,其作用是提高放大电路的输入电阻。

1. 静态分析

也可采用近似估算法或图解法来分析分压-自偏压式共源极放大电路的静态工作点。

(1) 近似估算法

根据图 2.7.5 的输入回路可列出以下第一个方程,再由第 1 章式(1.4.4)得到第二个方程

$$\begin{cases} U_{GSQ} = \dfrac{R_1}{R_1 + R_2}V_{DD} - I_{DQ}R_s \\ I_{DQ} = I_{DO}\left(\dfrac{U_{GSQ}}{U_{GS(th)}} - 1\right)^2 \end{cases} \tag{2.7.9}$$

解以上两个联立方程，即可得到 U_{GSQ} 和 I_{DQ}，然后根据图 2.7.5 的输出回路可求得

$$U_{DSQ} = V_{DD} - I_{DQ}(R_d + R_s) \tag{2.7.10}$$

（2）图解法

现在用作图的方法在场效应管转移特性和输出特性上求解静态工作点。首先由图 2.7.5 放大电路的栅极回路可知，静态时 i_D 和 u_{GS} 满足以下关系：

$$u_{GS} = U_{GQ} - i_D R_s = \frac{R_1}{R_1 + R_2}V_{DD} - i_D R_s$$

以上表达式说明 i_D 与 u_{GS} 成线性关系，可以用一条直线表示，见图 2.7.6(a)。同时，i_D 与 u_{GS} 之间又必须符合转移特性曲线的规律，因此，二者的交点即是静态工作点 Q，如图 2.7.6(a)所示。根据转移特性上 Q 点的位置可求得静态时的 U_{GSQ} 和 I_{DQ} 值。

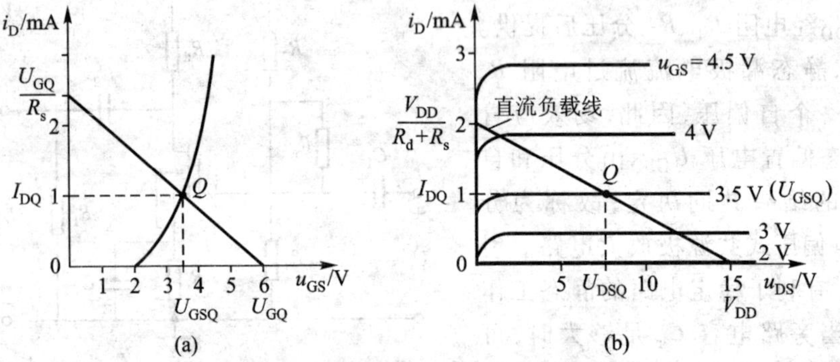

图 2.7.6 用图解法分析图 2.7.5 电路的 Q 点

然后，根据图 2.7.5 电路的输出回路列出直流负载线方程：

$$u_{DS} = V_{DD} - i_D(R_d + R_s)$$

由此可在输出特性曲线上画出直流负载线，见图 2.7.6(b)。直流负载线与 $u_{GS} = U_{GSQ}$ 的一条输出特性的交点确定了输出特性上 Q 点的位置，由此可得到静态时的 U_{DSQ} 和 I_{DQ} 值，见图 2.7.6(b)。

2. 动态分析

假设图 2.7.5 所示分压-自偏压式共源放大电路中的隔直电容 C_1、C_2 和旁路电容 C_s 均足够大，可画出其微变等效电路，如图 2.7.7 所示。

由图可知

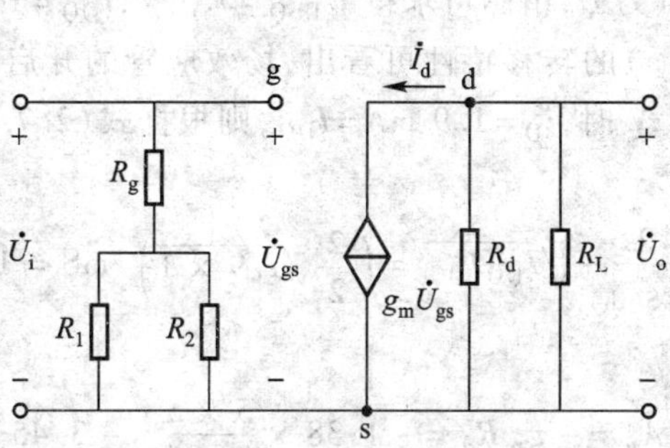

图 2.7.7　图 2.7.5 电路的微变等效电路

$$\dot{U}_i = \dot{U}_{gs}$$

$$\dot{U}_o = -\dot{I}_d R'_d = -g_m \dot{U}_{gs} R'_d$$

式中

$$R'_d = R_d /\!/ R_L$$

则电压放大倍数为

$$\dot{A}_u = \frac{\dot{U}_o}{\dot{U}_i} = -g_m R'_d \tag{2.7.11}$$

输入、输出电阻分别为

$$R_i = R_g + (R_1 /\!/ R_2) \tag{2.7.12}$$

$$R_o = R_d \tag{2.7.13}$$

【例 2.7.2】　在图 2.7.5 所示的分压-自偏压式共源放大电路中,已知 $V_{DD}=15\ \text{V}, R_d=5\ \text{k}\Omega, R_s=2.5\ \text{k}\Omega, R_1=200\ \text{k}\Omega, R_2=300\ \text{k}\Omega, R_g=10\ \text{M}\Omega$,负载电阻 $R_L=5\ \text{k}\Omega$。设电容 C_1、C_2 和 C_s 足够大。已知场效应管的特性曲线如图 2.7.6 所示。

① 试用图解法分析静态工作点 Q;

② 用微变等效电路法估算放大电路的 $\dot{A}_u$、R_i 和 R_o。

解: ① 根据栅极回路可列出以下表达式:

$$u_{GS} = \frac{R_1}{R_1+R_2}V_{DD} - i_D R_s = \left(\frac{200}{200+300}\times 15 - 2.5 i_D\right)\text{V} = (6-2.5 i_D)\text{V}$$

由此表达式可在转移特性上画出一条直线,见图 2.7.6(a)。此直线与转移特性的交点即是 Q。由图可得:$U_{GSQ}=3.5\ \text{V}, I_{DQ}=1\ \text{mA}$。

然后根据漏极回路列出以下直流负载线方程:

$$u_{DS} = V_{DD} - i_D(R_d+R_s) = (15-7.5 i_D)\text{V}$$

画出的直流负载线如图 2.7.6(b)所示。直流负载线与 $u_{GS}=U_{GSQ}=3.5\ \text{V}$ 时的

一条输出特性的交点为 Q，由图可求得 $U_{DSQ}=7.5\ \text{V}$，$I_{DQ}=1\ \text{mA}$。

② 由图 2.7.6(a)的转移特性可看出，场效应管的开启电压 $U_{GS(th)}=2\ \text{V}$，当 $u_{GS}=2U_{GS(th)}=4\ \text{V}$ 时，$i_D=1.9\ \text{mA}=I_{DO}$，则根据式(2.7.6)可得到场效应管的跨导为

$$g_m=\frac{2}{U_{GS(th)}}\sqrt{I_{DO}I_{DQ}}=\left(\frac{2}{2}\sqrt{1.9\times 1}\right)\ \text{mS}=1.38\ \text{mS}$$

则电压放大倍数为

$$\dot{A}_u=-g_mR'_d=-1.38\times\frac{5\times 5}{5+5}=-3.45$$

输入电阻和输出电阻分别为

$$R_i=R_g+(R_1\,/\!/\,R_2)=\left(10+\frac{0.2\times 0.3}{0.2+0.3}\right)\ \text{M}\Omega\approx 10.1\text{M}\Omega$$

$$R_o=R_d=5\ \text{k}\Omega$$

►►2.7.3 共漏极放大电路

共漏极放大电路又称为**源极输出器**或**源极跟随器**，它与双极型三极管组成的射极输出器具有类似的特点，如输入电阻高，输出电阻低，电压放大倍数小于1而接近于1等，所以应用比较广泛。

图 2.7.8(a)示出了源极输出器的典型电路。从交流通路看，输入信号与输出信号的公共端是场效应管的漏极，因此称为共漏极放大电路。由图可见，本电路栅极回路的接法与前面图 2.7.5 一样。

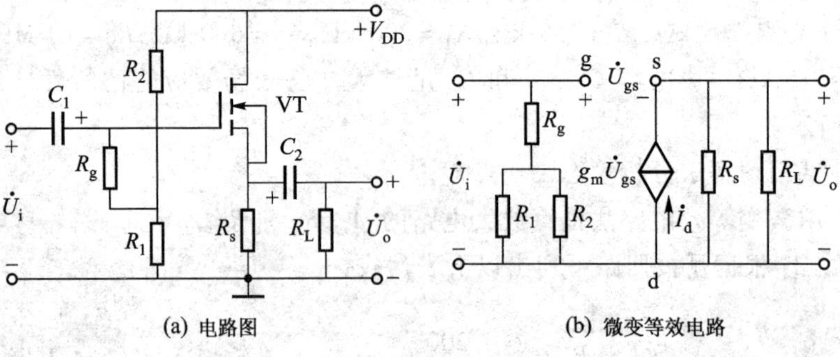

图 2.7.8 共漏极放大电路

1. 静态分析

可以采用近似估算法或图解法分析共漏极放大电路的静态工作点，具体做法与分压-自偏压式共源放大电路的静态分析方法类似，请参阅本章 2.7.2 节中的静态分析部分，此处不再重复。

2. 动态分析

图 2.7.8(a)中的共漏极放大电路的微变等效电路如图 2.7.8(b)所示。由图可得

$$\dot{U}_o = \dot{I}_d R_s' = g_m \dot{U}_{gs} R_s'$$

式中

$$R_s' = R_s \ /\!/ \ R_L$$

而

$$\dot{U}_i = \dot{U}_{gs} + \dot{U}_o = (1 + g_m R_s') \dot{U}_{gs}$$

所以

$$\dot{A}_u = \frac{\dot{U}_o}{\dot{U}_i} = \frac{g_m R_s'}{1 + g_m R_s'} \tag{2.7.14}$$

由上式可见,共漏极放大电路的电压放大倍数小于 1。当 $g_m R_s' \gg 1$ 时,$\dot{A}_u \approx 1$。

由图 2.7.8(b)可得,共漏极放大电路的输入电阻为

$$R_i = R_g + (R_1 \ /\!/ \ R_2) \tag{2.7.15}$$

为了求得输出电阻,令 $\dot{U}_i = 0$,使 R_L 开路,外加输出电压 $\dot{U}_o$,如图 2.7.9 所示。

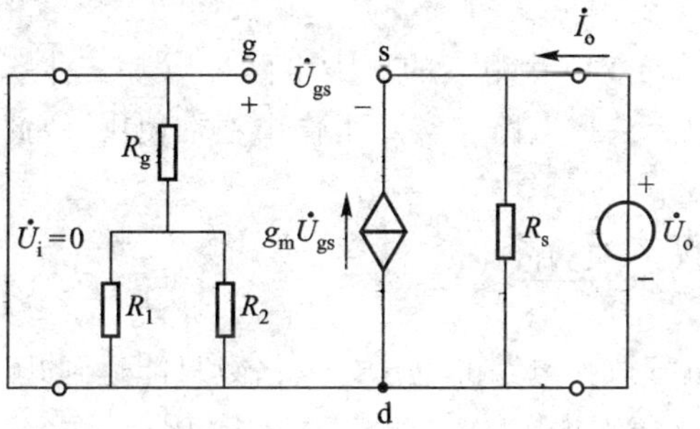

图 2.7.9 求共漏极放大电路 R_o 的等效电路

由图可得

$$\dot{I}_o = \frac{\dot{U}_o}{R_s} - g_m \dot{U}_{gs}$$

因输入端短路,故

$$\dot{U}_{gs} = -\dot{U}_o$$

则

$$\dot{I}_o = \frac{\dot{U}_o}{R_s} + g_m \dot{U}_o = \left(\frac{1}{R_s} + g_m\right) \dot{U}_o$$

所以
$$R_o=\frac{\dot{U}_o}{\dot{I}_o}=\frac{1}{g_m+\frac{1}{R_s}}=\frac{1}{g_m}\ //\ R_s \tag{2.7.16}$$

【例 2.7.3】 在图 2.7.8(a)所示的共漏极放大电路中,假设 $V_{DD}=24\ \text{V}$,$R_s=10\ \text{k}\Omega$,$R_g=100\ \text{M}\Omega$,$R_1=5\ \text{M}\Omega$,$R_2=3\ \text{M}\Omega$,负载电阻 $R_L=10\ \text{k}\Omega$,已知场效应管在 Q 点处的跨导 $g_m=1.8\ \text{mS}$,试估算放大电路的 $\dot{A}_u$、R_i 和 R_o。

解:由式(2.7.14)、(2.7.15)和(2.7.16)可得

$$\dot{A}_u=\frac{g_mR_s'}{1+g_mR_s'}=\frac{1.8\times\frac{10\times10}{10+10}}{1+1.8\times\frac{10\times10}{10+10}}=0.9$$

$$R_i=R_g+(R_1\ //\ R_2)=\left(100+\frac{5\times3}{5+3}\right)\text{M}\Omega\approx102\ \text{M}\Omega$$

$$R_o=\frac{1}{g_m}\ //\ R_L=\frac{\frac{1}{1.8}\times10}{\frac{1}{1.8}+10}\text{k}\Omega\approx0.53\ \text{k}\Omega=530\ \Omega$$

从理论上说,用场效应管组成的放大电路也应有三种基本组态,即共源、共漏和共栅组态,但由于共栅电路在实际工作中不常使用,故此处不再赘述。

▶2.8 多级放大电路

一般情况下,单管放大电路的电压放大倍数只能达到几十倍,放大电路的其他技术指标也难以达到实际工作中提出的要求,因此,在实际的电子设备中,大都采用各种各样的多级放大电路。

本节主要介绍多级放大电路的耦合方式,以及多级放大电路的电压放大倍数和输入、输出电阻的分析方法。

▶▶2.8.1 多级放大电路的耦合方式

多级放大电路内部各级之间的连接方式称为**耦合方式**。常用的耦合方式有三种,即阻容耦合、变压器耦合和直接耦合。

1. 阻容耦合

图 2.8.1 画出了一个两级放大电路。由图可见,电路的第一级与第二级之间通过电阻和电容元件相连接,故称为**阻容耦合**放大电路。

阻容耦合方式的主要优点是,由于前后级之间通过电容连接,故级与级之间的直流通路是断开的,因此,各级的静态工作点各自独立,互不影响。这样给分

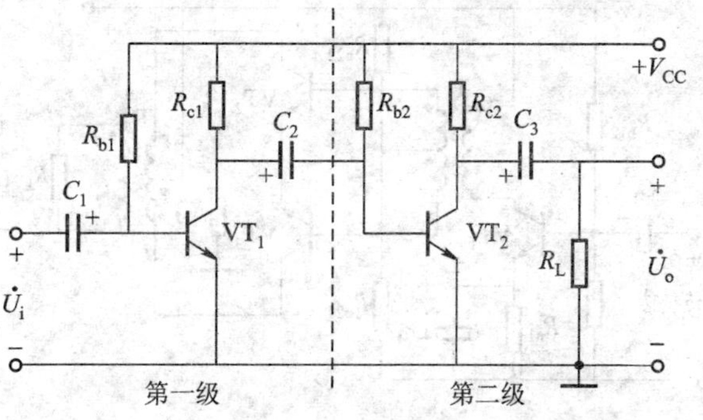

图 2.8.1　阻容耦合放大电路

析、设计和调试工作带来很大的方便。而且,如果耦合电容的容值足够大,就可以做到在一定的频率范围内,前一级的输出信号几乎不衰减地传送到后一级的输入端,使信号得到充分的利用。

但是,阻容耦合方式也有明显的缺点。首先,不适合传送缓慢变化的信号,当缓慢变化信号通过电容时,将被严重地衰减。由于电容有"隔直"作用,因此直流成分的变化不能通过电容。更重要的是,由于集成电路工艺很难制造大容量的电容,因此,阻容耦合方式在集成放大电路中无法采用。

2. 变压器耦合

因为变压器能够通过磁路的耦合将一次侧的交流信号传送到二次侧,所以也可以作为多级放大电路的耦合元件。

图 2.8.2 示出了一个变压器耦合放大电路的例子。变压器 T_1 将第一级的输出信号传送给第二级,变压器 T_2 将第二级的输出信号传送给负载。在第二级,三极管 VT_2 和 VT_3 组成推挽式放大电路,在交流正弦信号的正、负半周,VT_2 和 VT_3 轮流导电,而在负载上仍能得到基本为正弦波的输出信号。

变压器耦合方式的一个重要优点是具有**阻抗变换**作用。如果变压器一次和二次绕组的匝数分别为 N_1 和 N_2,其匝数比(即变比)$n=\frac{N_1}{N_2}$,而在二次侧接有一个负载电阻 R_L,如图 2.8.3 所示,此时从变压器一次侧看,等效的负载电阻将为多大?设变压器一次电压和电流为 U_1 和 I_1,二次电压和电流为 U_2 和 I_2,则

$$\frac{U_1}{U_2}=\frac{N_1}{N_2}=n$$

$$\frac{I_1}{I_2}=\frac{N_2}{N_1}=\frac{1}{n}$$

所以变压器一次侧的等效负载电阻为

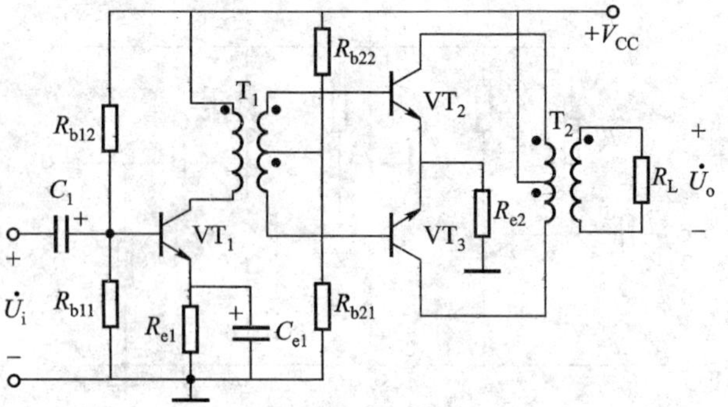

图 2.8.2　变压器耦合放大电路

$$R_L' = \frac{U_1}{I_1} = n^2 \frac{U_2}{I_2} = n^2 R_L \tag{2.8.1}$$

可见变压器有阻抗变换作用。过去常常利用变压器的这一特点组成功率放大电路，如图 2.8.2 所示。有时实际的负载电阻 R_L 的阻值很小，例如有的扬声器电阻只有 8 Ω，若采用变压器耦合，可选择适当的变比，使接在三极管集电极回路的等效电阻 R_L' 的阻值比较合适，以便在负载上得到尽可能大的输出功率。

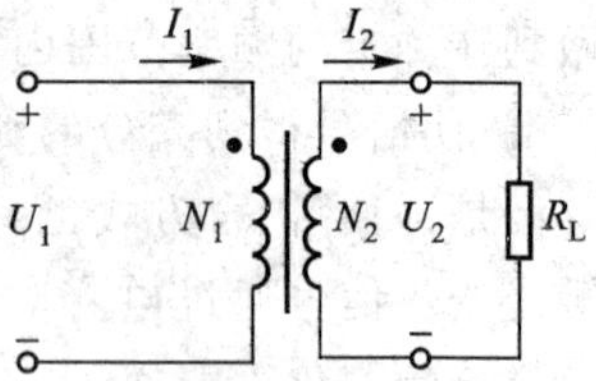

图 2.8.3　变压器的阻抗变换原理

变压器耦合的另一个优点是前后级的直流通路互相隔离，因此各级静态工作点互相独立。

变压器耦合方式的主要缺点是变压器比较笨重，无法集成化。另外，缓慢变化和直流信号也不能通过变压器。目前，即使是功率放大电路也较少采用变压器耦合方式。

3. 直接耦合

为了克服前面两种耦合方式无法实现集成化，以及不能传送缓慢变化信号的缺点，可以考虑采用直接耦合方式，将前级的输出端直接或通过电阻接到后一级的输入端。

直接耦合放大电路既能放大交流信号，又能放大缓慢变化信号和直流信号。更重要的是，直接耦合方式便于实现集成化，因此，实际的集成运算放大电路，通常都是直接耦合多级放大电路。所以直接耦合放大电路是本书讨论的重点。

但是，所谓直接耦合，是否可以简单地将两个单管放大电路直接连在一起？这种接法有可能使放大电路不能正常工作。例如在图 2.8.4 中，由于三极管 VT_1 的集电极电位与 VT_2 的基极电位相等，约为 0.7 V 左右，因此 VT_1 的静态工作点接近饱和区，无法正常进行放大。

为了使直接耦合的两个放大级各自都有合适的静态工作点，图2.8.5示出了几种解决的途径。在图2.8.5(a)中，VT_2 的发射极接入一个电阻 R_{e2}，提高了第二级的发射极电位 U_{E2} 和基极电位 U_{B2}，从而使第一级的集电极具有较高的静态电位，避免工作在饱和区。但是，接入 R_{e2} 后，将使第二级的放大倍数下降。

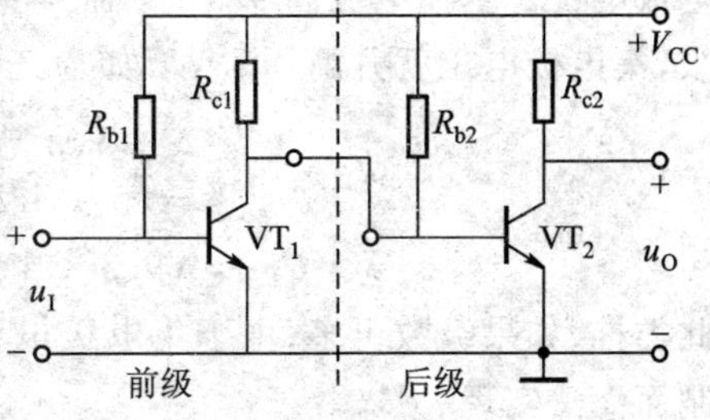

图 2.8.4 两个单管放大电路简单地直接耦合

在图2.8.5(b)中，用稳压管 VD_Z 代替图(a)中的 R_{e2}。因为稳压管的动态内阻通常很小，一般在几十欧的数量级，因此第二级的放大倍数不致下降很多。但是，接入稳压管相当接入一个固定电压，将使 VT_2 集电极的有效电压变化范围减小。

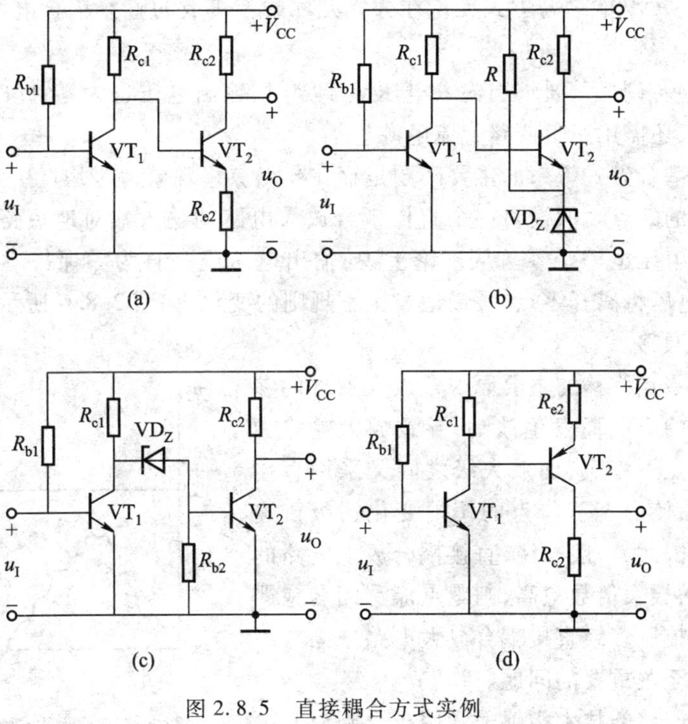

图 2.8.5 直接耦合方式实例

图2.8.5(a)和(b)电路还存在一个共同的问题，那就是当耦合的级数更多时，集电极的电位将愈来愈高。这是由于为了保证三极管工作在放大区，必须使发射结正向偏置，集电结反向偏置。对于NPN三极管，要求 $U_{BE}>0$，$U_{BC}<0$。而 $U_{BC}<0$ 表示集电极电位 U_C 高于基极电位 U_B。假设 $U_{BE}=0.7\ V$，$U_{CE}=5\ V$，则

集电极电位比基极电位高 4.3 V。而本级的 U_B 又等于前级的 U_C，所以每增加一级，集电极电位就升高 4.3 V。如为三级放大，则各级集电极电位为

$$U_{C1}=5\ \text{V}$$
$$U_{C2}=(5+4.3)\ \text{V}=9.3\ \text{V}$$
$$U_{C3}=(9.3+4.3)\ \text{V}=13.6\ \text{V}$$

以此类推，如果级数更多，由于集电极电位逐级上升，最终将因电源电压 V_{CC} 的限制而无法实现。

解决这个问题的办法是采取措施实现电平移动。例如在图 2.8.5(c)中，前一级的集电极经过一个稳压管再接至后级的基极，这样既降低了第二级基极的电位，又不致使放大倍数损失太大。缺点是稳压管的噪声较大。

图 2.8.5(d)的电路给出了实现电平移动的另一种方法。这个电路的后级采用了 PNP 管，由于 PNP 管的集电极电位比基极电位低，因此，即使耦合的级数比较多，也可以使各级获得合适的工作点，而不至于造成电位逐级上升。所以，这种 NPN-PNP 的耦合方式无论在分立元件或者集成的直接耦合电路中都经常被采用。

在某些情况下，要求当输入电压等于零时，输出电压也为零，此时除了电平移动以外，还需用正负两路直流电源。

直接耦合方式带来的主要问题是存在零点漂移现象。这是直接耦合放大电路最突出的缺点。假设将一个直接耦合放大电路的输入端对地短路，并调整电路使输出电压也等于零。从理论上说，输出电压应一直为零保持不变，但实际上，输出电压将离开零点，缓慢地发生不规则的变化，如图 2.8.6 所示，这种现象称为**零点漂移**。

产生零点漂移的主要原因是放大器件的参数受温度的影响而发生波动，导致放大电路的静态工作点不稳定，而放大级之间又采用直接耦合方式，使静态工作点的缓慢变化逐级传递和放大。因此，一般来说，直接耦合放大电路的级数愈多，放大倍数愈高，则零点漂移问题愈严重。而且控制多级直接耦合放大电路中第一级的漂移是至关重要的问题。

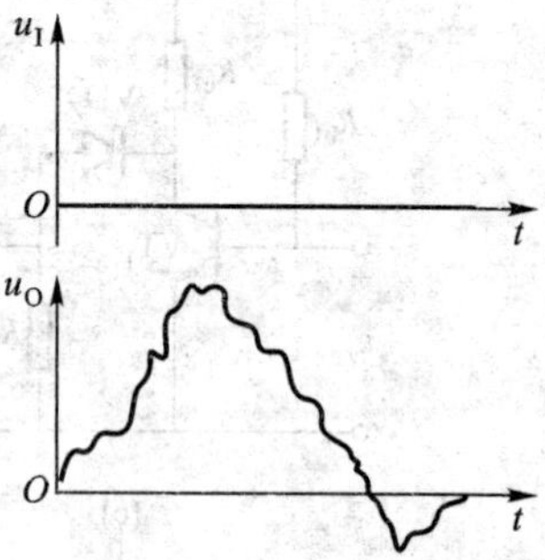

图 2.8.6　零点漂移现象

零点漂移的技术指标通常用折合到放大电路输入端的零漂来衡量，即将输出端的漂移电压除以电压放大倍数得到的结果。对于一个高质量的直接耦合放大电路，要求它既有很高的电压放大倍数，而零点漂移又比较低。

为了抑制零点漂移，常用的措施有以下几种：

第一,引入直流负反馈以稳定 Q 点来减小零点漂移。分压式工作点稳定电路就是基于这种思想而引出的电路。

第二,利用热敏元件补偿放大管的零漂,例如,在放大电路中接入另一个对温度敏感的元件,如热敏电阻、半导体二极管等,使该元件在温度变化时产生的零漂,能够抵消放大三极管产生的零漂。例如在图 2.8.7 中,放大管 VT_1 的基极引入了另一个接成二极管的三极管 VT_2。当温度升高时,放大管的集电极电流 I_{C1} 将增大,但与此同时,VT_2 的发射结电压 U_{BE2} 将减小,使 VT_1 的基极电位 U_{B1} 降低,导致 I_{C1} 减小,从而补偿了输出端的零点漂移。在集成运算放大电路中常常采用这种措施以抑制零漂。

第三,将两个参数对称的单管放大电路接成差分放大电路的结构形式,使输出端的零漂互相抵消。这种措施十分有效而且比较容易实现,实际上,集成运算放大电路的输入级基本上都采用差分放大的结构。关于差分放大电路,将在本书第 5 章进行详尽的讨论。

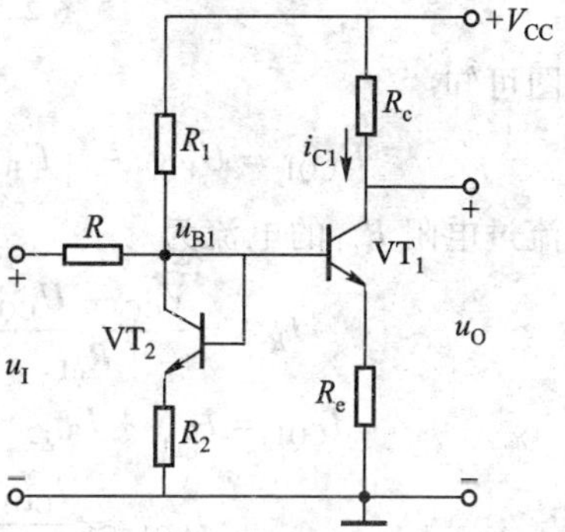

图 2.8.7　利用热敏元件补偿零漂

直接耦合方式的另一个缺点是,由于前后级之间存在直流通路,导致各级静态工作点互相影响,不能独立,使直接耦合多级放大电路的分析、设计和调试工作比较麻烦。直接耦合放大电路静态工作点的估算过程比阻容耦合和变压器耦合放大电路复杂。由于各放大级不能独立进行估算,针对各个不同的具体电路,为了简化估算过程,常常需要寻找最容易确定的环节,然后估算电路中其他各处的静态电位和电流。有时只能通过解联立方程求解。

【例 2.8.1】 在图 2.8.8 所示的由 NPN 和 PNP 三极管组成的双电源直接耦合放大电路中,已知 $V_{CC}=V_{EE}=18\ \text{V}$,$R_{c1}=5.6\ \text{k}\Omega$,$R_{e1}=200\ \Omega$,$R_{c2}=4.7\ \text{k}\Omega$,$R_{e2}=1.2\ \text{k}\Omega$,三极管的 $U_{BEQ1}=\left|U_{BEQ2}\right|=0.7\ \text{V}$,$\beta_1=50$,$\beta_2=30$。假设当输入信号等于零时,输出电压 $u_O=0$,试估算放大电路的静态工作点。

解: 由于输入信号为零时,$u_O=0$,因此,最容易确定的参数是 I_{CQ2}。

$$I_{CQ2}=\frac{V_{EE}}{R_{c2}}=\frac{18}{4.7}\ \text{mA}=3.83\ \text{mA}$$

则

$$I_{BQ2}\approx\frac{I_{CQ2}}{\beta_2}=\frac{3.83}{30}\ \text{mA}\approx0.13\ \text{mA}$$

$$I_{EQ2}\approx I_{CQ2}+I_{BQ2}=(3.83+0.13)\ \text{mA}=3.96\ \text{mA}$$

$$U_{EQ2}=V_{CC}-I_{EQ2}R_{e2}=(18-3.96\times1.2)\ \text{V}=13.2\ \text{V}$$

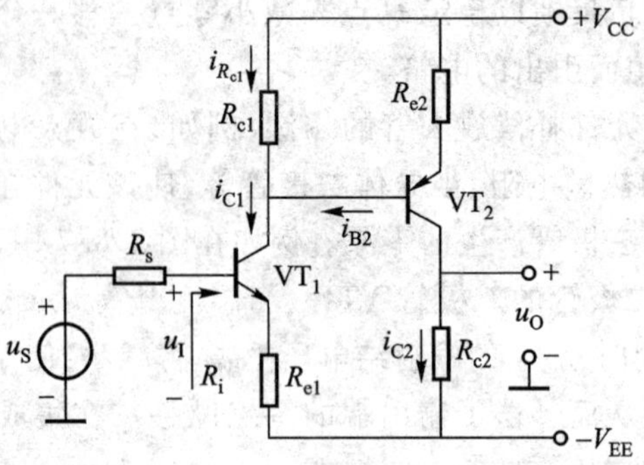

图 2.8.8　例 2.8.1 电路

由图可知

$$U_{CQ1}=U_{EQ2}-\left|U_{BEQ2}\right|=(13.2-0.7)\text{V}=12.5\text{ V}$$

故流过电阻 R_{c1} 的电流为

$$I_{R_{c1}}=\frac{V_{CC}-U_{CQ1}}{R_{c1}}=\frac{18-12.5}{5.6}\text{mA}=0.98\text{ mA}$$

则

$$I_{CQ1}=I_{R_{c1}}+I_{BQ2}=(0.98+0.13)\text{mA}=1.11\text{ mA}$$

$$I_{BQ1}\approx\frac{I_{CQ1}}{\beta_1}=\frac{1.11}{50}\text{mA}=0.022\text{ mA}$$

$$I_{EQ1}=I_{CQ1}+I_{BQ1}=(1.11+0.022)\text{mA}\approx1.13\text{ mA}$$

最后将三种耦合方式的比较列在表 2-3 中。

表 2-3　三种耦合方式的比较

	阻容耦合	变压器耦合	直接耦合
特点	各级静态工作点互不影响； 结构简单	有阻抗变换作用； 各级直流通路互相隔离	能放大缓慢变化的信号或直流成分的变化； 适于集成化
存在问题	不能反映直流成分的变化，不适合放大缓慢变化的信号； 不适于集成化	不能反映直流成分的变化，不适合放大缓慢变化的信号； 笨重； 不适于集成化	有零点漂移现象； 各级静态工作点互相影响
适用场合	分立元件交流放大电路	低频功率放大，调谐放大	集成放大电路，直流放大电路

▶▶2.8.2　多级放大电路的电压放大倍数和输入、输出电阻

1. 电压放大倍数

在多级放大电路中,由于各级是互相串联起来的,前一级的输出就是后一级的输入,所以多级放大电路总的电压放大倍数等于各级电压放大倍数的乘积,即

$$\dot{A}_u = \dot{A}_{u1} \cdot \dot{A}_{u2} \cdot \cdots \cdot \dot{A}_{un} \tag{2.8.2}$$

其中 n 为多级放大电路的级数。

但是,在分别计算每一级的电压放大倍数时,必须考虑前后级之间的相互影响。例如,可把后一级的输入电阻看作为前一级的负载电阻,或把前一级的输出电阻作为后一级的信号源内阻。

2. 输入电阻和输出电阻

一般说来,多级放大电路的输入电阻就是输入级的输入电阻;而多级放大电路的输出电阻就是输出级的输出电阻。

在具体计算输入电阻或输出电阻时,有时它们不仅仅决定于本级的参数,也与后级或前级的参数有关。例如,射极输出器作为输入级时,它的输入电阻与本级的负载电阻(即后一级的输入电阻)有关。而射极输出器作为输出级时,它的输出电阻又与信号源内阻(即前一级的输出电阻)有关。

【例 2.8.2】 试估算图 2.8.8 中两级放大电路总的电压放大倍数 $\dot{A}_u = \dfrac{\dot{U}_o}{\dot{U}_i}$,以及输入电阻 R_i 和输出电阻 R_o。

解: 先分别估算 $\dot{A}_{u1}$ 和 $\dot{A}_{u2}$。已知

$$\dot{A}_{u1} = \frac{\dot{U}_{c1}}{\dot{U}_i} = -\frac{\beta_1 (R_{c1} /\!/ R_{i2})}{r_{be1} + (1+\beta_1) R_{e1}}$$

式中 $$r_{be1} = r_{bb'} + (1+\beta_1)\frac{26(\text{mV})}{I_{EQ1}} = \left(300 + \frac{51\times 26}{1.13}\right)\ \Omega = 1\ 473\ \Omega \approx 1.47\ \text{k}\Omega$$

$$R_{i2} = r_{be2} + (1+\beta_2) R_{e2} = \left(300 + \frac{31\times 26}{3.96} + 31\times 1\ 200\right)\ \Omega$$

$$= 37\ 704\ \Omega \approx 37.7\ \text{k}\Omega$$

则 $$\dot{A}_{u1} = -\frac{50 \times \dfrac{5.6\times 37.7}{5.6+37.7}}{1.47 + 51\times 0.2} = -20.9$$

而 $$\dot{A}_{u2}=\frac{\dot{U}_o}{\dot{U}_{c1}}=-\frac{\beta_2 R_{c2}}{r_{be2}+(1+\beta_2)R_{e2}}=-\frac{30\times 4.7}{37.7}=-3.74$$

所以 $$\dot{A}_u=\dot{A}_{u1}\cdot\dot{A}_{u2}=(-20.9)\times(-3.74)=78.2$$

$$R_i=R_{i1}=r_{be1}+(1+\beta)R_{e1}=(1.47+51\times 0.2)\text{k}\Omega=11.7\ \text{k}\Omega$$

$$R_o=R_{o2}=R_{c2}=4.7\ \text{k}\Omega$$

▶2.9 基本放大电路 Multisim 仿真实例

1. 单管共射放大电路 Multisim 仿真

在 Multisim 中构建单管共射放大电路如图 2.9.1(a)所示，电路中三极管的 $\beta=50$，$r_{bb'}=300\ \Omega$。

(1) 测量静态工作点

可在仿真电路中接入三个虚拟数字万用表，分别设置为直流电流表或直流电压表，以便测量 I_{BQ}、I_{CQ}和 U_{CEQ}，如图 2.9.1(b)所示。

电路仿真后，可测得 $I_{BQ}=40.19\ \mu\text{A}$，$I_{CQ}=2.007\ \text{mA}$，$U_{CEQ}=5.979\ \text{V}$。

(2) 观察输入输出波形

图 2.9.1(a)中的单管共射放大电路仿真后，可从虚拟示波器观察到 u_I 和 u_O 的波形如图 2.9.1(c)所示。图中颜色较浅的是 u_I 的波形，颜色较深的是 u_O 的波形。由图可见，u_O 的波形没有明显的非线性失真，而且 u_O 与 u_I 的波形相位相反。

(3) 测量 $\dot{A}_u$、R_i 和 R_o

将图 2.9.1(a)中的虚拟数字万用表分别设置为交流电压表或交流电流表。由虚拟仪表测得，当 $U_i=9.998\ \text{mV}$ 时，$U_o=783.331\ \text{mV}$，$I_i=10.481\ \mu\text{A}$，则

$$\dot{A}_u=\frac{\dot{U}_o}{\dot{U}_i}=-\frac{783.331}{9.998}=-78.3$$

$$R_i=\frac{U_i}{I_i}=\frac{9.998}{10.481}\text{k}\Omega=0.954\ \text{k}\Omega=954\ \Omega$$

为了测量输出电阻 R_o，可将图 2.9.1(a)电路中的负载电阻 R_L 开路，此时从虚拟仪表测得 $U'_o=1.567\ \text{V}$，则

$$R_o=\left(\frac{U'_o}{U_o}-1\right)R_L=\left(\frac{1.567}{0.783}-1\right)\times 3\ \text{k}\Omega=3.004\ \text{k}\Omega$$

可将以上仿真结果与本章 2.4 节中例 2.4.1 和例 2.4.3 的估算结果进行

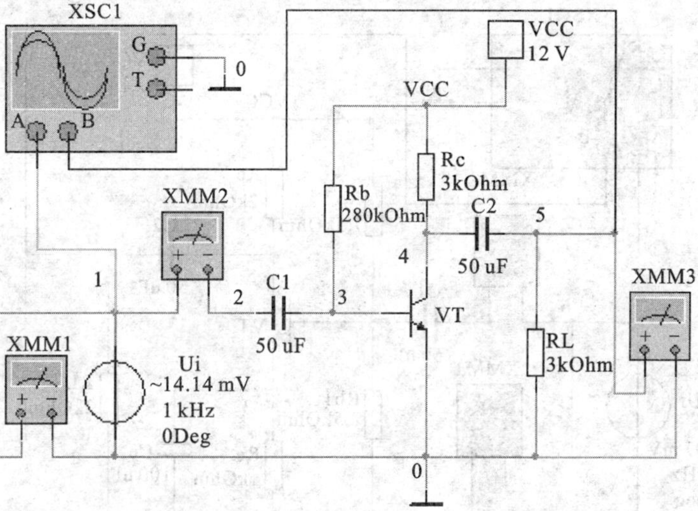

(a) 仿真电路

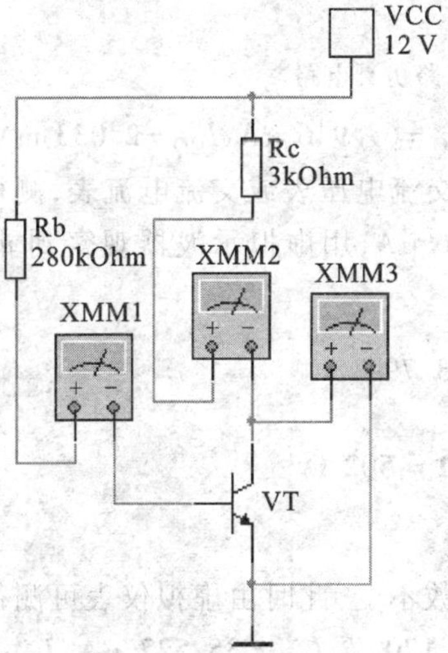

(b) 用虚拟仪表测量 Q 点的电路

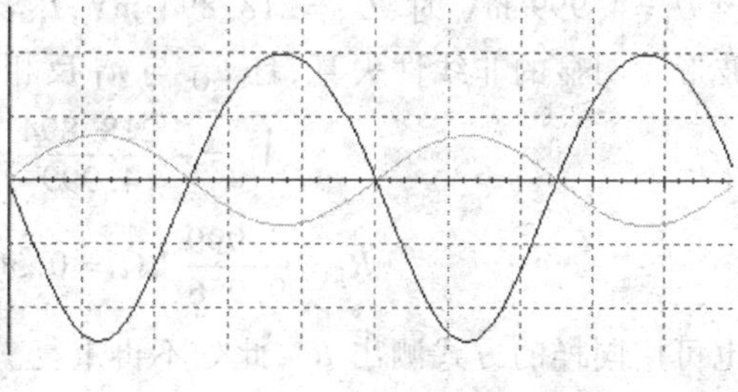

(c) u_I、u_O波形

图 2.9.1　单管共射放大电路

比较。

2. 分压式工作点稳定电路 Multisim 仿真

在 Multisim 中构建分压式工作点稳定电路如图 2.9.2 所示，电路中三极管的 $\beta=30, r_{bb'}=300\ \Omega$。

(1) 可利用 Multisim 的虚拟仪表测量静态工作点。构建与图 2.9.1(b)类似的电路，将虚拟仪表分别设置为直流电压表或直流电流表，可测得电路的

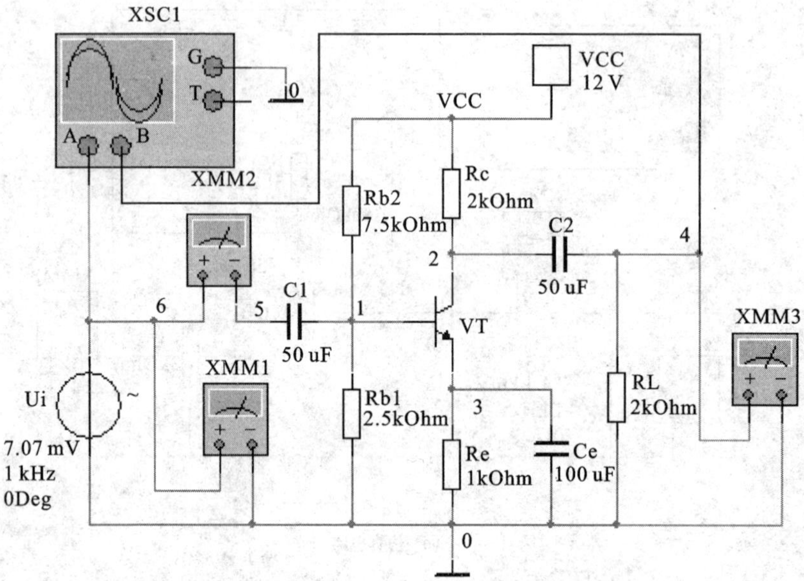

图 2.9.2　分压式工作点稳定电路仿真电路

$U_{BQ}=2.873\ V$，$U_{CQ}=7.934\ V$，$U_{EQ}=2.101\ V$，$I_{BQ}=67.946\ \mu A$，$I_{CQ}=2.033\ mA$。

(2) 在图 2.9.2 中将虚拟仪表分别设置为交流电压表或交流电流表，测得当 $U_i=4.999\ mV$ 时，$U_o=218.894\ mV$，$I_i=9.956\ \mu A$，用虚拟示波器观察到 u_O 波形无明显的非线性失真，且 u_O 与 u_I 反相，则

$$\dot{A}_u=-\frac{218.894}{4.999}=-43.79$$

$$R_i=\frac{4.999}{9.956}\ k\Omega=0.502\ k\Omega=502\ \Omega$$

也可用同样的方式测出 R_o，此处不再重复。

(3) 换上一个 $\beta=60$ 的三极管，电路其他参数不变，此时由虚拟仪表可测得静态时，$U_{BQ}=2.933\ V$，$U_{CQ}=7.732\ V$，$U_{EQ}=2.170\ V$，$I_{BQ}=35.527\ \mu A$，$I_{CQ}=2.170\ mA$。

由此可见，当 β 增大一倍时，分压式工作点稳定电路的 U_{BQ}、U_{CQ}、U_{EQ} 和 I_{CQ} 均基本不变，但 I_{BQ} 约减小为原来的一半。

读者可将仿真结果与本章 2.5 节例 2.5.1 的估算结果进行比较。

3. 共集电极放大电路 Multisim 仿真

在 Multisim 中构建共集电极放大电路如图 2.9.3(a)所示，电路中三极管的 $\beta=40$，$r_{bb'}=300\ \Omega$。

(1) 也可利用 Multisim 的直流工作点分析功能(DC Operating Point Analysis)测量放大电路的静态工作点。对共集电极电路分析的结果如下：

共集电极放大电路

Operating Point

DC Operating Point		
$2	4.53011	
$vcc	10.00000	
$1	5.26469	
vddvdd#branch	-808.94854μ	

在图 2.9.3(a)所示的仿真电路中，1 点为基极，2 点为发射极，因此，由以上分析结果可知，$U_{BQ}=5.264\ 69\ \text{V}$，$U_{EQ}=4.530\ 11\ \text{V}$，则

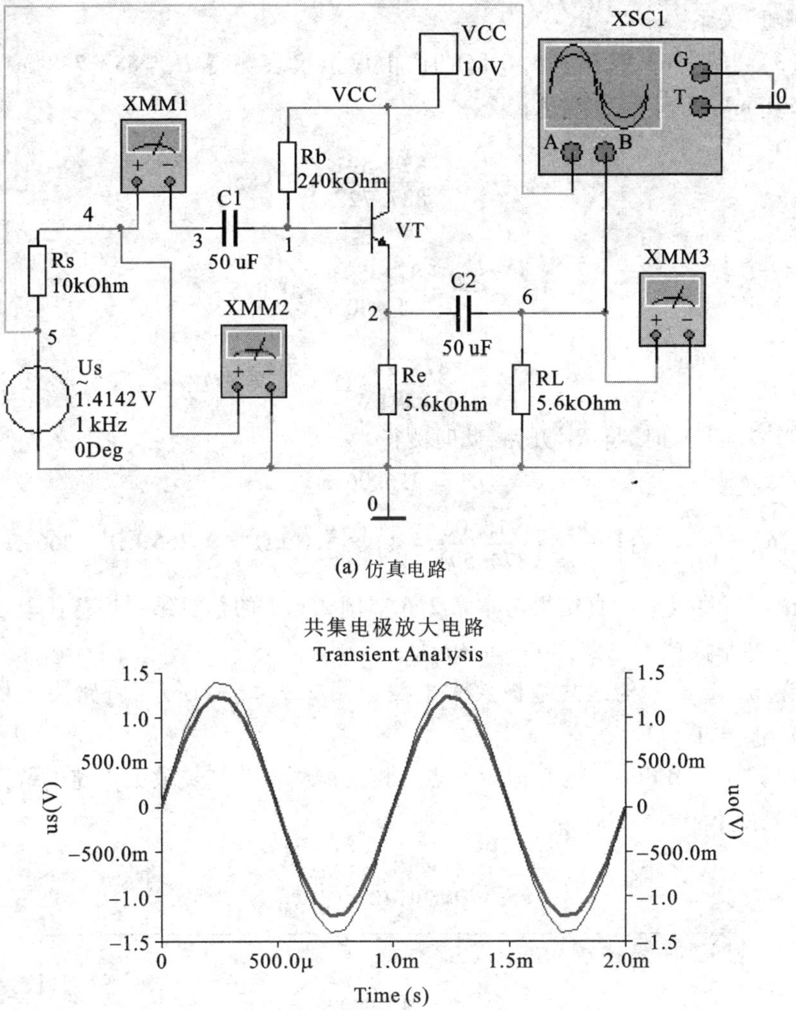

(a) 仿真电路

(b) 输入输出波形

图 2.9.3 共集电极放大电路

$$U_{BEQ} = U_{BQ} - U_{EQ} = (5.26469 - 4.53011)\text{ V} = 0.73458\text{ V}$$

$$U_{CEQ} = U_{CQ} - U_{EQ} = (10 - 4.53011)\text{ V} = 5.46989\text{ V}$$

$$I_{CQ} \approx I_{EQ} = \frac{U_{EQ}}{R_e} = \frac{4.53011}{5.6}\text{mA} = 0.80895\text{ mA}$$

$$I_{BQ} = \frac{V_{CC} - U_{BQ}}{R_b} = \frac{10 - 5.26469}{240}\text{mA} = 0.01973\text{ mA} = 19.73\ \mu\text{A}$$

（2）加上正弦输入电压 u_s，用虚拟示波器观察到 u_s 和 u_O 的波形如图 2.9.3(b)所示。可见 u_O 与 u_s 同相，且 u_O 比 u_s 略小，即输出信号与输入信号成为“跟随”关系。

（3）当 $U_s = 1$ V，$R_L = 5.6$ kΩ 时，由虚拟仪表测得 $U_i = 887.728$ mV，$U_o = 874.591$ mV，$I_i = 11.291\ \mu$A，

则
$$\dot{A}_u = \frac{\dot{U}_o}{\dot{U}_i} = \frac{874.591}{887.728} = 0.985$$

$$\dot{A}_{us} = \frac{\dot{U}_o}{\dot{U}_s} = \frac{874.591}{1\,000} = 0.875$$

$$R_i = \frac{U_i}{I_i} = \frac{887.728}{11.291}\text{k}\Omega = 78.6\text{ k}\Omega$$

当 $U_s = 1$ V 时，将 R_L 开路，此时测得

$$U_o' = 916.06\text{ mV}$$

所以
$$R_o = \left(\frac{U_o'}{U_o} - 1\right) R_L = \left(\frac{916.06}{874.591} - 1\right) \times 5.6\text{ k}\Omega = 0.266\text{ k}\Omega = 266\ \Omega$$

读者可将以上仿真结果与本章 2.6 节例 2.6.1 的估算结果进行比较。

4. 共基极放大电路 Multisim 仿真

在 Multisim 中构建共基极放大电路如图 2.9.4(a)所示，电路中三极管的 $\beta = 50$，$r_{bb'} = 300\ \Omega$。

（1）利用 Multisim 的直流工作点分析功能测量共基极放大电路的静态工作点，结果如下：

共基极放大电路

Operating Point

DC Operating Point		
$1	2.74652	
$4	12.00000	
$2	6.98077	
$3	2.00769	
vddvdd#branch	-2.83486m	

则 $U_{BEQ}=U_{BQ}-U_{EQ}=(2.74652-2.00769)\text{ V}=0.73883\text{ V}$

$U_{CEQ}=U_{CQ}-U_{EQ}=(6.98077-2.00769)\text{ V}=4.97308\text{ V}$

$$I_{EQ}=\frac{U_{EQ}}{R_e}=\frac{2.00769}{2}\text{ mA}=1.00385\text{ mA}$$

$$I_{CQ}=\frac{V_{CC}-U_{CQ}}{R_c}=\frac{12-6.98077}{5.1}\text{ mA}=0.98416\text{ mA}$$

$I_{BQ}=I_{EQ}-I_{CQ}=(1.00385-0.98416)\text{ mA}=0.01969\text{ mA}=19.69\ \mu\text{A}$

(2) 加上正弦输入电压,用虚拟示波器观察到 u_I 和 u_O 的波形如图 2.9.4(b)所示,可见 u_O 与 u_I 同相,且共基极放大电路有电压放大作用。

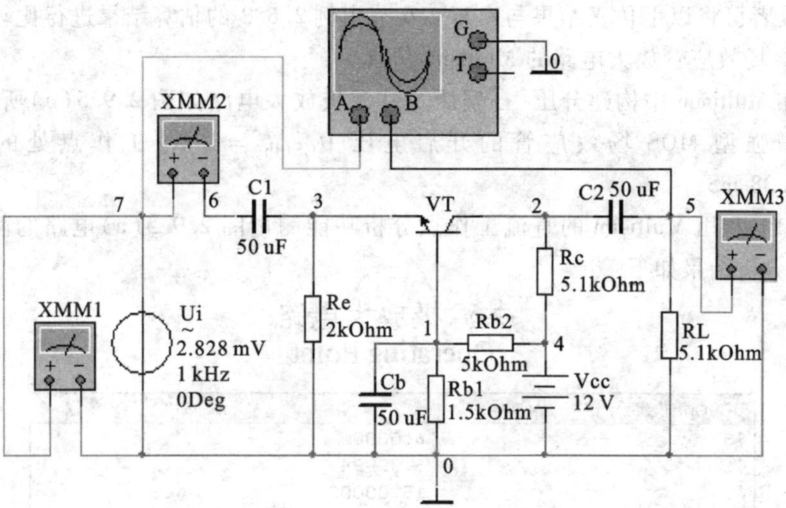

(a) 仿真电路

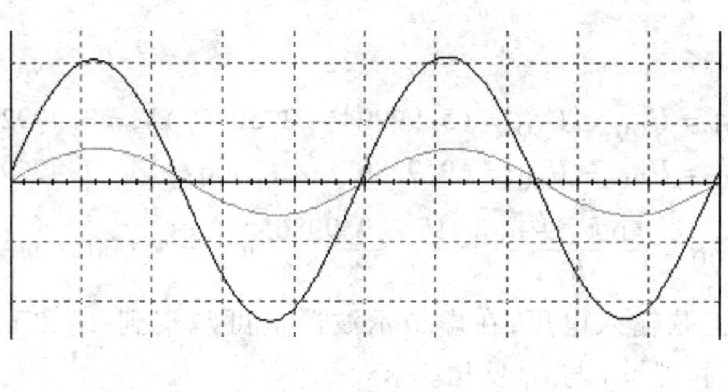

(b) 输入输出波形

图 2.9.4　共基极放大电路

(3) 在图 2.9.4(a)的仿真电路中，由虚拟仪表测得，当 $U_i = 2$ mV 时，U_o = 156.998 mV，$I_i = 63.794$ μA，则

$$\dot{A}_u = \frac{\dot{U}_o}{\dot{U}_i} = \frac{156.998}{2} = 78.5$$

$$R_i = \frac{U_i}{I_i} = \frac{2}{63.794}\ \text{k}\Omega = 0.03135\ \text{k}\Omega = 31.35\ \Omega$$

将图 2.9.4(a)电路中的 R_L 开路，测得 $U_o' = 313.998$ mV，则

$$R_o = \left(\frac{U_o'}{U_o} - 1\right) R_L = \left(\frac{313.998}{156.998} - 1\right) \times 5.1\ \text{k}\Omega = 5.1\ \text{k}\Omega$$

读者可将以上仿真结果与本章 2.6 节中例 2.6.2 的估算结果进行比较。

5. 场效应管放大电路的 Multisim 仿真

在 Multisim 中构建分压-自偏压式共源极放大电路如图 2.9.5(a)所示，电路中增强型 MOS 场效应管的开启电压 $U_{GS(th)} = 2$ V，工作点处的跨导 $g_m = 1.38$ mS。

(1) 利用 Multisim 的直流工作点分析功能测量图 2.9.5(a)电路的静态工作点，分析结果如下：

共源极放大电路

Operating Point

DC Operating Point		
$5	6.00000	
$1	5.99994	
$vdd	15.00000	
$2	9.99865	
$3	2.50067	
vddvdd#branch	-1.03027m	

由上可得

$$U_{GSQ} = U_{GQ} - U_{SQ} = (5.99994 - 2.50067)\text{V} = 3.49927\ \text{V}$$

$$U_{DSQ} = U_{DQ} - U_{SQ} = (9.99865 - 2.50067)\text{V} = 7.49798\ \text{V}$$

$$I_{DQ} = \frac{V_{DD} - U_{DQ}}{R_d} = \frac{15 - 9.99865}{5}\text{mA} = 1.00027\ \text{mA}$$

(2) 加上正弦输入电压，在虚拟示波器上可观察到 u_I 和 u_O 的波形如图 2.9.5(b)所示，可见 u_O 与 u_I 反相。

(3) 在图 2.9.5(a)的仿真电路中可测得，当 $U_i = 9.998$ mV 时，U_o = 33.353 mV，则

$$\dot{A}_u = \frac{\dot{U}_o}{\dot{U}_i} = -\frac{33.353}{9.998} = -3.336$$

当负载电阻 R_L 开路时，可测得 $U_o' = 66.705\ \text{mV}$

则
$$R_o = \left(\frac{U_o'}{U_o} - 1\right) R_L = \left(\frac{66.705}{33.353} - 1\right) \times 5\ \text{k}\Omega = 5\ \text{k}\Omega$$

读者可将以上仿真结果与本章 2.7 节例 2.7.2 的分析结果进行比较。

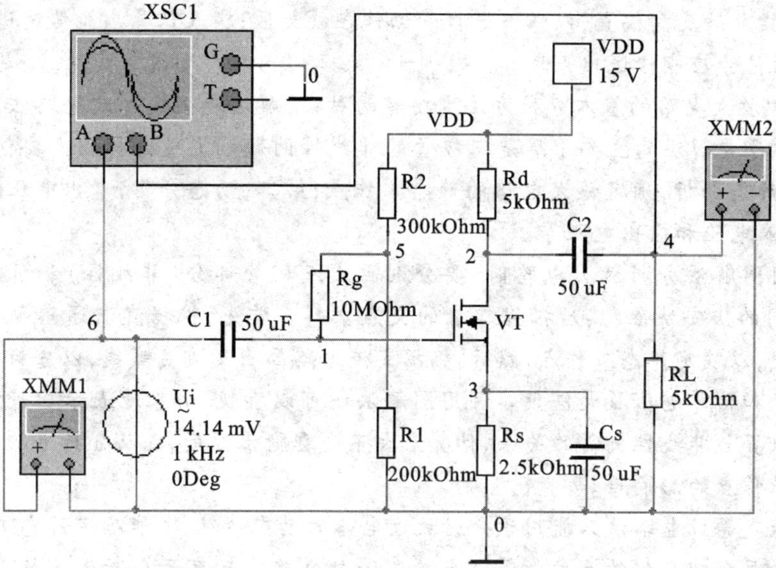

(a) 仿真电路

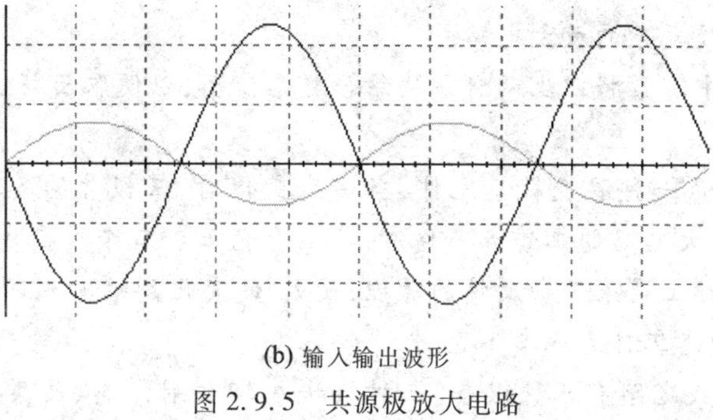

(b) 输入输出波形

图 2.9.5　共源极放大电路

本章小结

本章介绍放大电路的基本原理和基本分析方法,其内容是本书随后各章的基础。

1. 放大电路是一种最基本、最常用的模拟电子电路。放大的概念实质上是能量的控制,放大的对象是变化量。

2. 组成放大电路的基本原则是:外加电源的极性应使三极管的发射结正向偏置,集电结反向偏置,以保证三极管工作在放大区;输入信号应能传送进去;放大了的信号应能传送出来。

3. 放大电路的基本分析方法主要有两种:图解法和微变等效电路法。以上分析方法要解决的主要矛盾是三极管的非线性问题。定量分析的主要任务是:第一,静态分析,确定放大电路的静态工作点;第二,动态分析,求出电压放大倍数、输入电阻和输出电阻等。

用图解法分析放大电路时,要分别画出三极管部分(非线性)和负载部分(线性)的伏安特性,然后根据二者的交点求解。首先,根据直流通路画出直流负载线,以确定静态工作点;然后,根据交流通路画出交流负载线,以分析动态工作情况和估算电压放大倍数。利用图解法还可以直观、形象地表示出静态工作点的位置与非线性失真的关系、估算最大不失真输出幅度,以及分析电路参数对静态工作点的影响等。

微变等效电路法只能用于分析放大电路的动态情况,不能确定静态工作点。本章主要介绍简化的 h 参数等效电路。等效电路中只有两个微变参数:输入电阻 r_{be}和共射电流放大系数 β。用简化的 h 参数等效电路代替三极管,并画出放大电路其余部分的交流通路,即可得到放大电路的微变等效电路,然后就可以利用我们熟悉的线性电路的定理、定律列出方程求解。微变等效电路法适用于解任何简单的或较复杂的放大电路。

实际工作中常常将以上两种方法结合起来使用,以便取长补短,使分析过程更加简单方便。

4. 三极管是一种温度敏感元件,当温度变化时,三极管的各种参数将随之发生变化,使放大电路的工作点不稳定,甚至不能正常工作。常用的分压式工作点稳定电路实际上是采用负反馈的原理,使 I_C 的变化影响输入回路中 U_{BE}的变化,从而保持静态工作点基本不变。

5. 基本放大电路有三种组态(三种接法),即共射组态、共集组态和共基组态。它们的主要特点见表 2-2。

6. 通常可以选用两种不同的放大器件组成基本放大电路,即双极型三极管和场效应管。二者的主要区别在于,一般说来,双极型三极管是电流控制元件,而场效应管是电压控制元件,而且场效应管具有输入电阻高、噪声小、集成度高等优点,但跨导较低,使用时应注意防止栅极与源极间击穿。利用这两种放大器件之间的电极对应关系(b→g,e→s,c→d),即可方便地组成场效应管的基本放大电路。两种不同放大器件组成的放大电路,它们的工作原理和分析方法都是类似的。

7. 多级放大电路常用的耦合方式有三种:阻容耦合、直接耦合和变压器耦合。它们的优缺点比较见表 2-3。本章着重讨论直接耦合方式的特点。

多级放大电路的电压放大倍数为各级电压放大倍数的乘积,但在计算每一级的电压放大倍数时要考虑前后级之间的相互影响。

多级放大电路的输入电阻基本上等于第一级的输入电阻;而其输出电阻约等于末级的输出电阻。

8. 除了图解法和微变等效电路法外,还可以利用专用的计算机仿真软件对电子电路进行仿真和分析。本章利用 Multisim 仿真软件对各种典型的基本放大电路进行仿真,分析其静态和动态工作情况。

学完本章以后,应能达到以下教学要求:

① 掌握利用简化的 h 参数等效电路分析放大电路的 $\dot{A}_u$、R_i 和 R_o 的方法,掌握 r_{be} 的近似估算公式。正确理解如何利用图解法分析放大电路的静态和动态工作情况。

② 正确理解放大电路三种基本组态(共射组态、共集组态和共基组态)的工作原理和特点。

③ 正确理解温度变化对三极管参数的影响,掌握分压式工作点稳定电路的工作原理和估算方法。

④ 正确理解由场效应管组成的共源和共漏放大电路的工作原理,掌握用微变等效电路法分析上述场效应管放大电路 $\dot{A}_u$、R_i 和 R_o 的方法。了解场效应管与双极型三极管相比有何特点。

⑤ 正确理解多级放大电路电压放大倍数的估算方法。了解多级放大电路三种耦合方式(直接耦合、阻容耦合和变压器耦合)的工作原理和特点。

习题与思考题

习题 2-1 试判断图 P2-1 中各电路有无放大作用,简单说明理由。

习题 2-2 试画出图 P2-2 中各电路的直流通路和交流通路。设各电路中的电容均足够大,变压器为理想变压器。

习题 2-3 在 NPN 三极管组成的单管共射放大电路中,假设电路其他参数不变,分别改变以下某一项参数时,试定性说明放大电路的 I_{BQ}、I_{CQ} 和 U_{CEQ} 将增大、减小还是基本不变。

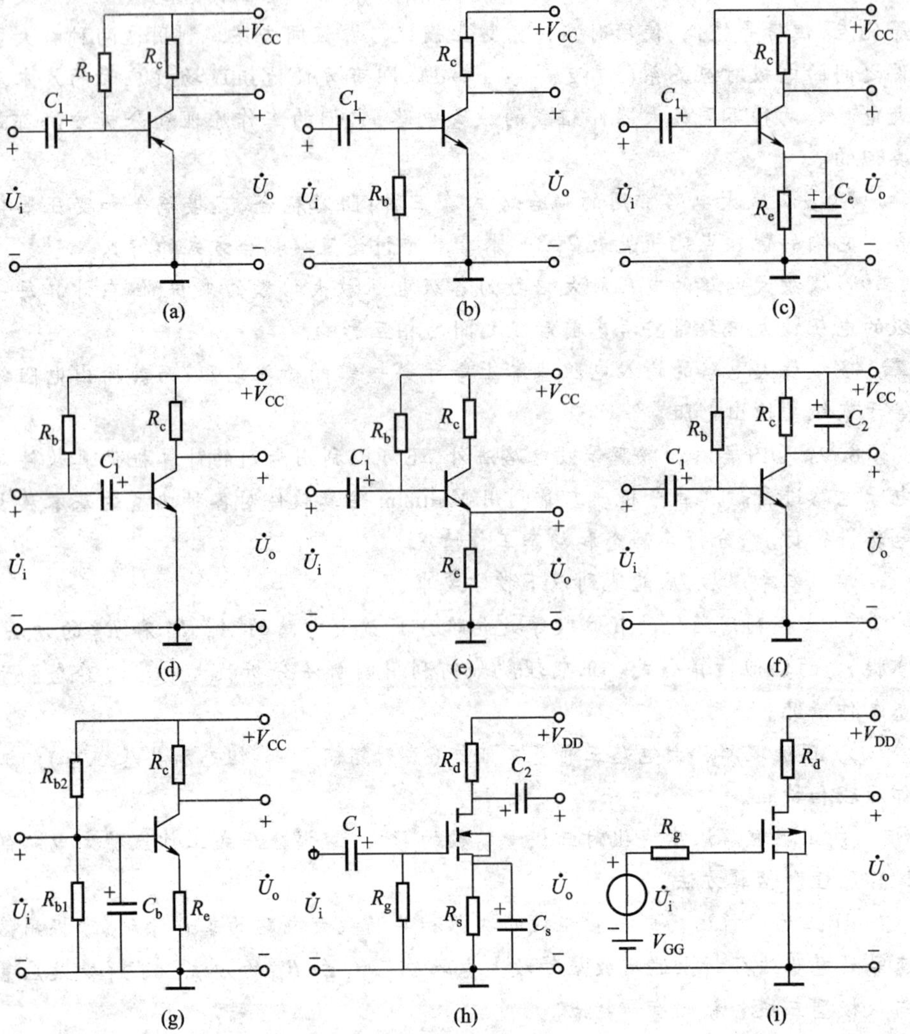

图 P2-1

① 增大 R_b；

② 增大 V_{CC}；

③ 增大 β。

习题 2-4　在图 2.5.2 所示 NPN 三极管组成的分压式工作点稳定电路中，假设电路其他参数不变，分别改变以下某一项参数时，试定性说明放大电路的 I_{BQ}、I_{CQ}、U_{CEQ}、r_{be}和 $|\dot{A}_u|$ 将增大、减小还是基本不变。

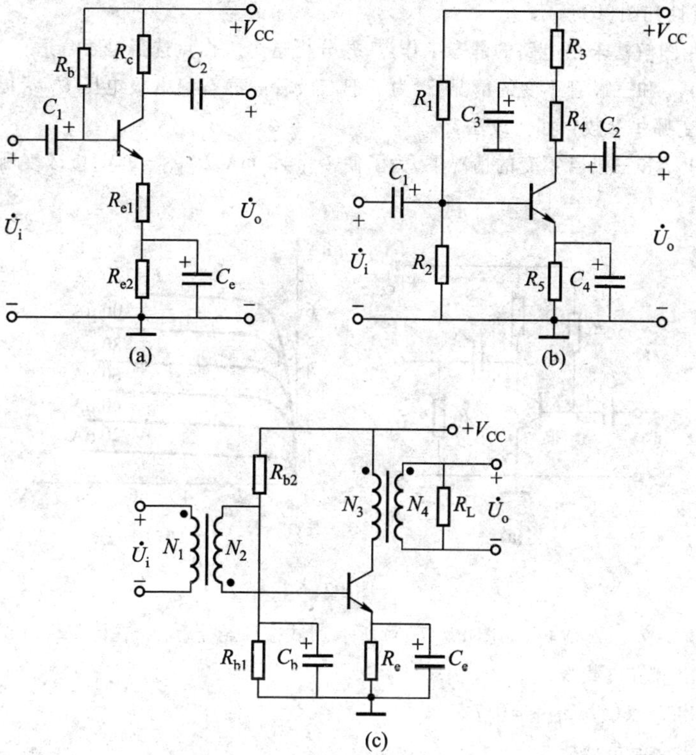

图 P2-2

① 增大 R_{b1}；

② 增大 R_{b2}；

③ 增大 R_e；

④ 增大 β。

习题 2-5 设图 P2-5 中的三极管 $\beta=100$，$U_{BEQ}=0.6\ \text{V}$，$V_{CC}=12\ \text{V}$，$R_c=3\ \text{k}\Omega$，$R_b=120\ \text{k}\Omega$。求静态工作点处的 I_{BQ}、I_{CQ} 和 U_{CEQ} 值。

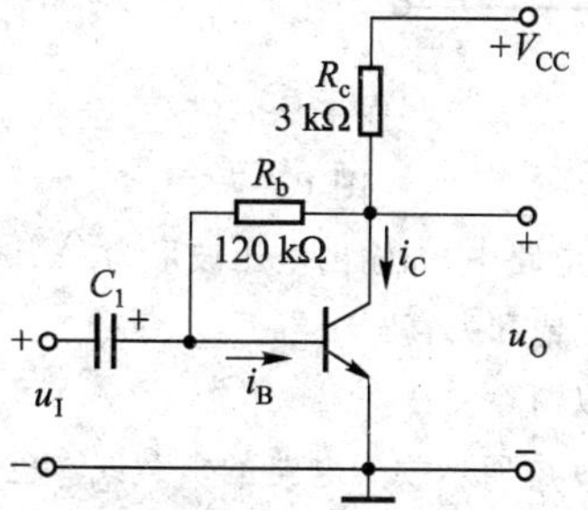

图 P2-5

习题 2-6 已知图 P2-6(a)中：$R_b=510\ \text{k}\Omega$，$R_c=10\ \text{k}\Omega$，$R_L=1.5\ \text{k}\Omega$，$V_{CC}=10\ \text{V}$。三极

管的输出特性如图(b)所示。

① 试用图解法求出电路的静态工作点,并分析这个工作点选得是否合适;

② 在 V_{CC} 和三极管不变的情况下,为了把三极管的静态集电极电压 U_{CEQ} 提高到 5 V 左右,可以改变哪些参数?如何改法?

③ 在 V_{CC} 和三极管不变的情况下,为了使 $I_{CQ}=2$ mA, $U_{CEQ}=2$ V,应改变哪些参数?改成什么数值?

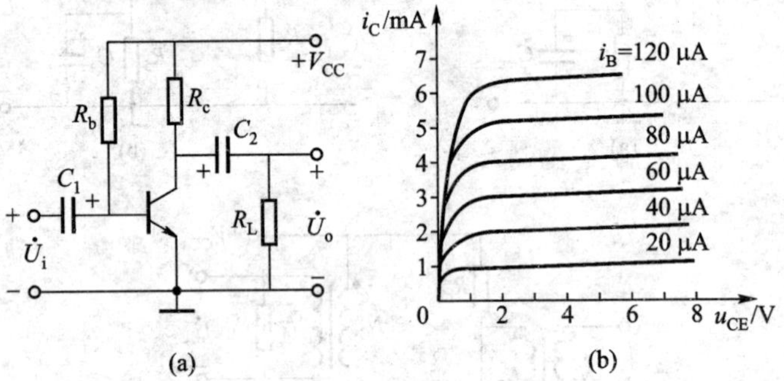

图 P2-6

△**习题 2-7** 放大电路如图 P2-7(a)所示。试按照给定参数,在图 P2-7(b)中:

① 画出直流负载线;

② 定出 Q 点(设 $U_{BEQ}=0.7$ V);

③ 画出交流负载线。

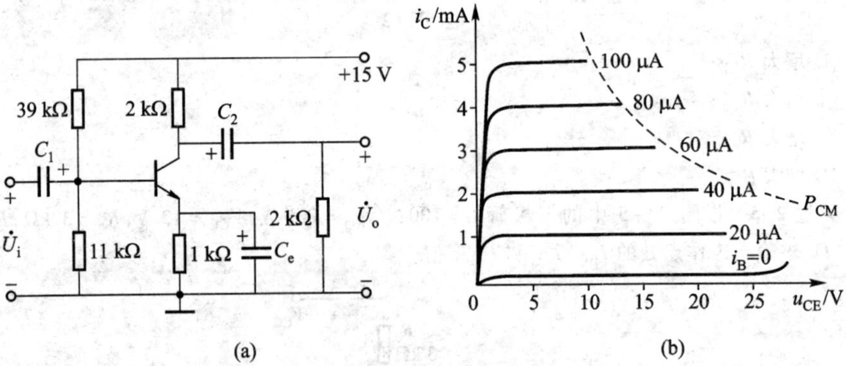

图 P2-7

习题 2-8 在图 P2-7(a)电路中,如输出电压波形为∩,试问:

① 电路产生截止失真还是饱和失真?

② 应如何调整电路参数以消除失真?

习题 2-9 试作出图 P2-9 中所示放大电路的负载线。已知:$R_b=560$ kΩ, $R_c=5.1$ kΩ, $R_1=R=10$ kΩ, $R_L=1$ MΩ,两个直流电源均为 12 V,三极管的输出特性曲线如图 P2-6(b)所示。

习题 2-10　设图 P2-10 电路中三极管的 $\beta=60$，$V_{CC}=6\ V$，$R_c=5\ k\Omega$，$R_b=530\ k\Omega$，$R_L=5\ k\Omega$，试：

① 估算静态工作点；

② 求 r_{be} 值；

③ 求电压放大倍数 $\dot{A}_u$，输入电阻 R_i 和输出电阻 R_o。

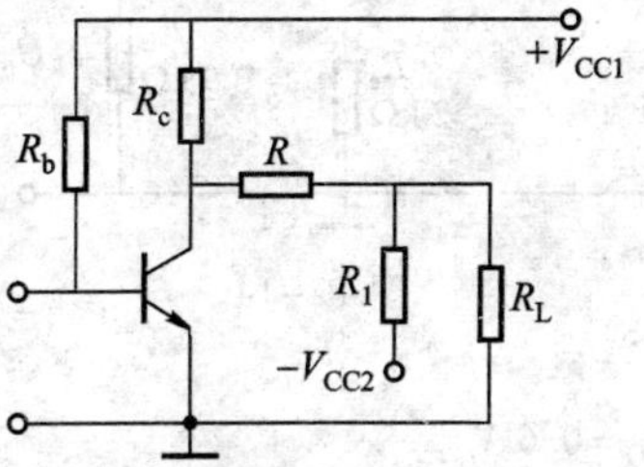

图 P2-9

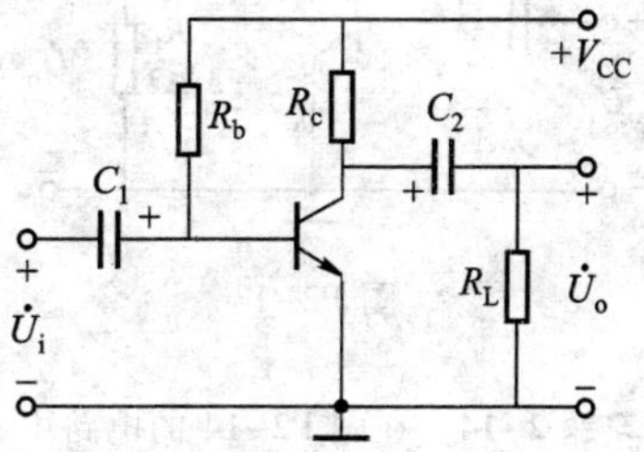

图 P2-10

习题 2-11　利用微变等效电路法，估算图 P2-11(a)电路的电压放大倍数、输入电阻及输出电阻。已知：$R_{b1}=2.5\ k\Omega$，$R_{b2}=10\ k\Omega$，$R_c=2\ k\Omega$，$R_e=750\ \Omega$，$R_L=1.5\ k\Omega$，$R_s=0$，$V_{CC}=15\ V$，三极管的输出特性曲线如图(b)所示。

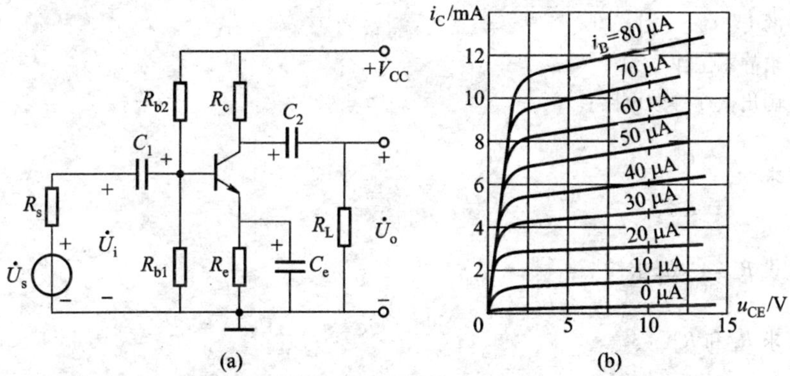

图 P2-11

习题 2-12　上题中如 $R_s=10\ k\Omega$，则电压放大倍数

$$\dot{A}_{us}=\frac{\dot{U}_o}{\dot{U}_s}=?$$

△**习题 2-13**　在图 P2-13 的放大电路中，设三极管的 $\beta=100$，$U_{BEQ}=-0.2\ V$，$r_{bb'}=200\ \Omega$。

① 估算静态时的 I_{BQ}、I_{CQ} 和 U_{CEQ}；

② 计算三极管的 r_{be} 值；

③ 求出中频时的电压放大倍数 $\dot{A}_u$；

④ 若输入正弦电压，输出电压波形为⎍，试问三极管产生了截止失真还是饱和失真？应

该调整电路中哪个参数(增大还是减小)?

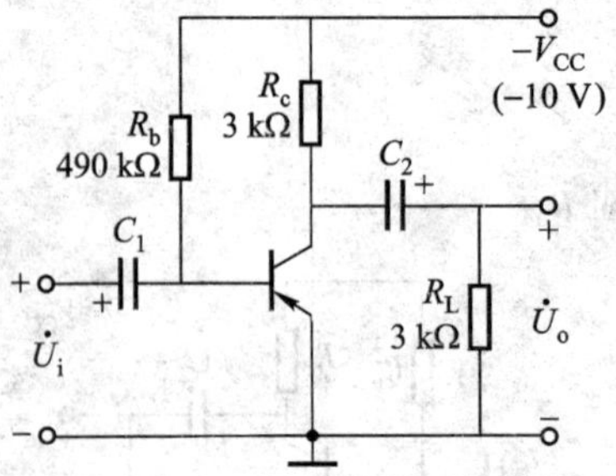

图 P2-13

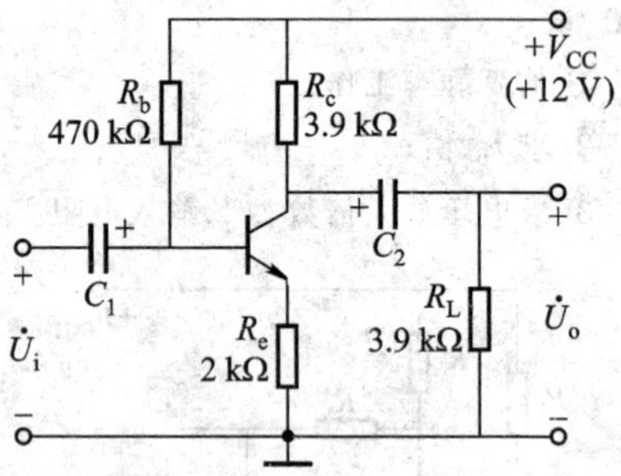

图 P2-14

习题 2-14 在图 P2-14 的电路中,设 $\beta=50$,$U_{BEQ}=0.6$ V。

① 求静态工作点;

② 画出放大电路的微变等效电路;

③ 求电压放大倍数 $\dot{A}_u$,输入电阻 R_i 和输出电阻 R_o。

习题 2-15 设图 P2-15 中三极管的 $\beta=100$,$U_{BEQ}=0.6$ V,$r_{bb'}=100$ Ω。$V_{CC}=10$ V,$R_c=3$ kΩ,$R_e=1.8$ kΩ,$R_F=200$ Ω,$R_{b1}=33$ kΩ,$R_{b2}=100$ kΩ,负载电阻 $R_L=3$ kΩ,电容 C_1、C_2 和 C_e 均足够大。

① 求静态工作点;

② 画出微变等效电路;

③ 求 $\dot{A}_u=\dfrac{\dot{U}_o}{\dot{U}_i}$;

④ 设 $R_s=4$ kΩ,求 $\dot{A}_{us}=\dfrac{\dot{U}_o}{\dot{U}_s}$;

⑤ 求 R_i 和 R_o。

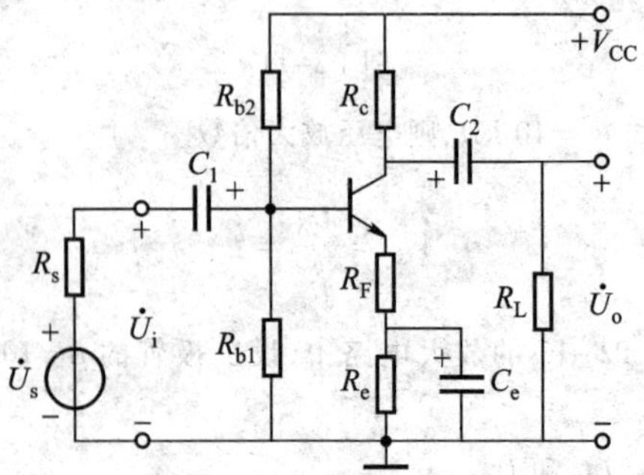

图 P2-15

习题 2-16 在图 P2-16 所示的射极输出器电路中,设三极管的 $\beta=100$,$V_{CC}=12$ V,$R_e=5.6$ kΩ,$R_b=560$ kΩ。

① 求静态工作点；

② 分别求出当 $R_L=\infty$ 和 $R_L=1.2\ \text{k}\Omega$ 时的 $\dot{A}_u$；

③ 分别求出当 $R_L=\infty$ 和 $R_L=1.2\ \text{k}\Omega$ 时的 R_i；

④ 求 R_o。

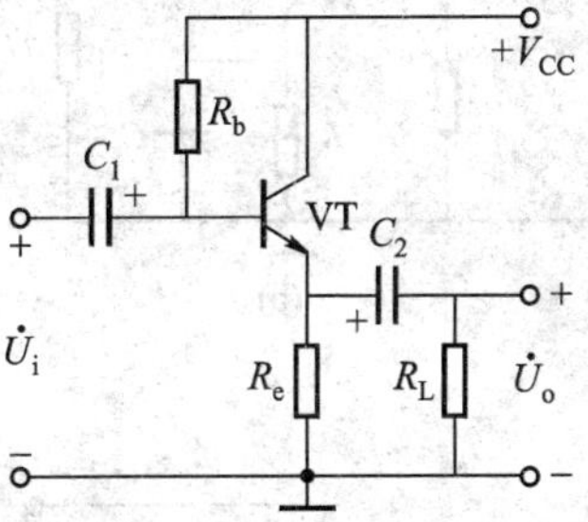

图 P2-16

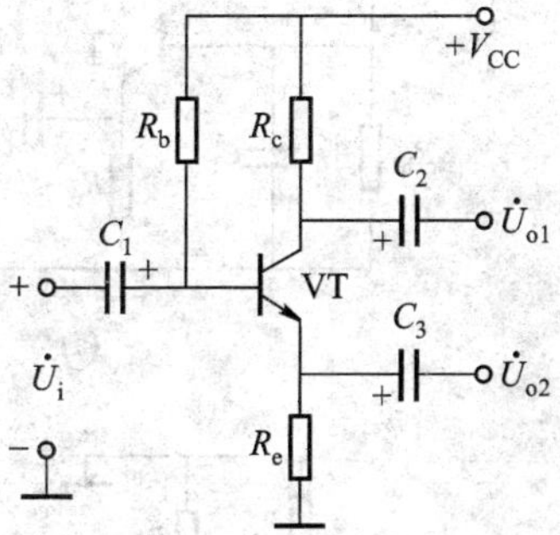

图 P2-17

习题 2-17　画出图 P2-17 放大电路的微变等效电路，写出计算电压放大倍数 $\dfrac{\dot{U}_{o1}}{\dot{U}_i}$ 和 $\dfrac{\dot{U}_{o2}}{\dot{U}_i}$ 的表达式，并画出当 $R_c=R_e$ 时的两个输出电压 u_{o1} 和 u_{o2} 的波形（与正弦波 u_i 相对应）。

习题 2-18　在图 P2-18 所示放大电路中，已知三极管的 $\beta=50$，$U_{BEQ}=0.6\ \text{V}$，$r_{bb'}=300\ \Omega$，

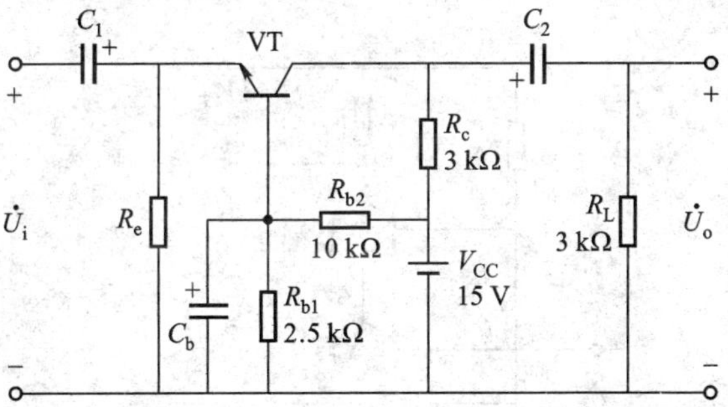

图 P2-18

① 若要求 $I_{EQ}=2\ \text{mA}$，则发射极电阻 R_e 应选多大？

② 在所选的 R_e 之下，估算 I_{BQ} 和 U_{CEQ} 等于多少？

③ 估算 $\dot{A}_u$、R_i 和 R_o。

习题 2-19　试判断图 P2-19 中的各个放大电路属于三种基本组态中的哪一种，或由哪两种组态组成的串接级。

习题 2-20　在图 P2-20(a)所示的放大电路中，场效应管的输出特性曲线如图(b)所示，已知 $V_{DD}=20\ \text{V}$，$V_{GG}=2\ \text{V}$，$R_d=5.1\ \text{k}\Omega$，$R_g=10\ \text{M}\Omega$。

① 试用图解法确定静态工作点 Q；

② 由特性曲线求出跨导 g_m；

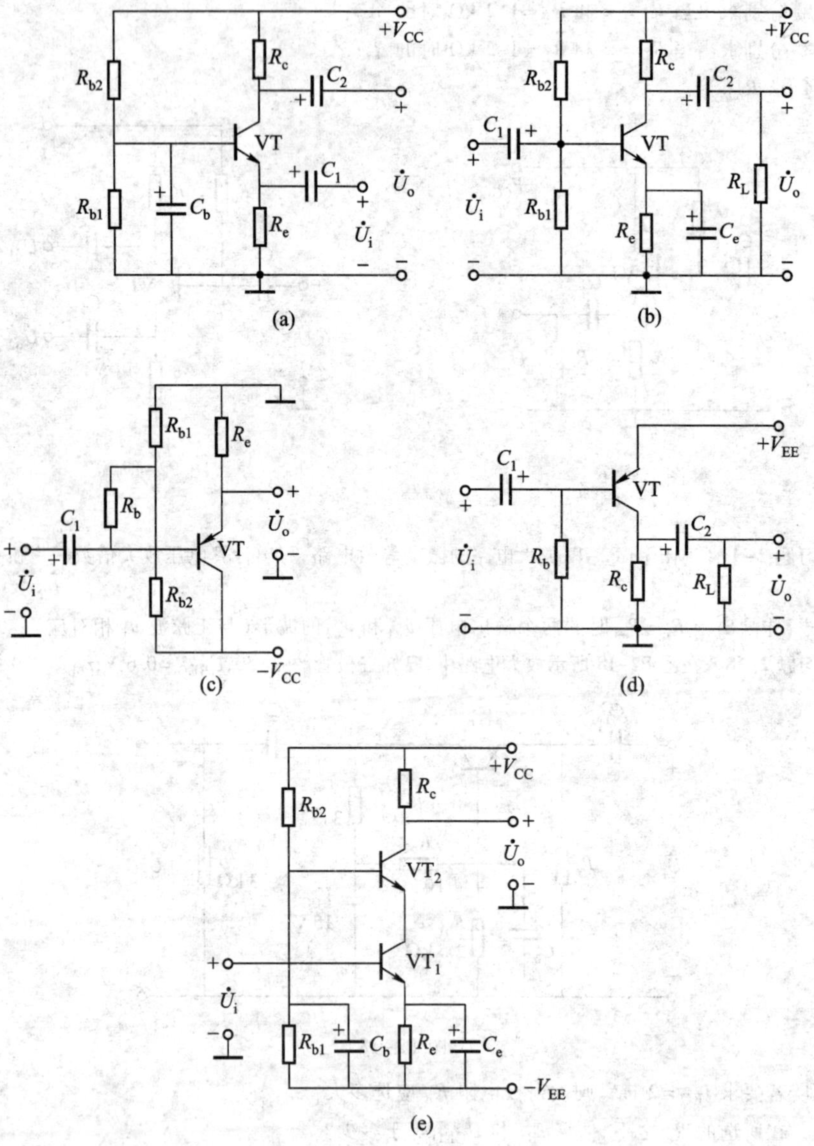

图 P2-19

③ 估算电压放大倍数 $\dot{A}_u$ 和输出电阻 R_o。

习题 2-21 在图 P2-21 所示的放大电路中，已知 $V_{DD}=30\ \text{V}$，$R_d=15\ \text{k}\Omega$，$R_s=1\ \text{k}\Omega$，$R_g=20\text{M}\Omega$，$R_1=30\ \text{k}\Omega$，$R_2=200\ \text{k}\Omega$，负载电阻 $R_L=1\ \text{M}\Omega$，场效应管在 Q 点处的跨导 $g_m=1.5\ \text{mS}$。

① 试估算电压放大倍数 $\dot{A}_u$ 和输入、输出电阻 R_i、R_o；

② 如果不接旁路电容 C_s，则 $\dot{A}_u=?$

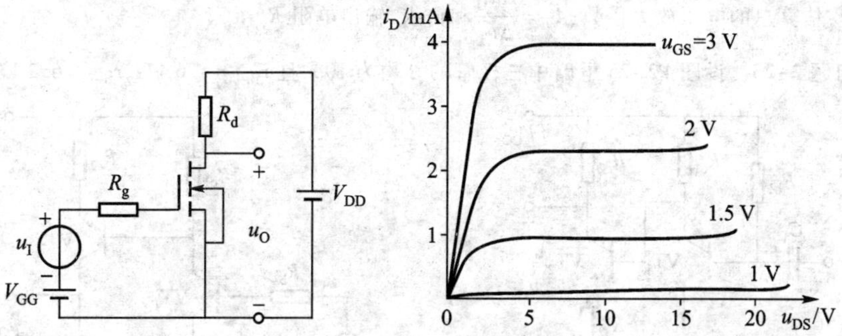

(a)　　(b)

图 P2-20

习题 2-22　在图 P2-22 所示的源极输出器电路中,已知 N 沟道增强型 MOS 场效应管的开启电压 $U_{GS(th)}=2$ V,$I_{DO}=2$ mA,$V_{DD}=20$ V,$V_{GG}=4$ V,$R_s=4.7$ kΩ,$R_g=1$ MΩ。

① 试估算静态工作点;

② 估算场效应管的跨导 g_m;

③ 估算电压放大倍数 $\dot{A}_u$ 和输出电阻 R_o。

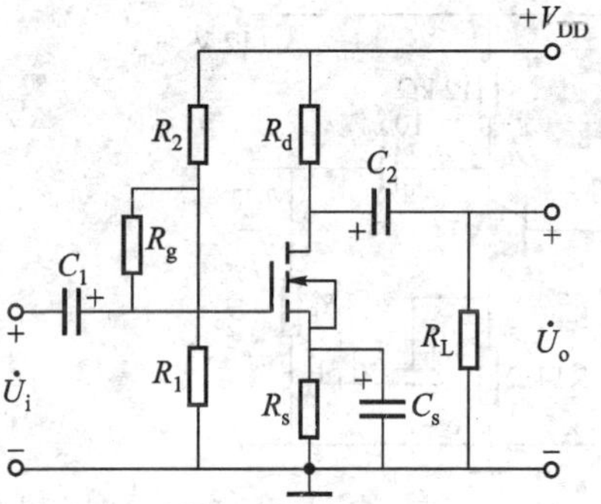

图 P2-21

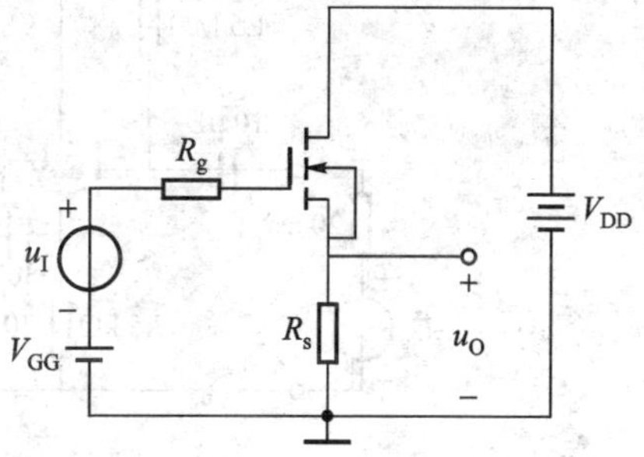

图 P2-22

习题 2-23　假设在图 P2-23 所示的两级直接耦合放大电路中,$V_{CC}=15$ V,$R_{b1}=360$ kΩ,$R_{c1}=5.6$ kΩ,$R_{c2}=2$ kΩ,$R_{e2}=750$ Ω,两个三极管的电流放大系数为 $\beta_1=50$,$\beta_2=30$,要求:

① 估算放大电路的静态工作点;

② 估算总的电压放大倍数 $\dot{A}_u=\dfrac{\Delta u_O}{\Delta u_I}$和输入、输出电阻 R_i、R_o。

习题 2-24　图 P2-24 是由 NPN 和 PNP 三极管组成的双电源直接耦合放大电路,设三极管的 $\beta_1=40$,$\beta_2=20$,$U_{BEQ1}=\left|U_{BEQ2}\right|=0.7$ V,$V_{CC}=V_{EE}=12$ V,$R_{c1}=3.9$ kΩ,$R_b=200$ kΩ,$R_{c2}=3.3$ kΩ,$R_{e2}=2$ kΩ,假设当外加输入信号 $u_S=0$ 时输出电压 $u_O=0$,要求:

① 估算当 $u_O=0$ 时电路中各处的电流和电压值;

② 估算总的电压放大倍数 $\dot{A}_u=\dfrac{\Delta u_O}{\Delta u_I}$和输入、输出电阻 R_i、R_o。

习题 2-25 设图 P2-25 电路中三极管的β均为 100，且 $r_{be1}=5.6\ \text{k}\Omega$，$r_{be2}=6.2\ \text{k}\Omega$。

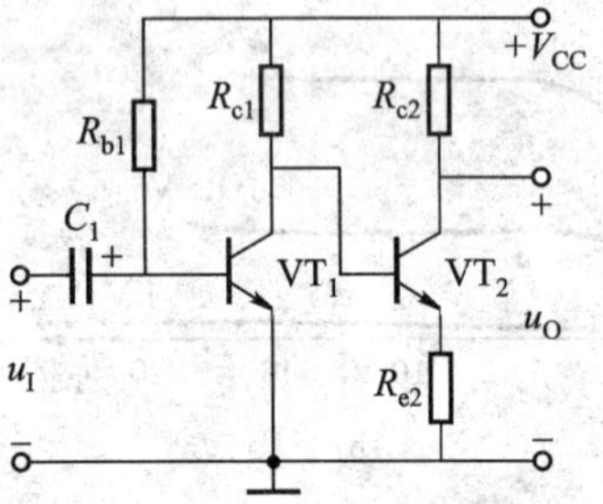

图 P2-23

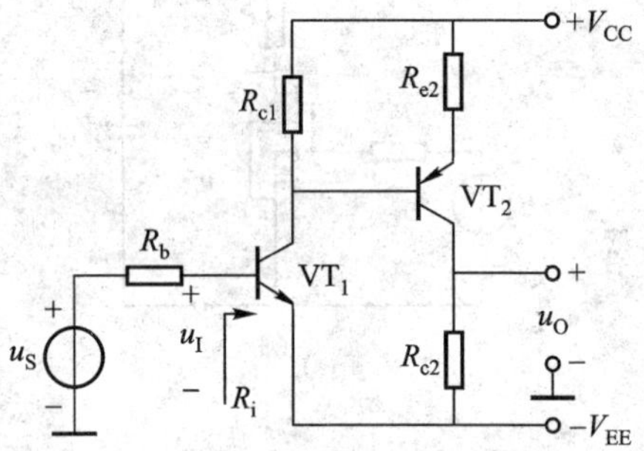

图 P2-24

① 试估算 R_i 和 R_o；

② 设 $R_L=\infty$，分别求出当 $R_s=0$ 和 $R_s=20\ \text{k}\Omega$ 时的 $\dot{A}_{us}$；

③ 当 $R_s=20\ \text{k}\Omega$ 时，如果去掉 $\dot{A}_u<1$ 的射极输出器，而将 $\dot{U}_s$和 R_s 直接加在第二级的输入端，此时 $\dot{A}_{us}=$？试与第②问的结果进行比较。

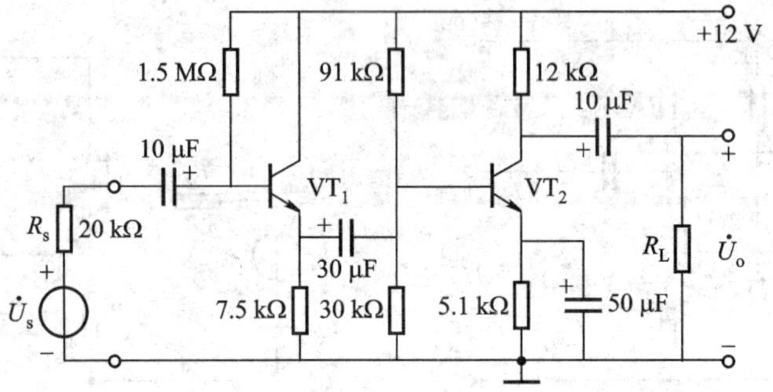

图 P2-25

习题 2-26 设图 P2-26 电路中三极管的β均为 100，$r_{be1}=6.2\ \text{k}\Omega$，$r_{be2}=1.6\ \text{k}\Omega$。

① 试估算 R_i 和 R_o；

② 分别求出当 $R_L=\infty$ 和 $R_L=3.6\ \text{k}\Omega$ 时的 $\dot{A}_u$；

③ 当 $R_L=3.6\ \text{k}\Omega$ 时，如果去掉 $\dot{A}_u<1$ 的射极输出器，将 R_L 直接接在第一级的输出端，此时 $\dot{A}_u=$？试与第②问的结果进行比较。

习题 2-27 为了测量放大电路的以下各项性能和指标，试问需分别使用哪些仪器。可供选用的仪器有：直流稳压电源、万用表、正弦波信号发生器、交流毫伏表和示波器。如用万用表，请说明使用电压挡、电流挡还是电阻挡，直流挡还是交流挡。

① 静态工作点 Q；

② 电压放大倍数 $\dot{A}_u$；

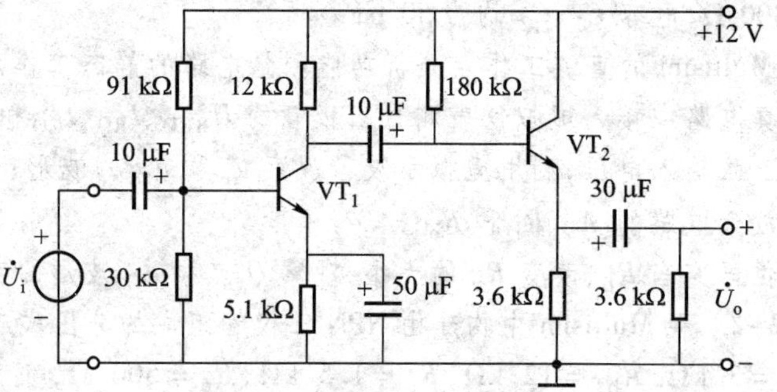

图 P2-26

③ 最大输出幅度 U_{om}；

④ 输入电阻 R_i；

⑤ 输出电阻 R_o。

△**习题 2-28** 图 P2-28 所示为测试基本放大电路的实验安排图。试回答以下问题：

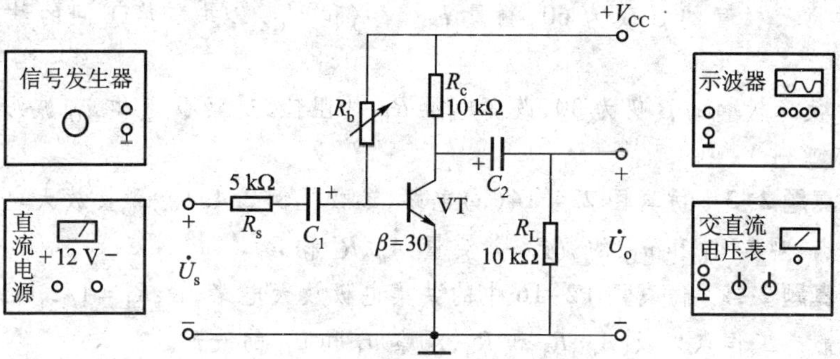

图 P2-28

① 在量测输出电压 U_o 并观察其波形时，各测试仪器应如何与放大电路相连接？在图上画出。

② 若 R_b 为 1 MΩ，$U_{BEQ}=0.7$ V，用内阻为 1 MΩ 的直流电压表测静态 $U_{CEQ}=$？已知电源电压为 12 V。

③ 若 U_s（正弦有效电压）为 10 mV，试计算在给定条件下，用内阻为 1 MΩ 的交流电压表测输出交流电压 $U_o=$？设 C_1、C_2 的容抗和 R_b 的分流作用均可忽略，$r_{bb'}=200$ Ω。

④ 在上题条件下，若用一个内阻为 5 kΩ 的交流电压表测 $U_o=$？

⑤ 若用内阻为 1 MΩ 的示波器测出 u_O 的波形如图中示波器的荧光屏上所示，在下面写出该失真现象是截止失真还是饱和失真。R_b 应增加还是减少才能使波形接近正弦波？

Multisim 仿真练习题

仿真题 2-1 在 Multisim 中构建一个由 NPN 三极管组成的单管共射放大电路，电路中 $R_c=7.5$ kΩ，$R_b=430$ kΩ，负载电阻 $R_L=10$ kΩ，$V_{CC}=10$ V，三极管的

$\beta=40$，$r_{bb'}=300\ \Omega$，电容 C_1、C_2 均为 50 μF。

① 利用 Multisim 的直流工作点分析功能测量电路的静态工作点；

② 在仿真电路中接入虚拟仪表测量三极管的 U_{BEQ}、I_{BQ}、I_{CQ}和 U_{CEQ}；

③ 加上正弦输入电压，利用虚拟示波器观察 u_I 和 u_O 的波形；

④ 测量放大电路的 $\dot{A}_u$、R_i 和 R_o；

⑤ 用电位器充当 R_b，改变 R_b 的大小，观察 Q 点和 u_O 波形的变化情况。

仿真题 2-2 在 Multisim 中构建由 NPN 三极管组成的分压式工作点稳定电路，其中 $R_{b1}=3\ k\Omega$，$R_{b2}=12\ k\Omega$，$R_c=1.5\ k\Omega$，$R_e=500\ \Omega$，负载电阻 $R_L=1.5\ k\Omega$，$V_{CC}=20\ V$；三极管的 $\beta=30$，$r_{bb'}=300\ \Omega$，电容 C_1、C_2 均为 50 μF，$C_e=100$ μF。

① 测量放大电路的静态工作点；

② 加上正弦输入电压，观察 u_I 和 u_O 的波形；

③ 测量放大电路的 $\dot{A}_u$、R_i 和 R_o；

④ 将三极管的 β 改为 60，测量 I_{BQ}、I_{CQ}和 U_{CEQ}，并与第①问的结果进行比较；

⑤ 使三极管的 β 仍为 30，改变电阻 R_{b1} 的阻值，观察 Q 点和 u_O 波形的变化情况。

仿真题 2-3 仿真图 2.4.14(a)电路，参数见例 2.4.4。测量放大电路的静态工作点，观察 u_I 和 u_O 的波形，并测量 $\dot{A}_u$、R_i 和 R_o。

仿真题 2-4 仿真图 P2-16 中的共集电极放大电路，设 $R_L=1.2\ k\Omega$。测量电路的静态工作点以及 $\dot{A}_u$、R_i 和 R_o，观察 u_I 和 u_O 的波形。

仿真题 2-5 仿真图 P2-18 中的共基极放大电路，令电路中的 $R_e=1.2\ k\Omega$。测量电路的静态工作点以及 A_u、R_i 和 R_o，观察 u_I 和 u_O 的波形。

仿真题 2-6 在 Multisim 中构建图 2.7.1 所示的共源极放大电路。采用 Multisim 提供的虚拟 N 沟道增强型 MOS 场效应管，电路中 $R_d=100\ k\Omega$，$R_g=1\ M\Omega$，$V_{DD}=15\ V$，$V_{GG}=3\ V$。

① 用 Multisim 的直流工作点分析功能测量放大电路的静态工作点；

② 加正弦输入电压，观察 u_I 和 u_O 的波形；

③ 测量放大电路的 $\dot{A}_u$。

仿真题 2-7 仿真图 P2-26 电路，设 $R_L=3.6\ k\Omega$，

① 用 Multisim 的直流工作点分析功能测量放大电路的静态工作点；

② 加正弦输入电压，观察 u_I 和 u_O 的波形；

③ 测量放大电路的 $\dot{A}_u$、R_i 和 R_o；

④ 去掉第二级的射极输出器，将 R_L 直接接在第一级的输出端，再测量 $\dot{A}_u$，并与第③问的结果进行比较。

第3章 放大电路的频率响应

内容提要

本章首先介绍频率响应的一般概念。接着介绍三极管的频率参数。然后介绍单管共射放大电路的频率响应,在用物理概念阐明单管共射放大电路频率特性的基础上,利用混合 π 型等效电路分析其 f_L、f_H 与电路参数的关系,并画出波特图。最后,简要地介绍多级放大电路的频率响应。

▶3.1 频率响应的一般概念

由于放大器件(包括 BJT 和 FET)本身具有极间电容,此外,放大电路中有时存在电抗性元件,所以,当放大电路输入不同频率的正弦波信号时,电路的放大倍数将有所不同,而成为频率的函数。这种函数关系称为放大电路的**频率响应**或**频率特性**。

▶▶3.1.1 幅频特性和相频特性

由于电抗性元件的作用,使正弦波信号通过放大电路时,不仅信号的幅度得到放大,而且还将产生一个相位移。此时,电压放大倍数 $\dot{A}_u$ 可表示如下:

$$\dot{A}_u = \left|\dot{A}_u\right|(f)\angle\varphi(f)$$

上式表示,电压放大倍数的幅值 $\left|\dot{A}_u\right|$ 和相角 φ 都是频率 f 的函数。其中,$\left|\dot{A}_u\right|(f)$ 称为**幅频特性**,$\varphi(f)$ 称为**相频特性**。

一个典型的单管共射放大电路的幅频特性和相频特性分别示于图 3.1.1(a)和(b)。

▶▶3.1.2 下限频率、上限频率和通频带

由图 3.1.1 可见,放大电路在中频段的电压放大倍数通常称为中频电压放大倍数 A_{um},而将电压放大倍数下降为 $0.707A_{um}$ $\left(即\frac{1}{\sqrt{2}}A_{um}\right)$ 时相应的低频频率和高频频率分别称为放大电路的**下限频率** f_L 和**上限频率** f_H,二者之间的频率范围称为**通频带** BW,即

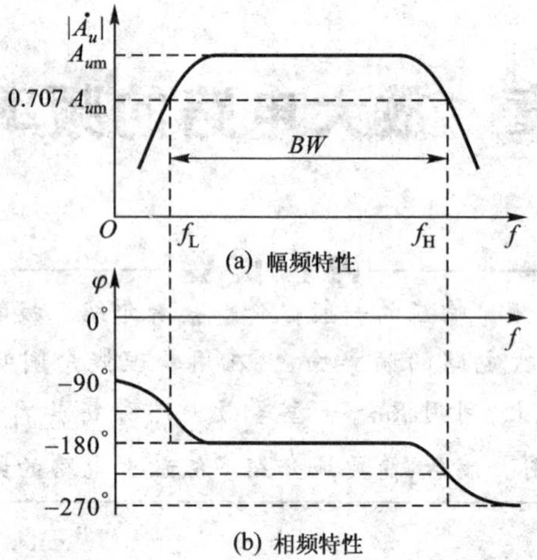

图 3.1.1　单管共射放大电路的频率特性

$$BW = f_H - f_L$$

通频带的宽度表征放大电路对不同频率输入信号的响应能力，是放大电路的重要技术指标之一。

▶▶3.1.3　频率失真

由于放大电路通频带的宽度有一定限制，因此，当输入信号的频率升高或降低时，电压放大倍数的幅值可能减小，同时，可能产生滞后或超前的相位移。所以，当输入信号包含多次谐波时，经过放大电路以后，输出波形可能产生**频率失真**，如图 3.1.2 所示。

图 3.1.2(a)和(b)中的输入电压 u_I 均包含基波和二次谐波。图(a)表示，由于放大电路对两个谐波成分的放大倍数的幅值不同，导致 u_O 的波形产生失真，这种失真称为幅频失真。图(b)表示，由于两个谐波通过放大电路后产生的相位移不同而造成 u_O 波形产生失真，这种失真称为相频失真。

频率失真与本书第 2 章介绍的非线性失真相比，虽然从现象来看，同样表现为输出信号不能如实反映输入信号的波形，但是这两种失真产生的原因根本不同。频率失真是由于放大电路的通频带不够宽，因而对不同频率的信号响应不同而产生的；而非线性失真是由放大器件的非线性特性而产生的。

▶▶3.1.4　波特图

根据电压放大倍数 $\dot{A}_u$ 与频率 f 之间关系的表达式，可以画出放大电路的频率特性曲线。图 3.1.1 示出了单管共射放大电路的频率特性曲线。不过，在实

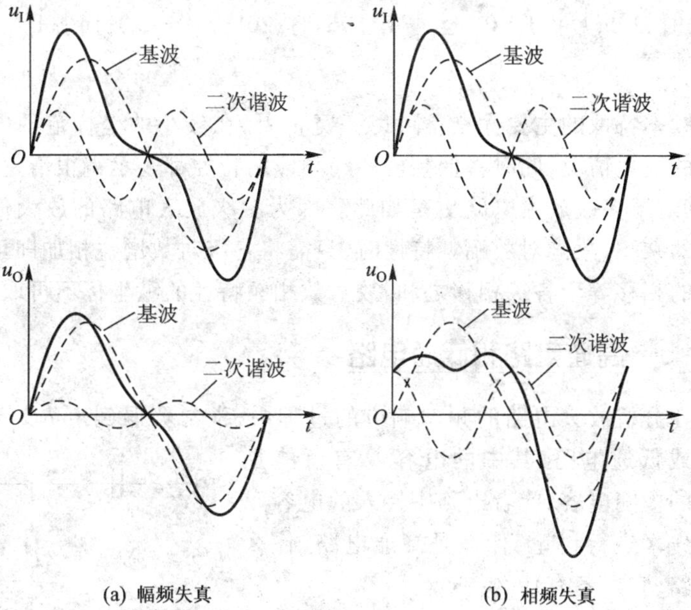

图 3.1.2　频率失真

际工作中，应用比较广泛的是**对数频率特性**。这种对数频率特性又称为**波特图**[①]。

所谓对数频率特性，是指绘制频率特性时基本上采用对数坐标。如横坐标是频率 f，采用对数坐标，对数幅频特性的纵坐标是电压放大倍数幅值的对数 $20\lg|\dot{A}_u|$，即对数增益，单位是分贝(dB)，但对数相频特性的纵坐标是相角 φ，不取对数。

今后绘制对数幅频特性曲线时，常常需要根据 $|\dot{A}_u|$ 的值来求出 $20\lg|\dot{A}_u|$。为了说明 $|\dot{A}_u|$ 与 $20\lg|\dot{A}_u|$ 之间的对应关系，表 3-1 中列出一组具体数据。

表 3-1　$|\dot{A}_u|$ 与 $20\lg|\dot{A}_u|$ 之间的对应关系

$\|\dot{A}_u\|$	0.01	0.1	0.707	1	$\sqrt{2}$	2	10	100
$20\lg\|\dot{A}_u\|$ (dB)	-40	-20	-3	0	3	6	20	40

由表可见，每当 $|\dot{A}_u|$ 增大为原来的 10 倍时，相应的 $20\lg|\dot{A}_u|$ 将增加 20 dB。若 $|\dot{A}_u|$ 增大一倍，则相应的 $20\lg|\dot{A}_u|$ 增加 6dB。由表还可见，当

① 波特图最早由 H. W. Bode 提出，故用其姓氏命名。

$\left|\dot{A}_u\right|=1$ 时,$20\lg\left|\dot{A}_u\right|=0$。当 $\left|\dot{A}_u\right|>1$ 时,$20\lg\left|\dot{A}_u\right|>0$;而 $\left|\dot{A}_u\right|<1$ 时,$20\lg\left|\dot{A}_u\right|<0$。

对数频率特性的主要优点是可以拓宽视野,在较小的坐标范围内表示宽广频率范围的变化情况,同时将低频段和高频段的特性都表示得很清楚,而且作图方便,尤其对于多级放大电路更是如此。因为多级放大电路的放大倍数是各级放大倍数的乘积,故画对数幅频特性时,只需将各级对数增益相加即可。多级放大电路总的相移等于各级相移之和,故对数相频特性的纵坐标不再取对数。

▶▶3.1.5 高通电路和低通电路

今后在分析放大电路的频率响应的过程中,常常会遇到由 RC 元件构成的高通电路或低通电路,其中的电容 C 有可能是放大器件的极间电容,或者电路中接入的电容元件。现在先来进行讨论,什么是高通电路,什么是低通电路,它们各有什么特点。

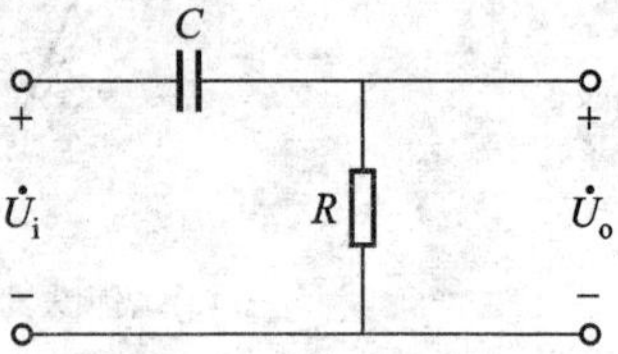

图 3.1.3 RC 高通电路

1. 高通电路

图 3.1.3 示出一个 RC 高通电路,由图可得

$$\dot{A}_u=\frac{\dot{U}_o}{\dot{U}_i}=\frac{R}{R+\dfrac{1}{j\omega C}}=\frac{1}{1+\dfrac{1}{j\omega RC}} \tag{3.1.1}$$

此电路的时间常数为 $\tau_L=RC$。令

$$f_L=\frac{1}{2\pi\tau_L}=\frac{1}{2\pi RC} \tag{3.1.2}$$

代入式(3.1.1),可得

$$\dot{A}_u=\frac{1}{1+\dfrac{1}{j\omega\tau_L}}=\frac{1}{1-j\dfrac{f_L}{f}} \tag{3.1.3}$$

以上 $\dot{A}_u$ 的表达式可分别用 $\dot{A}_u$ 的模和相角表示如下:

$$\left|\dot{A}_u\right|=\frac{1}{\sqrt{1+\left(\dfrac{f_L}{f}\right)^2}} \tag{3.1.4}$$

$$\varphi=\arctan\left(\frac{f_L}{f}\right) \tag{3.1.5}$$

式(3.1.4)和(3.1.5)就是 RC 高通电路幅频特性和相频特性的表达式。为了画出对数幅频特性,将式(3.1.4)取对数,可得

$$20\lg\left|\dot{A}_u\right| = -20\lg\sqrt{1+\left(\frac{f_L}{f}\right)^2} \tag{3.1.6}$$

由式(3.1.6)可得

当 $f \gg f_L$ 时, $20\lg\left|\dot{A}_u\right| \approx 0\ \text{dB}$

当 $f \ll f_L$ 时, $20\lg\left|\dot{A}_u\right| \approx -20\lg\dfrac{f_L}{f} = 20\lg\dfrac{f}{f_L}$

当 $f = f_L$ 时, $20\lg\left|\dot{A}_u\right| = -20\lg\sqrt{2} = -3\ \text{dB}$

由上可知,RC 高通电路的对数幅频特性,可以近似用两条直线构成的折线表示:当 $f>f_L$ 时,用零分贝线即横坐标表示;当 $f<f_L$ 时,用一条斜率等于 20 dB/十倍频的直线表示,即每当频率增加十倍,$20\lg\left|\dot{A}_u\right|$ 增加 20 dB。上述两条直线交于横坐标上 $f=f_L$ 的一点,如图 3.1.4(a)中的虚线所示。

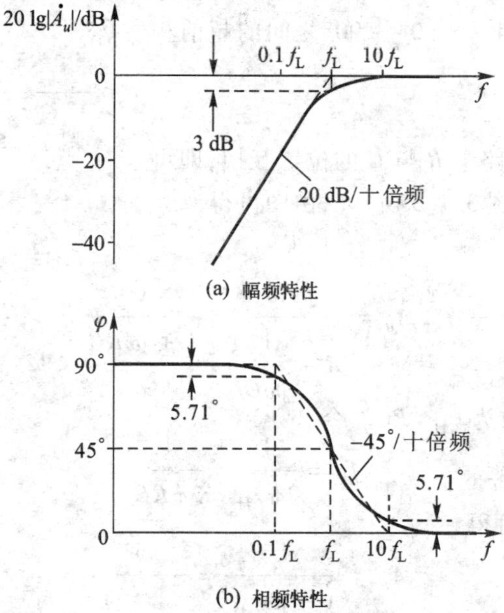

图 3.1.4　高通电路的波特图

根据式(3.1.6)画出的 RC 高通电路的对数幅频特性曲线如图 3.1.4(a)中的实线所示。由图可见,虚线与实线十分接近。可以证明,二者之间的最大误差为 3 dB,发生在 $f=f_L$ 处。

根据式(3.1.5)可以画出 RC 高通电路的对数相频特性。由式(3.1.5)可得

当 $f \gg f_L$ 时，$\varphi \approx 0°$

当 $f \ll f_L$ 时，$\varphi \approx 90°$

当 $f = f_L$ 时，$\varphi = 45°$

由上可知，RC 高通电路的对数相频特性可用三条直线构成的折线来近似：当 $f > 10f_L$ 时，用 $\varphi = 0°$ 的直线即横坐标轴表示；当 $f < 0.1f_L$ 时，用 $\varphi = 90°$ 的一条水平线表示；当 $0.1f_L < f < 10f_L$ 时，用一条斜率等于 $-45°$/十倍频的直线表示，在此直线上，当 $f = f_L$ 时，$\varphi = 45°$，如图 3.1.4(b) 中的虚线所示。

根据式(3.1.5)画出的 RC 高通电路的相频特性曲线如图 3.1.4(b) 中的实线所示。由图可见，虚线与实线也很接近。可以证明，二者之间的最大误差为 $\pm 5.71°$，分别发生在 $f = 0.1f_L$ 和 $f = 10f_L$ 处。

由图 3.1.4 中的波特图可以明显地看出，图 3.1.3 所示的 RC 电路确实具有"高通"的特性：对于 $f > f_L$ 的高频信号，$|\dot{A}_u| \approx 1$，即高频信号能够通过本电路；而对于 $f < f_L$ 的低频信号，则频率愈低，$|\dot{A}_u|$ 愈小，即低频信号不能通过本电路，故称为高通电路。f_L 称为高通电路的**下限(−3dB)频率**。由图 3.1.4(b) 还可看出，在低频段，高通电路将产生一个 0 ~ +90°之间的超前相位移。

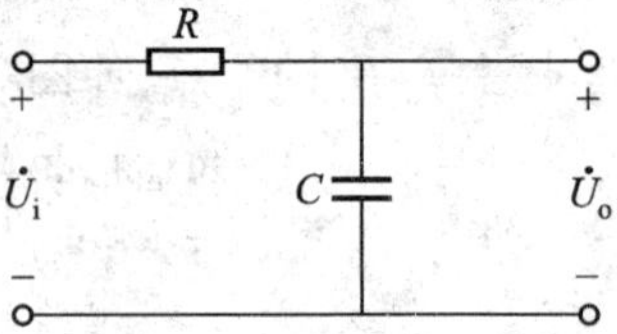

图 3.1.5　RC 低通电路

2. 低通电路

将 RC 高通电路中 R 与 C 的位置互换，即可得到低通电路，如图 3.1.5 所示。由图可得

$$\dot{A}_u = \frac{\dfrac{1}{j\omega C}}{R + \dfrac{1}{j\omega C}} = \frac{1}{1 + j\omega RC} \tag{3.1.7}$$

此电路的时间常数为 $\tau_H = RC$。令

$$f_H = \frac{1}{2\pi\tau_H} = \frac{1}{2\pi RC} \tag{3.1.8}$$

代入式(3.1.7)，可得

$$\dot{A}_u = \frac{1}{1 + j\omega\tau_H} = \frac{1}{1 + j\dfrac{f}{f_H}} \tag{3.1.9}$$

仍将上式分别用模和相角表示如下：

$$|\dot{A}_u| = \frac{1}{\sqrt{1 + \left(\dfrac{f}{f_H}\right)^2}} \tag{3.1.10}$$

$$\varphi = -\arctan\left(\frac{f}{f_H}\right) \tag{3.1.11}$$

利用与高通电路类似的方法，可以简捷地画出 RC 低通电路的折线化对数幅频特性和相频特性。首先将式(3.1.10)取对数，可得

$$20\lg\left|\dot{A}_u\right| = -20\lg\sqrt{1+\left(\frac{f}{f_H}\right)^2} \tag{3.1.12}$$

由式(3.1.12)可得

当 $f \ll f_H$ 时，$20\lg\left|\dot{A}_u\right| \approx 0$ dB

当 $f \gg f_H$ 时，$20\lg\left|\dot{A}_u\right| \approx -20\lg\dfrac{f}{f_H}$

当 $f=f_H$ 时，$20\lg\left|\dot{A}_u\right| = -20\lg\sqrt{2} = -3$ dB

由此可以画出 RC 低通电路的折线化对数幅频特性，如图 3.1.6(a)中的虚线所示。

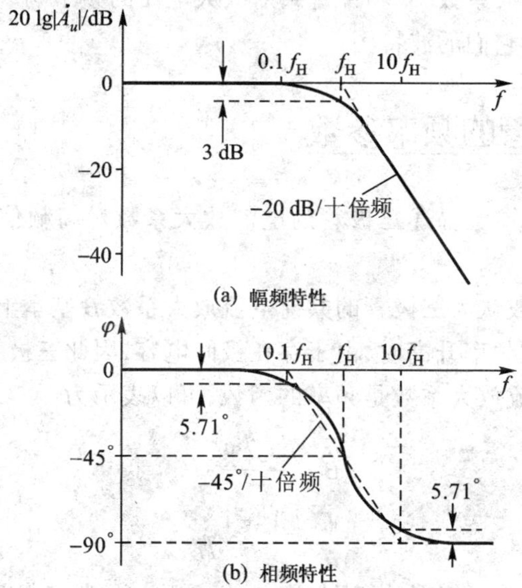

图 3.1.6　低通电路的波特图

根据式(3.1.12)画出的 RC 低通电路的对数幅频特性曲线如图 3.1.6(a)中的实线所示。同样可以证明，虚线与实线之间的最大误差为 3 dB，发生在 $f=f_H$ 处。

采用类似的方法，根据式(3.1.11)可以画出 RC 低通电路的折线化对数相频特性。由式(3.1.11)可得

当 $f \ll f_H$ 时，$\varphi \approx 0$

当 $f \gg f_H$ 时，$\varphi \approx -90°$

当 $f = f_H$ 时，$\varphi \approx -45°$

由此画出 RC 低通电路的折线化对数相频特性，如图 3.1.6(b) 中的虚线所示。而根据式(3.1.11)画出的对数相频特性曲线如图 3.1.6(b) 中的实线所示。由图可见，二者之间的最大误差也是±5.71°，分别发生在 $f=0.1f_H$ 和 $f=10f_H$ 处。

同样可以从图 3.1.6 的波特图明显地看出，图 3.1.5 中的 RC 电路具有"低通"的特性，即允许 $f<f_H$ 的低频信号通过，而对于 $f>f_H$ 的高频信号则不能通过，故称为低通电路。f_H 称为低通电路的**上限(-3dB)频率**。由图 3.1.6(b) 也可看出，在高频段，此低通电路将产生 0 ~ -90°之间的滞后的相位移。

必须指出，以上对于简单的 RC 高通电路和低通电路的波特图的分析方法具有普遍意义。实际上，对于其他含有一个时间常数的高通或低通电路，只需根据电路参数计算出中频时的电压放大倍数以及下限频率 f_L 或上限频率 f_H，即可简单方便地画出其折线化的对数幅频特性和相频特性。在本章后面几节，在分析三极管的电流放大系数 $\dot{\beta}$ 和单管共射放大电路的频率响应时，常常运用前面介绍的方法来画出它们的波特图。

▶3.2　三极管的频率参数

三极管的频率参数描述三极管的电流放大系数对高频信号的适应能力，也是三极管的重要参数。

在中频时，一般认为三极管的共射电流放大系数 β 基本上是一个常数，不随频率而变化。但当频率升高时，由于存在极间电容，因此三极管的电流放大作用将被削弱，所以电流放大系数是频率的函数，可以表示为

$$\dot{\beta} = \frac{\beta_0}{1 + j\dfrac{f}{f_\beta}} \tag{3.2.1}$$

其中 β_0 是三极管低频时的共射电流放大系数，f_β 为三极管的 $|\dot{\beta}|$ 值下降至 $\dfrac{1}{\sqrt{2}}\beta_0$ 时的频率。

上式也可分别用 $\dot{\beta}$ 的模和相角表示，即

$$|\dot{\beta}| = \frac{\beta_0}{\sqrt{1 + \left(\dfrac{f}{f_\beta}\right)^2}} \tag{3.2.2}$$

$$\varphi_\beta = -\arctan\left(\frac{f}{f_\beta}\right) \tag{3.2.3}$$

将式(3.2.2)取对数,可得

$$20\lg\left|\dot{\beta}\right| = 20\lg\beta_0 - 20\lg\sqrt{1+\left(\frac{f}{f_\beta}\right)^2} \tag{3.2.4}$$

根据式(3.2.4)和(3.2.3),可以画出 $\dot{\beta}$ 的对数幅频特性和相频特性,见图3.2.1。由图可见,在低频和中频段,$\left|\dot{\beta}\right| = \beta_0$,当频率升高时,$\left|\dot{\beta}\right|$ 值随之下降。

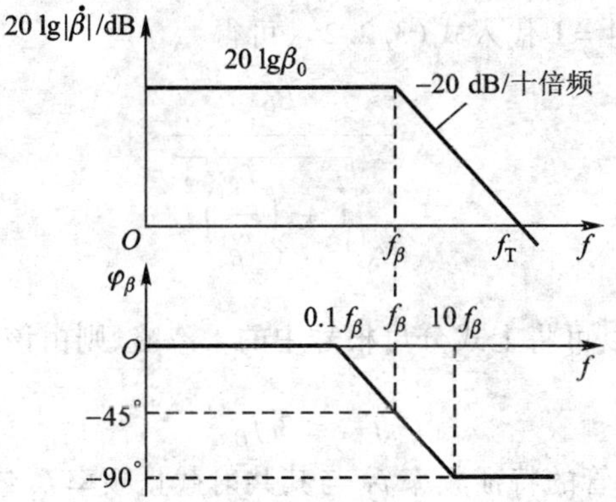

图 3.2.1 $\dot{\beta}$ 的波特图

观察图 3.2.1 中 $\dot{\beta}$ 的波特图,可以帮助理解三极管频率参数的含义。

▶▶3.2.1 共射截止频率

通常将 $\left|\dot{\beta}\right|$ 值下降到 $0.707\beta_0\left(即\frac{1}{\sqrt{2}}\beta_0\right)$ 时的频率定义为三极管的**共射截止频率**,用符号 f_β 表示。

由式(3.2.4)可得,当 $f=f_\beta$ 时,

$$20\lg\left|\dot{\beta}\right| = 20\lg\beta_0 - 20\lg\sqrt{2} = 20\lg\beta_0 - 3(\mathrm{dB})$$

在图 3.2.1 中 $\dot{\beta}$ 的对数幅频特性上,一条高度为 $20\lg\beta_0$ 的水平直线与另一条斜率为−20 dB/十倍频的直线有一交点,该交点处的频率即是 f_β。

根据 f_β 的定义可以知道,所谓共射截止频率,并非说明此时三极管已经完全失去放大作用,而只是表示此时 $\left|\dot{\beta}\right|$ 值已下降到中频时的 70% 左右,或 $\dot{\beta}$ 的对数幅频特性下降了 3dB。

▶▶3.2.2　特征频率

通常将 $\left|\dot{\beta}\right|$ 值降为 1 时的频率定义为三极管的**特征频率**,用符号 f_T 表示。

根据定义,当 $f=f_T$ 时,$\left|\dot{\beta}\right|=1$,则 $20\lg\left|\dot{\beta}\right|=0$,所以,在图 3.2.1 中,$\dot{\beta}$ 的对数幅频特性与横坐标交点处的频率即是 f_T。

特征频率是三极管的一个重要参数。当 $f>f_T$ 时,$\left|\dot{\beta}\right|$ 值将小于 1,表示此时三极管已失去放大作用,所以不允许三极管工作在如此高的频率范围。

将 $f=f_T$ 和 $\left|\dot{\beta}\right|=1$ 代入式(3.2.2),可得

$$1=\frac{\beta_0}{\sqrt{1+\left(\frac{f_T}{f_\beta}\right)^2}}$$

由于通常 $\frac{f_T}{f_\beta}\gg1$,所以可将上式分母根号中的 1 忽略,则由该式可得

$$f_T\approx\beta_0 f_\beta \tag{3.2.5}$$

上式表明,一个三极管的特征频率 f_T 与其共射截止频率 f_β 二者之间是互相有关的,而且 f_T 比 f_β 高得多,大约是 f_β 的 β_0 倍。

▶▶3.2.3　共基截止频率

显然,考虑三极管的极间电容后,其共基电流放大系数也将是频率的函数,此时可表示为

$$\dot{\alpha}=\frac{\alpha_0}{1+j\frac{f}{f_\alpha}} \tag{3.2.6}$$

通常将 $\left|\dot{\alpha}\right|$ 值下降为低频时 α_0 的 0.707 倍时的频率定义为**共基截止频率**,用符号 f_α 表示。

现在来研究一下,f_α 与 f_β、f_T 之间有什么关系。已经知道共基电流放大系数 $\dot{\alpha}$ 与共射电流放大系数 $\dot{\beta}$ 之间存在以下关系:

$$\dot{\alpha}=\frac{\dot{\beta}}{1+\dot{\beta}} \tag{3.2.7}$$

将式(3.2.1)代入式(3.2.7),可得

$$\dot{\alpha} = \frac{\dfrac{\beta_0}{1 + \mathrm{j}\, f/f_\beta}}{1 + \dfrac{\beta_0}{1 + \mathrm{j}\, f/f_\beta}} = \frac{\dfrac{\beta_0}{1 + \beta_0}}{1 + \mathrm{j}\dfrac{f}{(1 + \beta_0) f_\beta}} \tag{3.2.8}$$

将式(3.2.8)与式(3.2.6)比较,可知

$$\alpha_0 = \frac{\beta_0}{1 + \beta_0} \tag{3.2.9}$$

$$f_\alpha = (1 + \beta_0) f_\beta \tag{3.2.10}$$

可见,f_α 比 f_β 高得多,等于 f_β 的$(1+\beta_0)$倍。由此可以理解,与共射组态相比,共基组态的频率响应比较好。

综上所述,可知三极管的三个频率参数不是独立的,而是互相有关,三者的数值大小符合以下关系:

$$f_\beta < f_T < f_\alpha$$

三极管的频率参数也是选用三极管的重要依据之一。通常,在要求通频带比较宽的放大电路中,应该选用高频管,即频率参数值较高的三极管。如对通频带没有特殊要求,则可选用低频管。 般低频小功率三极管的 f_α 值约为几十至几百千赫,高频小功率三极管的 f_T 约为几十至几百兆赫。

▶3.3 单管共射放大电路的频率响应

在进行定量分析之前,首先从物理概念上来理解单管共射放大电路的频率响应。先来定性分析一下,当输入不同频率的正弦信号时,放大倍数将如何变化。

如果考虑三极管的极间电容,而且电路中接有电抗性元件,如隔直电容等,则单管共射放大电路可画成如图 3.3.1 所示。

在中频段,各种容抗的影响可以忽略不计,所以电压放大倍数基本上不随频率而变化。在低频段,由于隔直电容的容抗增大,信号在电容上的压降也增大,所以电压放大倍数将降低。同时,隔直电容与放大电路的输入电阻构成一个 *RC* 高通电路,因此将产生 0 ~ +90°之间的超前的附加相位移。在高频段,由于容抗减小,故隔直电容的作用可以忽略,但是,三极管的极间电容并联在电路中,将使电压放大倍数降低,而且,构成一个 *RC* 低通电路,产生 0 ~ −90°之间的滞后的附加相位移。

根据以上定性分析的结果可知,单管共射放大电路频率特性的大致形状如图 3.1.1 所示。

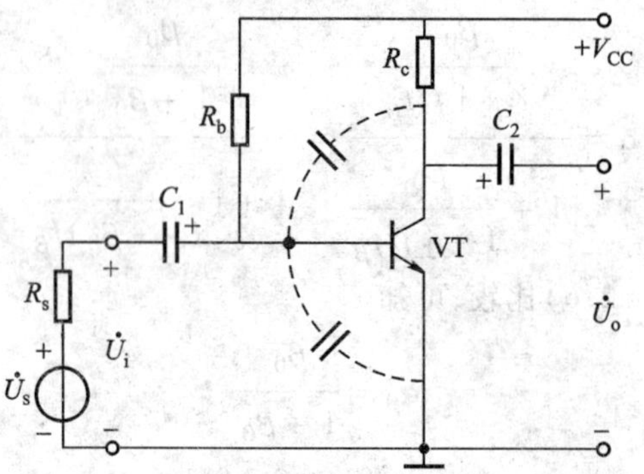

图 3.3.1　考虑极间电容时的单管共射放大电路

▶▶3.3.1　三极管的混合 π 型等效电路

本书第 2 章 2.4 节曾经介绍三极管的 h 参数微变等效电路，但是，由于三极管极间电容的作用，等效电路中的参数将成为随频率而变化的复数（例如 $\dot{\beta}$ 等），分析时很不方便。为了对放大电路的频率响应进行定量分析，需要引入一种考虑三极管极间电容的等效电路。

1. 混合 π 型等效电路的引出

考虑了极间电容后，三极管的结构示意图见图 3.3.2(a)，其中 $C_{b'e}$ 为发射结等效电容，$C_{b'c}$ 为集电结等效电容[①]。根据三极管的结构示意图可以得到三极管的混合 π 型等效电路，如图 3.3.2(b)所示。

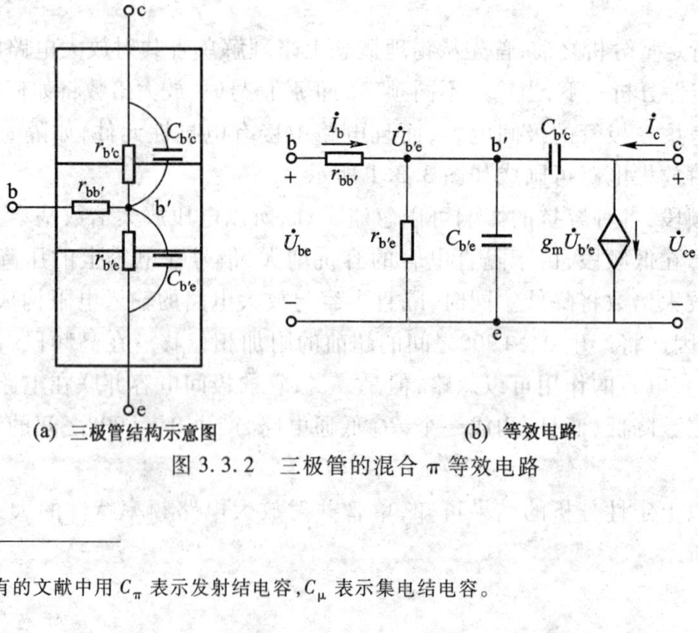

(a) 三极管结构示意图　　(b) 等效电路

图 3.3.2　三极管的混合 π 等效电路

① 有的文献中用 C_π 表示发射结电容，C_μ 表示集电结电容。

等效电路中的 $\dot{U}_{b'e}$代表加在发射结上的电压，受控电流源 $g_m\dot{U}_{b'e}$体现了发射结电压对集电极电流的控制作用。其中的 g_m 称为跨导，表示当 $\dot{U}_{b'e}$为单位电压时，在集电极回路引起的 $\dot{I}_c$的大小。因为集电结反向偏置，所以 $r_{b'c}$很大，可以视作开路；又由于 r_{ce}值也很大，因此，在图 3.3.2(b)的等效电路中已将上述两个电阻忽略。

2. 混合 π 型等效电路的参数

实际上，混合 π 型等效电路的参数与我们熟知的 h 参数之间有确定的关系。当低频时，可以不考虑极间电容的作用，此时，混合 π 型等效电路的形式就与 h 参数等效电路相仿，见图 3.3.3(a)。只需将图 3.3.3(a)与图(b)中的 h 参数等效电路进行对比，即可找到混合 π 参数与 h 参数之间的关系。

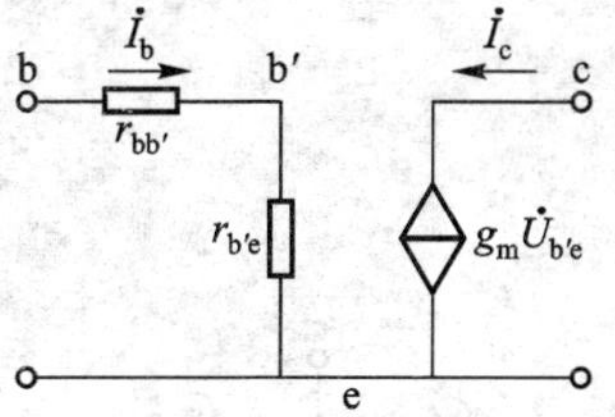

(a) 不考虑极间电容的混合 π 型等效电路

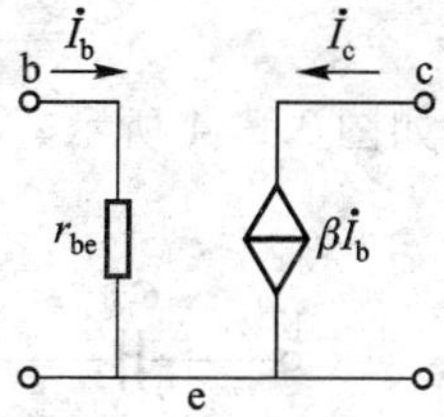

(b) 简化 h 参数等效电路

图 3.3.3 混合 π 参数与 h 参数之间的关系

通过对比可得

$$r_{bb'} + r_{b'e} = r_{be} = r_{bb'} + (1+\beta)\frac{26(\text{mV})}{I_{EQ}}$$

$$g_m\dot{U}_{b'e} = g_m\dot{I}_b r_{b'e} = \beta\dot{I}_b$$

由上可得混合 π 型等效电路中的各个参数如下：

$$r_{b'e} = r_{be} - r_{bb'} = (1+\beta)\frac{26(\text{mV})}{I_{EQ}} \tag{3.3.1}$$

$$r_{bb'} = r_{be} - r_{b'e} \tag{3.3.2}$$

$$g_m = \frac{\beta}{r_{b'e}} = \frac{\beta}{(1+\beta)\dfrac{26(\text{mV})}{I_{EQ}}} \approx \frac{I_{EQ}}{26(\text{mV})} \tag{3.3.3}$$

式(3.3.1)、(3.3.2)和(3.3.3)示出了混合 π 参数与 h 参数之间的联系。由式(3.3.1)和(3.3.3)还可看出，混合 π 参数 $r_{b'e}$、g_m 的值与静态发射极电流 I_{EQ}有关，I_{EQ}愈大，则 $r_{b'e}$愈小，而 g_m 愈大。对于一般小功率三极管，$r_{bb'}$约为几十至几百欧，$r_{b'e}$为 1kΩ 左右，g_m 约为几十毫西。

在混合 π 型等效电路的两个电容之中，一般 $C_{b'e}$ 比 $C_{b'c}$ 大得多。通常 $C_{b'c}$ 的值可从器件手册上查到，而 $C_{b'e}$ 的值在一般手册上未标明。但可由手册上查得三极管的特征频率 f_T，然后根据下式估算 $C_{b'e}$：

$$C_{b'e} \approx \frac{g_m}{2\pi f_T} \tag{3.3.4}$$

3. 单向化的混合 π 型等效电路

在图 3.3.2(b)所示的混合 π 型等效电路中，电容 $C_{b'c}$ 跨接在 b′和 c 之间，将输入回路与输出回路直接联系起来，互不独立，这将使解电路的过程变得十分麻烦。为此，可以利用密勒定理①将问题简化，用两个电容来等效代替 $C_{b'c}$，它们分别接在 b′、e 之间和 c、e 之间，二者的容值分别为 $(1-\dot{K})C_{b'c}$ 和 $\frac{1-\dot{K}}{\dot{K}}C_{b'c}$，其中 $\dot{K}=\frac{\dot{U}_{ce}}{\dot{U}_{b'e}}$，如图 3.3.4 所示。

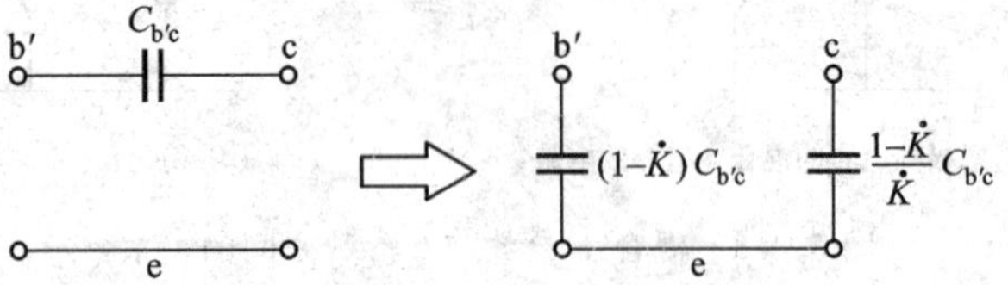

图 3.3.4　利用密勒定理简化 $C_{b'c}$

利用密勒定理将图 3.3.2(b)电路中的 $C_{b'c}$ 简化以后，即可得到图 3.3.5 所示的单向化的混合 π 型等效电路，图中 $C'=C_{b'e}+(1-\dot{K})C_{b'c}$。在单向化的等效电路中，输入回路与输出回路不再在电路上直接发生联系，为频率响应的分析带来很大的方便。

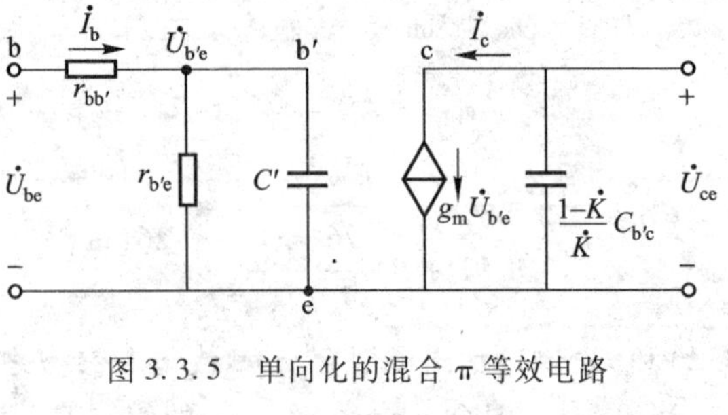

图 3.3.5　单向化的混合 π 等效电路

① 有关利用密勒定理将混合 π 型等效电路单向化的推导过程，请参阅文献[1]，第 214 ~215 页。

▶▶3.3.2 阻容耦合单管共射放大电路的频率响应

以下利用单向化的混合 π 型等效电路来分析单管共射放大电路的频率响应。

在图 3.3.6(a)所示的阻容耦合单管共射放大电路中,可将 C_2 和 R_L 看成是下一级的输入端耦合电容和输入电阻,所以在分析本级的频率响应时,可以暂不把它们考虑在内。在此情况下,可得到放大电路的混合 π 型等效电路如图 3.3.6(b)所示。

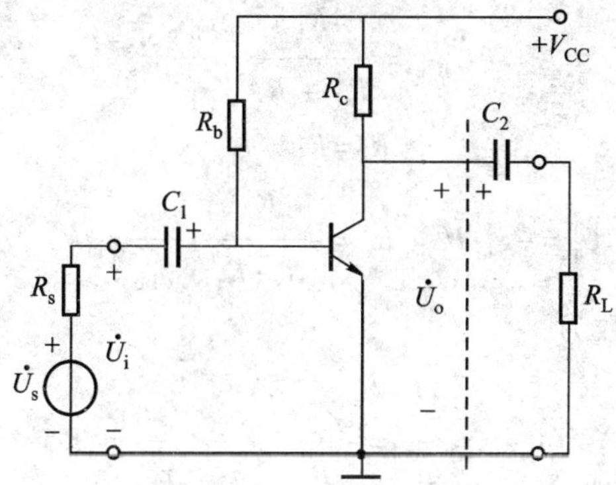

(a) 电路图

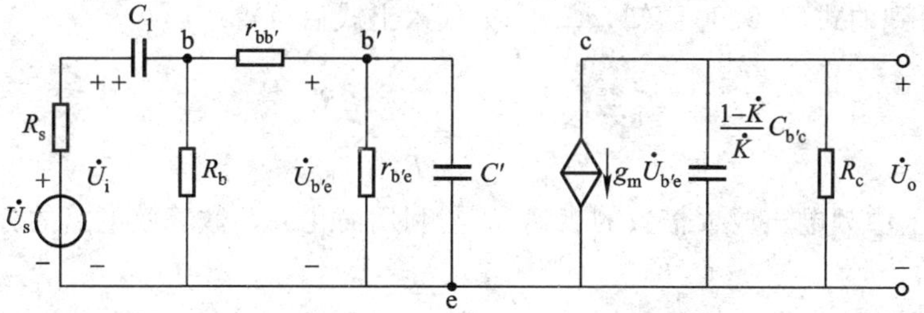

(b) 混合 π 型等效电路

图 3.3.6 阻容耦合单管共射放大电路

为了简化分析过程,可以先分别讨论中频、低频和高频时的频率响应,然后再综合得到放大电路在全部频率范围内的频率响应。

1. 中频段

在中频段,一方面,隔直电容 C_1 的容抗比串联回路中的其他电阻值小得多,可以认为交流短路;另一方面,三极管极间电容的容抗又比其并联支路中的其他电阻值大得多,可以视为交流开路。总之,在中频段可将各种容抗的影响忽略不计,因此,将图 3.3.6(b)中各种电容的作用忽略,即可得到阻容耦合单管共射放大电路的中频等效电路,如图 3.3.7 所示。

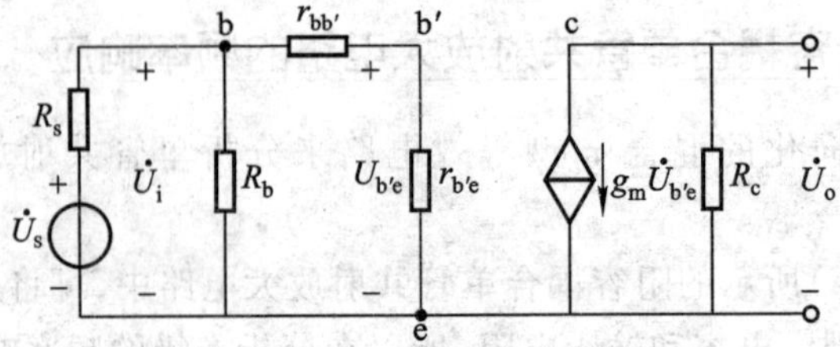

图 3.3.7　中频等效电路

由图可得

$$\dot{U}_{b'e}=\frac{R_i}{R_s+R_i}\cdot\frac{r_{b'e}}{r_{be}}\dot{U}_s$$

式中

$$R_i=R_b /\!/ r_{be}$$

而

$$\dot{U}_o=-g_m\dot{U}_{b'e}R_c=-\frac{R_i}{R_s+R_i}\cdot\frac{r_{b'e}}{r_{be}}g_mR_c\dot{U}_s$$

则中频电压放大倍数为

$$\dot{A}_{usm}=\frac{\dot{U}_o}{\dot{U}_s}=-\frac{R_i}{R_s+R_i}\cdot\frac{r_{b'e}}{r_{be}}g_mR_c \qquad (3.3.5)$$

由前面得到的式(3.3.3)已知,$g_m=\frac{\beta}{r_{b'e}}$,代入上式后可得

$$\dot{A}_{usm}=-\frac{R_i}{R_s+R_i}\cdot\frac{\beta R_c}{r_{be}}$$

可见,以上中频电压放大倍数的表达式,与利用简化 h 参数等效电路的分析结果是一致的。

2. 低频段

通过前面的定性分析已经知道,当频率下降时,由于隔直电容的容抗增大,将使电压放大倍数降低,所以在低频段必须考虑 C_1 的作用。而三极管的极间电容并联在电路中,此时可认为交流开路,因此,低频等效电路如图 3.3.8 所示。由图可见,电容 C_1 与输入电阻构成一个 RC 高通电路。

由图可得

$$\dot{U}_{b'e}=\frac{R_i}{R_s+R_i+\frac{1}{j\omega C_1}}\cdot\frac{r_{b'e}}{r_{be}}\dot{U}_s$$

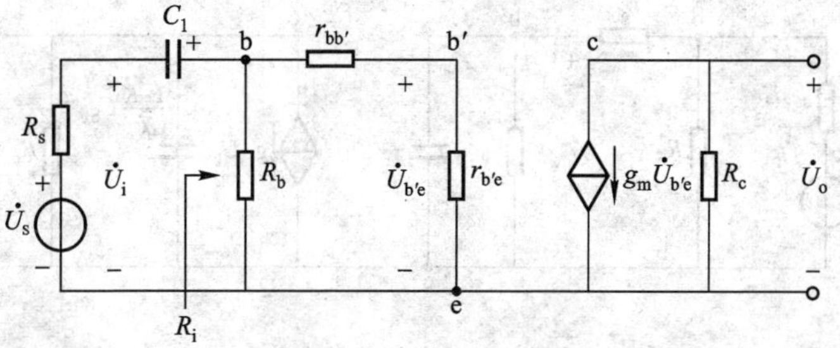

图 3.3.8　低频等效电路

$$\dot{U}_o = -g_m\dot{U}_{b'e}R_c = -\frac{R_i}{R_s + R_i}\cdot\frac{r_{b'e}}{r_{be}}g_mR_c\frac{1}{1+\dfrac{1}{j\omega(R_s+R_i)C_1}}\dot{U}_s$$

则低频电压放大倍数为

$$\dot{A}_{usL} = \frac{\dot{U}_o}{\dot{U}_s} = \dot{A}_{usm}\frac{1}{1+\dfrac{1}{j\omega(R_s+R_i)C_1}} \tag{3.3.6}$$

将此式与本章 3.1.5 节中 RC 高通电路 $\dot{A}_u$ 的表达式即式(3.1.1)比较，可知低频等效电路的时间常数为

$$\tau_L = (R_s + R_i)C_1 \tag{3.3.7}$$

低频段的下限(−3dB)频率为

$$f_L = \frac{1}{2\pi\tau_L} = \frac{1}{2\pi(R_s+R_i)C_1} \tag{3.3.8}$$

将此式代入式(3.3.6)，则低频电压放大倍数可表示为

$$\dot{A}_{usL} = \dot{A}_{usm}\frac{1}{1-j\dfrac{f_L}{f}} \tag{3.3.9}$$

由式(3.3.8)可知，阻容耦合单管共射放大电路的下限频率 f_L 主要决定于低频时间常数 τ_L，C_1 与 (R_s+R_i) 的乘积愈大，则 f_L 愈小，即放大电路的低频响应愈好。

3. 高频段

当频率升高时，电容的容抗变小，则隔直电容 C_1 上的压降可以忽略不计，但此时并联在电路中的极间电容的影响必须予以考虑。因此，可以得到高频等效电路如图 3.3.9 所示。

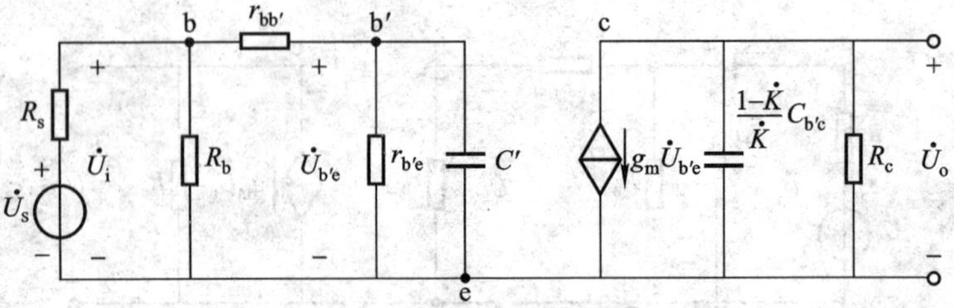

图 3.3.9　高频等效电路

一般情况下,输出回路的时间常数要比输入回路的时间常数小得多,因此可以将输出回路的电容$\frac{1-\dot{K}}{\dot{K}}C_{b'c}$忽略,再利用戴维宁定理将输入回路简化,则高频等效电路可简化成为图 3.3.10。

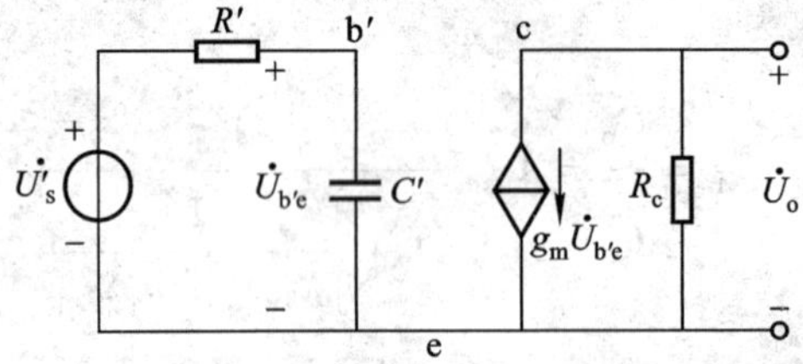

图 3.3.10　高频等效电路的简化

图中

$$\dot{U}'_s = \frac{R_i}{R_s + R_i} \cdot \frac{r_{b'e}}{r_{be}} \dot{U}_s$$

$$R' = r_{b'e} \mathbin{/\!/} [r_{bb'} + (R_s \mathbin{/\!/} R_b)]$$

$$C' = C_{b'e} + (1 - \dot{K}) C_{b'c} = C_{b'e} + (1 + g_m R_c) C_{b'c}$$

由图可以清楚地看出,电容 C'与电阻 R'构成一个 RC 低通电路。

由图可得

$$\dot{U}_{b'e} = \frac{\frac{1}{j\omega C'}}{R' + \frac{1}{j\omega C'}} \dot{U}'_s = \frac{1}{1 + j\omega R'C'} \dot{U}'_s$$

$$\dot{U}_o = -g_m \dot{U}_{b'e} R_c = -\frac{R_i}{R_s + R_i} \cdot \frac{r_{b'e}}{r_{be}} g_m R_c \frac{1}{1 + j\omega R'C'} \dot{U}_s$$

则高频电压放大倍数为

$$\dot{A}_{usH}=\frac{\dot{U}_o}{\dot{U}_s}=\dot{A}_{usm}\frac{1}{1+j\omega R'C'} \tag{3.3.10}$$

由此可见,高频等效电路的时间常数为

$$\tau_H=R'C' \tag{3.3.11}$$

高频段的上限(-3dB)频率为

$$f_H=\frac{1}{2\pi\tau_H}=\frac{1}{2\pi R'C'} \tag{3.3.12}$$

将 f_H 代入式(3.3.10),则高频电压放大倍数可表示为

$$\dot{A}_{usH}=\dot{A}_{usm}\frac{1}{1+j\dfrac{f}{f_H}} \tag{3.3.13}$$

由式(3.3.12)可知,单管共射放大电路的上限频率 f_H 主要决定于高频时间常数,C'与 R'的乘积愈小,则 f_H 愈大,即放大电路的高频响应愈好。而其中的 C'主要与三极管的极间电容有关,因此,为了得到良好的高频响应,应该选用极间电容比较小的三极管。

4. 完整的波特图

根据以上在中频、低频和高频时分别得到的电压放大倍数的表达式,综合起来,即可得到阻容耦合单管共射放大电路在全部频率范围内电压放大倍数的近似表达式,即

$$\dot{A}_{us}\approx\frac{\dot{A}_{usm}}{\left(1-j\dfrac{f_L}{f}\right)\left(1+j\dfrac{f}{f_H}\right)} \tag{3.3.14}$$

同时,根据以上在中频、低频和高频时的分析结果,并利用本章前面 3.1.5 节介绍的高通和低通电路的波特图的画法,即可简捷地画出阻容耦合单管共射放大电路完整的折线化的波特图。具体做法如下:

(1) 对数幅频特性

中频区:从 f_L 至 f_H,作一条高度为 $20\lg|\dot{A}_{usm}|$ 的水平直线。

低频区:从 f_L 开始,向左下方作一条斜率为 20dB/十倍频的直线。

高频区:从 f_H 开始,向右下方作一条斜率为-20dB/十倍频的直线。

(2) 对数相频特性

中频区:从 $10f_L$ 至 $0.1f_H$,作一条 $\varphi=-180°$的水平直线。

低频区:当 $f<0.1f_L$ 时,$\varphi=-180°+90°=-90°$;在 $0.1f_L$ 至 $10f_L$ 之间,作一条

斜率为-45°/十倍频的直线。

高频区：当$f>10f_H$时，$\varphi=-180°-90°=-270°$；在$0.1f_H$至$10f_H$之间，也作一条斜率为-45°/十倍频的直线。

最后得到的波特图见图3.3.11。

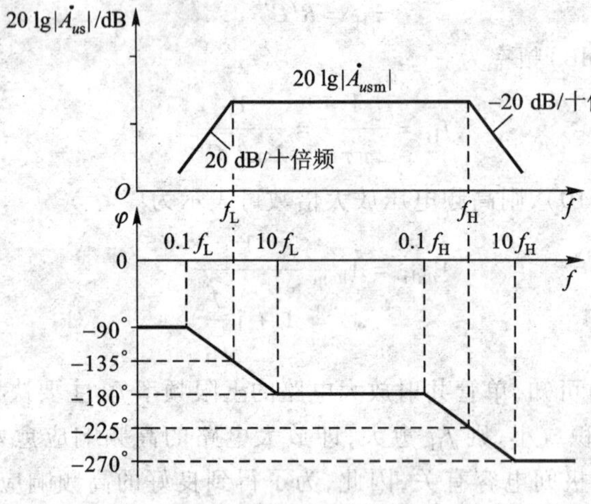

图3.3.11　阻容耦合单管共射放大电路的波特图

【例3.3.1】 在图3.3.6(a)所示的阻容耦合单管共射放大电路中，已知三极管的$\beta=50$，$r_{bb'}=300\ \Omega$，$U_{BEQ}=0.6\ V$，$C_{b'c}=4\ pF$，$f_T=150\ MHz$。电路参数为$R_s=2\ k\Omega$，$R_c=2\ k\Omega$，$R_b=220\ k\Omega$，$R_L=10\ k\Omega$，$C_1=0.1\ \mu F$，$V_{CC}=5\ V$。试估算中频电压放大倍数$\dot{A}_{usm}$、下限频率f_L、上限频率f_H和通频带BW，并画出波特图。设电容C_2的容量足够大，可暂不考虑其对频率特性的影响。

解：① 估算静态工作点

$$I_{BQ}=\frac{V_{CC}-U_{BEQ}}{R_b}=\left(\frac{5-0.6}{220}\right)\ mA=0.02\ mA$$

$$I_{CQ}\approx\beta I_{BQ}=(50\times0.02)\ mA=1\ mA\approx I_{EQ}$$

② 计算中频电压放大倍数

$$r_{b'e}=(1+\beta)\frac{26\ (mV)}{I_{EQ}}=\left(\frac{51\times26}{1}\right)\ \Omega=1326\ \Omega\approx1.3\ k\Omega$$

$$r_{be}=r_{bb'}+r_{b'e}=(300+1326)\ \Omega=1626\ \Omega\approx1.6\ k\Omega$$

$$R_i=R_b\ /\!/\ r_{be}\approx r_{be}=1.6\ k\Omega$$

$$R_L'=R_c\ /\!/\ R_L=\left(\frac{2\times10}{2+10}\right)\ k\Omega=1.67\ k\Omega$$

$$g_m \approx \frac{I_{EQ}}{26} = \left(\frac{1}{26}\right) \text{ S} = 38.5 \text{ mS}$$

则

$$\dot{A}_{usm} = -\frac{R_i}{R_s + R_i} \cdot \frac{r_{b'e}}{r_{be}} g_m R_L' = -\frac{1.6}{2 + 1.6} \times \frac{1.3}{1.6} \times 38.5 \times 1.67 \approx -23.2$$

③ 计算下限频率

$$f_L = \frac{1}{2\pi(R_s + R_i)C_1} = \left[\frac{1}{2\pi \times (2 + 1.6) \times 10^3 \times 0.1 \times 10^{-6}}\right] \text{ Hz} = 442 \text{ Hz}$$

④ 计算上限频率

$$C_{b'e} \approx \frac{g_m}{2\pi f_T} = \left(\frac{38.5 \times 10^{-3}}{2\pi \times 150 \times 10^6}\right) \text{ F} = 41 \times 10^{-12} \text{ F} = 41 \text{ pF}$$

$$C' = C_{b'e} + (1 + g_m R_L')C_{b'c} = [41 + (1 + 38.5 \times 1.67) \times 4] \text{ pF} = 302 \text{ pF}$$

$$R_s' = R_s /\!/ R_b \approx R_s = 2 \text{ k}\Omega$$

$$R' = r_{b'e} /\!/ [r_{bb'} + (R_s /\!/ R_b)] = \left[\frac{1.3 \times (0.3 + 2)}{1.3 + (0.3 + 2)}\right] \text{ k}\Omega = 0.83 \text{ k}\Omega$$

则

$$f_H = \frac{1}{2\pi R'C'} = \left(\frac{1}{2\pi \times 830 \times 302 \times 10^{-12}}\right) \text{ Hz} = 0.63 \times 10^6 \text{ Hz} = 0.63 \text{ MHz}$$

⑤ 计算通频带

$$BW = f_H - f_L \approx f_H = 0.63 \text{ MHz}$$

⑥ 画波特图

$$20\lg\left|\dot{A}_{usm}\right| = (20\lg 23.2) \text{ dB} = 27.3 \text{ dB}$$

已算得

$$f_L = 442 \text{ Hz} = 0.442 \text{ kHz}$$

$$f_H = 0.63 \text{ MHz} = 630 \text{ kHz}$$

根据给出的波特图的做法,即可画出折线化的对数幅频特性和对数相频特性,如图 3.3.12 所示。

5. 增益带宽积

通常情况下,希望一个放大电路既有较高的中频电压放大倍数,同时又有较

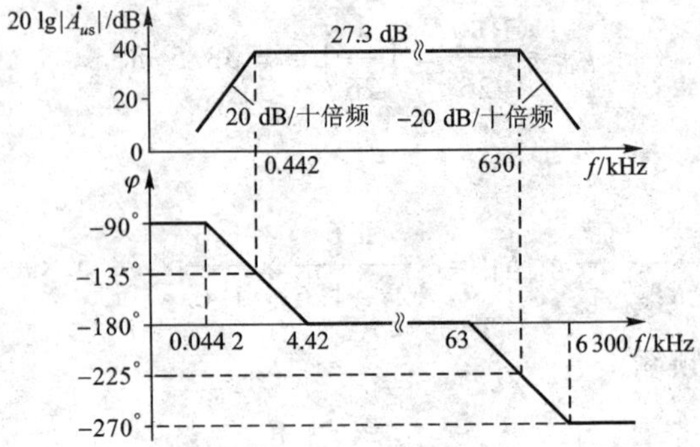

图 3.3.12　例 3.3.1 的波特图

宽的通频带。因此，常常用**增益带宽积**作为评价一个放大电路综合性能的参数。所谓增益带宽积是指中频电压放大倍数与通频带的乘积。由于一般放大电路中 $f_H \gg f_L$，因此可认为 $BW = f_H - f_L \approx f_H$，故增益带宽积可表示为

$$\left|\dot{A}_{usm} \cdot BW\right| \approx \left|\dot{A}_{usm} \cdot f_H\right|$$

问题是如何提高放大电路的增益带宽积。由式(3.3.5)和(3.3.12)可知，阻容耦合单管共射放大电路的 $\dot{A}_{usm}$ 和 f_H 可分别表示为

$$\dot{A}_{usm} = -\frac{R_i}{R_s + R_i} \cdot \frac{r_{b'e}}{r_{be}} g_m R_c$$

$$f_H = \frac{1}{2\pi R'C'}$$

式中

$$R_i = R_b \,/\!/\, r_{be}$$

$$R' = r_{b'e} \,/\!/\, [r_{bb'} + (R_s \,/\!/\, R_b)]$$

$$C' = C_{b'e} + (1 + g_m R_c) C_{b'c}$$

由以上两个表达式可知，如欲提高 $\left|\dot{A}_{usm}\right|$，应增大 $g_m R_c$；而如欲提高 f_H，则应减小高频等效电路的电容 C'，为此要求减小 $g_m R_c$。可见，提高中频电压放大倍数与扩宽通频带的要求是互相矛盾的。

假设电路参数满足以下条件：$R_b >> R_s$，$R_b >> r_{be}$，$g_m R_c > 1$，且 $(1 + g_m R_c) C_{b'c} >> C_{b'e}$，则增益带宽积可表示为

$$\left|\dot{A}_{usm} \cdot f_H\right| = \frac{R_i}{R_s + R_i} \cdot \frac{r_{b'e}}{r_{be}} g_m R_c \frac{1}{2\pi R'C'}$$

$$\approx \frac{r_{be}}{R_s + r_{be}} \cdot \frac{r_{b'e}}{r_{be}} \cdot \frac{g_m R_c (r_{b'e} + r_{bb'} + R_s)}{2\pi r_{b'e} (r_{bb'} + R_s)(1 + g_m R_c) C_{b'c}}$$

$$\approx \frac{1}{2\pi(r_{bb'}+R_s)C_{b'c}} \tag{3.3.15}$$

虽然这个公式不是很严格，但是公式说明一个问题，那就是说，选定放大三极管以后，$r_{bb'}$和 $C_{b'c}$的值即被确定，于是增益带宽积也就基本上确定了。此时，如果将电压放大倍数提高若干倍，则通频带也将相应地变窄差不多同样的倍数。

由式(3.3.15)也可看出，如欲得到一个电压放大倍数较高，同时通频带也宽的放大电路，首要的问题是选用 $r_{bb'}$和 $C_{b'c}$均比较小的高频三极管。

▶▶3.3.3 直接耦合单管共射放大电路的频率响应

在集成放大电路中，级与级之间基本上都采用直接耦合方式。

由于电路中不采用耦合电容，因此，直接耦合放大电路在低频段不会因电容上的压降增大而使电压放大倍数降低，同时，在低频段也不产生附加的相位移。所以直接耦合放大电路能够放大缓慢变化和直流信号。从频率响应看，直接耦合放大电路的主要特点是低频段的频率响应好，它的下限频率 $f_L=0$。

在高频段，由于三极管极间电容的影响，直接耦合放大电路的高频电压放大倍数同样也要下降，同时产生 0 ~ −90°之间滞后的附加相位移。

直接耦合单管共射放大电路电压放大倍数的表达式为

$$\dot{A}_{us} = \frac{\dot{A}_{usm}}{1+j\dfrac{f}{f_H}} \tag{3.3.16}$$

式中 $\dot{A}_{usm}$为中频电压放大倍数，f_H 为上限频率，它们的计算方法与前面相同，可参阅本章 3.3.2 节中有关中频段和高频段的分析，以及式(3.3.5)和(3.3.12)。

根据式(3.3.16)画出的直接耦合单管共射放大电路的波特图如图 3.3.13 所示。

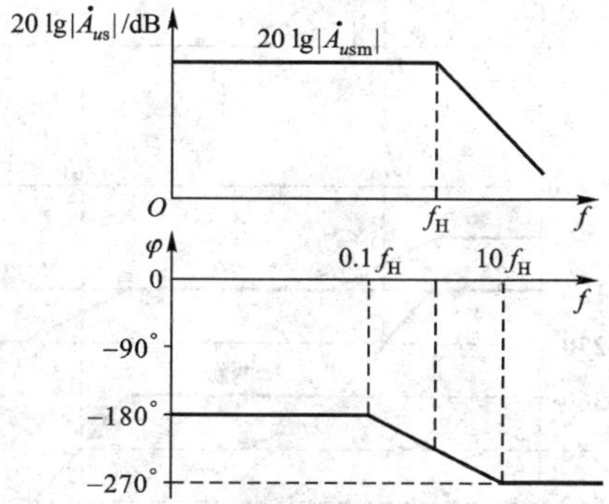

图 3.3.13 直接耦合单管共射放大电路的波特图

▶3.4 多级放大电路的频率响应

▶▶3.4.1 多级放大电路的幅频特性和相频特性

已经知道多级放大电路总的电压放大倍数是各个放大级电压放大倍数的乘积。假设放大电路由 n 个放大级组成,则总的电压放大倍数可表示为

$$\dot{A}_u = \dot{A}_{u1} \cdot \dot{A}_{u2} \cdot \cdots \cdot \dot{A}_{un}$$

将上式取绝对值后再求对数,可得到多级放大电路的对数幅频特性,即

$$20\lg\left|\dot{A}_u\right| = 20\lg\left|\dot{A}_{u1}\right| + 20\lg\left|\dot{A}_{u2}\right| + \cdots + 20\lg\left|\dot{A}_{un}\right|$$

$$= \sum_{k=1}^{n} 20\lg\left|\dot{A}_{uk}\right| \qquad (3.4.1)$$

多级放大电路总的相位移为

$$\varphi = \varphi_1 + \varphi_2 + \cdots + \varphi_n = \sum_{k=1}^{n} \varphi_k \qquad (3.4.2)$$

式(3.4.1)和(3.4.2)说明,多级放大电路的对数增益等于其各级对数增益的代数和;而多级放大电路总的相位移也等于其各级相位移的代数和。因此,绘制多级放大电路总的对数幅频特性和相频特性时,只要把各放大级在同一横坐标下的对数增益和相位移分别叠加起来就可以了。

例如,已知单级放大电路的幅频特性和相频特性如图 3.4.1 中所示。若把

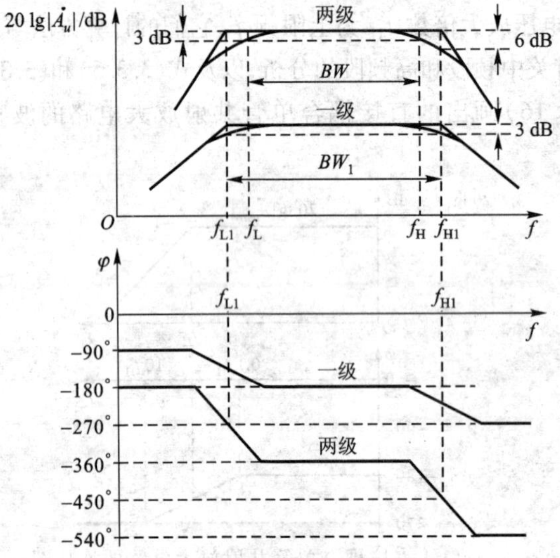

图 3.4.1 两级放大电路的波特图

以上完全相同的两个放大级串联组成一个两级放大电路，则只需分别将原来单级放大电路的对数幅频特性和相频特性上每一点的纵坐标增大一倍，即可得到两级放大电路总的对数幅频特性和相频特性，如图 3.4.1 所示。

由图 3.4.1 可见，对应于单级放大电路的下限频率 f_{L1} 和上限频率 f_{H1} 处，原来单级放大电路的对数幅频特性将下降 3 dB，但经过叠加以后，两级放大电路的对数幅频特性在该频率处将下降 6 dB。因此，两级放大电路的下限频率 f_L 和上限频率 f_H，分别与单级放大电路的 f_{L1} 和 f_{H1} 相比较，显然 $f_L > f_{L1}$，$f_H < f_{H1}$，如图 3.4.1 所示。由此得出结论，多级放大电路的通频带，总是比组成它的每一级的通频带更窄。

▶▶3.4.2 多级放大电路的上限频率和下限频率

可以证明，多级放大电路的上限频率与组成它的各放大级的上限频率之间，存在以下近似关系①：

$$\frac{1}{f_H} \approx 1.1\sqrt{\frac{1}{f_{H1}^2}+\frac{1}{f_{H2}^2}+\cdots+\frac{1}{f_{Hn}^2}} \tag{3.4.3}$$

多级放大电路的下限频率与其各放大级的下限频率之间也存在以下近似关系：

$$f_L \approx 1.1\sqrt{f_{L1}^2+f_{L2}^2+\cdots+f_{Ln}^2} \tag{3.4.4}$$

如果将两个频率特性相同的放大级组成两级放大电路，其中每一级的上限频率为 f_{H1}，下限频率为 f_{L1}，则两级放大电路总的上限频率和下限频率分别为

$$f_H \approx 0.64 f_{H1}$$

$$f_L \approx 1.56 f_{L1}$$

若将三个频率特性相同的放大级组成三级放大电路，其中每一级的上限频率为 f_{H1}，下限频率为 f_{L1}，则三级放大电路总的上限频率和下限频率分别为

$$f_H \approx 0.5 f_{H1}$$

$$f_L \approx 2 f_{L1}$$

当然，实际工作中很少用完全相同的放大级组成多级放大电路。当多级放大电路中各放大级的上限频率或下限频率相差悬殊时，可取起主要作用的那一级作为估算总的 f_H 或 f_L 的依据。例如，若其中第 k 级的上限频率 f_{Hk} 比其他各级小得多时，可近似认为总的 $f_H \approx f_{Hk}$。同理，若其中第 m 级的下限频率 f_{Lm} 比其他各级大得多时，可近似认为总的 $f_L \approx f_{Lm}$。

▶3.5 频率响应 Multisim 仿真实例

1. *RC* 高通电路 Multisim 仿真

① 式(3.4.3)和(3.4.4)的证明详见参考文献[1]，第 230～231 页。

在 Multisim 中构建 RC 高通电路如图 3.5.1(a)所示。为了测量电路的幅频特性和相频特性,在电路中接入一个虚拟仪器波特图示仪(Bode Plotter)。电路

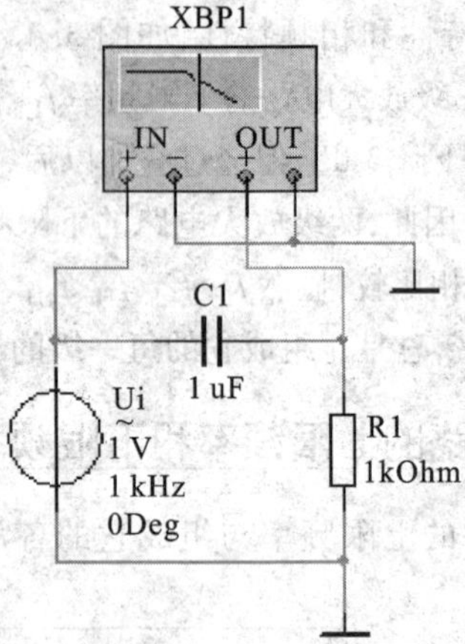

(a) 仿真电路

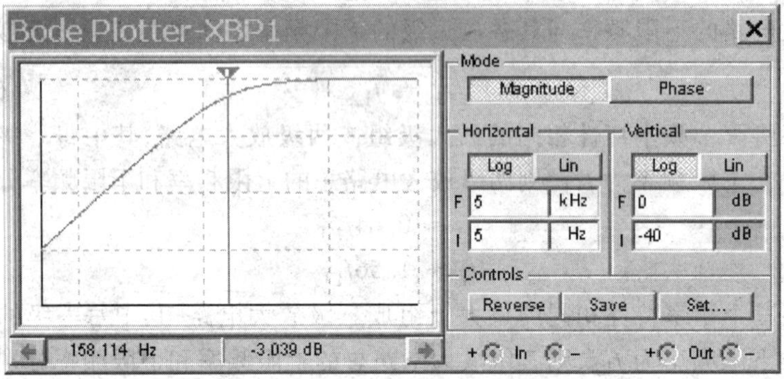

(b) 幅频特性

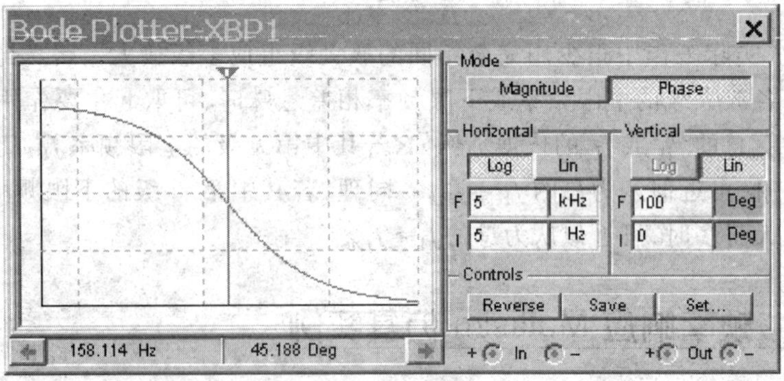

(c) 相频特性

图 3.5.1 RC 高通电路

仿真后，分别测得电路的幅频特性和相频特性，如图 3. 5. 1(b)和(c)所示。

由图(b)可见，RC 高通电路的中频对数增益 $20\lg\left|\dot{A}_u\right| = 0$ dB，即 $\left|\dot{A}_u\right| = 1$。将波特图示仪的游标移到-3 dB 处，可知下限频率 $f_L \approx 158$ Hz，对应到图(c)的相频特性上，该频率处的相位移 $\varphi \approx 45°$。

2. RC 耦合单管共射放大电路 Multisim 仿真

在 Multisim 中构建 RC 耦合单管共射放大电路如图 3. 5. 2(a)所示。电路中三极管的 $\beta = 50$，$r_{bb'} = 300\ \Omega$，$C_{b'c} = 4$ pF，$C_{b'e} = 41$ pF。

(1) 利用 Multisim 的直流工作点分析功能测量放大电路的静态工作点，分析结果如下：

RC耦合单管共射放大电路
Operating Point

DC Operating Point		
$vcc	5.00000	
$4	3.06287	
$3	738.30847m	
vccvcc#branch	-987.93764μ	

可见，放大电路的 $U_{BEQ} = 738.308\ 47$ mV，$U_{CEQ} = 3.062\ 87$ V。

(2) 加上正弦输入电压，利用虚拟示波器观察放大电路的输入、输出波形，可以看到输出波形无明显的非线性失真，且输出电压与输入电压反相。

(3) 利用虚拟仪表测得，当 $U_s = 9.998$ mV 时，$U_o = 227.263$ mV，则

$$\dot{A}_{us} = \frac{\dot{U}_o}{\dot{U}_s} = -\frac{227.263}{9.998} = -22.731$$

(4) 利用波特图示仪分别测量放大电路的幅频特性和相频特性，结果如图 3. 5. 2(b)和(c)所示。

由图(b)可见，RC 耦合单管共射放大电路的中频对数增益 $20\lg\left|\dot{A}_{usm}\right| = 27.16$ dB，即中频电压放大倍数 $\left|\dot{A}_{usm}\right| = 22.803$。在低频段，-3 dB 下限频率 $f_L \approx 438$ Hz，在高频段，-3 dB 上限频率 $f_H \approx 606$ kHz。

读者可将仿真结果与本章 3. 3 节例 3. 3. 1 的估算结果进行比较。

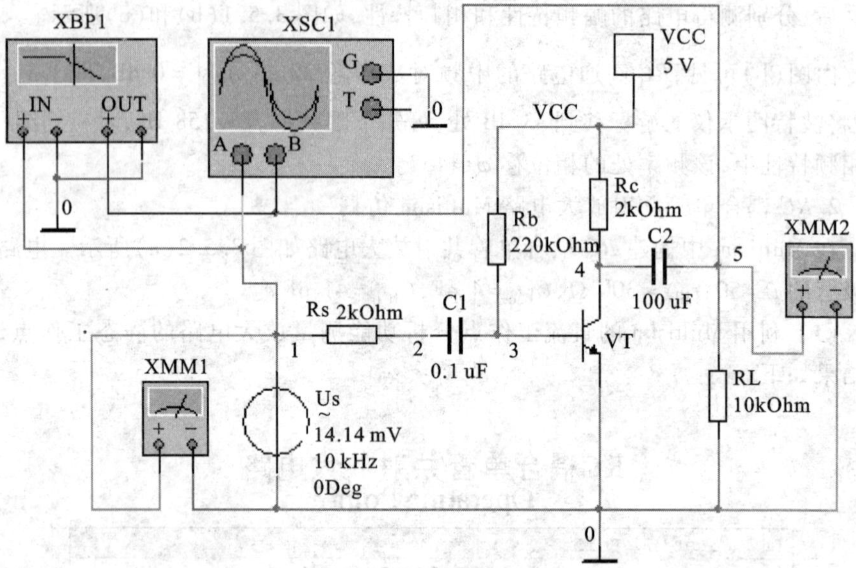

(a) 仿真电路

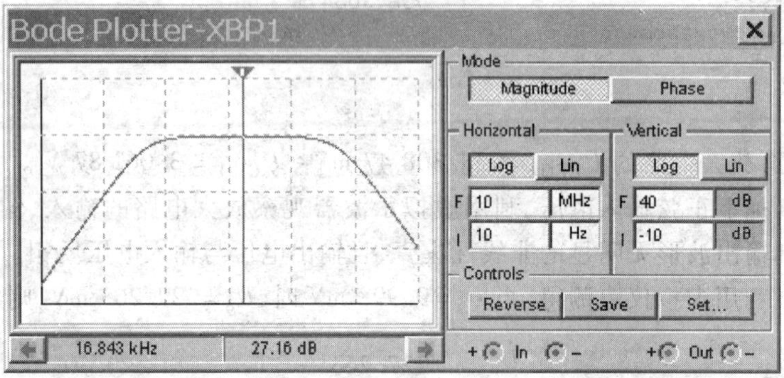

(b) 幅频特性

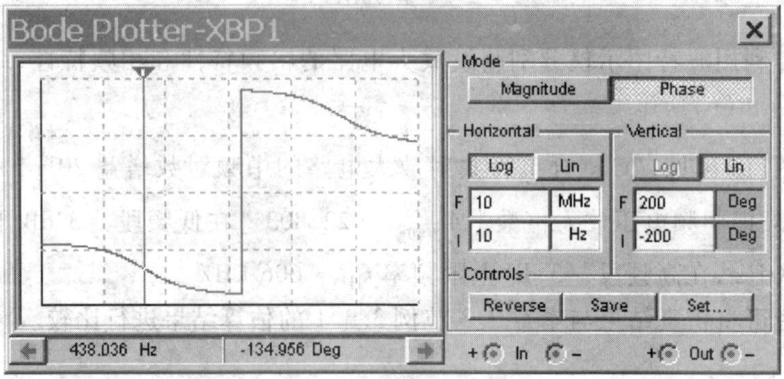

(c) 相频特性

图 3.5.2 *RC* 耦合单管共射放大电路

本章小结

1. 由于放大器件存在极间电容，以及有些放大电路中接有电抗性元件，因此，放大电路的电压放大倍数是频率的函数，这种函数关系称为放大电路的频率响应，可以用对数频率特性曲线（或称波特图）来描述这种函数关系。

2. 为了描述三极管的电流放大系数对高频信号的适应能力，引出了三个频率参数，它们是共射截止频率 f_β、特征频率 f_T 和共基截止频率 f_α。三者之间存在以下关系：$f_\beta<f_T<f_\alpha$。这些参数也是选用三极管的重要依据。

3. 首先应该从物理概念来理解单管共射放大电路的频率响应。对于阻容耦合单管共射放大电路，低频段电压放大倍数下降的主要原因是输入信号在隔直电容上产生压降，同时，还将产生 0 ~ +90°之间超前的附加相位移。高频段电压放大倍数的下降主要是由三极管的极间电容引起的，同时产生 0 ~ -90°之间滞后的附加相位移。因此，下限频率 f_L 和上限频率 f_H 的数值分别与隔直电容和极间电容的时间常数成反比。

对频率响应进行定量分析的工具是混合 π 型等效电路。这种等效电路是根据三极管的结构并考虑极间电容得到的。利用混合 π 型等效电路，并分别对中频段、低频段和高频段进行适当的简化，即可分析得到 $\dot{A}_{usm}$、f_L 和 f_H 的表达式，并画出波特图。

直接耦合放大电路不通过隔直电容实现级间连接，因此其 $f_L=0$，低频响应好。

4. 多级放大电路总的对数增益等于其各级对数增益之和，总的相位移也等于其各级相位移之和，因此，多级放大电路的波特图可以通过将各级对数幅频特性和相频特性分别进行叠加而得到。分析表明，多级放大电路的通频带总是比组成它的每一级的通频带为窄。

学完本章以后，应能达到以下教学要求：

① 掌握频率响应的基本概念。

② 正确理解单管共射放大电路 f_L 和 f_H 的估算方法，以及波特图的意义和画法。

③ 了解三极管频率参数的含义。

④ 了解多级放大电路的频率响应。

习题与思考题

习题 3-1 在图3.3.1所示的阻容耦合单管共射放大电路中，假设分别改变下列各项参数，试定性分析放大电路的中频电压放大倍数 $|\dot{A}_{um}|$、下限频率 f_L 和上限频率 f_H 将如何

变化。

① 增大隔直电容 C_1；

② 增大基极电阻 R_b；

③ 增大集电极电阻 R_c；

④ 增大共射电流放大系数 β；

⑤ 增大三极管极间电容 $C_{b'e}$、$C_{b'c}$。

习题 3-2 若某一放大电路的电压放大倍数为100倍，则其对数电压增益是多少分贝？另一放大电路的对数电压增益为 80 dB，则其电压放大倍数是多少？

习题 3-3 已知一个三极管在低频时的共射电流放大系数 $\beta_0=100$，特征频率 $f_T=80\ \mathrm{MHz}$：

① 当频率为多大时，三极管的 $\left|\dot{\beta}\right|\approx 70$？

② 当静态电流 $I_{EQ}=2\ \mathrm{mA}$ 时，三极管的跨导 $g_m=$？

③ 此时三极管的发射结电容 $C_{b'e}=$？

习题 3-4 已知单管共射放大电路的中频电压放大倍数 $\dot{A}_{um}=-200$，$f_L=10\ \mathrm{Hz}$，$f_H=1\ \mathrm{MHz}$。

① 画出放大电路的波特图；

② 分别说明当 $f=f_L$ 和 $f=f_H$ 时，电压放大倍数的模 $\left|\dot{A}_u\right|$ 和相角 φ 各等于多少。

习题 3-5 假设两个单管共射放大电路的对数幅频特性分别如图P3-5(a)和(b)所示：

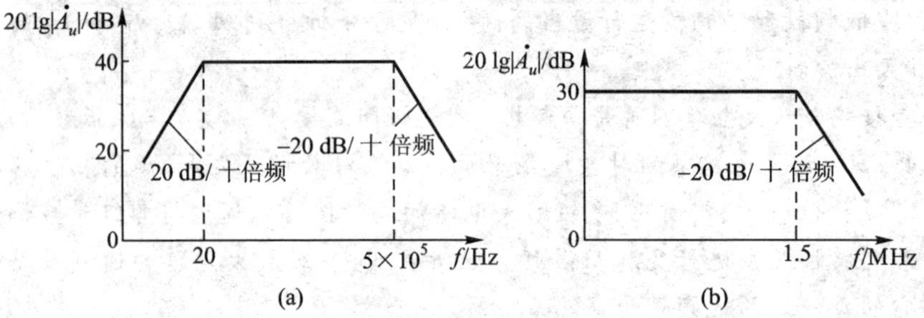

图 P3-5

① 分别说明两个放大电路的中频电压放大倍数 $\left|\dot{A}_{um}\right|$ 各等于多少，下限频率 f_L、上限频率 f_H 和通频带 BW 各等于多少；

② 试判断两个放大电路分别采用何种耦合方式（阻容耦合还是直接耦合）；

③ 分别示意地画出两个放大电路相应的对数相频特性。

习题 3-6 已知某单管共射放大电路电压放大倍数的表达式为

$$\dot{A}_u=-80\frac{1}{\left(1-\mathrm{j}\dfrac{320}{f}\right)\left(1+\mathrm{j}\dfrac{f}{43\times10^4}\right)}$$

① 说明放大电路的中频对数增益 $20\lg\left|\dot{A}_{um}\right|$、下限频率 f_L 和上限频率 f_H 各等于

多少；

② 画出放大电路的波特图。

习题 3-7 在图P3-7的放大电路中，已知三极管的 $\beta=50$，$r_{be}=1.6\ \text{k}\Omega$，$r_{bb'}=300\ \Omega$，$f_T=100\ \text{MHz}$，$C_{b'c}=4\ \text{pF}$，试求下限频率 f_L 和上限频率 f_H。

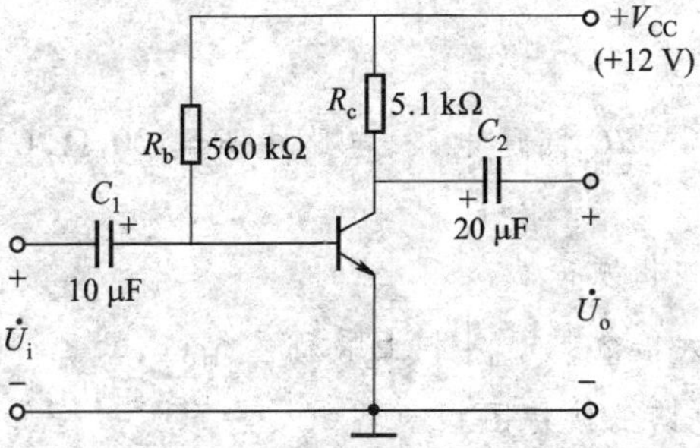

图 P3-7

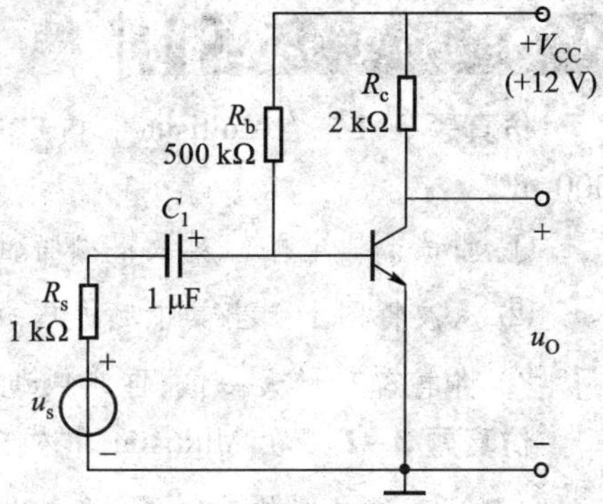

图 P3-8

习题 3-8 在图P3-8中，已知三极管的 $r_{bb'}=200\ \Omega$，$r_{b'e}=1.2\ \text{k}\Omega$，$g_m=40\ \text{mS}$，$C'=500\ \text{pF}$。

① 试画出包括外电路在内的简化的混合 π 型等效电路；

② 估算中频电压放大倍数 $\dot{A}_{usm}$、上限频率 f_H 和下限频率 f_L（可以作合理简化）；

③ 画出对数幅频特性和相频特性。

习题 3-9 在一个两级放大电路中，已知第一级的中频电压放大倍数 $\dot{A}_{um1}=-100$，下限频率 $f_{L1}=10\ \text{Hz}$，上限频率 $f_{H1}=20\ \text{kHz}$；第二级的 $\dot{A}_{um2}=-20$，$f_{L2}=100\ \text{Hz}$，$f_{H2}=150\ \text{kHz}$，试问该两级放大电路总的对数电压增益等于多少分贝？总的上、下限频率约为多少？

习题 3-10 在图 P3-10 中：

① 分别列出电容 C_1、C_2 和 C_3 所在 RC 回路的时间常数的表达式（有关电阻只需写出串、并联关系，不要求具体计算）。设电容 C_{e2} 足够大，可认为其容抗近似等于零。

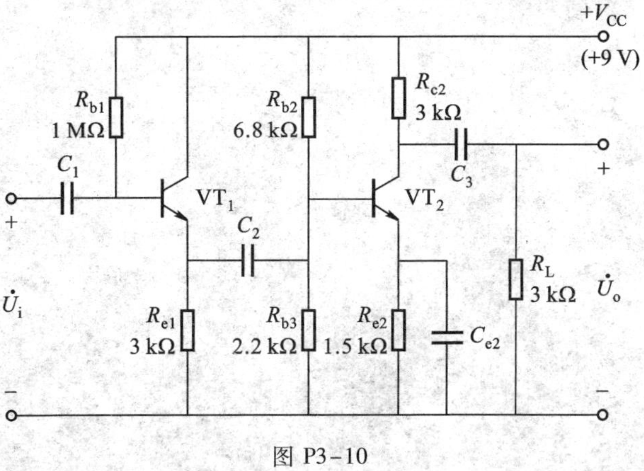

图 P3-10

② 设 $C_1=C_2=C_3=1\ \mu F$,试根据基本原理判断上述三个电容的时间常数哪一个最小。不需具体计算。

③ 该放大电路总的下限频率 f_L 约为多少。设 $\beta_1=\beta_2=100$,$r_{be1}=4.4\ k\Omega$,$r_{be2}=3\ k\Omega$。可选时间常数最小的回路进行近似估算。

Multisim 仿真练习题

仿真题 3-1 在Multisim中构建一个 RC 低通电路,电路中 $R=100\ \Omega$,$C=500\ pF$。

① 测试低通电路的对数幅频特性和相频特性;

② 从波特图上测出其中频电压放大倍数 $|\dot{A}_{um}|$ 和上限频率 f_H;

③ 将电容 C 增大一倍,再测低通电路的波特图。

仿真题 3-2 在 Multisim 中构建一个 RC 高通电路,其中 $R=2\ k\Omega$,$C=5\ \mu F$。测试高通电路的波特图,并测出其 $|\dot{A}_{um}|$ 和 f_L。

仿真题 3-3 仿真图P3-7中的放大电路,测试电路的对数幅频特性和相频特性,并由此测出放大电路的 $|\dot{A}_{um}|$、f_L 和 f_H。

仿真题 3-4 仿真图P3-8的电路,设 $C_{b'c}=5\ pF$,

① 利用 Multisim 的直流工作点分析功能测试放大电路的静态工作点;

② 利用虚拟仪表观察输入、输出波形,并测量电压放大倍数 $\dot{A}_{usm}$;

③ 测试放大电路的对数幅频特性和相频特性,由波特图上测出放大电路的 $|\dot{A}_{usm}|$、f_L 和 f_H。

第 4 章　功率放大电路

内容提要

本章首先阐明功率放大电路的主要特点。然后讨论实际工作中常用的 OTL 和 OCL 互补对称式功率放大电路，介绍 OTL 和 OCL 互补对称电路的组成和工作原理，以及最大输出功率和效率的估算。本章还介绍了采用复合管的互补对称式放大电路。最后介绍目前已广泛应用的集成功率放大电路，介绍集成功率放大器的电路组成、主要技术指标和典型接法。

▶4.1　功率放大电路的主要特点

功率放大电路与本书前面介绍的电压放大电路的主要区别在于，要求放大电路向负载提供足够大的输出功率。

功率放大电路通常作为多级放大电路的输出级。在一些电子设备中，常常要求放大电路的输出级能够带动某种负载，例如驱动仪表，使指针偏转；或驱动扬声器，使之发声；或驱动自动控制系统中的执行机构等。总之，要求放大电路有足够大的输出功率。这样的放大电路通称为**功率放大电路**。

与电压放大电路相比较，功率放大电路的特点主要有以下几方面：

1. 对放大电路的要求

(1) 对功率放大电路的要求主要是根据负载的需要，提供足够的输出功率。为此，功率放大电路的输出电压和输出电流都应有足够大的变化量。功率放大电路一个重要的技术指标是**最大输出功率**，就是在正弦输入信号下，输出波形不超过规定的非线性失真指标时，放大电路的最大输出电压与最大输出电流有效值的乘积。在共射接法时，最大输出功率可表示为

$$P_{om} = \frac{U_{cem}}{\sqrt{2}} \cdot \frac{I_{cm}}{\sqrt{2}} = \frac{1}{2}U_{cem}I_{cm} \tag{4.1.1}$$

式中 U_{cem} 和 I_{cm} 分别为集电极输出的正弦电压和电流的最大幅值。

(2) 对功率放大电路的另一个重要的要求是具有较高的效率。放大电路输出给负载的功率是由直流电源提供的。在输出功率比较大的情况下，效率问题更为重要。如果功率放大电路的效率不高，不仅将造成能量的浪费，而且消耗在

放大电路内部的电能将转换成为热量，使管子、元件等温度升高，因而不得不选用较大容量的放大管和其他设备，很不经济。

放大电路的效率可表示为

$$\eta = \frac{P_o}{P_V} \tag{4.1.2}$$

式中 P_o 为放大电路输出给负载的功率，P_V 为直流电源 V_{CC} 所提供的功率。

2. 放大电路中三极管的工作状态

在功率放大电路中，三极管通常工作在大信号状态，使得管子特性曲线的非线性问题充分暴露出来。一般来说，功率放大电路输出波形的非线性失真比之小信号放大电路要严重得多。在实际的功率放大电路中，应根据负载的要求，尽量设法减小输出波形的非线性失真。

由于功率放大电路的输出电压和输出电流的变化量都比较大，因此，电路中放大三极管的集电极电压、集电极电流和集电极耗散功率等也相应地比较大。为了保证安全，应注意三极管的上述各项参数不要超过规定的极限值 $U_{(BR)CEO}$、I_{CM} 和 P_{CM}。换言之，当功率放大电路工作时，应防止三极管的工作点超出本书第 1 章图 1.3.10 所示的安全工作区的范围。选用放大三极管时，上述极限参数应留有适当的余地。

3. 放大电路的分析方法

在功率放大电路中，由于三极管的工作点在大范围内变化，因此，对电路进行分析时，一般不能采用微变等效电路法，而常常采用图解法来分析放大电路的静态和动态工作情况。

从功率放大电路的上述特点出发，可以组成功率放大的具体电路。考虑电路的形式时，主要应注意使放大电路具有足够的输出功率和较高的效率，并尽量减小输出波形的非线性失真。

传统的功率放大电路常常采用变压器耦合方式，而且接成推挽式。图 4.1.1 示出了一个典型的变压器耦合推挽功率放大电路的原理图。图中 T_1 为输入变压器，T_2 为输出变压器。两个 NPN 三极管 VT_1 和 VT_2 接成对称形式。由图可见，当 u_I 为正半周时，VT_1 导电，VT_2 截止；当 u_I 为负半周时，VT_2 导电，VT_1 截止。两个三极管的集电极电流 i_{C1} 和 i_{C2} 均只有半个正弦波，但通过变压器耦合到负载上后，负载电流 i_L 和输出电压 u_O 基本上是正弦波。

变压器耦合推挽功率放大电路的主要优点是，当输入电压为零时，两个三极管均不导电，静态功耗等于零；加上正弦输入电压后，VT_1 和 VT_2 轮流导电，三极管本身的平均功耗相对较小，使直流电源提供的功率较多地传送给负载，因此效率比较高。而且，由于采用变压器耦合方式，故便于实现阻抗匹配。

但是，由于变压器体积庞大，比较笨重，消耗有色金属，而且在低频和高频部

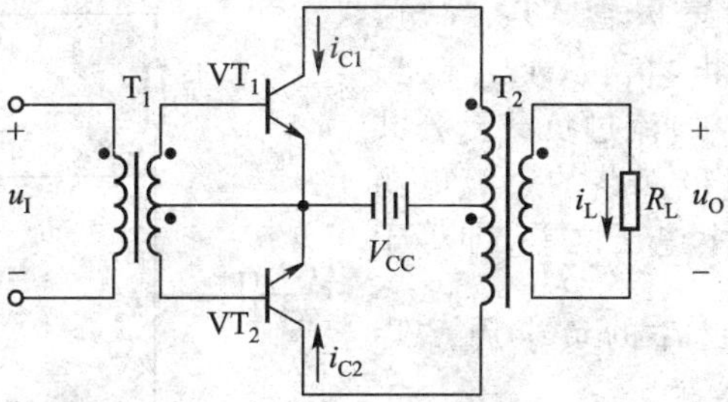

图 4.1.1　变压器耦合推挽功率放大电路

分产生相移，容易产生自激振荡，更重要的是，变压器耦合无法实现集成化，所以目前的发展趋势倾向于采用无输出变压器、直接耦合的功率放大电路。本章主要介绍各种采用直接耦合方式的互补对称式功率放大电路。

▶4.2　互补对称式功率放大电路

本节主要介绍 OTL 和 OCL 互补对称电路，首先介绍这两种互补对称电路的组成和工作原理，然后对放大电路的最大输出功率、效率以及功率三极管的极限参数等进行估算。

▶▶4.2.1　电路组成和工作原理

1. OTL 互补对称电路

省去输出变压器的功率放大电路通常称为 OTL 电路①。下面先来介绍 OTL 乙类互补对称电路的电路组成和工作原理。

(1) OTL 乙类互补对称电路

OTL 乙类互补对称电路的组成如图 4.2.1 所示。输入电压 u_I 通过一个大电容 C_1 同时加在两个三极管 VT_1、VT_2 的基极，两管的发射极连在一起，然后通过大电容 C_2 接至负载电阻 R_L，省去了输出变压器。三极管 VT_1 和 VT_2 的类型不同，分别为 NPN 型和 PNP 型。电路中只需用一路直流电源 V_{CC}。电阻 R_1 和 R_2 的作用是确定放大电路的静态电位。

假设调整电阻 R_1 和 R_2 的值，使静态时两管的发射极电位为$\frac{V_{CC}}{2}$，则电容 C_2 两端的电压 u_C 也等于$\frac{V_{CC}}{2}$。加上正弦波输入电压 u_I 时，如果电容足够大，可认为当输入电压按正弦规律变化时，电容两端电压保持$\frac{V_{CC}}{2}$的数值基本不变。在

① OTL 是英文名称 Output TransformerLess 的缩写。

u_I 的正半周，NPN 三极管 VT_1 导电，PNP 三极管 VT_2 截止。i_{C1} 从 V_{CC} 流出，经过 VT_1 和电容 C_2 后流过负载至公共端。此时 VT_1 集电极回路的直流电源电压为 V_{CC} 与电容上电压之差，即等于 $V_{CC}-\frac{V_{CC}}{2}=\frac{V_{CC}}{2}$。在 u_I 的负半周，VT_2 导电，VT_1 截止。VT_2 导电时依靠电容上的电压供电，i_{C2} 从电容 C_2 的正端流出，经 VT_2 流至公共端，再流过负载，然后回到电容 C_2 的负端。VT_2 集电极回路的电源电压等于 $-\frac{V_{CC}}{2}$。因此，集电极

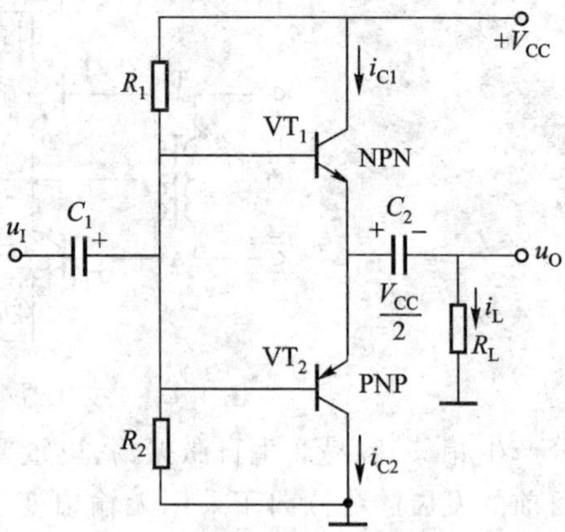

图 4.2.1　OTL 乙类互补对称电路

电流 i_C 的最大值为 $I_{cm}=\frac{V_{CC}/2-U_{CES}}{R_L}$，其中 U_{CES} 为三极管的饱和管压降。

由图 4.2.1 可见，无论 VT_1 或 VT_2 导电，电路均工作在射极输出器状态，所以输出电阻低，带负载能力强。

OTL 乙类互补对称电路的波形图如图 4.2.2 所示。由图可见，虽然 VT_1 和 VT_2 各导电半周，但因 $i_L=i_{C1}-i_{C2}$，所以合成之后，i_L 和 u_O 基本上是正弦波。

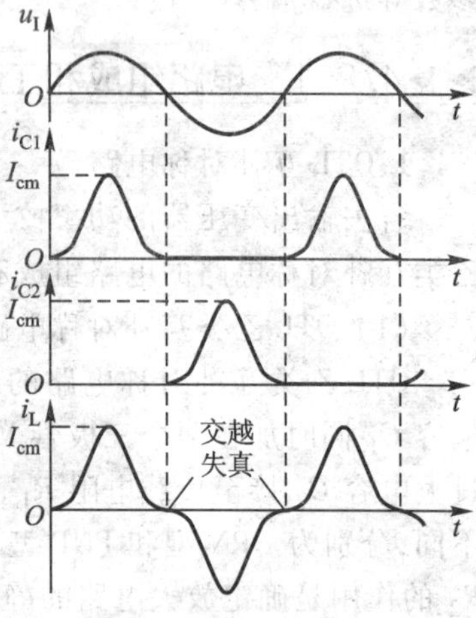

图 4.2.2　OTL 乙类互补对称电路的波形图

由于这种放大电路不用输出变压器，且两个三极管 VT_1 和 VT_2 轮流导电，每管导电 180°，二者的电流互补，电路结构形式对称，所以称为 **OTL 乙类互补对称电路**。

OTL 乙类互补对称电路的主要优点是效率高。静态时，因为 i_{C1}、i_{C2} 均为零，所以电路的静态功耗等于零。当加上正弦输入电压时，放大电路的效率也比较高（本节后面将进行具体分析）。但是，这种电路存在一个重要的缺点是输出波形失真比较严重。这是由于当输入电压 u_I 的幅度小于三极管输入特性曲线上的死区电压时，两管将都不导电。也就是说，在 VT_1、VT_2 轮流导电的交界处，将有一段时间两个三极管均截止，这种情况将导致 i_L 和 u_O 的波形发生失真，这种失真称为**交越失真**，如图 4.2.2 所示。为了克服这个缺点，可以考虑采用甲乙类互补对称电路。

（2）OTL 甲乙类互补对称电路

为了减小交越失真，改善输出波形，通常设法使三极管 VT_1 和 VT_2 在静态时已经有一个较小的基极电流，以避免当 u_I 幅度较小时两个三极管同时截止。为此，在 VT_1、VT_2 的基极之间，接入电阻 R 和两个二极管 VD_1 和 VD_2，如图 4.2.3 所示。

在图 4.2.3 所示的甲乙类互补对称电路中，由于在两个三极管的基极之间产生一个偏压，因此当 $u_I=0$ 时，VT_1、VT_2 已微微导通，在两个三极管的基极已经各自存在一个较小的基极电流 i_{B1} 和 i_{B2}，因而，在两管的集电极回路也各有一个较小的集电极电流 i_{C1} 和 i_{C2}，但静态时 $i_L=i_{C1}-i_{C2}=0$，见图 4.2.4。当加上正弦输入电压 u_I 时，在正半周，i_{C1} 逐渐增大，i_{C2} 逐渐减小，然后 VT_2 截止。在负半周则相反，i_{C2} 逐渐增大，而 i_{C1} 逐渐减小，最后 VT_1 截止。集电极电流的最大值仍为 $I_{cm}=\dfrac{V_{CC}/2-U_{CES}}{R_L}$。$i_{C1}$ 和 i_{C2} 的波形见图 4.2.4。可见，两管轮流导电的交替过程比较平滑，最终得到的 i_L 和 u_O 的波形更接近于理想的正弦波，从而减小了交越失真。

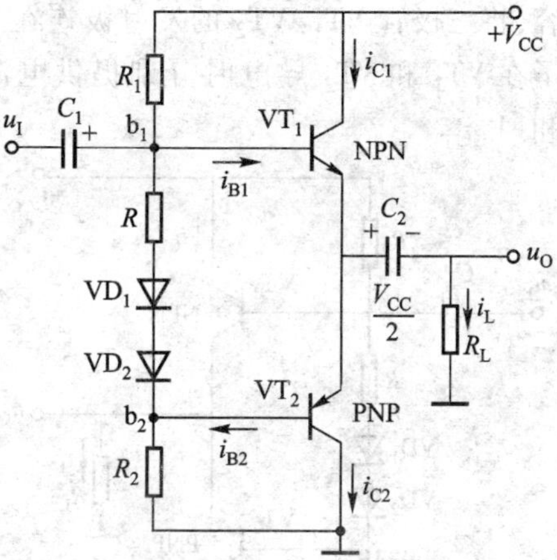

图 4.2.3　OTL 甲乙类互补对称电路

由图 4.2.4 还可见，此时每管的导电角略大于 180°，而小于 360°，所以这种电路称为 **OTL 甲乙类互补对称电路**。

在甲乙类互补对称电路中，为了避免降低效率，通常使静态时集电极电流的值很小，与乙类互补电路的工作情况很相近。今后对放大电路进行分析和估算时，可认为 OTL 甲乙类与乙类互补对称电路的工作状态近似相同。

采用甲乙类互补对称电路既能减小交越失真，改善输出波形，同时又能获得较高的效率，所以在实际工作中得到了广泛的应用。

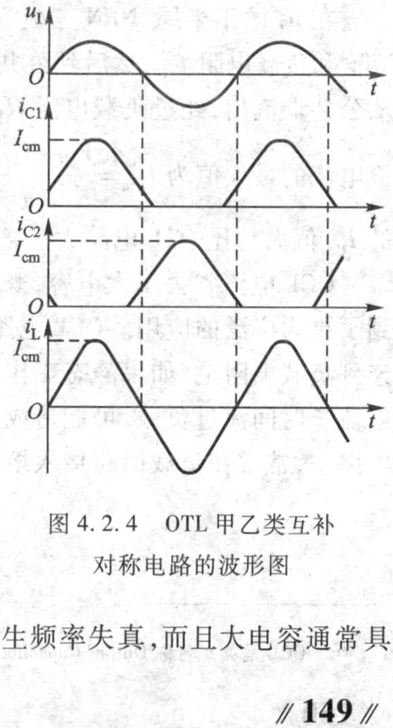

图 4.2.4　OTL 甲乙类互补对称电路的波形图

2. OCL 互补对称电路

上面介绍的 OTL 互补对称电路虽然省去了输出变压器，但两个三极管的发射极需要通过一个大电容接到负载电阻上，在低频时容易产生频率失真，而且大电容通常具有电感效应，在高频时将产生相移，而且，大容量的电容显然无法用集成电路的工艺制造。为了彻底实现直接耦合，应设法将输出端的大电容也省去，为此，可以考虑采用 OCL 互补对称电路①。

OCL 甲乙类互补对称电路的原理图如图 4.2.5 所示。电路中省去了大电容，将三极管 VT_1、VT_2 的发射极连在一起，直接与输出端的负载电阻相连。为了在 VT_1 和 VT_2 导电时分别提供电源，电路中需用正负两路直流电源：$+V_{CC}$ 和 $-V_{CC}$。

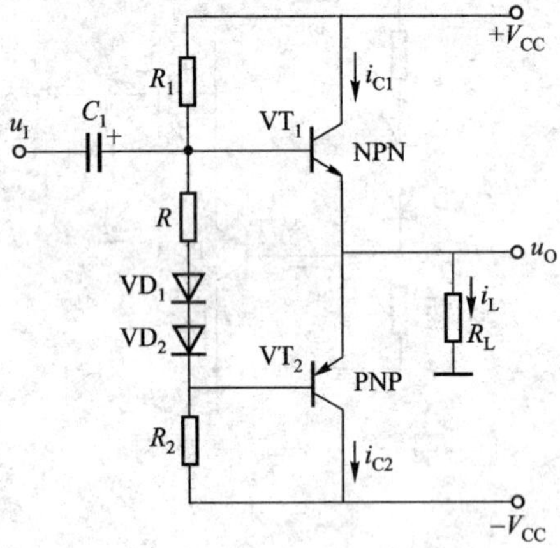

图 4.2.5　OCL 甲乙类互补对称电路

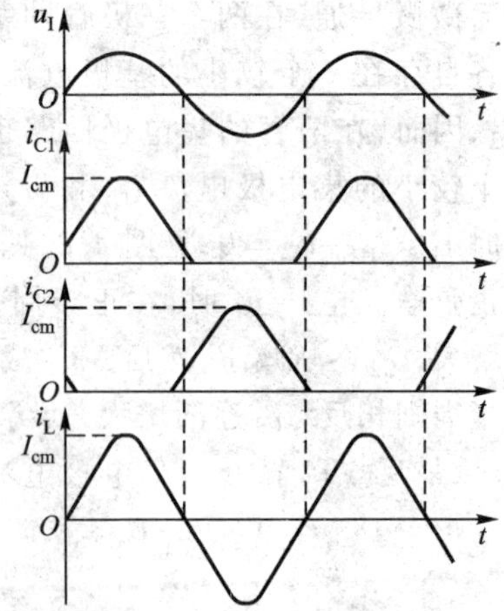

图 4.2.6　OCL 甲乙类互补对称电路的波形图

在 u_I 的正半周，NPN 三极管 VT_1 导电，i_{C1} 从正电源 $+V_{CC}$ 流出，经过三极管 VT_1 和负载电阻 R_L，然后到公共端。在 u_I 的负半周，PNP 三极管 VT_2 导电，i_{C2} 从公共端流出，经过负载电阻 R_L 和三极管 VT_2，然后到负电源 $-V_{CC}$。因此集电极电流的最大值为 $I_{cm}=\dfrac{V_{CC}-U_{CES}}{R_L}$。在 V_{CC} 值相等的情况下，OCL 互补对称电路的 I_{cm} 值大约比 OTL 电路大一倍。OCL 甲乙类互补对称电路的波形见图 4.2.6。

OCL 电路省去了大电容，既改善了低频响应，又有利于实现集成化，因而得到了更为广泛的应用。OCL 电路存在的主要问题是，两个三极管的发射极直接连到负载电阻上，如果静态工作点失调或电路内元器件损坏，将造成一个较大的电流长时间流过负载，可能造成电路损坏。为了预防出现此种情况，实际使用的电路中，常常在负载回路接入熔断丝作为保护措施。

① OCL 是英文名称 Output CapacitorLess 的缩写。

▶▶4.2.2 互补对称电路主要参数的估算

由于功率放大电路工作在大信号状态,因此利用图解法来分析互补对称电路的主要参数。

本节主要分析 OCL 互补对称电路的主要参数。

1. OCL 互补对称电路主要参数的估算

为了直观地显示出 OCL 互补对称电路中两个三极管的工作情况,在图 4.2.7 中画出了 VT_1 和 VT_2 的合成输出特性曲线。其中 NPN 型三极管 VT_1 的输出特性曲线位于图中左上方,纵坐标为 i_{C1},横坐标为 u_{CE1}。PNP 型三极管 VT_2 的输出特性曲线位于右下方,纵坐标为 i_{C2},横坐标为$-u_{CE2}$。

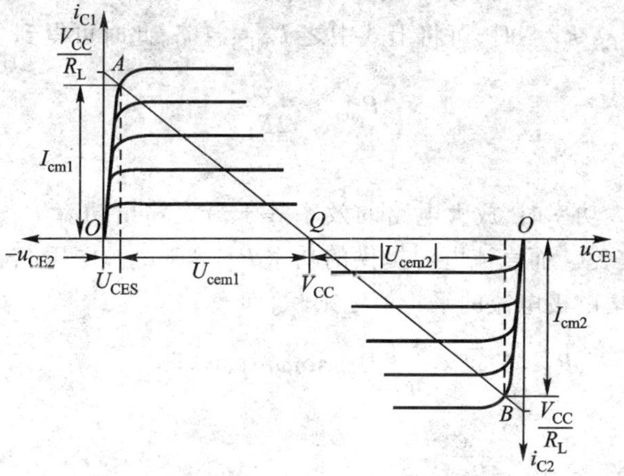

图 4.2.7 OCL 互补电路的图解法

静态时,OCL 乙类互补对称电路中两个三极管的集电极电流均为零,两管的集电极电压分别为 $u_{CE1}=V_{CC}$,$u_{CE2}=-V_{CC}$,则两管的静态工作点均在图 4.2.7 中横坐标上的 Q 点处。对于 OCL 甲乙类互补对称电路来说,虽然在 $u_I=0$ 时 VT_1 和 VT_2 均已有一个微小的集电极电流,但因电流值很小,故甲乙类电路中两个三极管的静态工作点与图中的 Q 点靠得很近。可近似认为 OCL 甲乙类互补对称电路的静态工作点也在图 4.2.7 中的 Q 点处。因此,可以认为,下面对于 OCL 互补对称电路主要参数的估算,均适用于乙类和甲乙类两种电路。

(1) 最大输出功率

当加上正弦输入电压 u_I 时,两个三极管的工作点将分别沿着负载线 QA 和 QB 移动。负载线的斜率为$-\frac{1}{R_L}$。在 u_I 的正半周,VT_1 导电,工作点沿负载线 QA 向上移动,VT_1 的集电极最大电流为 I_{cm1},集电极最大电压为 U_{cem1}。在 u_I 的负半周,VT_2 导电,工作点沿负载线 QB 向下移动,VT_2 的集电极最大电流为 I_{cm2},

集电极最大电压为 $\left|U_{\text{cem2}}\right|$，如图 4.2.7 所示。假设三极管 VT_1 与 VT_2 的特性曲线对称，则 $I_{\text{cm1}}=I_{\text{cm2}}=I_{\text{cm}}$，$U_{\text{cem1}}=\left|U_{\text{cem2}}\right|=U_{\text{cem}}$。

由图 4.2.7 可见，三极管的集电极最大电压 U_{cem} 为

$$U_{\text{cem}}=V_{\text{CC}}-U_{\text{CES}}$$

式中 U_{CES} 为三极管的饱和管压降。三极管的集电极最大电流 I_{cm} 为

$$I_{\text{cm}}=\frac{U_{\text{cem}}}{R_{\text{L}}}=\frac{V_{\text{CC}}-U_{\text{CES}}}{R_{\text{L}}}$$

则 OCL 乙类和甲乙类互补对称电路的最大输出功率为

$$P_{\text{om}}=\frac{1}{2}U_{\text{cem}}I_{\text{cm}}=\frac{U_{\text{cem}}^2}{2R_{\text{L}}}=\frac{(V_{\text{CC}}-U_{\text{CES}})^2}{2R_{\text{L}}} \tag{4.2.1}$$

当满足条件 $U_{\text{CES}}\ll V_{\text{CC}}$ 时，可将上式中之 U_{CES} 忽略，此时可得到

$$P_{\text{om}}\approx\frac{V_{\text{CC}}^2}{2R_{\text{L}}} \tag{4.2.2}$$

(2) 效率

当输出最大功率时，放大电路的效率等于最大输出功率 P_{om} 与直流电源提供的功率 P_V 之比。而直流电源提供的功率 P_V 等于电源电压 V_{CC} 与半个正弦波周期内三极管集电极电流的平均值之乘积，即

$$P_V=V_{\text{CC}}\times\frac{1}{\pi}\int_0^{\pi}I_{\text{cm}}\sin\omega t\,\mathrm{d}(\omega t)=\frac{2}{\pi}V_{\text{CC}}I_{\text{cm}}$$

$$\approx\frac{2V_{\text{CC}}^2}{\pi R_{\text{L}}} \tag{4.2.3}$$

因此，当忽略饱和管压降 U_{CES} 时，由式(4.2.2)和(4.2.3)可得到 OCL 乙类和甲乙类互补对称电路的效率为

$$\eta=\frac{P_{\text{om}}}{P_V}\approx\frac{V_{\text{CC}}^2}{2R_{\text{L}}}\bigg/\frac{2V_{\text{CC}}^2}{\pi R_{\text{L}}}=\frac{\pi}{4}=78.5\% \tag{4.2.4}$$

如果考虑三极管的饱和管压降，则 OCL 乙类和甲乙类互补对称电路的效率将低于此值。

(3) 功率三极管的极限参数

在论述功率放大电路的特点时已经强调，应注意功率放大电路中三极管的极限参数，防止三极管的工作点超出其安全工作区的范围。也就是说，对于功率放大电路中三极管的集电极最大电流、集电极最大反向电压以及集电极最大功率损耗等参数进行必要的核算，并以此作为选择功率三极管的主要依据。

① 集电极最大允许电流 I_{CM}

由图 4.2.7 可见，在 OCL 互补对称电路中，流过三极管的最大集电极电流为

$$I_{\rm cm} = \frac{V_{\rm CC} - U_{\rm CES}}{R_{\rm L}} \approx \frac{V_{\rm CC}}{R_{\rm L}}$$

因此,选择功率三极管时,其集电极最大允许电流应为

$$I_{\rm CM} > \frac{V_{\rm CC}}{R_{\rm L}} \tag{4.2.5}$$

② 集电极最大允许反向电压 $U_{\rm (BR)CEO}$

由图 4.2.5 中 OCL 互补对称电路的电路图可见,两个三极管的集电极电压之和等于 $2V_{\rm CC}$,即

$$u_{\rm CE1} + u_{\rm CE2} = 2V_{\rm CC}$$

或

$$u_{\rm CE1} + \left| u_{\rm CE2} \right| = 2V_{\rm CC}$$

当 $\rm VT_2$ 导电时,$\rm VT_1$ 截止,此时 $\rm VT_1$ 的集电极承受反向电压。当 $\left| u_{\rm CE2} \right|$ 的值最小,即 $\left| u_{\rm CE2} \right| = \left| U_{\rm CES2} \right|$ 时,$\rm VT_1$ 的集电极电压达到最大,其中 $U_{\rm CES2}$ 是 $\rm VT_2$ 的饱和管压降。此时

$$u_{\rm CE1} = 2V_{\rm CC} - \left| U_{\rm CES2} \right| \approx 2V_{\rm CC}$$

因此,功率三极管的集电极最大允许反向电压应为

$$U_{\rm (BR)CEO} > 2V_{\rm CC} \tag{4.2.6}$$

③ 集电极最大允许耗散功率 $P_{\rm CM}$

在 OCL 互补对称电路中,直流电源提供的功率 P_V,一部分转换成为输出功率 $P_{\rm o}$ 传送给负载,另一部分则消耗在功率三极管内部,成为三极管的耗散功率 $P_{\rm T}$,使管子发热。

现在需要进一步分析,三极管的最大管耗 $P_{\rm Tm}$ 等于多少,以及在什么情况下三极管的管耗达到最大值。当输入电压等于零时,三极管 $\rm VT_1$ 和 $\rm VT_2$ 均基本上不导电,工作点在图 4.2.7 中的 Q 点,此时输出功率等于零,三极管的静态功耗也接近于零。当输入电压达到最大时,三极管集电极输出电压的峰值 $U_{\rm OM}$ 最大,$U_{\rm OM} = U_{\rm cem} = V_{\rm CC} - U_{\rm CES} \approx V_{\rm CC}$,见图 4.2.7,输出功率也达到最大值 $P_{\rm om}$,此时直流电源提供的功率 P_V 大部分传送给负载,而消耗在三极管上的功率损耗反而不是最大。实际上只有当集电极输出电压的峰值 $U_{\rm OM}$ 处于零至最大值之间的某一个中间值时,管耗达到最大。通过分析可以证明[①],当集电极输出电压的峰值 $U_{\rm OM} \approx 0.6V_{\rm CC}$ 时,三极管的功率损耗达到最大,即 $P_{\rm T} = P_{\rm Tm}$。此时,每个三极管的最大管耗为

$$P_{\rm Tm} = \frac{V_{\rm CC}^2}{\pi^2 R_{\rm L}}$$

---

① 可参阅文献[1]第 482 页。

当忽略三极管的饱和管压降 U_{CES}时，$P_{om}\approx\dfrac{V_{CC}^2}{2R_L}$，由此可得

$$P_{Tm}\approx 0.2P_{om}$$

上式说明，OCL 互补对称电路每个三极管的最大管耗大约等于最大输出功率的五分之一。因此，在选择功率三极管时，其集电极最大允许耗散功率应为

$$P_{CM}>0.2P_{om} \tag{4.2.7}$$

以上对三极管极限参数 I_{CM}、$U_{(BR)CEO}$和 P_{CM}的估算结果是在理想情况下得出的。在实际工作中选用功率三极管时，应留有适当的余地。另外，有些大功率的三极管，还必须根据手册上的要求，安装规定尺寸的散热片。

2. OTL 互补对称电路主要参数的估算

同样应该采用图解法来分析图 4.2.1 和图 4.2.2 所示 OTL 乙类和甲乙类互补对称电路的主要参数。图 4.2.8 示出了 OTL 互补对称电路中两个三极管的合成输出特性曲线。与 OCL 互补对称电路的主要区别在于，静态时，OTL 乙类或甲乙类互补对称电路中两个三极管的集电极电流均等于零或接近于零，此时两管的集电极电压分别为 $u_{CE1}=\dfrac{V_{CC}}{2}$，$u_{CE2}=-\dfrac{V_{CC}}{2}$，因此，两管的静态工作点 Q 点处的集电极电压为$\dfrac{V_{CC}}{2}$，而不是 V_{CC}，如图 4.2.8 所示。

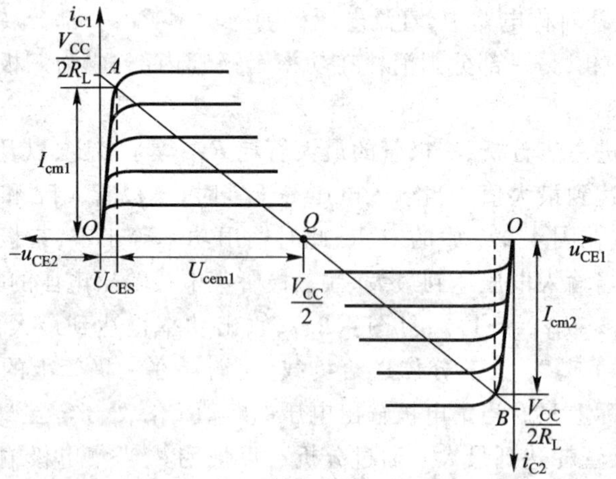

图 4.2.8　OTL 互补对称电路的图解法

利用与前面类似的方法即可分析得到 OTL 互补对称电路的主要参数。

(1) 最大输出功率

仍设三极管 VT_1 与 VT_2 的特性曲线对称。由图 4.2.8 可见，三极管的集电极最大电压 U_{cem} 为

$$U_{cem} = \frac{V_{CC}}{2} - U_{CES}$$

式中 U_{CES}为三极管的饱和管压降。三极管的集电极最大电流 I_{cm}为

$$I_{cm} = \frac{U_{cem}}{R_L} = \frac{V_{CC}/2 - U_{CES}}{R_L}$$

则 OTL 乙类和甲乙类互补对称电路的最大输出功率为

$$P_{om} = \frac{1}{2}U_{cem}I_{cm} = \frac{U_{cem}^2}{2R_L} = \frac{(V_{CC}/2 - U_{CES})^2}{2R_L} \tag{4.2.8}$$

当满足条件 $U_{CES} \ll \frac{V_{CC}}{2}$时,可认为

$$P_{om} \approx \frac{V_{CC}^2}{8R_L} \tag{4.2.9}$$

将上式与式(4.2.2)对比可知,在同样的 V_{CC}值之下,OCL 互补对称电路的最大输出功率约为 OTL 互补对称电路的 4 倍。但 OCL 电路需用两路直流电源:$+V_{CC}$和$-V_{CC}$。

(2) 效率

在 OTL 互补对称电路中,直流电源提供的功率为

$$P_V = \frac{V_{CC}}{2} \times \frac{1}{\pi}\int_0^{\pi} I_{cm}\sin\omega t\mathrm{d}(\omega t) = \frac{V_{CC}I_{cm}}{\pi} \approx \frac{V_{CC}^2}{2\pi R_L} \tag{4.2.10}$$

因此,当忽略饱和管压降 U_{CES}时,OTL 互补对称电路的效率为

$$\eta = \frac{P_{om}}{P_V} \approx \frac{V_{CC}^2}{8R_L}\bigg/\frac{V_{CC}^2}{2\pi R_L} = \frac{\pi}{4} = 78.5\% \tag{4.2.11}$$

将上式与式(4.2.4)对比,可知 OTL 互补对称电路的效率与 OCL 电路相同。

(3) 功率三极管的极限参数

① 集电极最大允许电流 I_{CM}

由图 4.2.8 可见,在 OTL 互补对称电路中,三极管的最大集电极电流为

$$I_{cm} = \frac{V_{CC}/2 - U_{CES}}{R_L} \approx \frac{V_{CC}}{2R_L}$$

因此,选择功率三极管时,其集电极最大允许电流应为

$$I_{CM} > \frac{V_{CC}}{2R_L} \tag{4.2.12}$$

② 集电极最大允许反向电压 $U_{(BR)CEO}$

由图 4.2.1 和 4.2.3 可见,在 OTL 乙类和甲乙类互补对称电路中,两个三极管的集电极电压之和等于 V_{CC},即

$$u_{CE1} + |u_{EC2}| = V_{CC}$$

当 VT_2 导电时，VT_1 截止，VT_1 的集电极承受反向电压。VT_1 承受的集电极最大反向电压为

$$u_{CE1} = V_{CC} - |U_{CES2}| \approx V_{CC}$$

因此，选择功率三极管时，其集电极最大允许反向电压应为

$$U_{(BR)CEO} > V_{CC} \tag{4.2.13}$$

③ 集电极最大允许耗散功率 P_{CM}

通过分析可以证明，在 OTL 互补对称电路中，当忽略三极管的 U_{CES} 时，每个三极管的最大管耗也为

$$P_{Tm} \approx 0.2P_{om}$$

所以在选择功率三极管时，其集电极最大允许耗散功率应为

$$P_{CM} > 0.2P_{om} \tag{4.2.14}$$

【例 4.2.1】 假设图 4.2.5 所示的 OCL 甲乙类互补对称电路和图 4.2.3 所示的 OTL 甲乙类互补对称电路中，直流电源 V_{CC} 均为 20 V，负载电阻 R_L 均为 8 Ω，且三极管的饱和管压降 U_{CES} 均为 2 V，试分别估算两个电路的最大输出功率、效率以及功率三极管的极限参数。

解： ① 在 OCL 互补对称电路中，根据式(4.2.1)和(4.2.4)可得最大输出功率 P_{om} 和效率 η 分别为

$$P_{om} = \frac{(V_{CC} - U_{CES})^2}{2R_L} = \frac{(20-2)^2}{2 \times 8}\ \text{W} = 20.25\ \text{W}$$

当忽略 U_{CES} 时，$P_{om} \approx \frac{V_{CC}^2}{2R_L} = \frac{20^2}{2\times8}\ \text{W} = 25\ \text{W}$

$$\eta = 78.5\%$$

根据式(4.2.5)、(4.2.6)和(4.2.7)可得三极管的极限参数为

$$I_{CM} > \frac{V_{CC}}{R_L} = \frac{20}{8}\ \text{A} = 2.5\ \text{A}$$

$$U_{(BR)CEO} > 2V_{CC} = 2 \times 20\ \text{V} = 40\ \text{V}$$

$$P_{CM} > 0.2P_{om} = 0.2 \times 25\ \text{W} = 5\ \text{W}$$

② 在 OTL 互补对称电路中，根据式(4.2.8)和(4.2.11)可得

$$P_{om} = \frac{(V_{CC}/2 - U_{CES})^2}{2R_L} = \frac{(20/2-2)^2}{2 \times 8}\ \text{W} = 4\ \text{W}$$

当忽略 U_{CES} 时，$P_{om} \approx \frac{V_{CC}^2}{8R_L} = \frac{20^2}{8\times8} = 6.25\ \text{W}$

$$\eta = 78.5\%$$

根据式(4.2.12)、(4.2.13)和(4.2.14)可得

$$I_{CM} > \frac{V_{CC}}{2R_L} = \frac{20}{2 \times 8} \text{ A} = 1.25 \text{ A}$$

$$U_{(BR)CEO} > V_{CC} = 20 \text{ V}$$

$$P_{CM} > 0.2P_{om} = 0.2 \times 6.25 \text{ W} = 1.25 \text{ W}$$

▶4.3 采用复合管的互补对称式放大电路

如果功率放大电路输出端的负载电流比较大,则要求提供给功率三极管基极的推动电流也比较大,例如在例4.2.1的OCL互补对称电路中,功率三极管的最大集电极电流为2.5 A,设功率管的β为20,则需要向功率三极管的基极提供125 mA的推动电流。要求前置放大级供给如此之大的电流显然是不现实的。为了解决这个矛盾,可以考虑在输出级采用复合管。假设组成复合管的两个三极管的电流放大系数分别为$\beta_1 = 50, \beta_2 = 20$。若功率三极管的最大集电极电流仍为2.5 A,此时只需向复合管的基极提供2.5 mA的推动电流。

▶▶4.3.1 复合管的接法及其β和r_{be}

1. 复合管的接法

复合管可由两个或两个以上的三极管组合而成。它们可以由相同类型的三极管组成,也可以由不同类型的三极管组成。例如在图4.3.1中,图(a)和(b)分别由两个同为NPN型或同为PNP型的三极管组成,但图(c)和(d)中的复合管却由不同类型的两个三极管组成。

无论由相同或不同类型的三极管组成复合管时,首先,在前后两个三极管的连接关系上,应保证前级三极管的输出电流与后级三极管的输入电流的实际方向一致,以便形成适当的电流通路,否则电流不能形成通路,复合管无法正常工作。其次,外加电压的极性应保证前后两个三极管均为发射结正向偏置,集电结反向偏置,使两管都工作在放大区。

例如在图4.3.1(a)和(b)中,前级的i_{E1}就是后级的i_{B2},二者的实际方向一致。而在图(c)和(d)中,前级的i_{C1}就是后级的i_{B2},二者的实际方向也一致。至于基极回路和集电极回路的外加电压,应为如图括弧中所示的正负极性,则前后两个三极管均工作在放大区。

由两个相同类型或不同类型的三极管组成的复合管,最后属于何种类型,NPN型还是PNP型?在图4.3.1(a)和(b)中,显然,两个NPN型三极管组成的复合管仍为NPN型;两个PNP型三极管组成的复合管仍为PNP型。而在图4.3.1(c)和(d)中,根据复合管外加电源的极性,以及基极电流和集电极电流的

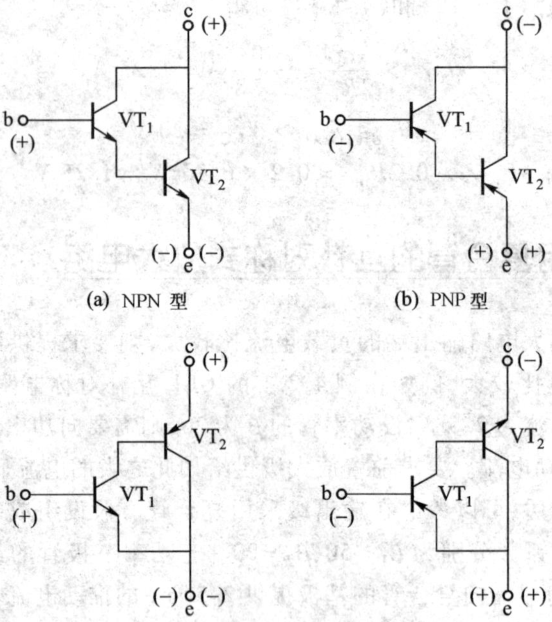

(a) NPN 型　　(b) PNP 型

(c) NPN 型　　(d) PNP 型

图 4.3.1　复合管的接法

方向可以判断,图(c)中复合管的类型与其前级三极管 VT_1 相同,属于 NPN 型;图(d)中复合管的类型也与其前级三极管相同,属于 PNP 型。

2. 复合管的 β 和 r_{be}

(1) 由相同类型的三极管组成的复合管

由两个 NPN 三极管组成的复合管如图 4.3.2 所示。现在来分析一下,该复合管的 β 和 r_{be} 各等于多大。

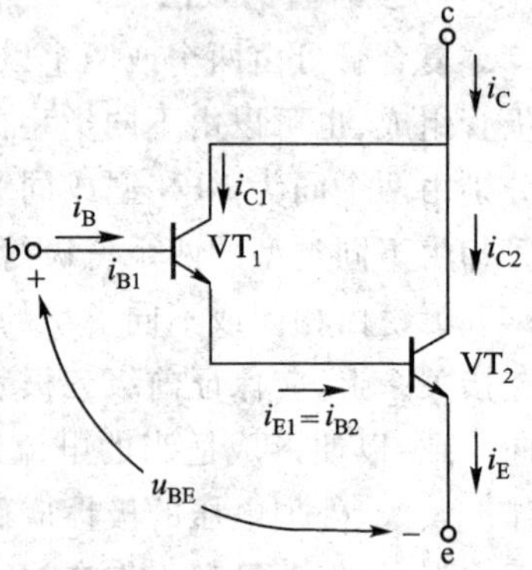

图 4.3.2　由两个 NPN 三极管组成的复合管

三极管的 β 等于其 i_C 与 i_B 的变化量之比。由图可见,复合管的 Δi_B 和 Δi_C 分别为

$$\Delta i_B = \Delta i_{B1}$$

$$\Delta i_C = \Delta i_{C1} + \Delta i_{C2} = \beta_1 \Delta i_{B1} + \beta_2 \Delta i_{B2}$$

而
$$\Delta i_{B2} = \Delta i_{E1} = (1+\beta_1)\Delta i_{B1}$$

则
$$\Delta i_C = \beta_1 \Delta i_{B1} + \beta_2 (1+\beta_1)\Delta i_{B1} = (\beta_1 + \beta_2 + \beta_1\beta_2)\Delta i_{B1}$$

所以复合管的共射电流放大系数为

$$\beta = \frac{\Delta i_C}{\Delta i_B} = \beta_1 + \beta_2 + \beta_1\beta_2 \approx \beta_1\beta_2 \qquad (4.3.1)$$

三极管的输入电阻 r_{be} 应是其 u_{BE} 与 i_B 的变化量之比。由图 4.3.2 可见,复

合管的 Δu_{BE} 为

$$\Delta u_{BE} = \Delta i_{B1} r_{be1} + \Delta i_{B2} r_{be2} = \Delta i_{B1}[r_{be1} + (1+\beta_1) r_{be2}]$$

则复合管的输入电阻为

$$r_{be} = \frac{\Delta u_{BE}}{\Delta i_B} = r_{be1} + (1+\beta_1) r_{be2} \tag{4.3.2}$$

可见,这种复合管的共射电流放大系数和输入电阻均比一个三极管的 β 和 r_{be} 提高了很多倍。

(2) 由不同类型的三极管组成的复合管

利用与前面类似的方法可以分析得到,如图 4.3.1(c)和(d)所示由不同类型三极管所组成的复合管,其 β 和 r_{be} 分别为

$$\beta = \beta_1(1+\beta_2) \approx \beta_1\beta_2 \tag{4.3.3}$$

$$r_{be} = r_{be1} \tag{4.3.4}$$

综合以上对图 4.3.1 所示几种复合管的分析结果,可以得到以下结论:

① 由两个相同类型的三极管组成的复合管,其类型与原来相同。复合管的 $\beta \approx \beta_1\beta_2$,复合管的 $r_{be} = r_{be1} + (1+\beta_1) r_{be2}$。

② 由两个不同类型的三极管组成的复合管,其类型与前级三极管相同。复合管的 $\beta \approx \beta_1\beta_2$,复合管的 $r_{be} = r_{be1}$。

►►4.3.2 复合管组成的互补对称放大电路

图 4.3.3 示出了一个由复合管组成的 OCL 甲乙类互补对称放大电路,其中 NPN 三极管 VT_1 和 VT_3 组成 NPN 型复合管,PNP 型三极管 VT_2 和 VT_4 组成 PNP 型复合管,二者实现互补。

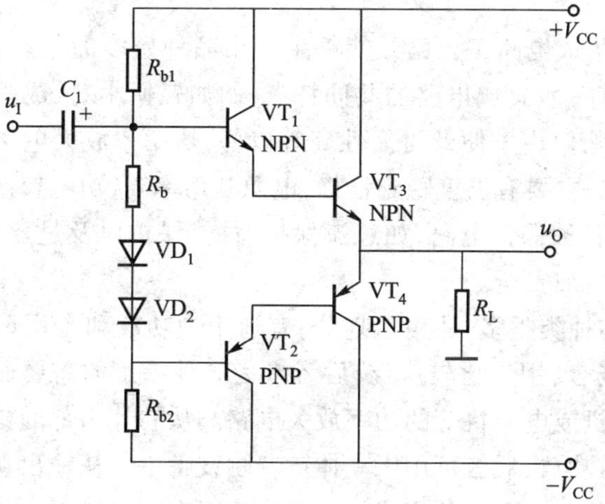

图 4.3.3 由复合管组成的互补对称放大电路

这种互补对称放大电路存在一个缺点：大功率三极管 VT_3 是 NPN 型，而 VT_4 是 PNP 型，它们的类型不同，很难做到二者的特性互补对称。

为了克服这个缺点，可使 VT_3 和 VT_4 采用同一类型甚至同一型号的三极管，例如二者均为 NPN 型，而 VT_2 则用另一类型的三极管，如 PNP 型，如图 4.3.4 所示。此时 VT_2 与 VT_4 组成的复合管为 PNP 型，可与 VT_1、VT_3 组成的 NPN 型复合管实现互补。这种电路称为准互补对称电路。图中接入电阻 R_{e1} 和 R_{c2} 是为了调整功率管 VT_3 和 VT_4 的静态工作点。

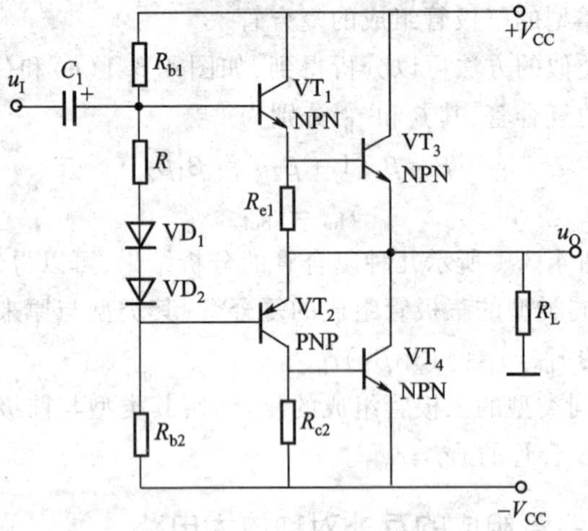

图 4.3.4　由复合管组成的准互补对称放大电路

▶4.4　集成功率放大器

目前，利用集成电路工艺已经能够生产出品种繁多的集成功率放大器。集成功放除了具有一般集成电路的共同特点，例如轻便小巧，成本低廉，外部接线大大减少，因而除使用方便及可靠性高等以外，从功率放大电路的要求看，还有一些突出的优点，主要有温度稳定性好，电源利用率高，功耗较低，非线性失真较小等，还可以将各种保护电路，如过流保护、过热保护以及过压保护等也集成在芯片内部，使用更加安全。

集成功放的种类很多，从用途划分，有通用型功放和专用型功放，前者适用于各种不同的场合，用途比较广泛；后者专为某种特定的需要而设计，例如专用于收音机、录音机或电视机等的功率放大电路。从芯片内部的构成划分，有单通道功放和双通道功放，后者可用于立体声音响设备中。从输出功率划分，有小功率功放和大功率功放等，有的集成功放输出功率在一瓦以下，而有的集成功放输出功率可高达几十瓦。

现将几种通用型集成音频功率放大器的一般情况列在表 4-1 中,供读者参考。

表 4-1　几种集成音频功率放大器概况

型号	输出功率(典型值)			电源电压	总谐波失真(*THD*)	输入端噪声	单通道/双通道	应用		
	8Ω	4Ω	2Ω					便携	家用	汽车
LM380	2.5W			18V	0.2%		单通道		●	
LM383		5.5W	8.6W	14.4V	0.2%	2μV	单通道	●		●
LM384	5.5W			22V	0.25%		单通道		●	
LM386	0.33W			6V	0.2%		单通道	●	●	
LM388	2.2W			12V	0.1%		单通道	●		
LM389	0.33W			6V	0.2%		单通道	●		
LM390		1W		6V	0.2%		单通道	●		
LM391	10 ~ 100W			60 ~ 100V	0.01%	3μV	单通道		●	
LM1877	3W			20V	0.05%	2.5μV	双通道	●	●	●
LM2877	4.5W			20V	0.07%	2.5μV	双通道	●	●	●

集成功率放大器与一般集成运算放大器的主要区别在于,对前者要求输出更大的功率。为了达到这个要求,集成功放的输出级常常采用复合管组成。另外,通常要求更高的直流电源电压。对于输出功率比较高的集成功放,有时要求其外壳装散热片。由于集成工艺的限制,集成功放中的某些元件要求外接,例如 OTL 电路中的大电容等。有时为了使用方便而有意识地留出若干引线端,允许用户外接元件以灵活地调节某些技术指标,例如,外接不同阻值的电阻以获得不同的电压放大倍数等。

关于一般的集成运算放大器,将在本书第 5 章进行介绍。

▶▶4.4.1　集成功率放大器的电路组成

现以表 4-1 中所列的通用型集成音频功率放大器 LM386 为例,来分析集成功率放大器的电路组成和工作原理。LM386 的电路原理图如图 4.4.1 所示。

由图可见,集成功放内部包括三个放大级,即输入级、中间级和功率输出级。

输入级为双端输入、单端输出差分放大电路。其中 PNP 三极管 VT_1 与 VT_2 以及 VT_3 与 VT_4 分别组成两个复合管,作为差分放大管。NPN 三极管 VT_5 和 VT_6 组成镜像电流源,分别作为两个差分放大管的有源负载。放大后的信号由

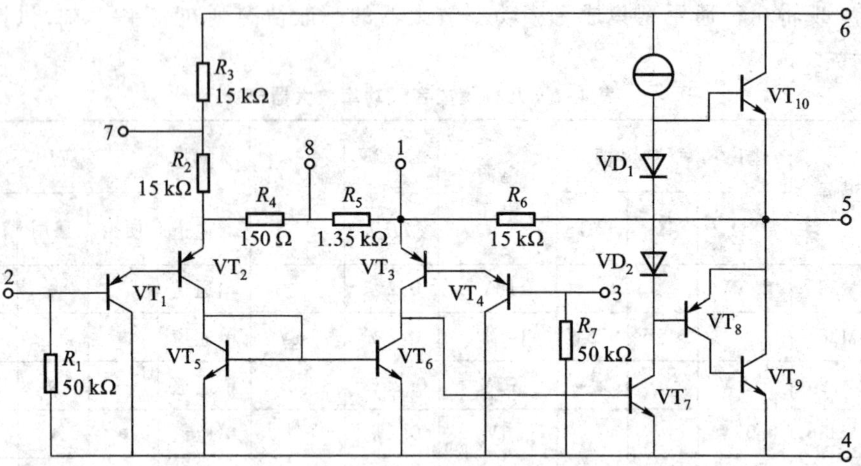

图 4.4.1　集成功放 LM386 电路原理图

VT_3 的集电极输出，传送到中间级。

中间级由 VT_7 组成共射放大电路，其集电极负载由一个恒流源充当，可获得很高的电压放大倍数。

在输出级，VT_8 和 VT_9 组成 PNP 型复合管，与 NPN 型三极管 VT_{10} 组成准互补对称电路。二极管 VD_1 和 VD_2 的作用是在两个功率放大管的基极之间提供一个偏置电压，使功率放大管在静态时已经存在一个较小的集电极电流，以防止产生明显的交越失真。

从输出端 5 到 VT_3 的发射极 1 端之间通过电阻 R_6 引入一个电压串联负反馈，它的作用是减小输出波形的非线性失真，提高带负载能力，以及展宽通频带等。关于放大电路中的反馈，将在本书第 6 章进行介绍。

▶▶4.4.2　集成功率放大器的主要技术指标

现将集成音频功率放大器 LM386 的主要技术指标列于表 4-2 中，供读者参考。

表 4-2　LM386 主要技术指标（大气温度 $T_A = 25℃$）

参数	测试条件	最小	典型	最大	单位
工作电源电压（V^+）					
LM386N-1，-3，LM386M-1		4		12	V
LM386N-4		5		18	V
静态电流（I_Q）	$V^+ = 6$ V，$U_i = 0$		4	8	mA

续表

参数	测试条件	最小	典型	最大	单位
输出功率(P_O)					
LM386N-1,LM386M-1	$V^+=6$ V,$R_L=8$ Ω,$THD=10\%$	250	325		mW
LM386N-3	$V^+=9$ V,$R_L=8$ Ω,$THD=10\%$	500	700		mW
LM386N-4	$V^+=16$ V,$R_L=32$ Ω,$THD=10\%$	700	1000		mW
电压增益(A_u)	$V^+=6$ V, $f=1$ kHz		26		dB
	引脚 1、8 间接 10μF 电容		46		dB
带宽(BW)	$V^+=6$ V,引脚 1 和 8 开路		300		kHz
总谐波失真(THD)	$V^+=6$ V,$R_L=8$ Ω,$P_O=125$ mW $f=1$kHz,引脚 1 和 8 开路		0.2		%
电源抑制比($PSRR$)	$V^+=6$ V, $f=1$ kHz,$C_B=10$ μF 引脚 1 和 8 开路,指输出端		50		dB
输入电阻(r_i)			50		kΩ
输入偏置电流(I_{IB})	$V^+=6$ V,引脚 2 和 3 开路		250		nA

▶▶4.4.3 集成功率放大器的引脚和典型接法

1. LM386 的引脚和典型接法

LM386 有 8 个引脚,如图 4.4.2(a)所示。其中引脚 2 和 3 分别为反相输入端和同相输入端,5 为输出端。6 为直流电源端,4 为接地端。引脚 7 与地之间应接一个旁路电容 C_B。引脚 1 和 8 为增益控制端。如果 1、8 两端开路,功率放大电路的电压增益约为 20 倍(即 26 dB)。如果 1、8 两端之间仅接一个大电容,则相当于交流短路,此时电压增益约为 200 倍(即 46 dB)。而在 1、8 两端之间接入不同阻值的电阻,即可得到 20~200 之间的电压增益。但接入电阻时必须与一个大电容串联,即 1、8 两端之间接入的元件不能改变放大电路的直流通路。

LM386 的典型接法如图 4.4.2(b)所示。交流输入信号加在 LM386 的同相输入端,而反相输入端接地。输出端通过一个 250 μF 的大电容接到 8 Ω 的负载电阻(扬声器),此时 LM386 组成 OTL 准互补对称电路。引脚 6 接直流电源 V^+,4 接地。引脚 7 通过一个旁路电容 C_B 接地。1、8 两端之间接入一个 10 μF 的电容,不接电阻,故此时电压增益达到最大,约为 200 倍。由于扬声器为感性负载,使电路容易产生自激振荡或出现过压,损坏 LM386 中的功率三极管,故在电路的输出端接入 10 Ω 电阻与 0.05 μF 电容的串联回路以进行补偿,使负载接近于纯电阻。

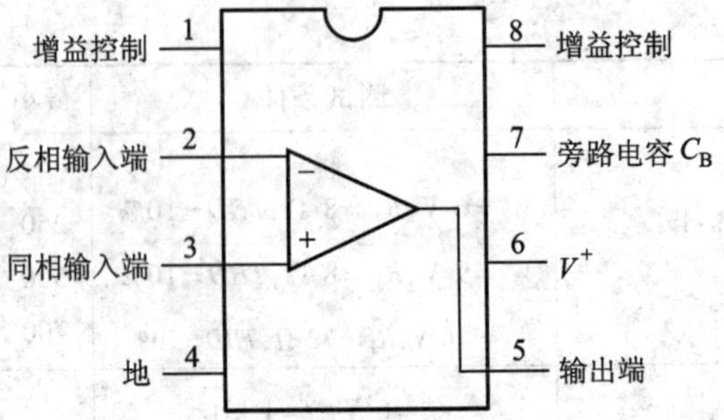

(a) 引脚

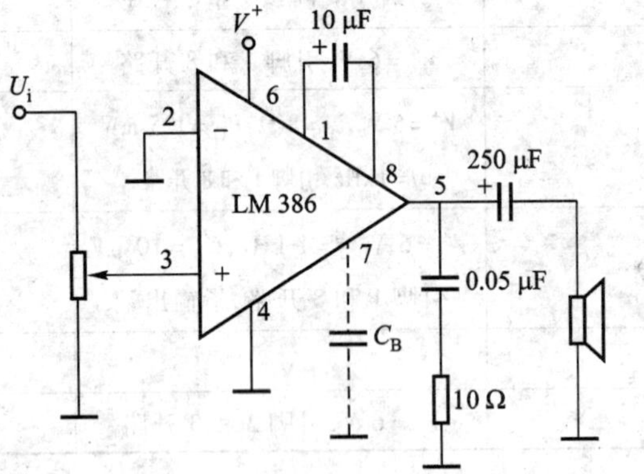

(b) 典型接法

图 4.4.2　集成功放 LM386 的引脚和典型接法

2. LM1877 的引脚和典型接法

LM1877 是一种输出功率可达 3 W 的双通道集成音频功率放大器，一个芯片中集成了两个功放电路，可用于立体声音响设备中。它的引脚见图 4.4.3(a)。LM1877 的典型接法如图 4.4.3(b)所示。

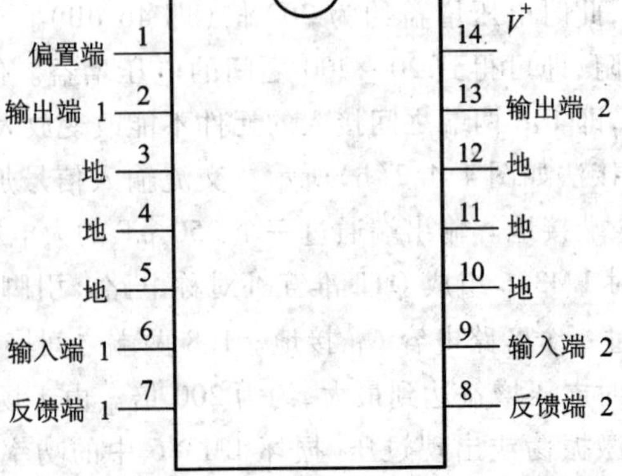

(a) 引脚

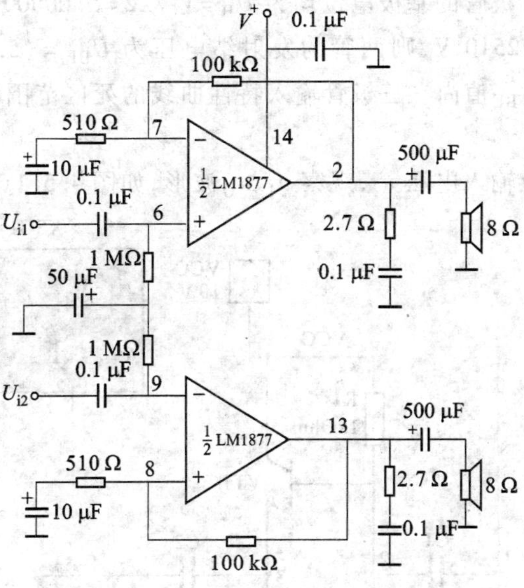

(b) 典型接法

图 4.4.3　双通道集成功放 LM1877 的引脚和典型接法

▶4.5　功率放大电路 Multisim 仿真实例

1. OTL 乙类互补对称电路 Multisim 仿真

在 Multisim 中构建 OTL 乙类互补对称电路如图 4.5.1(a)所示，其中 VT_1、VT_2 两管的 β 均为 100，其他参数也基本对称。

(1) 利用 Multisim 的直流工作点分析功能测量电路的静态工作点，结果如下：

OTL乙类互补对称电路
Operating Point

DC Operating Point		
\$3	4.72510	
\$vcc	10.00000	
\$2	5.00000	
\$4	0.00000	
\$1	0.00000	
vccvcc#branch	-5.00000m	

说明静态时两个三极管的基极电位均为 $U_B = V_{CC}/2 = 5.00000\ \text{V}$，两管的发射极电位均为 $U_E = 4.72510\ \text{V}$，则两管的发射结电压为 $U_{BE} = (5.00000 - 4.72510)\ \text{V} = 0.2749\ \text{V}$，此 U_{BE} 值尚在三极管输入特性曲线的死区范围内，故两个三极管均截止。

(2) 加上正弦输入电压 u_I，观察 u_I、u_O 波形，如图 4.5.1(b) 所示，可见，u_O

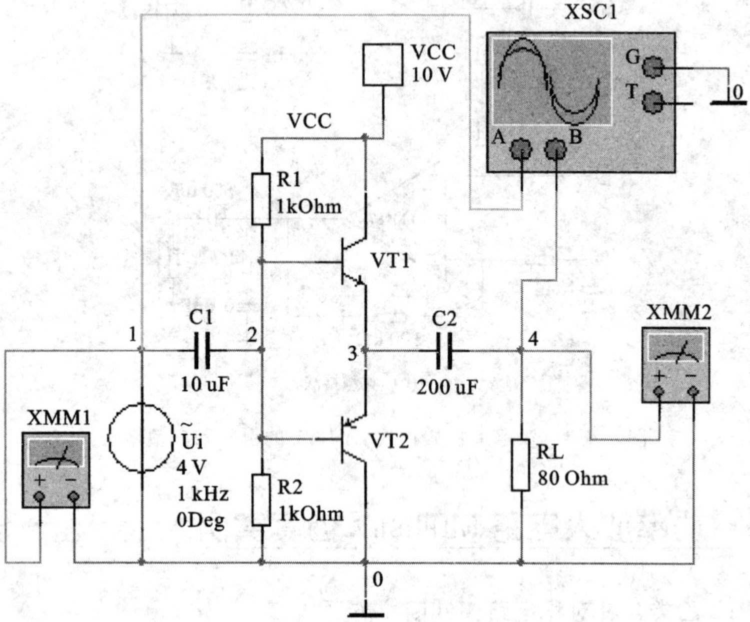

(a) 仿真电路

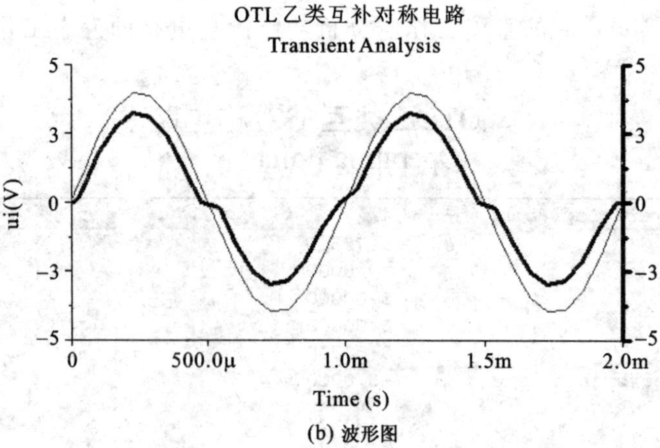

(b) 波形图

图 4.5.1 OTL 乙类互补对称电路

波形存在明显的交越失真。

2. OTL 甲乙类互补对称电路 Multisim 仿真

在 Multisim 中构建 OTL 甲乙类互补对称电路如图 4.5.2(a)所示，电路中 VT_1、VT_2 两个三极管的参数同上。

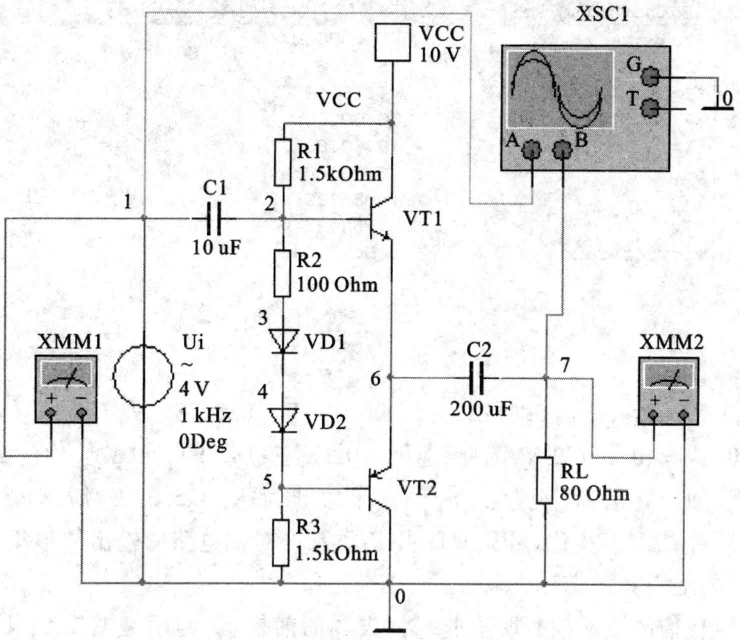

(a) 仿真电路

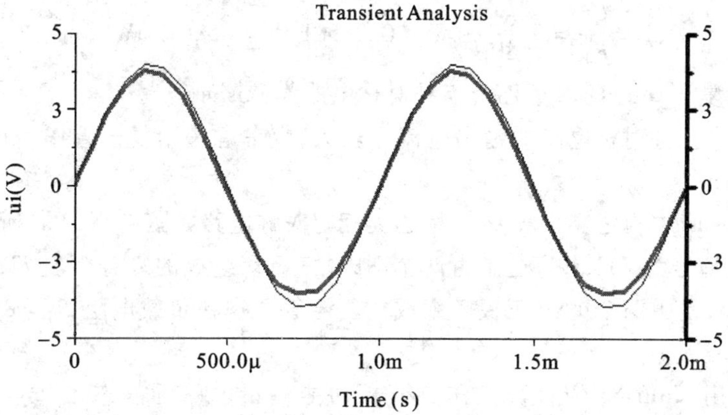

(b) 波形图

图 4.5.2 OTL 甲乙类互补对称电路

(1) 利用 Multisim 的直流工作点分析功能测定电路的静态工作点如下：

OTL甲乙类互补对称电路

Operating Point

DC Operating Point		
$vcc	10.00000	
$2	5.81782	
$5	4.18218	
$7	0.00000	
$1	0.00000	
$6	5.00000	
$4	4.86329	
$3	5.54441	
vccvcc#branch	-8.18703m	

可知，静态时 $U_{BE1}=(5.81782-5.00000)\ \text{V}=0.81782\ \text{V}$，$U_{BE2}=(4.18218-5.00000)\ \text{V}=-0.81782\ \text{V}$，因此，当 $u_I=0$ 时，三极管 VT_1 和 VT_2 均已微微导电。

(2) 加上 u_I 后，可观察到 u_I 和 u_O 的波形如图 4.5.2(b)所示。与前面图 4.5.1(b)中的波形相比，可见 OTL 甲乙类互补对称电路的输出波形得到明显的改善，基本上消除了交越失真。

(3) 在输出波形没有明显非线性失真的前提下，利用虚拟仪表测得当 $U_i=2.828\ \text{V}$ 时，最大输出电压的有效值为 $U_o=2.617\ \text{V}$。则放大电路的最大输出功率为

$$P_{om}=\frac{U_o^2}{R_L}=\frac{2.617^2}{80}\ \text{W}=0.08561\ \text{W}=85.61\ \text{mW}$$

3. 采用复合管的 OCL 甲乙类互补对称电路 Multisim 仿真

如果要求互补对称电路的输出电流比较大，应考虑采用复合管作为功率三极管。

在 Multisim 中构建复合管 OCL 甲乙类互补对称电路如图 4.5.3(a)所示，电路中 VT1 的型号为 ZTX614，这是由两个 NPN 三极管组成的复合管。VT2 的型号为 ZTX705，是由两个 PNP 三极管组成的复合管。现在负载电阻 $R_L=8\ \Omega$，要求输出电流较大。

(1) 利用 Multisim 的直流工作点分析功能测量电路的静态工作点，结果如下：

复合管OCL甲乙类互补对称电路
Operating Point

DC Operating Point		
\$2	1.25444	
\$5	-1.25165	
\$1	0.00000	
\$6	1.57972m	
\$vcc2	-10.00000	
\$vcc1	10.00000	
\$4	-545.17644m	
\$3	161.29380m	
vccvcc1#branch	-24.84139m	
vccvcc2#branch	24.64393m	

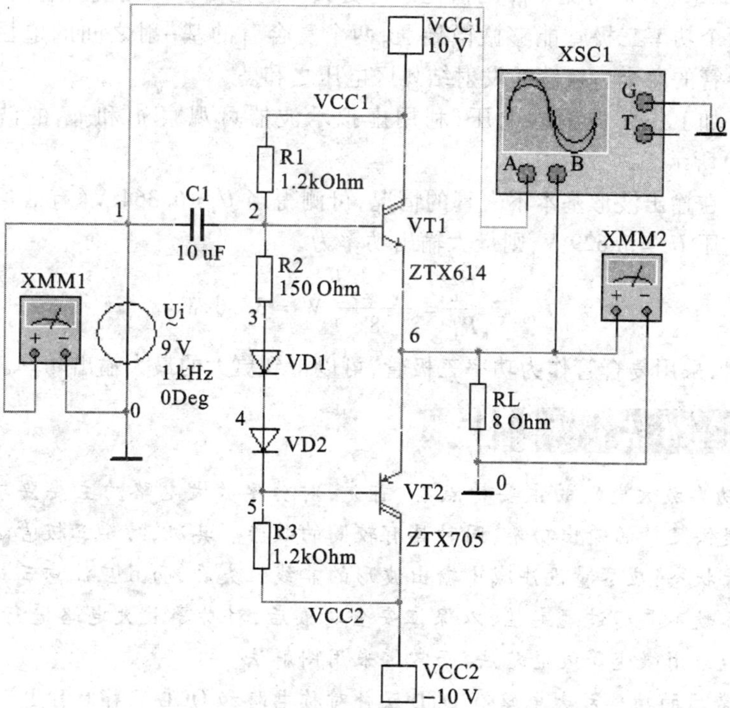

(a) 仿真电路

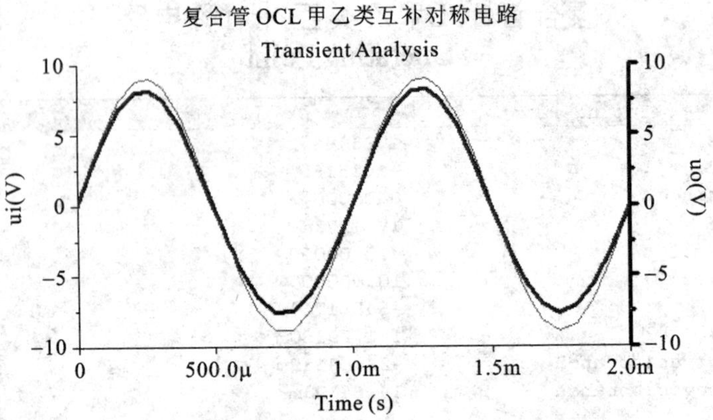

(b) 波形图

图 4.5.3 复合管 OCL 甲乙类互补对称电路仿真电路

此时，$U_{BE1}=1.25444\ \text{V}-1.57972\ \text{mV}=1.25286\ \text{V}$，$U_{BE2}=-1.25165\ \text{V}-1.57972\ \text{mV}=-1.25323\ \text{V}$。可见 U_{BE}的值比以前更大。这是由于采用复合管时，为了使静态时两个功率三极管能够微微导通，两个复合管的基-射之间的电压应大于组成复合管的两个三极管的发射结死区电压之和。

(2) 加上正弦波输入电压，利用虚拟示波器可观察 u_I 和 u_O 的波形如图 4.5.3(b)所示。

(3) 在输出波形基本不失真的情况，可测得当 $U_i=6.364$ V(有效值)时，最大输出电压 $U_o=5.629$ V，则最大输出功率为

$$P_{om}=\frac{U_o^2}{R_L}=\frac{5.629^2}{8}\ \text{W}=3.96\ \text{W}$$

由上看出，采用复合管作为功率三极管，可以得到更大的最大输出功率。

本章小结

1. 功率放大电路的主要特点有，首先，对功率放大电路的主要要求是能够向负载提供足够的输出功率，同时具有较高的效率。其次，功率三极管通常工作在大信号状态，应尽量设法减小输出波形的非线性失真，而且应注意三极管的各项极限参数不要超过规定值，以保证安全。最后，对功率放大电路进行分析时，一般不能采用微变等效电路法，而常常采用图解法。

2. 常用的功率放大电路有 OTL 互补对称电路和 OCL 互补对称电路。

(1) OTL 互补对称电路省去了输出变压器，但输出端需用一个大电容，电路中只需一路直流电源，利用一个 NPN 三极管和一个 PNP 三极管接成对称形式。当输入电压为正弦波时，两管轮流导电，二者互补，使负载上的电压基本上是一个正弦波。

OCL 互补对称电路将输出端的大电容也省去，改善了电路的低频响应，而且有利于实现集成化。但 OCL 电路需用正、负两路直流电源。

(2) OTL 和 OCL 互补对称电路均可以工作在乙类状态或甲乙类状态。当工作在乙类状态时，静态电流等于零，故效率较高。在加上正弦输入电压时，两个三极管各导电 180°。其主要缺点是输出波形的交越失真比较严重。为了改善输出波形，减小交越失真，常常使两个三极管在静态时已有一个较小的基极电流，则每管的导电角略大于 180°，而小于 360°，即电路工作在甲乙类状态。

3. OCL 和 OTL 互补对称电路的参数有

(1) OCL 电路的最大输出功率为

$$P_{om}=\frac{(V_{CC}-U_{CES})^2}{2R_L}$$

其效率为

$$\eta=\frac{P_{om}}{P_V}\approx 78.5\%$$

OCL 电路中功率三极管的极限参数为

$$I_{CM}>\frac{V_{CC}}{R_L}$$

$$U_{(BR)CEO}>2V_{CC}$$

$$P_{CM}>0.2P_{om}$$

(2) OTL 互补对称电路的最大输出功率为

$$P_{om}=\frac{(V_{CC}/2-U_{CES})^2}{2R_L}$$

其效率为

$$\eta=\frac{P_{om}}{P_V}\approx 78.5\%$$

OTL 电路中功率三极管的极限参数为

$$I_{CM}>\frac{V_{CC}}{2R_L}$$

$$U_{(BR)CEO}>V_{CC}$$

$$P_{CM}>0.2P_{om}$$

4. 由于集成功率放大器具有许多突出的优点，如温度稳定性好、电源利用率高、功耗较低、非线性失真较小，而且使用方便安全等，目前已经得到广泛的应用。集成功放的种类和产品很多，本章以一个典型产品为例介绍集成功放的电路组成、主要技术指标和典型接法。

学完本章以后，应能达到以下教学要求：

① 正确理解 OTL 和 OCL 互补对称电路的工作原理,最大输出功率和效率的分析方法。

② 了解功率放大电路的特点,以及功率放大电路的类型。

③ 了解集成功率放大电路的特点。

习题与思考题

习题 4-1 在图 P4-1 所示的互补对称电路中,已知 $V_{CC}=6\ V$,$R_L=8\ \Omega$,假设三极管的饱和管压降 $U_{CES}=1\ V$,

① 试估算电路的最大输出功率 P_{om};

② 估算电路中直流电源消耗的功率 P_V 和效率 η。

习题 4-2 在图 P4-1 所示电路中,

① 三极管的最大功耗等于多少?

② 流过三极管的最大集电极电流等于多少?

③ 三极管集电极和发射极之间承受的最大电压等于多少?

④ 为了在负载上得到最大功率 P_{om},输入端应加上的正弦波电压有效值大约等于多少?

习题 4-3 在图 P4-3 所示的互补对称电路中,已知 $V_{CC}=6\ V$,$R_L=8\ \Omega$,设三极管的 $U_{CES}=1\ V$,

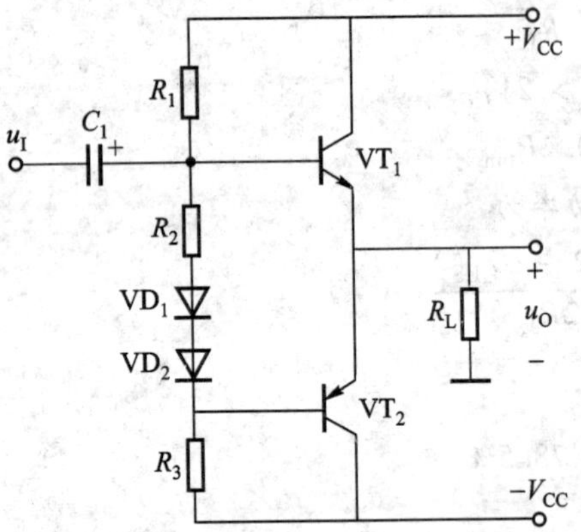

图 P4-1

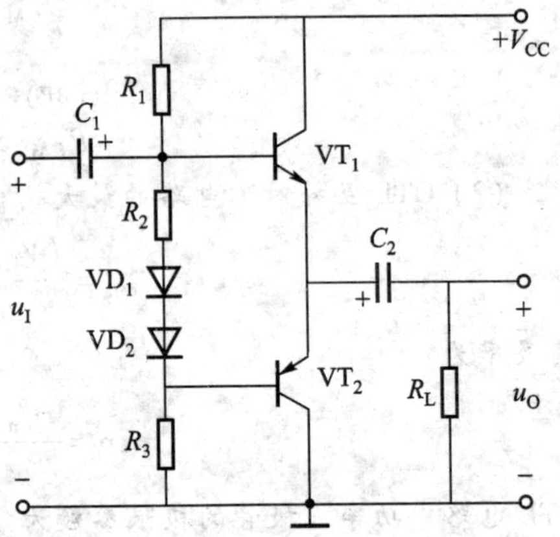

图 P4-3

① 估算最大输出功率 P_{om};

② 估算直流电源消耗的功率 P_V 和效率 η。

将本题的估算结果与习题 4-1 进行比较。

习题 4-4 在图 P4-3 所示电路中,

① 估算三极管的最大功耗;

② 估算三极管的最大集电极电流;

③ 估算三极管集电极和发射极之间承受的最大电压;

④ 为了在负载上得到 P_{om},电路输入端应加上的正弦电压有效值为多少?

将以上估算结果与习题 4-2 进行比较。

习题 4-5 在图 P4-1 和图 P4-3 所示的两个互补对称电路中，已知负载电阻 R_L 均为 8 Ω，假设三极管的饱和管压降 U_{CES} 均为 1 V，如果要求得到最大输出功率 $P_{om}=3W$，则两个电路的直流电源 V_{CC} 分别应为多大。

习题 4-6 分析图 P4-6 中的 OTL 电路原理，已知 $V_{CC}=10$ V，$R_3=1.2$ kΩ，$R_L=16$ Ω，电容 C_1、C_2 足够大，试回答：

① 静态时，电容 C_2 两端的电压应该等于多少？调整哪个电阻才能达到上述要求？

② 设 $R_1=1.2$ kΩ，三极管的 $\beta=50$，$P_{CM}=200$ mW，若电阻 R_2 或某一个二极管开路，三极管是否安全？

习题 4-7 分析图 P4-7 中的 OCL 电路原理，试回答：

① 静态时，负载 R_L 中的电流应为多少？如果不符合要求，应调整哪个电阻？

② 若输出电压波形出现交越失真，应调整哪个电阻？如何调整？

③ 若二极管 VD_1 或 VD_2 的极性接反，将产生什么后果？

④ 若 VD_1、VD_2、R_2 三个元件中任一个发生开路，将产生什么后果？

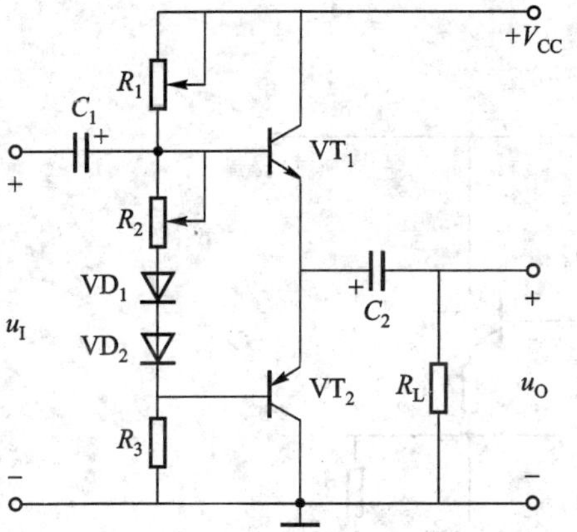

图 P4-6

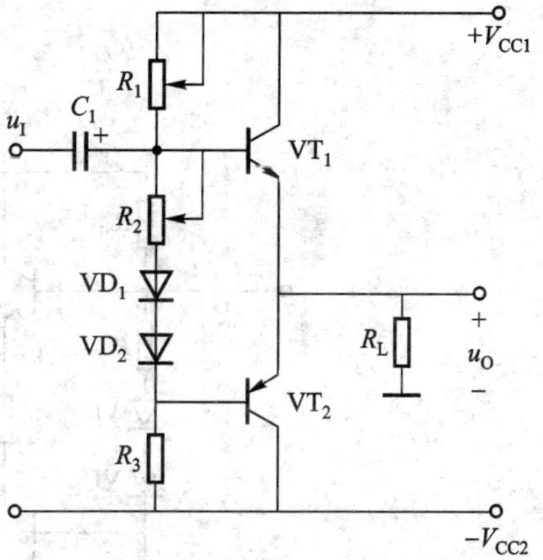

图 P4-7

习题 4-8 试分析图 P4-8 中各复合管的接法是否正确。如果认为不正确，请扼要说明原因；如果接法正确，说明所组成的复合管的类型（NPN 或 PNP），指出相应的电极，并列出复合管的 β 和 r_{be} 的表达式。

习题 4-9 在图 P4-9 所示由复合管组成的互补对称放大电路中，已知电源电压 $V_{CC}=16$ V，负载电阻 $R_L=8$ Ω，设功率三极管 VT_3、VT_4 的饱和管压降 $U_{CES}=2$ V，电阻 R_{e3}、R_{e4} 上的压降可以忽略，

① 试估算电路的最大输出功率 P_{om}；

② 估算功率三极管 VT_3、VT_4 的极限参数 I_{CM}、$U_{(BR)CEO}$ 和 P_{CM}；

③ 假设复合管总的 $\beta=600$，则要求前置放大级提供给复合管基极的电流最大值 I_{Bm} 等于多少？

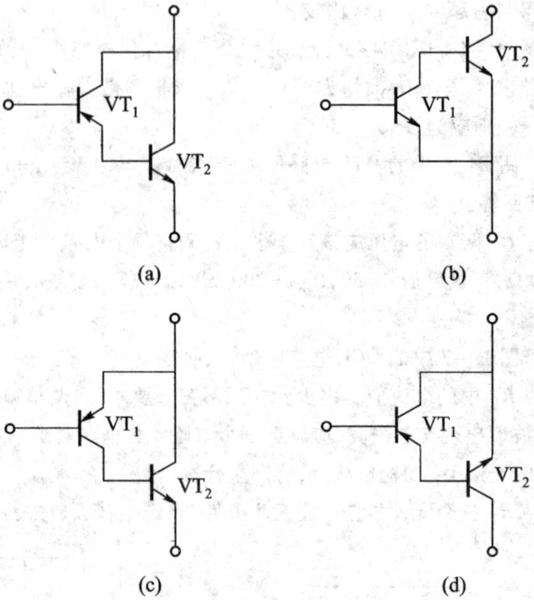

图 P4-8

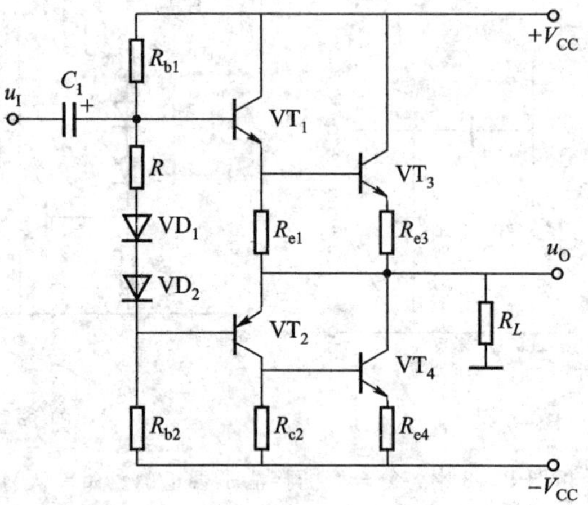

图 P4-9

④ 若本电路不采用复合管，而用 $\beta=20$ 的功率三极管，此时要求前置放大级提供给三极管基极的电流最大值 I_{Bm} 等于多少？

习题 4-10 分析图 P4-10 所示的功率放大电路，要求：

① 说明放大电路中共有几个放大级，各放大级包括哪几个三极管，分别组成何种类型的电路。

② 分别说明以下元件的作用：

R_1、VD_1 和 VD_2；R_3 和 C；R_F。

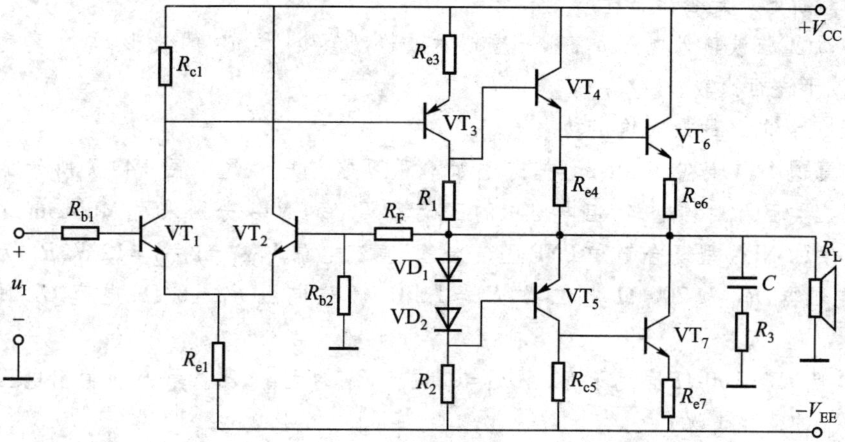

图 P4-10

③ 已知 $V_{CC}=15$ V,$R_L=8\ \Omega$,VT_6、VT_7 的饱和管压降 $U_{CES}=1.2$ V,当输出电流达到最大时,电阻 R_{e6} 和 R_{e7} 上的电压降均为 0.6 V,试估算电路的最大输出功率。

Multisim 仿真练习题

仿真题 4-1 在 Multisim 中构建如本章 4.2 节中图 4.2.1 所示的 OTL 乙类互补对称电路,令功率三极管的 $\beta=100$,直流电源 $V_{CC}=6$ V,三极管基极电阻 $R_1=R_2=1\ \text{k}\Omega$,负载电阻 $R_L=80\ \Omega$,电容 C_1 和 C_2 均足够大,

① 利用 Multisim 的直流工作点分析功能测量电路的静态工作点。

② 加上最大值为 2 V,频率为 1 kHz 的正弦输入电压 u_I,利用虚拟示波器观察输入电压 u_I 和输出电压 u_O 的波形。注意 u_O 与 u_I 波形的相位关系和幅度关系,以及 u_O 波形是否存在失真现象。

仿真题 4-2 在 Multisim 中构建如本章习题与思考题中图 P4-6 所示的 OTL 甲乙类互补对称电路,其中功率三极管的 $\beta=100$,直流电源 $V_{CC}=6$ V,R_1 为 2 kΩ 电位器,R_2 为 200 Ω 电位器,$R_3=1\ \text{k}\Omega$,负载电阻 $R_L=80\ \Omega$,电容 C_1 和 C_2 均足够大,

① 使 $R_2=100\ \Omega$ 固定不变,令 $u_I=0$,调节 R_1 的大小,测量静态时电容 C_2 两端电压 U_C 随 R_1 的变化情况;

② 使 $R_1=1\ \text{k}\Omega$ 固定不变,加上正弦输入电压 u_I,调节 R_2 的大小,观察 u_O 的波形在什么情况下出现交越失真;

③ 将 R_2 开路,测量静态时三极管的功耗。

仿真题 4-3 在上题的 OTL 甲乙类互补对称电路中,调节电位器,使 $R_1=1\ \text{k}\Omega$,$R_2=100\ \Omega$,

① 利用 Multisim 的直流工作点分析功能测量电路的静态工作点,并根据分

析结果判断电路是否正常；

② 加正弦波输入电压 u_I，利用虚拟示波器观察 u_I 和 u_O 的波形，与仿真题 4-1的波形进行比较；

③ 测量电路的最大输出功率 P_{om}。

仿真题 4-4 在 Multisim 中构建如本章习题与思考题中图 P4-7 所示的 OCL 甲乙类互补对称电路，但电路中的三极管 VT_1 和 VT_2 分别采用 Multisim 元件库提供的 NPN 型复合管和 PNP 型复合管，直流电源 $V_{CC1}=V_{CC2}=12$ V，R_1 为 2 kΩ 电位器，R_2 为 200 Ω 电位器，$R_3=1$ kΩ，负载电阻 $R_L=8$ Ω，电容 C_1 足够大。

① 使 $R_2=100$ Ω 固定不变，令 $u_I=0$，调节 R_1 的大小，测量静态时输出电压 U_O随 R_1 的变化情况；

② 使 $R_1=1$ kΩ 固定不变，加上正弦输入电压 u_I，调节 R_2 的大小，观察 u_O 的波形在什么情况下出现交越失真；

③ 将 R_2 开路，测量静态时三极管的功耗。

仿真题 4-5 在上题的复合管 OCL 甲乙类互补对称电路中，调节电位器使 $R_1=1$ kΩ，$R_2=100$ Ω，

① 利用 Multisim 的直流工作点分析功能测量电路的静态工作点，并根据分析结果判断电路是否正常；

② 加正弦波输入电压 u_I，利用虚拟示波器观察 u_I和 u_O的波形，并测量电路的最大输出功率 P_{om}。

第5章　集成运算放大电路

内容提要

本章主要介绍集成运算放大电路(以下简称集成运放)的基本知识。首先介绍集成放大电路的特点以及集成运放的主要技术指标,然后介绍集成运放的基本组成部分,在此基础上介绍两种集成运放的典型电路。在本章的最后,介绍有关集成运放应用的实际知识,包括各类集成运放的性能特点以及集成运放使用中的若干具体问题。

▶5.1　集成放大电路的特点

电子技术发展的一个重要方向和趋势就是实现集成化,因此,集成放大电路的应用是本课程的重点内容之一。

集成电路简称IC(Integrated Circuit),是20世纪60年代初期发展起来的一种半导体器件,它是在半导体制造工艺的基础上,将各种元器件和连线等集成在一片硅片上而制成的,因此密度高、引线短、外部接线大为减少,从而提高了电子设备的可靠性和灵活性,同时降低了成本,为电子技术的应用开辟了一个新的时代。

人们经常以电子器件的每一次重大变革作为衡量电子技术发展的标志。一般将1904年出现的电真空器件(如真空三极管)称为第一代,1948年出现的半导体器件(如半导体三极管)称为第二代,1959年出现的集成电路称为第三代,而1974年出现的大规模集成电路,则称为第四代。可以看到,随着集成工艺的发展,电子技术已经日益广泛地应用于人类社会的各个方面。

集成电路按其功能的不同,可以分为数字集成电路(输入量和输出量为高、低两种电平且具有一定逻辑关系的电路)和模拟集成电路(数字集成电路以外的集成电路统称为模拟集成电路)。按模拟集成电路的类型来分,则又有集成运算放大器、集成功率放大器、集成高频放大器、集成中频放大器、集成比较器、集成乘法器、集成稳压器、集成数模和模数转换器以及集成锁相环等。按构成有源器件的类型来分,则有双极型和单极型(场效应管)等。

制造集成电路时,要在硅片上经过氧化、光刻、扩散、外延、蒸铝等工艺过程,把晶体管、电阻及电容等电路元器件和它们之间的连线,全部集成在同一块半导体基片上,最后再进行封装,做成一个完整的电路。集成电路的外形通常有三种:双列直插式、圆壳式和扁平式,如图 5.1.1 所示。

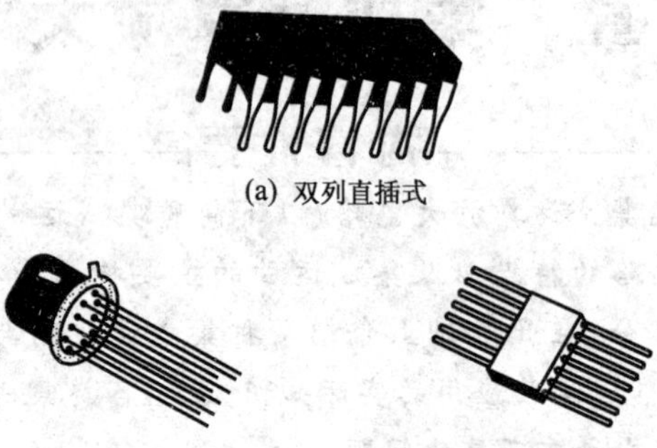

(a) 双列直插式

(b) 圆壳式　　(c) 扁平式

图 5.1.1　集成电路的外形

本章主要介绍集成运放电路。与分立元件组成的放大电路相比,集成放大电路主要有以下几方面的特点:

(1) 由集成电路工艺制造的元器件,虽然参数的绝对精度不是很高,受温度的影响也比较大,但由于各有关元器件同处在一个硅片上,距离又非常接近,因此,参数的对称性较好。例如,电阻的阻值误差可为±20%,但相邻电阻的阻值差别只有±3%;三极管的 U_{BE} 误差可为±3%,但相邻管子的 U_{BE} 差别只有±2 mV;β 值的误差可为±30%,但相邻管子的 β 值差别只有±10%。正是由于相邻元器件的参数对称性好,故适于构成差分放大电路。

(2) 由集成电路工艺制造出来的电阻,其阻值范围有一定的局限性,一般在几十欧到几十千欧之间,因此在需要很高阻值的电阻时,就要在电路上另想办法。

(3) 在集成电路中,制造三极管,特别是 NPN 三极管往往比制造电阻、电容等无源器件更加方便,占用更少的芯片面积,因而成本更低廉,所以在集成放大电路中,常常用三极管代替电阻,尤其是大电阻。

(4) 集成电路工艺不适于制造几十皮法以上的电容器,至于电感器就更困难。因此放大级之间通常都采用直接耦合方式,而不采用阻容耦合方式。

(5) 直接耦合放大电路中,经常遇到既有 NPN 又有 PNP 管的情况,但在单片集成电路中,一般情况下 PNP 管只能做成横向的,此时它的 β 值比较小($\leqslant$10),而不能像分立器件那样,使 NPN 和 PNP 管的特性匹配得比较接近。在分析时,横向 PNP 管的 $\beta+1$ 和 β 值之间的差别比较大。

总起来说,集成运放和分立器件的直接耦合放大电路虽然在工作原理上基本相同,但由于上述原因,在电路的结构形式上二者存在较大的差别。

▶5.2 集成运放的主要技术指标

为了描述集成运放的性能，提出了许多项技术指标，本节将介绍集成运放几项常用的、主要的技术指标。

运算放大器的符号如图 5.2.1 所示。由于集成运放的输入级通常由差分放大电路组成，因此一般具有两个输入端和一个输出端。两个输入端中，一个与输出端为反相关系，另一个为同相关系，分别称为反相输入端和同相输入端，在图中分别用符号“-”和“+”标明。

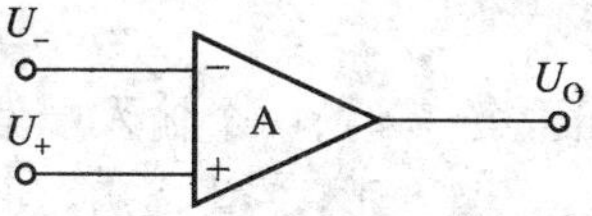

图 5.2.1 运算放大器的符号

现将集成运放的主要技术指标分别介绍如下：

1. 开环差模电压增益 A_{od}

A_{od}是指运放在无外加反馈情况下的直流差模增益，一般用对数表示，单位为分贝。它的定义是

$$A_{od}=20\lg\left|\frac{\Delta U_O}{\Delta U_- - \Delta U_+}\right| \tag{5.2.1}$$

A_{od}是决定运放精度的重要因素，理想情况下希望 A_{od}为无穷大。实际集成运放一般 A_{od}为 100 dB 左右，高质量的集成运放 A_{od}可达 140 dB 以上。

2. 输入失调电压 U_{IO}

它的定义是，为了使输出电压为零，在输入端所需要加的补偿电压。其数值表征了输入级差分对管 U_{BE}（或场效应管 U_{GS}）失配的程度，在一定程度上也反映温漂的大小。一般运放的 U_{IO}值为 1 ~ 10 mV，高质量的在 1 mV 以下。

3. 输入失调电压温漂 α_{UIO}

它的定义是

$$\alpha_{UIO}=\frac{\mathrm{d}U_{IO}}{\mathrm{d}T} \tag{5.2.2}$$

表示失调电压在规定工作范围内的温度系数，是衡量运放温漂的重要指标。一般运放为每度 10 ~ 20 μV，高质量的低于每度 0.5 μV。这个指标往往比失调电压更为重要，因为可以通过调整电阻的阻值人为地使失调电压等于零，但却无法将失调电压的温漂调至零，甚至不一定能使其降低。

4. 输入失调电流 I_{IO}

输入失调电流的定义是当输出电压等于零时，两个输入端偏置电流之差，即

$$I_{IO} = |I_{B1} - I_{B2}| \tag{5.2.3}$$

用以描述差分对管输入电流的不对称情况,一般运放为几十至一百纳安,高质量的低于 1 nA。

5. 输入失调电流温漂 α_{IIO}

它的定义是

$$\alpha_{IIO} = \frac{dI_{IO}}{dT} \tag{5.2.4}$$

代表输入失调电流的温度系数。一般为每度几纳安,高质量的只有每度几十皮安。

6. 输入偏置电流 I_{IB}

I_{IB}的定义是当输出电压等于零时,两个输入端偏置电流的平均值,即

$$I_{IB} = \frac{1}{2}(I_{B1} + I_{B2}) \tag{5.2.5}$$

这是衡量差分对管输入电流绝对值大小的指标,它的值主要决定于集成运放输入级的静态集电极电流及输入级放大管的 β 值。一般集成运放的输入偏置电流愈大,其失调电流也愈大。双极型三极管输入级的集成运放,其输入偏置电流约为几十纳安至 1 μA,场效应管输入级的集成运放,输入偏置电流在 1 nA 以下。

7. 差模输入电阻 r_{id}

它的定义是差模输入电压 U_{Id}与相应的输入电流 I_{Id}的变化量之比,即

$$r_{id} = \frac{\Delta U_{Id}}{\Delta I_{Id}} \tag{5.2.6}$$

用以衡量集成运放向信号源索取电流的大小。一般集成运放的差模输入电阻为几兆欧,以场效应管作为输入级的集成运放,R_{id}可达 10^6 MΩ。

8. 共模抑制比 K_{CMR}

集成运放的共模抑制比的定义是开环差模电压增益与开环共模电压增益之比,一般也用对数表示,即

$$K_{CMR} = 20\lg\left|\frac{A_{od}}{A_{oc}}\right| \tag{5.2.7}$$

这个指标用以衡量集成运放抑制温漂的能力。多数集成运放的共模抑制比在 80 dB 以上,高质量的可达 160 dB。

9. 最大共模输入电压 U_{Icm}

表示集成运放输入端所能承受的最大共模电压。如果超过此值,集成运放的共模抑制性能将显著恶化。

10. 最大差模输入电压 U_{Idm}

这是集成运放反相输入端与同相输入端之间能够承受的最大电压。若超过

这个限度，输入级差分对管中的一个管子的发射结可能被反向击穿。

11. -3 dB 带宽 f_H

表示 A_{od} 下降 3 dB 时的频率。一般集成运放的 f_H 值较低，只有几赫至几千赫。

12. 单位增益带宽 BW_G

指 A_{od} 降至 0 dB 时的频率，即此时开环差模电压放大倍数等于 1。BW_G 衡量集成运放的一项重要品质因素——增益带宽积的大小。

13. 转换速率 S_R

转换速率是指在额定负载条件下，输入一个大幅度的阶跃信号时，输出电压的最大变化率，单位为 V/μs。这个指标描述集成运放对大幅度信号的适应能力。在实际工作中，输入信号的变化率一般不要大于集成运放的 S_R 值。

除了以上介绍的几项主要技术指标外，还有很多项其他指标，如最大输出电压、静态功耗及输出电阻等，由于它们的含义比较明显，故此处不再赘述。

▶5.3 集成运放的基本组成部分

从原理上说，集成运算放大电路的内部实质上是一个具有高放大倍数的多级直接耦合放大电路。集成运放通常包含 4 个基本组成部分，即输入级、中间级、输出级和偏置电路，如图 5.3.1 所示。下面对各个基本组成部分的作用和特点分别进行介绍。

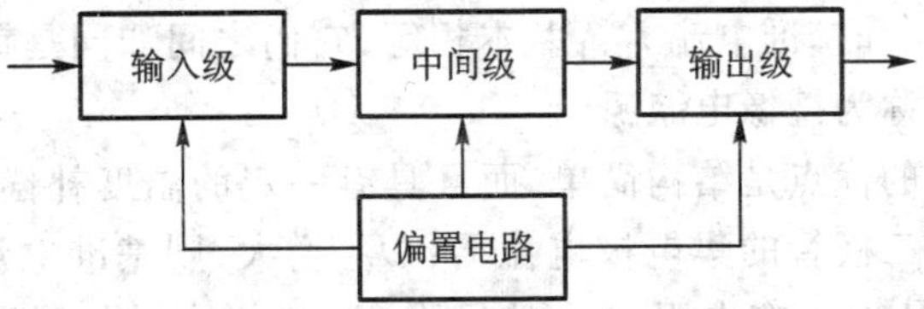

图 5.3.1 集成运放的基本组成部分

▶▶5.3.1 偏置电路

偏置电路的作用是向各放大级提供合适的偏置电流，确定各级静态工作点。各个放大级对偏置电流的要求各不相同。对于输入级，通常要求提供一个比较小（一般为微安级）的偏置电流，而且应该非常稳定，以便提高集成运放的输入电阻，降低输入偏置电流、输入失调电流及其温漂等。

在集成运放中，常用的偏置电路有以下几种：

1. 镜像电流源

镜像电流源也称为电流镜(Current Mirror),在集成运放中应用十分广泛,它的电路如图 5.3.2 所示。

电源 V_{CC}通过电阻 R 和 VT_1 产生一个基准电流 I_{REF},由图可得

$$I_{REF}=\frac{V_{CC}-U_{BE1}}{R}$$

然后通过镜像电流源在 VT_2 的集电极得到相应的 I_{C2},作为提供给某个放大级的偏置电流。由于 $U_{BE1}=U_{BE2}$,而 VT_1 和 VT_2 是做在同一硅片上两个相邻的三极管,它们的工艺、结构和参数都比较一致,因此可以认为

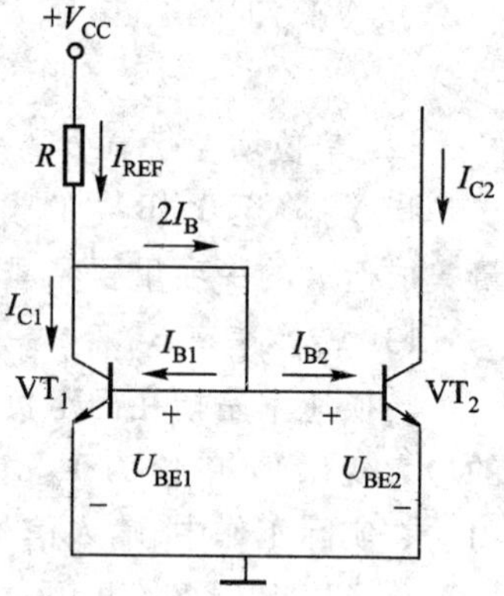

图 5.3.2　镜像电流源

$$I_{B1}=I_{B2}=I_B$$
$$I_{C1}=I_{C2}=I_C$$

则　$$I_{C2}=I_{C1}=I_{REF}-2I_B=I_{REF}-2\frac{I_{C2}}{\beta}$$

所以
$$I_{C2}=I_{REF}\frac{1}{1+\frac{2}{\beta}} \tag{5.3.1}$$

当满足条件 $\beta\gg 2$ 时,上式可简化为

$$I_{C2}\approx I_{REF}=\frac{V_{CC}-U_{BE1}}{R} \tag{5.3.2}$$

由于输出恒流 I_{C2}和基准电流 I_{REF}基本相等,它们之间如同是镜像的关系,所以这种恒流源电路称为**镜像电流源**。

镜像电流源的优点是结构简单,而且具有一定的温度补偿作用。假设由于温度升高使两个三极管的集电极电流 I_{C1}、I_{C2}增大,则基准电流 $I_{REF}=I_{C1}+2I_B$ 将随之增大,于是 I_{REF}在电阻 R 上的压降 U_R 也增大,因三极管的发射结电压 $U_{BE}=V_{CC}-U_R$,故在 V_{CC}一定的情况下 U_{BE}将减小,从而使 I_{C1}、I_{C2}减小,因此,在温度升高时限制了 I_{C1}、I_{C2}的增大,说明有一定的温度补偿作用。

2. 比例电流源

在镜像电流源的基础上,在 VT_1、VT_2 的发射极分别接入两个电阻 R_1 和 R_2,即可组成比例电流源,如图 5.3.3 所示。

由图可得

$$U_{BE1}+I_{E1}R_1=U_{BE2}+I_{E2}R_2$$

由于 VT_1、VT_2 是做在同一硅片上的两个相邻的三极管,因此可以认为 $U_{BE1}=U_{BE2}$,则

$$I_{E1}R_1=I_{E2}R_2$$

如果两管的基极电流可以忽略，由上式可得

$$I_{C2}=\frac{R_1}{R_2}I_{C1}\approx\frac{R_1}{R_2}I_{REF} \quad (5.3.3)$$

可见两个三极管的集电极电流之比近似与发射极电阻的阻值成反比，故称为**比例电流源**。

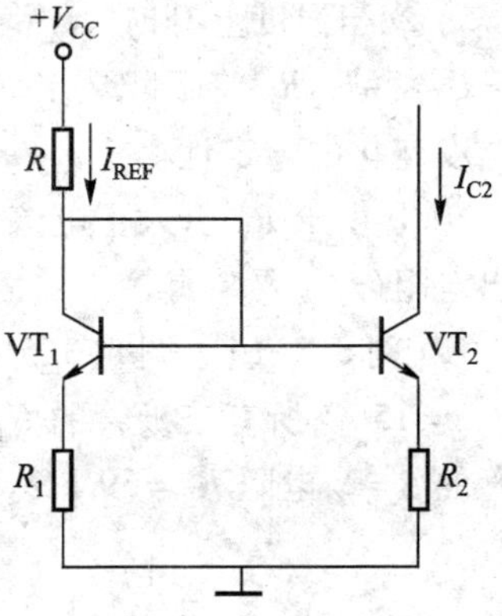

图 5.3.3 比例电流源

与镜像电流源一样，比例电流源也有结构较简单的优点，而且，由于接入电阻 R_1 和 R_2，故温度补偿作用更好。但是，这两种电流源有着共同的缺点，就是当直流电源 V_{CC}变化时，输出电流 I_{C2}几乎按同样的规律波动，因此不适用于直流电源在大范围内变化的集成运放。此外，若输入级要求提供微安级的偏置电流，则所用电阻将达到兆欧级，在集成电路中无法实现。

3. 微电流源

为了得到微安级的输出电流，同时又希望电阻值不太大，可以在镜像电流源的基础上，在 VT_2 的发射极接入一个电阻 R_e，如图 5.3.4 所示。这种电路称为**微电流源**。

引入 R_e 后，将使 $U_{BE2}<U_{BE1}$，此时即使 I_{C1} 比较大，有可能使 $I_{C2}\ll I_{C1}$，即在 R_e 阻值不太大的情况下，得到一个比较小的输出电流 I_{C2}。

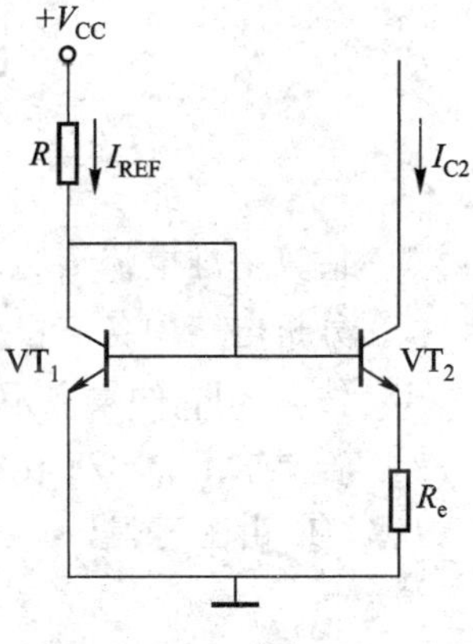

图 5.3.4 微电流源

由图 5.3.4 可得

$$U_{BE1}-U_{BE2}=I_{E2}R_e\approx I_{C2}R_e$$

根据二极管方程

$$I_C=I_S(e^{\frac{U_{BE}}{U_T}}-1)\approx I_S e^{\frac{U_{BE}}{U_T}}$$

则 $$U_{BE1}-U_{BE2}\approx U_T\left(\ln\frac{I_{C1}}{I_{S1}}-\ln\frac{I_{C2}}{I_{S2}}\right)\approx I_{C2}R_e$$

设 $$I_{S1}\approx I_{S2}$$

即得 $$U_T\ln\frac{I_{C1}}{I_{C2}}\approx I_{C2}R_e \quad (5.3.4)$$

式(5.3.4)说明，当 I_{C1} 和 I_{C2} 为已知时，可求出 R_e①。

与镜像电流源相比，微电流源具有以下特点：

① 当电源电压 V_{CC}变化时，虽然 I_{REF} 和 I_{C1} 也要作同样的变化，但由于 R_e 的负反馈作用，I_{C2} 的变化将要小得多，因此提高了恒流源对电源变化的稳定性。

① 若已知 I_{C1} 和 R_e，欲求 I_{C2}，则由于式(5.3.4)是超越方程，需用图解法或累试法求解。

② 当温度上升时，I_{C2}将要增加，但 U_{BE1}将下降，由图 5.3.4 可知，此时 $U_{BE2} \approx U_{BE1} - I_{C2}R_e$ 将下降更多，所以对 I_{C2}的增加有抑制作用，从而提高了恒流源对温度变化的稳定性。

③ 由于 R_e 引入了电流负反馈，因此微电流源的输出电阻比 VT_2 本身的输出电阻(r_{ce})要高得多。

【例 5.3.1】 图 5.3.5 是集成运放 LM741 偏置电路的一部分，假设 $V_{CC} = V_{EE} = 15$ V，所有三极管的 $U_{BE} = 0.7$ V，其中 NPN 三极管的 $\beta \gg 2$，横向 PNP 三极管的 $\beta = 2$，电阻 $R_5 = 39$ kΩ。

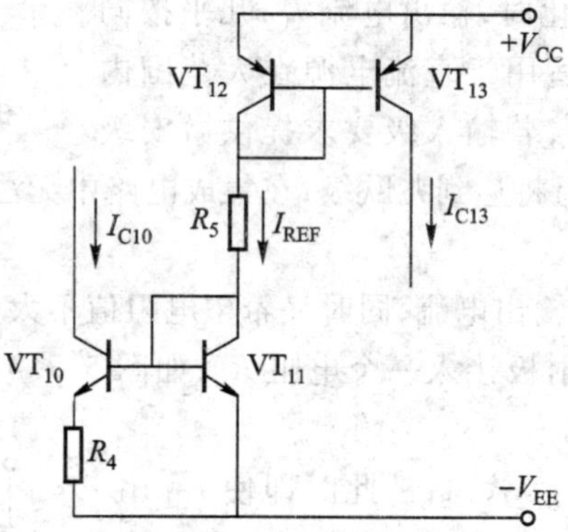

图 5.3.5　例 5.3.1 电路

① 估算基准电流 I_{REF}；

② 分析电路中各三极管组成何种电流源；

③ 估算 VT_{13}的集电极电流 I_{C13}；

④ 若要求 $I_{C10} = 28$ μA，试估算电阻 R_4 的阻值。

解： ① 由图可得

$$I_{REF} = \frac{V_{CC} + V_{EE} - 2U_{BE}}{R_5}$$

$$= \frac{15 + 15 - 2 \times 0.7}{39} \text{ mA} = 0.73 \text{ mA}$$

② VT_{12}与 VT_{13}组成镜像电流源，VT_{10}、VT_{11}与 R_4 组成微电流源。

③ 因横向 PNP 三极管 VT_{12}、VT_{13}不满足 $\beta \gg 2$，故不能简单地认为 $I_{C13} \approx I_{REF}$。已知 $\beta = 2$，由式(5.3.1)可得

$$I_{C13} = I_{REF} \frac{1}{1 + \frac{2}{\beta}} = 0.73 \times \frac{1}{1 + 1} \text{ mA} = 0.365 \text{ mA}$$

④ 因 NPN 三极管 VT_{10}、VT_{11} 的 $\beta \gg 2$，故可认为 $I_{C11} \approx I_{REF}$，然后，由式(5.3.4)可知

$$R_4 \approx \frac{U_T}{I_{C10}}\ln\frac{I_{C11}}{I_{C10}} = \left(\frac{26\times10^{-3}}{28\times10^{-6}}\ln\frac{0.73\times10^{-3}}{28\times10^{-6}}\right)\ \Omega = 3\times10^3\ \Omega = 3\ \text{k}\Omega$$

由上例可见，在 VT_{10} 的发射极接入一个 3 kΩ 的电阻后，可以得到一个比基准电流小(20 ~ 30)倍的微电流源。

►►5.3.2　差分放大输入级

集成运放的输入级对于它的许多指标诸如输入电阻、共模输入电压、差模输入电压和共模抑制比等，起着决定性的作用，因此是提高集成运放质量的关键。

为了充分利用集成电路内部元件参数匹配较好、易于补偿的优点，输入级大都采用差分放大电路的形式。

差分放大电路常见的形式有三种：基本形式、长尾式和恒流源式。

1. 基本形式差分放大电路

(1) 电路组成

将两个电路结构、参数均相同的单管放大电路组合在一起，就成为差分放大电路的基本形式，如图 5.3.6 所示。输入电压 u_{I1} 和 u_{I2} 分别加在两管的基极，输出电压等于两管的集电极电压之差。

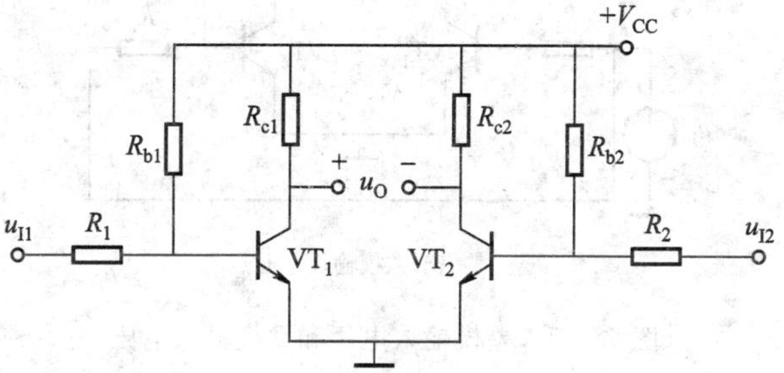

图 5.3.6　差分放大电路的基本形式

在理想情况下，电路中左右两部分三极管的特性和电阻的参数均完全相同，则当输入电压等于零时，$U_{CQ1} = U_{CQ2}$，故输出电压 $U_O = 0$。如果温度升高使 I_{CQ1} 增大，U_{CQ1} 减小，则 I_{CQ2} 也将增大，U_{CQ2} 也将减小，而且两管变化的幅度相等，结果 VT_1 和 VT_2 输出端的零点漂移将互相抵消。

下面分析加上输入信号以后的情况。

(2) 差模输入电压和共模输入电压

差分放大电路有两个输入端，可以分别加上两个输入电压 u_{I1} 和 u_{I2}。如果两个输入电压大小相等，而且极性相反，这样的输入电压称为**差模输入电压**，如图 5.3.7(a)所示。差模输入电压用符号 u_{Id} 表示，如果两个输入信号不仅大小相等，而且极性也相同，这样的输入电压称为**共模输入电压**，如图 5.3.7(b)所示。共模输入电压用符号 u_{Ic} 表示。

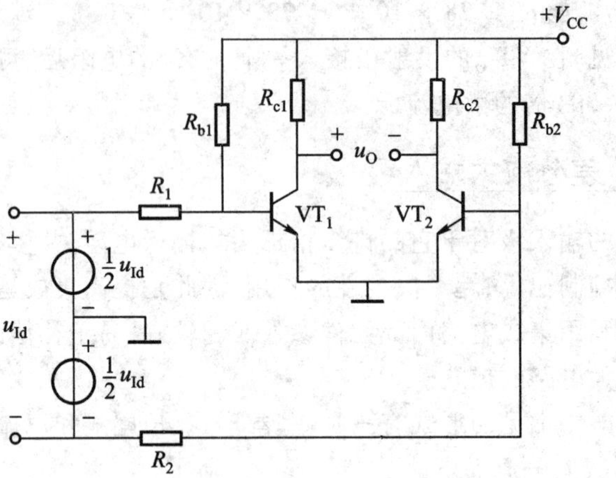

(a) 差模输入电压

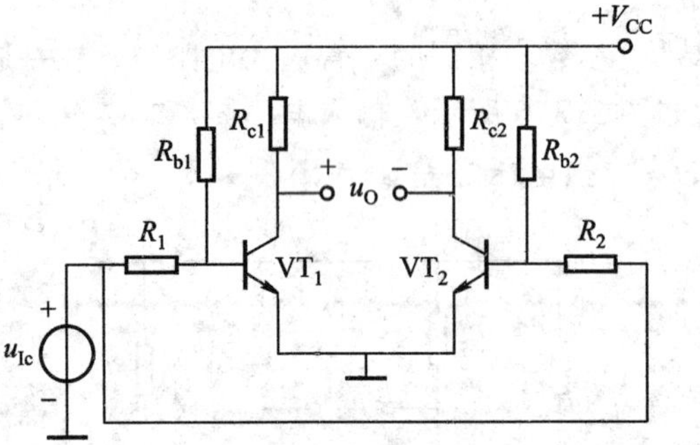

(b) 共模输入电压

图 5.3.7　差模输入电压和共模输入电压

实际上，在差分放大电路的两个输入端加上任意大小、任意极性的输入电压 u_{I1} 和 u_{I2}，我们都可以将它们认为是某个差模输入电压与某个共模输入电压的组合，其中差模输入电压 u_{Id} 和共模输入电压 u_{Ic} 的值分别为

$$u_{Id}=u_{I1}-u_{I2}$$

$$u_{Ic}=\frac{1}{2}(u_{I1}+u_{I2})$$

例如，$u_{I1}=5\ \text{mV}$，$u_{I2}=1\ \text{mV}$，则此时

$$u_{Id}=(5-1)\ \text{mV}=4\ \text{mV}$$

$$u_{Ic}=\frac{1}{2}(5+1)\ \text{mV}=3\ \text{mV}$$

因此，只要分析清楚差分放大电路对差模输入信号和共模输入信号的响应，利用叠加定理即可完整地描述差分放大电路对所有各种输入信号的响应。

通常情况下，认为差模输入电压反映了有效的信号，而共模输入电压可能反映由于温度变化而产生的漂移信号，或者是随着有效信号一起进入放大电路的某种干扰信号。

（3）差模电压放大倍数、共模电压放大倍数和共模抑制比

放大电路对差模输入电压的放大倍数称为**差模电压放大倍数**，用 A_d 表示，即

$$A_d = \frac{\Delta u_O}{\Delta u_{Id}} \tag{5.3.5}$$

而放大电路对共模输入电压的放大倍数称为**共模电压放大倍数**，用 A_c 表示，即

$$A_c = \frac{\Delta u_O}{\Delta u_{Ic}} \tag{5.3.6}$$

通常希望差分放大电路的差模电压放大倍数愈大愈好，而共模电压放大倍数愈小愈好。

差分放大电路的**共模抑制比**用符号 K_{CMR} 表示，它的定义为差模电压放大倍数与共模电压放大倍数之比，一般用对数表示，单位为 dB，即

$$K_{CMR} = 20\lg\left|\frac{A_d}{A_c}\right| \tag{5.3.7}$$

共模抑制比能够描述差分放大电路对零漂的抑制能力。K_{CMR} 愈大，说明抑制零漂的能力愈强。

现在分析基本形式差分放大电路的差模电压放大倍数。在图 5.3.7(a) 中，假设每一边单管放大电路的电压放大倍数为 A_{u1}，则 VT_1、VT_2 的集电极输出电压的变化量分别为

$$\Delta u_{C1} = \frac{1}{2}A_{u1}\Delta u_{Id}$$

$$\Delta u_{C2} = -\frac{1}{2}A_{u1}\Delta u_{Id}$$

则放大电路输出电压的变化量为

$$\Delta u_O = \Delta u_{C1} - \Delta u_{C2} = A_{u1}\Delta u_{Id}$$

所以差分放大电路的差模电压放大倍数为

$$A_d = \frac{\Delta u_O}{\Delta u_{Id}} = A_{u1} \tag{5.3.8}$$

上式表明，差分放大电路的差模电压放大倍数和单管放大电路的电压放大倍数相同。可以看出，差分放大电路的特点是，多用一个放大管后，虽然电压放大倍数没有增加，但是换来了对零漂的抑制。

在图 5.3.7(b) 中，如为理想情况，即差分放大电路左右两部分的参数完全对称，则加上共模输入信号时，VT_1 和 VT_2 的集电极电压完全相等，输出电压等

于 0，则共模电压放大倍数 $A_c = 0$，共模抑制比 $K_{CMR} = \infty$。

实际上，由于电路内部参数不可能绝对匹配，因此加上共模输入电压时，存在一定的输出电压，共模电压放大倍数 $A_c \neq 0$，共模抑制比较低。而且，对于这种基本形式的差分放大电路来说，从每个三极管的集电极对地电压来看，其温度漂移与单管放大电路相同，丝毫没有改善。因此，在实际工作中一般不采用这种基本形式的差分放大电路。

2. 长尾式差分放大电路

为了减小每个管子输出端的温漂，引出了长尾式差分放大电路。

(1) 电路组成

在图 5.3.6 的基础上，在两个放大管的发射极接入一个发射极电阻 R_e，如图 5.3.8 所示。这个电阻一般称为"长尾"，所以这种电路称为长尾式差分放大电路。

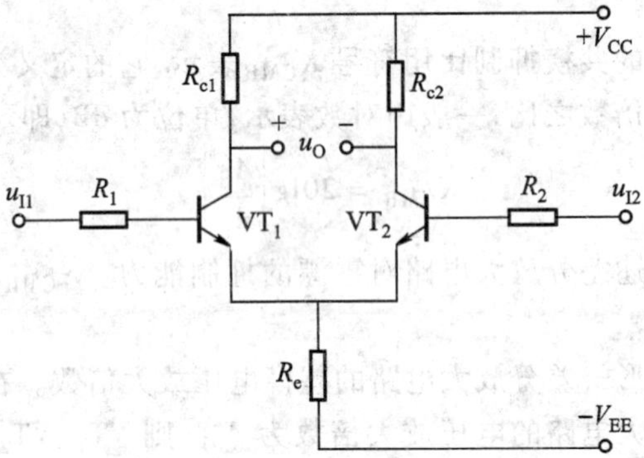

图 5.3.8 长尾式差分放大电路

长尾电阻 R_e 的作用是引入一个**共模负反馈**，也就是说，R_e 对共模信号有负反馈作用，而对差模信号没有负反馈作用。假设在电路输入端加上正的共模信号，则两个管子的集电极电流 i_{C1}、i_{C2} 同时增加，使流过发射极电阻 R_e 的电流 i_E 增加，于是发射极电位 u_E 升高，反馈到两管的基极回路中，使 u_{BE1}、u_{BE2} 降低，从而限制了 i_{C1}、i_{C2} 的增加。

但是对于差模输入信号，由于两管的输入信号幅度相等而极性相反，所以 i_{C1} 增加多少，i_{C2} 就减少同样的数量，因而流过 R_e 的电流总量保持不变，则 $\Delta u_E = 0$，所以对于差模信号没有反馈作用。

R_e 引入的共模负反馈使共模放大倍数 A_c 减小，降低了每个管子的零点漂移。但对差模放大倍数 A_d 没有影响，因此提高了电路的共模抑制比。

R_e 愈大，共模负反馈愈强，则抑制零漂的效果愈好。但是，随着 R_e 的增大，R_e 上的直流压降将愈来愈大。为此，在电路中引入一个负电源 V_{EE} 来补偿 R_e 上的直流压降，以免输出电压变化范围太小。引入 V_{EE} 以后，静态基极电流可由

V_{EE}提供,因此可以不接基极电阻 R_b,如图 5.3.8 所示。

(2) 静态分析

当输入电压等于零时,由于电路结构对称,即 $\beta_1=\beta_2=\beta, r_{be1}=r_{be2}=r_{be}$, $R_{c1}=R_{c2}=R_c, R_1=R_2=R$,故可认为 $I_{BQ1}=I_{BQ2}=I_{BQ}, I_{CQ1}=I_{CQ2}=I_{CQ}, U_{BEQ1}=U_{BEQ2}=U_{BEQ}, U_{CQ1}=U_{CQ2}=U_{CQ}$,由三极管的基极回路可得

$$I_{BQ}R+U_{BEQ}+2I_{EQ}R_e=V_{EE}$$

则静态基极电流为

$$I_{BQ}=\frac{V_{EE}-U_{BEQ}}{R+2(1+\beta)R_e} \tag{5.3.9}$$

静态集电极电流和电位为

$$I_{CQ}\approx\beta I_{BQ} \tag{5.3.10}$$

$$U_{CQ}=V_{CC}-I_{CQ}R_c\text{(对地)} \tag{5.3.11}$$

静态基极电位为

$$U_{BQ}=-I_{BQ}R\text{(对地)} \tag{5.3.12}$$

(3) 动态分析

由于接入长尾电阻 R_e 后,当输入差模信号时流过 R_e 的电流不变,U_E 相当于一个固定电位,在交流通路中可将 R_e 视为短路,因此长尾式差分放大电路的交流通路如图 5.3.9 所示。图中 R_L 为接在两个三极管集电极之间的负载电阻。当输入差模信号时,一管集电极电位降低,另一管集电极电位升高,可以认为 R_L 中点处的电位保持不变,也就是说,在 $R_L/2$ 处相当于交流接地。

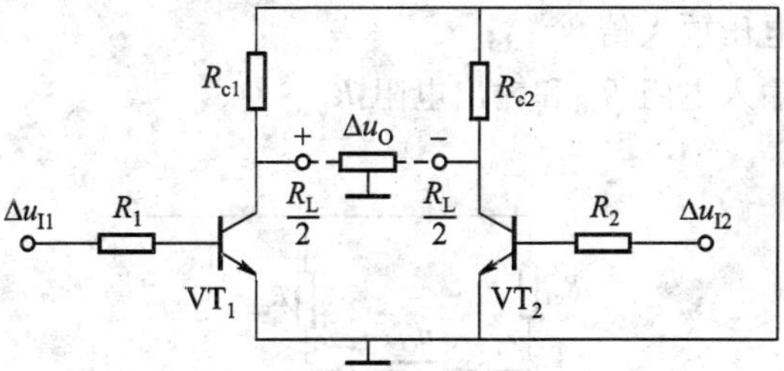

图 5.3.9 长尾式差分放大电路的交流通路

根据交流通路可得

$$\Delta i_{B1}=\frac{\Delta u_{I1}}{R+r_{be}}$$

$$\Delta i_{C1}=\beta\Delta i_{B1}$$

则

$$\Delta u_{C1}=-\Delta i_{C1}\left(R_c/\!/\frac{R_L}{2}\right)=-\frac{\beta\left(R_c/\!/\frac{R_L}{2}\right)}{R+r_{be}}\Delta u_{I1}$$

同理 $$\Delta u_{C2}=-\Delta i_{C2}\left(R_c /\!/ \frac{R_L}{2}\right)=-\frac{\beta\left(R_c /\!/ \frac{R_L}{2}\right)}{R+r_{be}}\Delta u_{I2}$$

故输出电压为

$$\Delta u_O=\Delta u_{C1}-\Delta u_{C2}=-\frac{\beta\left(R_c /\!/ \frac{R_L}{2}\right)}{R+r_{be}}(\Delta u_{I1}-\Delta u_{I2})$$

则差模电压放大倍数为

$$A_d=\frac{\Delta u_O}{\Delta u_{I1}-\Delta u_{I2}}=-\frac{\beta\left(R_c /\!/ \frac{R_L}{2}\right)}{R+r_{be}} \tag{5.3.13}$$

从两管输入端向里看，差模输入电阻为

$$R_{id}=2(R+r_{be}) \tag{5.3.14}$$

两管集电极之间的输出电阻为

$$R_o=2R_c \tag{5.3.15}$$

在长尾式差分放大电路中，为了在两侧参数不完全对称的情况下能使静态时的 U_O 为零，常常接入调零电位器 R_W，如图 5.3.10 所示。下面看一个例子。

【例 5.3.2】 在图 5.3.10 所示的放大电路中，已知 $V_{CC}=V_{EE}=12$ V，三极管的 $\beta_1=\beta_2=\beta=50$，$R_{c1}=R_{c2}=R_c=30$ kΩ，$R_e=27$ kΩ，$R_1=R_2=R=10$ kΩ，$R_W=500$ Ω，且设 R_W 的滑动端调在中点位置，负载电阻 $R_L=20$ kΩ，

① 试估算放大电路的静态工作点 Q；

② 估算差模电压放大倍数 A_d；

③ 估算差模输入电阻 R_{id} 和输出电阻 R_o。

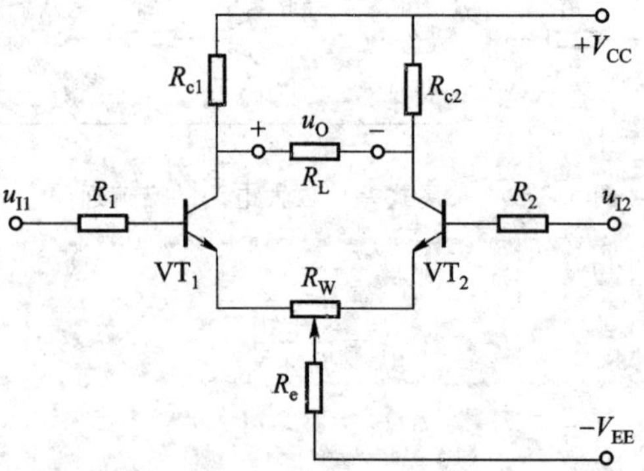

图 5.3.10　接有调零电位器的长尾式差分放大电路

解：① 由三极管的基极回路可得

$$I_{BQ}=\frac{V_{EE}-U_{BEQ}}{R+(1+\beta)(2R_e+0.5R_W)}$$

$$=\frac{12-0.7}{10+51\times(2\times27+0.5\times0.5)}\ \text{mA}$$

$$\approx0.004\ \text{mA}=4\ \mu\text{A}$$

则

$$I_{CQ}\approx\beta I_{BQ}=50\times0.004\ \text{mA}=0.2\ \text{mA}$$

$$U_{CQ}=V_{CC}-I_{CQ}R_c=(12-0.2\times30)\ \text{V}=6\ \text{V}$$

$$U_{BQ}=-I_{BQ}R=(-0.004\times10)\text{V}=-0.04\ \text{V}=-40\ \text{mV}$$

② 为了估算 A_d,需先画出放大电路的交流通路。长尾电阻 R_e 引入一个共模负反馈,故对差模电压放大倍数 A_d没有影响。但调零电位器 R_W中只流过一个三极管的电流,因此将使差模电压放大倍数降低。放大电路的交流通路如图5.3.11所示。

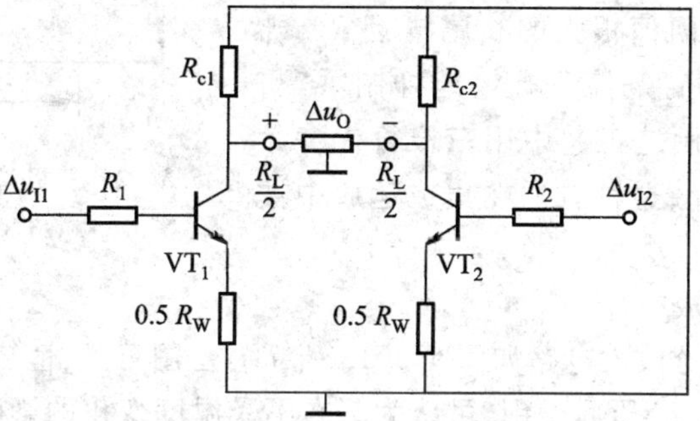

图 5.3.11　图 5.3.10 电路的交流通路

由图可求得差模电压放大倍数为

$$A_d=-\frac{\beta R_L'}{R+r_{be}+(1+\beta)\frac{R_W}{2}}$$

式中

$$R_L'=R_c\ /\!/\ \frac{R_L}{2}=\frac{30\times\frac{20}{2}}{30+\frac{20}{2}}\ \text{k}\Omega=7.5\ \text{k}\Omega$$

$$r_{be}=r_{bb'}+(1+\beta)\frac{26(\text{mV})}{I_{EQ}}=\left(300+51\times\frac{26}{0.2}\right)\ \Omega$$

$$=6\ 930\ \Omega=6.93\ \text{k}\Omega$$

则

$$A_d=-\frac{50\times7.5}{10+6.93+51\times0.5\times0.5}=-12.6$$

③ $R_{id}=2\left[R+r_{be}+(1+\beta)\frac{R_W}{2}\right]$

$$=2\times(10+6.93+51\times0.5\times0.5)\ \mathrm{k\Omega}\approx59.4\ \mathrm{k\Omega}$$

$$R_o=2R_c=2\times30\ \mathrm{k\Omega}=60\ \mathrm{k\Omega}$$

3. 恒流源式差分放大电路

在长尾式差分放大电路中，长尾电阻 R_e 愈大，则共模负反馈作用愈强，抑制零漂的效果愈好。但是，R_e 愈大，为了得到同样的工作电流所需的负电源 V_{EE} 的值也愈高。希望既要抑制零漂的效果比较好，同时又不要求过高的 V_{EE} 值。为此，可以考虑采用一个三极管代替原来的长尾电阻 R_e。

在三极管输出特性的恒流区，当集电极电压有一个较大的变化量 Δu_{CE} 时，集电极电流 i_C 基本不变，见图 5.3.12。此时三极管 c、e 之间的等效电阻 $r_{ce}=\dfrac{\Delta u_{CE}}{\Delta i_C}$ 的值很大。用恒流三极管充当一个阻值很大的长尾电阻 R_e，既可在不用大电阻的条件下有效地抑制零漂，又适合集成电路制造工艺中用三极管代替大电阻的特点，因此，这种方法在集成运放中被广泛采用。

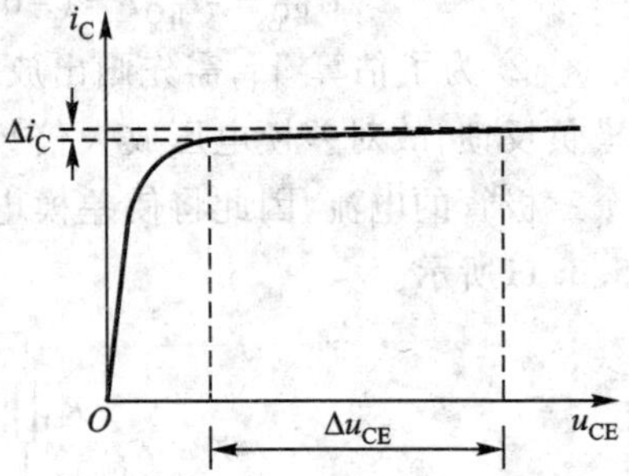

图 5.3.12　三极管输出特性的恒流区

（1）电路组成

恒流源式差分放大电路如图 5.3.13 所示。由图可见，恒流管 VT_3 的基极电位由电阻 R_{b1}、R_{b2} 分压后得到，可认为基本不受温度变化的影响，则当温度变化时 VT_3 的发射极电位和发射极电流也基本保持稳定，而两个放大管的集电极电流 i_{C1} 和 i_{C2} 之和近似等于 i_{C3}，所以 i_{C1} 和 i_{C2} 将不会因温度的变化而同时增大或减小，可见，接入恒流三极管后，抑制了共模信号的变化。

有时，为了简化起见，常常不把恒流源式差分放大电路中恒流管 VT_3 的具体电路画出，而采用一个简化的恒流源符号来表示，如图 5.3.14 所示。

（2）静态分析

估算恒流源式差分放大电路的静态工作点时，通常可从确定恒流三极管的电流开始。由图 5.3.13 可知，当忽略 VT_3 的基流时，R_{b1} 上的电压为

$$U_{R_{b1}}=\frac{R_{b1}}{R_{b1}+R_{b2}}(V_{CC}+V_{EE}) \tag{5.3.16}$$

则恒流管 VT_3 的静态电流为

$$I_{CQ3}\approx I_{EQ3}=\frac{U_{R_{b1}}-U_{BEQ3}}{R_e} \tag{5.3.17}$$

于是可得到两个放大管的静态电流和电压为

$$I_{CQ1}=I_{CQ2}\approx\frac{1}{2}I_{CQ3} \tag{5.3.18}$$

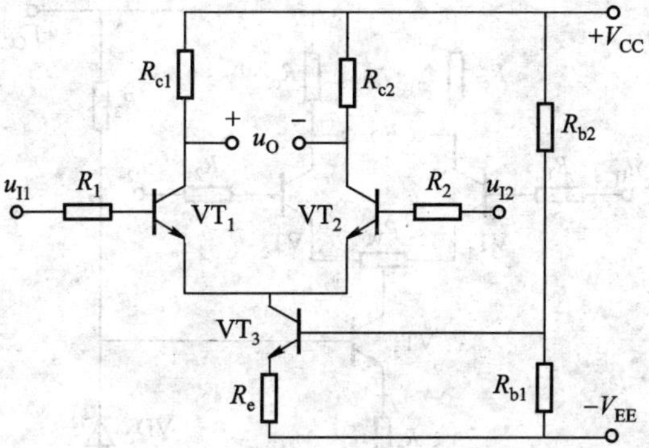

图 5.3.13　恒流源式差分放大电路

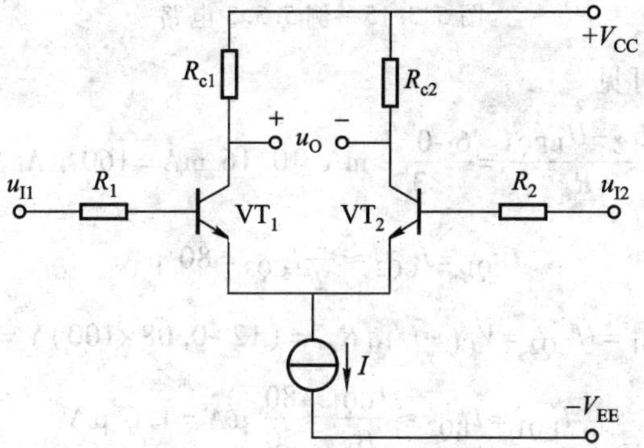

图 5.3.14　恒流源式差分放大电路的简化表示法

$$U_{CQ1}=U_{CQ2}=V_{CC}-I_{CQ1}R_c\text{（对地）} \tag{5.3.19}$$

$$I_{BQ1}=I_{BQ2}\approx\frac{I_{CQ1}}{\beta_1} \tag{5.3.20}$$

$$U_{BQ1}=U_{BQ2}=-I_{BQ1}R\text{（对地）} \tag{5.3.21}$$

（3）动态分析

由于恒流三极管相当于一个阻值很大的长尾电阻，它的作用也是引入一个共模负反馈，对差模电压放大倍数没有影响，所以恒流源式差放的交流通路与长尾式电路的交流通路相同，见图 5.3.9。因而，二者的差模电压放大倍数 A_d、差模输入电阻 R_{id}和输出电阻 R_o 均相同，见式（5.3.13）、（5.3.14）和（5.3.15）。

【例 5.3.3】 在图 5.3.15 所示的恒流源式差分放大电路中，设 $V_{CC}=V_{EE}=12$ V，三极管的 $\beta_1=\beta_2=\beta=50$，$R_{c1}=R_{c2}=R_c=100$ kΩ，$R_e=33$ kΩ，$R_1=R_2=R=10$ kΩ，$R_W=200$ Ω，且滑动端调在中点，稳压管的 $U_Z=6$ V，$R_3=3$ kΩ，

① 试估算静态工作点 Q；

② 估算差模电压放大倍数 A_d。

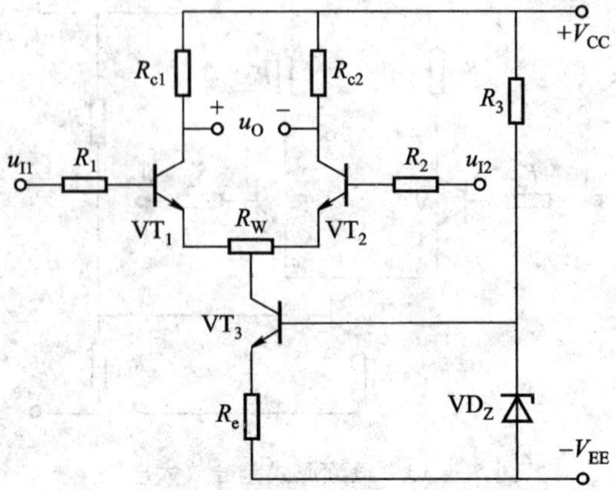

图 5.3.15　例 5.3.3 电路

解： ① 由图可见

$$I_{CQ3} \approx I_{EQ3} = \frac{U_Z - U_{BEQ3}}{R_e} = \frac{6-0.7}{33}\ \text{mA} \approx 0.16\ \text{mA} = 160\ \mu\text{A}$$

则

$$I_{CQ1} = I_{CQ2} \approx \frac{1}{2} I_{CQ3} = 80\ \mu\text{A}$$

$$U_{CQ1} = U_{CQ2} = V_{CC} - I_{CQ1} R_{c1} = (12 - 0.08 \times 100)\ \text{V} = 4\ \text{V}$$

$$I_{BQ1} = I_{BQ2} \approx \frac{I_{CQ1}}{\beta_1} = \frac{80}{50}\ \mu\text{A} = 1.6\ \mu\text{A}$$

$$U_{BQ1} = U_{BQ2} = -I_{BQ1} R_1 = -(1.6 \times 10)\ \text{mV} = -16\ \text{mV}$$

② 为了估算 A_d，需先求出 r_{be}。

$$r_{be} = r_{bb'} + (1+\beta)\frac{26(\text{mV})}{I_{EQ}}$$

$$= \left(300 + \frac{51 \times 26}{0.08}\right)\ \Omega = 16\ 875\ \Omega$$

$$\approx 16.9\ \text{k}\Omega$$

所以

$$A_d = -\frac{\beta R_L'}{R + r_{be} + (1+\beta)\dfrac{R_W}{2}} = -\frac{50 \times 100}{10 + 16.9 + 51 \times 0.5 \times 0.2} \approx -156$$

4. 差分放大电路的输入、输出接法

差分放大电路有两个三极管，它们的基极和集电极可以分别成为放大电路的两个输入端和两个输出端。差分放大电路的输入、输出端可以有四种不同的接法，即双端输入、双端输出，双端输入、单端输出，单端输入、双端输出和单端输入、单端输出，如图 5.3.16 所示。当输入、输出端的接法不同时，放大电路的某些性能指标和电路的特点也有差别,下面分别进行介绍。

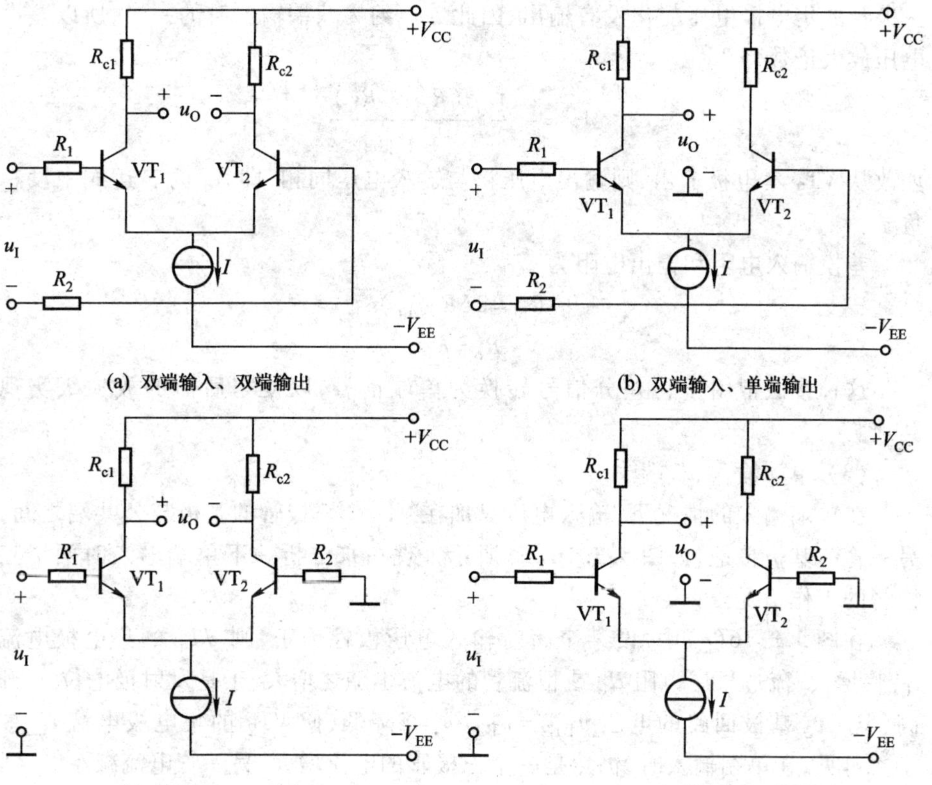

(a) 双端输入、双端输出　(b) 双端输入、单端输出

(c) 单端输入、双端输出　(d) 单端输入、单端输出

图 5.3.16　差分放大电路的四种接法

(1) 双端输入、双端输出

电路见图 5.3.16(a)。根据前面的分析,由式(5.3.13)、(5.3.14)和(5.3.15)可知,放大电路的差模电压放大倍数、差模输入电阻和输出电阻分别为

$$A_d = -\frac{\beta\left(R_c \mathbin{/\!/} \frac{R_L}{2}\right)}{R + r_{be}}$$

$$R_{id} = 2(R + r_{be})$$

$$R_o = 2R_c$$

由前面的分析还可知,由于差分放大电路中两个三极管的集电极电压的温度漂移互相抵消,因此抑制温漂的能力很强,理想情况下共模抑制比 K_{CMR} 为无穷大。

(2) 双端输入、单端输出

电路如图 5.3.16(b)所示。由于只从一个三极管的集电极输出,而另一个三极管的集电极电压变化没有输出,因此 Δu_O 约为双端输出时的一半,所以差模电压放大倍数为

$$A_d = -\frac{1}{2}\frac{\beta(R_c \mathbin{/\!/} R_L)}{R + r_{be}}$$

如改从 VT_2 集电极输出,则输出电压将与输入电压同相,即 A_d 的表达式中没有负号。

差模输入电阻和输出电阻为

$$R_{id} = 2(R + r_{be})$$

$$R_o = R_c$$

这种接法常用于将差分信号转换为单端信号,以便与后面的放大级实现共地。

(3) 单端输入、双端输出

在单端输入的情况下,输入电压只加在某一个三极管的基极与公共端之间,另一管的基极接地,如图 5.3.16(c)所示。现在来分析一下单端输入时两个三极管的工作情况。

在图 5.3.16(c)中,设某个瞬时输入电压极性为正,则 VT_1 的集电极电流 i_{C1} 将增大,流过长尾电阻 R_e 或恒流管的电流也随之增大,于是发射极电位 u_E 升高,但 VT_2 基极回路的电压 $u_{BE2} = u_{B2} - u_E$ 将降低,使 VT_2 的集电极电流 i_{C2} 减小。可见,在单端输入时,仍然是一个三极管的电流增大,另一管电流减小。

因长尾电阻或恒流管引入的共模负反馈将阻止 i_{C1} 和 i_{C2} 同时增大或减小,故当共模负反馈足够强时,可认为 i_{C1} 与 i_{C2} 之和基本上不变,即 $\Delta i_{C1} + \Delta i_{C2} \approx 0$,或 $\Delta i_{C1} \approx -\Delta i_{C2}$。说明在单端输入时,$i_{C1}$ 增大的量与 i_{C2} 减小的量基本上相等,所以,此时两个三极管输出电压的变化情况将与差分输入时基本相同。在单端输入时,发射极电压 u_E 将随输入电压 u_I 而变化,当共模负反馈足够强时,可认为 $\Delta u_E \approx \frac{1}{2}\Delta u_I$,则 VT_1 的输入电压 $\Delta u_{BE1} = \Delta u_I - \Delta u_E \approx \frac{1}{2}\Delta u_I$,$VT_2$ 的输入电压 $\Delta u_{BE2} = 0 - \Delta u_E \approx -\frac{1}{2}\Delta u_I$。由此可知,$\Delta u_{BE1}$ 与 Δu_{BE2} 大小近似相等而极性相反,即两个三极管仍然基本上工作在差分状态。所以,单端输入、双端输出时的差模电压放大倍数为

$$A_d = -\frac{\beta\left(R_c \mathbin{/\!/} \frac{R_L}{2}\right)}{R + r_{be}}$$

差模输入电阻和输出电阻为

$$R_{id} \approx 2(R+r_{be})$$
$$R_o = 2R_c$$

这种接法主要用于将单端信号转换为双端输出，以便作为下一级的差分输入信号。

(4) 单端输入、单端输出

电路如图 5.3.16(d)所示。由于从单端输出，所以其差模电压放大倍数约为双端输出时的一半。

$$A_d = -\frac{1}{2}\frac{\beta(R_c \mathbin{/\!/} R_L)}{R + r_{be}}$$

如果改从 VT_2 的集电极输出，则以上 A_d 的表达式中没有负号，即输出电压与输入电压同相。

差模输入电阻和输出电阻为

$$R_{id} \approx 2(R+r_{be})$$
$$R_o = R_c$$

这种接法的特点是在单端输入和单端输出的情况下，比一般的单管放大电路具有较强的抑制零漂的能力。另外，通过从不同的三极管集电极输出，可使输出电压与输入电压成为反相或同相关系。

总之，根据以上对差分放大电路输入、输出端四种不同接法的分析，可以得出以下几点结论。

① 双端输出时，差模电压放大倍数基本上与单管放大电路的电压放大倍数相同；单端输出时，A_d 约为双端输出时的一半。

② 双端输出时，输出电阻 $R_o = 2R_c$；单端输出时，$R_o = R_c$。

③ 双端输出时，因为两管集电极电压的温漂互相抵消，所以在理想情况下共模抑制比 $K_{CMR} = \infty$；单端输出时，由于通过长尾电阻或恒流三极管引入了很强的共模负反馈，因此仍能得到较高的共模抑制比，当然不如双端输出时高。

④ 单端输出时，可以选择从不同的三极管输出，而使输出电压与输入电压反相或同相。

⑤ 单端输入时，由于引入了很强的共模负反馈，两个三极管仍基本上工作在差分状态。

⑥ 单端输入时，从一个三极管到公共端之间的差模输入电阻 $R_{id} \approx 2(R+r_{be})$。

现将四种不同接法时差分放大电路的主要性能和特点列于表 5-1 中，以便对照比较。

表 5-1　差分放大电路四种接法之性能比较

接法 / 性能	双端输入 双端输出	双端输入 单端输出	单端输入 双端输出	单端输入 单端输出
A_d	$-\dfrac{\beta\left(R_c/\!/\dfrac{R_L}{2}\right)}{R+r_{be}}$	$-\dfrac{1}{2}\dfrac{\beta(R_c/\!/R_L)}{R+r_{be}}$	$-\dfrac{\beta\left(R_c/\!/\dfrac{R_L}{2}\right)}{R+r_{be}}$	$-\dfrac{1}{2}\dfrac{\beta(R_c/\!/R_L)}{R+r_{be}}$
R_{id}	$2(R+r_{be})$	$2(R+r_{be})$	$\approx 2(R+r_{be})$	$\approx 2(R+r_{be})$
R_o	$2R_c$	R_c	$2R_c$	R_c
K_{CMR}	很高	较高	很高	较高
特点	A_d 与单管放大电路的 A_u 基本相同； 理想情况下，$K_{CMR}\to\infty$； 适用于输入信号和负载的两端均不接地的情况	A_d 约为双端输出时的一半； 由于引入共模负反馈，仍有较高的 K_{CMR}； 适用于将双端输入转换为单端输出	A_d 与单管放大电路的 A_u 基本相同； 理想情况下，$K_{CMR}\to\infty$； 适用于将单端输入转换为双端输出	A_d 约为双端输出时的一半； 由于引入共模负反馈，仍有较高的 K_{CMR}； 适用于输入、输出均要求接地的情况； 选择从不同的管子输出，可使输出电压与输入电压反相或同相

▶▶5.3.3　中间级

中间级的主要任务是提供足够大的电压放大倍数，从这个目标出发，不仅要求中间级本身具有较高的电压增益，同时为了减少对前级的影响，还应具有较高的输入电阻。尤其当输入级采用有源负载时，输入电阻问题更为重要，否则将使输入级的电压增益大为下降，失去了有源负载的优点。另外，中间级还应向输出级提供较大的推动电流，并能根据需要实现单端输入至双端输出，或双端输入至单端输出的转换。

为了提高电压放大倍数，集成运放的中间级经常利用三极管作为有源负载。另外，中间级的放大管有时采用复合管的结构形式。

1. 有源负载

所谓有源负载就是利用双极型三极管或场效应管（均为有源器件）充当负载电阻。本书第 2 章已经阐明，共射放大电路和共基放大电路的电压放大倍数

的值$|\dot{A}_u|$与集电极负载电阻R_c的大小有关，通常R_c愈大，则$|\dot{A}_u|$也愈大。但是，集成电路的工艺不便于制造大电阻。而当三极管工作在恒流区时，集电极与发射极之间的等效电阻r_{ce}的值很大。所以，在集成运放中，常常用三极管代替负载电阻R_c，组成有源负载，以便于利用三极管等效电阻r_{ce}比较大的特点，获得较高的电压放大倍数。

2. 复合管

集成运放的中间级采用复合管时，不仅可以得到很高的电流放大系数β，以便提高本级的电压放大倍数，而且能够大大提高本级的输入电阻，以免对前级放大倍数产生不良影响，特别是在前级采用有源负载时，其效果是提高了集成运放总的电压放大倍数。

当然，复合管不仅在集成运放的中间级被采用，还更经常地用于集成运放的输出级。关于复合管的连接方法及其β和r_{be}的分析估算，请参阅本书第4章4.3.1节。

图5.3.17示出了一个利用复合管作为放大三极管，同时采用有源负载的共射放大电路。其中VT_1与VT_2组成的复合管是放大三极管，VT_3为有源负载。VT_3与VT_4组成镜像电流源，作为偏置电路。基准电流I_{REF}由V_{CC}、VT_4和R支路产生，由图可得

$$I_{REF}=\frac{V_{CC}-U_{BE4}}{R}$$

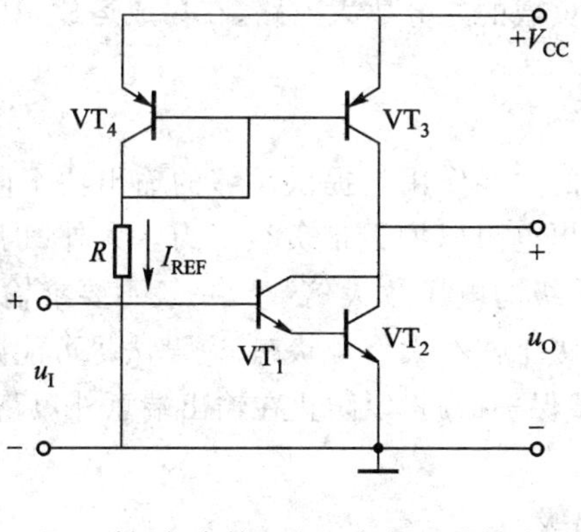

图5.3.17　采用复合管和有源负载的共射放大电路

根据基准电流I_{REF}，即可确定放大管的工作电流。

图5.3.18是采用有源负载的差分放大电路。其中NPN三极管VT_1、VT_2为放大三极管，PNP三极管VT_3、VT_4组成镜像电流源，分别作为VT_1、VT_2的有源负载。由图可见，此放大电路采用双端输入、单端输出接法。VT_1、VT_2发射极的恒流源决定放大管的工作电流。

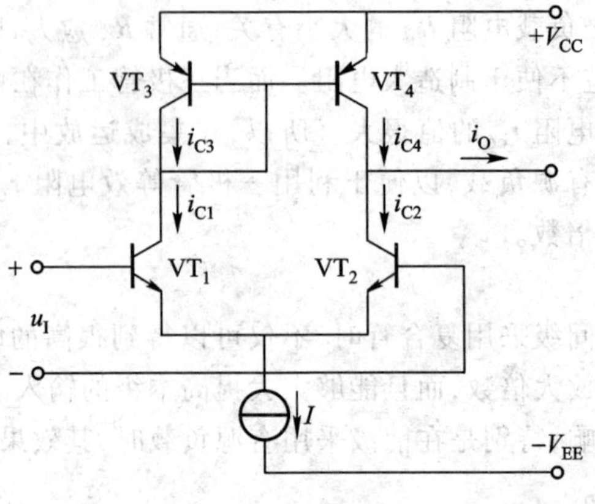

图 5.3.18　有源负载差分放大电路

当输入电压为零时,可认为两个放大管的静态电流相等,各等于$\frac{1}{2}I$。如果加上差模输入电压,设极性为正,则 i_{C1} 将增大,i_{C2} 将减小,而且可认为 $\Delta i_{C1}=-\Delta i_{C2}$。当 VT_3、VT_4 的β足够大时,可忽略 VT_3 和 VT_4 的基流,认为 $\Delta i_{C1}\approx\Delta i_{C3}$。而 VT_3、VT_4 又组成镜像电流源,则 $\Delta i_{C3}\approx\Delta i_{C4}$,于是可得 $\Delta i_{C2}\approx-\Delta i_{C4}$,而输出电流 i_O 等于 i_{C4} 与 i_{C2} 之差,所以

$$\Delta i_O=\Delta i_{C4}-\Delta i_{C2}=2\Delta i_{C4}$$

可见,电路虽然采用单端输出接法,却可以得到相当于双端输出时的输出电流变化量。这种采用有源负载的差分放大电路,在集成运放中的应用十分广泛。

▶▶5.3.4　输出级

集成运放输出级的主要作用是提供足够的输出功率以满足负载的需要,同时还应具有较低的输出电阻以增强带负载能力。另外,也希望输出级有较高的输入电阻,以免影响前级的电压放大倍数。一般不要求输出级提供很高的电压放大倍数。由于输出级工作在大信号状态,应设法尽可能减小输出波形的失真。此外,输出级应有过载保护措施,以防止在输出端意外短路或负载电流过大时烧毁功率三极管。

1. 互补对称输出级

集成运放的输出级基本上都采用各种形式的互补对称电路。为了避免产生交越失真,实际上通常采用甲乙类的 OCL 或 OTL 互补对称电路。当集成运放的输出功率比较大时,常常采用由两个或两个以上三极管组成的复合管所构成的互补对称电路或准互补对称电路,以免要求前级放大级提供的推动电流太大。

关于 OTL 和 OCL 互补对称式放大电路的组成、工作原理和主要参数的估算,以及采用复合管的互补对称式放大电路和准互补对称式放大电路,已在本书

第 4 章 4.2 节和 4.3 节作了详细的介绍，此处不再重复。

2. 过载保护电路

在集成运放的输出级，通常应有适当的过载保护电路，它的作用是当负载电流超过规定值时，保护输出级的功率管，以保证安全。常用的过载保护电路有二极管保护电路和三极管保护电路等。

图 5.3.19 示出了两个具有过载保护措施的甲乙类 OCL 互补对称输出级电路。在图 5.3.19(a)中，VT_1 和 VT_2 是功率三极管，二极管 VD_3、VD_4 和电阻 R_{e1}、R_{e2}组成过载保护电路。当输出电流正常时，VD_3、VD_4 截止，不起作用。若流过功率管 VT_1 的正向电流过大，则 R_{e1}上压降升高，使 VD_3 导通，VT_1 原来的基极电流中将有一部分被分流到 VD_1、VD_3 支路，由于基流减小，使 VT_1 的输出电流无法增大，从而保护了功率管 VT_1。同理，如果流过 VT_2 的反向电流过大，则 R_{e2}上压降升高，使 VD_4 导通，将 VT_2 的基流分流，以保护 VT_2 避免电流过大。

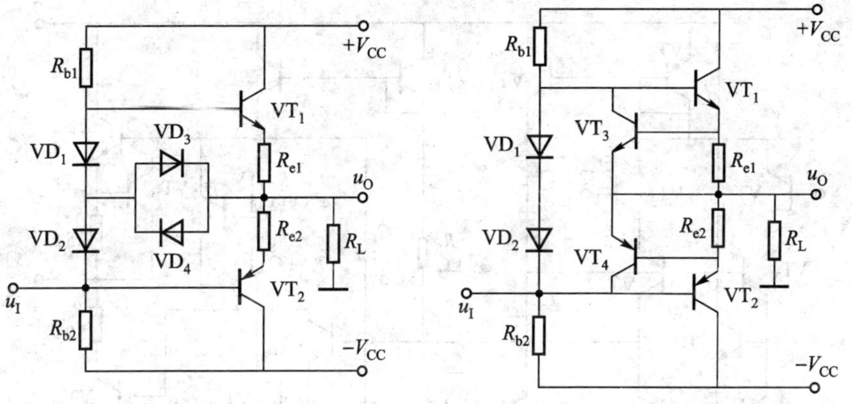

(a) 二极管保护电路　　(b) 三极管保护电路

图 5.3.19　过载保护电路

在图 5.3.19(b)中，三极管 VT_3、VT_4 和电阻 R_{e1}、R_{e2}起过载保护作用，其工作原理与图 5.3.19(a)类似，读者可自行分析，此处不再赘述。

假设二极管导通时的 U_D 以及三极管导通时的 U_{BE}均为 0.7 V，则采用以上过载保护电路时允许功率管 VT_1、VT_2 输出的最大电流约为

$$I_{Em} \approx \frac{0.7\ V}{R_e}$$

由上式可见，R_e 愈大，则 I_{Em}愈小。如果温度升高，则二极管或三极管导通时的 U_D 或 U_{BE}将降低，由上式可见，此时允许功率管输出的最大电流 I_{Em}也将随之减小，说明以上过载保护电路在高温时将在较小的输出电流时就开始工作，更有利于保护在高温条件下工作的集成运放。

▶5.4 集成运放的典型电路

在了解集成运放基本组成部分的基础上，本节将简要地介绍两种典型的集成运放电路，一种是双极型集成运放 LM741，另一种是 CMOS 集成运放 C14573。

▶▶5.4.1 双极型集成运放 LM741

LM741 是美国国家半导体公司的集成运放产品，国内类同产品的型号有 F007、5G24 等，国外类同产品的型号有 μA741、F741、AD741 以及 μPC741 等。这是一类应用比较广泛的通用型集成运放。

1. 电路原理图

LM741 的电路原理图见图 5.4.1。由图可见，电路包括四个组成部分：偏置电路、差分放大输入级、中间级以及输出级和过载保护电路。

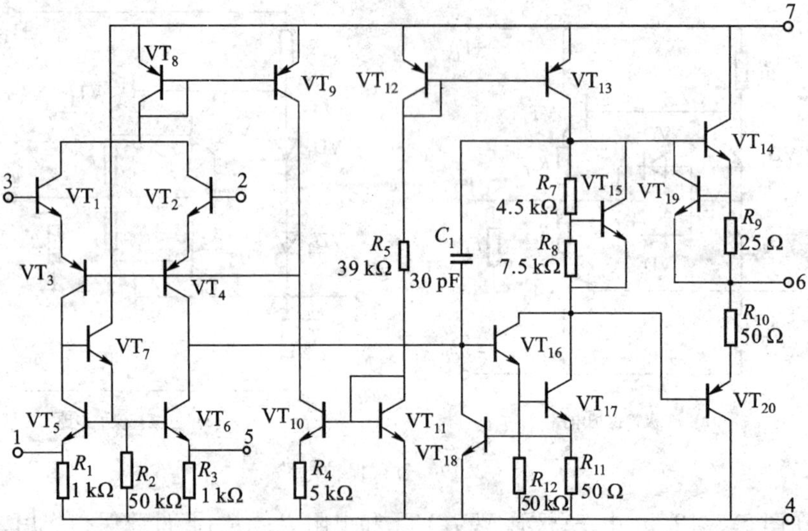

图 5.4.1 LM741 电路原理图

(1) 偏置电路

LM741 的偏置电路由图 5.4.1 中的 $VT_8 \sim VT_{13}$ 以及电阻 R_4、R_5 等元件组成，如图 5.4.2 所示。由图可知，流过电阻 R_5 的基准电流 I_{REF} 的值可根据下式进行估算：

$$I_{REF}=\frac{V_{CC}+V_{EE}-U_{BE12}-U_{BE11}}{R_5}$$

有了基准电流，再产生各放大级所需的偏置电流。

其中 VT_{11}、VT_{10} 和 R_4 组成微电流源，因此 I_{C10} 比 I_{C11} 小得多，但更稳定。由

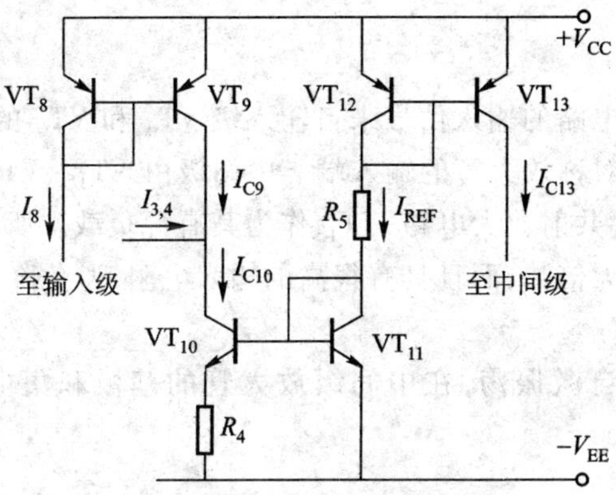

图 5.4.2　LM741 的偏置电路

I_{C10}提供 VT_9 的集电极电流 I_{C9}和 VT_3、VT_4 的基流 $I_{3,4}$。横向 PNP 管 VT_8、VT_9 组成的镜像电流源产生 I_8，决定输入级 VT_1、VT_2 的集电极电流。所以输入级工作在弱电流状态，而且电流比较稳定。

横向 PNP 管 VT_{12}和 VT_{13}组成另一组镜像电流源，产生 I_{C13}，提供中间级放大管 VT_{16}、VT_{17}的静态电流。

（2）输入级

LM741 的输入级电路由 VT_1、VT_2、VT_3 和 VT_4 组成共集-共基差分放大电路，VT_5 和 VT_6 构成有源负载，代替负载电阻 R_c。差分输入信号由 VT_1、VT_2 的基极送入，从 VT_4 的集电极送出单端输出信号至中间级。输入级电路可简化为图5.4.3。

共集-共基差分放大电路是一种复合组态，兼有共集组态和共基组态的优点。其中 VT_1、VT_2 是共集组态，具有较高的差模输入电阻和共模输入电压。VT_3、VT_4 为共基组态，有电压放大作用，又因 VT_5、VT_6 充当有源负载，所以可得到很高的电压放大倍数。而且共基接法还使频率响应得到改善。

由图 5.4.1 可见，恒流源 $I_{C10}=I_{C9}+I_{3,4}$，假设由于温度升高使 I_{C1}和 I_{C2}增大，则 I_{C8}也增大，而 I_{C8}与 I_{C9}是镜像关系，因此 I_{C9}也随之增大。但 I_{C10}是一个恒定电流，于是 $I_{3,4}$减小，使 I_{C3}、I_{C4}也减小，从而保持 I_{C1}、I_{C2}稳定。可见，这种接法组成了一个共模负反馈，其作用是减小温漂，提高共模抑

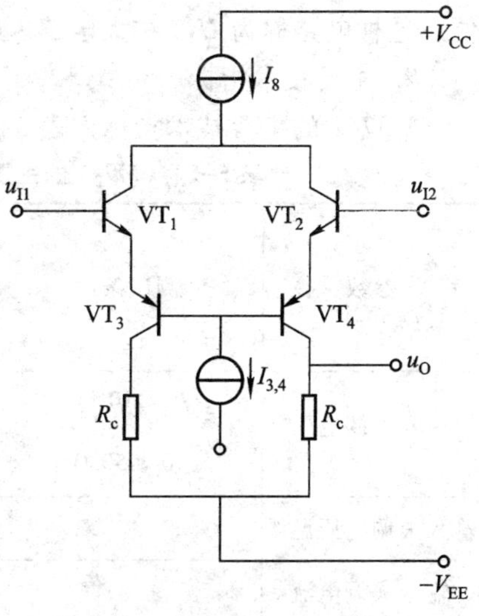

图 5.4.3　LM741 输入级简化示意图

制比。

(3) 中间级

LM741 中间级电路的输入信号来自输入级 VT_4 和 VT_6 的集电极,输出端接到输出级两个互补对称放大管的输入端。中间级由 VT_{16}、VT_{17} 组成的复合管充当放大管,组成单管共射放大电路,VT_{13} 作为其有源负载。所以中间级不仅能够提供很高的电压放大倍数,而且具有很高的输入电阻,避免降低前级的电压放大倍数。

为了防止产生自激振荡,在中间级放大管的基极和集电极之间接入一个 30 μF的校正电容。

(4) 输出级

LM741 的输出级由 NPN 三极管 VT_{14} 和 PNP 三极管 VT_{20} 组成互补对称电路。VT_{19} 的作用是实现过载保护。

三极管 VT_{15} 和电阻 R_7、R_8 的作用是为功率管提供静态基流,使电路工作在甲乙类状态,以减小交越失真。在实际的互补对称功率输出级电路中,两个功率管基极之间的电压差常常需要根据静态工作点的要求进行调节。前面介绍的甲乙类互补对称电路中使用两个二极管和一个电阻串联,调节不太方便。而在图 5.4.1 中,两个功率管基极之间的电压即是 U_{CE15}。由图可见,如果忽略 VT_{15} 的基流,则

$$U_{CE15} \approx \frac{R_7 + R_8}{R_8} U_{BE15} \approx \left(1 + \frac{R_7}{R_8}\right) \times 0.7\ \mathrm{V}$$

可见,只需改变 R_7 和 R_8 的阻值,即可调节两个功率管之间的电压差,比较方便。这种电路称为 **U_{BE} 扩大电路**,在集成运放的输出级中应用十分广泛。

2. 主要技术指标

LM741 的主要技术指标如表 5-2 所示。

表 5-2 LM741 的主要技术指标(大气温度 $T_A = 25$℃)

参数	测试条件	LM741A/LM741E			LM741			LM741C			单位
		最小	典型	最大	最小	典型	最大	最小	典型	最大	
输入失调电压	$R_s \leqslant 10\ \mathrm{k\Omega}$					1.0	5.0		2.0	6.0	mV
	$R_s \leqslant 50\ \Omega$		0.8	3.0							mV
输入失调电压温漂				15							μV/℃
输入失调电流			3.0	30		20	200		20	200	nA
输入失调电流温漂				0.5							nA/℃

续表

参数	测试条件	LM741A /LM741E			LM741			LM741C			单位
		最小	典型	最大	最小	典型	最大	最小	典型	最大	
输入偏置电流			30	80		80	500		80	500	nA
输入电阻	$U_S=\pm20$ V	1.0	6.0		0.3	2.0		0.3	2.0		MΩ
输入电压范围									±12	±13	V
大信号电压增益	$R_L\geqslant2$ kΩ										
	$U_S=\pm20$ V, $U_O=\pm15$ V	50									V/mV
	$U_S=\pm15$ V, $U_O=\pm10$ V				50	200		20	200		V/mV
输出电压幅度	$U_S=\pm20$ V, $R_L\geqslant10$ kΩ	±16									V
	$U_S=\pm20$ V, $R_L\geqslant2$ kΩ	±15									V
	$U_S=\pm15$ V, $R_L\geqslant10$ kΩ				±12	±14		±12	±14		V
	$U_S=\pm15$ V, $R_L\geqslant2$ kΩ				±10	±13		±10	±13		V
共模抑制比	$T_{Amin}\leqslant T_A\leqslant T_{Amax}$										
	$R_s\leqslant10$ kΩ, $U_{cm}=\pm12$ V				70	90		70	90		dB
	$R_s\leqslant50$ kΩ, $U_{cm}=\pm12$ V	90	95								dB
带宽		0.437	1.5								MHz
转换速率	单位增益	0.3	0.7			0.5			0.5		V/μs
电源电流						1.7	2.8		1.7	2.8	mA
电源电压			±22			±22			±18		V
允许功耗			500			500			500		mW
差模输入电压			±30			±30			±30		V
工作温度范围			−55～+125 /0～70			−55～125			0～70		℃

3. 引脚和连接方法

LM741CN 或 LM741EN 为双列直插式封装（LM741H、LM741AH、LM741CH 或 LM741EH 为圆壳式），共有 8 个引脚，如图 5.4.4(a)所示。其中引脚 2 和 3 分别为反相输入端和同相输入端，6 为输出端，7、4 分别接正、负直流电源，1、5 之间接调零电位器，引脚 8 为空。各引脚与外电路的连接示意图见图 5.4.4(b)。

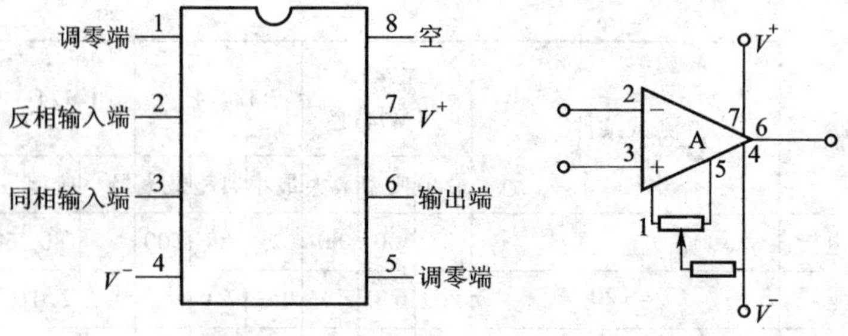

(a) 引脚　　　　(b) 连接示意图

图 5.4.4　LM741 的引脚及连接示意图

▶▶5.4.2　CMOS 集成四运放 C14573

过去很长一段时期内，由于 MOS 管的跨导较小，导致 MOS 运放增益较低；MOS 工艺匹配性差，使运放的失调电压较高；又因 MOS 管的低频噪声较大等原因，所以，在模拟集成电路的生产方面，双极型工艺一直占有主导的地位。后来，随着 MOS 工艺的改进，上述缺点逐步得到克服。现在已经能够制造出性能与双极型产品相当的 MOS 集成运放。而且，这种产品在高输入阻抗、低功率、低价格等方面具有突出的优点，有利于集成运放的推广使用。CMOS 运放由 NMOS 和 PMOS 互补器件组成，更具有线性度好，温度特性较好、电路结构简单等优点，而且可以把双极型电路直接转换为相应的 CMOS 电路。

C14573 由 CMOS 工艺制成，每个芯片内集成了四个结构相同的运算放大器。

1. 电路原理图

C14573 中每一个运放单元的电路原理图如图 5.4.5 所示。由图可见，每一个运放单元内部由两级放大电路构成。第一级为 PMOS 管 P_3、P_4 组成的共源极差分放大输入级。NMOS 管 N_1、N_2 为其有源负载。P_1 为恒流管，它和 P_0 构成一对镜像电流源。外接偏置电阻 R_{set}用以设置工作电流。差放输入级采用双端输入、单端输出的形式。

第二级由 NMOS 管 N_3 组成共源极放大电路，PMOS 管 P_2 为有源负载。电容 C 是已经做在电路内部的校正电容，跨接在 N_3 的漏、栅之间，用以防止产生自激振荡。

这种 CMOS 的运放电路具有以下几个明显特点：

① 成本低廉、功耗小，适用于大量应用运放的场合；

② 输入电阻高，通常大于 10^9 Ω；

③ 通过外接偏置电阻，允许灵活地设定偏置电流；

④ 单电源或双电源工作均可；

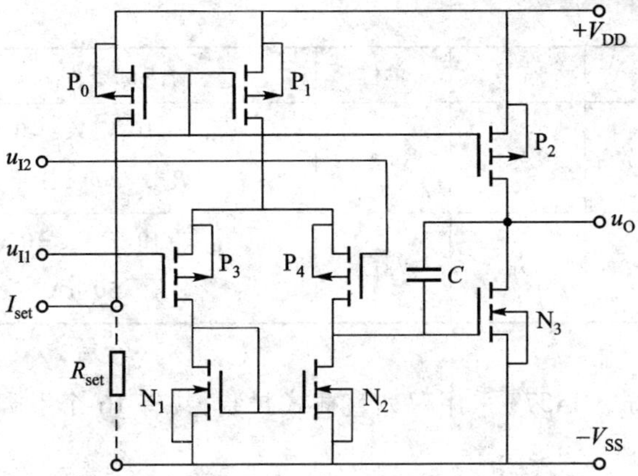

图 5.4.5　C14573 电路原理图

⑤ 与 CMOS、TTL 电路兼容,在既有模拟电路、又有数字逻辑电路的混合系统中使用十分方便;

⑥ 工作电压低,输出驱动能力比双极型运放低得多。

2. 主要技术指标

C14573 的主要技术指标如表 5-3 所示。

表 5-3　CMOS 四运放 C14573 的主要技术指标

($V_{DD}=10$ V, $V_{SS}=0$ V)

指标名称	符号	单位	测试条件	典型值
电源电压范围	$V_{DD}-V_{SS}$	V		5 ~ 15
输入失调电压	U_{IO}	mV	$I_{set}=50$ μA	10
输入失调电流	I_{IO}	nA		0.1
输入偏置电流	I_{IB}	nA	$I_{set}=50$ μA	1
输入失调电压温漂	α_{UIO}	μV/℃	$I_{set}=50$ μA	20
差模输入电阻	r_{id}	MΩ		10^4
开环差模电压增益	A_{od}	dB	$I_{set}=50$ μA	90
共模抑制比	K_{CMR}	dB	$I_{set}=50$ μA	80
最大共模输入电压	U_{Icm}	V	$V_{DD}=+7.5$ V, $V_{SS}=-7.5$ V $I_{set}=100$ μA	12
输出电压峰-峰值	U_{OPP}	V	同上	12
单位增益带宽	BW_G	MHz	同上	2
静态功耗	P_D	mW	同上	30

续表

指标名称	符号	单位	测试条件	典型值
电源电流（每个运放）	I_S	mA	$V_{DD}=+10\ V, V_{SS}=0\ V$ $R_{set}=100\ k\Omega$	1.2
转换速率	S_R	V/μs	$V_{DD}=+10\ V, V_{SS}=0\ V,$ $I_{set}=50\ \mu A$	2.5

3. 引脚

CMOS 四运放 C14573 采用双列直插式封装，共有 16 个引脚，其引脚排列见图 5.4.6。

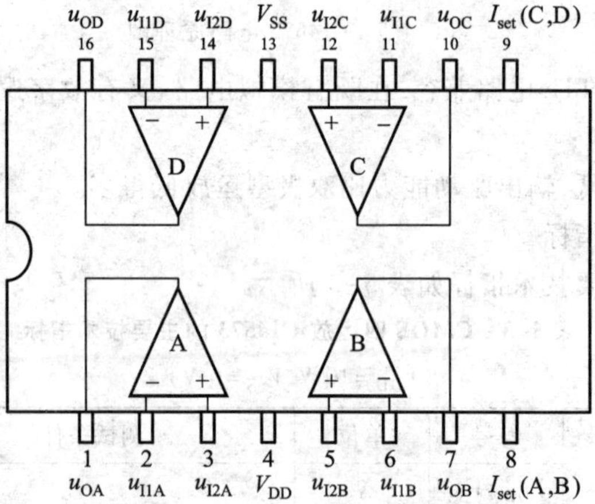

图 5.4.6　C14573 引脚排列图

▶5.5　各类集成运放的性能特点

集成运放自 20 世纪 60 年代问世以来，发展十分迅速。通用型集成运放已经经历了四代的更替，各项技术指标不断得到改进。同时，发展了适应特殊需要的各种专用型集成运放。为了在工作中能够根据实际要求正确地选用，首先必须了解各类集成运放的特点以及它们的主要技术指标。

第一代集成运放以 μA709（我国的 FC3）为代表，基本上沿袭了数字集成电路的制造工艺，但也开始少量采用例如横向 PNP 管等特殊元件，采用了微电流的恒流源、共模负反馈等电路，它们大致能够达到中等精度的要求。

第二代以 μA741（我国的 F007 或 5G24）为代表，它的特点是普遍采用了有源负载，因而在不增加放大级的情况下可获得很高的开环增益。由于放大级由三级减为两级，使防止自激的校正措施比较简单。电路中还有短路保护措施，防止过流造成损坏。

第三代以 AD508(我国的4E325)为代表,其特点是输入级采用了超 β 管,使 I_{IB}、I_{IO} 和 α_{IIO} 等项参数值大大下降。在版图设计方面,输入级采用热对称设计,使超 β 管产生的温漂得以抵消,因此在失调电压,失调电流、开环增益、共模抑制比和温漂等方面的指标都得到改善。

第四代以 HA2900 为代表,它的特点是制造工艺达到大规模集成电路的水平。输入级采用 MOS 场效应管,输入电阻达 100 MΩ 以上,而且采取调制和解调措施,成为自稳零运算放大器,使失调电压和温漂进一步降低,一般无需调零即可使用。

除了通用型集成运放以外,还有专门为适应某些特殊需要而设计的专用型运放,它们往往在某些单项指标方面达到比较高的要求。下面扼要介绍几种有代表性的专用型运放的性能特点和应用场合。

1. 高精度型

高精度集成运放的主要特点是漂移和噪声很低,而开环增益和共模抑制比很高,从而大大减小集成运放的误差,达到很高的精度。

2. 低功耗型

在生物科学和空间技术的研究中,经常需要运放工作在很低的电源电压并只取微弱的电流。低功耗型集成运放的静态功耗一般比通用型低 1 ~ 2 个数量级(不超过毫瓦级),要求的电源电压很低,可用电池供电,也可在标准电压范围内工作。当在低电源电压下工作时,不仅静态功耗低,而且仍能保持良好的技术性能,例如仍能获得较高的开环差模增益和共模抑制比等。

3. 高阻型

在测量放大器、采样-保持电路、带通滤波器、模拟调节器以及某些信号源内阻很高的电路中,需要使用高输入电阻或低输入电流的运算放大器,以便减小对被测电路的影响。

高阻型集成运放通常利用场效应管组成差分输入级,有的集成运放则全部用 MOS 工艺制成。高阻型集成运放的输入电阻高达 10^{12} Ω。

4. 高速型

在 A/D 和 D/A 转换器、有源滤波器、高速采样-保持电路、模拟乘法器和精密比较器等电路中,要求集成运放具有较快的转换速率以获得较短的过渡时间来保证电路的精度。

高速型集成运放的主要特点是在大信号工作状态下具有优良的频率特性。它们的转换速率可达每微秒几十至几百伏,甚至高达 1000 V/μs。单位增益带宽可达 10 MHz,甚至几百兆赫。

5. 高压型

某些应用场合需要集成运放能输出更高的电压,此时应选用高压型集成运放。这种集成运放的特点是输出电压动态范围大,电源电压高,因而集成运放的功耗也高。

6. 大功率型

大功率型集成运放在提供较高的输出电压的同时,还能给出较大的输出电流,最后在负载上可以得到较大的输出功率。例如有些单片音频放大器可以输出十几瓦的功率。

本书附录 B 中列出了一些集成运放典型产品的主要技术指标,供选用时作为参考。由于生产技术和测试条件的差异,不同厂家同类产品的技术指标可能有些出入,附录 B 中所列参数仅供参考。

▶5.6　集成运放使用中的几个具体问题

在使用集成运放组成各种应用电路时,为了使电路能正常、安全地工作,尚需解决几个具体问题,如集成运放参数的测试,使用中出现的异常现象的分析和排除,以及集成运放的保护等。

▶▶5.6.1　集成运放参数的测试

当选定集成运放的产品型号后,通常只要查阅有关器件手册即可得到各项参数值,而不必逐个测试。但是手册中给出的往往只是典型值,由于材料和制造工艺的分散性,每个运放的实际参数与手册上给定的典型值之间可能存在差异,因此有时仍需对参数进行测试。

参数的测试可以采用一些简易的电路和方法手工进行。在成批生产或其他需要大量使用集成运放的场合,也可以考虑利用专门的参数测试仪器进行自动测试。集成运放各项参数的具体测试方法请参阅有关文献,此处不再赘述。

▶▶5.6.2　使用中可能出现的异常现象

将集成运放与外电路接好并加上电源后,有时可能出现一些异常现象。此时应对异常现象进行分析,找出原因,采取适当措施,使电路正常工作。常见的异常现象有以下几种:

1. 不能调零

有时当输入电压为零时,集成运放的输出电压调不到零,可能输出电压处于两个极限状态,等于正的或负的最大输出电压值。

出现这种异常现象的原因可能是:调零电位器不起作用;应用电路接线有误或有虚焊点;反馈极性接错或负反馈开环;集成运放内部已损坏等。如果关断电源后重新接通即可调零，则可能是由于运放输入端信号幅度过大而造成的“堵塞”现象。为了预防“堵塞”，可在运放输入端加上保护措施。具体办法将在本节后面介绍。

2. 漂移现象严重

如果集成运放的温漂过于严重，大大超过手册规定的数值，则属于不正常现象。

造成漂移过于严重的原因可能是：存在虚焊点；运放产生自激振荡或受到强电磁场的干扰；集成运放靠近发热元件；输入回路的保护二极管受到光的照射；调零电位器滑动端接触不良；集成运放本身已损坏或质量不合格等。

3. 产生自激振荡

自激振荡是经常出现的异常现象，表现为当输入信号等于零时，利用示波器可观察到运放的输出端存在一个频率较高，近似为正弦波的输出信号。但是这个信号不稳定，当人体或金属物体靠近时，输出波形将产生显著的变化。

产生自激振荡的原理将在本书第 6 章 6.5 节进行介绍。常用的消除自激振荡的措施主要有：按规定部位和参数接入校正网络；防止反馈极性接错，避免负反馈过强；合理安排接线，防止杂散电容过大等。

►►5.6.3 集成运放的保护

使用集成运放时，为了防止损坏器件，保证安全，除了应选用具有保护环节，质量合格的器件以外，还常在电路中采取一定的保护措施。常用的有以下几种：

1. 输入保护

若集成运放输入端的共模电压或差模电压过高，可能使输入级某一个三极管的发射结被反向击穿而损坏，即使没有造成永久性损坏，也可能使差分对管不平衡，从而使集成运放的技术指标恶化。输入信号幅度过大还可能使集成运放发生“堵塞”现象，使放大电路不能正常工作。

常用的保护措施如图 5.6.1 所示。图(a)是反相输入保护，限制集成运放两个输入端之间的差模输入电压不超过二极管 VD_1、VD_2 的正向导通电压。图

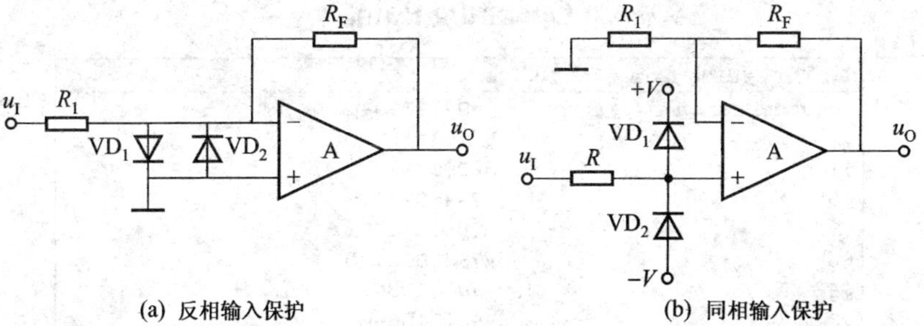

(a) 反相输入保护　　(b) 同相输入保护

图 5.6.1　输入保护

(b)是同相输入保护,限制集成运放的共模输入电压不超过+V至-V的范围。

2. 电源极性错接保护

为了防止正、负两路电源的极性接反而引入的保护电路如图 5.6.2 所示。由图可见,若电源极性错接,则二极管 VD_1、VD_2 不能导通,使电源被断开。

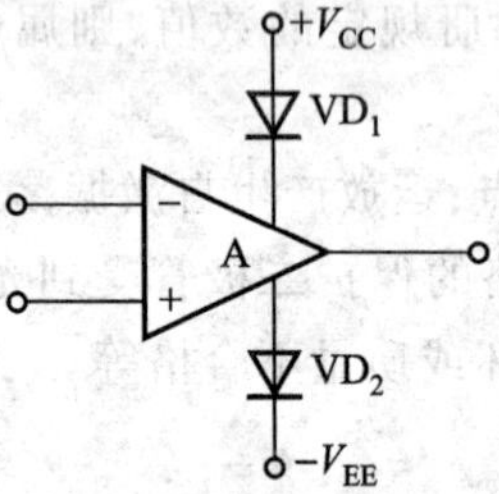

图 5.6.2　电源错接保护

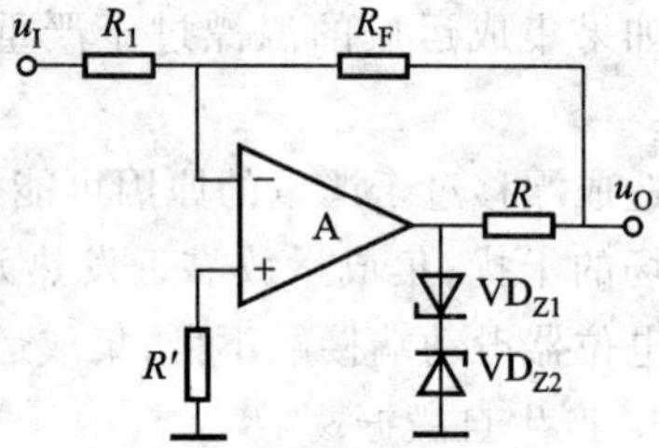

图 5.6.3　利用稳压管保护运放

3. 输出端错接保护

若将集成运放的输出端错接到外部电压,可能引起过流或击穿而造成损坏。为此,可采取如图 5.6.3 所示的保护措施。若放大电路输出端的电压过高时,稳压管 VD_{Z1} 或 VD_{Z2} 将被反向击穿,使集成运放的输出电压被限制在 VD_{Z1} 或 VD_{Z2} 的稳压值,从而避免了损坏。

►5.7　集成运算放大电路 Multisim 仿真实例

1. 长尾式差分放大电路 Multisim 仿真

在 Multisim 中构建一个接有调零电位器的长尾式差分放大电路如图 5.7.1 所示,其中两个三极管的参数为 $\beta_1=\beta_2=50$,$r_{bb'1}=r_{bb'2}=300\ \Omega$,调零电位器 R_W 的滑动端调在中点。

(1) 利用 Multisim 的直流工作点分析功能测量放大电路的静态工作点。分析结果如下:

长尾式差分放大电路

Operating Point

DC Operating Point		
vccvcc#branch	-407.18904μ	
$2	5.89216	
$1	5.89216	
$5	-734.09817m	
$7	-786.01477m	
$6	-734.09817m	
$4	-40.71884m	
$3	-40.71884m	

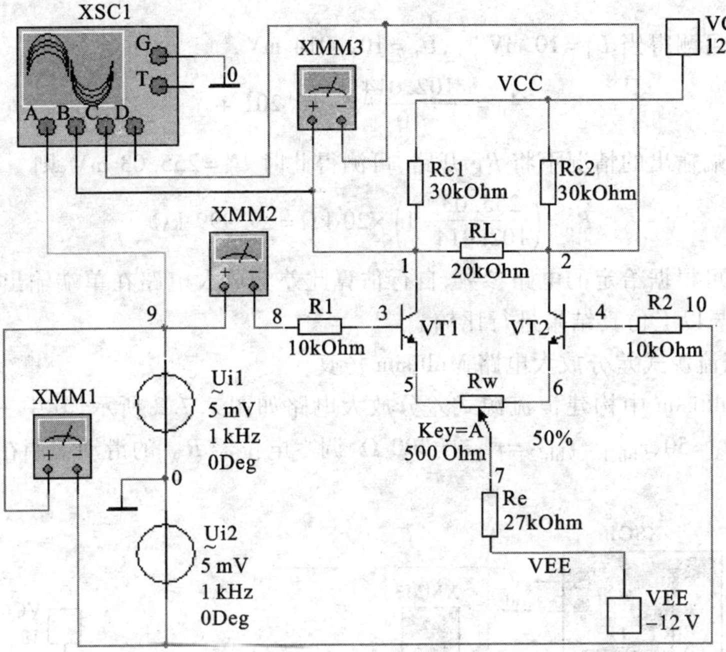

图 5.7.1 长尾式差分放大电路仿真电路

可知

$$U_{CQ1}=U_{CQ2}=5.892\ 16\ \text{V(对地)}$$

$$U_{BQ1}=U_{BQ2}=-40.718\ 84\ \text{mV(对地)}$$

则 $I_{CQ1}=I_{CQ2}=\dfrac{V_{CC}-U_{CQ1}}{R_{c1}}=\dfrac{12-5.892\ 16}{30}\ \text{mA}=0.204\ \text{mA}$

(2) 加上正弦输入电压,利用虚拟示波器(双踪示波器或四踪示波器)可看出 u_{C1} 与 u_I 反相,而 u_{C2} 与 u_I 同相。

(3) 当 $U_i=10$ mV(即 $U_{i1}=5$ mV,$U_{i2}=-5$ mV)时,由虚拟仪表测得 $U_o=127.517$ mV,$I_i=169.617$ nA,

则

$$A_d=-\frac{U_o}{U_i}=-\frac{127.517}{10}=-12.751\ 7$$

$$R_i=\frac{U_i}{I_i}=\frac{10}{169.617}\times10^3\ \text{k}\Omega=58.956\ \text{k}\Omega$$

将负载电阻 R_L 开路,测得 $U'_o=510.044$ mV

则 $R_o=\left(\dfrac{U'_o}{U_o}-1\right)R_L=\left(\dfrac{510.044}{127.517}-1\right)\times20\ \text{k}\Omega=59.996\ \text{k}\Omega$

读者可将以上仿真结果与本书例 5.3.2 的估算结果进行比较。

(4) 将图 5.7.1 中的负载电阻 R_L 右端接地,使差分放大电路改为单端输出。

此时可测得当 $U_i=10$ mV 时，$U_o=102.014$ mV，

则
$$A_d=-\frac{102.014}{10}=-10.2014$$

在单端输出的情况下将 R_L 开路，可测得此时 $U_o'=255.03$ mV，则

$$R_o=\left(\frac{255.03}{102.014}-1\right)\times 20\ \text{k}\Omega=29.999\ \text{k}\Omega$$

读者可根据给定的电路参数，自行估算此差分放大电路在单端输出时的 A_d 和 R_o，并与以上仿真结果进行比较。

2. 恒流源式差分放大电路 Multisim 仿真

在 Multisim 中构建恒流源式差分放大电路如图 5.7.2 所示，其中三极管的 $\beta_1=\beta_2=\beta_3=50$，$r_{bb'1}=r_{bb'2}=r_{bb'3}=300\ \Omega$，调零电位器 R_W 的滑动端调在中点。

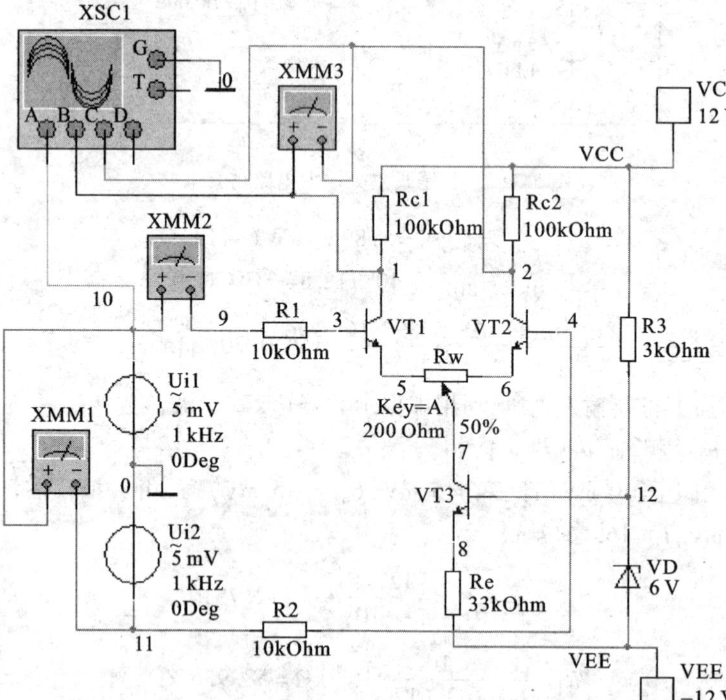

图 5.7.2　恒流源式差分放大电路仿真电路

(1) 利用 Multisim 的直流工作点分析功能测量电路的静态工作点，结果如下：

恒流源式差分放大电路
Operating Point

DC Operating Point		
vccvcc#branch	-6.16205m	
$2	4.29661	
$1	4.29661	
$5	-682.88898m	
$7	-690.74645m	
$6	-682.88898m	
$4	-15.40674m	
$3	-15.40674m	
$8	-6.71036	
$12	-6.02395	

可得

$$U_{CQ1}=U_{CQ2}=4.29661\ \text{V}(\text{对地})$$

$$U_{BQ1}=U_{BQ2}=-15.40674\ \text{mV}(\text{对地})$$

则

$$I_{CQ1}=I_{CQ2}=\frac{V_{CC}-U_{CQ1}}{R_{c1}}=\frac{12-4.29661}{100}\ \text{mA}$$

$$=0.077\ \text{mA}=77\ \mu\text{A}$$

(2) 加上正弦输入电压,由虚拟示波器可看到 U_{C1} 与 u_I 反相,U_{C2} 与 u_I 同相。

(3) 当 $U_i=10$ mV 时,利用虚拟仪表可测得 $U_o=1.549$ V,$I_i=154.496$ nA,

则

$$A_d=-\frac{U_o}{U_i}=-\frac{1.549}{10\times10^{-3}}=-154.9$$

$$R_i=\frac{U_i}{I_i}=\frac{10}{154.496}\times10^3\ \text{k}\Omega=64.73\ \text{k}\Omega$$

在两个三极管的集电极之间接上一个负载电阻 $R_L=100$ kΩ,此时可测得 $U_o=516.384$ mV。前面已测得当负载电阻开路时 $U'_o=1.549$ V,则

$$R_o=\left(\frac{U'_o}{U_o}-1\right)R_L=\left(\frac{1549}{516.384}-1\right)\times100\ \text{k}\Omega=199.97\ \text{k}\Omega$$

读者可将以上仿真结果与本书例 5.3.3 的估算结果进行比较。也可根据给定的电路参数估算放大电路的 R_i 和 R_o,并与仿真结果进行比较。

本章小结

1. 集成电路是 20 世纪 60 年代初期开始发展起来的一种半导体器件,它是在集成电路工艺的基础上,将各种元器件和连线等集成在一个芯片上而制成的。集成运算放大器与分立元件放大电路相比,在电路结构上具有自己突出的特点,例如,放大级之间通常都采用直接耦合方式;利用同一芯片上相邻器件之间参数

对称性好的特点，输入级几乎都采用差分放大电路；常常用三极管代替大电阻，组成有源负载等。

2. 集成运放的技术指标是其各项性能的定量描述，也是选用运放产品的主要依据。本章对集成运放主要技术指标的含义进行了介绍。

3. 集成运算放大电路内部实质上是一个高放大倍数的多级直接耦合放大电路。集成运放通常包含四个基本组成部分，即输入级、中间级、输出级和偏置电路。

集成运放的输入级对其多项技术指标起着决定性作用。输入级大都采用差分放大电路的结构形式。实际的差放输入级常常利用恒流管或长尾电阻引入一个共模负反馈，以提高共模抑制比，减小温漂。差分放大电路的输入、输出端有四种不同的接法，不同接法时的性能比较见表 5-1。

集成运放中间级的主要任务是提供足够大的电压放大倍数。为了获得较高的电压增益和输入电阻，中间级常常采用有源负载和复合管等结构形式。

集成运放输出级的主要作用是向负载提供足够的输出功率，还应有过载保护措施。集成运放的输出级基本上都采用各种形式的互补对称电路。

偏置电路的任务是向各放大级提供合适的偏置电流，确定静态工作点。集成运放中常用的偏置电路有镜像电流源、比例电流源和微电流源等。

4. 本章介绍了两种集成运放的典型产品，它们是双极型集成运放 LM741 和 CMOS 四运放 C14573。

5. 本章扼要地介绍了各种通用型和专用型集成运放产品的性能特点。在本书的附录 B 中对各类运放典型产品的技术指标进行了列表比较，供读者参考。

6. 在本章的最后，提出了集成运放使用中的几个具体问题，如集成运放参数的测试，使用中可能出现的异常现象以及集成运放的保护等。

学完本章以后，应能达到以下教学要求：

① 掌握集成运放主要技术指标的含义。

② 掌握差分放大电路的静态工作点以及差模电压放大倍数、差模输入电阻和输出电阻的估算方法。正确理解差分放大电路的组成和工作原理，以及四种不同输入、输出方式的性能特点。正确理解共模抑制比的概念。

③ 正确理解各种电流源（镜像电流源、比例电流源和微电流源）的工作原理。

④ 了解集成运算放大电路的特点，以及各个基本组成部分的作用。

⑤ 了解各种不同类型集成运放的特点，以及集成运放使用过程中的具体问题。

习题与思考题

习题 5-1 图 P5-1 是集成运放 BG303 偏置电路的示意图。已知 $V_{CC}=V_{EE}=15$ V，偏置电阻 $R=1$ MΩ(需外接)。设各三极管的 β 均足够大，试估算基准电流 I_{REF} 以及输入级放大管的电流 I_{C1}、I_{C2}。

习题 5-2 图 P5-2 是集成比较器 BG307 偏置电路的示意图。已知 $V_{EE}=6$ V，$R_5=85$ Ω，$R_6=68$ Ω，$R_7=1.7$ kΩ。设三极管的 β 足够大，试问 VT_1、VT_2 的静态电流 I_{C1}、I_{C2} 为多大？

习题 5-3 图 P5-3 是集成运放 BG305 偏置电路的示意图。假设 $V_{CC}=V_{EE}=15$ V，外接电阻 $R=100$ kΩ，其他电阻的阻值为 $R_1=R_2=R_3=1$ kΩ，$R_4=2$ kΩ。设三极管 β 足够大，试估算基准电流 I_{REF} 以及各路偏置电流 I_{C13}、I_{C15} 和 I_{C16}。

习题 5-4 图 P5-4 是集成运放 FC3 原理电路的一部分。已知 $I_{C10}=1.16$ mA，若要求 $I_{C1}=I_{C2}=18.5$ μA，试估算电阻 R_{11} 应为多大。设三极管的 β 均足够大。

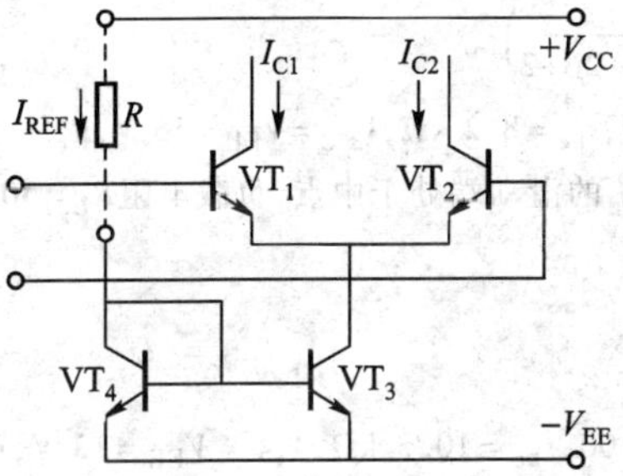

图 P5-1

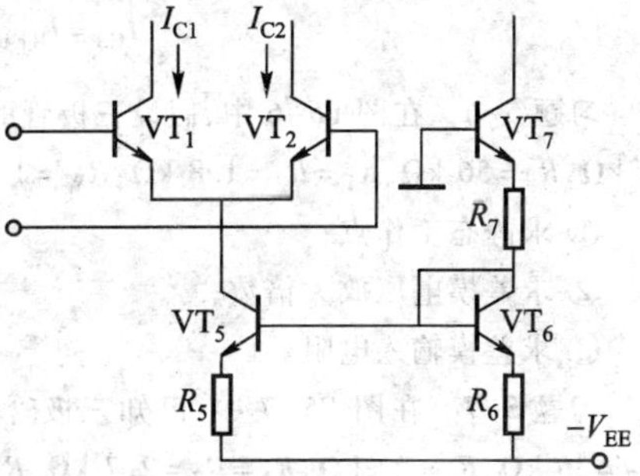

图 P5-2

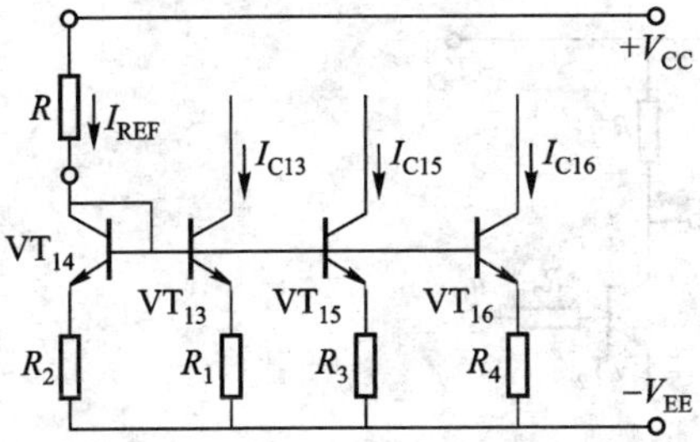

图 P5-3

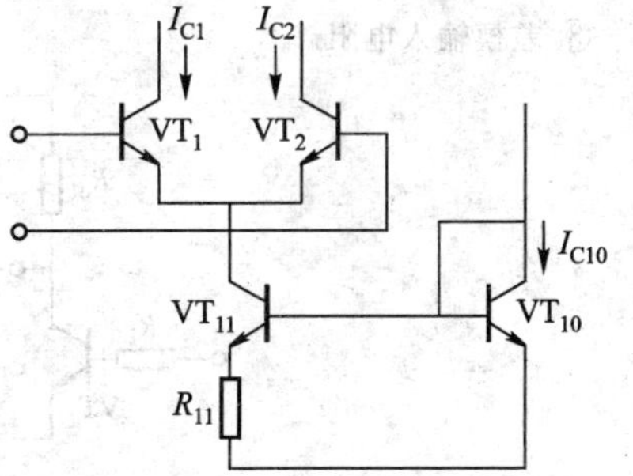

图 P5-4

习题 5-5 图 P5-5 中的电路是一种传输精度更高的镜像电流源，称为威尔逊电流源。设 $I_{C1}=I_{C2}=I_C$，$\beta_1=\beta_2=\beta_3=\beta$，试证明

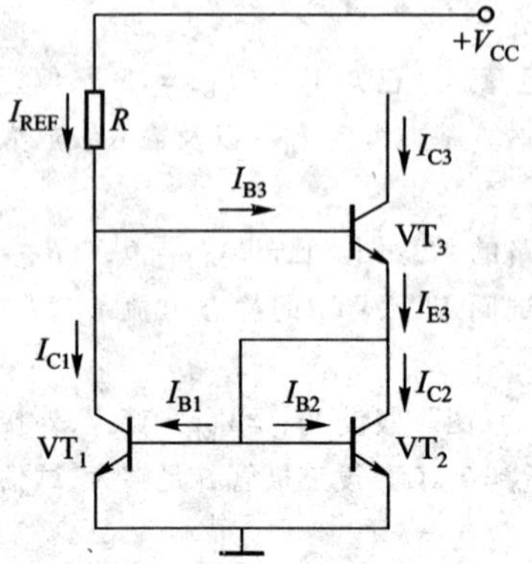

图 P5-5

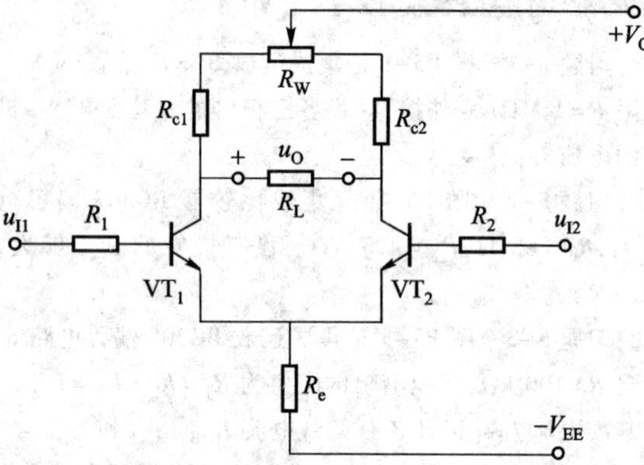

图 P5-6

$$I_{C3}=I_{REF}\left(1-\frac{2}{\beta^2+2\beta+2}\right)$$

习题 5-6　在图 P5-6 中，假设三极管的 $\beta=40$，$r_{be}=8.2\ \text{k}\Omega$，$V_{CC}=V_{EE}=15\ \text{V}$，$R_{c1}=R_{c2}=75\ \text{k}\Omega$，$R_e=56\ \text{k}\Omega$，$R_1=R_2=1.8\ \text{k}\Omega$，$R_W=1\ \text{k}\Omega$，$R_W$ 的滑动端处于中点，负载电阻 $R_L=30\ \text{k}\Omega$。

① 求静态工作点；

② 求差模电压放大倍数；

③ 求差模输入电阻。

习题 5-7　在图 P5-7 中，已知三极管的 $\beta=100$，$r_{be}=10.3\ \text{k}\Omega$，$V_{CC}=V_{EE}=15\ \text{V}$，$R_{c1}=R_{c2}=36\ \text{k}\Omega$，$R_e=27\ \text{k}\Omega$，$R_1=R_2=2.7\ \text{k}\Omega$，$R_W=100\ \Omega$，$R_W$ 的滑动端处于中点，$R_L=18\ \text{k}\Omega$，试估算：

① 静态工作点；

② 差模电压放大倍数；

③ 差模输入电阻。

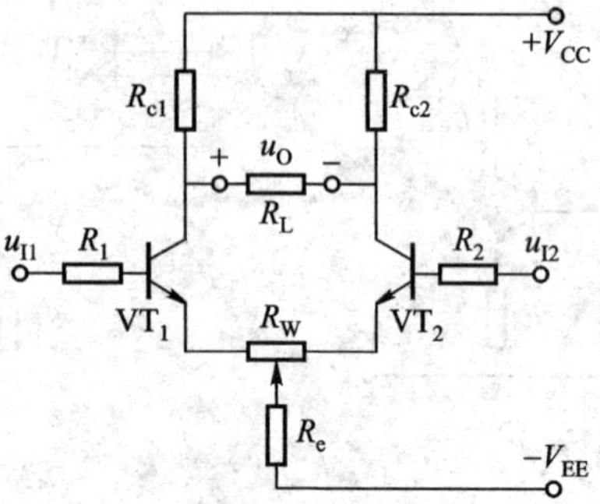

图 P5-7

习题 5-8 为了实现差分放大电路的调零,通常采取在集电极回路加电位器(见图 P5-6)或在发射极回路加电位器(见图 P5-7)的办法,试比较二者的优缺点。

习题 5-9 在图 P5-9 所示的放大电路中,已知 $V_{CC}=V_{EE}=9\ \text{V}$,$R_{c1}=R_{c2}=47\ \text{k}\Omega$,$R_e=13\ \text{k}\Omega$,$R_{b1}=3.6\ \text{k}\Omega$,$R_{b2}=16\ \text{k}\Omega$,$R_1=R_2=10\ \text{k}\Omega$,负载电阻 $R_L=20\ \text{k}\Omega$,各三极管的 $\beta=30$,$U_{BEQ}=0.7\ \text{V}$。

① 试估算静态工作点;

② 估算差模电压放大倍数。

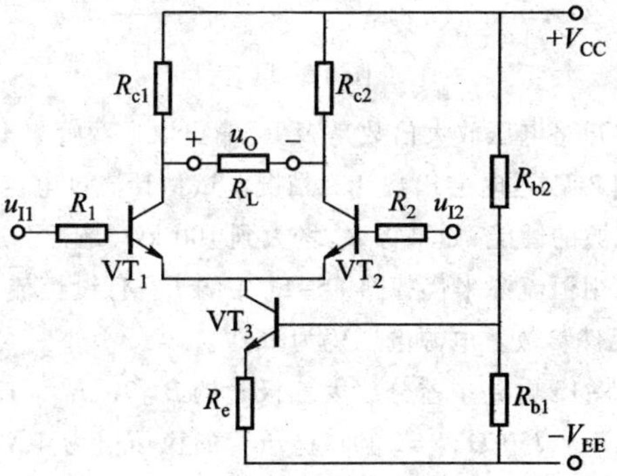

图 P5-9

习题 5-10 已知图 P5-10 中三极管的 $\beta=80$,$U_{BEQ}=0.6\ \text{V}$,$V_{CC}=V_{EE}=15\ \text{V}$,$R_{c1}=R_{c2}=20\ \text{k}\Omega$,$R_{e3}=7.5\ \text{k}\Omega$,$R_{e4}=750\ \Omega$,$R_{c4}=27\ \text{k}\Omega$。

① 试估算放大管的 I_{CQ} 和 U_{CQ}(对地);

② 估算 A_d、R_{id} 和 R_o;

③ 若要求静态时放大管的 $U_{CQ}=12\ \text{V}$(对地),则偏置电路的电阻 R_{c4} 应为多大?

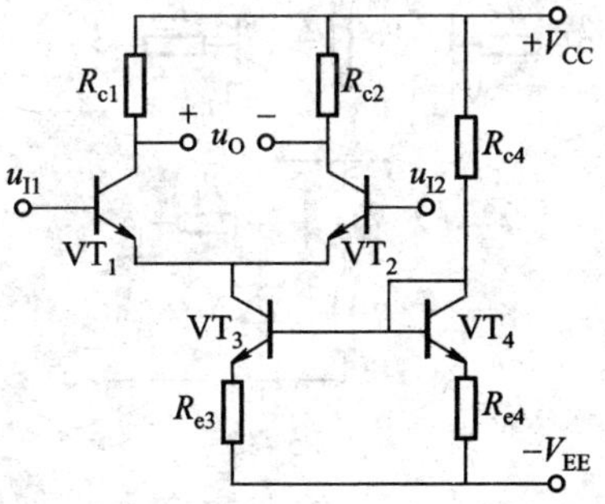

图 P5-10

习题 5-11 在图 P5-11 所示的电路中,设电流表的满偏转电流为 100 μA,电表支路的总电阻 $R_M=2\ \text{k}\Omega$,两管的 $\beta=50$,$V_{CC}=V_{EE}=6\ \text{V}$,$R_{c1}=R_{c2}=5.1\ \text{k}\Omega$,$R_e=5.1\ \text{k}\Omega$,$R_1=R_2=10\ \text{k}\Omega$。试计算:

① 当 $u_I=0$ 时,每管的 I_{BQ} 和 I_{CQ} 各等于多少?

② 接入电流表后,要使它的指针满偏,需要加多大的输入电压?

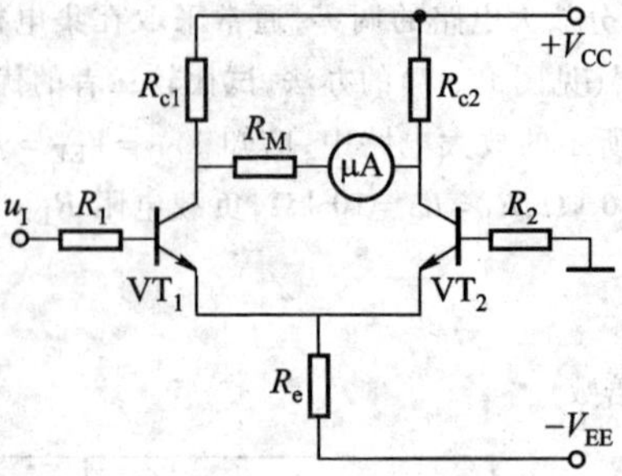

图 P5-11

③ 不接电流表时的开路电压放大倍数是多少(输出取自两管集电极)?

④ 如果 $|u_I|$ 增加到 2 V,这时会出现什么情况?试估计流过电流表的电流大概有多少?

⑤ 为了改善抑制零漂的性能,如果将 R_e 增大到 100 kΩ,是否合适?

习题 5-12 如果想用恒流源来代替图 P5-11 中的 R_e,且设恒流为 0.5 mA,试画出有关部分的电路图,并定出元件参数。电源电压仍为±6 V。

习题 5-13 设图 P5-13 电路中差分放大三极管的 $\beta=70$,$r_{be}=12$ kΩ,$V_{CC}=V_{EE}=12$ V,$R_{c2}=20$ kΩ,$R_e=11$ kΩ,$R_b=750$ Ω,$R=2$ kΩ,稳压管的稳压值为 4 V,负载电阻 $R_L=20$ kΩ,试问:

① 静态时 I_{CQ1}、I_{CQ2} 等于多少(R_L 开路时)?

② 差模放大倍数 A_d = ?

③ 若电源电压由±12 V 变为±18 V,I_{CQ1} 和 I_{CQ2} 是否变化?

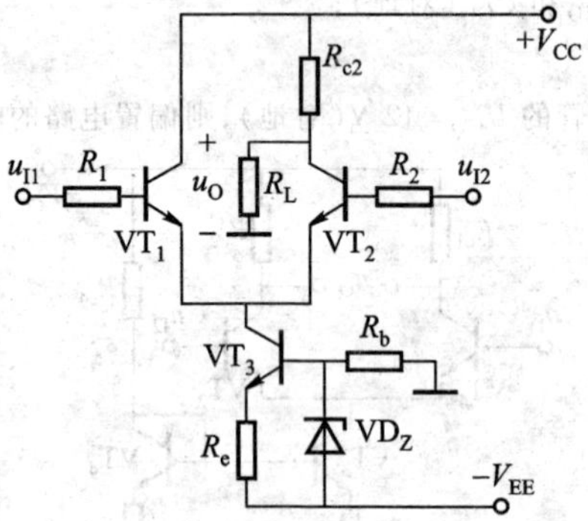

图 P5-13

习题 5-14 在图 P5-14 所示的放大电路中,已知 $V_{CC}=V_{EE}=15$ V,$R_{c1}=10$ kΩ,$R_1=R_2=1$ kΩ,恒流源电流 $I=0.2$ mA,假设各三极管的 $\beta=50$,$U_{BEQ}=0.7$ V,$r_{be1}=r_{be2}=13.5$ kΩ,$r_{be3}=1.2$ kΩ。

① 试分析差分输入级属于何种输入、输出接法;

② 若要求当输入电压等于零时,输出电压也等于零,则第二级的集电极负载电阻 R_{c3} 应为多大?

③ 分别估算第一级和第二级的电压放大倍数 A_{u1} 和 A_{u2},以及总的电压放大倍数 A_u。

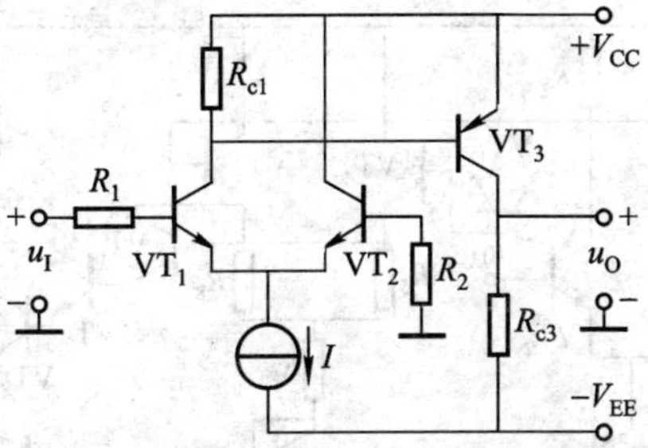

图 P5-14

习题 5-15 图 P5-15 是某集成运放中间级的示意图。假设 $\beta_1=100$，$\beta_2=150$，$I_{C3}=0.365$ mA，三极管 VT_2、VT_3 的集电极等效内阻为 $r_{ce2}=r_{ce3}=274$ kΩ，负载电阻 $R_L=300$ kΩ。

① 分析电路中的各个三极管分别起什么作用；

② 估算三极管 VT_1、VT_2 的等效输入电阻 r_{be1}、r_{be2}；

③ 估算复合管等效的 β 和 r_{be}；

④ 估算放大电路的电压放大倍数 A_u。

提示：本题中负载电阻 R_L 的阻值与有源负载的等效电阻 r_{ce3} 均很大，与放大管集电极等效电阻 r_{ce2} 属于同一数量级，因此都不能忽略。此时

$$A_u=-\frac{\beta(r_{ce2}\ /\!/\ r_{ce3}\ /\!/\ R_L)}{r_{be}}$$

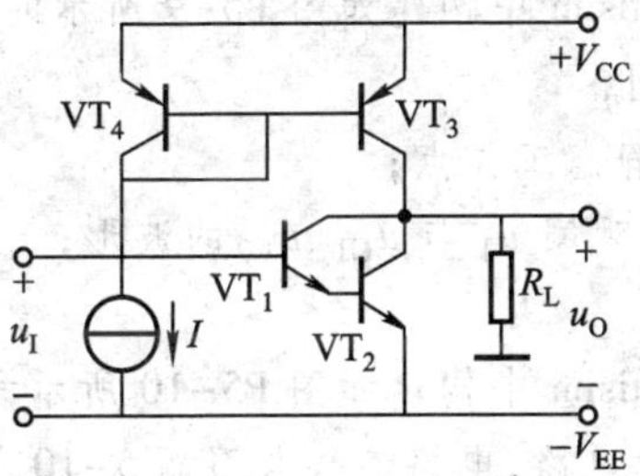

图 P5-15

习题 5-16 图 P5-16 是集成运放 F004 的电路原理图，试问：

① 电路中共有几个放大级，各级由哪些管子组成，分别构成何种放大电路？

② 在两个三极管 VT_1 和 VT_2 的基极中，哪个是反相输入端，哪个是同相输入端？

Multisim 仿真练习题

仿真题 5-1 在 Multisim 中构建如图 P5-6 所示带有集电极回路调零电位器的长尾式差分放大电路，电路参数与习题 5-6 相同，

① 利用 Multisim 的直流工作点分析功能测量放大电路的静态工作点；

② 加正弦输入电压，用虚拟示波器观察 u_I 与 u_{C1}、u_{C2} 波形的相位关系；

③ 在输出波形无明显非线性失真的前提下，利用虚拟仪器测量差模电压放

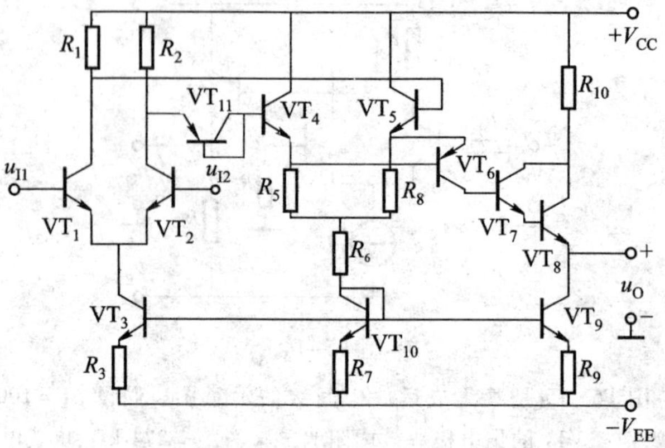

图 P5-16

大倍数 A_d、差模输入电阻 R_{id} 和输出电阻 R_o。

仿真题 5-2 在 Multisim 中构建如图 P5-7 所示带有发射极回路调零电位器的长尾式差分放大电路，电路参数与习题 5-7 相同，

① 测量放大电路的静态工作点；

② 加正弦输入电压，观察 u_I 与 u_{C1}、u_{C2} 的波形；

③ 测量差模电压放大倍数 A_d 和差模输入电阻 R_{id}。

仿真题 5-3 在 Multisim 中构建如图 P5-9 所示的恒流源式差分放大电路，电路参数与习题 5-9 相同，

① 测量放大电路的静态工作点；

② 加正弦输入电压，观察 u_I 与 u_{C1}、u_{C2} 的波形；

③ 测量 A_d 和 R_{id}。

仿真题 5-4 在 Multisim 中构建如图 P5-10 所示利用比例电流源提供偏置电流的恒流源式差分放大电路，电路参数与习题 5-10 相同，

① 测量放大电路的静态工作点；

② 加正弦输入电压，观察 u_I 与 u_{C1}、u_{C2} 的波形；

③ 测量 A_d、R_{id} 和 R_o；

④ 调整电阻 R_{c4} 的阻值，使静态时 $U_{CQ1}=U_{CQ2}=12$ V(对地)。

仿真题 5-5 在 Multisim 中构建单端输入、双端输出长尾式差分放大电路如图 P5-11 所示，电路参数与习题 5-11 相同，电路中的微安表由虚拟仪表充当，

① 测量放大电路的静态工作点；

② 在输入端加上直流电压 u_I，调节 u_I 的大小，使虚拟电流表的读数为 100 μA，观察此时 $u_I=$？

③ 将电流表开路，测量单端输入、双端输出差分放大电路的差模电压放大

倍数 A_d。

仿真题 5-6 在 Multisim 中构建双端输入、单端输出恒流源式差分放大电路如图 P5-13 所示，电路参数与习题 5-13 相同，

① 在负载电阻 R_L 开路的情况下测量放大电路的静态工作点；

② 加上正弦输入电压，观察 u_I 与 u_O 波形的相位关系；

③ 测量放大电路的 A_d（接上 R_L）；

④ 将电源电压改为±18 V，再测放大电路的静态工作点。

第 6 章　放大电路中的反馈

内容提要

本章以接有发射极电阻 R_e 的单管放大电路为例，引出反馈的基本概念。然后介绍反馈的分类，并从负反馈的四种基本组态出发，归纳出反馈的一般表达式，并由此来讨论负反馈对放大电路性能的影响。对于反馈放大电路的分析方法，本章主要介绍比较实用的深度负反馈放大电路电压放大倍数的近似估算。在本章的最后，提出了负反馈放大电路产生自激振荡的条件以及常用的校正措施。

▶6.1　反馈的基本概念

反馈在电子技术中得到了广泛的应用。在各种电子设备中，人们经常采用反馈的方法来改善电路的性能，以达到实际工作中提出的技术指标。凡是在精度、稳定性或其他性能方面有较高要求的放大电路，大都引入了各种形式的反馈。而且，反馈不仅是改善放大电路性能的重要手段，也是电子技术和自动调节原理中的一个基本概念。

▶▶6.1.1　什么是反馈

实际上，反馈的现象和运用在本书前面几章已经多次出现过，图 6.1.1 所示的接有发射极电阻 R_e 的单管放大电路就是一例。

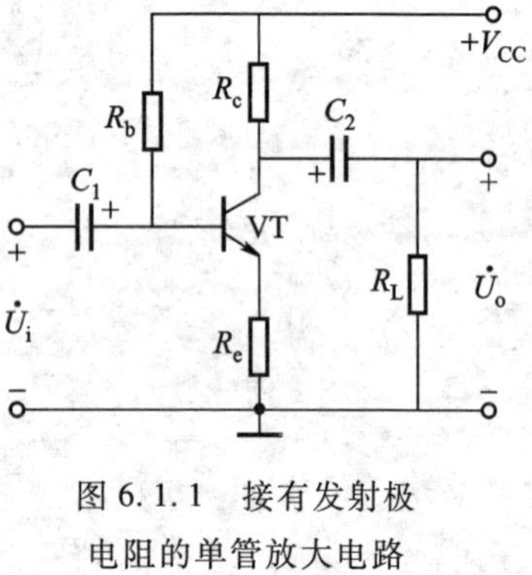

图 6.1.1　接有发射极电阻的单管放大电路

在电路中，发射极电阻 R_e 两端的电压反映输出回路中电流的大小和变化。假如，由于环境温度升高或其他因素的变化使三极管的集电极电流 i_C 增大，则发射极电流 i_E 也随之增大，于是 $u_E = i_E R_e$ 升高。由图 6.1.1 可见，三极管输入回路中基极与发射极之间的电压 $u_{BE} = u_B - u_E$，故 u_{BE} 将随之减小，从而使 i_B 减小，i_C 也随之减小，最后牵制了 i_C 和 i_E 的增大，使它们基本上不随外界因素的变化而改变，因而比较稳定。

通过上面的例子,可以帮助我们建立反馈的概念。所谓放大电路中的**反馈**,通常是指将放大电路的输出量(输出电压或输出电流)或输出量的一部分,通过一定的方式,反送到放大电路的输入回路中去。

通常,如欲稳定放大电路中的某一个电量,则应采取措施将此电量反馈回去。如果由于某些因素引起该电量发生变化时,这种变化将反映到放大电路的输入回路,从而牵制原来的电量,使之基本保持稳定。

▶▶6.1.2　反馈的分类

可以从不同的方面对反馈进行分类。

1. 正反馈和负反馈

根据反馈极性的不同,可以分为**正反馈**和**负反馈**。

如果引入的反馈信号增强了外加输入信号的作用,从而使放大电路的放大倍数得到提高,这样的反馈称为正反馈;相反,如果反馈信号削弱外加输入信号的作用,使放大电路的放大倍数降低,则称为负反馈。

为了判断引入的是正反馈还是负反馈,可以采用**瞬时极性法**。即先假定输入信号为某一个瞬时极性,然后逐级推出电路其他有关各点瞬时信号的变化情况,最后判断反馈到输入端信号的瞬时极性是增强还是削弱了原来的输入信号。

例如在图 6.1.2(a)中,假设加上一个瞬时极性为正的输入电压(在电路中用符号⊕、⊖分别表示瞬时极性的正或负,即代表该点瞬时信号的变化为增大或减小)。因输入电压加在集成运放的反相输入端,故输出电压的瞬时极性为负,而反馈电压由输出电压经电阻 R_2、R_3 分压后得到,因此反馈电压的瞬时极性也是负,但集成运放的差模输入电压等于输入电压与反馈电压之差,可见反馈电压增强了输入电压的作用,使放大倍数提高,因此是正反馈。在图 6.1.2(b)中,输入电压加在集成运放的同相输入端,当其瞬时极性为正时,输出电压的瞬时极性也为正,输出端通过电阻 R_3、R_4 分压后将反馈电压引回到集成运放的反相输入端,此反馈信号将削弱外加输入信号的作用,使放大倍数降低,所以是负反馈。

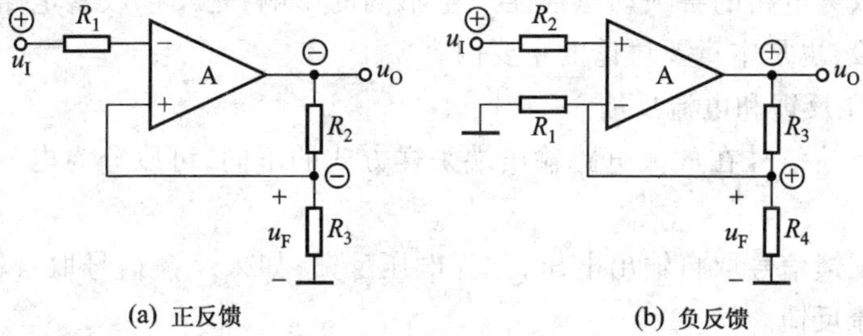

(a) 正反馈　　　(b) 负反馈

图 6.1.2　正反馈与负反馈

如果要求稳定放大电路中某个电量，一般采用负反馈的方式。负反馈虽然损失了放大倍数，但能使其他各项性能得到改善，因此在电路中经常被采用。有时也用正反馈的方式来获得较高的放大倍数，但要注意，正反馈太强时将会使电路产生振荡。本章重点讨论各种负反馈。

2. 直流反馈和交流反馈

根据反馈信号本身的交、直流性质，可以分为**直流反馈**和**交流反馈**。

如果反馈信号中只包含直流成分，则称为直流反馈；若反馈信号中只有交流成分，则称为交流反馈。在很多情况下，交、直流两种反馈兼而有之。

在图 6.1.3(a)中，设 VT_2 发射极的旁路电容 C_e 足够大，可认为电容两端的交流信号基本为零，则从 VT_2 的发射极通过 R_F 引回到 VT_1 基极的反馈信号中将只有直流成分，因此电路中引入的是直流反馈。在图 6.1.3(b)中，从输出端通过 C_F 和 R_F 将反馈引回到 VT_1 的发射极，由于电容的隔直作用，反馈信号中将只有交流成分，所以这个反馈是交流反馈。

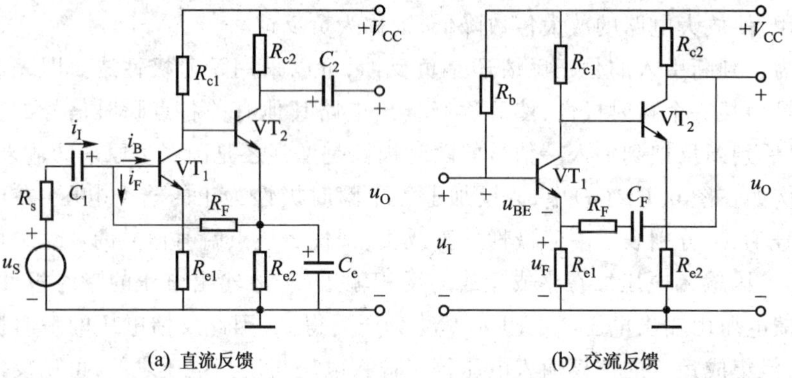

图 6.1.3　直流反馈与交流反馈

直流负反馈的作用是稳定静态工作点，而对于放大电路的各项动态性能（如放大倍数、通频带、输入及输出电阻等）没有影响。各种不同类型的交流负反馈将对放大电路的各项动态性能产生不同的影响，是用以改善电路技术指标的主要手段，也是本章要讨论的主要内容。

3. 电压反馈和电流反馈

根据反馈信号在放大电路输出端采样方式的不同，可以分为**电压反馈**和**电流反馈**。

如果反馈信号取自输出电压，称为电压反馈；如果反馈信号取自输出电流，则称为电流反馈。

在图 6.1.3(b)中，反馈信号与输出电压成正比，属于电压反馈。而在图 6.1.1 中，反馈信号与输出回路的电流成正比，因此是电流反馈。

放大电路中引入电压负反馈,将使输出电压保持稳定,其效果是降低了电路的输出电阻;而电流负反馈将使输出电流保持稳定,因而提高了输出电阻。

为了判断放大电路中引入的反馈是电压反馈还是电流反馈,一般可假设将输出端交流短路(即令输出电压等于零),观察此时是否仍有反馈信号。如果反馈信号不复存在,则为电压反馈,否则就是电流反馈。

4. 串联反馈和并联反馈

根据反馈信号与输入信号在放大电路输入回路中求和形式的不同,可以分为**串联反馈**和**并联反馈**。

如果反馈信号与输入信号在输入回路中以电压形式求和(即反馈信号与输入信号串联),称之为串联反馈;如果二者以电流形式求和(即反馈信号与输入信号并联),则称为并联反馈。

在图6.1.3(b)中,三极管 VT_1 基极和发射极之间的净输入电压等于外加输入电压与反馈电压之差,即 $u_{BE}=u_I-u_F$,说明反馈信号与输入信号以电压形式求和,因此属于串联反馈。而图6.1.3(a)中,假设去掉旁路电容 C_e,三极管 VT_1 的基极电流等于输入电流与反馈电流之差,即 $i_B=i_I-i_F$,也就是说,反馈信号与输入信号以电流形式求和,所以是并联反馈。

以上提出了几种常见的反馈分类方法。除此之外,反馈还可以按其他方面来分类。例如,在多级放大电路中,可以分为局部反馈和级间反馈;又如在差分放大电路中,可以分为差模反馈和共模反馈等。此处不再一一列举。

▶6.2 负反馈的四种组态和反馈的一般表达式

▶▶6.2.1 负反馈的四种组态

根据以上分析可知,实际放大电路中的反馈形式是多种多样的,本章将着重分析各种形式的交流负反馈。对于负反馈来说,根据反馈信号在输出端采样方式以及在输入回路中求和形式的不同,共有四种组态,它们分别是:**电压串联负反馈**,**电压并联负反馈**,**电流串联负反馈**和**电流并联负反馈**。

下面结合具体电路分析上述四种负反馈组态的特点。

1. 电压串联负反馈

在图6.2.1(a)所示的放大电路中,从集成运放的输出端到反相输入端通过电阻 R_F 引入一个反馈,反馈电压 $\dot{U}_f$ 等于输出电压 $\dot{U}_o$ 在电阻 R_1 和 R_F 上分压得到的结果,故反馈电压与输出电压成正比。在放大电路的输入回路中,在理想情况下,集成运放的输入电流为零,电阻 R_2 上没有压降。于是集成运放的净输入电压(即差模输入电压) $\dot{U}_i'=\dot{U}_i-\dot{U}_f$,即输入信号与反馈信号以电压的形式求和。

而且,经过分析可知,反馈电压将削弱外加输入电压的作用,使放大倍数降低。以上分析说明,图 6.2.1(a)电路中引入的反馈是电压串联负反馈。

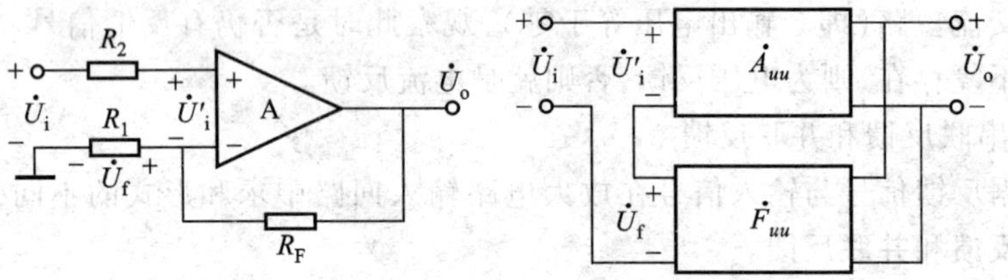

(a) 电路实例 (b) 方框图

图 6.2.1 电压串联负反馈

电压串联负反馈组态可用图 6.2.1(b)所示的方框图表示。图中有两个方框,上面的方框表示无反馈时的放大网络,下面的方框表示反馈网络。由方框图可见,反馈电压取自输出电压,然后在输入回路中与外加输入电压相减后得到净输入电压。

由于放大网络的输入信号是净输入电压 $\dot{U}'_i$,输出信号是 $\dot{U}_o$,二者均为电压信号,故其放大倍数用符号 $\dot{A}_{uu}$ 表示,称为放大网络的**电压放大倍数**,即

$$\dot{A}_{uu}=\frac{\dot{U}_o}{\dot{U}'_i}$$

在图 6.2.1(b)的方框图中,反馈网络的输入信号是放大电路的输出电压 $\dot{U}_o$,输出信号是反馈电压 $\dot{U}_f$,故反馈网络的反馈系数用符号 $\dot{F}_{uu}$ 表示,可得

$$\dot{F}_{uu}=\frac{\dot{U}_f}{\dot{U}_o}$$

2. 电压并联负反馈

在图 6.2.2(a)所示的放大电路中,反馈信号 $\dot{I}_f$取自放大电路的输出电压 $\dot{U}_o$,属于电压反馈。而在输入回路中,净输入电流 $\dot{I}'_i=\dot{I}_i-\dot{I}_f$,即输入信号与反馈信号以电流的形式求和。根据瞬时极性法,设输入电压的瞬时值升高,由于加在反相输入端,故输出电压的瞬时值将降低,于是流过电阻 R_F 的反馈电流将增大,但这个反馈电流将削弱输入电流的作用,使净输入电流减小。可见,此电路中的反馈是电压并联负反馈。

电压并联负反馈的方框图见图 6.2.2(b)。放大网络的输入信号是净输入

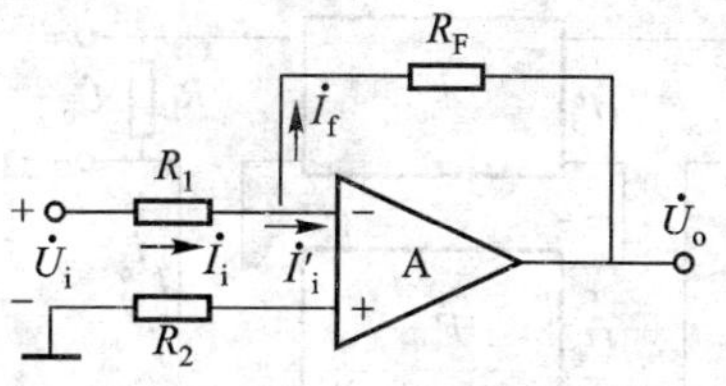

(a) 电路实例

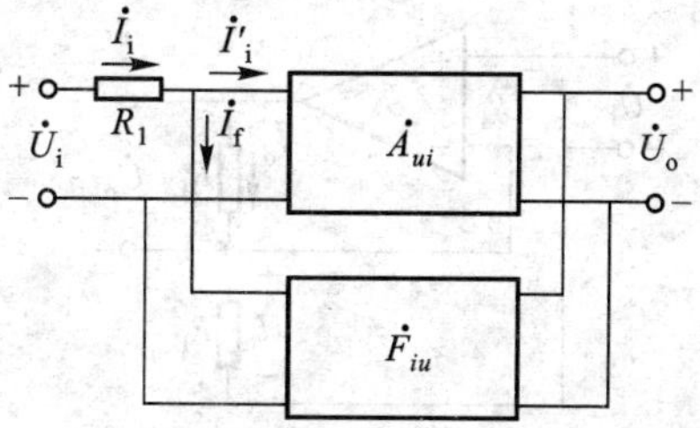

(b) 方框图

图 6.2.2　电压并联负反馈

电流 $\dot{I}'_i$，输出信号是放大电路的输出电压 $\dot{U}_o$，它的放大倍数用符号 $\dot{A}_{ui}$表示，即

$$\dot{A}_{ui}=\frac{\dot{U}_o}{\dot{I}'_i}$$

由上式可知，$\dot{A}_{ui}$的量纲是电阻，故称之为放大网络的**转移电阻**。

反馈网络的输入信号是放大电路的输出电压 $\dot{U}_o$，输出信号是反馈电流 $\dot{I}_f$。反馈网络的反馈系数为 $\dot{I}_f$与 $\dot{U}_o$之比，用符号 $\dot{F}_{iu}$表示，它的量纲是电导，可表示为

$$\dot{F}_{iu}=\frac{\dot{I}_f}{\dot{U}_o}$$

3. 电流串联负反馈

在图 6.2.3(a)所示的放大电路中，反馈电压 $\dot{U}_f=\dot{I}_oR_F$，即反馈电压与输出电流成正比。而在放大电路的输入回路中，净输入电压 $\dot{U}'_i=\dot{U}_i-\dot{U}_f$，即外加输入信号与反馈信号以电压的形式求和。根据瞬时极性法，不难判断出此反馈电压将削弱输入电压的作用，使放大倍数降低，因此，本电路中反馈的组态是电流串联负反馈。

电流串联负反馈的方框图见图 6.2.3(b)。放大网络的输入信号是净输入电压 $\dot{U}'_i$，输出信号是放大电路的输出电流 $\dot{I}_o$，其放大倍数用符号 $\dot{A}_{iu}$表示，即

$$\dot{A}_{iu}=\frac{\dot{I}_o}{\dot{U}'_i}$$

$\dot{A}_{iu}$的量纲是电导，称为放大网络的**转移电导**。

反馈网络的输入信号是放大电路的输出电流 $\dot{I}_o$，输出信号是反馈电压 $\dot{U}_f$，反馈系数等于 $\dot{U}_f$与 $\dot{I}_o$之比，用符号 $\dot{F}_{ui}$表示，它的量纲是电阻，可表示为

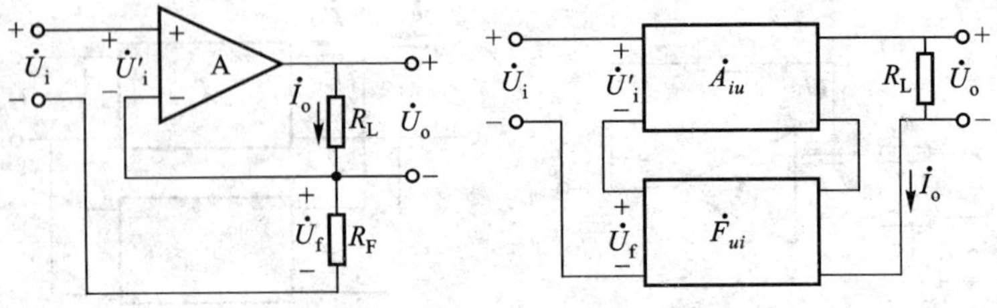

(a) 电路实例　　(b) 方框图

图 6.2.3　电流串联负反馈

$$\dot{F}_{ui}=\frac{\dot{U}_{\mathrm{f}}}{\dot{I}_{\mathrm{o}}}$$

4. 电流并联负反馈

在图 6.2.4(a)所示的放大电路中,反馈信号取自放大电路的输出电流 $\dot{I}_{\mathrm{o}}$。在输入回路中,净输入电流 $\dot{I}_{\mathrm{i}}'=\dot{I}_{\mathrm{i}}-\dot{I}_{\mathrm{f}}$,即外加输入信号与反馈信号以电流的形式求和。根据瞬时极性法,设输入电压的瞬时值升高,则输出电压的瞬时值将降低,于是输出电流减小,使输出电流在电阻 R_3 上的压降也降低,则流过 R_{F} 的反馈电流将增大,但是此反馈电流将削弱输入电流的作用,使净输入电流减小。所以,本电路引入的反馈是电流并联负反馈。

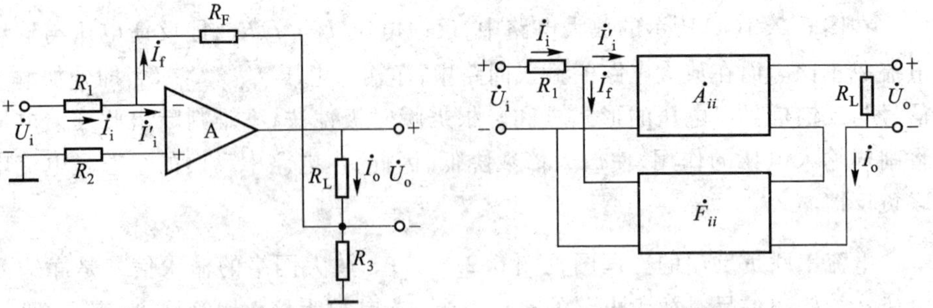

(a) 电路实例　　(b) 方框图

图 6.2.4　电流并联负反馈

电流并联负反馈的方框图如图 6.2.4(b)所示。放大网络的输入信号是净输入电流 $\dot{I}_{\mathrm{i}}'$,输出信号是放大电路的输出电流 $\dot{I}_{\mathrm{o}}$,放大网络的放大倍数用符号 $\dot{A}_{ii}$表示,即

$$\dot{A}_{ii}=\frac{\dot{I}_o}{\dot{I}_i'}$$

$\dot{A}_{ii}$称为放大网络的**电流放大倍数**。

反馈网络的输入信号是放大电路的输出电流 $\dot{I}_o$,输出信号是反馈电流 $\dot{I}_f$,反馈系数等于 $\dot{I}_f$与 $\dot{I}_o$之比,用符号 $\dot{F}_{ii}$表示,即

$$\dot{F}_{ii}=\frac{\dot{I}_f}{\dot{I}_o}$$

根据以上讨论可知,对于不同组态的负反馈放大电路来说,其中放大网络放大倍数和反馈网络反馈系数的物理意义和量纲都各不相同,因此,统称之为广义的放大倍数和广义的反馈系数。为了便于比较,现将四种负反馈组态的放大倍数和反馈系数分别列于表 6-1 中。

表 6-1　四种负反馈组态的 $\dot{A}$ 、$\dot{F}$ 之比较

参数 组态	输出信号	反馈信号	放大网络的放大倍数 $\dot{A}$	反馈系数 $\dot{F}$
电压串联式	$\dot{U}_o$	$\dot{U}_f$	$\dot{A}_{uu}=\frac{\dot{U}_o}{\dot{U}_i'}$ 电压放大倍数	$\dot{F}_{uu}=\frac{\dot{U}_f}{\dot{U}_o}$
电压并联式	$\dot{U}_o$	$\dot{I}_f$	$\dot{A}_{ui}=\frac{\dot{U}_o}{\dot{I}_i'}(\Omega)$ 转移电阻	$\dot{F}_{iu}=\frac{\dot{I}_f}{\dot{U}_o}(\mathrm{S})$
电流串联式	$\dot{I}_o$	$\dot{U}_f$	$\dot{A}_{iu}=\frac{\dot{I}_o}{\dot{U}_i'}(\mathrm{S})$ 转移电导	$\dot{F}_{ui}=\frac{\dot{U}_f}{\dot{I}_o}(\Omega)$
电流并联式	$\dot{I}_o$	$\dot{I}_f$	$\dot{A}_{ii}=\frac{\dot{I}_o}{\dot{I}_i'}$ 电流放大倍数	$\dot{F}_{ii}=\frac{\dot{I}_f}{\dot{I}_o}$

【例 6.2.1】 试判断图 6.2.5 各电路中反馈的极性和组态。假设电路中的电容均足够大。

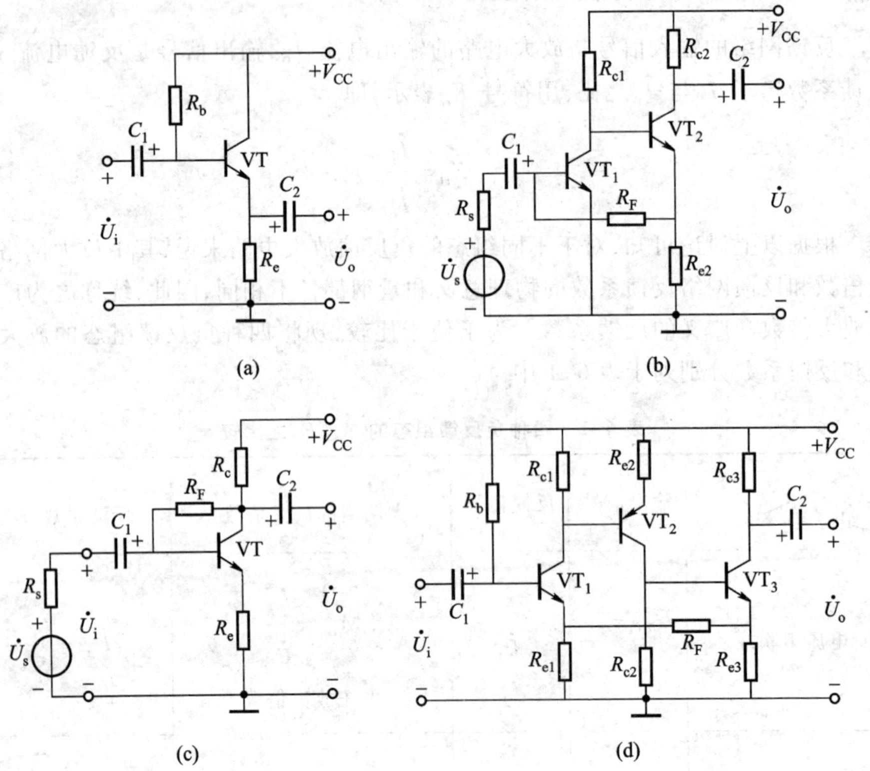

图 6.2.5 例 6.2.1 电路

解： 图 6.2.5(a)是一个射极输出器。设输入电压的瞬时值升高，则输出电压也随之升高，而三极管的发射结电压等于输入电压与输出电压之差，实际上，输出电压就是反馈电压。此反馈电压将削弱输入电压的作用，因此是负反馈。由图(a)还可见，反馈电压取自放大电路的输出电压，而在输入回路中，外加输入信号与反馈信号以电压的形式求和，所以反馈的组态是电压串联式。

图(b)中的电路是一个两级直接耦合放大电路，反馈信号由 VT_2 的发射极通过电阻 R_F 引回到 VT_1 的基极。设输入电压的瞬时值升高，则 VT_2 的发射极电位将降低，于是从 VT_1 基极通过 R_F 流向 VT_2 发射极的反馈电流将增大，使流向 VT_1 基极的净输入电流减小。可见反馈信号削弱了输入信号的作用，因此是负反馈。由图(b)可见，反馈信号取自输出回路的电流，而在输入回路中外加输入信号与反馈信号以电流的形式求和，所以反馈的组态是电流并联式。

图(c)中是一个单管放大电路，在三极管的集电极和基极之间通过电阻 R_F 接入一个反馈支路。设输入电压的瞬时值升高，三极管的集电极电位将降低，则从基极通过 R_F 流向集电极的反馈电流将增大，使流向基极的净输入电流减小，因此是负反馈。该电路中的反馈信号取自输出电压，在放大电路的输入回路中与外加输入信号以电流形式求和，所以是电压并联反馈。

图(d)中的电路是一个三级直接耦合放大电路，其中 VT_1、VT_3 是 NPN 三极管，而 VT_2 是 PNP 三极管。从 VT_3 的发射极到 VT_1 的发射极通过电阻 R_F 引回一个反馈信号。设输入电压的瞬时值升高，则 VT_1 集电极电压降低，VT_2 集电极电压升高，VT_3 发射极电压也升高，于是 R_{e1} 上得到的反馈电压也随之升高。但此反馈电压将削弱外加输入电压的作用，使加在 VT_1 发射结的净输入电压减小，可见是负反馈。由于反馈信号取自输出回路的电流，在放大电路的输入回路中与外加输入信号以电压的形式求和，因此是电流串联反馈。

▶▶6.2.2 反馈的方块图和一般表达式

1. 反馈的方块图

为便于深入研究放大电路中反馈的一般规律，将各种不同极性、不同组态的反馈，使用一个统一的方块图来表示，如图 6.2.6 所示。

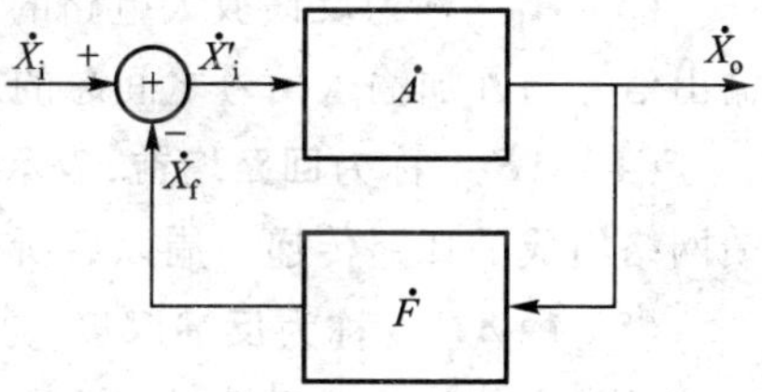

图 6.2.6 反馈放大电路的方块图

为了表示一般情况，方块图中的输入信号、输出信号和反馈信号分别用正弦相量 $\dot{X}_i$、$\dot{X}_o$和 $\dot{X}_f$表示，它们可能是电压量，也可能是电流量。图中上面一个方块表示放大网络，无反馈时放大网络的放大倍数用复数符号 $\dot{A}$ 表示。下面一个方块表示反馈网络，反馈系数用复数符号 $\dot{F}$ 表示。信号在放大网络中为正向传递，在反馈网络中为反向传递。信号传递的方向如图中箭头所示。图中的符号⊕表示求和环节，外加输入信号与反馈信号经过求和环节后得到净输入信号 $\dot{X}'_i$，再送到放大网络。

由于输入信号、输出信号和反馈信号可能是电压量，也可能是电流量，因此，图中的 $\dot{A}$ 和 $\dot{F}$ 是广义的放大倍数和反馈系数，它们的物理意义和量纲与反馈的组态有关，见表 6-1。

2. 反馈的一般表达式

现在来分析引入反馈后放大电路中各变量之间的关系。由图 6.2.6 可见，放大倍数和反馈系数分别为

$$\dot{A}=\frac{\dot{X}_o}{\dot{X}_i'}$$

$$\dot{F}=\frac{\dot{X}_f}{\dot{X}_o}$$

净输入信号为

$$\dot{X}_i'=\dot{X}_i-\dot{X}_f$$

由以上三式可得

$$\dot{X}_o=\dot{A}\dot{X}_i'=\dot{A}(\dot{X}_i-\dot{X}_f)=\dot{A}(\dot{X}_i-\dot{F}\dot{X}_o)$$

整理上式可得

$$\dot{A}_f=\frac{\dot{X}_o}{\dot{X}_i}=\frac{\dot{A}}{1+\dot{A}\dot{F}} \tag{6.2.1}$$

式(6.2.1)就是**反馈的一般表达式**。由反馈的一般表达式,引出几个有关反馈的重要术语,它们的含义如下:

(1) $\dot{A}$　表示无反馈时放大网络的**放大倍数**,有时也称之为**开环放大倍数**。

(2) $\dot{F}$　表示反馈网络的**反馈系数**。

(3) $\dot{A}_f$　称为反馈放大电路的**闭环放大倍数**,表示引入反馈后,放大电路的输出信号与外加输入信号之间总的放大倍数。

(4) $\dot{A}\dot{F}$　称为**回路增益**,表示在反馈放大电路中,信号沿着放大网络和反馈网络组成的环路传递一周以后所得到的放大倍数。

(5) $1+\dot{A}\dot{F}$　称为**反馈深度**,是式(6.2.1)中的分母,表示引入反馈后放大电路的放大倍数与无反馈时相比所变化的倍数。反馈深度是一个十分重要的参数,通过下面的分析将会看到,引入负反馈以后,放大电路各项性能的改善程度,皆与 $|1+\dot{A}\dot{F}|$ 的大小有关。

根据式(6.2.1)所示反馈的一般表达式,还可以得到有关反馈放大电路的几点一般规律:

① 在式(6.2.1)中,若 $|1+\dot{A}\dot{F}|>1$,则 $|\dot{A}_f|<|\dot{A}|$,说明引入反馈后使放大倍数比原来减小,这种反馈称为负反馈;反之;若 $|1+\dot{A}\dot{F}|<1$,则 $|\dot{A}_f|>|\dot{A}|$,即引入反馈后使放大倍数比原来增大,这种反馈称为正反馈。

② 在负反馈的情况下,如果反馈深度 $|1+\dot{A}\dot{F}|\gg1$,则称为深度负反馈。此时式(6.2.1)可简化为

$$\dot{A}_f = \frac{\dot{A}}{1+\dot{A}\dot{F}} \approx \frac{\dot{A}}{\dot{A}\dot{F}} = \frac{1}{\dot{F}} \tag{6.2.2}$$

上式表明，在深度负反馈条件下，闭环放大倍数 $\dot{A}_f$ 基本上等于反馈系数 $\dot{F}$ 的倒数。也就是说，深度负反馈放大电路的放大倍数 $\dot{A}_f$ 几乎与放大网络的放大倍数 $\dot{A}$ 无关，而主要决定于反馈网络的反馈系数 $\dot{F}$。因而，即使由于温度等因素变化而导致放大网络的放大倍数 $\dot{A}$ 发生变化，只要 $\dot{F}$ 的值一定，就能保持闭环放大倍数 $\dot{A}_f$ 稳定，这是深度负反馈放大电路的一个突出优点。实际的反馈网络常常由电阻等元件组成，反馈系数通常决定于某些电阻值之比，基本上不受温度等因素的影响。在设计放大电路时，为了提高稳定性，往往选用开环电压增益 A_{od} 很高的集成运放，以便引入深度负反馈。

③ 在式(6.2.1)中，如果分母 $1+\dot{A}\dot{F}=0$，即 $\dot{A}\dot{F}=-1$，则 $\dot{A}_f=\infty$，说明当 $\dot{X}_i=0$ 时，$\dot{X}_o \neq 0$。此时放大电路虽然没有外加输入信号，但有一定的输出信号。放大电路的这种状态称为**自激振荡**。当反馈放大电路发生自激振荡时，输出信号将不受输入信号的控制，也就是说，放大电路失去了放大作用，不能正常工作，这是我们所不希望的。但是，有时为了产生正弦波或其他波形信号，有意识地在放大电路中引入一个正反馈，并使之满足自激振荡的条件。关于各种波形发生电路，将在本书第 9 章进行介绍。

▶6.3 负反馈对放大电路性能的影响

如前所述，放大电路引入负反馈后，虽然放大倍数有所下降，但是提高了放大电路的稳定性。而且远远不止于此，采用负反馈还能够改善放大电路的其他各项性能，例如，减小非线性失真和抑制干扰，扩展频带以及根据需要灵活地改变放大电路的输入电阻和输出电阻等。下面分别进行介绍。

▶▶6.3.1 提高放大倍数的稳定性

放大电路引入负反馈以后得到的最直接、最显著的效果就是提高放大倍数的稳定性。在输入信号一定的情况下，当电路参数变化、电源电压波动或负载发生变化时，由于引入了负反馈，放大电路输出信号的波动将大大减小，也就是说放大倍数的稳定性提高了。

下面将进一步分析，放大倍数稳定性提高的程度与反馈深度有关。

由式(6.2.1)可知，引入反馈以后，放大电路的闭环放大倍数为

$$\dot{A}_f = \frac{\dot{A}}{1+\dot{A}\dot{F}}$$

如果放大电路工作在中频范围，且反馈网络为纯电阻性，则 $\dot{A}$ 和 $\dot{F}$ 均为实数，上式可表示为

$$A_f=\frac{A}{1+AF}$$

将上式对变量 A 求导数，可得

$$\frac{dA_f}{dA}=\frac{1}{1+AF}-\frac{AF}{(1+AF)^2}=\frac{1}{(1+AF)^2}$$

或

$$dA_f=\frac{dA}{(1+AF)^2}$$

将上式等号的两边都除以 A_f，则可得

$$\frac{dA_f}{A_f}=\frac{1}{1+AF}\times\frac{dA}{A} \tag{6.3.1}$$

式(6.3.1)表明，负反馈放大电路闭环放大倍数 A_f 的相对变化量，等于无反馈时放大网络放大倍数 A 的相对变化量的 $1/(1+AF)$。换句话说，引入负反馈后，放大倍数下降为原来的 $1/(1+AF)$，但放大倍数的稳定性提高了 $(1+AF)$ 倍。

【例 6.3.1】 在图 6.2.1(a)所示的电压串联负反馈放大电路中，假设集成运放的开环差模电压放大倍数 $\dot{A}=10^5$，$R_1=2\ \text{k}\Omega$，$R_F=18\ \text{k}\Omega$。

① 试估算反馈系数 $\dot{F}$ 和反馈深度 $(1+\dot{A}\dot{F})$；

② 试估算放大电路的闭环电压放大倍数 $\dot{A}_f$；

③ 如果集成运放的开环差模电压放大倍数 A 的相对变化量为±10%，此时闭环电压放大倍数 A_f 的相对变化量等于多少？

解： ① 反馈系数为

$$\dot{F}=\frac{\dot{U}_f}{\dot{U}_o}=\frac{R_1}{R_1+R_F}=\frac{2}{2+18}=0.1$$

反馈深度为

$$1+\dot{A}\dot{F}=1+10^5\times0.1\approx10^4$$

② 由式(6.2.1)可知，闭环放大倍数为

$$\dot{A}_f = \frac{\dot{A}}{1+\dot{A}\dot{F}} \approx \frac{10^5}{10^4} = 10$$

③ 由式(6.3.1)可知,A_f 的相对变化量为

$$\frac{dA_f}{A_f} = \frac{1}{1+AF} \frac{dA}{A} = \frac{\pm 10\%}{10^4} = \pm 0.001\%$$

结果表明,当开环差模电压放大倍数变化±10%时,闭环电压放大倍数的相对变化量只有±0.001%,即十万分之一。这说明引入反馈深度为 10^4 的负反馈以后,放大倍数的稳定性提高了 10^4 倍,即提高了一万倍。

►►6.3.2 减小非线性失真和抑制干扰

由于放大器件特性曲线的非线性,当输入信号为正弦波时,输出信号的波形可能不再是一个真正的正弦波,而将产生或多或少的非线性失真。当信号幅度比较大时,非线性失真现象更为明显。

例如,由于三极管输入特性曲线的非线性,当 u_{BE} 为正弦波时,i_B 波形出现了失真,如图 6.3.1 所示。

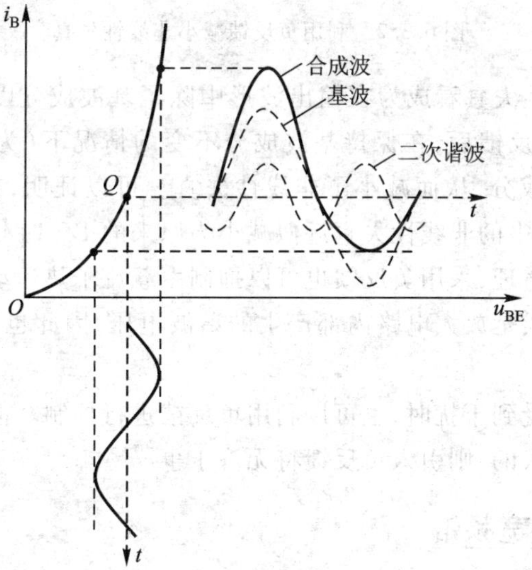

图 6.3.1 i_B 波形的非线性失真

从谐波分析的角度看,一个非正弦波可以看成是由基波和一系列谐波合成的,例如,在图 6.3.1 中,i_B 的波形可以看成由基波和二次谐波合成。由此可见,非线

性失真的实质是在放大电路的输出波形中产生了输入信号原来没有的谐波成分。

引入负反馈可以减小非线性失真。例如,由图6.3.2可见,如果正弦波输入信号 x_i 经过放大后产生的失真波形为正半周大,负半周小。经过反馈后,在 F 为常数的条件下,反馈信号 x_f 也是正半周大,负半周小。但它和输入信号 x_i 相减后得到的净输入信号 $x_i'=x_i-x_f$ 的波形却变成正半周小,负半周大,这样就把输出信号的正半周压缩,负半周扩大,结果使正负半周的幅度趋于一致,从而改善了输出波形。

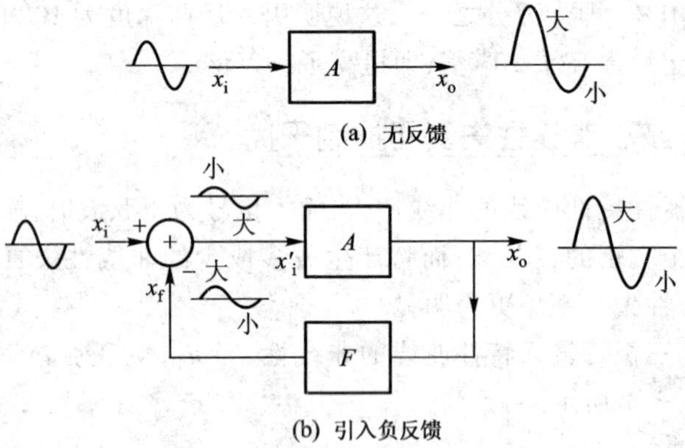

图6.3.2 利用负反馈减小非线性失真

如果把非线性失真看成为在输出波形中除了基波成分以外,增加了某些谐波成分,则引入负反馈后,在保持基波成分不变的情况下(为此,需增大输入信号),降低了谐波成分,从而减小了非线性失真。可以证明,在非线性失真不太严重时,输出波形中的非线性失真近似减小为原来的 $1/(1+AF)$。

根据同样的道理,采用负反馈也可以抑制由载流子热运动所产生的噪声,因为可以将噪声看成是放大电路内部产生的谐波电压,因此也可以大致被抑制为原来的 $1/(1+AF)$。

当放大电路受到干扰时,也可以利用负反馈进行抑制。但是,如果干扰是同输入信号同时混入的,则引入负反馈将无济于事。

▶▶6.3.3 展宽频带

从本质上说,放大电路的通频带受到一定限制,是由于放大电路对不同频率的输入信号呈现出不同的放大倍数而造成的。而通过前面的分析已经看到,无论何种原因引起放大电路的放大倍数发生变化,均可以通过负反馈使放大倍数的相对变化量减小,提高放大倍数的稳定性。由此可知,对于信号频率不同而引起的放大倍数下降,也可以利用负反馈进行改善。所以,引入负反馈可以展宽放大电路的频带。

例如,假设反馈系数 $\dot{F}$ 是一固定常数,当输入信号的幅度不变时,随着频率的升高或降低,输出信号的幅度将减小,则引回到放大电路输入回路的反馈信号的幅度也按比例减小,于是净输入信号的幅度增大,使放大电路输出信号的相对下降量比无反馈时少,也就是说,放大电路的频带展宽了。

下面将进一步说明,频带展宽的程度也与负反馈深度$(1+\dot{A}\dot{F})$有关。

假设无反馈时放大电路在高频段的放大倍数为

$$\dot{A}_H=\frac{\dot{A}_m}{1+j\frac{f}{f_H}} \tag{6.3.2}$$

式中 $\dot{A}_m$和f_H分别是无反馈时的中频放大倍数和上限频率。

引入负反馈后,设反馈系数为 $\dot{F}$,则此时高频段的放大倍数将成为

$$\dot{A}_{Hf}=\frac{\dot{A}_H}{1+\dot{A}_H\dot{F}}=\frac{\frac{\dot{A}_m}{1+j\frac{f}{f_H}}}{1+\frac{\dot{A}_m}{1+j\frac{f}{f_H}}\dot{F}}=\frac{\dot{A}_m}{1+\dot{A}_m\dot{F}+j\frac{f}{f_H}}$$

$$=\frac{\frac{\dot{A}_m}{1+\dot{A}_m\dot{F}}}{1+j\frac{f}{(1+\dot{A}_m\dot{F})f_H}} \tag{6.3.3}$$

比较式(6.3.2)和式(6.3.3)可知,引入负反馈后的中频放大倍数 $\dot{A}_{mf}$和上限频率f_{Hf}分别为

$$\dot{A}_{mf}=\frac{\dot{A}_m}{1+\dot{A}_m\dot{F}} \tag{6.3.4}$$

$$f_{Hf}=(1+\dot{A}_m\dot{F})f_H \tag{6.3.5}$$

可见引入负反馈后,放大电路的中频放大倍数减小了,等于无反馈时的$1/(1+\dot{A}_m\dot{F})$,而上限频率提高了,等于无反馈时的$(1+\dot{A}_m\dot{F})$倍。

同样地,假设无反馈时的下限频率为f_L,运用与前面相同的方法,可以分析得到,引入负反馈后的下限频率为

$$f_{\mathrm{Lf}}=\frac{f_{\mathrm{L}}}{1+\dot{A}_{\mathrm{m}}\dot{F}} \tag{6.3.6}$$

说明引入负反馈后，放大电路的下限频率降低了，等于无反馈时的 $1/(1+\dot{A}_{\mathrm{m}}\dot{F})$。

根据以上分析可知，引入负反馈后，放大电路的上限频率提高了 $(1+\dot{A}_{\mathrm{m}}\dot{F})$ 倍，而下限频率降低为原来的 $1/(1+\dot{A}_{\mathrm{m}}\dot{F})$，所以，总的通频带得到了展宽。

对于一般放大电路来说，通常能够满足 $f_{\mathrm{H}}\gg f_{\mathrm{L}}$，$f_{\mathrm{Hf}}\gg f_{\mathrm{Lf}}$，所以通频带可以近似地用上限频率表示，即认为无反馈时的通频带为

$$BW=f_{\mathrm{H}}-f_{\mathrm{L}}\approx f_{\mathrm{H}}$$

引入负反馈后的通频带为

$$BW_{\mathrm{f}}=f_{\mathrm{Hf}}-f_{\mathrm{Lf}}\approx f_{\mathrm{Hf}}$$

由式(6.3.5)可知，$f_{\mathrm{Hf}}=(1+\dot{A}_{\mathrm{m}}\dot{F})f_{\mathrm{H}}$，则可得

$$BW_{\mathrm{f}}\approx(1+\dot{A}_{\mathrm{m}}\dot{F})BW \tag{6.3.7}$$

上式表明，引入负反馈后通频带展宽了 $(1+\dot{A}_{\mathrm{m}}\dot{F})$ 倍，但同时中频放大倍数下降为无反馈时的 $1/(1+\dot{A}_{\mathrm{m}}\dot{F})$，因此，中频放大倍数与通频带的乘积将基本不变，即

$$\dot{A}_{\mathrm{mf}}BW_{\mathrm{f}}\approx\dot{A}_{\mathrm{m}}BW \tag{6.3.8}$$

引入负反馈后通频带和中频放大倍数的变化情况如图 6.3.3 所示。

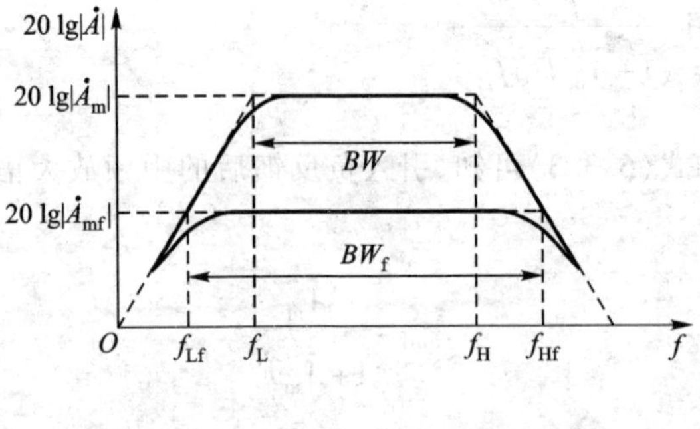

图 6.3.3 负反馈对通频带和放大倍数的影响

【例 6.3.2】 在图 6.2.1(a)所示的电压串联负反馈放大电路中，已知集成运放中频时的开环差模电压放大倍数 $\dot{A}_{\mathrm{m}}=10^5$，上限频率 $f_{\mathrm{H}}=7\mathrm{Hz}$，下限频率

$f_L=0$。引入负反馈后,闭环电压放大倍数 $\dot{A}_{mf}=10$,试问反馈深度等于多少? 此时负反馈放大电路的通频带等于多少?

解: 由式(6.3.4)可知

$$\dot{A}_{mf}=\frac{\dot{A}_m}{1+\dot{A}_m\dot{F}}$$

则反馈深度为

$$1+\dot{A}_m\dot{F}=\frac{\dot{A}_m}{\dot{A}_{mf}}=\frac{10^5}{10}=10^4$$

因为下限频率等于零,故通频带就等于上限频率的值,则负反馈放大电路的通频带为

$$BW_f=f_{Hf}=(1+\dot{A}_m\dot{F})f_H=10^4\times7\ \text{Hz}=70\ \text{kHz}$$

▶▶6.3.4 改变输入电阻和输出电阻

放大电路引入不同组态的负反馈后,对输入电阻和输出电阻将产生不同的影响。

1. 负反馈对输入电阻的影响

总的来说,反馈信号与外加输入信号在放大电路输入回路中的求和方式不同,将对输入电阻产生不同的影响。串联负反馈将增大输入电阻,而并联负反馈将减小输入电阻。

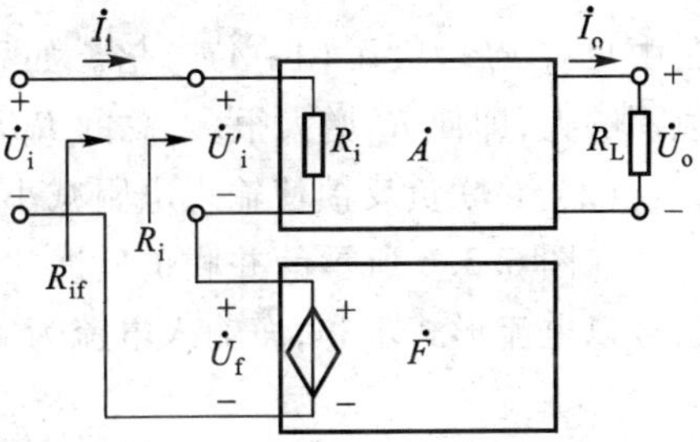

图 6.3.4 串联负反馈对 R_i 的影响

(1) 串联负反馈使输入电阻增大

图 6.3.4 是一个串联负反馈放大电路的示意图。由图可见,反馈信号与外加输入信号以电压形式求和,而且反馈电压 $\dot{U}_f$将削弱输入电压 $\dot{U}_i$的作用,使净输入电压 $\dot{U}'_i$减小。可见,在同样的外加输入电压之下,输入电流将比无反馈时小,因此输入电阻将增大。

在图 6.3.4 中,无反馈时的输入电阻为

$$R_i=\frac{\dot{U}'_i}{\dot{I}_i}$$

引入串联负反馈后,输入电阻为

$$R_{if}=\frac{\dot{U}_i}{\dot{I}_i}=\frac{\dot{U}'_i+\dot{U}_f}{\dot{I}_i}$$

上式中的反馈电压 $\dot{U}_f$ 是净输入电压经放大网络放大，再经反馈网络以后得到的，即

$$\dot{U}_f = \dot{A}\dot{F}\dot{U}_i'$$

将上式代入上面 R_{if} 的表达式，可得

$$R_{if} = \frac{\dot{U}_i' + \dot{A}\dot{F}\dot{U}_i'}{\dot{I}_i} = (1+\dot{A}\dot{F})R_i \tag{6.3.9}$$

由此得出结论，引入串联负反馈后，放大电路的输入电阻将增大，成为无反馈时的 $(1+\dot{A}\dot{F})$ 倍。无论电压串联负反馈或电流串联负反馈均如此。

但要注意，引入串联负反馈后，只是将反馈环路内的输入电阻增大 $(1+\dot{A}\dot{F})$ 倍。而在图 6.3.5 中，R_{b1} 和 R_{b2} 并不包括在反馈环路内，因此不受影响。引入负反馈后，该电路总的输入电阻为

$$R_{if} = R_{if}' /\!/ R_{b1} /\!/ R_{b2}$$

其中只有 R_{if}' 增大了 $(1+\dot{A}\dot{F})$ 倍。如果 R_{b1}、R_{b2} 的阻值不够大，即使 R_{if}' 增大很多，总的 R_{if} 将增大不多。

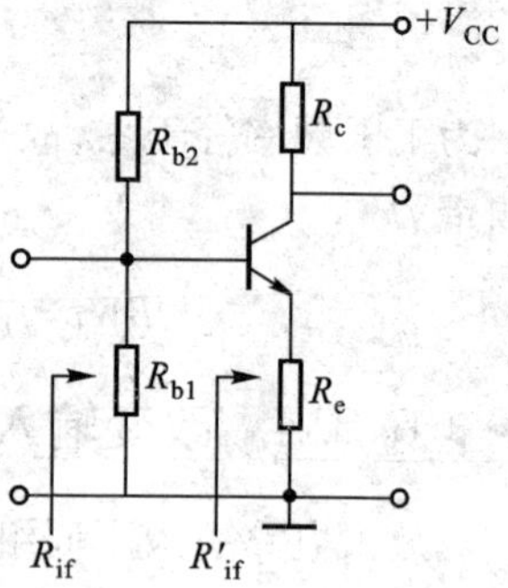

图 6.3.5　R_{if} 与 R_{if}' 的区别

(2) 并联负反馈使输入电阻减小

在图 6.3.6 所示的并联负反馈放大电路的示意图中，反馈信号与外加输入信号以电流形式求和，净输入电流为

$$\dot{I}_i' = \dot{I}_i - \dot{I}_f$$

则

$$\dot{I}_i = \dot{I}_i' + \dot{I}_f$$

说明在同样的输入电压之下，输入电流将比无反馈时大，因此输入电阻将减小。

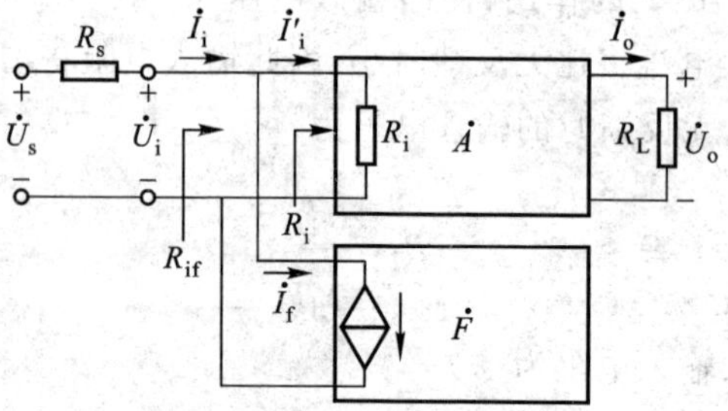

图 6.3.6　并联负反馈对 R_i 的影响

在图 6.3.6 中，无反馈时的输入电阻为

$$R_i=\frac{\dot{U}_i}{\dot{I}_i'}$$

引入并联负反馈后，输入电阻为

$$R_{if}=\frac{\dot{U}_i}{\dot{I}_i}=\frac{\dot{U}_i}{\dot{I}_i'+\dot{I}_f}$$

上式中的反馈电流 $\dot{I}_f$ 是净输入电流经放大网络和反馈网络后得到，即

$$\dot{I}_f=\dot{A}\dot{F}\dot{I}_i'$$

将上式代入 R_{if} 的表达式，可得

$$R_{if}=\frac{\dot{U}_i}{\dot{I}_i'+\dot{A}\dot{F}\dot{I}_i'}=\frac{R_i}{1+\dot{A}\dot{F}} \tag{6.3.10}$$

由以上分析可知，引入并联负反馈后，放大电路的输入电阻将减小，成为无反馈时的 $1/(1+\dot{A}\dot{F})$。无论电压并联负反馈或电流并联负反馈均如此。

2. 负反馈对输出电阻的影响

反馈信号在放大电路输出端的采样方式不同，将对输出电阻产生不同的影响，电压负反馈将减小输出电阻，而电流负反馈将增大输出电阻。

(1) 电压负反馈使输出电阻减小

由图 6.3.7 可知，电路的输出电阻 R_o 愈小，则当负载电阻 R_L 变化时，输出电压 $\dot{U}_o$ 愈稳定。理想的恒压源输出电阻 $R_o=0$，则无论 R_L 如何变化，$\dot{U}_o$ 均保持不变。

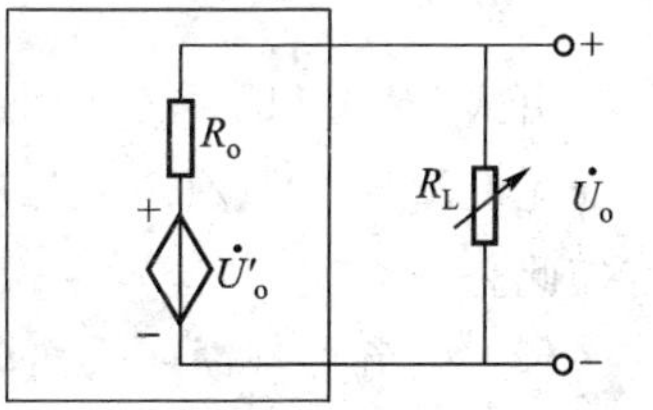

图 6.3.7　R_o 对 U_o 稳定性的影响

已经知道，放大电路引入电压负反馈后，能在 R_L 变化时使输出电压保持稳定，因此，其效果就是减小了放大电路的输出电阻。

图 6.3.8 是电压负反馈放大电路的示意图。为了根据定义计算输出电阻，令输入信号 $\dot{X}_i=0$，同时在输出端外加一个电压 $\dot{U}_o$，然后求出相应的输出电流 $\dot{I}_o$。

在图 6.3.8 中，从放大网络的输出端往里看，相当于 R_o 与一个等效电压源 $\dot{A}_o\dot{X}_i'$ 相串联。其中 R_o 是无反馈时放大网络的输出电阻，$\dot{A}_o$ 是当负载电阻 R_L 开路时放大网络的放大倍数，$\dot{X}_i'$ 为净输入信号。因为外加输入信号 $\dot{X}_i=0$，故净输入信号为

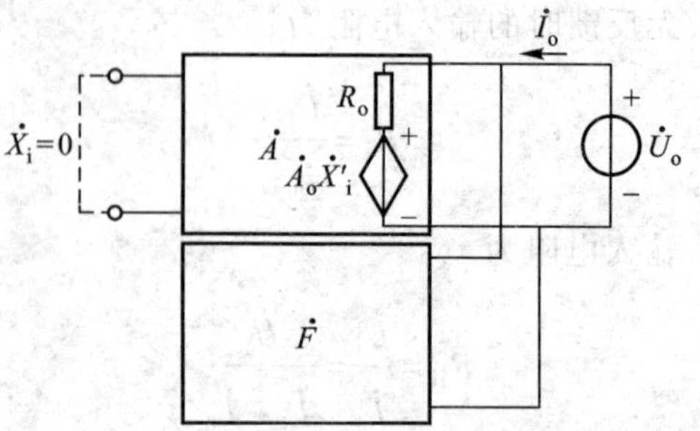

图 6.3.8　电压负反馈对 R_o 的影响

$$\dot{X}_i' = \dot{X}_i - \dot{X}_f = -\dot{X}_f$$

上式中之 $\dot{X}_f$为反馈信号。由于是电压负反馈,即反馈信号从放大电路的输出电压采样,故

$$\dot{X}_f = \dot{F}\,\dot{U}_o$$

则由图 6.3.8 可得

$$\dot{U}_o = \dot{I}_o R_o + \dot{A}_o \dot{X}_i' = \dot{I}_o R_o - \dot{A}_o \dot{F}\,\dot{U}_o$$

整理上式,可得到电压负反馈放大电路的输出电阻为

$$R_{of} = \frac{\dot{U}_o}{\dot{I}_o} = \frac{R_o}{1+\dot{A}_o\dot{F}} \tag{6.3.11}$$

由式(6.3.11)可知,引入电压负反馈后,放大电路的输出电阻将减小,成为无反馈时的 $1/(1+\dot{A}_o\dot{F})$。无论电压串联负反馈或电压并联负反馈均如此。

(2) 电流负反馈使输出电阻增大

由图 6.3.9 可知,电路的输出电阻 R_o愈大,则当 R_L变化时输出电流 $\dot{I}_o$愈稳定。理想的恒流源 $R_o=\infty$,此时无论 R_L 如何变化,$\dot{I}_o$始终保持不变。

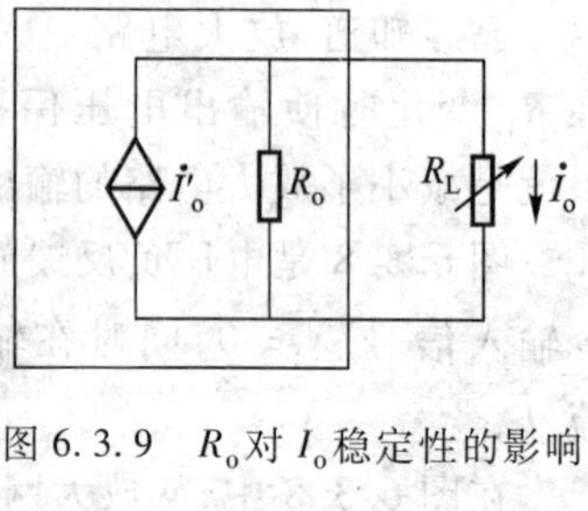

图 6.3.9　R_o对 I_o稳定性的影响

引入电流负反馈能在负载电阻 R_L 变化时保持输出电流稳定,所以其效果就是增大了放大电路的输出电阻。

图 6.3.10 是电流负反馈放大电路的示意图。为了计算输出电阻,同样令 $\dot{X}_i=0$,同时在输出端外加电压 $\dot{U}_o$,然后求出相应的 $\dot{I}_o$。

由图 6.3.10 可见,从放大网络的输出端往里看,相当于 R_o 与一个等效电流

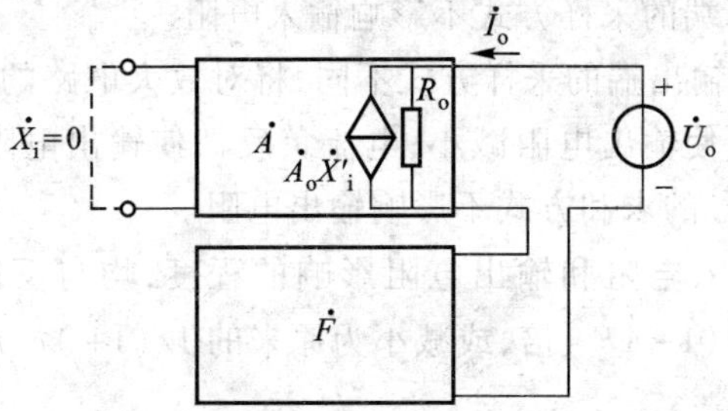

图 6.3.10　电流负反馈对 R_o 的影响

源 $\dot{A}_o\dot{X}'_i$ 并联。其中 R_o 是无反馈时放大网络的输出电阻，$\dot{A}_o$ 是负载电阻 R_L 短路时放大网络的放大倍数，$\dot{X}'_i$ 为净输入信号。由于 $\dot{X}_i=0$，且为电流负反馈，即反馈信号取自放大电路的输出电流，故

$$\dot{X}'_i=\dot{X}_i-\dot{X}_f=-\dot{X}_f=-\dot{F}\dot{I}_o$$

在图 6.3.10 中，如不考虑 $\dot{I}_o$ 在反馈网络输入端的压降，可得

$$\dot{I}_o\approx\frac{\dot{U}_o}{R_o}+\dot{A}_o\dot{X}'_i=\frac{\dot{U}_o}{R_o}-\dot{A}_o\dot{F}\dot{I}_o$$

整理上式，可得到电流负反馈放大电路的输出电阻为

$$R_{of}=\frac{\dot{U}_o}{\dot{I}_o}=(1+\dot{A}_o\dot{F})R_o \tag{6.3.12}$$

由式(6.3.12)可知，引入电流负反馈后，放大电路的输出电阻将增大，成为无反馈时的$(1+\dot{A}_o\dot{F})$倍。无论是电流串联负反馈或电流并联负反馈均如此。

同样需要注意，电流负反馈只是将反馈环路内的输出电阻增大$(1+\dot{A}_o\dot{F})$倍。在图 6.3.11 中，集电极电阻 R_c 不包括在电流负反馈环路之内，因此不受影响。引入负反馈后，该电路总的输出电阻为

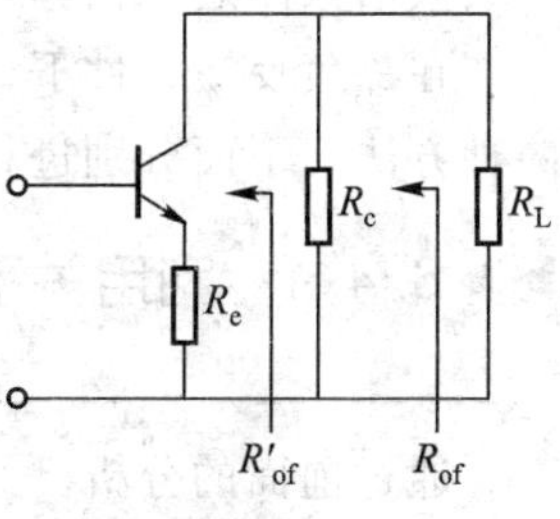

图 6.3.11　R_{of}与 R'_{of}的区别

$$R_{of}=R'_{of}/\!/R_c$$

一般情况下，因 $R_c\ll R'_{of}$，所以即使由于引入电流负反馈而使 R'_{of}增大很多，但总的 R_{of}增加并不多。

综上所述，关于负反馈对放大电路的输入电阻和输出电阻的影响，可以归纳出以下几点结论：

① 反馈信号与外加输入信号的求和方式不同，将对放大电路的输入电阻产生不同的影响：串联负反馈使输入电阻增大；并联负反馈使输入电阻减小。但

是，反馈信号在输出端的采样方式不影响输入电阻。

② 反馈信号在输出端的采样方式不同，将对放大电路的输出电阻产生不同的影响：电压负反馈使输出电阻减小；电流负反馈使输出电阻增大。但是，反馈信号与外加输入信号的求和方式不影响输出电阻。

③ 负反馈对输入电阻和输出电阻影响的程度，均与反馈深度$(1+\dot{A}\dot{F})$有关，或增大为原来的$(1+\dot{A}\dot{F})$倍，或减小为原来的$1/(1+\dot{A}\dot{F})$。

▶6.4 负反馈放大电路的分析计算

本节要讨论的问题是，如何分析计算负反馈放大电路的电压放大倍数、输入电阻和输出电阻等各项技术指标。

对于电路结构简单的负反馈放大电路，可以利用微变等效电路法进行分析计算。例如射极输出器以及接有发射极电阻 R_e 的单管放大电路等，本书第 2 章已经运用微变等效电路法详细分析了以上简单反馈放大电路的 $\dot{A}_u$、R_i 和 R_o，此处不再赘述。

然而，对于比较复杂的反馈放大电路，例如分立元件多级负反馈放大电路以及由集成运放组成的负反馈放大电路等，如用微变等效电路法求解，可能比较麻烦，有时甚至需要解联立方程。但是，在实际的电子设备中，这些比较复杂的反馈放大电路由于开环放大倍数比较大，一般容易满足 $\left|1+\dot{A}\dot{F}\right|\gg1$ 的条件，故可以作为深负反馈放大电路来处理。本节主要介绍深负反馈放大电路的闭环电压放大倍数的近似估算。

在深负反馈条件下，闭环电压放大倍数的估算比较简单，通常可以采用以下两种方法。下面分别进行介绍。

▶▶6.4.1 利用关系式 $\dot{A}_f\approx\frac{1}{\dot{F}}$ 估算闭环电压放大倍数

通过前面的分析已经知道，如果负反馈放大电路满足 $\left|1+\dot{A}\dot{F}\right|\gg1$ 的条件，则其闭环电压放大倍数 $\dot{A}_f$ 可用式(6.2.2)表示，即

$$\dot{A}_f\approx\frac{1}{\dot{F}}$$

上式表明，深负反馈放大电路的闭环放大倍数 $\dot{A}_f$ 近似等于反馈系数 $\dot{F}$ 的倒数，因此，只需求出 $\dot{F}$，即可得到 $\dot{A}_f$，估算闭环放大倍数的过程十分简单。

但是，上式中的 $\dot{A}_f$ 是广义的放大倍数，其含义和量纲与反馈的组态有关（见表 6-1），并非专指电压放大倍数。也就是说，运用以上公式估算闭环电压放大

倍数是有条件的。

只有当负反馈的组态是**电压串联式**时，式(6.2.2)中的 $\dot{A}_f$才代表闭环电压放大倍数，此时该式可表示为

$$\dot{A}_{uuf} \approx \frac{1}{\dot{F}_{uu}} \tag{6.4.1}$$

此时方可利用这个公式直接估算深度负反馈放大电路的闭环电压放大倍数。

►►6.4.2　利用关系式 $\dot{X}_f \approx \dot{X}_i$估算闭环电压放大倍数

对于电压串联负反馈以外的其他三种负反馈组态，即电压并联式、电流串联式和电流并联式负反馈，由表6-1可知，式(6.2.2)中的 $\dot{A}_f$分别成为 $\dot{A}_{uif}$、$\dot{A}_{iuf}$和 $\dot{A}_{iif}$，它们的物理意义分别表示负反馈放大电路的闭环转移电阻、闭环转移电导和闭环电流放大倍数。因此，对于这三种组态的负反馈放大电路，如果利用式(6.2.2)，则分别求出 $\dot{A}_{uif}$、$\dot{A}_{iuf}$或 $\dot{A}_{iif}$后，需再经过转换才能得到 $\dot{A}_{uuf}$，而不能简单、直接地求得闭环电压放大倍数。此时，可以根据深度负反馈的特点，采用其他更为简捷的估算方法。

根据定义，反馈放大电路的闭环放大倍数 $\dot{A}_f$等于输出信号与外加输入信号之比，即

$$\dot{A}_f = \frac{\dot{X}_o}{\dot{X}_i}$$

而反馈系数 $\dot{F}$ 则是反馈信号与输出信号之比，即

$$\dot{F} = \frac{\dot{X}_f}{\dot{X}_o}$$

由于在深负反馈条件下 $\dot{A}_f \approx \frac{1}{\dot{F}}$，则由以上两式可得到

$$\frac{\dot{X}_o}{\dot{X}_i} \approx \frac{\dot{X}_o}{\dot{X}_f}$$

由此可得

$$\dot{X}_f \approx \dot{X}_i \tag{6.4.2}$$

式(6.4.2)表明，在深度负反馈条件下，放大电路的反馈信号 $\dot{X}_f$与外加的输入信号 $\dot{X}_i$近似相等。

由于净输入信号 $\dot{X}_i' = \dot{X}_i - \dot{X}_f$，而在深度负反馈条件下 $\dot{X}_f \approx \dot{X}_i$，故

$$\dot{X}_i' \approx 0 \tag{6.4.3}$$

现在来考察式(6.4.2)和式(6.4.3)的物理意义。在图6.4.1所示反馈放大电路的方块图中,当满足深度负反馈条件时,因 $\left|1+\dot{A}\dot{F}\right|\gg 1$,故回路增益的值 $\left|\dot{A}\dot{F}\right|$ 很大,通常也能满足 $\left|\dot{A}\dot{F}\right|\gg 1$。在图6.4.1中,反馈信号 $\dot{X}_f=\dot{A}\dot{F}\dot{X}_i'$,此时只需很小的净输入信号 $\dot{X}_i'$,即可得到很大的 $\dot{X}_f$,使 $\dot{X}_f\approx\dot{X}_i$。负反馈愈深,回路增益的值 $\left|\dot{A}\dot{F}\right|$ 愈大,则 $\dot{X}_f$ 与 $\dot{X}_i$ 愈接近相等,$\dot{X}_i'$ 也愈趋近于零。

对于任何组态的负反馈放大电路,只要满足深度负反馈的条件,都可以利用 $\dot{X}_f\approx\dot{X}_i$ 的特点,直接估算闭环电压放大倍数。

但是,对于不同组态的负反馈,式(6.4.2)中的 $\dot{X}_f$ 和 $\dot{X}_i$ 各自代表不同的电量。对于串联负反馈,反馈信号与输入信号以电压的形式求和,因此 $\dot{X}_f$ 和 $\dot{X}_i$ 是电压量;对于并联负反馈,反馈信号与输入信号以电流的形式求和,因此 $\dot{X}_f$ 和 $\dot{X}_i$ 是电流量。所以,式(6.4.2)可以分别表示成为以下两种形式:

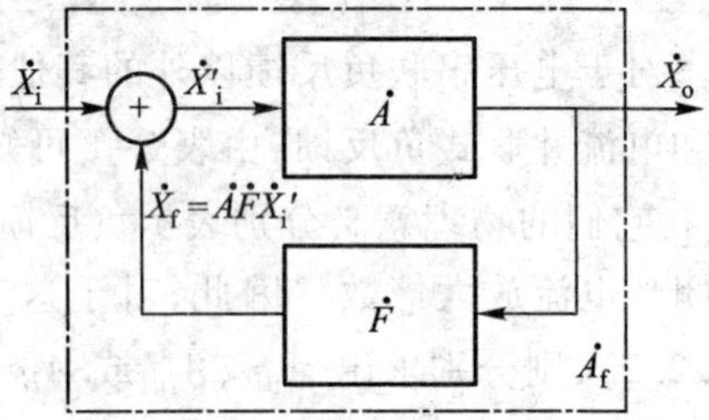

图 6.4.1 $\dot{X}_f\approx\dot{X}_i$ 的物理意义

串联负反馈: $$\dot{U}_f\approx\dot{U}_i \tag{6.4.4}$$

并联负反馈: $$\dot{I}_f\approx\dot{I}_i \tag{6.4.5}$$

由此可知,在估算闭环电压放大倍数之前,必须首先判断负反馈的组态是串联负反馈还是并联负反馈,以便在以上两者中选择一个适当的公式,再根据放大电路的实际情况,列出 $\dot{U}_f$ 和 $\dot{U}_i$(或 $\dot{I}_f$ 和 $\dot{I}_i$)的表达式,然后直接估算闭环电压放大倍数。

由以上分析可知,在深度负反馈条件下,闭环电压放大倍数的估算比较简单。但是对闭环输入电阻 R_{if} 和输出电阻 R_{of},并没有类似的简单估算办法。在理想情况下可以认为

深度串联负反馈:$R_{if}\to\infty$

深度并联负反馈:$R_{if}\to 0$

深度电压负反馈:$R_{of}\to 0$

深度电流负反馈:$R_{of}\to\infty$

但上述 R_{if} 和 R_{of} 都是指反馈环路内的输入电阻和输出电阻,如有电阻不包括在反馈环路之内,则不受影响。

【例 6.4.1】 假设图6.4.2中的各电路均满足深度负反馈条件,试估算各电路的闭环电压放大倍数。

解: 为了估算闭环电压放大倍数,首先需要判断各电路负反馈的组态。

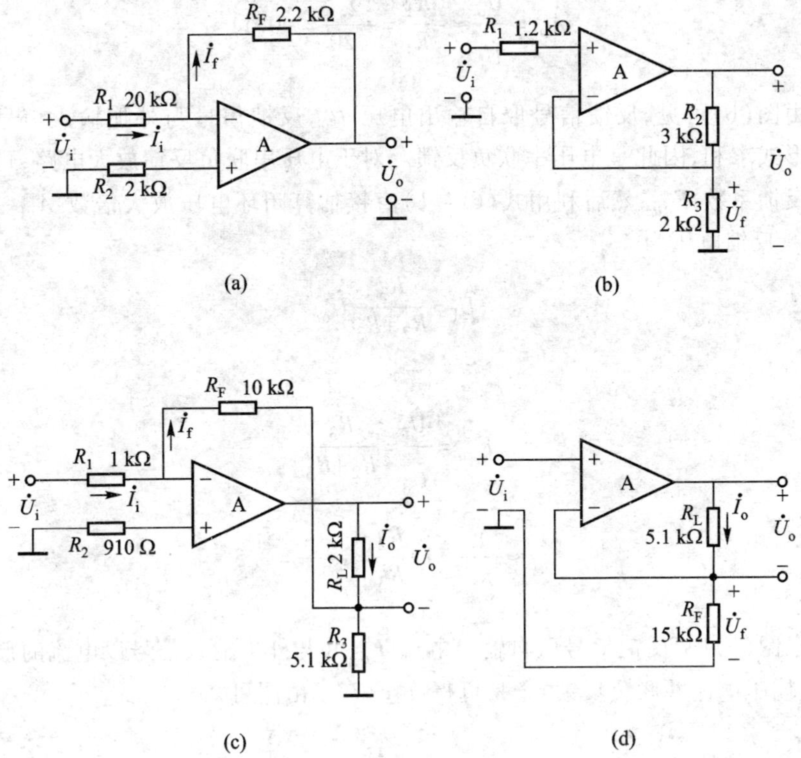

图 6.4.2　例 6.4.1 电路

在图 6.4.2(a)中,反馈信号取自输出电压 $\dot{U}_o$,反馈信号与外加输入信号以电流的形式求和,因此属于电压并联负反馈。在深度负反馈条件下可得 $\dot{I}_f \approx \dot{I}_i$。在集成运放的开环电压增益足够大的情况下,可认为其反相输入端的电压近似为零,则可求得 $\dot{I}_i$和 $\dot{I}_f$分别为

$$\dot{I}_i \approx \frac{\dot{U}_i}{R_1}$$

$$\dot{I}_f \approx -\frac{\dot{U}_o}{R_F}$$

根据 $\dot{I}_f \approx \dot{I}_i$,可得

$$-\frac{\dot{U}_o}{R_F} \approx \frac{\dot{U}_i}{R_1}$$

则闭环电压放大倍数为

$$\dot{A}_{uf}=\frac{\dot{U}_o}{\dot{U}_i}\approx-\frac{R_F}{R_1}=-\frac{2.2}{20}=-0.11$$

由图(b)可见,反馈信号取自输出电压 $\dot{U}_o$,反馈信号与外加输入信号以电压的形式求和,因此是电压串联负反馈。对于电压串联负反馈放大电路,可以先求出反馈系数 $\dot{F}_{uu}$,然后利用式(6.4.1)直接估算闭环电压放大倍数 $\dot{A}_{uf}$。在图(b)中,反馈电压为

$$\dot{U}_f=\frac{R_3}{R_2+R_3}\dot{U}_o$$

故

$$\dot{F}_{uu}=\frac{\dot{U}_f}{\dot{U}_o}=\frac{R_3}{R_2+R_3}$$

所以

$$\dot{A}_{uf}\approx\frac{1}{\dot{F}_{uu}}=1+\frac{R_2}{R_3}=1+\frac{3}{2}=2.5$$

在图(c)中,反馈信号取自输出电流 $\dot{I}_o$,并与外加输入信号以电流的形式求和,故属于电流并联负反馈,于是可得 $\dot{I}_f\approx\dot{I}_i$。由图可知

$$\dot{I}_i\approx\frac{\dot{U}_i}{R_1}$$

$$\dot{I}_f\approx-\frac{\dot{I}_oR_3}{R_3+R_F}=-\frac{\dot{U}_o}{R_L}\cdot\frac{R_3}{R_3+R_F}$$

根据 $\dot{I}_f\approx\dot{I}_i$,可得

$$-\frac{\dot{U}_o}{R_L}\cdot\frac{R_3}{R_3+R_F}\approx\frac{\dot{U}_i}{R_1}$$

则闭环电压放大倍数为

$$\dot{A}_{uf}=\frac{\dot{U}_o}{\dot{U}_i}\approx-\frac{R_L(R_3+R_F)}{R_1R_3}=-\frac{2\times(5.1+10)}{1\times5.1}=-5.92$$

由图(d)可见,反馈信号取自输出电流 $\dot{I}_o$,并与外加输入信号以电压形式求和,因此是电流串联负反馈,则可得 $\dot{U}_f\approx\dot{U}_i$。由图可知,

$$\dot{U}_f=\dot{I}_oR_F\approx\dot{U}_i$$

而 $$\dot{U}_o = \dot{I}_o R_L$$

则 $$\dot{A}_{uf} = \frac{\dot{U}_o}{\dot{U}_i} \approx \frac{R_L}{R_F} = \frac{5.1}{15} = 0.34$$

【例 6.4.2】 设图 6.4.3 中各放大电路的级间反馈均满足深度负反馈条件，试估算各电路的闭环电压放大倍数。

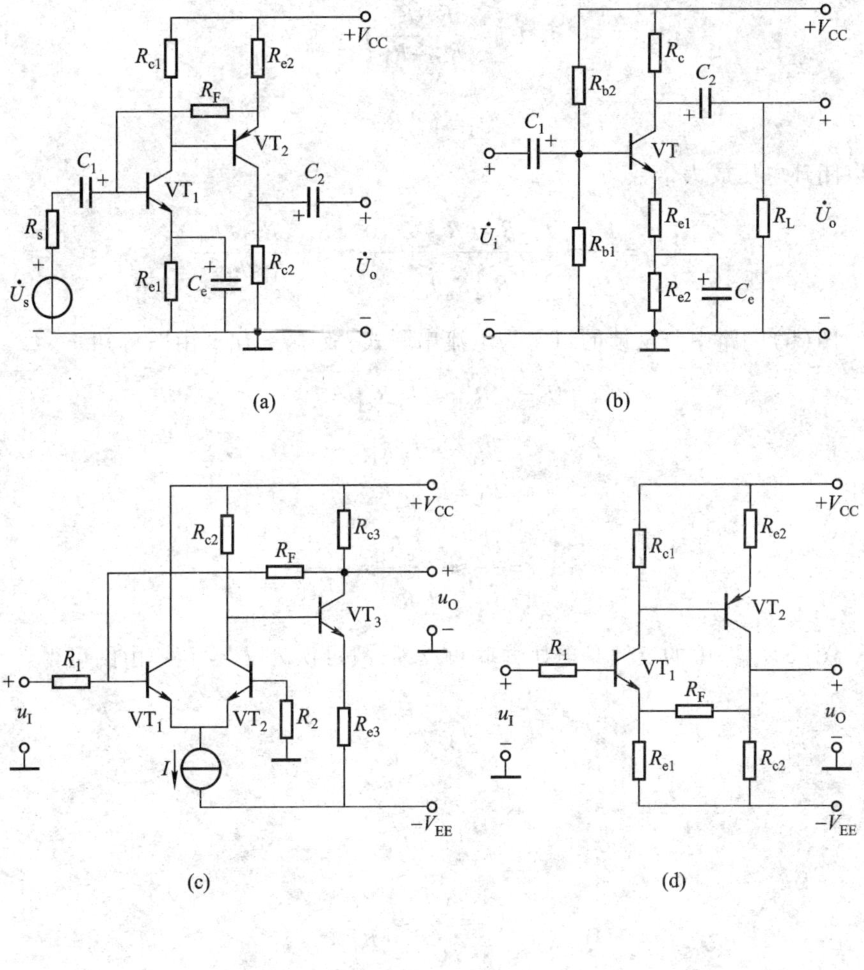

图 6.4.3 例 6.4.2 电路

解： 图(a)电路引入了一个电流并联负反馈，在深度负反馈条件下，可认为 $\dot{I}_f \approx \dot{I}_i$。由图可知

$$\dot{I}_i \approx \frac{\dot{U}_s}{R_s}$$

$$\dot{I}_f \approx \frac{R_{e2}}{R_{e2}+R_F} \dot{I}_{e2}$$

因 $\dot{I}_f \approx \dot{I}_i$，故

$$\frac{R_{e2}}{R_{e2}+R_F} \dot{I}_{e2} \approx \frac{\dot{U}_s}{R_s}$$

则
$$\dot{U}_s \approx \frac{R_{e2}R_s}{R_{e2}+R_F} \dot{I}_{e2}$$

而
$$\dot{U}_o = \dot{I}_{c2} R_{c2}$$

所以闭环电压放大倍数为

$$\dot{A}_{usf} = \frac{\dot{U}_o}{\dot{U}_s} \approx \frac{\dot{I}_{c2} R_{c2}(R_{e2}+R_F)}{R_{e2} R_s \dot{I}_{e2}} \approx \frac{R_{c2}(R_{e2}+R_F)}{R_{e2}R_s}$$

图(b)电路中负反馈的组态为电流串联式，故 $\dot{U}_f \approx \dot{U}_i$。由图可知

$$\dot{U}_f = \dot{I}_e R_{e1} \approx \dot{I}_c R_{e1} \approx \dot{U}_i$$

而
$$\dot{U}_o = -\dot{I}_c R'_L$$

其中
$$R'_L = R_c /\!/ R_L$$

则
$$\dot{A}_{uf} = \frac{\dot{U}_o}{\dot{U}_i} \approx \frac{-\dot{I}_c R'_L}{\dot{I}_c R_{e1}} = -\frac{R'_L}{R_{e1}}$$

图(c)电路中的反馈是电压并联负反馈，故可认为 $\dot{I}_f \approx \dot{I}_i$。由图可得

$$\dot{I}_i \approx \frac{\dot{U}_i}{R_1}$$

$$\dot{I}_f \approx -\frac{\dot{U}_o}{R_F}$$

则
$$\dot{A}_{uf} = \frac{\dot{U}_o}{\dot{U}_i} \approx -\frac{R_F}{R_1}$$

图(d)电路引入的反馈是电压串联负反馈，反馈系数为

$$\dot{F}_{uu} = \frac{\dot{U}_f}{\dot{U}_o} = \frac{R_{e1}}{R_{e1}+R_F}$$

则

$$\dot{A}_{uf} \approx \frac{1}{\dot{F}_{uu}} = 1 + \frac{R_F}{R_{e1}}$$

【例 6.4.3】 图 6.4.4 是 DA-16 型晶体管毫伏表中放大器部分的电路原理图。

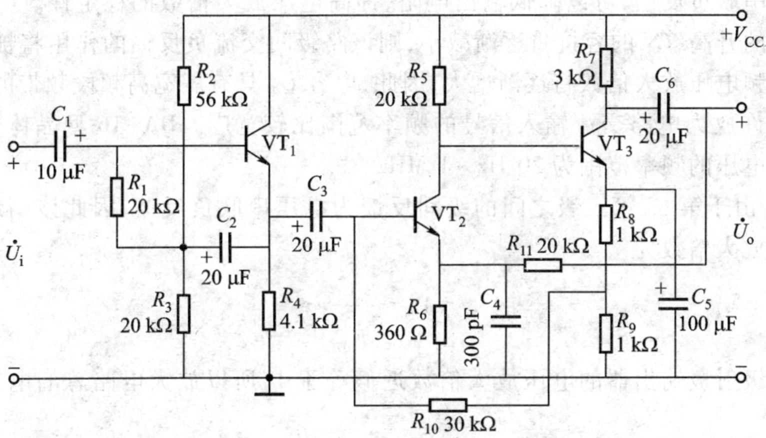

图 6.4.4　例 6.4.3 电路

① 试分析电路中存在哪些反馈(包括局部反馈和级间反馈),并分别说明这些反馈的类型以及它们对放大电路的性能将产生什么影响;

② 估算放大电路总的电压放大倍数。

解: ① 图 6.4.4 中的电路共有三个放大级。第一级由三极管 VT_1 组成射极输出器,而射极输出器本身是一个电压串联负反馈电路,它的特点是输入电阻高,输出电阻低,电压放大倍数接近于1。但是,如果不接电容 C_2,第一级的输入电阻因受基极偏置电阻的影响,其值只能接近于 $R_i = R_1 + (R_2 // R_3)$。现从 VT_1 发射极通过电容 C_2 引回一个局部的电压并联正反馈,由于射极输出器的电压放大倍数接近于 1,即三极管 VT_1 发射极和基极的交流电压接近相等,则电阻 R_1 两端的交流压降很小,故流过 R_1 的交流电流也很小,因而大大提高了放大电路的输入电阻。这种将输出电压通过电容引回到输入回路以提高输入电阻的措施称为"自举"。作为测量仪表通常要求具有较高的输入阻抗,以减小对被测电路的影响。

第二级和第三级分别由三极管 VT_2 和 VT_3 组成。VT_2 发射极接有电阻 R_6 和电容 C_4,但 C_4 的容量很小,仅 300 pF,中频时容抗很大,故其作用可以忽略,因此这个局部反馈的组态是交、直流电流串联负反馈,可以提高本级的输入电阻,稳定本级的静态工作点。VT_3 发射极电阻 R_8 和 R_9 的两端并联一个旁路电容 C_5,因 C_5 的容量很大,为 100 μF,故其容抗很小,C_5 两端的交流压降可以忽略，因此引入了一个直流负反馈，其作用是稳定本级的静态工作点。

放大电路中有两路级间反馈，其中一路从 R_8 与 R_9 之间通过电阻 R_{10} 到 VT_2 的基极引回一个级间直流负反馈，其作用是稳定 VT_2、VT_3 两级的静态工作点。另一路由 VT_3 输出端通过电阻 R_{11} 引回到 VT_2 的发射极。这个反馈属于交流电压串联负反馈，可以降低输出电阻，提高电压放大倍数的稳定性。另外，随着频率的升高，C_4 的容抗将逐渐减小，则该路级间交流负反馈的作用将被削弱，于是高频电压放大倍数将逐渐增大，因此，电容 C_4 具有展宽高频段频带的作用，从而允许放大电路交流输入信号的频率范围比较宽广。DA-16 型晶体管毫伏表被测电压的频率范围为 20 Hz ~ 1 MHz。

② 由于第二、第三级之间的级间反馈为电压串联负反馈，因此该两级的闭环电压放大倍数为

$$\dot{A}_{uf} \approx \frac{1}{\dot{F}_{uu}}$$

而第一级射极输出器的电压放大倍数近似等于 1，所以放大电路总的电压放大倍数为

$$\dot{A}_u = \frac{\dot{U}_o}{\dot{U}_i} = \dot{A}_{u1}\dot{A}_{uf} \approx \frac{1}{\dot{F}_{uu}} = 1 + \frac{R_{11}}{R_6} = 1 + \frac{20\times10^3}{360} = 56.6$$

▶6.5 负反馈放大电路的自激振荡

已经知道，引入负反馈能够改善放大电路的各项性能指标，而且改善的程度与反馈深度的值 $|1+\dot{A}\dot{F}|$ 有关。一般说来，负反馈的深度愈深，改善的效果愈显著。但是，对于多级负反馈放大电路而言，过深的负反馈可能引起放大电路产生自激振荡。此时，即使放大电路的输入端不加信号，在其输出端也将会出现某个特定频率和幅度的输出信号。在这种情况下，放大电路的输出信号不受输入信号的控制，失去了放大作用，不能正常工作。

本节首先分析负反馈放大电路产生自激振荡的原因，然后介绍几种常用的校正措施。

▶▶6.5.1 产生自激振荡的原因

1. 自激振荡的幅度条件和相位条件

由反馈的一般表达式可知，负反馈放大电路的闭环放大倍数可表示如下：

$$\dot{A}_f = \frac{\dot{A}}{1+\dot{A}\dot{F}}$$

如果上式的分母 $1+\dot{A}\dot{F}=0$，则 $\dot{A}_f=\infty$，此时即使没有输入信号，放大电路仍将有一定的输出信号，说明放大电路产生了自激振荡。因此，负反馈放大电路产生自激振荡的条件是 $1+\dot{A}\dot{F}=0$，即

$$\dot{A}\dot{F}=-1 \tag{6.5.1}$$

上式可以分别用模和相角表示如下：

$$\left|\dot{A}\dot{F}\right|=1 \tag{6.5.2}$$

$$\arg\dot{A}\dot{F}=\pm(2n+1)\pi \quad (n=0,1,2,\cdots) \tag{6.5.3}$$

式(6.5.2)和式(6.5.3)分别表示负反馈放大电路产生自激振荡的**幅度条件**和**相位条件**。

但是，根据前面6.2.2节的讨论可知，对于负反馈放大电路而言，通常 $\dot{A}_f$表达式中的分母 $\left|1+\dot{A}\dot{F}\right|>1$，因而 $\left|\dot{A}_f\right|<\left|\dot{A}\right|$。那么，为什么负反馈放大电路也会产生自激振荡呢？这是由于所谓负反馈，一般是指在中频时接成负反馈，但放大电路的放大倍数 $\dot{A}$ 和反馈系数 $\dot{F}$ 常常是频率的函数。当频率变化时，$\dot{A}$、$\dot{F}$ 的模和相角都将随之改变，假如在高频或低频时变为 $\left|1+\dot{A}\dot{F}\right|<1$，甚至 $\left|1+\dot{A}\dot{F}\right|=0$，则原来中频时的负反馈此时将变为正反馈，甚至产生自激振荡。

例如，已经知道，阻容耦合单管共射放大电路在中频段时 $\varphi=-180°$，而在低频段和高频段，还将分别产生 $\Delta\varphi=0\sim+90°$ 和 $\Delta\varphi=0\sim-90°$ 的附加相移（见第3章图3.1.1）。显然，如为两级放大电路，可以产生 $0\sim\pm180°$ 的附加相移，而对于三级放大电路，附加相移可达 $0\sim\pm270°$。如果当信号为某个频率时，附加相移等于180°，假设反馈网络为纯电阻性，则此时 $\arg\dot{A}\dot{F}=180°$，即可满足自激振荡的相位条件。若回路增益 $\left|\dot{A}\dot{F}\right|$ 足够大，能同时满足自激振荡的幅度条件，则放大电路将产生自激振荡。

由以上分析可知，单级负反馈放大电路是稳定的，不会产生自激振荡，因为最大附加相移不可能超过90°。两级反馈放大电路一般来说也是稳定的①，因为虽然当 $f\to\infty$ 或 $f=0$ 时 $\dot{A}\dot{F}$ 的相移可达到±180°，但此时幅值 $\left|\dot{A}\dot{F}\right|=0$，不满足产生自激振荡的幅度条件。三级反馈放大电路则只要达到一定的反馈深度即可产生自激振荡，因为在低频和高频范围可以分别找出一个满足相移为±180°的频率，而且 $\left|\dot{A}\dot{F}\right|=1$，所以三级及三级以上的负反馈放大电路，在深度反馈条件下必须采取措施来破坏自激条件，才能稳定地工作。

① 此结论只在理想条件下（即每级只有一个惯性环节），且反馈系数 $\dot{F}$ 为实数时才成立。

2. 自激振荡的判断方法

从自激振荡的两个条件看，一般来说相位条件是主要的。当相位条件得到满足之后，在绝大多数情况下只要 $\left|\dot{A}\dot{F}\right| \geqslant 1$，放大电路就将产生自激振荡。当 $\left|\dot{A}\dot{F}\right| > 1$ 时，输入信号经过放大和反馈，其输出正弦波的幅度要逐步增长，直到由电路元件的非线性所确定的某个限度为止，输出幅度将不再继续增长，而稳定在某一个幅值。

为了判断负反馈放大电路是否振荡，可以利用其**回路增益 $\dot{A}\dot{F}$ 的波特图**，综合考察 $\dot{A}\dot{F}$ 的幅频特性和相频特性，分析是否同时满足自激振荡的幅度条件和相位条件。

例如，某负反馈放大电路 $\dot{A}\dot{F}$ 的波特图如图 6.5.1(a)所示。由图中的相频特性可见，当 $f=f_0$ 时，$\dot{A}\dot{F}$ 的相位移 $\varphi_{AF}=-180°$，而在此频率，对应的对数幅频特性位于横坐标轴之上，即 $20\lg\left|\dot{A}\dot{F}\right|>0$，或 $\left|\dot{A}\dot{F}\right|>1$，说明当 $f=f_0$ 时电路同时满足自激振荡的相位条件和幅度条件，所以该负反馈放大电路将产生自激振荡。

又如另一个负反馈放大电路 $\dot{A}\dot{F}$ 的波特图如图 6.5.1(b)所示。由图可见，当 $\varphi_{AF}=-180°$时，相应的对数幅频特性在横坐标轴之下，即 $20\lg\left|\dot{A}\dot{F}\right|<0$，$\left|\dot{A}\dot{F}\right|<1$，说明这个负反馈放大电路不会产生自激振荡，能够稳定工作。

3. 负反馈放大电路的稳定裕度

为了使负反馈放大电路能稳定可靠地工作，不但要求它能在预定的工作条件下满足稳定条件，而且当环境温度、电路参数及电源电压等因素在一定的范围内发生变化时也能满足稳定条件，为此要求放大电路要有一定的稳定裕度。通常采用幅度裕度和相位裕度两项指标作为衡量的标准。

(1) 幅度裕度 G_m

由图 6.5.1(b)可见，当 $f=f_0$ 时，$\varphi_{AF}=-180°$，此时 $20\lg\left|\dot{A}\dot{F}\right|<0$，因此负反馈放大电路是稳定的。通常将 $\varphi_{AF}=-180°$时的 $20\lg\left|\dot{A}\dot{F}\right|$ 值定义为幅度裕度 G_m，即

$$G_m = 20\lg\left|\dot{A}\dot{F}\right|_{f=f_0}\ (\mathrm{dB}) \tag{6.5.4}$$

对于稳定的负反馈放大电路，其 G_m 应为负值。G_m 值愈负，表示负反馈放大电路愈稳定。一般的负反馈放大电路要求 $G_m \leqslant -10$ dB。

(2) 相位裕度

也可以从另一个角度来描述负反馈放大电路的稳定裕度。由图 6.5.1(b)可见，当 $f=f_c$ 时 $20\lg\left|\dot{A}\dot{F}\right|=0$，此时，相应的 $\left|\varphi_{AF}\right|<180°$，说明负反馈放大电

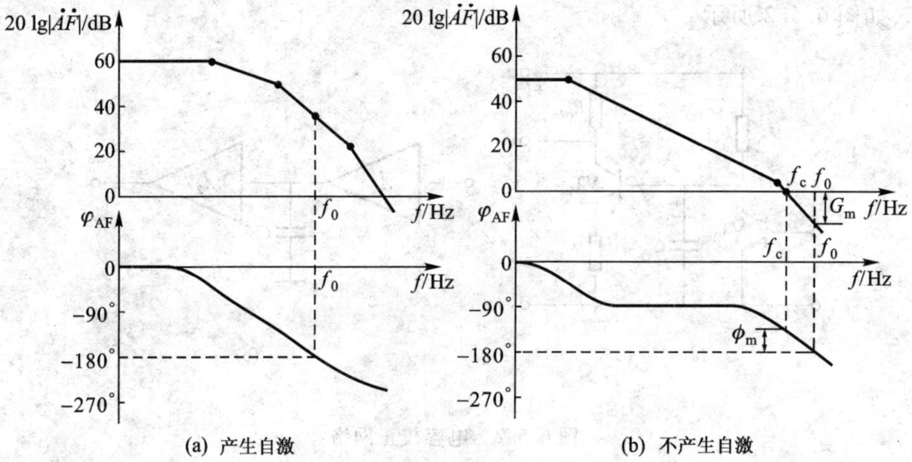

图 6.5.1　利用 $\dot{A}\dot{F}$ 的波特图来判断自激振荡

路是稳定的。相位裕度 Φ_m 的定义为

$$\Phi_m = 180° - \left|\varphi_{AF}\right|_{f=f_c} \tag{6.5.5}$$

对于稳定的负反馈放大电路，$\left|\varphi_{AF}\right|_{f=f_c} < 180°$，因此 Φ_m 是正值。Φ_m 愈大，表示负反馈放大电路愈稳定。一般的负反馈放大电路要求 $\Phi_m \geqslant 45°$。

▶▶6.5.2　常用的校正措施

对于三级或更多级的负反馈放大电路来说，为了避免产生自激振荡，保证电路稳定工作，通常需要采取适当的校正措施来破坏产生自激的幅度条件和相位条件。

最容易想到的办法是减小其反馈系数 $\left|\dot{F}\right|$，从而减小回路增益的值 $\left|\dot{A}\dot{F}\right|$，使相移 $\varphi_{AF} = 180°$ 时，$\left|\dot{A}\dot{F}\right| < 1$。

减小 $\left|\dot{F}\right|$ 虽然能够达到消除自激振荡的目的，但是，由于反馈深度 $\left|1+\dot{A}\dot{F}\right|$ 的值下降，不利于放大电路其他性能的改善，所以说这是一种消极的办法。应该采取某些积极的校正措施保证负反馈放大电路既有足够的反馈深度，又能稳定工作。

在实际工作中经常采用的措施是接入由电容或 RC 元件组成的校正网络，以消除自激振荡。

1. 电容校正

比较简单而常用的校正措施是在负反馈放大电路的适当位置接入一个电容

C,如图 6.5.2 所示。

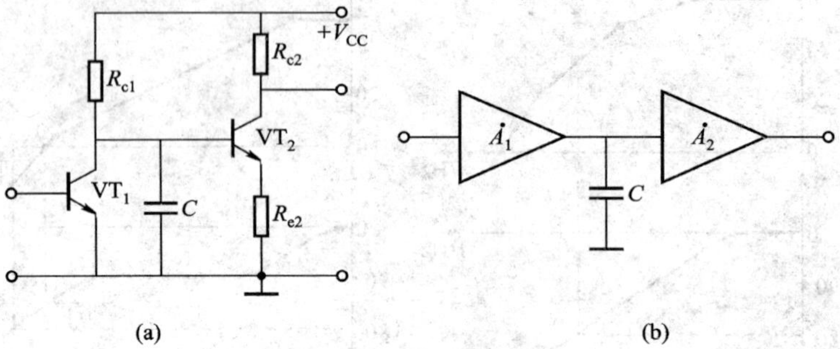

图 6.5.2 电容校正网络

接入的电容相当于并联在前一个放大级的负载上。在中频和低频时,由于电容的容抗很大,所以基本不起作用。高频时,由于容抗减小,使前一级的放大倍数降低,则 $|\dot{A}\dot{F}|$ 的值也减小,从而破坏自激振荡的条件,保证电路稳定工作。

现在利用 $\dot{A}\dot{F}$ 的波特图来说明负反馈放大电路中电容校正网络如何消除自激振荡。

假设某三级放大电路的电压放大倍数为

$$\dot{A}=\dot{A}_1\cdot\dot{A}_2\cdot\dot{A}_3=\frac{-10^4}{\left(1+\mathrm{j}\dfrac{f}{0.2}\right)\left(1+\mathrm{j}\dfrac{f}{1}\right)\left(1+\mathrm{j}\dfrac{f}{5}\right)}$$

式中频率 f 的单位为兆赫(MHz)。若反馈系数 $\dot{F}=-0.1$,则其回路增益为

$$\dot{A}\dot{F}=\frac{10^3}{\left(1+\mathrm{j}\dfrac{f}{0.2}\right)\left(1+\mathrm{j}\dfrac{f}{1}\right)\left(1+\mathrm{j}\dfrac{f}{5}\right)}$$

$\dot{A}\dot{F}$ 的波特图如图 6.5.3 中的实线所示。由图可见,频率特性中含有三个极点:$f_{p1}=0.2$ MHz,$f_{p2}=1$ MHz,$f_{p3}=5$ MHz。其中频率最低的极点 f_{p1} 通常称为**主极点**。由 $\dot{A}\dot{F}$ 的波特图可见,当 $\varphi_{AF}=-180°$ 时,$20\lg|\dot{A}\dot{F}|>0$,即 $|\dot{A}\dot{F}|>1$,因此,若不加任何校正措施,原来的负反馈放大电路将产生自激振荡。

为了消除自激振荡,可在极点频率最低的一级接入校正电容,则该级高频时的频率响应将变差,主极点频率将下降。如果选择校正电容 C 的容值,使主极点频率由 $f_{p1}=0.2$ MHz 下降为 $f'_{p1}=0.001$ MHz $=1$ kHz,此时的波特图将如图 6.5.3 中的虚线所示。由图中的虚线可见,当 $\varphi_{AF}=-180°$ 时,$20\lg|\dot{A}\dot{F}|<0$,因

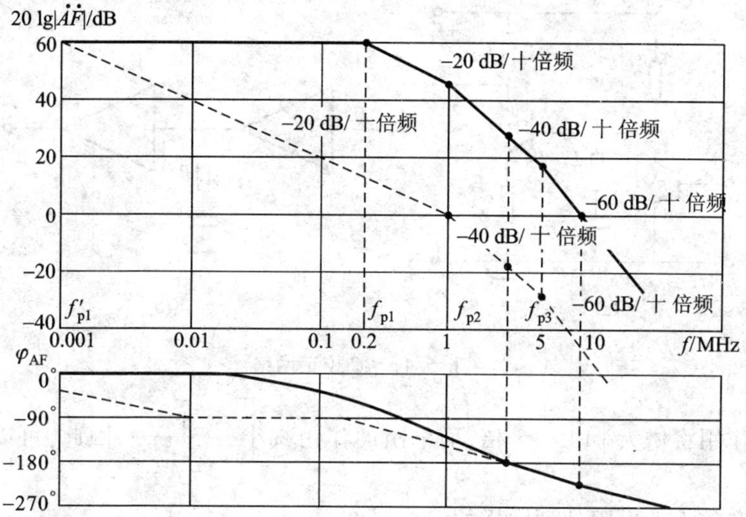

图 6.5.3　主极点校正前后的波特图

实线—校正前　　虚线—校正后

此消除了自激振荡,使放大电路能够稳定工作。

这种校正方法实质上是将放大电路的主极点频率降低,从而破坏自激振荡的条件,所以也称为**主极点校正**。

采用电容校正的方法比较简单方便,但主要缺点是放大电路的通频带将严重变窄。由图 6.5.3 可见,加上校正电容后,放大电路的高频特性比原来降低很多。此外,所需校正电容 C 的容值也比较大。

2. *RC* 校正

除了电容校正以外,还可以利用电阻、电容元件串联组成的 *RC* 校正网络来消除自激振荡,如图 6.5.4 所示。

利用 *RC* 校正网络代替电容校正网络,将使通频带变窄的程度有所改善。在高频段,电容的容抗将降低,但因有一个电阻与电容串联,所以 *RC* 网络并联在电路中,对高频电压放大倍数的影响相对小一些,因此,如果采用 *RC* 校正网络,在消除自激振荡的同时,高频响应的损失不如仅用电容校正时严重。

校正网络应加在时间常数最大,即极点频率最低的放大级。通常可接在前级输出电阻和后级输入电阻都比较高的地方。

为了增强消振效果,实际工作中还常常将校正网络接在三极管的基极和集电极之间,如图 6.5.5 所示。如果第二级的电压放大倍数为 $\dot{A}_2$,根据密勒定理,

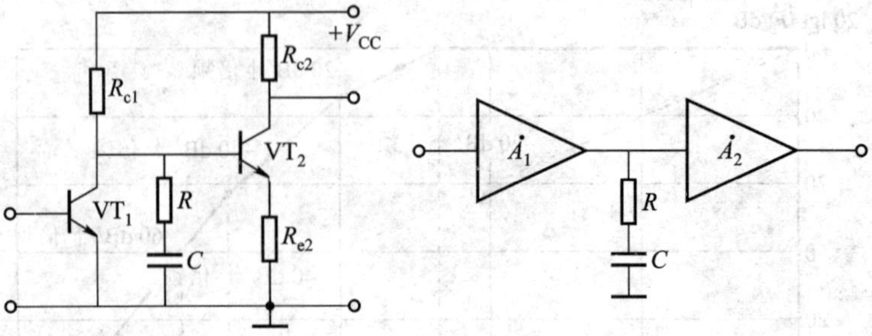

(a) (b)

图 6.5.4　RC 校正网络

电容的作用将增大 $\left|1+\dot{A}_2\right|$ 倍,而电阻的作用减小 $\dfrac{1}{\left|1+\dot{A}_2\right|}$,因此,可以用较小的电容和较大的电阻达到同样的消振效果。

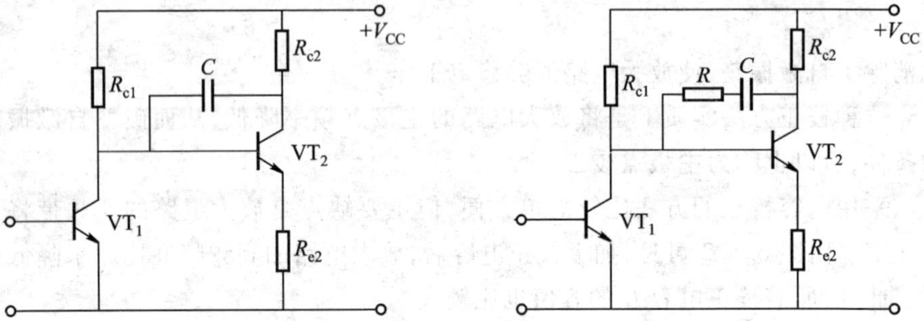

(a) 电容校正　　(b) RC 校正

图 6.5.5　校正网络跨接在放大管的基极和集电极之间

在实际的放大电路中,校正网络常常采用以上接法。例如,集成运放 LM741 的校正电容接在中间级的复合管的基极和集电极之间,请参阅本书第 5 章图 5.4.1。又如 CMOS 四运放 C14573 的校正电容接在第二级放大管的栅极和漏极之间,请参阅图 5.4.5。这些校正电容已集成在电路内部,无需外接。

校正网络中 R、C 元件的数值,一般应根据实际情况,通过实验调试最后确定。也有一些文献介绍了进行理论分析和估算的参考方法。

除了以上介绍的电容校正和 RC 校正外,还有很多其他的校正方法,读者如有兴趣,可参阅其他文献。

►6.6 反馈放大电路 Multisim 仿真实例

1. 电流串联负反馈放大电路 Multisim 仿真

在 Multisim 中构建引入电流串联负反馈的单管放大电路，如图 6.6.1 所示，其中三极管的 $\beta=100, r_{bb'}=300\ \Omega$。

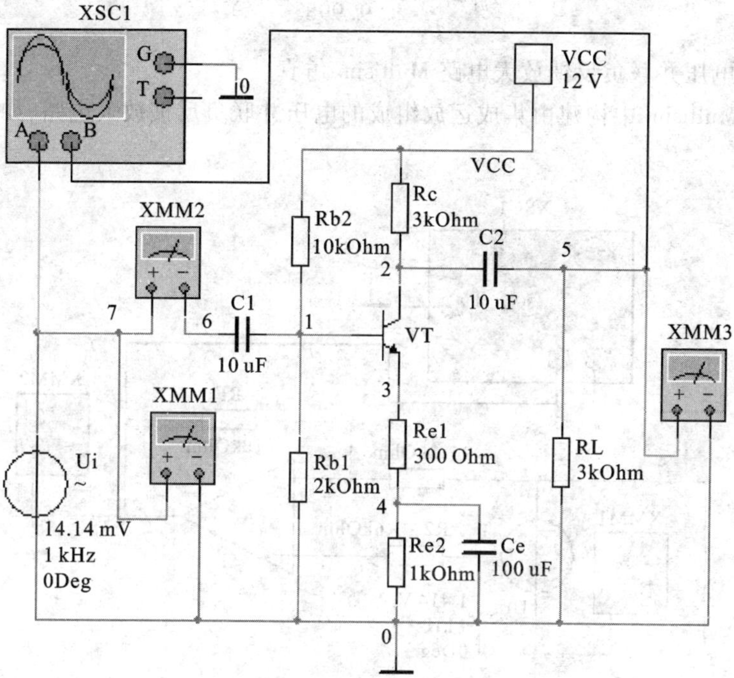

图 6.6.1 电流串联负反馈放大电路仿真电路

(1) 利用 Multisim 的直流工作点分析功能测量放大电路的静态工作点，分析结果如下：

电流串联负反馈电路

Operating Point

DC Operating Point		
vccvcc#branch	-1.95302m	
$1	1.98414	
$3	1.24924	
$vcc	12.00000	
$2	9.14568	
$4	960.95338m	

可见电路中 $U_{BQ}=1.984\ 14\ V$，$U_{EQ}=1.249\ 24\ V$，$U_{CQ}=9.145\ 68\ V$。

(2) 加上正弦输入电压 u_I，利用虚拟示波器观察 u_I 和 u_O 波形，可知 u_O 波形无明显的非线性失真，且 u_O 与 u_I 的波形反相。

(3) 利用虚拟仪表可测得当 $U_i=9.998\ mV$ 时，$U_o=45.008\ mV$，则负反馈放大电路的闭环电压放大倍数为

$$\dot{A}_{uf}=\frac{\dot{U}_o}{\dot{U}_i}=-\frac{45.008}{9.998}=-4.5$$

2. 电压并联负反馈放大电路 Multisim 仿真

在 Multisim 中构建由集成运放组成的电压并联负反馈放大电路，如图 6.6.2 所示。

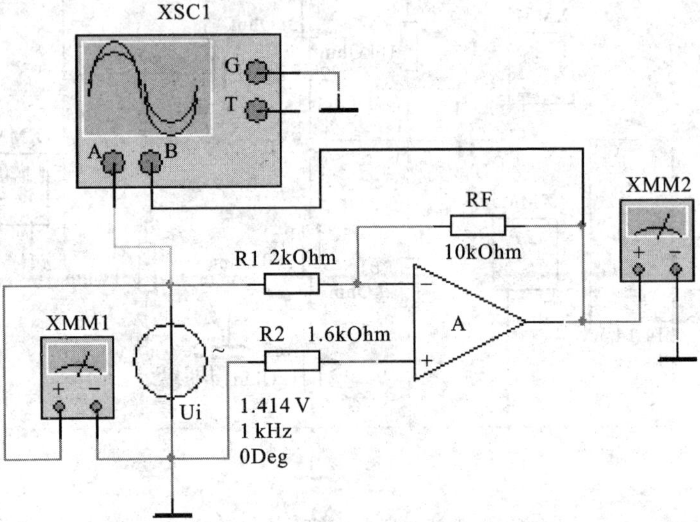

图 6.6.2　电压并联负反馈放大电路仿真电路

加上正弦输入电压 u_I，由虚拟示波器观察到输出电压 u_O 的波形无明显的非线性失真，且 u_O 与 u_I 的波形反相。利用虚拟仪表测得，当 $U_i=999.848\ mV$ 时，$U_o=4.999\ V$，则闭环电压放大倍数为

$$\dot{A}_{uf}=\frac{\dot{U}_o}{\dot{U}_i}=-\frac{4999}{999.848}=-4.9998$$

3. 电压串联负反馈放大电路 Multisim 仿真

在 Multisim 中构建两级电压串联负反馈放大电路，如图 6.6.3 所示，其中两个三极管均为 $\beta=100$，$r_{bb'}=300\ \Omega$，$C_{b'c}=4\ pF$，$C_{b'e}=41\ pF$。

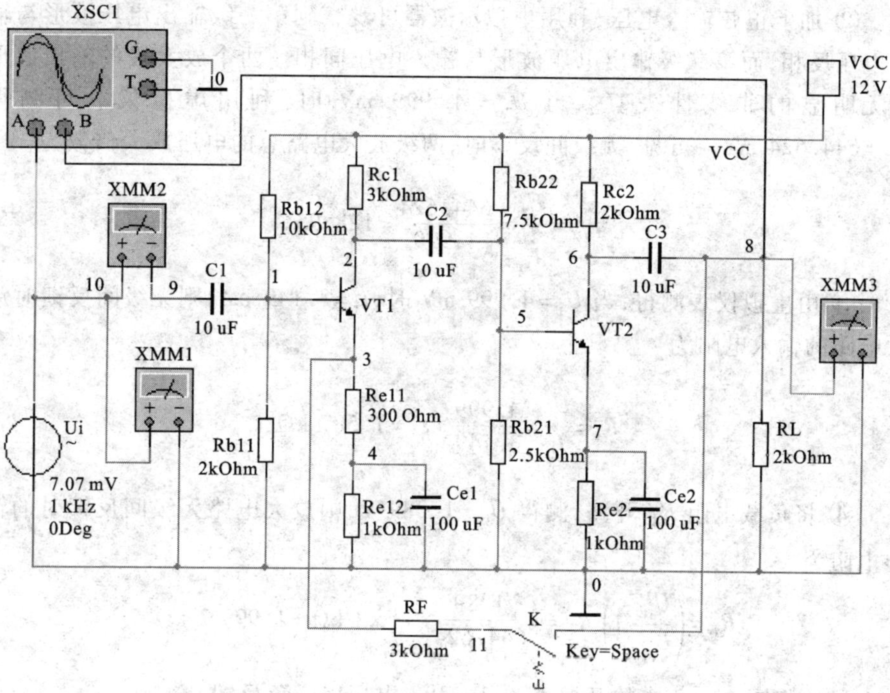

图 6.6.3 电压串联负反馈放大电路仿真电路

(1) 将开关 K 断开,电路中暂不引入级间反馈。

① 利用 Multisim 的直流工作点分析功能,测量无级间反馈时两级放大电路的静态工作点,分析结果如下:

电压串联负反馈电路

Operating Point

DC Operating Point		
vccvcc#branch	-5.33589m	
$1	1.98414	
$3	1.24924	
$vcc	12.00000	
$2	9.14568	
$4	960.95338m	
$7	2.19919	
$5	2.95917	
$6	7.64516	

可见, $U_{BQ1}=1.984\ 14\ V$, $U_{EQ1}=1.249\ 24\ V$, $U_{CQ1}=9.145\ 68\ V$, $U_{BQ2}=2.959\ 17\ V$, $U_{EQ2}=2.199\ 19\ V$, $U_{CQ2}=7.645\ 16\ V$。

② 加上正弦输入电压，利用虚拟示波器可观察到第一级输出电压波形与输入电压反相，而第二级输出电压波形与输入电压同相。两个放大级的输出波形均无明显的非线性失真。当 $U_i = 4.999$ mV 时，利用虚拟仪表可测得 $U_o = 644.624$ mV。可见，无级间反馈时，两级放大电路总的电压放大倍数为

$$\dot{A}_u = \frac{\dot{U}_o}{\dot{U}_i} = \frac{644.624}{4.999} = 128.95$$

③ 由虚拟仪表测得，当 $U_i = 4.999$ mV 时，$I_i = 3.149$ μA，则无级间反馈时放大电路的输入电阻为

$$R_i = \frac{U_i}{I_i} = \frac{4.999}{3.149}\ \text{k}\Omega = 1.587\ \text{k}\Omega$$

④ 将负载电阻 R_L 开路，测得 $U'_o = 1.289$ V，则放大电路无级间反馈时的输出电阻为

$$R_o = \left(\frac{U'_o}{U_o} - 1\right) R_L = \left(\frac{1289}{644.624} - 1\right) \times 2\ \text{k}\Omega = 1.999\ 2\ \text{k}\Omega$$

(2) 将图 6.6.3 中的开关 K 合上，引入电压串联负反馈。

① 加上正弦输入电压，由虚拟示波器看到，同样的输入电压之下，输出电压的幅度明显下降，但波形更好。由虚拟仪表测得，当 $U_i = 4.999$ mV 时，$U_o = 50.066$ mV，则引入电压串联负反馈后，电压放大倍数为

$$\dot{A}_{uf} = \frac{\dot{U}_o}{\dot{U}_i} = \frac{50.066}{4.999} = 10.015$$

说明引入负反馈后电压放大倍数减小了。

② 由虚拟仪表测得，当 $U_i = 4.999$ mV 时，$I_i = 3.014$ μA，则

$$R_{if} = \frac{U_i}{I_i} = \frac{4.999}{3.014}\ \text{k}\Omega = 1.659\ \text{k}\Omega$$

可见引入电压串联负反馈后输入电阻提高了。但与无级间反馈时的 R_i 相比，提高很少，这是由于图 6.6.3 所示电路中总的输入电阻为

$$R_{if} = R'_{if} /\!/ R_{b11} /\!/ R_{b12}$$

引入电压串联负反馈只是提高了反馈环路内的输入电阻 R'_{if}，而 R_{b11} 和 R_{b12} 不在反馈环路内，不受影响，因此总的输入电阻 R_{if} 提高不多。

③ 将负载电阻 R_L 开路，测得 $U'_o = 51.793$ mV，则

$$R_{of}=\left(\frac{U'_o}{U_o}-1\right)R_L=\left(\frac{51.793}{50.066}-1\right)\times 2\ k\Omega=0.068\ 989\ k\Omega=68.989\ \Omega$$

可见,引入电压串联负反馈后,输出电阻降低了。

4. 电压串联负反馈放大电路频率响应的测试

(1) 在图 6.6.3 所示的仿真电路中,首先将开关 K 打开,利用 Multisim 的交流分析功能,测量无级间反馈时放大电路的波特图,分析结果如图 6.6.4 (a)所示。

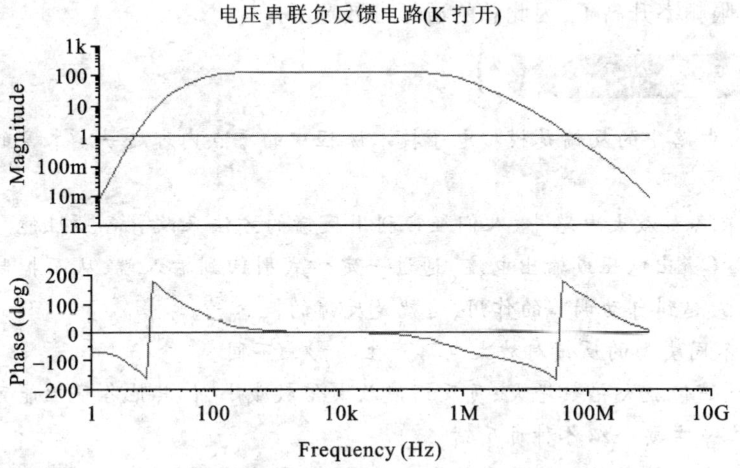

(a) 未引入级间反馈

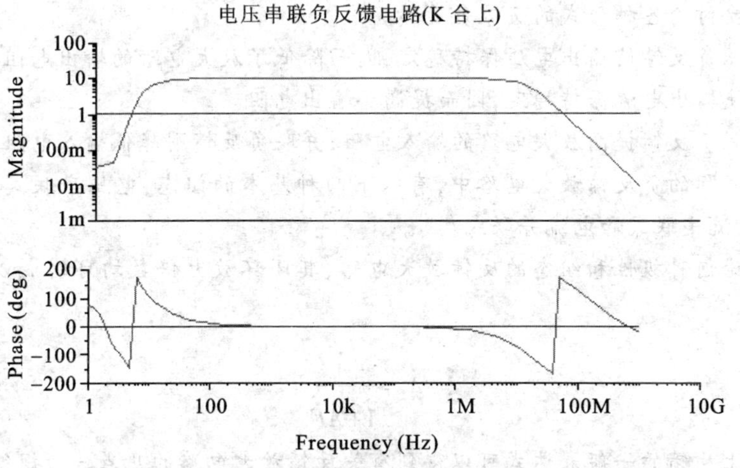

(b) 引入级间反馈

图 6.6.4 电压串联负反馈放大电路的波特图

由图(a)可见,中频电压放大倍数 $\left|\dot{A}_{um}\right|$ 约为 130,当 $\left|\dot{A}_{u}\right|$ 下降至 $0.707\left|\dot{A}_{um}\right|$ 时,下限频率 f_{L} 约为 55 Hz,上限频率 f_{H} 约为 700 kHz。

(2) 将图 6.6.3 电路中的开关 K 合上,测量引入电压串联负反馈后放大电路的波特图。进行交流分析的结果如图 6.6.4(b)所示。

由图(b)可见,中频电压放大倍数 $\left|\dot{A}_{u\mathrm{mf}}\right|$ 约为 10,下限频率 f_{Lf} 约为 10 Hz,上限频率 f_{Hf} 约为 10 MHz。

可见,引入电压串联负反馈后,中频电压放大倍数减小了,但下限频率降低了,而上限频率升高了,因此总的通频带展宽了。

本章小结

放大电路中的反馈是模拟电子技术课程中的重点内容之一。本章的主要内容有:

1. 在各种放大电路中,人们经常利用反馈的方法来改善各项性能。将电路的输出量(输出电压或输出电流)通过一定方式引回到输入端,从而控制该输出量的变化,起到自动调节的作用,这就是反馈的概念。

2. 不同类型的反馈对放大电路产生的影响不同。

正反馈使放大倍数增大;负反馈使放大倍数减小,但其他各项性能可以获得改善。本章主要介绍各种负反馈。

直流负反馈的作用是稳定静态工作点,不影响放大电路的动态性能,所以一般不再区分它们的组态;交流负反馈能够改善放大电路的各项动态技术指标。本章主要讨论各种形式的交流负反馈。

电压负反馈使输出电压保持稳定,因而降低了放大电路的输出电阻;而电流负反馈使输出电流保持稳定,因而提高了输出电阻。

串联负反馈提高放大电路的输入电阻;并联负反馈则降低输入电阻。

在实际的负反馈放大电路中,有以下四种基本的组态:电压串联式,电压并联式,电流串联式和电流并联式。

无论何种极性和组态的反馈放大电路,其闭环放大倍数均可写成以下一般表达式:

$$\dot{A}_{\mathrm{f}}=\frac{\dot{A}}{1+\dot{A}\dot{F}}$$

根据以上反馈的一般表达式可以得到有关反馈放大电路的几点一般规律。

3. 引入负反馈后,放大电路的许多性能得到了改善,如提高放大倍数的稳定性,减小非线性失真和抑制干扰,展宽频带以及根据实际工作的要求改变电路

的输入、输出电阻等。改善的程度取决于反馈深度 $\left|1+\dot{A}\dot{F}\right|$。一般来说，负反馈愈深，即 $\left|1+\dot{A}\dot{F}\right|$ 愈大，则放大倍数降低得愈多，但上述各项性能的改善也愈显著。

4. 负反馈放大电路的分析计算应针对不同的情况采取不同的方法。

如为简单的负反馈放大电路，可以利用微变等效电路法进行分析计算。如为复杂的负反馈放大电路，由于实际上比较容易满足 $\left|1+\dot{A}\dot{F}\right|\gg 1$ 的条件，因此大多数属于深度负反馈放大电路。本章主要介绍深度负反馈放大电路闭环电压放大倍数的近似估算。通常可以采用以下两种方法：

(1) 对于电压串联组态的负反馈放大电路，可以利用关系式 $\dot{A}_f\approx\frac{1}{\dot{F}}$ 直接估算闭环电压放大倍数。

(2) 对于任何组态的负反馈放大电路，均可以利用关系式 $\dot{X}_f\approx\dot{X}_i$ 估算闭环电压放大倍数。但对不同的负反馈组态，上式的具体表现形式有所不同：

串联负反馈：$\dot{U}_f\approx\dot{U}_i$

并联负反馈：$\dot{I}_f\approx\dot{I}_i$

5. 负反馈放大电路在一定条件下可能转化为正反馈，甚至产生自激振荡，负反馈放大电路产生自激振荡的条件是

$$\dot{A}\dot{F}=-1$$

或分别用幅度条件和相位条件表示为

$$\left|\dot{A}\dot{F}\right|=1$$

$$\arg\dot{A}\dot{F}=\varphi_A+\varphi_F=\pm(2n+1)\pi\quad(n=0,1,2,3,\cdots)$$

常用的校正措施有电容校正和 RC 校正等，目的都是为了改变放大电路的开环频率特性，使 $\varphi_{AF}=180°$ 时 $\left|\dot{A}\dot{F}\right|<1$，从而破坏产生自激的条件，保证放大电路稳定工作。

学完本章以后，应能达到以下教学要求：

① 掌握反馈的基本概念和类型，会判断放大电路中是否存在反馈以及反馈的类型。正确理解反馈的一般表达式 $\dot{A}_f=\frac{\dot{A}}{1+\dot{A}\dot{F}}$ 的含义。

② 正确理解负反馈对放大电路性能的影响，以及如何根据实际要求在放大电路中引入适当的反馈。

③ 正确理解深度负反馈条件下闭环电压放大倍数的估算方法。

④ 了解负反馈放大电路产生自激振荡的条件，以及在负反馈放大电路中接入校正网络以消除振荡的方法。

习题与思考题

习题 6-1 在图 P6-1 所示的各放大电路中，试说明存在哪些反馈支路，并判断哪些是负反馈，哪些是正反馈；哪些是直流反馈，哪些是交流反馈。如为交流反馈，试分析反馈的组态。假设各电路中电容的容抗可以忽略。

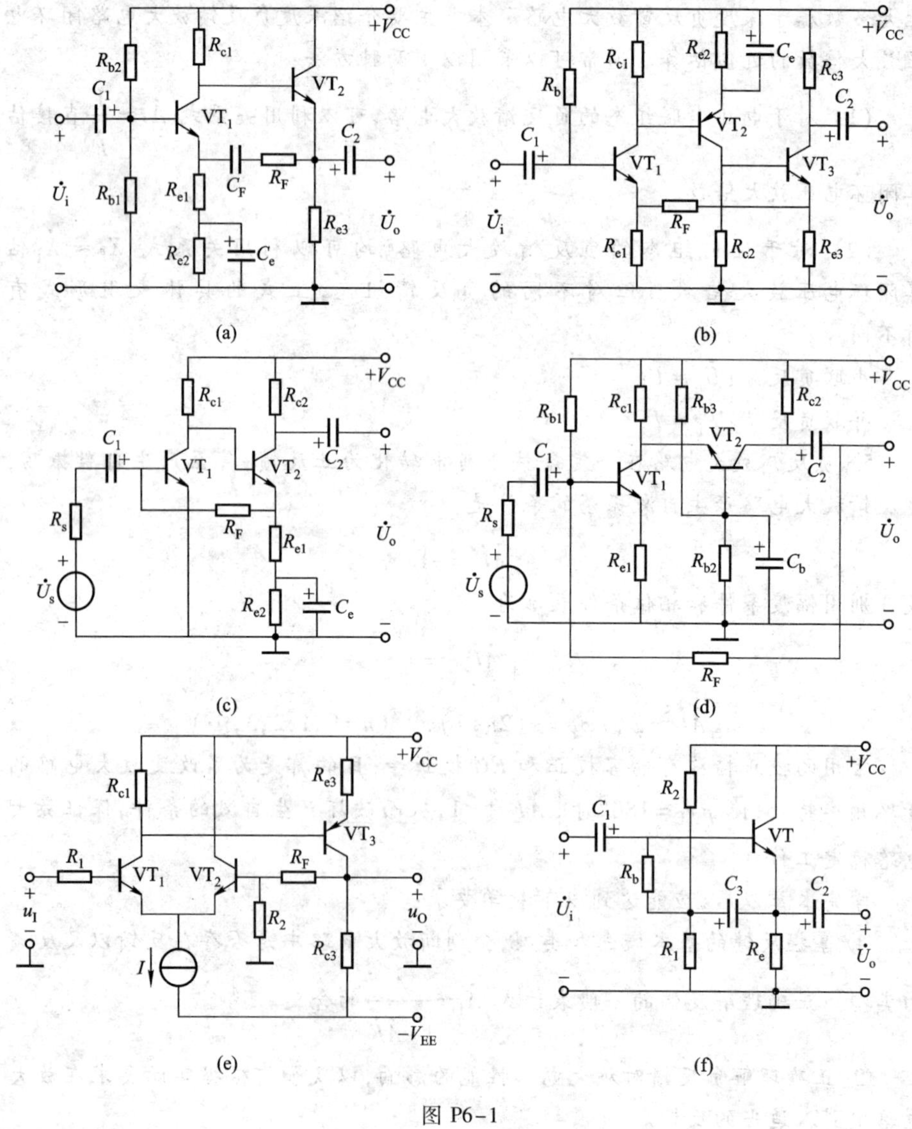

图 P6-1

习题 6-2 试判断图 P6-2 各电路中反馈的极性和组态。

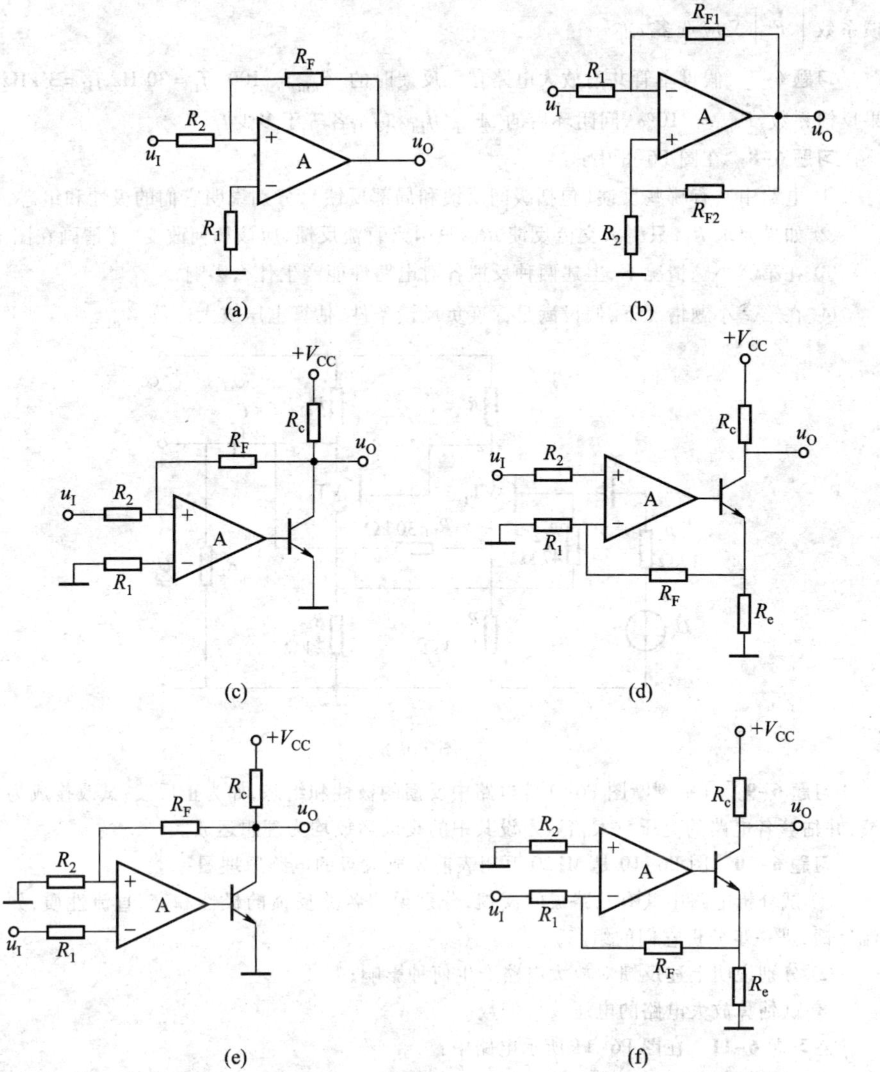

图 P6-2

习题 6-3 在图 P6-1 和图 P6-2 所示的各电路中，试说明哪些反馈能够稳定输出电压，哪些能够稳定输出电流，哪些能够提高输入电阻，哪些能够降低输出电阻。

习题 6-4 设图 P6-1(b)～(e)的电路满足深度负反馈的条件，试用近似估算法分别估算它们的电压放大倍数。

习题 6-5 设图 P6-2(c)～(f)中的集成运放均为理想运放，各电路均满足深度负反馈条件，试分别估算它们的电压放大倍数。

习题 6-6 如果要求当负反馈放大电路的开环放大倍数 $|\dot{A}|$ 变化 25% 时，其闭环放大倍数 $|\dot{A}_f|$ 的变化不超过 1%，又要求闭环放大倍数为 100，问 $|\dot{A}|$ 至少应选多大？这时反

馈系数 $|\dot{F}|$ 又应选多大？

习题 6-7 假设单管共射放大电路在无反馈时的 $\dot{A}_{um}=-100$，$f_L=30$ Hz，$f_H=3$ kHz。如果反馈系数 $\dot{F}_{uu}=-10\%$，问闭环后的 $\dot{A}_{uf}$、f_{Lf}和f_{Hf}各等于多少？

习题 6-8 在图 P6-8 中：

① 电路中共有哪些反馈(包括级间反馈和局部反馈)，分别说明它们的极性和组态；

② 如果要求 R_{F1}只引入交流反馈，R_{F2}只引入直流反馈，应该如何改变？（请画在图上）

③ 在第②小题情况下，上述两种反馈各对电路性能产生什么影响？

④ 在第②小题情况下，假设满足深度负反馈条件，估算电压放大倍数 $\dot{A}_{uf}$。

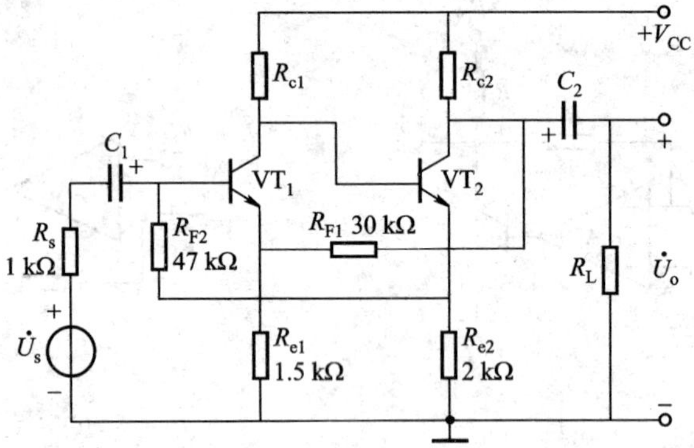

图 P6-8

习题 6-9 分别判断图 P6-9 各电路中反馈的极性和组态，如为正反馈，试改接成为负反馈，并估算各电路的电压放大倍数。设其中的集成运放均为理想运放。

习题 6-10 图 P6-10 是 MF20 万用表前置放大级的电路原理图：

① 试分析电路中共有几路级间反馈，分别说明各路反馈的极性和交、直流性质，如为交流反馈，进一步分析它们的组态；

② 分别说明上述反馈对放大电路产生何种影响；

③ 试估算放大电路的电压放大倍数。

△**习题 6-11** 在图 P6-11 所示电路中：

① 试判断级间反馈的极性和组态；

② 该反馈对电路的放大倍数和输入、输出电阻有何影响(增大、减小或基本不变)？

③ 如为负反馈，假设满足 $|1+\dot{A}\dot{F}|\gg 1$ 的条件，估算电压放大倍数；如为正反馈，请在原电路的基础上改为负反馈。

习题 6-12 试比较图 P6-12(a)和(b)电路中的反馈：

① 分别说明两个电路中反馈的极性和组态；

② 分别说明上述反馈在电路中的作用；

③ 假设两个电路中均为输入端电阻 $R_1=1$ kΩ，反馈电阻 $R_F=10$ kΩ，分别估算两个电路的闭环电压放大倍数 $\dot{A}_{uf}=\dfrac{\dot{U}_o}{\dot{U}_i}$各等于多少。

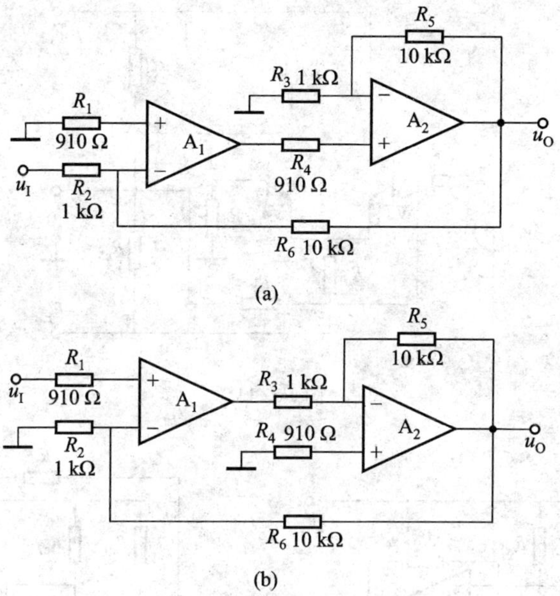

图 P6-9

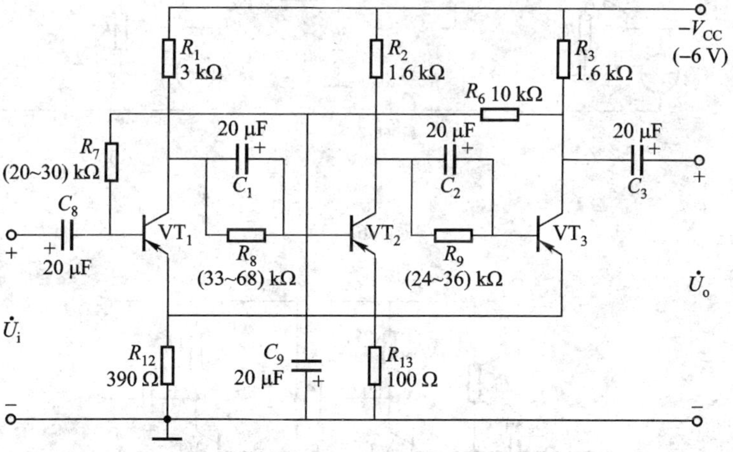

图 P6-10

△**习题 6-13**　在图 P6-13 电路中要求达到以下效果，应该引入什么反馈？将答案写在括弧内。

① 提高从 b_1 端看进去的输入电阻：

（接 R_F 从________到________）

② 减小输出电阻：

（接 R_F 从________到________）

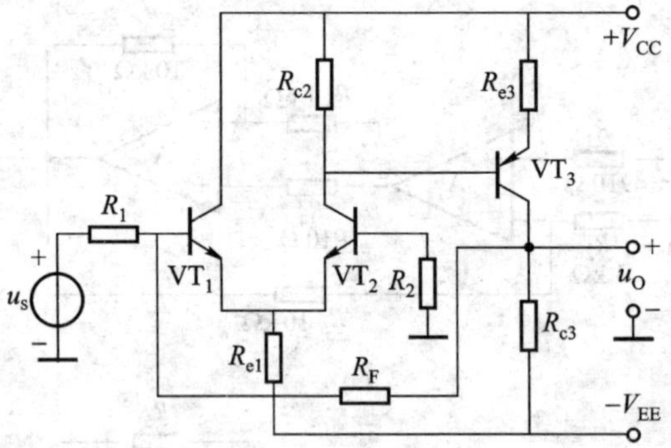

图 P6-11

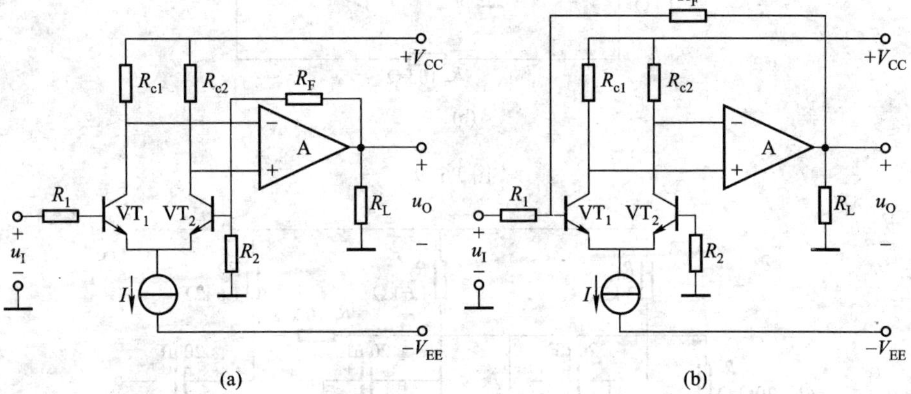

图 P6-12

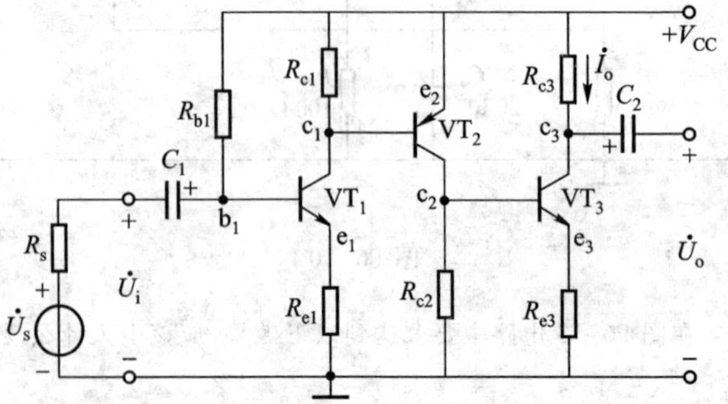

图 P6-13

③ 希望 R_{c3} 改变时,其上的 I_o(在给定 U_i 情况下的交流电流有效值)基本不变:

（接 R_F 从________到________）

④ 希望各级静态工作点基本稳定：

（接 R_F 从________到________）

⑤ 希望在输出端接上负载电阻 R_L 后，U_o（在给定 $\dot{U}_i$ 情况下的输出交流电压有效值）基本不变：

（接 R_F 从________到________）

△**习题 6-14**　在图 P6-14 中，为了实现下列要求，试说明应分别引入何种级间反馈，从哪一点到哪一点。请画在图上，并在反馈支路上分别注明①、②、③。

① 提高输入电阻；

② 稳定输出电流；

③ 仅稳定各级静态工作点，但不改变 $\dot{A}_u$、R_i、R_o 等动态性能。

④ 在上述第①小题的情况下，假设满足深度负反馈条件，为了得到 $\dot{A}_{uf}=20$，反馈支路的电阻 R_{F1} 应为多大？

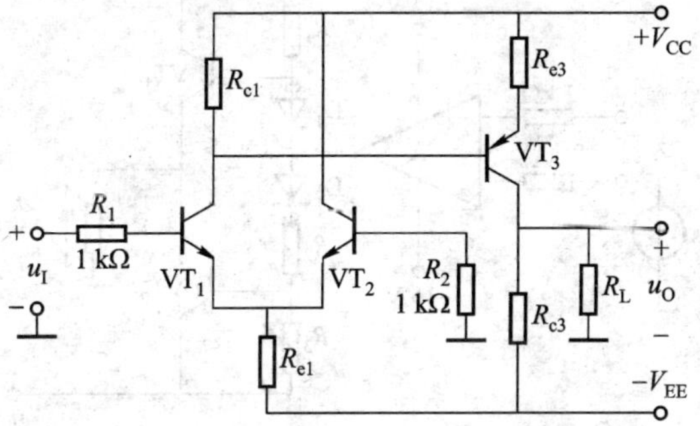

图 P6-14

习题 6-15　在图 P6-15 所示的电路中：

① 为了提高输出级的带负载能力，减小输出电压波形的非线性失真，试在电路中引入一个级间负反馈（画在图上）；

② 试说明此反馈的组态；

③ 若要求引入负反馈后的电压放大倍数 $\dot{A}_{uf}=\dfrac{\dot{U}_o}{\dot{U}_i}=20$，试选择反馈电阻的阻值。

△**习题 6-16**　图 P6-16 所示为一个扩大机的简化电路。试回答以下问题：

① 为了要实现互补推挽功率放大，VT_1 和 VT_2 应分别是什么类型的三极管（PNP，NPN）？在图中画出发射极箭头方向。

② 若运算放大器的输出电压幅度足够大，是否有可能在输出端得到 8 W 的交流输出功率？设 VT_1 和 VT_2 的饱和管压降 U_{CES} 均为 1 V。

③ 若集成运算放大器的最大输出电流为 ±10 mA，则为了要得到最大输出电流，VT_1 和 VT_2 的 β 值应不低于什么数值？

④ 为了提高输入电阻，降低输出电阻并使放大性能稳定，应该如何通过 R_F 引入反馈？在图中画出连接方式。

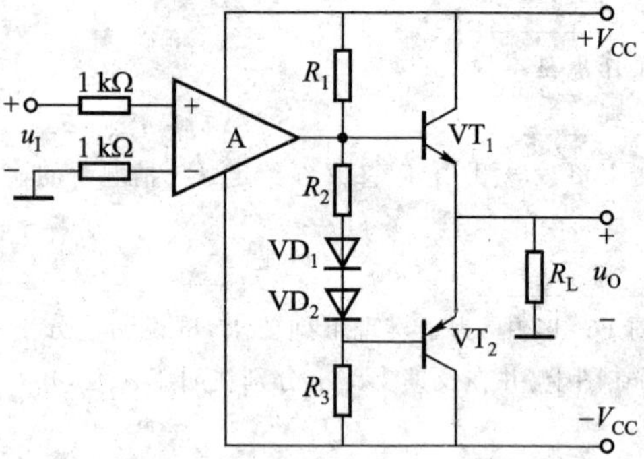

图 P6-15

⑤ 在上题情况下，如要求 $U_s=100$ mV 时 $U_o=5$ V，$R_F=$?

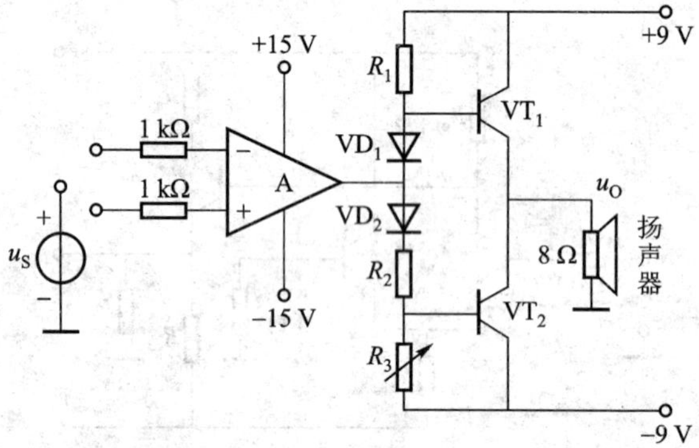

图 P6-16

△**习题 6-17**　在图 P6-17 电路中：

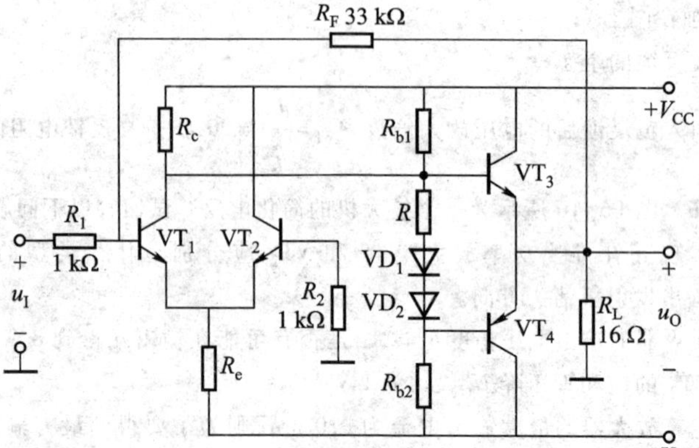

图 P6-17

① 要求 $P_{om}\geq 8$ W,已知三极管 VT_3、VT_4 的饱和管压降 $U_{CES}=1$ V,则 V_{CC} 至少应为多大?

② 判断级间反馈的极性和组态,如为正反馈,将其改为负反馈。

③ 假设最终满足深负反馈条件,估算 $\dot{A}_{uf}=\dfrac{\dot{U}_o}{\dot{U}_i}=?$

△**习题 6-18** 在图 P6-18 电路中:

① 设 VT_3、VT_4 的饱和管压降 $U_{CES}=1$ V,试求电路的最大输出功率 $P_{om}=?$

② 为了提高带负载能力,减小非线性失真,请在图中通过 R_F 引入一个级间负反馈。请画在图上。

③ 如要求引入反馈后的电压放大倍数 $\left|\dfrac{\dot{U}_o}{\dot{U}_i}\right|\approx 100$,则 R_F 的阻值应为多大?

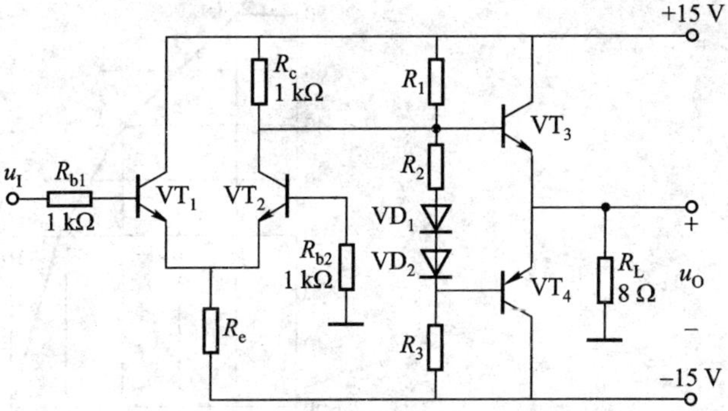

图 P6-18

习题 6-19 图 P6-19(a)和(b)分别是两个负反馈放大电路回路增益 $\dot{A}\dot{F}$ 的波特图:

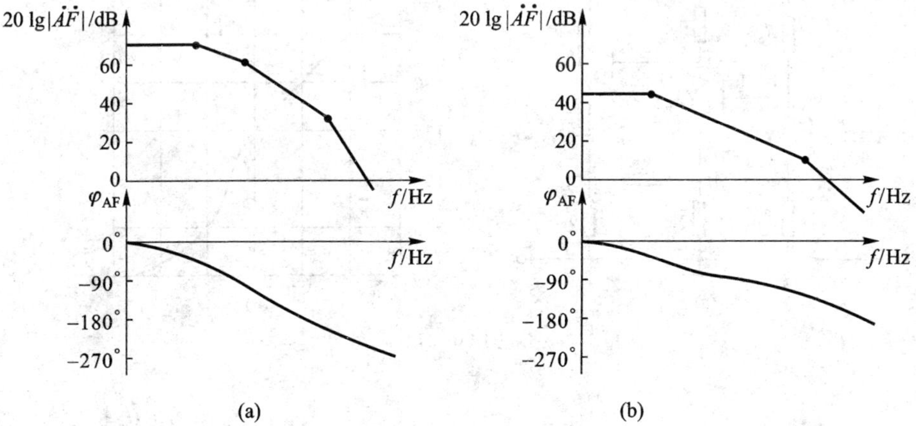

图 P6-19

① 分别判断两个放大电路是否产生自激振荡;

② 如果振荡,简述理由;如果不振,说明其幅度裕度 G_m 和相位裕度 Φ_m 各等于多少。

△**习题 6-20** 图 P6-20 是一个反馈放大电路在 $\dot{F}=0.1$ 时的对数幅频特性。试说明:

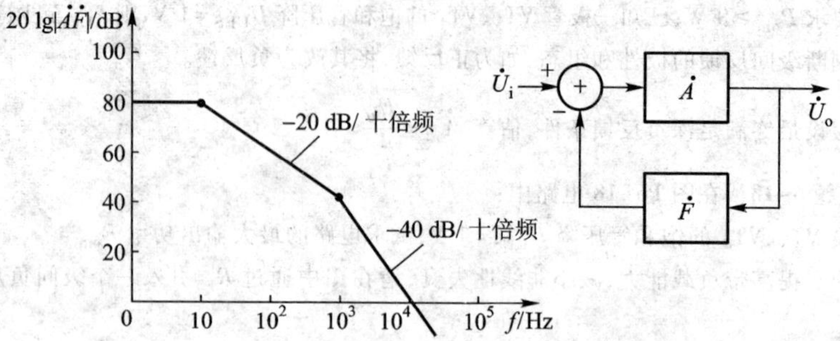

图 P6-20

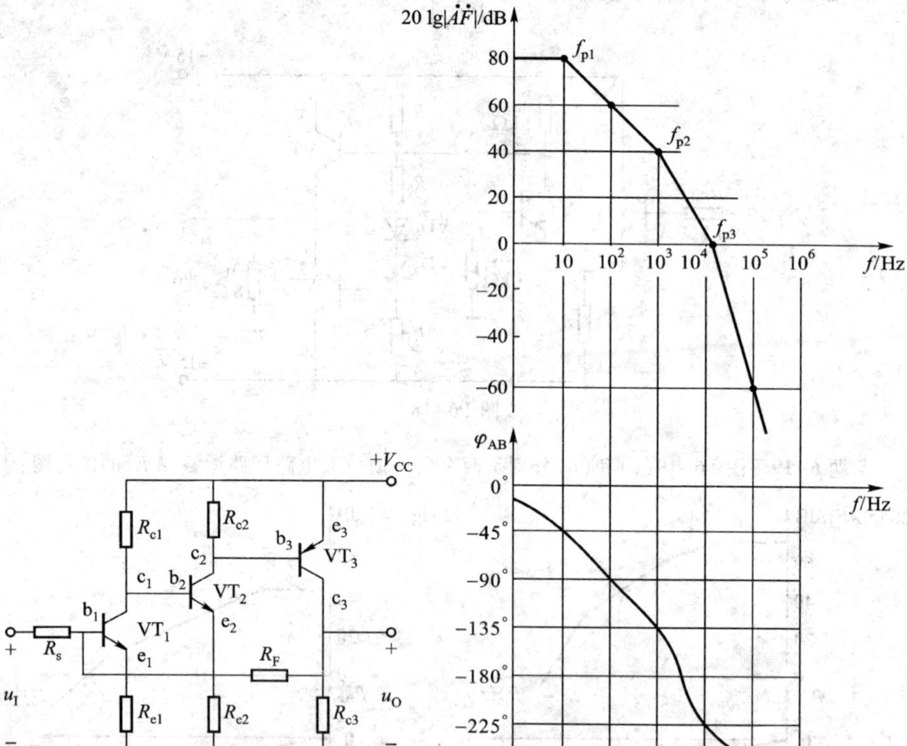

(a) (b)

图 P6-21

① 无反馈时放大电路的放大倍数 $|\dot{A}|$ 是多少倍？接入反馈后 $|\dot{A}_f| = \left|\dfrac{\dot{U}_o}{\dot{U}_i}\right|$ 是多少倍？

② 当 $\dot{A}\dot{F}$ 在低频时为正，且电路按负反馈连接时，若不加校正环节，是否会产生自激？将你认为正确的答案在括号内打对号。

能自激(　　)，不会自激(　　)。

△**习题 6-21** 有一个负反馈放大电路如图 P6-21(a)所示。当 $\dot{F}=\frac{1}{10}$时,其波特图如图(b)所示。

① 写出无反馈时放大电路放大倍数 $\dot{A}$ 的表达式;

② 说明此负反馈放大电路是否会产生自激振荡;

③ 如产生自激振荡,指出应在何处加什么元件能消除振荡[在图(a)中画出,不要计算],如不产生振荡,指出在什么条件下会产生振荡。

Multisim 仿真练习题

仿真题 6-1 在 Multisim 中构建如图 6.4.3 所示各个反馈放大电路,加上正弦输入电压,观察输入、输出波形,并分别测出其闭环电压放大倍数。

仿真题 6-2 在 Multisim 中构建图 P6-1(c)所示的反馈放大电路,其中两个三极管的参数均为 $\beta=50, r_{bb'}=300\ \Omega$。$V_{CC}=10\ V, R_{c1}=3.6\ k\Omega, R_{c2}=3\ k\Omega, R_{e21}=300\ \Omega, R_{e22}=430\ \Omega, R_s=2\ k\Omega, R_F=10\ k\Omega$,电容 $C_1=C_2=20\ \mu F, C_e=50\ \mu F$。

① 测量放大电路的静态工作点;

② 加正弦波输入电压,观察输入、输出波形,并测量闭环电压放大倍数 $\dot{A}_{uf}$;

③ 测量 R_{if}和 R_{of}。

仿真题 6-3 仿真图 P6-9(a)和(b)所示的反馈放大电路,加上正弦输入电压,观察输入、输出波形,分别测出两个电路的 $\dot{A}_{uf}$和 R_{if},并进行比较。

仿真题 6-4 在 Multisim 中构建图 P6-11 所示的反馈放大电路,其中三极管的参数均为 $\beta=50, r_{bb'}=300\ \Omega$。$V_{CC}=V_{EE}=12\ V, R_{c2}=10\ k\Omega, R_{e1}=10\ k\Omega, R_{c3}=5.1\ k\Omega, R_{e3}=2\ k\Omega, R_1=R_2=1\ k\Omega, R_F=10\ k\Omega$。

① 测量放大电路的静态工作点;

② 加上正弦输入电压,观察输入、输出波形,并测量闭环电压放大倍数 $\dot{A}_{usf}=\frac{\dot{U}_o}{\dot{U}_s}$;

③ 测量 R_{if}和 R_{of}。

仿真题 6-5 在 Multisim 中构建图 6.6.3 所示的电压串联负反馈放大电路:

① 要求第一级的静态集电极电流 I_{CQ1} 为 1.5 mA 左右,第二级的 I_{CQ} 为 2.5 mA 左右,应调整哪些参数,如何调整?(要求每个放大级只调一个参数,其他参数保持不变。)

② 在上述参数下测量放大电路的静态工作点。

③ 在上述参数下测出无级间反馈时的 $\dot{A}_u$、R_i 和 R_o。

④ 在上述参数下,要求接入电压串联负反馈后 $\dot{A}_{uf}$成为 5 左右,则 R_F 应为

多大？

⑤ 测出引入上述负反馈时的 $\dot{A}_{uf}$、R_{if}和 R_{of}。

⑥ 测出上述负反馈放大电路的波特图。

第 7 章　模拟信号运算电路

内容提要

运算放大器最早应用于模拟信号的运算电路，故此得名。至今，模拟信号的运算仍是集成运放一个重要而基本的应用领域。

本章首先介绍理想运放的概念和特点，然后介绍由集成运放组成的比例运算电路、求和电路、积分和微分电路、对数和指数电路以及乘法和除法电路，分别介绍上述各种运算电路的组成以及输出与输入之间的运算关系。在本章的最后，扼要介绍应用日益广泛的集成模拟乘法器。

▶7.1　理想运放的概念

从本章开始将介绍集成运放的各种应用，包括模拟信号运算电路、信号处理电路和波形发生电路等。在分析集成运放的各种应用电路时，常常将其中的集成运放看成是理想运算放大器。理想运放是一个重要的概念，也是分析运放应用电路的一个有力工具。

▶▶7.1.1　什么是理想运放

所谓理想运放就是将集成运放的各项技术指标理想化，即认为集成运放的各项主要技术指标为：

开环差模电压增益 $A_{od}=\infty$

差模输入电阻 $r_{id}=\infty$

输出电阻 $r_o=0$

共模抑制比 $K_{CMR}=\infty$

输入失调电压 U_{IO}、失调电流 I_{IO} 以及它们的温漂 α_{UIO}、α_{IIO} 均为零

输入偏置电流 $I_{IB}=0$

-3 dB 带宽 $f_H=\infty$

等等。

实际的集成运算放大器当然不可能达到上述理想化的技术指标。但是，由于制造集成运放工艺水平的不断提高，集成运放产品的各项性能指标日益改善。因此，一般情况下，在分析集成运放的应用电路时，将实际的集成运放视为理想运放所带来的误差，在工程上是允许的。以后将会看到，在分析运放应用电路的

工作原理和输入输出关系时，运用理想运放的概念，有利于抓住事物的本质，忽略次要因素，简化分析的过程。在本章及随后几章对各种运放应用电路的分析中，如无特别说明，均将集成运放作为理想运放来考虑。

在各种不同的应用电路中，集成运放的工作范围可能有两种情况：工作在线性区或工作在非线性区。当工作在线性区时，集成运放的输出电压与其两个输入端的电压之间存在着线性放大关系，即

$$u_O = A_{od}(u_+ - u_-) \tag{7.1.1}$$

式中 u_O 是集成运放的输出端电压；u_+ 和 u_- 分别是其同相输入端和反相输入端电压；A_{od} 是其开环差模电压增益，见图 7.1.1。

如果输入端电压的幅度比较大，则集成运放的工作范围将超出线性放大区域而到达非线性区，此时集成运放的输出、输入信号之间将不满足式(7.1.1)所示的关系式。

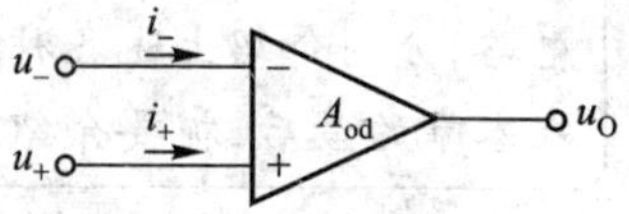

图 7.1.1　集成运放的电压和电流

当集成运放分别工作在线性区或非线性区时，各自有若干重要的特点，下面分别进行讨论。

▶▶7.1.2　理想运放工作在线性区时的特点

理想运放工作在线性区时有两个重要特点：

1. 理想运放的差模输入电压等于零

由于运放工作在线性区，故输出、输入之间符合式(7.1.1)所示的关系式。而且，因理想运放的 $A_{od}=\infty$，所以由式(7.1.1)可得

$$u_+ - u_- = \frac{u_O}{A_{od}} = 0$$

即

$$u_+ = u_- \tag{7.1.2}$$

上式表示运放同相输入端与反相输入端两点的电压相等，如同将该两点短路一样。但是该两点实际上并未真正被短路，只是表面上似乎短路，因而是虚假的短路，所以将这种现象称为“**虚短**”。

实际的集成运放 $A_{od}\neq\infty$，因此 u_+ 与 u_- 不可能完全相等。但是当 A_{od} 足够大时，集成运放的差模输入电压(u_+-u_-)的值很小，与电路中其他电压相比，可以忽略不计。例如，在线性区内，当 $u_O=10\text{V}$ 时，若 $A_{od}=10^5$，则 $u_+-u_-=0.1\ \text{mV}$；若 $A_{od}=10^7$，则 $u_+-u_-=1\ \mu\text{V}$。可见在一定的 u_O 值之下，集成运放的 A_{od} 愈大，则 u_+ 与 u_- 差值愈小，将两点视为“虚短”所带来的误差也愈小。

2. 理想运放的输入电流等于零

由于理想运放的差模输入电阻 $r_{id}=\infty$，因此在其两个输入端均没有电流，即

在图 7.1.1 中

$$i_+ = i_- = 0 \tag{7.1.3}$$

此时，运放的同相输入端和反相输入端的电流都等于零，如同该两点被断开一样，这种现象称为“**虚断**”。

“虚短”和“虚断”是理想运放工作在线性区时的两点重要结论。这两点重要结论常常作为今后分析许多运放应用电路的出发点，因此必须牢牢掌握。

▶▶7.1.3 理想运放工作在非线性区时的特点

如果运放的工作信号超出了线性放大的范围，则输出电压不再随着输入电压线性增长，而将达到饱和，集成运放的传输特性如图 7.1.2 所示。

理想运放工作在非线性区时，也有两个重要的特点：

1. 理想运放的输出电压 u_O 的值只有两种可能；或等于运放的正向最大输出电压 $+U_{OPP}$，或等于其负向最大输出电压 $-U_{OPP}$，如图 7.1.2 中的实线所示。

当 $u_+ > u_-$ 时， $u_O = +U_{OPP}$

当 $u_+ < u_-$ 时， $u_O = -U_{OPP}$

在非线性区内，运放的差模输入电压（$u_+ - u_-$）可能很大，即 $u_+ \neq u_-$。也就是说，此时，“虚短”现象不复存在。

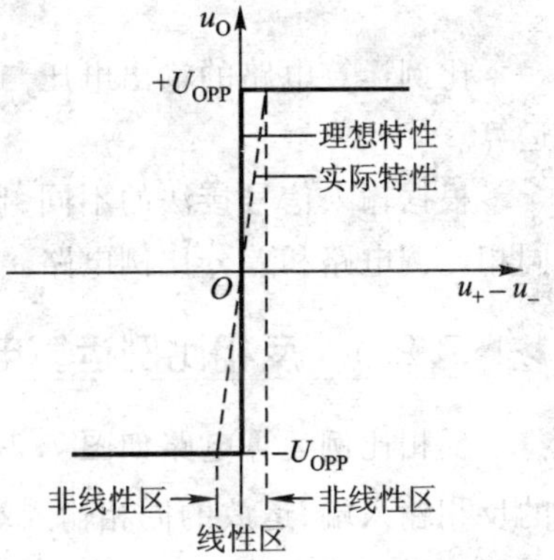

图 7.1.2 集成运放的传输特性

2. 理想运放的输入电流等于零

在非线性区，虽然运放两个输入端的电压不等，即 $u_+ \neq u_-$，但因为理想运放的 $r_{id} = \infty$，故仍认为此时的输入电流等于零，即

$$i_+ = i_- = 0$$

实际的集成运放 $A_{od} \neq \infty$，因此当 u_+ 与 u_- 差值比较小，能够满足关系 $A_{od}(u_+ - u_-) < U_{OPP}$ 时，运放应该仍然工作在线性范围内。实际运放的传输特性如图 7.1.2 中虚线所示。但因集成运放的 A_{od} 值通常很高，所以线性放大的范围很小。例如，集成运放 LM741 的 $U_{OPP} = \pm 14$ V，$A_{od} \approx 2 \times 10^5$，则在线性区内，差模输入电压的范围只有：

$$u_+ - u_- = \frac{U_{OPP}}{A_{od}} = \frac{\pm 14 \text{ V}}{2 \times 10^5} = \pm 70 \ \mu\text{V}$$

如上所述，理想运放工作在线性区或非线性区时，各有不同的特点。因此，在分析各种应用电路的工作原理时，首先必须判断其中的集成运放究竟工作在哪个区域。

集成运放的开环差模电压增益A_{od}通常很大,如不采取适当措施,即使在输入端加上一个很小的电压,仍有可能使集成运放超出线性工作范围。为了保证集成运放工作在线性区,一般情况下,必须在电路中引入深度负反馈,以减小直接施加在集成运放两个输入端的净输入电压。

在本章将要介绍的各种运算电路中,要求输出与输入的模拟信号之间实现一定的数学运算关系,因此,运算电路中的集成运放必须工作在线性区。在分析各种运算电路的输出输入关系时,始终将理想运放工作在线性区时的两个特点,即"虚短"和"虚断"作为基本的出发点。

▶7.2　比例运算电路

比例运算电路的输出电压与输入电压之间存在比例关系,即可以实现比例运算。

根据输入信号接法的不同,比例运算电路有三种基本形式:反相比例电路、同相比例电路和差分比例电路。

▶▶7.2.1　反相比例运算电路

反相比例运算电路如图7.2.1所示,输入电压u_I经电阻R_1接到集成运放的反相输入端,运放的同相输入端经电阻R_2接地。输出电压u_O经反馈电阻R_F引回到反相输入端。

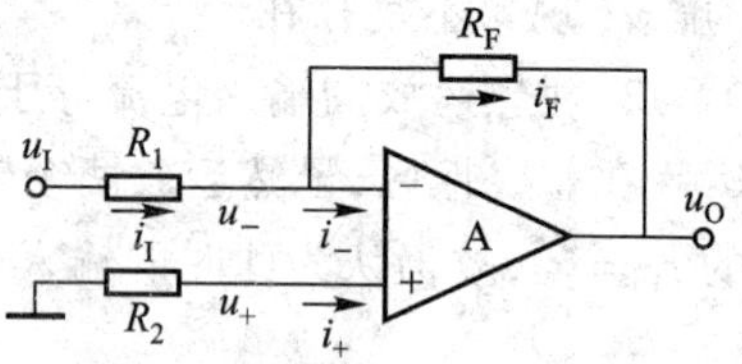

图7.2.1　反相比例运算电路

集成运放的反相输入端和同相输入端,实际上是运放内部输入级两个差分对管的基极。为使差分放大电路的参数保持对称,应使两个差分对管基极对地的电阻尽量一致,以免静态基流流过这两个电阻时,在运放输入端产生附加的偏差电压。因此,通常选择R_2的阻值为

$$R_2 = R_1 \mathbin{/\!/} R_F \tag{7.2.1}$$

经过分析可知,反相比例运算电路中反馈的组态是**电压并联负反馈**。由于集成运放的开环差模增益很高,因此容易满足深负反馈的条件,故可以认为集成运放工作在**线性区**。所以,可以利用理想运放工作在线性区时"虚短"和"虚断"的特点来分析反相比例运算电路的输出输入关系。

在图7.2.1中,由于"虚断",故$i_+=0$,即R_2上没有压降,则$u_+=0$。又因"虚短",可得

$$u_- = u_+ = 0$$

上式说明在反相比例运算电路中，集成运放的反相输入端与同相输入端两点的电位不仅相等，而且均等于零，如同该两点接地一样，这种现象称为**“虚地”**。“虚地”是反相比例运算电路的一个重要特点。

由于 $i_{-}=0$，则由图可见

$$i_{\mathrm{I}}=i_{\mathrm{F}}$$

即
$$\frac{u_{\mathrm{I}}-u_{-}}{R_1}=\frac{u_{-}-u_{\mathrm{O}}}{R_{\mathrm{F}}}$$

上式中 $u_{-}=0$，由此可求得反相比例运算电路的输出电压与输入电压的关系为

$$u_{\mathrm{O}}=-\frac{R_{\mathrm{F}}}{R_1}u_{\mathrm{I}} \tag{7.2.2}$$

下面分析反相比例运算电路的输入电阻。因为反相输入端“虚地”，显而易见，电路的输入电阻为

$$R_{\mathrm{i}}=R_1 \tag{7.2.3}$$

综合以上分析，对反相比例运算电路可以归纳得出以下几点结论：

① 反相比例运算电路实际上是深度的电压并联负反馈电路。在理想情况下，反相输入端的电位等于零，称为“虚地”。因此加在集成运放输入端的共模输入电压很小。

② 输出电压与输入电压之间的比例系数为 $-\frac{R_{\mathrm{F}}}{R_1}$，即输出电压与输入电压的幅值成正比，但相位相反，因此，电路实现了反相比例运算。比例系数的数值决定于电阻 R_{F} 与 R_1 之比，而与集成运放内部各项参数无关。只要 R_{F} 和 R_1 的阻值比较准确和稳定，即可得到准确的比例运算关系。比例系数的数值可以大于或等于1，也可以小于1。

③ 由于引入了深度电压并联负反馈，因此电路的输入电阻不高，而输出电阻很低。

►►7.2.2 同相比例运算电路

同相比例运算电路示于图 7.2.2 中，输入电压 u_{I} 通过 R_2 接至同相输入端，但是，为保证引入的是负反馈，输出电压 u_{O} 通过 R_{F} 仍接到反相输入端，同时，反相输入端通过 R_1 接地。

为了使集成运放反相输入端与同相输入端对地的电阻一致，R_2 的阻值仍应满足以下关系：

$$R_2=R_1 // R_{\mathrm{F}}$$

同相比例运算电路中反馈的组态为电压串联负反馈，同样可以利用理想运放工作在线性区时的两个特点来分析输出输入关系。

在图 7.2.2 中，根据“虚短”和“虚断”的特点可知，$i_- = i_+ = 0$，故

$$u_- = \frac{R_1}{R_1 + R_F} u_O$$

而且 $$u_- = u_+ = u_I$$

由以上二式可得

$$\frac{R_1}{R_1 + R_F} u_O = u_I$$

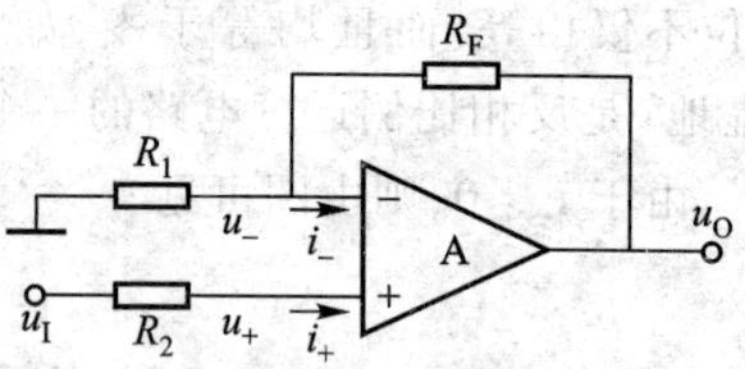

图 7.2.2　同相比例运算电路

则同相比例运算电路的输出输入关系为

$$u_O = \left(1 + \frac{R_F}{R_1}\right) u_I \tag{7.2.4}$$

由于引入了电压串联负反馈，因此能够提高输入电阻，而且提高的程度与反馈深度有关。在理想运放条件下，可认为同相比例运算电路的输入电阻$R_i \to \infty$。

由式(7.2.4)可知，同相比例运算电路的比例系数总是大于或等于 1。当 $R_F = 0$ 或 $R_1 = \infty$ 时，比例系数等于 1，此时电路如图 7.2.3 所示。由图可得

$$u_+ = u_I$$

$$u_- = u_O$$

由于“虚短”，即 $u_- = u_+$，故

$$u_O = u_I \tag{7.2.5}$$

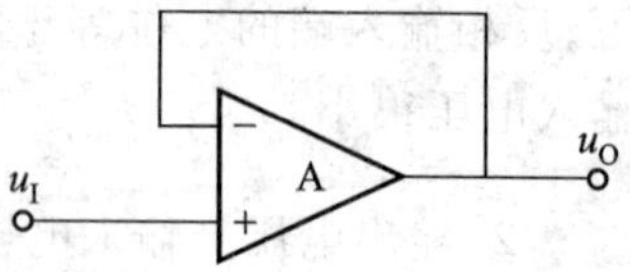

图 7.2.3　电压跟随器

由于这种电路的输出电压与输入电压不仅幅值相等，而且相位相同，二者之间是一种“跟随”关系，所以又称为**电压跟随器**。

综上所述，对于同相比例运算电路可以得到以下几点结论：

① 同相比例运算电路是深度的电压串联负反馈电路。因为 $u_- = u_+ = u_I$，所以不存在“虚地”现象。在选用集成运放产品时要考虑其输入端可能承受较高的共模输入电压。

② 输出电压与输入电压之间的比例系数为 $1 + \frac{R_F}{R_1}$，即输出电压与输入电压的幅值成正比，且相位相同，因此，电路实现了同相比例运算。比例系数也只取决于电阻 R_F 和 R_1 之比，而与集成运放的内部参数无关，所以 R_F 和 R_1 阻值的精确度和稳定性决定了比例运算的精度。一般情况下，比例系数的值恒大于 1。当 $R_F = 0$ 或 $R_1 = \infty$ 时，比例系数等于 1，这种电路称为电压跟随器。

③ 由于引入了深度电压串联负反馈，因此电路的输入电阻很高，输出电阻很低。

▶▶7.2.3　差分比例运算电路

差分比例运算电路如图 7.2.4 所示,两个输入电压 u_{I1} 和 u_{I2} 各自通过电阻 R_1 和 R_2 分别加在集成运放的反相输入端和同相输入端。另外,从输出端通过反馈电阻 R_F 接回到反相输入端。为了保证运放两个输入端对地的电阻平衡,同时为了避免降低共模抑制比,通常要求

$$R_1 = R_2$$
$$R_F = R'$$

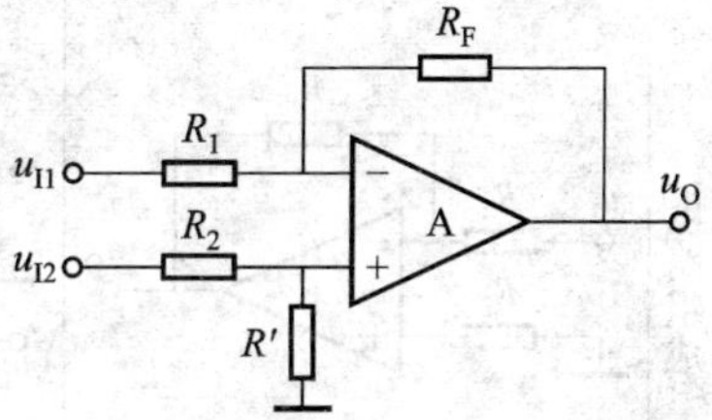

图 7.2.4　差分比例运算电路

在理想条件下,由于"虚断",$i_+ = i_- = 0$,利用叠加定理可求得反相输入端的电位为

$$u_- = \frac{R_F}{R_1 + R_F} u_{I1} + \frac{R_1}{R_1 + R_F} u_O$$

而同相输入端的电位为

$$u_+ = \frac{R'}{R_2 + R'} u_{I2}$$

因为"虚短",即 $u_- = u_+$,所以

$$\frac{R_F}{R_1 + R_F} u_{I1} + \frac{R_1}{R_1 + R_F} u_O = \frac{R'}{R_2 + R'} u_{I2}$$

当满足条件 $R_1 = R_2$,$R_F = R'$时,整理上式,可求得差分比例运算电路的输出输入关系为

$$u_O = -\frac{R_F}{R_1}(u_{I1} - u_{I2}) \tag{7.2.6}$$

在电路元件参数对称的条件下,差分比例运算电路的差模输入电阻为

$$R_i = 2R_1 \tag{7.2.7}$$

由式(7.2.6)可知,电路的输出电压与两个输入电压之差成正比,实现了差分比例运算,或者说实现了减法运算。输出电压与差分输入电压之间的比例系数为$-\frac{R_F}{R_1}$,该比例系数同样取决于电阻 R_F 与 R_1 之比,而与集成运放内部参数无关。由以上分析还可以知道,差分比例运算电路中集成运放的反相输入端和同相输入端可能存在较高的共模输入电压,电路中不存在"虚地"现象。

差分比例运算电路对元件的对称性要求比较高,如果元件失配,不仅给计算结果带来附加误差,而且将产生共模电压输出,降低共模抑制比。

以上介绍了反相输入、同相输入和差分输入三种基本形式的比例运算电路。这些比例电路是最基本的运算电路,是其他各种运算电路的基础,本章随后将要介绍的求和电路、积分和微分电路、对数和指数电路等,都是在这些比例电路的

基础上,加以扩展或演变以后得到的。

最后,将三种基本形式的比例运算电路的组成、输出输入关系、输入电阻和输出电阻,以及性能特点列在表 7-1 中,以便进行比较。

表 7-1　三种比例运算电路之比较

	反相输入	同相输入	差分输入
电路组成	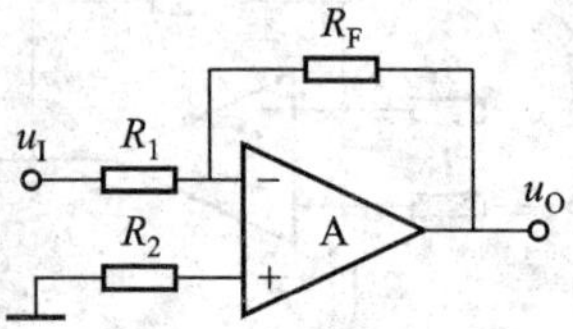 要求 $R_2=R_1 /\!/ R_F$	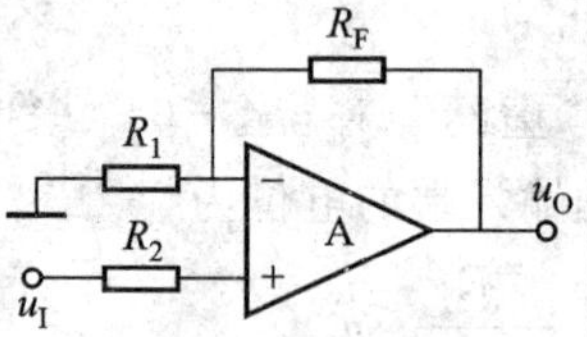 要求 $R_2=R_1 /\!/ R_F$	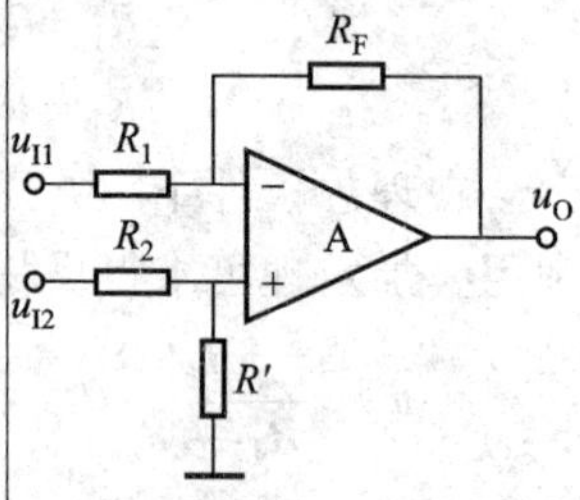 要求 $R_1=R_2, R_F=R'$
输出输入关系	$u_O=-\frac{R_F}{R_1}u_I$ u_O 与 u_I 反相,比例系数的值可大于 1、等于 1 或小于 1	$u_O=\left(1+\frac{R_F}{R_1}\right)u_I$ u_O 与 u_I 同相,比例系数的值大于或等于 1	$u_O=-\frac{R_F}{R_1}(u_{I1}-u_{I2})$ (当 $R_1=R_2, R_F=R'$时)
R_i	$R_i=R_1$ 不高	$R_i\to\infty$ 高	$R_i=2R_1$ 不高
R_o	低	低	低
性能特点	实现反相比例运算; 引入电压并联负反馈; "虚地",共模输入电压低; 输入电阻不高; 输出电阻低	实现同相比例运算; 引入电压串联负反馈; "虚短",但不"虚地",共模输入电压高; 输入电阻高; 输出电阻低	实现差分比例运算(即减法运算); "虚短",但不"虚地",共模输入电压高; 输入电阻不高; 输出电阻低; 元件对称性要求高

▶▶7.2.4　实用电路举例

1. 数据放大器

数据放大器是数据采集、精密测量以及工业自动控制系统中的重要组成部分，通常用于将传感器输出的微弱信号进行放大。对数据放大器的主要要求是高增益、高输入电阻和高共模抑制比。可供选用的数据放大器的产品很多，图7.2.5示出了一种应用比较广泛的由三个运放组成的通用数据放大器的原理图。

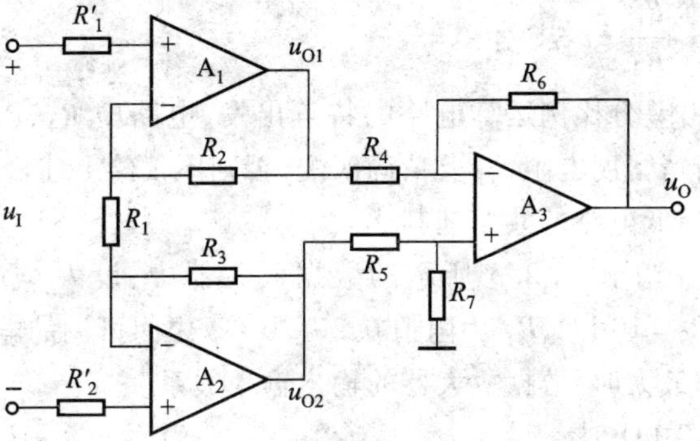

图 7.2.5　三运放数据放大器原理图

电路中的三个运放都接成比例运算电路的形式。电路包含两个放大级，A_1、A_2 组成第一级，二者均为同相输入方式，因而输入电阻很高。由于电路结构对称，因此漂移可以互相抵消。第二级的 A_3 为差分输入方式，将差分输入转换为单端输出。在本电路中，要求元件参数对称，即

$$R_2 = R_3,\quad R_4 = R_5,\quad R_6 = R_7$$

当加上差模输入电压 u_I 时，A_1 与 A_2 的输入电压 u_{I1} 和 u_{I2} 大小相等，极性相反，且 $R_2 = R_3$，此时可认为电阻 R_1 的中点电位保持不变，即在 $R_1/2$ 处相当于交流接地，则运放 A_1 的工作情况如图7.2.6所示。

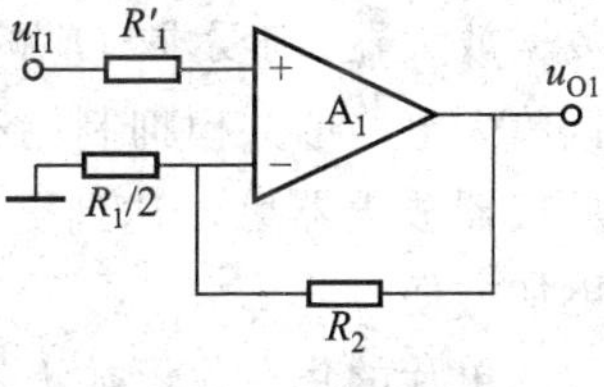

图 7.2.6　A_1 工作情况分析

由图可得

$$u_{O1} = \left(1 + \frac{R_2}{R_1/2}\right) u_{I1} = \left(1 + \frac{2R_2}{R_1}\right) u_{I1}$$

同理
$$u_{O2} = \left(1 + \frac{2R_3}{R_1}\right) u_{I2} = \left(1 + \frac{2R_2}{R_1}\right) u_{I2}$$

则
$$u_{O1} - u_{O2} = \left(1 + \frac{2R_2}{R_1}\right)(u_{I1} - u_{I2}) = \left(1 + \frac{2R_2}{R_1}\right) u_I$$

A_3 为差分输入比例运算电路，已知 $R_4 = R_5$，$R_6 = R_7$，则

$$u_O = -\frac{R_6}{R_4}(u_{O1} - u_{O2})$$

因此，该数据放大器总的输出输入关系为

$$u_O=-\frac{R_6}{R_4}\left(1+\frac{2R_2}{R_1}\right)u_I \tag{7.2.8}$$

由上式可知，只要改变电阻 R_1，即可灵活地调节输出电压与输入电压之间的比例关系。如果将 R_1 开路，则第一级的输出电压成为 $u_{O1}-u_{O2}=u_I$，第二级的输出电压为 $u_O=-\frac{R_6}{R_4}\cdot u_I$。

必须指出，由差分比例运算电路的特点出发，电路中 R_4、R_5、R_6 和 R_7 四个电阻必须采用高精密度电阻，并要精确匹配，否则不仅给上述输出输入关系式带来误差，而且将降低电路的共模抑制比。

【例 7.2.1】 在图 7.2.5 所示的数据放大器中，设 $R_2=R_3=10\ \text{k}\Omega$，$R_4=R_5=2\ \text{k}\Omega$，$R_6=R_7=10\ \text{k}\Omega$，$R_1$ 为阻值在 2 ~ 20 kΩ 之间可调的电位器，估算当 R_1 的阻值为最小和最大时，数据放大器的输出输入关系。

解：当 $R_1=2\ \text{k}\Omega$ 时，

$$u_O=-\frac{R_6}{R_4}\left(1+\frac{2R_2}{R_1}\right)u_I=-\frac{10}{2}\times\left(1+\frac{2\times10}{2}\right)u_I=-55u_I$$

当 $R_1=20\ \text{k}\Omega$ 时，

$$u_O=-\frac{10}{2}\times\left(1+\frac{2\times10}{20}\right)u_I=-10u_I$$

如果利用三个单独的集成运放以及若干电阻来构建图 7.2.5 所示的三运放数据放大器，则要求对应的集成运放参数一致，对应的电阻阻值匹配，否则将降低放大电路的共模抑制比和精度，以及电路的其他性能。实际上，采用单片的集成仪器放大器可以达到更高的性能，更小的体积，价格也更低廉，而且使用维护更加方便。

单片的集成仪器放大器产品很多，图 7.2.7 示出了集成仪器放大器 LH0036 的电路原理图和引脚 。

集成仪器放大器 LH0036 的主要特点有：

- 高输入电阻　　300 MΩ
- 高共模抑制比　　100 dB
- 单一电阻增益调节　　1 ~ 1000
- 低功率　　90 μW
- 电源电压范围宽　　±1 ~ ±18 V
- 输入偏置电流可调
- 输出带宽可调
- 保护驱动输出

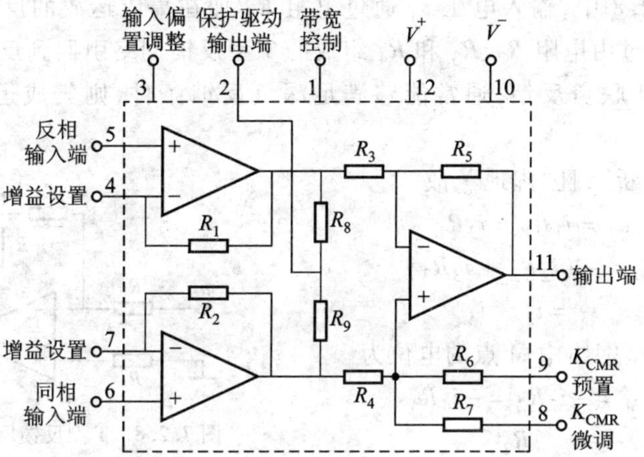

(a) 电路原理图

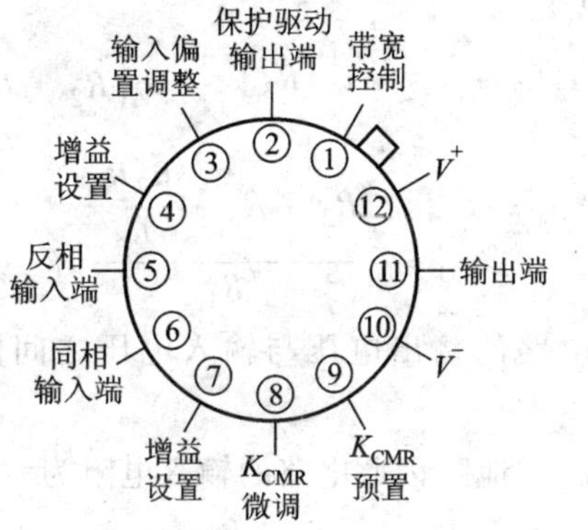

(b) 引脚

图 7.2.7　集成仪器放大器 LH0036

2. T 型反馈网络比例电路

已经知道，基本形式的反相比例运算电路的输入电阻不高，在实际工作中，如果同时要求输入电阻和比例系数的值都比较高，则此种反相比例电路难以达到。例如，要求输入电阻为 2 MΩ，比例系数的数值为 100，则电路的参数应为：$R_1=2\ \mathrm{M\Omega}$，$R_F=100\times2\ \mathrm{M\Omega}=200\ \mathrm{M\Omega}$。对于 200 MΩ 这样大的精密电阻，实际上无法实现。

T 型反馈网络反相比例电路如图 7.2.8 所示。采用这种电路既能同时得到较高的输入电阻和比例系数的值，而电路中所用电阻的阻值又不致太高，比较容易实现。

在图 7.2.8 中，输入电压 u_I 通过电阻 R_1 加在集成运放的反相输入端，同时，输出端通过由电阻 R_2、R_3 和 R_4 组成的 T 型反馈网络引回到反相输入端，这是一个电压并联负反馈，通常能够满足深负反馈条件，则集成运放工作在线性区。

由于“虚断”，且“虚地”，故

$$u_I = i_1 R_1 = i_2 R_1$$

而

$$u_O = -(i_2 R_2 + i_3 R_3)$$

其中

$$i_3 = i_2 + i_4$$

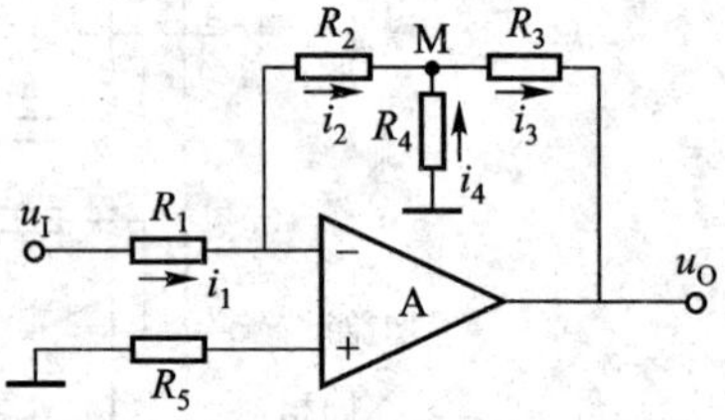

图 7.2.8　T 型反馈网络比例电路

由图可知，T 型网络中 M 点的电位为

$$u_M = -i_2 R_2 = -i_4 R_4$$

则

$$i_4 = \frac{R_2}{R_4} i_2$$

代入 u_O 的表达式，可得

$$u_O = -[i_2 R_2 + (i_2 + i_4) R_3] = -i_2\left(R_2 + R_3 + \frac{R_2 R_3}{R_4}\right)$$

所以

$$u_O = -\frac{R_2 + R_3 + \dfrac{R_2 R_3}{R_4}}{R_1} u_I \tag{7.2.9}$$

可见，T 型反馈网络电路的输出电压与输入电压之间同样存在反相比例运算关系。

由于反相输入端“虚地”，因此电路的输入电阻为

$$R_i = R_1 \tag{7.2.10}$$

【例 7.2.2】　在图 7.2.8 所示的 T 型反馈网络比例电路中，已知 $R_1 = 2\ \mathrm{M\Omega}$，$R_2 = R_3 = 470\ \mathrm{k\Omega}$，$R_4 = 1\ \mathrm{k\Omega}$，

① 列出电路的输出输入关系；

② 估算电路的输入电阻。

解： ① 根据式(7.2.9)可得

$$u_O = -\frac{R_2 + R_3 + \dfrac{R_2 R_3}{R_4}}{R_1} u_I = -\frac{470 + 470 + \dfrac{470 \times 470}{1}}{2000} u_I$$

$$= -110.92 u_I$$

② 根据式(7.2.10)可得

$$R_i = R_1 = 2\ \mathrm{M\Omega}$$

由上可知，本电路的比例系数的值和输入电阻都比较高，但电路中的电阻值并不太高，能够实现。

▶7.3 求和电路

求和电路的输出电压决定于多个输入电压相加的结果。利用集成运放实现求和运算时，常常采用反相输入方式，当然，也可以采用同相输入方式。

▶▶7.3.1 反相输入求和电路

图 7.3.1 示出了具有三个输入端的反相求和电路。可以看出，这个求和电路实际上是在反相比例运算电路的基础上加以扩展而得到的。

为了保证集成运放两个输入端对地的电阻平衡，同相输入端电阻 R' 的阻值应为

$$R' = R_1 \parallel R_2 \parallel R_3 \parallel R_F \tag{7.3.1}$$

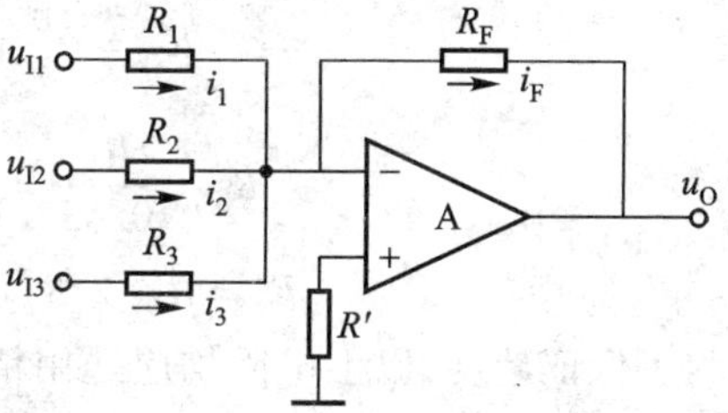

图 7.3.1 反相输入求和电路

由于“虚断”，$i_- = 0$，因此

$$i_1 + i_2 + i_3 = i_F$$

又因集成运放的反相输入端“虚地”，故上式可写为

$$\frac{u_{I1}}{R_1} + \frac{u_{I2}}{R_2} + \frac{u_{I3}}{R_3} = -\frac{u_O}{R_F}$$

则输出电压为

$$u_O = -\left(\frac{R_F}{R_1}u_{I1} + \frac{R_F}{R_2}u_{I2} + \frac{R_F}{R_3}u_{I3}\right) \tag{7.3.2}$$

可见，电路的输出电压 u_O 反映了输入电压 u_{I1}、u_{I2} 和 u_{I3} 相加所得的结果，即电路能够实现求和运算。如果电路中电阻的阻值满足关系 $R_1 = R_2 = R_3 = R$，则上式成为

$$u_O = -\frac{R_F}{R}(u_{I1} + u_{I2} + u_{I3}) \tag{7.3.3}$$

通过上面的分析可以看出，反相输入求和电路的实质是利用“虚地”和“虚断”的特点，通过各路输入电流相加的方法来实现输入电压的相加。

这种反相输入求和电路的优点是，当改变某一输入回路的电阻时，仅仅改变输出电压与该路输入电压之间的比例关系，对其他各路没有影响，因此调节比较灵活方便。另外，由于“虚地”，因此，加在集成运放输入端的共模电压很小。在实际工作中，反相输入方式的求和电路应用比较广泛。

【例 7.3.1】 假设一个控制系统中的温度、压力和速度等物理量经传感器

后分别转换成为模拟电压量 u_{I1}、u_{I2} 和 u_{I3}，要求该系统的输出电压与上述各物理量之间的关系为

$$u_O = -3u_{I1} - 10u_{I2} - 0.53u_{I3}$$

现采用图 7.3.1 所示的求和电路，试选择电路中的参数以满足以上关系。

解：将以上给定的关系式与式(7.3.2)比较，可得$\frac{R_F}{R_1}=3$，$\frac{R_F}{R_2}=10$，$\frac{R_F}{R_3}=0.53$。为了避免电路中的电阻值过大或过小，可先选 $R_F=100\ \text{k}\Omega$，则

$$R_1 = \frac{R_F}{3} = \frac{100}{3}\ \text{k}\Omega = 33.3\ \text{k}\Omega$$

$$R_2 = \frac{R_F}{10} = \frac{100}{10}\ \text{k}\Omega = 10\ \text{k}\Omega$$

$$R_3 = \frac{R_F}{0.53} = \frac{100}{0.53}\ \text{k}\Omega = 188.7\ \text{k}\Omega$$

$$R' = R_1 /\!/ R_2 /\!/ R_3 /\!/ R_F = 6.87\ \text{k}\Omega$$

为了保证精度，以上电阻均应选用精密电阻。

▶▶7.3.2 同相输入求和电路

为了实现同相求和，可将各输入电压加在集成运放的同相输入端，但为了引入一个深负反馈，反馈电阻 R_F 仍需接到反相输入端，如图 7.3.2 所示。

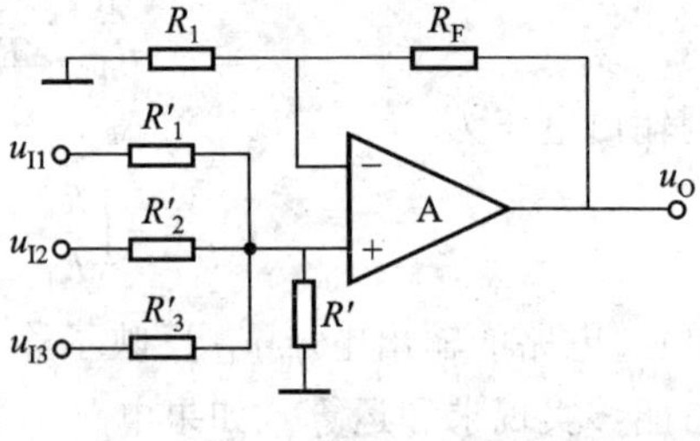

图 7.3.2 同相输入求和电路

由于"虚断"，$i_+=0$，故对运放的同相输入端可列出以下节点电流方程：

$$\frac{u_{I1}-u_+}{R'_1} + \frac{u_{I2}-u_+}{R'_2} + \frac{u_{I3}-u_+}{R'_3} = \frac{u_+}{R'}$$

由上式可解得

$$u_+ = \frac{R_+}{R'_1}u_{I1} + \frac{R_+}{R'_2}u_{I2} + \frac{R_+}{R'_3}u_{I3}$$

其中 $R_+ = R'_1 /\!/ R'_2 /\!/ R'_3 /\!/ R'$。

又由于"虚短"，即 $u_+=u_-$，则输出电压为

$$u_O = \left(1+\frac{R_F}{R_1}\right)u_- = \left(1+\frac{R_F}{R_1}\right)u_+$$

$$= \left(1+\frac{R_F}{R_1}\right)\left(\frac{R_+}{R'_1}u_{I1} + \frac{R_+}{R'_2}u_{I2} + \frac{R_+}{R'_3}u_{I3}\right) \qquad (7.3.4)$$

此式与式(7.3.2)形式上相似，但前面没有负号，可见能够实现同相求和运算。但是，式(7.3.4)中的 R_+ 与各输入回路的电阻都有关，因此，当调节某一回路的电阻以达到给定的关系时，其他各路输入电压与输出电压之间的比值也将随之变化，常常需要反复调节才能将参数值最后确定，估算和调试的过程比较麻

烦。此外,由于不存在“虚地”现象,集成运放承受的共模输入电压也比较高。在实际工作中,同相求和电路的应用不如反相求和电路广泛。

从原理上说,求和电路也可采用双端输入方式,此时,电路的多个输入信号之间同时可以实现加法和减法运算,但是这种电路参数的调整十分繁琐,因此实际上很少采用。如果需要同时实现加法和减法运算,可以考虑采用两级反相求和电路。

【例 7.3.2】 试用集成运放实现以下运算关系:

$$u_O = 0.2u_{I1} - 10u_{I2} + 1.3u_{I3}$$

解:给定的运算关系中既有加法,又有减法,可以利用两个集成运放达到以上要求,例如可采用图 7.3.3 所示的原理图,首先将 u_{I1} 与 u_{I3} 通过集成运放 A_1 进行反相求和,使

$$u_{O1} = -(0.2u_{I1} + 1.3u_{I3})$$

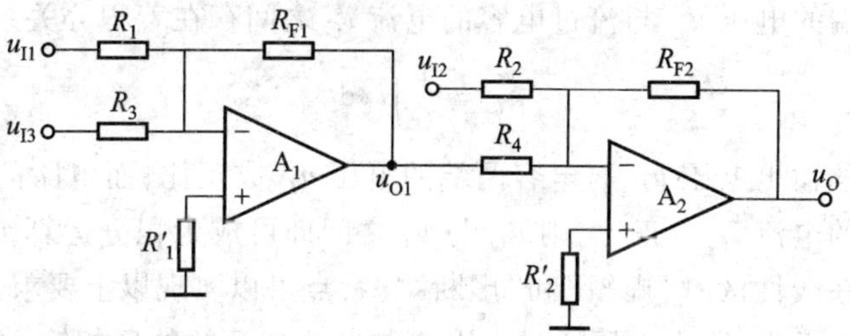

图 7.3.3 例 7.3.2 电路

然后将 A_1 的输出再与 u_{I2} 通过 A_2 进行反相求和,使

$$u_O = -(u_{O1} + 10u_{I2}) = 0.2u_{I1} - 10u_{I2} + 1.3u_{I3}$$

将以上两个表达式分别与式(7.3.2)对比,可得

$$\frac{R_{F1}}{R_1} = 0.2, \quad \frac{R_{F1}}{R_3} = 1.3, \quad \frac{R_{F2}}{R_4} = 1, \quad \frac{R_{F2}}{R_2} = 10$$

可选 $R_{F1} = 20\ \text{k}\Omega$,则可算得

$$R_1 = \frac{R_{F1}}{0.2} = \frac{20}{0.2}\ \text{k}\Omega = 100\ \text{k}\Omega$$

$$R_3 = \frac{R_{F1}}{1.3} = \frac{20}{1.3}\ \text{k}\Omega = 15.4\ \text{k}\Omega$$

若选 $R_{F2} = 100\ \text{k}\Omega$,则

$$R_4 = \frac{R_{F2}}{1} = 100\ \text{k}\Omega$$

$$R_2 = \frac{R_{F2}}{10} = \frac{100}{10}\ \text{k}\Omega = 10\ \text{k}\Omega$$

还可算得

$$R'_1 = R_1 // R_3 // R_{F1} = 8\ \text{k}\Omega$$

$$R'_2 = R_2 // R_4 // R_{F2} = 8.3\ \text{k}\Omega$$

▶7.4 积分和微分电路

▶▶7.4.1 积分电路

积分电路是一种应用比较广泛的模拟信号运算电路。它是组成模拟计算机的基本单元,用以实现对微分方程的模拟。同时,积分电路也是控制和测量系统中常用的重要单元,利用其充放电过程可以实现延时、定时以及各种波形的产生。

1. 电路组成

电容两端的电压 u_C 与流过电容的电流 i_C 之间存在着积分关系,即

$$u_C = \frac{1}{C}\int i_C \mathrm{d}t$$

如能使电路的输出电压 u_O 与电容两端的电压 u_C 成正比,而电路的输入电压 u_I 与流过电容的电流 i_C 成正比,则 u_O 与 u_I 之间即可成为积分运算关系。利用理想运放工作在线性区时"虚短"和"虚断"的特点可以实现以上要求。

在图 7.4.1 中,输入电压通过电阻 R 加在集成运放的反相输入端,并在输出端和反相输入端之间通过电容 C 引回一个深度负反馈,即可组成基本积分电路。为使集成运放两个输入端对地的电阻平衡,通常使同相输入端的电阻为

$$R' = R$$

可以看出,这种反相输入基本积分电路实际上是在反相比例电路的基础上将反馈回路中的电阻 R_F 改为电容 C 而得到的。

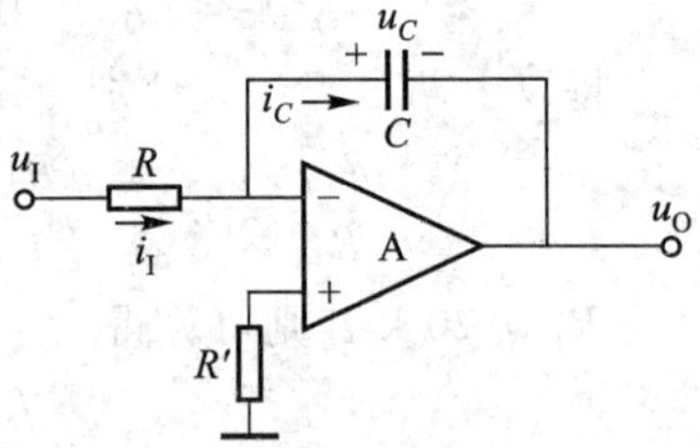

图 7.4.1 基本积分电路

由于集成运放的反相输入端"虚地",故

$$u_O = -u_C$$

可见输出电压与电容两端电压成正比。又由于"虚断",运放反相输入端的电流为零,则 $i_I = i_C$,故

$$u_I = i_I R = i_C R$$

即输入电压与流过电容的电流成正比。由以上几个表达式可得

$$u_O = -u_C = -\frac{1}{C}\int i_C \mathrm{d}t = -\frac{1}{RC}\int u_I \mathrm{d}t \tag{7.4.1}$$

式中电阻与电容的乘积称为**积分时间常数**,通常用符号 τ 表示,即

$$\tau = RC$$

如果在开始积分之前,电容两端已经存在一个初始电压,则积分电路将有一个初始的输出电压 $U_O(0)$,此时

$$u_O = -\frac{1}{RC}\int u_I \mathrm{d}t + U_O(0) \tag{7.4.2}$$

【例 7.4.1】 试用集成运放组成的运算电路实现以下运算关系:

$$u_O = -\left(10\int u_{I1}\mathrm{d}t + 5\int u_{I2}\mathrm{d}t\right)$$

要求选择电路的结构形式,并确定电路的参数值。

解: 本题要求实现的运算关系中包括加法运算和积分运算,因此可以考虑选择如图 7.4.2 所示的电路结构。

在图 7.4.2 中,根据“虚断”和“虚地”,可得

$$u_O = -u_C = -\frac{1}{C}\int i_C \mathrm{d}t = -\frac{1}{C}\int (i_1 + i_2)\mathrm{d}t$$

$$= -\left(\frac{1}{R_1 C}\int u_{I1}\mathrm{d}t + \frac{1}{R_2 C}\int u_{I2}\mathrm{d}t\right)$$

可见电路能够实现加法-积分运算。

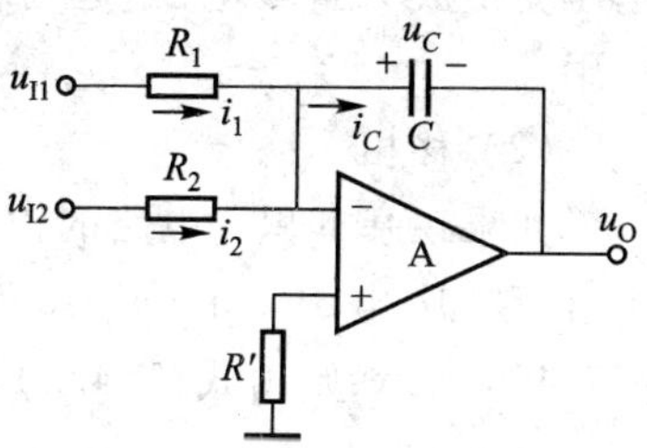

图 7.4.2　例 7.4.1 电路

为了确定电路参数值,将以上表达式与本题给定的运算关系对比,可得

$$\frac{1}{R_1 C} = 10, \quad \frac{1}{R_2 C} = 10 \times 0.5 = 5$$

选电容 $C = 1\ \mu\mathrm{F}$,则

$$R_1 = \frac{1}{10C} = \frac{1}{10 \times 10^{-6}}\ \Omega = 100\ \mathrm{k}\Omega$$

$$R_2 = \frac{1}{5C} = \frac{1}{5 \times 10^{-6}}\ \Omega = 20\ \mathrm{k}\Omega$$

还可算出

$$R' = R_1 /\!/ R_2 = \frac{100 \times 20}{100 + 20}\ \mathrm{k}\Omega = 16.67\ \mathrm{k}\Omega$$

可取 $R' = 16\ \mathrm{k}\Omega$。

2. 积分电路的应用

除了数学上的积分运算以外,积分电路还有许多其他方面的应用,下面举几个例子。

(1) 波形变换

如果在基本积分电路的输入端加上一个矩形波电压,如图 7.4.3 所示,并设

电容上的初始电压为零。由式(7.4.2)可知，当 $t \leqslant t_0$ 时，$u_I=0$，故 $u_O=0$。当 $t_0 < t \leqslant t_1$ 时，$u_I=U_I=$常数，则

$$u_O=-\frac{1}{RC}\int_{t_0}^{t}u_I\mathrm{d}t+U_O(0)=-\frac{U_I}{RC}(t-t_0)$$

此时，u_O 将随着时间向负方向直线增长，如图 7.4.3 所示。增长的速度与输入电压的幅度 U_I 成正比，与积分时间常数 RC 成反比。

当 $t>t_1$ 时，$u_I=0$，由式(7.4.2)可知，此时 u_O 将保持 $t=t_1$ 时的输出电压值不变，如图 7.4.3 所示。

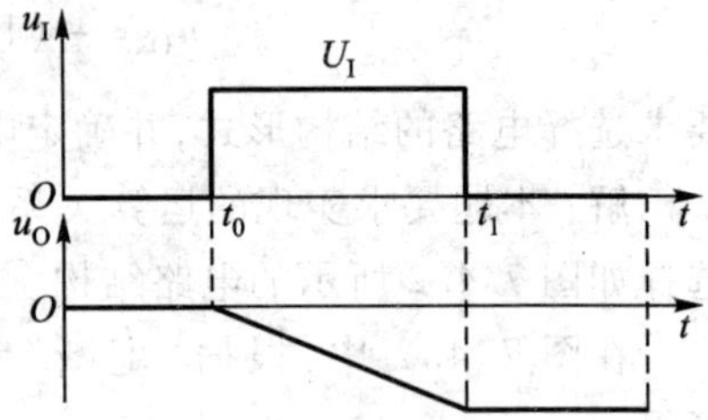

图 7.4.3　u_I 为矩形波时，积分电路的 u_I、u_O 波形

由图可见，积分电路将输入的矩形波电压变换成为斜坡电压，起着波形变换的作用。

(2) 移相

如果在基本积分电路的输入端加上一个正弦波电压，且 $u_I=U_m\sin\omega t$，如图7.4.4 所示，则由式(7.4.2)可得

$$u_O=-\frac{1}{RC}\int U_m\sin\omega t\mathrm{d}t=\frac{U_m}{\omega RC}\cos\omega t$$

此时积分电路的输出电压是一个余弦波。由图 7.4.4 可见，u_O 的相位比 u_I 领先 90°，可见积分电路起着移相的作用。

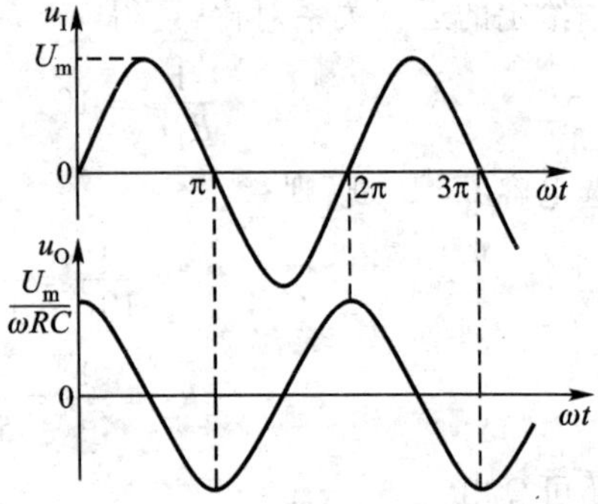

图 7.4.4　u_I 为正弦波时，积分电路的 u_I、u_O 波形

【例 7.4.2】 假设基本积分电路的输入电压是幅度为±10 V，重复周期为40 ms 的矩形波，如图 7.4.5 所示，积分电路的参数为 $R=50\ \mathrm{k\Omega}$，$C=0.5\ \mu\mathrm{F}$，已知 $t=0$ 时电容上的初始电压等于零，试画出相应的输出电压波形。

解： 在 $t=(0\sim10)$ ms 期间，$u_I=+10$ V，$t_0=0$，输出电压的初始值 $U_O(0)=0$，则由式(7.4.2)可得

$$u_O=-\frac{u_I}{RC}(t-t_0)+U_O(0)=\left(-\frac{10}{50\times10^3\times0.5\times10^{-6}}t\right)\ \mathrm{V}=(-400t)\ \mathrm{V}$$

即 u_O 以 400 V/s 的速度，从零开始往负方向增长，当 $t=10$ ms 时，

$$u_O=(-400\times0.01)\ \mathrm{V}=-4\ \mathrm{V}$$

在 $t=(10\sim30)$ ms 期间，$u_I=-10$ V，$t_0=10$ ms，$U_O(0)=-4$ V

则 $u_O = \left[-\dfrac{-10}{50\times10^3\times0.5\times10^{-6}}(t-0.01)-4\right]\ \text{V} = [400(t-0.01)-4]\ \text{V}$

即 u_O 以 400 V/s 的速度,从−4 V 开始往正方向增长,当 $t=20$ ms 时,

$$u_O = [400\times(0.02-0.01)-4]\ \text{V} = 0\ \text{V}$$

当 $t=30$ ms 时,

$$u_O = [400\times(0.03-0.01)-4]\ \text{V} = 4\ \text{V}$$

在 $t=(30\sim50)$ ms 期间,$u_I=+10$ V,u_O 从+4 V 开始,又以 400 V/s 的速度往负方向增长。以后重复上述过程。u_O 的波形见图 7.4.5。

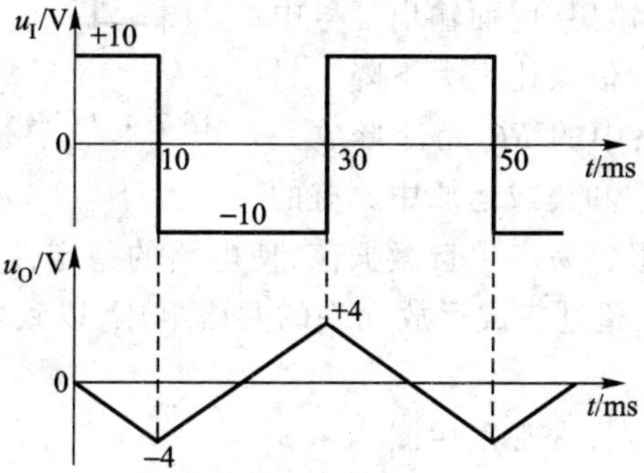

图 7.4.5　例 7.4.2 的波形图

▶▶7.4.2　微分电路

微分是积分的逆运算。将积分电路中 R 和 C 的位置互换,即可组成基本微分电路,如图 7.4.6 所示。

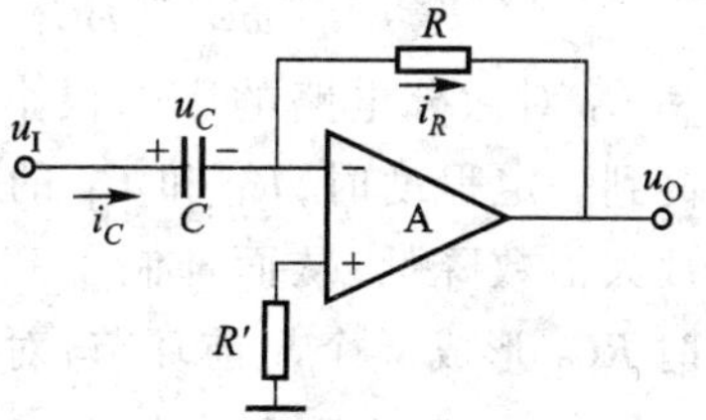

图 7.4.6　基本微分电路

由于"虚断",流入运放反相输入端的电流为零,则

$$i_C = i_R$$

又因反相输入端"虚地",可得

$$u_O = -i_RR = -i_CR = -RC\frac{du_C}{dt} = -RC\frac{du_I}{dt} \tag{7.4.3}$$

可见,输出电压正比于输入电压对时间的微分。

如果在微分电路的输入端加上一个梯形波电压,如图 7.4.7 所示,当 u_I 直线上升时,微分电路的输出电压 u_O 为一个固定的负电压。当 u_I 维持不变时,$u_O=0$。当 u_I 直线下降时,u_O 为一个固定的正电压。u_O 的波形如图 7.4.7 所示。可见,微分电路将一个梯形波转换为一负一正两个矩形波。

微分电路也可以起移相作用。当输入电压为正弦波时,设 $u_I=U_m\sin\omega t$,则

微分电路的输出电压为

$$u_O = -RC\frac{du_I}{dt} = -U_m\omega RC\cos\omega t$$

u_O 成为余弦波，u_O 的波形将比 u_I 滞后 90°。

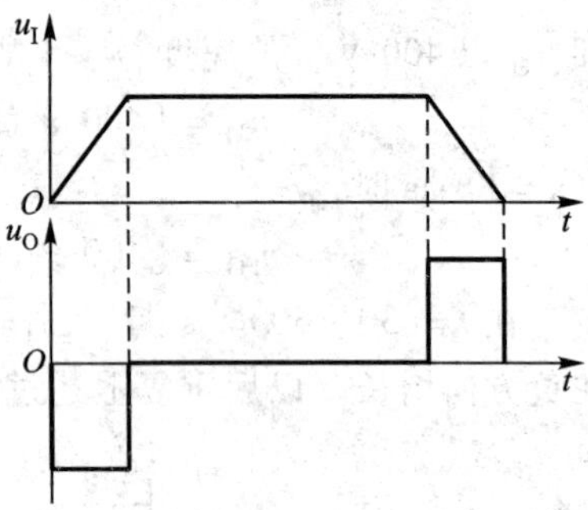

图 7.4.7　微分电路的 u_I、u_O 波形

图 7.4.6 所示基本微分电路的主要缺点是，当输入信号频率升高时，电容的容抗减小，则放大倍数增大，造成电路对输入信号中的高频噪声非常敏感，因而输出信号中的噪声成分严重增加，信噪比大大下降。另一个缺点是微分电路中的 RC 元件形成一个滞后的移相环节，它和集成运放中原有的滞后环节共同作用，很容易产生自激振荡，使电路的稳定性变差。最后，输入电压发生突变时有可能超过集成运放允许的共模电压，以致使运放“堵塞”，使电路不能正常工作。

为了克服以上缺点，常常采用图 7.4.8 所示的实用微分电路。主要措施是在输入回路中接入一个电阻 R_1 与微分电容串联，在反馈回路中接入一个电容 C_1 与微分电阻并联，并使 $RC_1 \approx R_1 C$。在正常的工作频率范围内，使 $R_1 \ll \frac{1}{\omega C}$、而 $\frac{1}{\omega C_1} \gg R$，此时 R_1 和 C_1 对微分电路的影响很小。但当频率高到一定程度时，R_1 和 C_1 的作用使闭环放大倍数降低，从而抑制了高频噪声。同时 RC_1 形成一个超前环节，对相位进行补偿，提高了电路的稳定性。此外，在反馈回路中加接两个稳压管，用以限制输出幅度。最后，在 R' 的两端也并联一个电容 C'，以便进一步进行相位补偿。

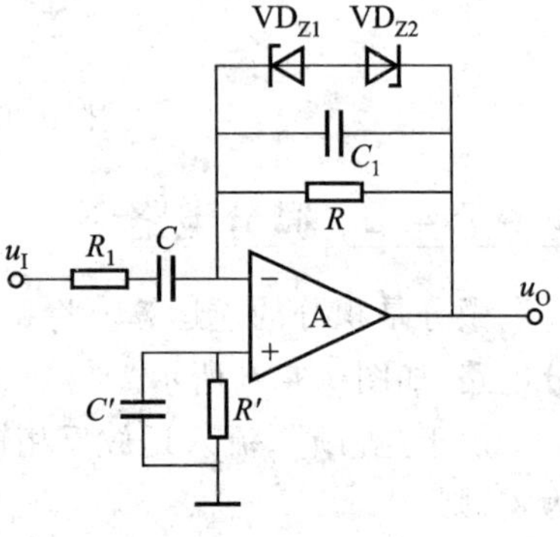

图 7.4.8　实用的微分电路

▶7.5　对数和指数电路

▶▶7.5.1　对数电路

为了组成对数运算电路，希望找到一种元件，其电流与电压之间存在对数或指数关系。已经知道，在一定条件下，半导体二极管的电流 i_D 与其电压 u_D 之间

存在着指数关系,即i_D与u_D之间符合以下二极管方程:

$$i_D = I_S(e^{u_D/U_T} - 1)$$

式中I_S为二极管的反向饱和电流,U_T为温度的电压当量,在常温下($T = 300$ K),$U_T = 26$ mV。则当$u_D \gg U_T$时,上式可近似为

$$i_D \approx I_S e^{u_D/U_T}$$

或

$$u_D \approx U_T \ln \frac{i_D}{I_S}$$

即二极管的电压和电流之间存在对数关系。因此,可以利用二极管组成对数运算电路,如图 7.5.1 所示。

在图 7.5.1 中,利用“虚地”的原理可得

$$u_O = -u_D \approx -U_T \ln \frac{i_D}{I_S} = -U_T \ln \frac{i_R}{I_S} = -U_T \ln \frac{u_I}{I_S R} \quad (7.5.1)$$

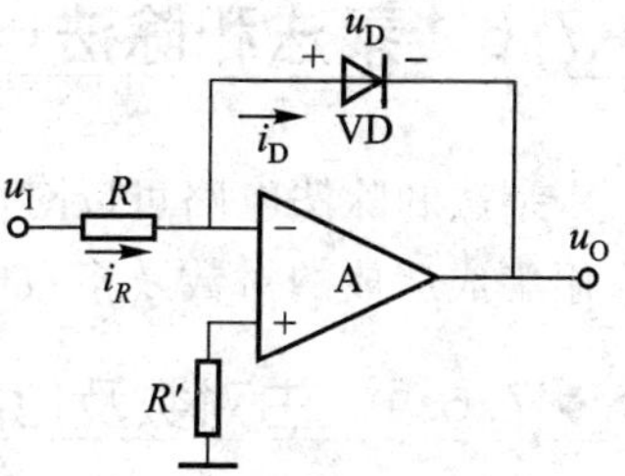

图 7.5.1　基本对数电路

即输出电压与输入电压的对数成正比。

用二极管组成的基本对数运算电路存在的问题是:由于式(7.5.1)中的参数U_T和I_S都是温度的函数,所以运算精度受温度的影响很大。在小信号时,由于u_D值小,不能满足$e^{u_D/U_T} \gg 1$的条件,因而误差较大。而在大电流情况下,二极管的伏安特性与上述方程所表达的关系也有出入,因此只在某一段很小的电流范围内比较符合对数关系。另外,输出电压的幅度较小,$|u_O|$值等于二极管的正向压降,而且输入信号只能是单方向的。

将双极型三极管接成二极管的形式作为反馈支路,可以获得较大的工作范围,见图 7.5.2。

为了克服温度变化对I_S的影响,可利用两个参数相同的三极管实现温度补偿,还可采用热敏电阻补偿温度对U_T的影响。读者如有兴趣,可参阅有关文献。①

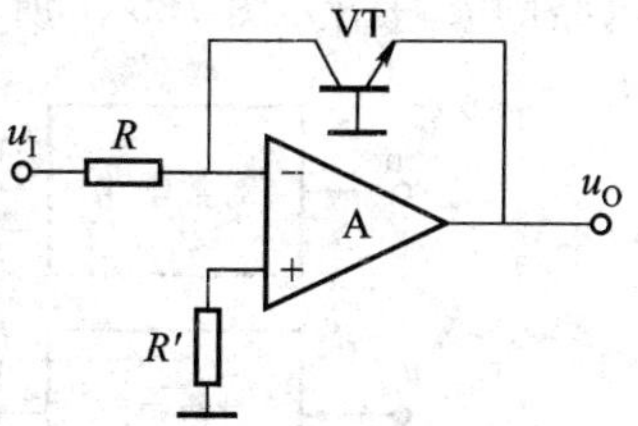

图 7.5.2　由三极管组成的对数电路

▶▶7.5.2　指数电路

指数运算即反对数运算,是对数运算的逆运算。只需将基本对数电路中电阻与二极管(或接成二极管形式的三极管)的位置互换,即可组成指数运算电路,见图 7.5.3。

---

① 例如,可参阅文献[1],第 327～329 页。

当 $u_I>0$ 时,根据集成运放反相输入端“虚地”以及“虚断”的特点,可得

$$i_I \approx I_S e^{u_{BE}/U_T} = I_S e^{u_I/U_T}$$

$$u_O = -i_R R = -i_I R = -I_S R e^{u_I/U_T} \quad (7.5.2)$$

可见,输出电压正比于输入电压的指数。

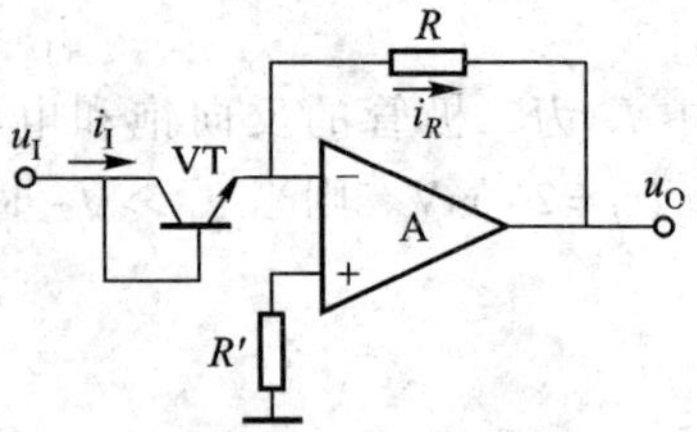

图 7.5.3 基本指数电路

基本指数电路同样具有运算结果受温度影响严重等缺点,可以采用与对数电路类似的措施加以改进。

▶7.6 乘法和除法电路

乘法和除法电路可以对两个输入模拟信号实现乘法或除法运算。它们可由采用集成运放的对数及指数电路组成,也有单片的集成模拟乘法器。

▶▶7.6.1 由对数及指数电路组成的乘除电路

乘法电路的输出电压正比于其两个输入电压的乘积,即

$$u_O = u_{I1} u_{I2}$$

将上式求对数,成为

$$\ln u_O = \ln(u_{I1} u_{I2}) = \ln u_{I1} + \ln u_{I2}$$

再将上式求指数,可得

$$u_O = e^{\ln u_{I1} + \ln u_{I2}} \quad (7.6.1)$$

因此,利用对数电路、求和电路和指数电路,可以共同完成乘法运算。这种乘法电路的方块图如图 7.6.1 所示。

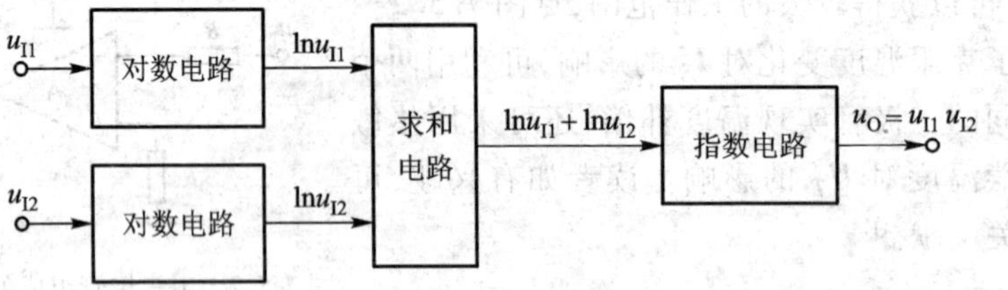

图 7.6.1 由对数和指数电路组成的乘法电路方块图

同理,对于除法电路,其输出电压正比于两个输入电压相除所得的商,即

$$u_O = \frac{u_{I1}}{u_{I2}}$$

将上式先求对数,可得

$$\ln u_O = \ln \frac{u_{I1}}{u_{I2}} = \ln u_{I1} - \ln u_{I2}$$

然后再求指数,则

$$u_O = e^{\ln u_{I1} - \ln u_{I2}} \tag{7.6.2}$$

将此式与式(7.6.1)对比,可知二者的差别仅在于表达式指数部分的($\ln u_{I1} + \ln u_{I2}$)变为($\ln u_{I1} - \ln u_{I2}$),所以只需将图 7.6.1 中的求和电路改为减法电路,即可组成除法运算电路,如图 7.6.2 所示。

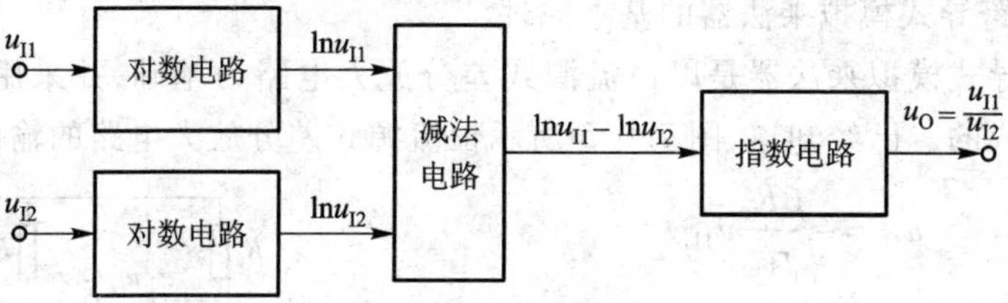

图 7.6.2　由对数和指数电路组成的除法电路方块图

▶▶7.6.2　模拟乘法器

自从单片的集成模拟乘法器问世以来,发展十分迅速。由于技术性能不断提高,而价格比较低廉,使用比较方便,所以应用十分广泛。

模拟乘法器的图形符号如图 7.6.3 所示,它通常有两个输入端和一个输出端,输出电压正比于两个输入电压之乘积,可表示为

$$u_O = K u_{I1} u_{I2} \tag{7.6.3}$$

比例系数 K 为正值时称为同相乘法器,K 为负值时称为反相乘法器。

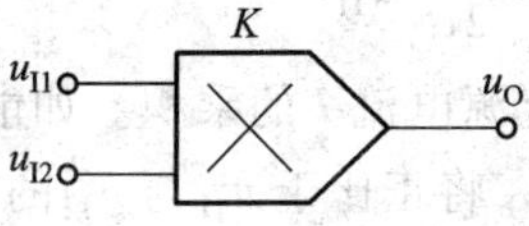

图 7.6.3　模拟乘法器符号

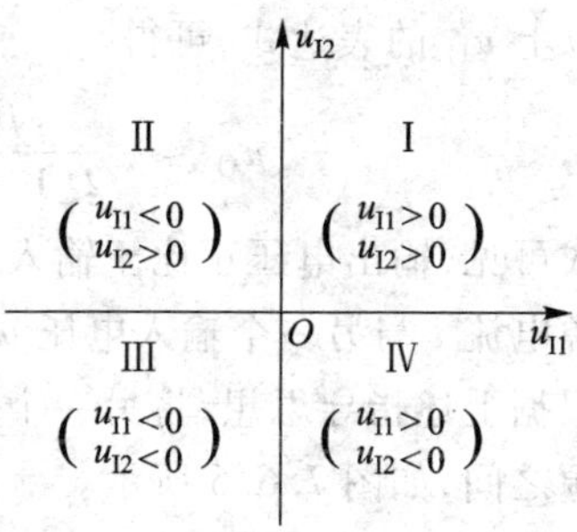

图 7.6.4　模拟乘法器的四个工作象限

当两个输入电压的正负极性不同时,模拟乘法器可能有四个不同的工作象限,如图 7.6.4 所示。如果允许两个输入电压均可有正负两种极性,则乘法器可

以在四个象限内工作，故称为四象限乘法器。如果只允许其中一个输入电压有两种极性，而另一个输入电压只允许为某一种单极性，则乘法器只能在两个象限内工作，称为二象限乘法器。如果两个输入电压都分别只允许为某一种单极性，则乘法器只能在某一个象限内工作，称为单象限乘法器。

从乘法器的工作机理来说，实现乘法运算的方法很多，本节主要介绍变跨导式模拟乘法器。这种乘法器由于其电路比较简单、成本较低、频带较宽以及运算速度比较高等优点，已被公认为优良的通用乘法器，被许多实际的集成模拟乘法器产品所采用。

1. 变跨导式模拟乘法器的基本原理

变跨导式模拟乘法器是以恒流源式差分放大电路为基础，并采用变跨导的原理而形成的。已经知道，图 7.6.5 所示恒流源式差分放大电路的输出电压为

$$u_O = -\frac{\beta R_c}{r_{be}} u_{I1}$$

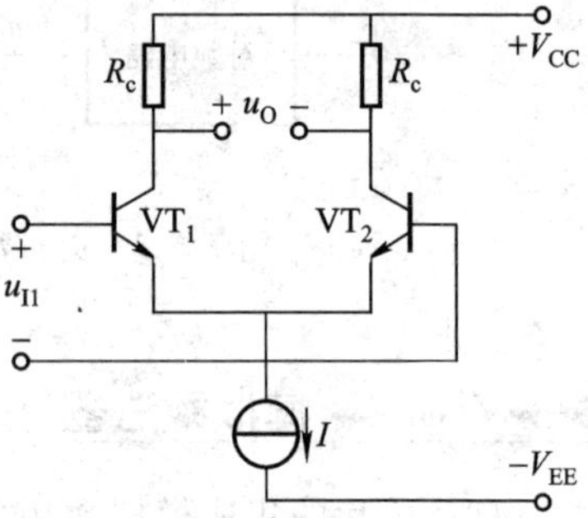

图 7.6.5　恒流源式差分放大电路

其中

$$r_{be} = r_{bb'} + (1+\beta)\frac{U_T}{I_{EQ}}$$

当三极管的 β 值足够大，而静态发射极电流 I_{EQ} 较小，满足 $(1+\beta)\frac{U_T}{I_{EQ}} \gg r_{bb'}$ 时，可将 $r_{bb'}$ 忽略。同时，假设差分放大电路的参数对称，则每管的 I_{EQ} 等于恒流源电流的一半，即 $I_{EQ}=\frac{1}{2}I$，此时 r_{be} 可表示为

$$r_{be} \approx 2(1+\beta)\frac{U_T}{I}$$

代入以上 u_O 的表达式，可得

$$u_O \approx -\frac{\beta R_c}{2(1+\beta)U_T} u_{I1} I \approx -\frac{R_c}{2U_T} u_{I1} I \qquad (7.6.4)$$

由上式可见，输出电压正比于输入电压 u_{I1} 与恒流源电流 I 的乘积。如能设法使恒流源电流 I 与另一个输入电压 u_{I2} 成正比，则 u_O 将正比于 u_{I1} 与 u_{I2} 的乘积。

根据上述指导思想，将另一个输入电压 u_{I2} 加在恒流源三极管 VT_3 的基极与负电源之间，如图 7.6.6 所示。

在图 7.6.6 中，当 $u_{I2} \gg u_{BE3}$ 时，恒流源电流为

$$I = \frac{u_{I2} - u_{BE3}}{R_e} \approx \frac{u_{I2}}{R_e}$$

即 I 基本上与 u_{I2} 成正比，将上式代入式(7.6.4)，可得

$$u_O \approx -\frac{R_c}{2R_e U_T} u_{I1} u_{I2} = K u_{I1} u_{I2} \tag{7.6.5}$$

最后，输出电压 u_O 正比于输入电压 u_{I1} 与 u_{I2} 的乘积，实现了乘法运算。

在这种乘法器电路中，三极管的跨导 $g_m \approx \frac{I_{EQ}}{U_T}$①不是常数，而随另一个输入电压 u_{I2} 而变化，故称为**变跨导式乘法器**。

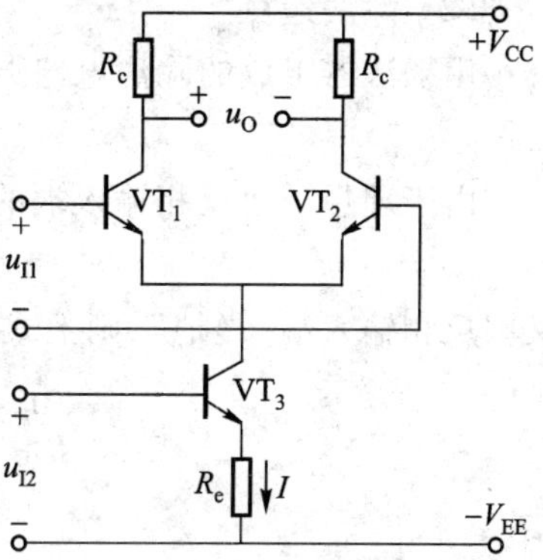

图 7.6.6　变跨导式乘法器原理电路

图 7.6.6 中的电路是变跨导式模拟乘法器的原理性电路，如用于实际，还存在许多缺点。例如，若 u_{I2} 幅度较小，不能满足 $u_{I2} \gg u_{BE3}$ 时，运算误差较大。又如，u_{I2} 的极性必须为正，因此，这种电路属于二象限乘法器。为了克服上述缺点，并使乘法器的工作区域扩展为四个象限，可以采用双平衡式的变跨导模拟乘法电路，可参阅有关文献②。

2. 模拟乘法器的应用

模拟乘法器的用途十分广泛，除了用于模拟信号的运算以外，还扩展到电子测量和无线电通信等领域。下面举几个例子。

(1) 平方运算

将同一个输入电压接到模拟乘法器的两个输入端，即可实现平方运算，如图 7.6.7 所示。此时可得

$$u_O = K u_I^2 \tag{7.6.6}$$

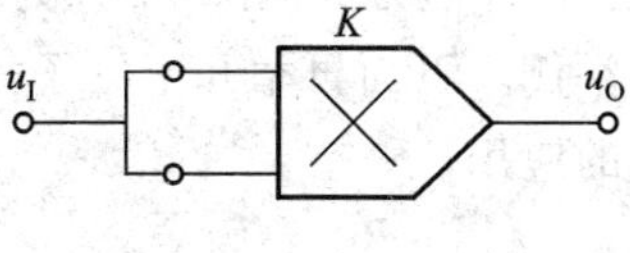

图 7.6.7　平方运算电路

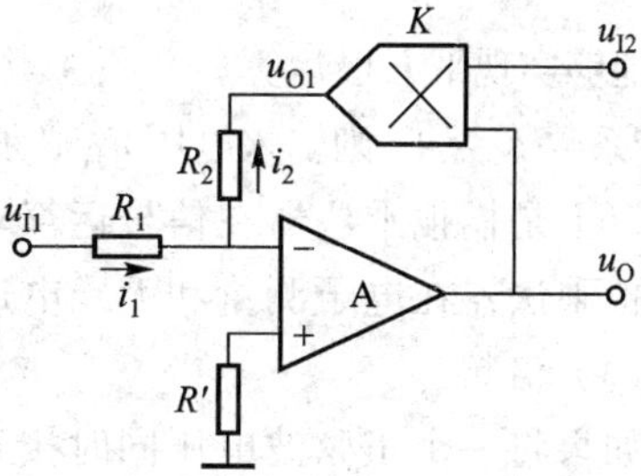

图 7.6.8　除法运算电路

① 见本书第 3 章第 3.3 节式(3.3.3)。

② 可参阅文献[1]第 339 ~ 340 页。

（2）除法运算

用乘法器组成的除法电路见图 7.6.8。由图可得

$$u_{O1}=Ku_{I2}u_O$$

由于理想运放反相输入端的电流为零，因此

$$i_1=i_2$$

又因反相输入端“虚地”，则上式成为

$$\frac{u_{I1}}{R_1}=-\frac{u_{O1}}{R_2}=-\frac{K}{R_2}u_{I2}u_O$$

则

$$u_O=-\frac{R_2}{R_1K}\frac{u_{I1}}{u_{I2}} \tag{7.6.7}$$

即输出电压正比于两个输入电压相除所得的商。

在图 7.6.8 所示的除法运算电路中，为使集成运放能够稳定工作，引入的反馈必须是一个负反馈。为此，u_{O1} 的极性必须与 u_{I1} 相反。为了保证 u_{O1} 与 u_{I1} 反相，如果在此电路中使用的是同相乘法器，则 u_{I2} 的极性必须为正。反之，若所用的是反相乘法器，则 u_{I2} 的极性必须为负。但 u_{I1} 可以是任何极性。因此这种电路是二象限除法器。

（3）平方根运算

在图 7.6.8 中，如将乘法器的两个输入端均接到集成运放的输出电压 u_O 端，即可构成平方根运算电路。此时式（7.6.7）中的 u_{I2} 等于 u_O，则式（7.6.7）成为

$$u_O=-\frac{R_2}{R_1K}\frac{u_{I1}}{u_O}$$

整理上式，可得

$$u_O=\sqrt{-\frac{R_2}{R_1K}u_{I1}} \tag{7.6.8}$$

因此能够实现平方根运算。必须注意，在上式中，为了保证根号内的表达式得到正值，若系数 K 为正，则输入电压 u_{I1} 必须为负。反之，若 K 值为负，则 u_{I1} 必须为正值。

以上是模拟乘法器在信号运算方面的应用举例。下面再举几个例子简单说明模拟乘法器在电子测量和无线电通信等领域的应用。

（4）倍频

如果将一个正弦波电压同时接到乘法器的两个输入端，即

$$u_{I1}=u_{I2}=U_m\sin\omega t$$

则乘法器的输出电压为

$$u_O=Ku_{I1}u_{I2}=K(U_m\sin\omega t)^2=\frac{1}{2}U_m^2(1-\cos 2\omega t) \tag{7.6.9}$$

输出电压中包含两部分，一部分是直流成分，另一部分是角频率为 2ω 的余弦电

压。可在输出端接一个隔直电容将直流成分隔离，则可得到二倍频的余弦波输出电压，实现了倍频作用。

(5) 功率测量

功率等于相应的电压与电流的乘积，因此，可将被测电路的电压信号和电流信号分别接到乘法器的两个输入端，则其输出电压即反映了被测电路的功率。

(6) 自动增益控制

为了实现自动增益控制，常常利用一个直流电压来控制电路的增益，所以也称为压控增益。可将信号电压和直流控制电压分别接到乘法器的两个输入端，则电路的增益将随着直流控制电压的大小而变化。

▶7.7 运算电路 Multisim 仿真实例

1. 比例运算电路 Multisim 仿真

在 Multisim 中分别构建反相输入、同相输入和差分输入比例运算电路如图 7.7.1(a)、(b)和(c)所示。

分别在三种比例运算电路的输入端加上直流电压 u_I(或 u_{I1} 和 u_{I2})，利用虚拟仪表测量电路的输出电压 u_O，结果如表 7-2 所示。读者可根据电路参数自行估算其输出输入关系，并与仿真结果进行比较。

2. 三运放数据放大器 Multisim 仿真

在 Multisim 中构建由三个集成运放组成的数据放大器如图 7.7.2 所示。

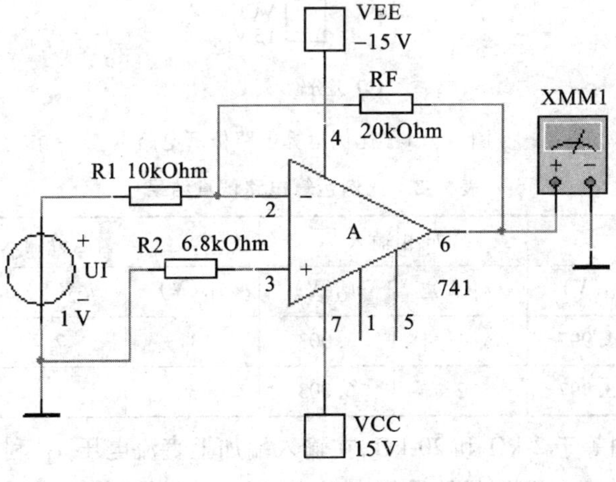

(a) 反相输入

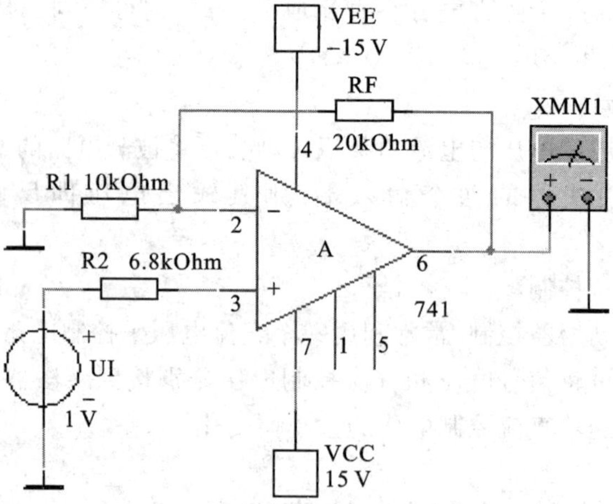

(b) 同相输入

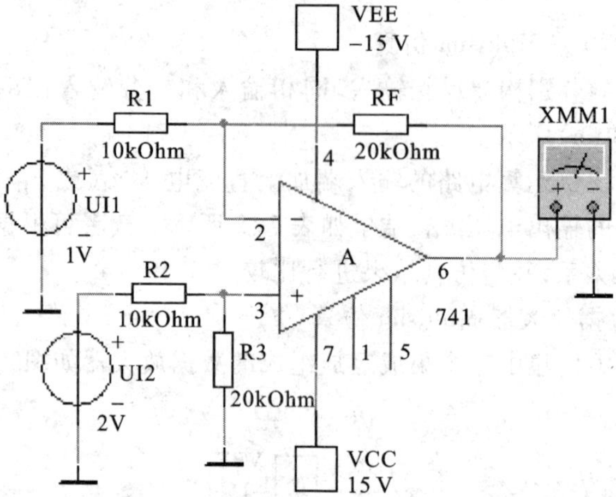

(c) 差分输入

图 7.7.1　比例运算电路仿真电路

表 7-2　比例运算电路仿真结果

反相输入		同相输入		差分输入		
u_I(V)	u_O(V)	u_I(V)	u_O(V)	u_{I1}(V)	u_{I2}(V)	u_O(V)
1	−1.997	1	3.003	1	2	2.003
2	−3.997	2	6.003	3	1	−3.997

令 R_1 分别等于 2 kΩ 和 20 kΩ，在输入端加上直流电压 u_I，利用虚拟仪表测量输出电压 u_O，可得到测量结果如表 7-3 所示。读者可将上述测量结果与本章例 7.2.1 的估算结果进行比较。

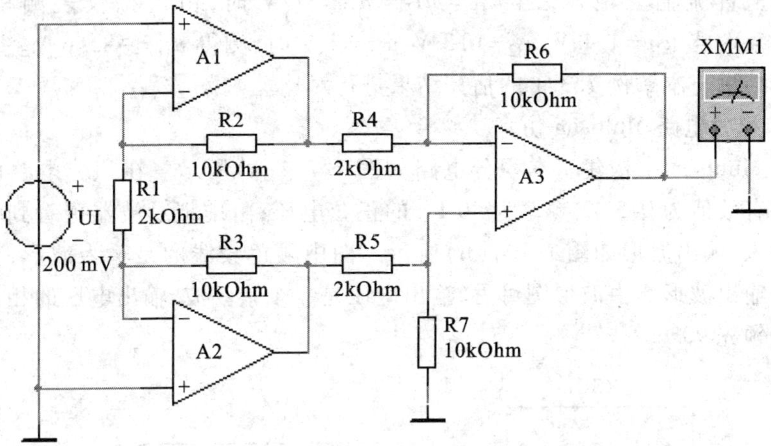

图 7.7.2　三运放数据放大器仿真电路

表 7-3　三运放数据放大器仿真结果

u_I(V)	u_O(V)	
	$R_1=2\ \text{k}\Omega$	$R_1=20\ \text{k}\Omega$
0.1	-5.495	-0.99424
0.2	-10.995	-1.994

3. 求和电路 Multisim 仿真

在 Multisim 中构建求和电路如图 7.7.3 所示。

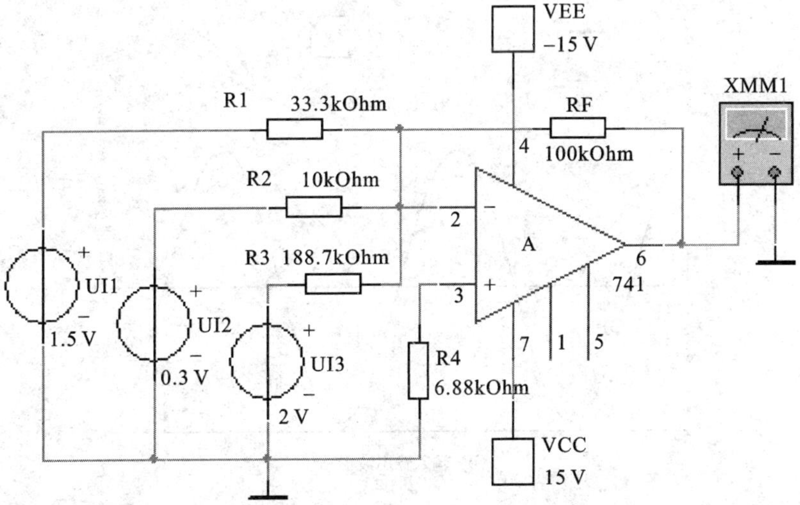

图 7.7.3　求和电路仿真电路

加上直流输入电压，当 $u_{I1}=u_{I2}=u_{I3}=1$ V 时，由虚拟仪表测得 $u_O=-13.515$ V。当 $u_{I1}=1.5$ V，$u_{I2}=0.3$ V，$u_{I3}=2$ V 时，测得 $u_O=-8.56$ V。读者可将仿真结果与本章例 7.3.1 的估算结果进行对比。

4. 积分电路 Multisim 仿真

在 Multisim 中构建基本积分电路如图 7.7.4(a)所示。在积分电路的输入端加上有效值为 0.5 V，频率为 50 Hz 的正弦电压；由虚拟示波器可看到积分电路的输入、输出波形如图 7.7.4(b)所示。图中颜色较浅的是输入波形，颜色较深的是输出波形。由波形图可见，输出电压是一个余弦波，输出电压的相位比输入电压领先 90°。

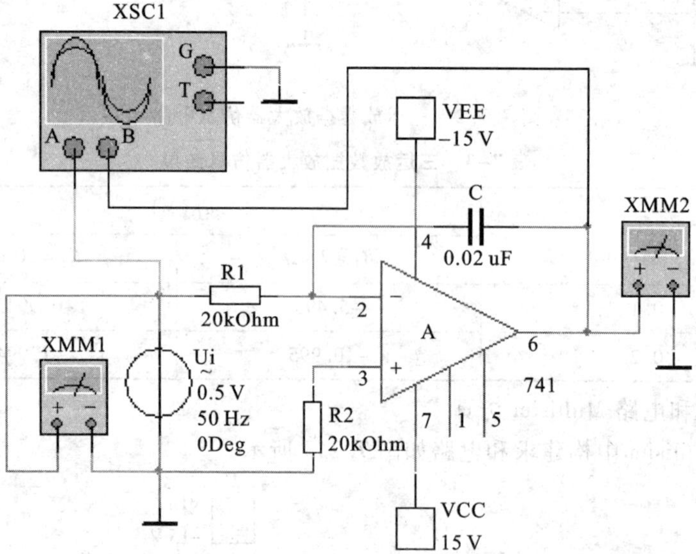

(a) 仿真电路

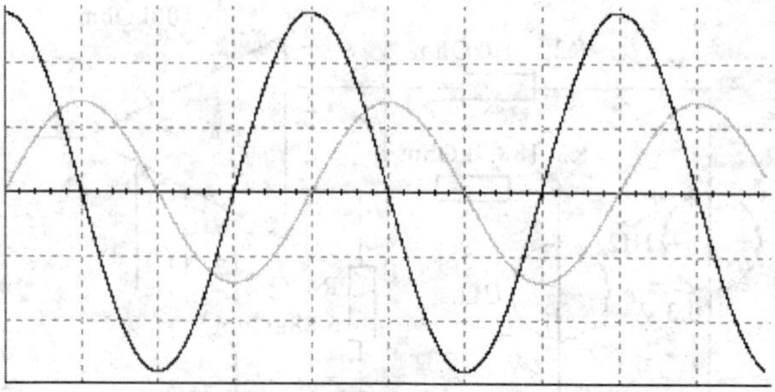

(b) 输入输出波形

图 7.7.4 积分电路

本章小结

模拟信号的运算是集成运放最早的、典型的应用领域。本章主要介绍由集成运放组成的各种模拟信号运算电路。

1. 理想运放是分析集成运放应用电路的常用工具，也是一个重要的概念。所谓理想运放就是将集成运放的各项技术指标理想化。理想运放工作在线性区或非线性区时，各有若干重要的特点。

由于运算电路的输入、输出信号均为模拟量，因此要求运算电路中的集成运放工作在线性区。从电路结构看，运算电路通常都引入了深度的负反馈。在分析运算电路的输入、输出关系时，总是从理想运放工作在线性区时的两个特点，即“虚短”和“虚断”出发。

2. 比例运算电路是最基本的信号运算电路，在此基础上可以扩展、演变成为其他运算电路。

比例运算电路有三种输入方式：反相输入、同相输入和差分输入。当输入方式不同时，电路的性能和特点各有不同，三种比例运算电路之比较见表 7-1。

3. 在求和电路中，着重介绍应用比较广泛的反相输入求和电路，这种电路实际上是利用“虚地”和“虚断”的特点，通过将各输入回路的电流求和的方法实现各路输入电压求和。

原则上求和电路也可采用同相输入和差分输入方式，但是由于这两种电路参数的调整比较繁琐，因此实际上应用较少。

4. 积分和微分互为逆运算，这两种电路是在比例电路的基础上分别将反馈回路或输入回路中的电阻换为电容而构成的。其原理主要是利用电容两端的电压与流过电容的电流之间存在着积分关系。

积分电路应用比较广泛，例如，用于模拟计算机、控制和测量系统、延时和定时以及各种波形的产生和变换等。微分电路由于其对高频噪声十分敏感等缺点，应用不如积分电路广泛。

5. 对数和指数电路是利用半导体二极管的电流与电压之间存在指数关系，在比例电路的基础上，将反馈回路或输入回路中的电阻换为二极管而组成的。

6. 乘法和除法电路可以由对数和指数电路组成，也有单片的集成模拟乘法器。本章主要介绍变跨导式模拟乘法器。乘法器除了用于模拟信号的运算以外，还广泛用于电子测量仪表、无线电通信等方面。

学完本章以后，应能达到以下教学要求：

① 掌握比例、求和以及积分三种基本运算电路的工作原理、分析方法和输入、输出关系。

② 正确理解理想运放的概念，以及“虚短”和“虚断”的含义。

③ 正确理解模拟乘法器在信号运算方面的应用。

④ 了解微分电路、对数与指数等运算电路的工作原理与用途。

习题与思考题

习题 7-1 在图 P7-1 所示的运算电路中，已知 $R_1=R_2=R_5=R_7=R_8=10\ \text{k}\Omega$，$R_6=R_9=R_{10}=20\ \text{k}\Omega$：

① 试问 R_3 和 R_4 分别应选用多大的电阻；

② 列出 u_{O1}、u_{O2} 和 u_O 的表达式；

③ 设 $u_{I1}=3\ \text{V}$，$u_{I2}=1\ \text{V}$，则输出电压 $u_O=?$

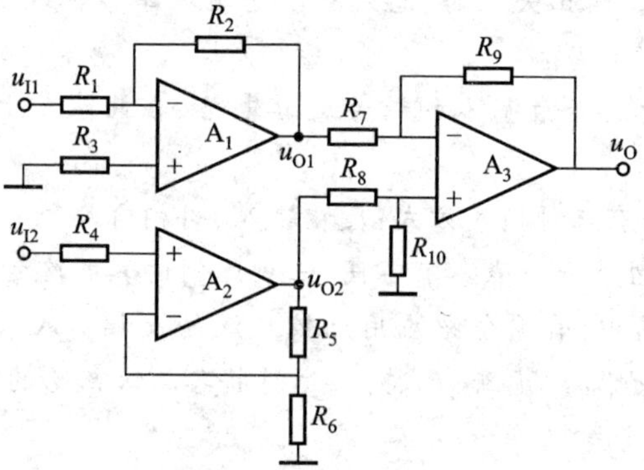

图 P7-1

习题 7-2 在图 P7-2 所示电路中，写出其输出电压 u_O 的表达式。

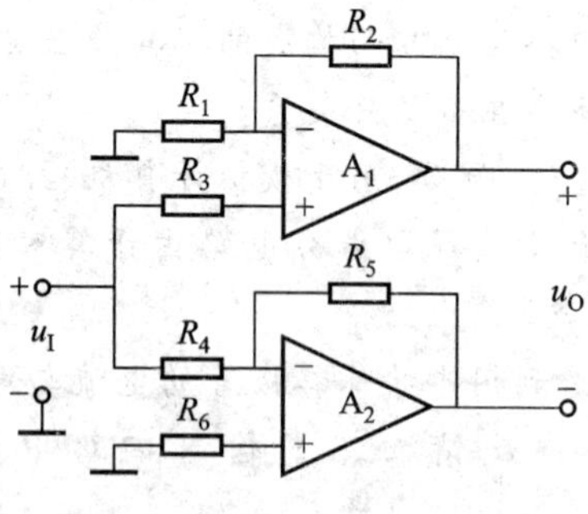

图 P7-2

习题 7-3 试证明图 P7-3 中，$u_O=\left(1+\dfrac{R_1}{R_2}\right)(u_{I2}-u_{I1})$

习题 7-4 在图 P7-4 所示的运算电路中，列出 u_O 的表达式。

习题 7-5 列出图 P7-5 所示电路中输出电压 u_O 的表达式。

习题 7-6 试设计一个比例运算电路，要求实现以下运算关系：$u_O=0.5u_I$。请画出电路原理图，并估算各电阻的阻值。希望所用电阻的阻值在 20 kΩ 至 200 kΩ 的范围内。

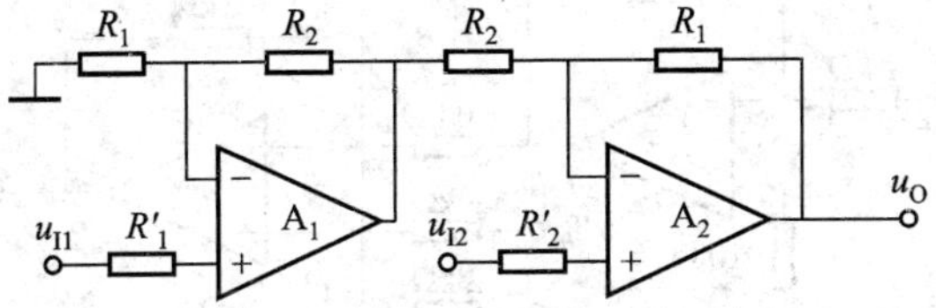

图 P7-3

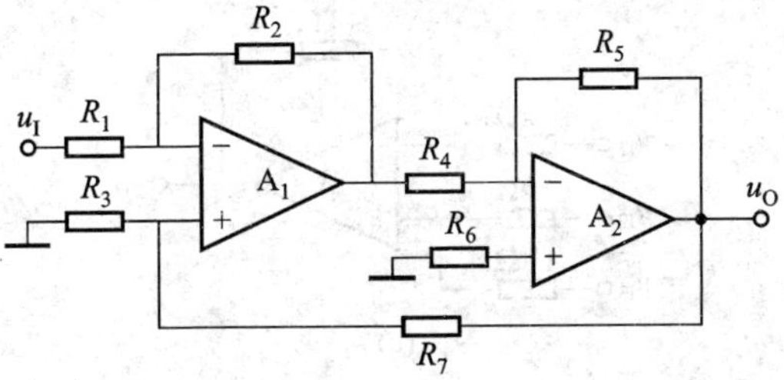

图 P7-4

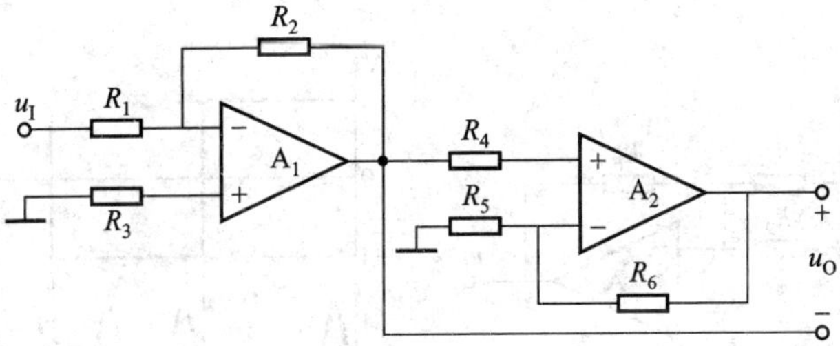

图 P7-5

习题 7-7 在图 7.2.5 所示的三运放数据放大器中，假设 R_1 为阻值在 1 ~ 10 kΩ 之间可调的电位器，$R_2 = R_3 = 20\ \text{k}\Omega$，$R_4 = R_5 = 33\ \text{k}\Omega$，$R_6 = R_7 = 100\ \text{k}\Omega$，试估算电路的输出电压 u_O 与输入电压 u_I 之间的比例系数的可调范围。

习题 7-8 在图 7.2.8 所示的 T 型反馈网络比例电路中，已知 $R_1 = 1\ \text{M}\Omega$，$R_2 = 330\ \text{k}\Omega$，$R_3 = 510\ \text{k}\Omega$，$R_4 = 1\ \text{k}\Omega$，试列出电路的输出输入关系，并估算输入电阻 R_i。

习题 7-9 写出图 P7-9(a)和(b)所示运算电路的输入输出关系。

习题 7-10 试用集成运放组成一个运算电路，要求实现以下运算关系：

$$u_O = 2u_{I1} - 5u_{I2} + 0.1u_{I3}$$

习题 7-11 在图 P7-11(a)电路中，已知 $R_1 = 100\ \text{k}\Omega$，$R_2 = R_F = 200\ \text{k}\Omega$，$R' = 51\ \text{k}\Omega$，$u_{I1}$ 和 u_{I2} 的波形如图 P7-11(b)所示，试画出输出电压 u_O 的波形，并在图上标明相应电压的数值。

习题 7-12 在图 7.4.1 所示的基本积分电路中，设 $u_I = 2\sin\omega t$ (V)，$R = R' = 10\ \text{k}\Omega$，$C =$

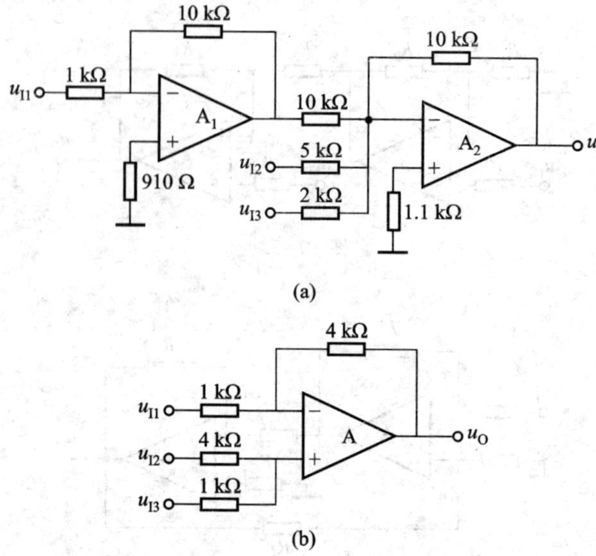

图 P7-9

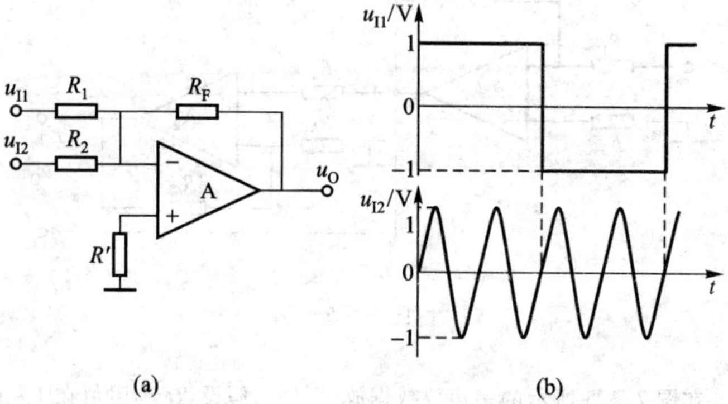

图 P7-11

1 μF，试求 u_O 的表达式，并计算当 f= 10 Hz、100 Hz、1 000 Hz 和 10 000 Hz 时 u_O 的幅值（有效值）和相位，最后画出电路的幅频特性和相频特性。

习题 7-13 设输入到图 7.4.1 所示积分电路的 $u_I(t)$ 如图 P7-13 中所示，试画出相应的 $u_O(t)$ 波形图。设 $t=0$ 时 $u_O=0$，$R=R'=10\ \text{k}\Omega$，$C=1\ \mu\text{F}$。

习题 7-14 图 P7-14 为一波形转换电路，输入信号 u_I 为矩形波。设运算放大器为理想的，在 $t=0$ 时，电容器两端的初始电压为零。试进行下列计算，并画出 u_{O1} 和 u_O 的波形。

① $t=0$ 时，u_{O1} = ? u_O = ?

② $t=10$ ms 时，u_{O1} = ? u_O = ?

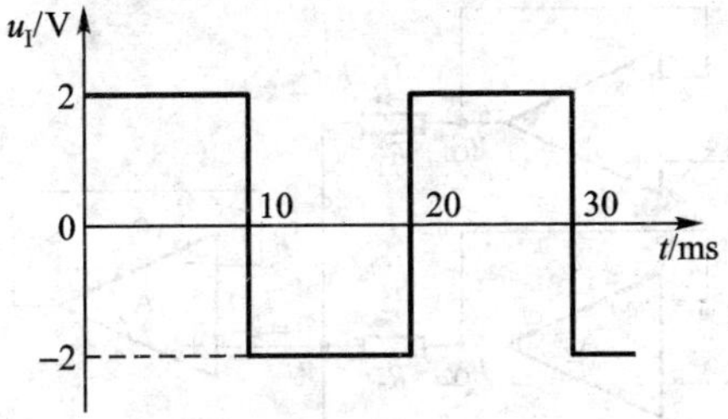

图 P7-13

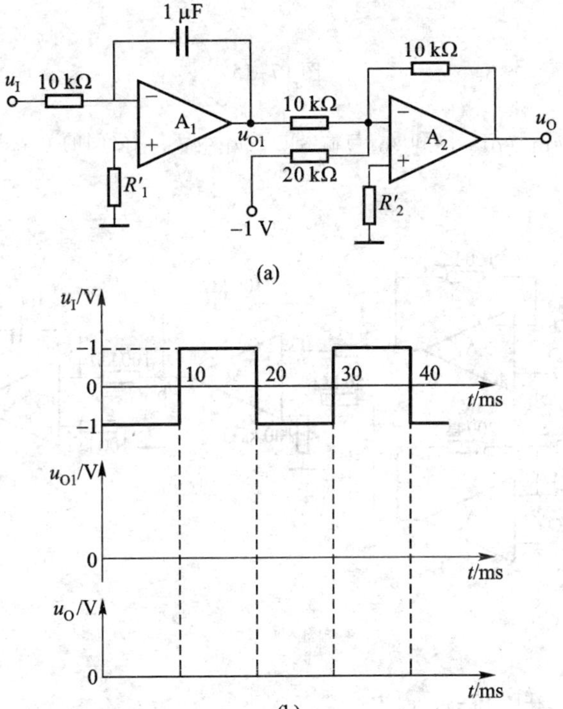

图 P7-14

③ $t=20$ ms 时，$u_{O1}=$? $u_O=$?

④ 将 u_{O1} 和 u_O 的波形画在下面。时间要对应并要求标出幅值，波形延长到 $t>30$ ms。

习题 7-15 试分析图 P7-15 电路中的各集成运放 A_1、A_2、A_3 和 A_4 分别组成何种运算电路，设电阻 $R_1=R_2=R_3=R$，试分别列出 u_{O1}、u_{O2}、u_{O3} 和 u_O 的表达式。

△**习题 7-16** 在图 P7-16 中，设 A_1、A_2、A_3、A_4 均为理想运放：

① A_1、A_2、A_3、A_4 各组成何种基本运算电路？

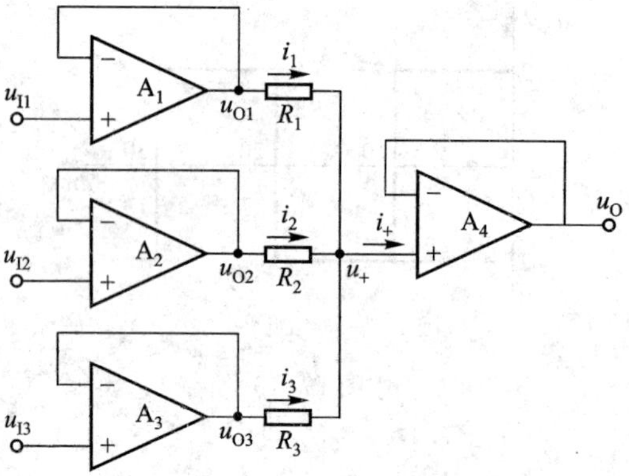

图 P7-15

② 分别列出 u_{O1}、u_{O2}、u_{O3}和 u_{O4}与输入电压 u_{I1}、u_{I2}、u_{I3}之间的关系式。

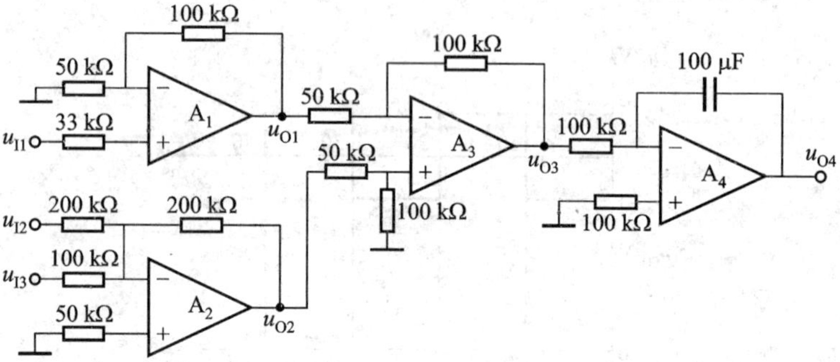

图 P7-16

△**习题 7-17**　在图 P7-17(a)中：

① 写出 u_O的表达式。

② 设 u_{I1}和 u_{I2}的波形如图 P7-17(b)所示，试画出 u_O的波形。在图上标出 $t=1$ s 和 $t=2$ s 时的 u_O值。设 $t=0$ 时电容上的电压为零。

习题 7-18　设图 P7-18(a)和(b)电路中三极管的参数相同，各输入信号均大于零。

① 试说明各集成运放组成何种基本运算电路。

② 分别列出两个电路的输出电压与其输入电压之间关系的表达式。

习题 7-19　说明图 P7-19 中各电路分别实现何种运算，写出 u_O与 u_I关系的表达式。

习题 7-20　分析图 P7-20 中各电路分别实现何种运算，列出输出电压 u_O与各个输入电压之间关系的表达式。

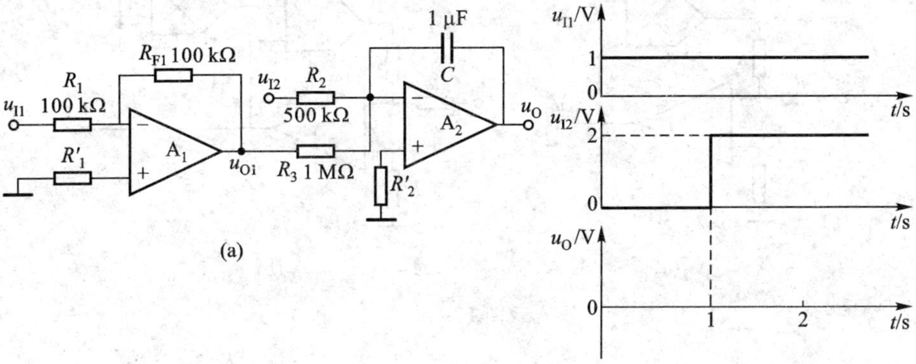

(a) (b)

图 P7-17

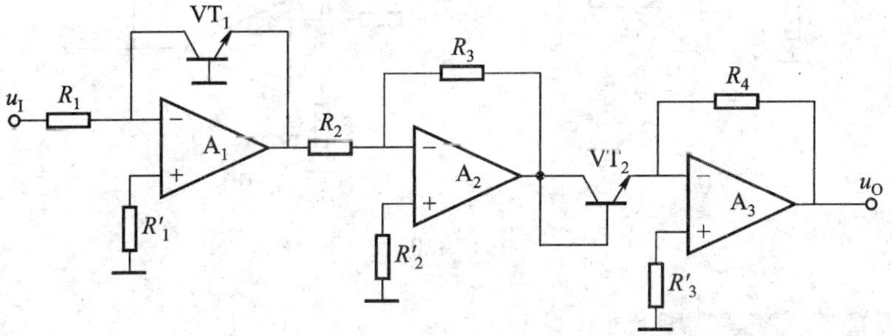

(a)

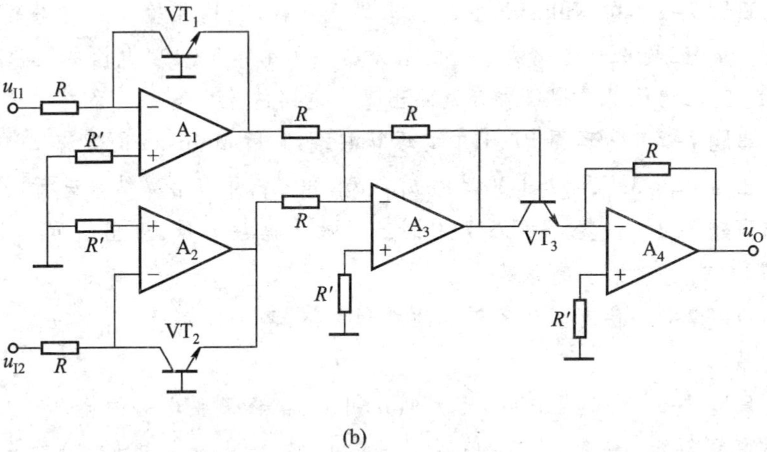

(b)

图 P7-18

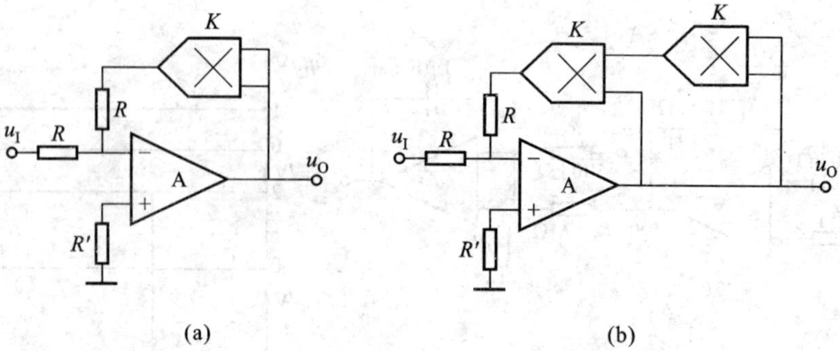

图 P7-19

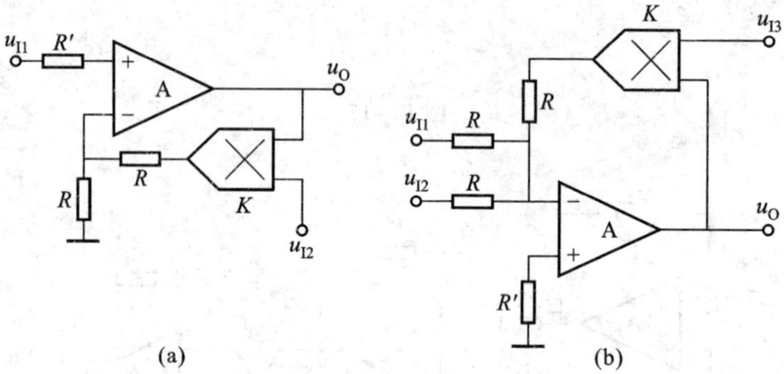

图 P7-20

Multisim 仿真练习题

仿真题 7-1 在 Multisim 中分别构建反相输入、同相输入和差分输入三种比例运算电路，要求三者比例系数的值分别为 3、4 和 5，希望电阻的阻值在 10 ~ 100 kΩ 之间，然后用虚拟仪表分别测出三个电路的输出输入关系。

仿真题 7-2 仿真图 P7-1 中的运算电路，利用 Multisim 的直流工作点分析功能测出当 $u_{I1}=3$ V，$u_{I2}=1$ V 时的 u_{O1}、u_{O2} 和 u_O，并与估算结果进行比较。

仿真题 7-3 仿真习题 7-7 中的三运放数据放大器，测出当 $R_1=1$ kΩ 和 $R_1=10$ kΩ 时电路的比例系数。

仿真题 7-4 仿真图 7.3.3 中的求和电路，测量电路的 u_{O1} 和 u_O 与输入电压的关系。

仿真题 7-5 仿真图 P7-9(a) 和 (b) 中的电路，测量电路的输出输入关系。

仿真题 7-6 仿真图 P7-11 中的求和电路，加上 u_{I1}（矩形波）和 u_{I2}（正弦波），利用虚拟示波器观察 u_O 的波形。

仿真题 7-7 在 Multisim 中构建图 7.4.1 所示的基本积分电路，令 $R=R'=$

10 kΩ, C=0.1 μF,输入有效值为1 V,频率为50 Hz的正弦波电压,观察u_O与u_I波形的相位关系,并用虚拟仪表测量输出正弦波电压的有效值。

仿真题7-8 在上题的基本积分电路中,加上幅度为±2 V,重复周期为20 ms的矩形波输入电压,利用虚拟示波器观察u_I和u_O的波形。

仿真题7-9 仿真图P7-15中的运算电路,利用Multisim的直流工作点分析功能,测量u_{O1}、u_{O2}、u_{O3}和u_O与输入电压的关系。

第8章 信号处理电路

内容提要

本章主要介绍两种常用的模拟信号处理电路，即有源滤波器和电压比较器。

首先介绍滤波电路的作用和分类，然后分别介绍低通、高通、带通和带阻等各种有源滤波器的组成和工作原理。其中以二阶低通滤波电路为例，进行较详细的分析，对于其他各种滤波电路，则进行扼要的介绍。

随后介绍电压比较器的特点，并分别介绍几种典型的电压比较器的工作原理、传输特性和用途，主要有过零比较器、单限比较器、滞回比较器和双限比较器等。在本章的最后，介绍了集成电压比较器的典型电路和主要技术指标。

▶8.1 有源滤波器

▶▶8.1.1 滤波电路的作用和分类

滤波电路的作用实质上是“选频”，即允许某一部分频率的信号顺利通过，而将另一部分频率的信号滤掉。在无线电通信、自动测量和控制系统中，常常利用滤波电路进行模拟信号的处理，如用于数据传送、抑制干扰等。

根据工作信号的频率范围，滤波器主要分为四大类，即低通滤波器(LPF)、高通滤波器(HPF)、带通滤波器(BPF)和带阻滤波器(BEF)①。

低通滤波器指低频信号能够通过而高频信号不能通过的滤波器；高通滤波器则相反，即高频信号能通过而低频信号不能通过；带通滤波器是指频率在某一个频带范围内的信号能通过，而在此频带范围之外的信号均不能通过；带阻滤波器的性能与之相反，即某个频带范围内的信号被阻断，但允许在此频带范围之外的信号通过。上述各种滤波器的理想特性如图 8.1.1 所示。

① LPF，HPF，BPF 和 BEF 分别是英文 Low Pass Filter，High Pass Filter，Band Pass Filter 和 Band Elimination Filter 的缩写。

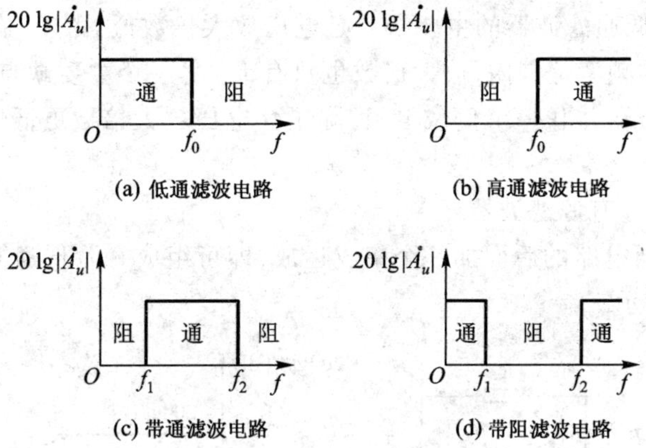

图 8.1.1　滤波电路的理想特性

▶▶8.1.2　低通滤波器(LPF)

1. 无源低通滤波器

图 8.1.2(a)所示的 RC 低通电路是最简单的低通滤波器,一般称为无源低通滤波器。本书第 3 章 3.1.4 节已经分析得到这种 RC 低通电路的电压放大倍数为①

$$\dot{A}_u=\frac{\dot{U}_o}{\dot{U}_i}=\frac{1}{1+j\dfrac{f}{f_0}}$$

式中
$$f_0=\frac{1}{2\pi RC}$$

电路的对数幅频特性见图 8.1.2(b)。由图可见,当频率高于 f_0 后,随着频率的升高,电压放大倍数将降低,可见电路具有"低通"的特性。

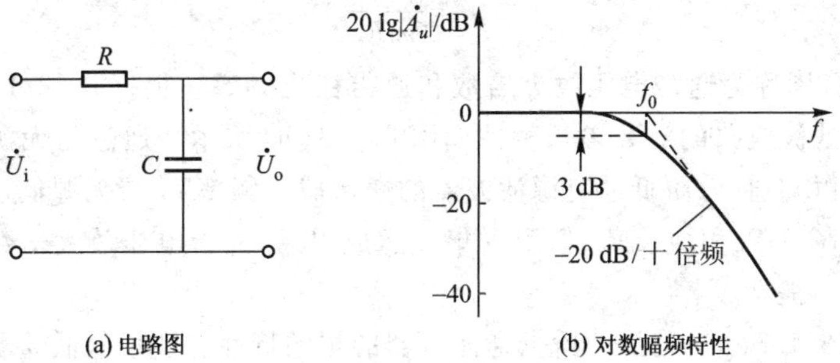

图 8.1.2　无源低通滤波器

① 参阅本书第 3 章图 3.1.5 和图 3.1.6,以及式(3.1.8)和式(3.1.9)。

这种无源低通滤波器的主要缺点是电压放大倍数低，由 $\dot{A}_u$ 的表达式可知，即使在 $f \ll f_0$ 的频率范围内，放大倍数也只有 1。另一个主要缺点是带负载能力差，如果在输出端并联一个负载电阻，除了使电压放大倍数更低以外，还将改变频率 f_0 的值。

2. 一阶低通有源滤波器

在 RC 低通电路的后面加一个集成运放，即可组成一阶低通有源滤波器，如图 8.1.3(a)所示。

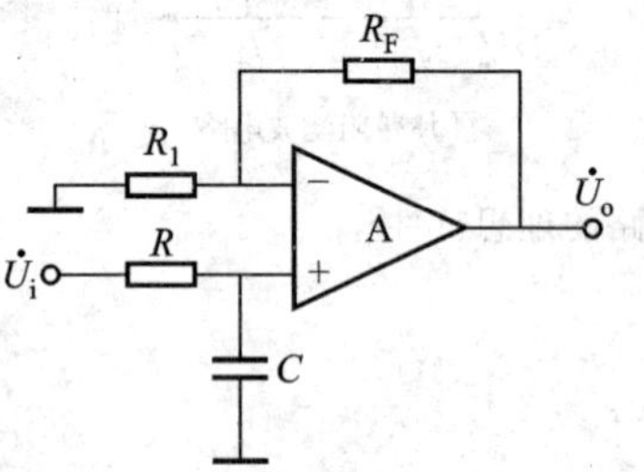

(a) 电路图

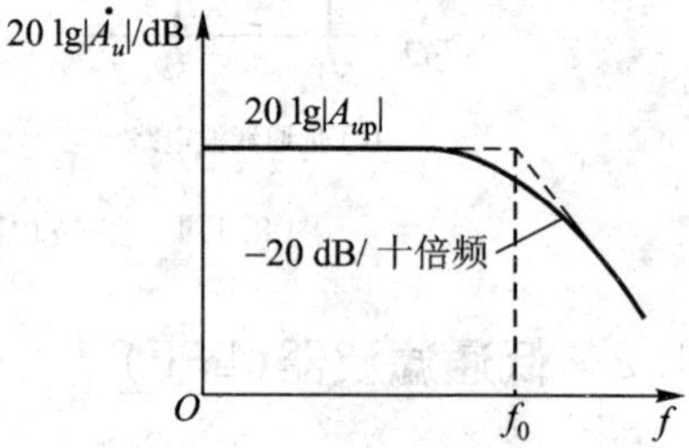

(b) 对数幅频特性

图 8.1.3　一阶低通滤波器

由于引入了深度的负反馈，因此电路中的集成运放工作在线性区。根据“虚短”和“虚断”的特点，可求得电路的电压放大倍数为

$$\dot{A}_u=\frac{\dot{U}_o}{\dot{U}_i}=\frac{1+\dfrac{R_F}{R_1}}{1+j\dfrac{f}{f_0}}=\frac{A_{up}}{1+j\dfrac{f}{f_0}} \tag{8.1.1}$$

其中

$$A_{up}=1+\frac{R_F}{R_1} \tag{8.1.2}$$

$$f_0=\frac{1}{2\pi RC} \tag{8.1.3}$$

A_{up} 和 f_0 分别称为**通带电压放大倍数**和**通带截止频率**。根据式(8.1.1)可画出一阶低通滤波电路的对数幅频特性如图 8.1.3(b)所示。通过与无源低通滤波器对比可以知道，一阶低通有源滤波器的通带截止频率 f_0 与无源低通滤波器相同，均与 RC 的乘积成反比，但引入集成运放以后，通带电压放大倍数和带负载能力得到了提高。

由图 8.1.3(b)可见，一阶低通滤波器的幅频特性与理想的低通滤波特性相比，差距很大。在理想情况下，希望 $f>f_0$ 时，电压放大倍数立即降为零，但一阶低通滤波器的对数幅频特性只是以 −20dB/十倍频的缓慢速度下降。

3. 二阶低通有源滤波器

在图 8.1.4(a)所示的二阶低通滤波器中,输入电压 $\dot{U}_i$ 经过两级 RC 低通电路以后,再接到集成运放的同相输入端,因此,在高频段,对数幅频特性将以 −40 dB/十倍频的速度下降,与一阶低通滤波器相比,下降的速度提高一倍,使滤波特性比较接近于理想情况。

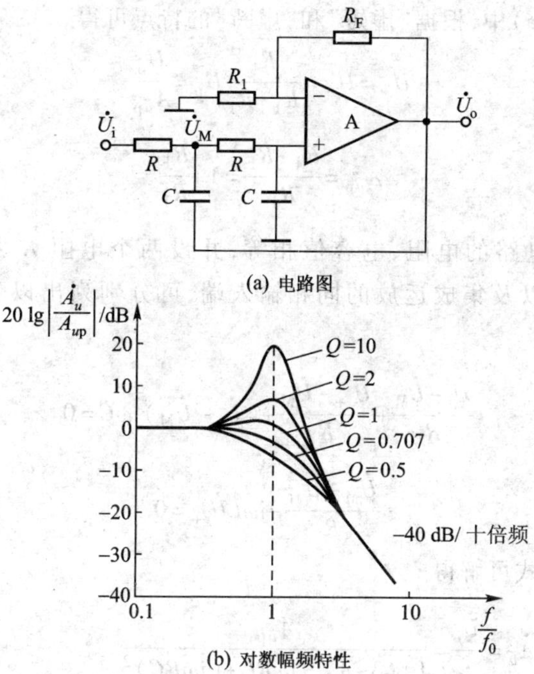

图 8.1.4 二阶低通滤波器

在一般的二阶低通滤波器中,可以将两个电容的下端都接地。但是,在图 8.1.4(a)中,第一级 RC 电路的电容不接地而改接到输出端①,这种接法相当于在二阶有源滤波电路中引入了一个反馈。这样接的目的是为了使输出电压在高频段迅速下降,但在接近于通带截止频率 f_0 的范围内又不要下降太多,从而有利于改善滤波特性。

已经知道,当 $f=f_0$ 时,每级 RC 低通电路的相位移为−45°(见本书第 3 章图 3.1.6),则两级 RC 电路的总相位移为−90°,因此,在频率接近于 f_0 但又低于 f_0 的范围内,$\dot{U}_o$ 与 $\dot{U}_i$ 之间的相位移小于 90°,则此时通过电容 C 引回到同相输入端的反馈基本上属于正反馈,此反馈将使电压放大倍数增大,因此,在接近于 f_0 的频段,幅频特性将得到补偿而不会下降很快。当 $f \gg f_0$ 时,每级 RC 电路的相位

① 这种方式是赛伦-凯(Sallen-Key)于 1955 年提出的,有时称为赛伦-凯电路。也有些文献称这种电路为二阶压控电压源低通滤波器,例如文献[1]。

移接近于-90°，则两级 RC 电路的总相位移趋近于-180°。但是，由于 $f \gg f_0$ 时 $|\dot{A}\dot{F}|$ 的值已很小，故反馈的作用很弱，所以，此时的幅频特性与无源二阶 RC 低通电路基本一致，仍为-40 dB/十倍频。由此可见，引入这样的反馈以后，将改善滤波电路的幅频特性，得到更佳的滤波效果。

在图 8.1.4(a)中，根据“虚短”和“虚断”的特点可得

$$U_+ = U_- = \frac{R_1}{R_1+R_F}U_o = \frac{U_o}{A_{up}}$$

式中

$$A_{up} = \frac{R_1+R_F}{R_1} = 1+\frac{R_F}{R_1}$$

设两级 RC 电路的电阻、电容值相等，并设两个电阻 R 之间一点的电位为 $\dot{U}_M$，对于该点以及集成运放的同相输入端，可分别列出以下两个节点电流方程：

$$\frac{\dot{U}_i-\dot{U}_M}{R}+\frac{\dot{U}_+-\dot{U}_M}{R}+(\dot{U}_o-\dot{U}_M)j\omega C=0$$

$$\frac{\dot{U}_M-\dot{U}_+}{R}-j\omega C\dot{U}_+=0$$

根据以上各式可解得

$$\dot{A}_u=\frac{\dot{U}_o}{\dot{U}_i}=\frac{A_{up}}{1+(3-A_{up})j\omega RC+(j\omega RC)^2}$$

$$=\frac{A_{up}}{1-\left(\frac{f}{f_0}\right)^2+j\frac{1}{Q}\cdot\frac{f}{f_0}} \tag{8.1.4}$$

式中

$$A_{up}=1+\frac{R_F}{R_1}$$

$$f_0=\frac{1}{2\pi RC}$$

$$Q=\frac{1}{3-A_{up}} \tag{8.1.5}$$

由上可知，二阶低通滤波电路的通带电压放大倍数 A_{up} 和通带截止频率 f_0 与一阶低通滤波电路相同。

不同 Q 值时，二阶低通滤波电路的对数幅频特性如图 8.1.4(b)所示。由图可见，Q 值愈大，则 $f=f_0$ 时的 $|\dot{A}_u|$ 值也愈大。Q 的含义类似于谐振回路的品质因数，故有时称之为等效品质因数，而将 $\frac{1}{Q}$ 称为阻尼系数。由式(8.1.4)可知，

若 $Q=1$,$f=f_0$ 时的 $|\dot{A}_u|=A_{up}$,由图 8.1.4(b)看出,当 $Q=1$ 时,既可保持通频带的增益,而高频段幅频特性又能很快衰减,同时还避免了在 $f=f_0$ 处幅频特性产生一个较大的凸峰,因此滤波效果较好。

由式(8.1.5)可见,当 $A_{up}=3$ 时,Q 将趋于无穷大,表示电路将产生自激振荡。为了避免发生此种情况,根据 A_{up}的表达式可知,选择电路元件参数时应使 $R_F<2R_1$。

一阶与二阶低通滤波器的对数幅频特性之比较见图 8.1.5。由图可见,后者比前者更接近于理想特性。

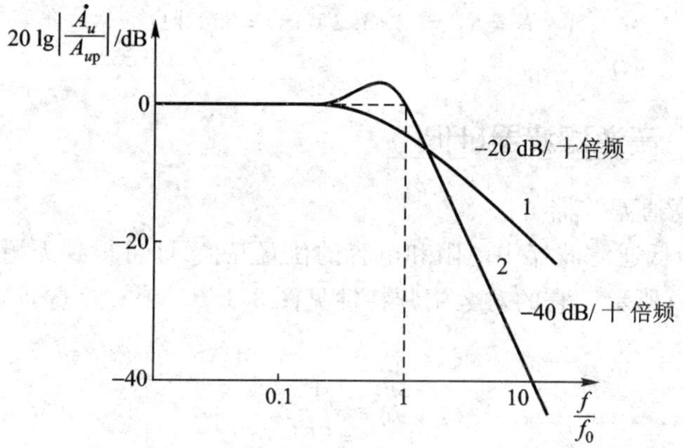

图 8.1.5　低通滤波器的幅频特性

虚线—理想特性

实线 1——阶滤波电路特性

实线 2—二阶滤波电路特性($Q=1$)

如欲进一步改善滤波特性,可将若干个二阶滤波电路串接起来,构成更高阶的滤波电路。

【例 8.1.1】　要求图 8.1.4(a)所示二阶低通滤波电路的通带截止频率$f_0=100$ kHz,等效品质因数 $Q=1$,试确定电路中电阻和电容元件的参数值。

解: 已知二阶低通滤波电路的通带截止频率为

$$f_0=\frac{1}{2\pi RC}$$

可首先选定电容 $C=1\ 000$ pF,则

$$R=\frac{1}{2\pi f_0 C}=\left(\frac{1}{2\pi\times100\times10^3\times1000\times10^{-12}}\right)\ \Omega=1592\ \Omega\approx1.59\ \text{k}\Omega$$

选 $R=1.6$ kΩ。

由式(8.1.5)可知

$$Q=\frac{1}{3-A_{up}}$$

故
$$A_{up}=3-\frac{1}{Q}=3-1=2$$

即
$$1+\frac{R_F}{R_1}=2$$

则 $R_F=R_1$。

在图 8.1.4(a)中，为使集成运放两个输入端对地的电阻平衡，应使

$$R_1 /\!/ R_F=2R=(2\times1.6)\ \text{k}\Omega=3.2\ \text{k}\Omega$$

则
$$R_1=R_F=(2\times3.2)\ \text{k}\Omega=6.4\ \text{k}\Omega$$

选 $R_1=R_F=6.2\ \text{k}\Omega$。

▶▶8.1.3 高通滤波器(HPF)

1. 无源高通滤波器

如将无源低通滤波器中电阻和电容的位置互换，即可得到无源高通滤波器，如图 8.1.6(a)所示。它的对数幅频特性见图 8.1.6(b)[①]，此高通滤波器的通带截止频率为

$$f_0=\frac{1}{2\pi RC}$$

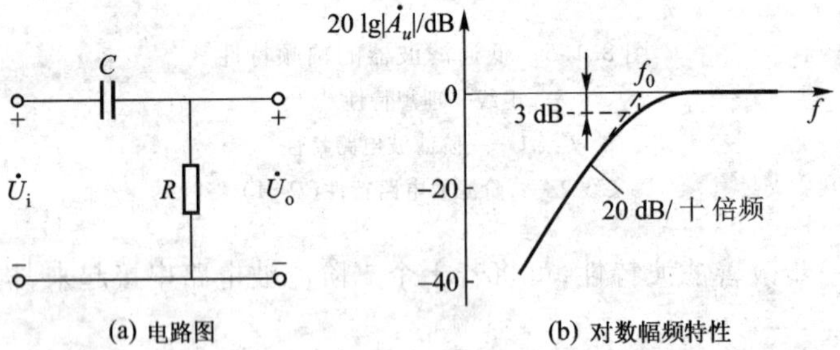

图 8.1.6 无源高通滤波器

2. 二阶高通滤波器

为了克服无源滤波器电压放大倍数低以及带负载能力差的缺点，同样可以利用集成运放与 RC 电路结合，组成有源高通滤波器。

图 8.1.7(a)示出了二阶有源高通滤波器的电路图。通过对比可以看出，这个电路是在图 8.1.4(a)所示的二阶有源低通滤波器的基础上，将滤波电阻和电容的位置互换以后得到的。

---

① 参阅本书第 3 章图 3.1.3 和图 3.1.4，以及式(3.1.1)和式(3.1.2)。

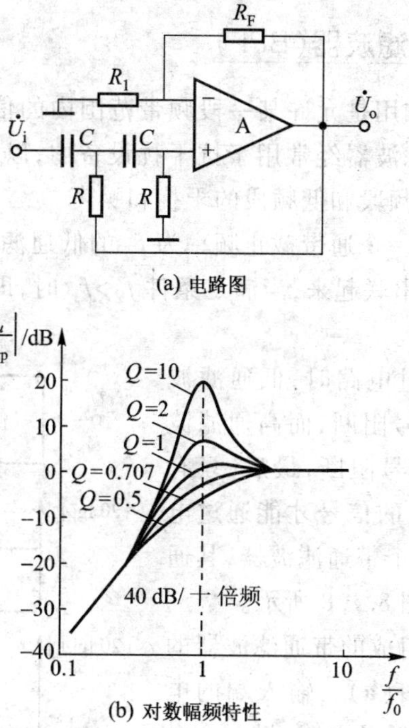

图 8.1.7　二阶高通滤波器

利用与二阶低通滤波器类似的分析方法，可以得到二阶高通滤波器的电压放大倍数为

$$\dot{A}_u=\frac{\dot{U}_o}{\dot{U}_i}=\frac{(j\omega RC)^2A_{up}}{1+(3-A_{up})j\omega RC+(j\omega RC)^2}$$

$$=\frac{A_{up}}{1-\left(\frac{f_0}{f}\right)^2-j\frac{1}{Q}\frac{f_0}{f}} \tag{8.1.6}$$

式中的 A_{up}、f_0 和 Q 分别表示二阶高通滤波电路的通带电压放大倍数、通带截止频率和等效品质因数。它们的表达式与二阶低通滤波器的 A_{up}、f_0 和 Q 的表达式相同，分别见式(8.1.2)、式(8.1.3)和式(8.1.5)。

如果将表示高通滤波器电压放大倍数的式(8.1.6)与表示低通滤波器电压放大倍数的式(8.1.4)进行对比，可以看出，只需将式(8.1.4)中的 $j\omega RC$ 换为 $\frac{1}{j\omega RC}$，即可得到式(8.1.6)，由此可知，高通滤波电路与低通滤波电路的对数幅频特性互为“镜像”关系，如图 8.1.7(b)和图 8.1.4(b)所示。

▶▶8.1.4 带通滤波器(BPF)

带通滤波器的作用是允许某一段频带范围内的信号通过，而将此频带以外的信号阻断。带通滤波器经常用于抗干扰设备中，以便接收某一频带范围内的有效信号，而消除高频段和低频段的干扰和噪声。

从原理上说，将一个通带截止频率为 f_2 的低通滤波器与一个通带截止频率为 f_1 的高通滤波器串联起来，当满足条件 $f_2>f_1$ 时，即可构成带通滤波器，其原理示意图见图 8.1.8。

当输入信号通过电路时，低通滤波器将 $f>f_2$ 的高频信号阻断，而高通滤波器将 $f<f_1$ 的低频信号阻断，最后，只有频率范围在 $f_1<f<f_2$ 的信号才能通过电路，于是电路成为一个带通滤波器，其通频带等于 f_2-f_1，如图 8.1.8 所示。

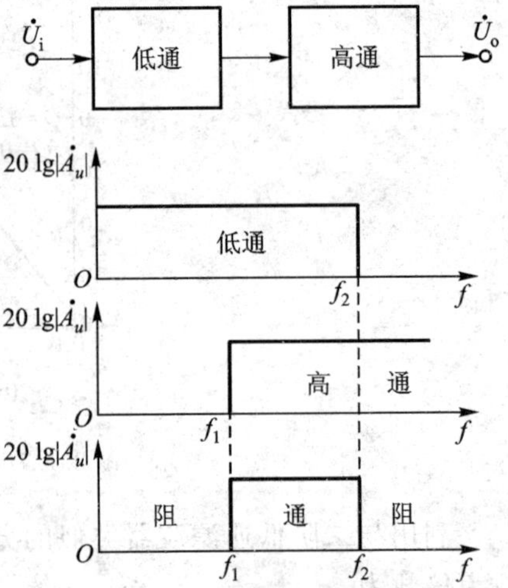

图 8.1.8 带通滤波器原理示意图

根据以上原理组成的带通滤波器的典型电路见图 8.1.9(a)。输入端的电阻 R 和电容 C 组成低通电路，另一个电容 C 和电阻 R_2 组成高通电路，二者串联起来接在集成运放的同相输入端。输出端通过电阻 R_3 引回一个反馈，它的作用在前面介绍二阶低通有源滤波器时已经详细论述过。

当 $R_2=2R, R_3=R$ 时，可求得带通滤波器的电压放大倍数为

$$\dot{A}_u=\frac{A_{uo}}{(3+A_{uo})+\mathrm{j}\left(\frac{f}{f_0}-\frac{f_0}{f}\right)}=\frac{A_{up}}{1+\mathrm{j}Q\left(\frac{f}{f_0}-\frac{f_0}{f}\right)} \tag{8.1.7}$$

式中

$$f_0=\frac{1}{2\pi RC}$$

$$A_{up}=\frac{A_{uo}}{3-A_{uo}}=QA_{uo} \tag{8.1.8}$$

$$A_{uo}=1+\frac{R_F}{R_1} \tag{8.1.9}$$

$$Q=\frac{1}{3-A_{uo}} \tag{8.1.10}$$

由式(8.1.7)可知，当 $f=f_0$ 时，$|\dot{A}_u|=A_{up}$，电压放大倍数达到最大值，而当

频率 f 减小或增大时，$|\dot{A}_u|$ 都将降低。当 $f=0$ 或 $f\to\infty$ 时，$|\dot{A}_u|$ 都趋近于零，可见本电路具有“带通”的特性。通常将 f_0 称为带通滤波器的**中心频率**，A_{up} 称为**通带电压放大倍数**。

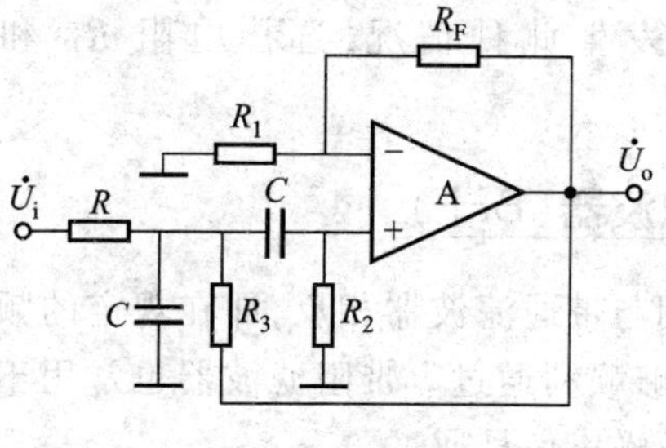

(a) 电路图

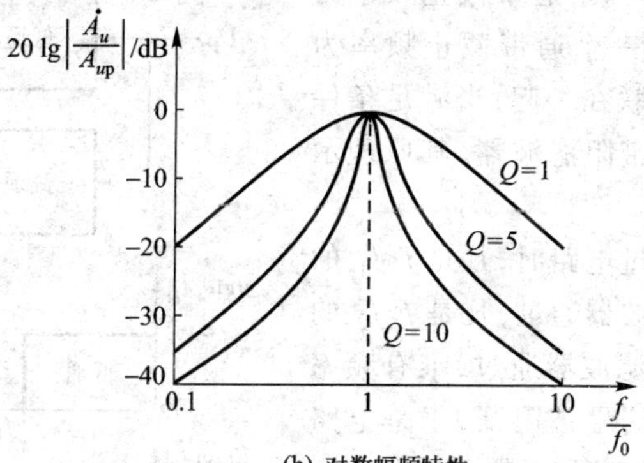

(b) 对数幅频特性

图 8.1.9　带通滤波器电路及幅频特性

根据式(8.1.7)可画出不同 Q 值时的对数幅频特性，如图 8.1.9(b)所示。由图可见，Q 值愈大，则通频带愈窄，即选择性愈好。一般将 $|\dot{A}_u|$ 下降至 $\frac{A_{up}}{\sqrt{2}}$ 时所包括的频率范围定义为带通滤波器的**通带宽度**，用符号 B 表示。将 $|\dot{A}_u|=\frac{A_{up}}{\sqrt{2}}$ 代入式(8.1.7)，可解得带通滤波器的两个通带截止频率 f_2 和 f_1，从而得到通带宽度为

$$B=f_2-f_1=(3-A_{uo})f_0=\frac{f_0}{Q} \tag{8.1.11}$$

可见 Q 愈大，则通带宽度 B 愈小。

将式(8.1.9)代入式(8.1.11)还可得

$$B=(3-A_{uo})f_0=\left(2-\frac{R_F}{R_1}\right)f_0 \tag{8.1.12}$$

由上式可知，改变电阻 R_F 或 R_1 的阻值可以调节通带宽度，但中心频率 f_0 不受影响。由式(8.1.12)还可知，若 $A_{uo}=3$，则 A_{up} 将趋于无穷大，表示电路将产生自激振荡。为了避免发生此种情况，选择电阻 R_F 和 R_1 的阻值时，应保证$R_F<2R_1$。

▶▶8.1.5 带阻滤波器(BEF)

带阻滤波器的作用与带通滤波器相反，即在规定的频带内，信号被阻断，而在此频带之外，信号能够顺利通过。带阻滤波器也常用于抗干扰设备中阻止某个频带范围内的干扰及噪声信号通过。

从原理上说，将一个通带截止频率为 f_1 的低通滤波器与一个通带截止频率为 f_2 的高通滤波器并联在一起，当满足条件 $f_1<f_2$ 时，即可组成带阻滤波器，其原理示意图见图 8.1.10。

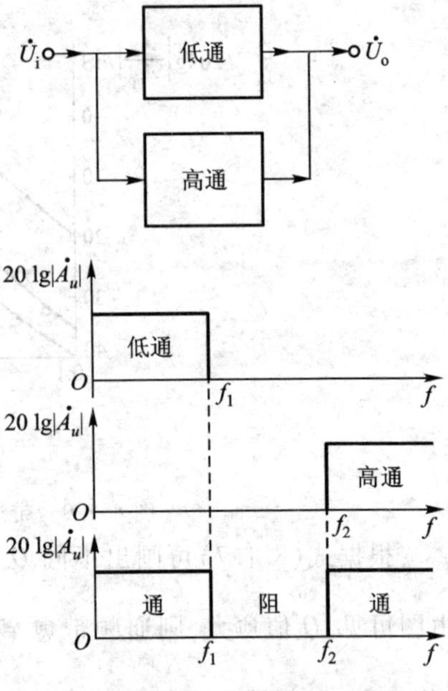

图 8.1.10 带阻滤波器原理示意图

当输入信号通过电路时，凡是 $f<f_1$ 的信号均可从低通滤波器通过，凡是 $f>f_2$ 的信号均可以从高通滤波器通过，唯有频率范围在 $f_1<f<f_2$ 的信号被阻断，于是电路成为一个带阻滤波器，其阻带宽度为f_2-f_1，如图 8.1.10 所示。

常用的带阻滤波器的电路如图 8.1.11(a)所示。输入信号经过一个由 RC 元件组成的双 T 型选频网络，然后接至集成运放的同相输入端。当输入信号的频率比较高时，由于电容的容抗$\frac{1}{\omega C}$很小，可以认为短路，因此高频信号可以从上面由两个电容和一个电阻构成的 T 型支路通过；当频率比较低时，因$\frac{1}{\omega C}$很大，可将电容视为开路，故低频信号可以从下面由两个电阻和一个电容构成的 T 型支路通过。只有频率处于低频和高频中间某一个范围的信号被阻断，所以双 T 网络具有“带阻”的特性。

设双 T 网络中上面支路中两个电容的容值相等，均为 C，二者之间的电阻的阻值为 $R/2$，下面支路中两个电阻的阻值均为 R，二者之间的电容的容值为 $2C$，

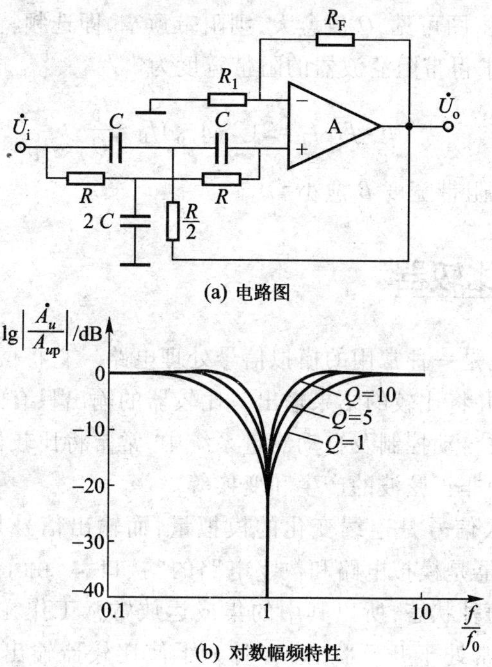

图 8.1.11　带阻滤波器电路及幅频特性

如图 8.1.11(a)所示,通过分析可得到此带阻滤波器的电压放大倍数为

$$\dot{A}_u=\frac{1-\left(\dfrac{f}{f_0}\right)^2}{1-\left(\dfrac{f}{f_0}\right)^2+\mathrm{j}2(2-A_{up})\dfrac{f}{f_0}}A_{up}$$

$$=\frac{A_{up}}{1+\mathrm{j}\dfrac{1}{Q}\dfrac{ff_0}{f_0^2-f^2}} \qquad (8.1.13)$$

式中

$$f_0=\frac{1}{2\pi RC}$$

$$A_{up}=1+\frac{R_F}{R_1}$$

$$Q=\frac{1}{2(2-A_{up})} \qquad (8.1.14)$$

由式(8.1.13)可知,当 $f=f_0$ 时,$|\dot{A}_u|=0$。当 $f=0$ 或 $f\to\infty$ 时,$|\dot{A}_u|$均趋于 A_{up},可见本电路具有“带阻”的特性。以上 f_0 和 A_{up} 分别称为带阻滤波器的**中心频率**和**通带电压放大倍数**。

根据式(8.1.13)可画出不同 Q 值时带阻滤波器的对数幅频特性如图

8.1.11(b)所示。由图可见,Q 值愈大,则阻带愈窄,即选频特性愈好。利用与前面类似的方法,可求得带阻滤波器的阻带宽度为

$$B=f_2-f_1=2(2-A_{up})f_0=\frac{f_0}{Q} \tag{8.1.15}$$

可见,Q 值愈大,则阻带宽度 B 愈小。

▶8.2 电压比较器

电压比较器也是一种常用的模拟信号处理电路。它将模拟量输入电压与参考电压进行比较,并将比较的结果输出。比较器的输出只有两种可能的状态:高电平或低电平。在自动控制及自动测量系统中,常常将比较器应用于越限报警、模数转换以及各种非正弦波的产生和变换等。

比较器的输入信号是连续变化的模拟量,而输出信号是数字量 **1** 或 **0**,因此,可以认为比较器是模拟电路和数字电路的“接口”。由于比较器的输出只有高电平或低电平两种状态,所以其中的集成运放常常工作在非线性区。从电路结构来看,运放经常处于开环状态,有时为了使比较器输出状态的转换更加快速,以提高响应速度,也在电路中引入正反馈。

当输入电压变化到某一个值时,比较器的输出电压由一种状态转换为另一种状态,此时相应的输入电压通常称为**阈值电压**或**门限电平**,用符号 U_T 表示。

根据比较器的阈值电压和传输特性来分类,常用的比较器有过零比较器、单限比较器、滞回比较器和双限比较器等。

▶▶8.2.1 过零比较器

1. 简单的过零比较器

阈值电压等于零的比较器称为过零比较器。处于开环工作状态的集成运放是一种最简单的过零比较器,如图 8.2.1(a)所示。在图中,集成运放工作在非线性区,因此,当 $u_I<0$ 时,$u_O=+U_{OPP}$;当 $u_I>0$ 时,$u_O=-U_{OPP}$。其中 U_{OPP}是集成运放的最大输出电压。这种过零比较器的传输特性如图 8.2.1(b)所示。

图中的过零比较器采用反相输入方式,如果需要,也可采用同相输入方式。

这种过零比较器电路简单,但是输出电压幅度较高,$u_O=\pm U_{OPP}$,有时要求比较器的输出幅度限制在一定的范围,例如要求与 TTL 数字电路的逻辑电平兼容,此时需要加上限幅的措施。

2. 利用稳压管限幅的过零比较器

利用稳压管实现限幅的过零比较器如图 8.2.2(a)和(b)所示,假设两个背靠背的稳压管中任一个被反向击穿而另一个稳压管正向导通时,两个稳压管两

端总的稳定电压均为 U_Z，而且 $U_{OPP}>U_Z$。

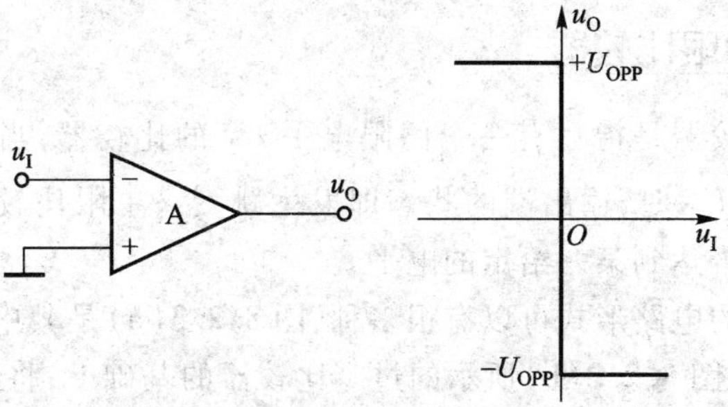

(a) 电路图　　(b) 传输特性

图 8.2.1　简单过零比较器

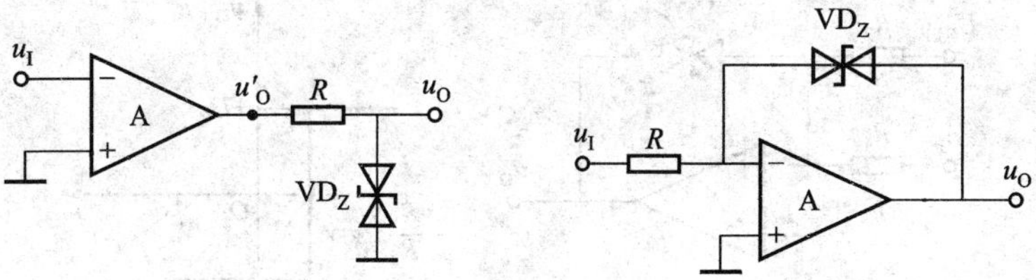

(a) 电路图　　(b) 电路图

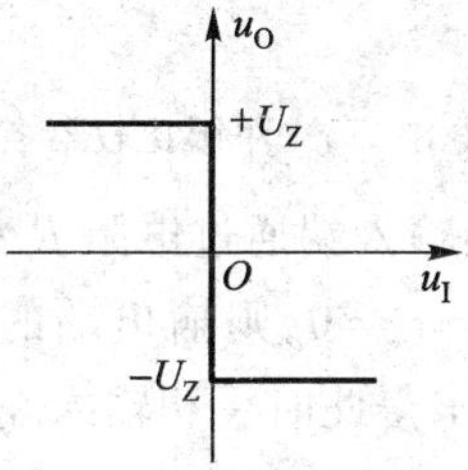

(c) 传输特性

图 8.2.2　利用稳压管限幅的过零比较器

在图 8.2.2(a)中，当 $u_I<0$ 时，$u'_O=+U_{OPP}$，两个背靠背的稳压管中的下面一个被反向击穿，$u_O=+U_Z$；当 $u_I>0$ 时，$u'_O=-U_{OPP}$，上面一个稳压管被击穿，$u_O=-U_Z$。比较器的传输特性见图(c)。

在图(b)中，两个背靠背的稳压管接在集成运放的输出端与反相输入端之间。当 $u_I<0$ 时，集成运放输出正电压，使左边一个稳压管击穿，于是引入一个深度负反馈，则集成运放的反相输入端“虚地”，故 $u_O=+U_Z$。若 $u_I>0$，则右边一个稳压管击穿，$u_O=-U_Z$，此时比较器的传输特性如图(c)所示。

图 8.2.2(a)和(b)中两个过零比较器的区别在于，图(a)中的集成运放处于开环状态，工作在非线性区。而图(b)中的集成运放当稳压管反向击穿时引入一个深度负反馈，因此工作在线性区。

过零比较器可以实现波形变换，例如将正弦波变换为矩形波。

▶▶8.2.2 单限比较器

所谓单限比较器是指只有一个门限电平 U_T 的比较器，当输入电压等于此门限电平，即 $u_I=U_T$ 时，输出端的状态即发生跳变。单限比较器可用于检测输入的模拟信号是否达到某一给定的电平。

单限比较器的电路形式可以有很多种，图 8.2.3(a)是其中的一种。可以看出，这个电路是在图 8.2.2(b)所示的过零比较器的基础上，将参考电压 U_{REF} 通过电阻 R_2 也接在集成运放的反相输入端而得到的。由于输入电压 u_I 与参考电压 U_{REF} 接成求和的形式，因此这种比较器也称为求和型单限比较器。

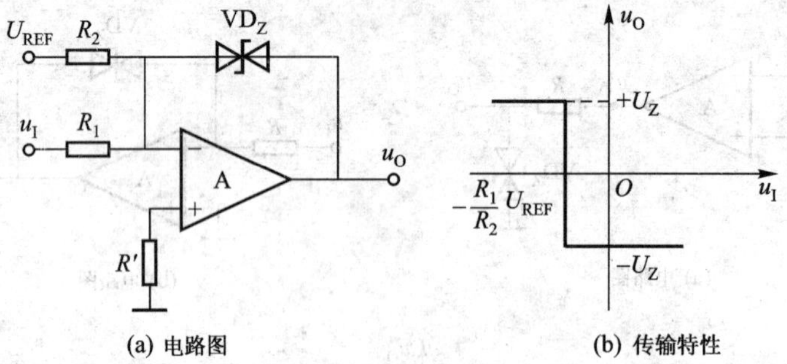

图 8.2.3 单限比较器

由图可见，集成运放的同相输入端通过电阻 R' 接地，因此，当输入电压 u_I 变化时，若反相输入端的电位 $u_-=u_+=0$，则输出端的状态将发生跳变。根据“虚断”的特点，并利用叠加原理可求得此时反相输入端的电位为

$$u_-=\frac{R_2}{R_1+R_2}u_I+\frac{R_1}{R_1+R_2}U_{REF}$$

令 $u_-=0$，由上式可解得门限电平为

$$U_T=u_I=-\frac{R_1}{R_2}U_{REF} \tag{8.2.1}$$

此单限比较器的传输特性见图 8.2.3(b)。

对比图 8.2.3(b)和图 8.2.2(b)中的传输特性可知，前面介绍的过零比较器也只有一个门限电平，实际上也属于单限比较器的范围，只是门限电平 $U_T=0$ 而已。

单限比较器还可以有其他电路形式。例如，将输入电压 u_I 和参考电压 U_{REF} 分别接到开环工作状态的集成运放的两个输入端。另外，也可在输出端接上背靠背的稳压管实现限幅。

▶▶8.2.3 滞回比较器

单限比较器具有电路简单、灵敏度高等优点，但存在的主要问题是抗干扰能力差。如果输入电压受到干扰或噪声的影响，在门限电平上下波动，则输出电压将在高、低两个电平之间反复地跳变，如图 8.2.4 所示。如在控制系统中发生这种情况，将对执行机构产生不利的影响。

为了克服这个缺点，可以采用具有滞回特性的比较器。滞回比较器又称为施密特触发器，其电路如图 8.2.5(a)所示。

输入电压 u_I 经电阻 R_1 加在集成运放的反相输入端，参考电压 U_{REF} 经电阻 R_2 接在同相输入端，此外从输出端通过电阻 R_F 引回同相输入端。电阻 R 和背靠背稳压管 VD_Z 的作用是限幅，将输出电压的幅度限制在 $\pm U_Z$。

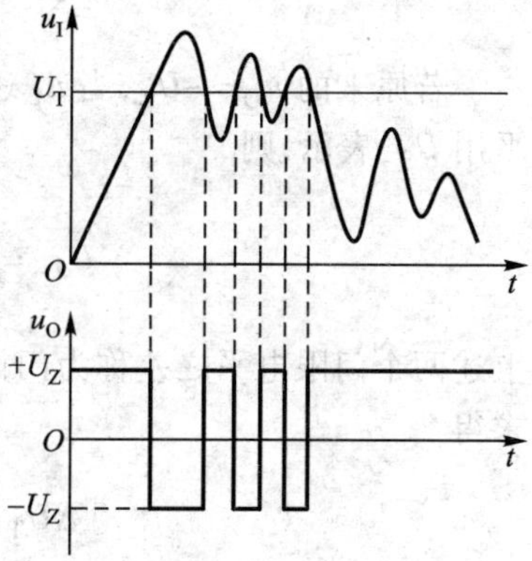

图 8.2.4 存在干扰时单限比较器的 u_I、u_O 波形

在本电路中，当集成运放反相输入端与同相输入端的电位相等，即 $u_- = u_+$ 时，输出端的状态将发生跳变。其中

$$u_- = u_I$$

u_+ 则由参考电压 U_{REF} 及输出电压 u_O 二者共同决定，而 u_O 有两种可能的状态：$+U_Z$ 或 $-U_Z$。由此可见，使输出电压由 $+U_Z$ 跳变为 $-U_Z$，以及由 $-U_Z$ 跳变为 $+U_Z$ 所需的输入电压值是不同的。也就是说，这种比较器有两个不同的门限电平，故传输特性呈滞回形状，如图 8.2.5(b)所示。

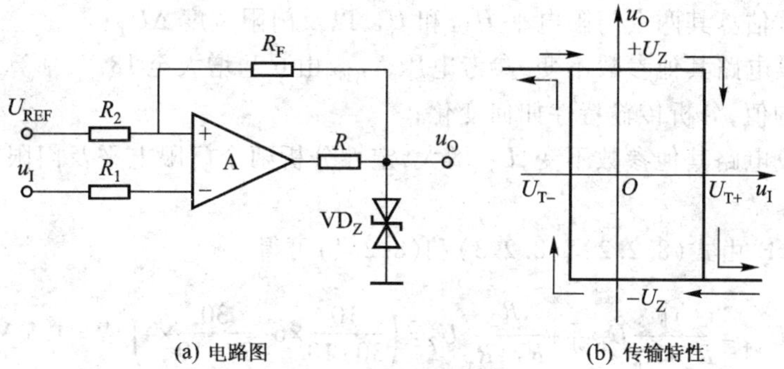

图 8.2.5 滞回比较器

现在来估算滞回比较器两个门限电平的值。利用叠加原理可求得同相输入端的电位为

$$u_+=\frac{R_F}{R_2+R_F}U_{REF}+\frac{R_2}{R_2+R_F}u_O$$

若原来 $u_O=+U_Z$，当 u_I 逐渐增大时，使 u_O 从 $+U_Z$ 跳变为 $-U_Z$ 所需的门限电平用 U_{T+} 表示，由上式可知

$$U_{T+}=\frac{R_F}{R_2+R_F}U_{REF}+\frac{R_2}{R_2+R_F}U_Z \tag{8.2.2}$$

若原来的 $u_O=-U_Z$，当 u_I 逐渐减小，使 u_O 从 $-U_Z$ 跳变为 $+U_Z$ 所需的门限电平用 U_{T-} 表示，则

$$U_{T-}=\frac{R_F}{R_2+R_F}U_{REF}-\frac{R_2}{R_2+R_F}U_Z \tag{8.2.3}$$

上述两个门限电平之差称为**门限宽度**或**回差**，用符号 ΔU_T 表示，由以上两式可求得

$$\Delta U_T=U_{T+}-U_{T-}=\frac{2R_2}{R_2+R_F}U_Z \tag{8.2.4}$$

由式(8.2.4)可见，门限宽度 ΔU_T 的值取决于稳压管的稳定电压 U_Z 以及电阻 R_2 和 R_F 的值，但与参考电压 U_{REF} 无关。改变 U_{REF} 的大小可以同时调节两个门限电平 U_{T+} 和 U_{T-} 的大小，但二者之差 ΔU_T 不变。也就是说，当 U_{REF} 增大或减小时，滞回比较器的传输特性将平行地右移或左移，但滞回曲线的宽度将保持不变。

【例 8.2.1】 在图 8.2.5(a)所示的滞回比较器中，假设参考电压 $U_{REF}=6\ V$，稳压管的稳定电压 $U_Z=4\ V$，电路其他参数为 $R_2=30\ k\Omega$，$R_F=10\ k\Omega$，$R_1=7.5\ k\Omega$。

① 试估算其两个门限电平 U_{T+} 和 U_{T-} 以及门限宽度 ΔU_T；

② 设电路其他参数不变，参考电压 U_{REF} 由 6 V 增大至 18 V，估算 U_{T+}、U_{T-} 及 ΔU_T 的值，分析传输特性如何变化；

③ 设电路其他参数不变，U_Z 增大，定性分析两个门限电平及门限宽度将如何变化。

解： ① 由式(8.2.2)、(8.2.3)和(8.2.4)可得

$$U_{T+}=\frac{R_F}{R_2+R_F}U_{REF}+\frac{R_2}{R_2+R_F}U_Z=\left(\frac{10}{30+10}\times6+\frac{30}{30+10}\times4\right)\ V=4.5\ V$$

$$U_{T-}=\frac{R_F}{R_2+R_F}U_{REF}-\frac{R_2}{R_2+R_F}U_Z=\left(\frac{10}{30+10}\times6-\frac{30}{30+10}\times4\right)\ V=-1.5\ V$$

$$\Delta U_T=U_{T+}-U_{T-}=[4.5-(-1.5)]\ V=6\ V$$

传输特性的形状如图 8.2.5(b)所示。

② 当 $U_{REF}=18\ V$ 时,

$$U_{T+}=\left(\frac{10}{30+10}\times18+\frac{30}{30+10}\times4\right)\ V=7.5\ V$$

$$U_{T-}=\left(\frac{10}{30+10}\times18-\frac{30}{30+10}\times4\right)\ V=1.5\ V$$

$$\Delta U_T=(7.5-1.5)\ V=6\ V$$

可见当 U_{REF} 增大时,U_{T+} 和 U_{T-} 同时增大,但 ΔU_T 不变。此时传输特性将向右平行移动,全部位于纵坐标右侧。

③ 由式(8.2.2)、(8.2.3)和(8.2.4)可知,当 U_Z 增大时,U_{T+} 将增大,U_{T-} 将减小,故 ΔU_T 将增大,即传输特性将向两侧伸展,门限宽度变宽。

滞回比较器可用于产生矩形波、三角波和锯齿波等各种非正弦波信号,也可用于波形变换电路。用于控制系统时,滞回比较器的主要优点是抗干扰能力强。当输入信号受干扰或噪声的影响而上下波动时,只要根据干扰或噪声电平适当调整滞回比较器两个门限电平 U_{T+} 和 U_{T-} 的值,就可以避免比较器的输出电压在高、低电平之间反复跳变,如图 8.2.6 所示。

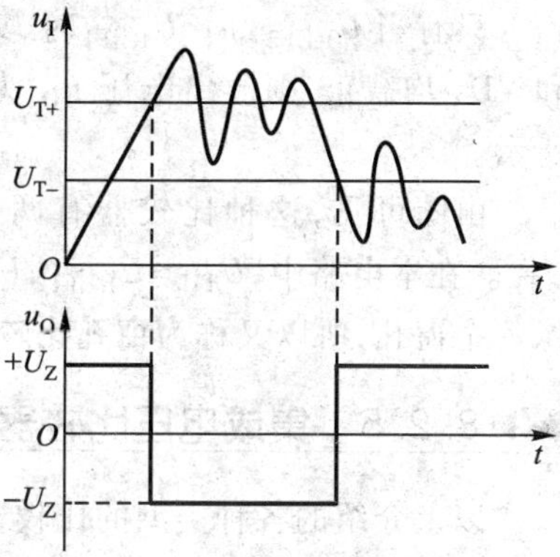

图 8.2.6　存在干扰时,滞回比较器的 u_I、u_O 波形

图 8.2.5(a)所示电路是反相输入方式的滞回比较器。如将输入电压 u_I 与参考电压 U_{REF} 的位置互换,即可得到同相输入滞回比较器。读者可自行分析其传输特性,此处不再重复。

▶▶8.2.4　双限比较器

在实际工作中,有时需要检测输入模拟信号的电平是否处在两个给定的电平之间,此时要求比较器有两个门限电平,这种比较器称为双限比较器。

双限比较器的一种电路如图 8.2.7 所示。电路中有两个集成运放 A_1 和 A_2,输入电压 u_I 各通过一个电阻 R 分别接到 A_1 的同相输入端和 A_2 的反相输入端,两个参考电压 U_{REF1} 和 U_{REF2} 分别加在 A_1 的反相输入端和 A_2 的同相输入端,其中 $U_{REF1}>U_{REF2}$,A_1 和 A_2 的输出端各通过一个二极管,然后连接在一起,作为双限比较器的输出端。

如果 $u_I<U_{REF2}$(当然更满足 $u_I<U_{REF1}$),则 A_1 输出低电平,A_2 输出高电平,此时二极管 VD_1 截止,VD_2 导通,输出电压 u_O 为高电平。

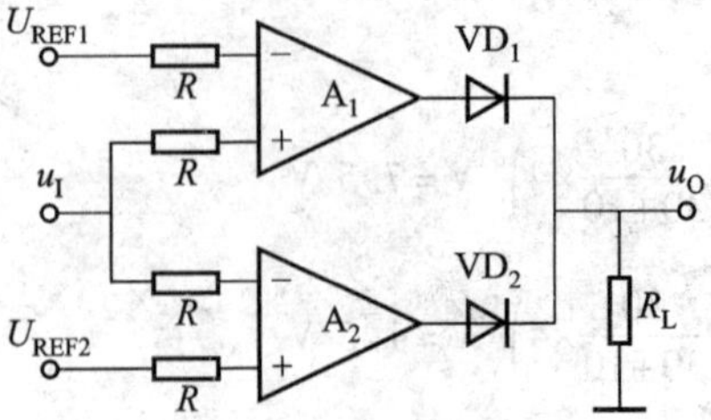

(a) 电路图

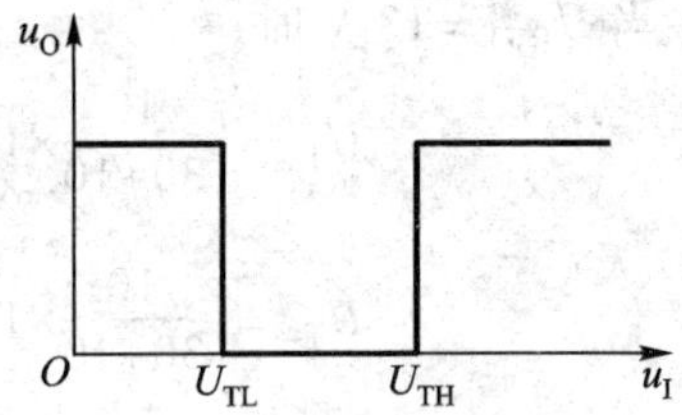

(b) 传输特性

图 8.2.7　双限比较器

如果 $u_I > U_{REF1}$（当然更满足 $u_I > U_{REF2}$），则 A_1 输出高电平，A_2 输出低电平，于是 VD_1 导通，VD_2 截止，输出电压 u_O 也是高电平。

只有当 $U_{REF2} < u_I < U_{REF1}$ 时，集成运放 A_1 和 A_2 均输出低电平，二极管 VD_1 和 VD_2 均截止，则输出电压 u_O 为低电平。比较器的传输特性如图 8.2.7(b) 所示。

由图可见，这种比较器有两个门限电平：上门限电平 U_{TH} 和下门限电平 U_{TL}。在本电路中，$U_{TH} = U_{REF1}$，$U_{TL} = U_{REF2}$。由于双限比较器的传输特性形状像一个窗孔，所以又称为**窗孔比较器**（Window Comparator）。

►►8.2.5　集成电压比较器

以上介绍的各种类型的比较器，既可以由通用集成运算放大器组成，也可以采用专用的集成电压比较器。比较起来，二者主要有以下两点区别：首先，由于通用集成运放主要根据线性放大的要求进行设计，因此相对来说工作速度比较慢，而专用的集成电压比较器总是将缩短响应时间、提高工作速度作为设计的主要目标之一。如果要求得到同样的响应时间，一般情况下专用集成电压比较器的价格比较低。其次，专用集成电压比较器的输出电平一般可直接与 TTL 等数字电路兼容，而通用集成运放的输出电平通常比较高，为了适应数字电路的逻辑电平，常常需要另外增加限幅措施。

对集成电压比较器的主要要求有以下几方面：

① 应有较快的响应速度。比较器的一项重要指标是响应时间，其含义是，当输入端加上一个阶跃电压时，输出电压从逻辑低电平变为逻辑高电平所需的时间。

② 应有较高的开环差模增益。开环差模增益愈高，则使比较器输出状态发生跳变所需输入端的差值电压愈小，则比较器的灵敏度愈高。

③ 要求失调电压、失调电流以及它们的温漂比较小。如果失调电压、失调电流较大，将影响比较器的精度；如果温度漂移较大，则将影响比较器的稳定性。

④ 应有较高的共模抑制比，且允许有较高的共模输入电压。在很多情况下，施加在比较器两个输入端的模拟输入电压和参考电压比较高，因此，比较器将承受较高的共模输入电压，如共模抑制比不够高，将会影响比较器的精度。

1. 电路组成和工作原理

集成比较器的内部电路与通用集成运放有相似之处，但又有区别。其输入级通常是一个差分放大电路，中间级应提供足够大的电压增益，并具有电平移动以及双端信号转换为单端信号等功能，但输出级的电平要求能与数字电路兼容。另外，为了达到提高比较精度和响应速度的要求，在电路中采取了各种技术措施。

现以高速集成电压比较器 LM710/LM710C 为例，介绍集成电压比较器的电路组成和工作原理。

由图 8.2.8 可见，LM710 内部包括三个放大级：输入级、中间级和输出级。

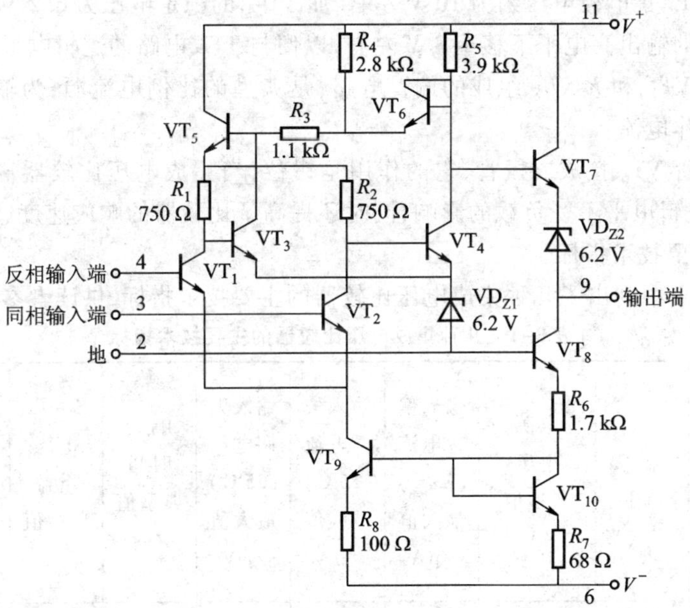

图 8.2.8　高速集成电压比较器 LM710 的电路原理图

三极管 VT_1、VT_2 和 VT_9 组成差分放大输入级，电阻 R_1、R_2 分别是差分对管 VT_1 和 VT_2 的集电极负载电阻。由于采用恒流管 VT_9 代替一般长尾式差分放大电路中的长尾电阻 R_e，而恒流管的动态内阻很大，因此集成电压比较器具有较高的共模抑制比。

VT_4 组成共射放大中间级。因共射组态放大级的电压放大倍数比较高，故有利于提高集成电压比较器的响应速度和灵敏度。同时,利用 VT_3、VT_4 和 VT_5 实现双端输出至单端输出的转换。假设外加输入电压 $u_{I(-)}<u_{I(+)}$,则 VT_1 的集电极电压 u_{C1} 将升高,VT_2 的集电极电压 u_{C2} 将降低。其中 VT_2 集电极的变化量将直接加到中间级放大管 VT_4 的基极,使 u_{B4} 降低。而 VT_1 集电极的变化量将通过 VT_3 和 VT_5 再传送到 VT_4 的基极。此时因 u_{B3} 升高,使 u_{C3} 降低。VT_5 接成射极跟随器形式,故 u_{E5} 将随着 u_{B5} 而降低。VT_5 的发射极通过电阻 R_2 接到 VT_4 的基极,因此也使 u_{B4} 降低。结果,VT_4 基极输入的变化量将增大一倍,并将差动放大电路的双端输出转换为 VT_4 的单端输出,然后送到输出级 VT_7 的基极。

稳压管 VD_{Z1} 的作用是提高输入级放大管 VT_1、VT_2 的集电极电位,使集成电压比较器输入端的正向共模电压可达 5 V 以上。

VT_7、VT_8 和 VD_{Z2} 组成输出级。VT_7 为放大管,接成共集电极放大电路,VT_8 作为其发射极恒流源。稳压管 VD_{Z2} 的作用是电平移动。当比较器输出高电平时,VT_4 集电极电压约为 10 V 左右,而 VD_{Z2} 的稳定电压为 6.2 V,从而将集成比较器的输出高电平下移至 3 V 左右,以便与 TTL 电路的逻辑电平兼容。

VT_9、VT_{10} 和 R_7、R_8 组成的偏置电路,是典型的比例电流源,为输入级提供合适的工作电流。

三极管 VT_6 接成二极管,它的作用是钳位,当集成电压比较器输出高电平时,保证逻辑电平不受负载的影响,同时还提高了比较器的响应速度。

2. 主要技术指标

表 8-1 中列出了几种集成电压比较器的主要技术指标,供读者参考。

表 8-1　几种集成电压比较器的主要技术指标

型号	温度范围	电源电压典型值/V	输入偏置电流(25℃)最大值/μA	输入失调电流(25℃)最大值/μA	输入失调电压(25℃)最大值/mV	响应时间典型值/ns	电压增益典型值	备注
LM111	军用	±15 或 5	0.1	0.04	0.7	200	200×10^3	单比较器,带选通端,可单电源工作,低偏置电流
LM211	工业用		0.1	0.04	0.7	200	200×10^3	
LM311	商用		0.25	0.06	2	200	200×10^3	

续表

型号	温度范围	电源电压典型值 /V	输入偏置电流 (25℃) 最大值 /μA	输入失调电流 (25℃) 最大值 /μA	输入失调电压 (25℃) 最大值 /mV	响应时间典型值 /ns	电压增益典型值	备 注
LM119	军用	+15 或 5	0. 5	0. 075	4	80	40×10^3	高速双比较器
LM219	工业用		0. 5	0. 075	4	80	40×10^3	
LM319	商用		1	0. 2	8	80	40×10^3	
LM139	军用	±1 ~ ±18 或 2 ~ 36	0. 1	0. 025	5	1. 3μs	200×10^3	单电源四比较器
LM239	工业用		0. 25	0. 050	5	1. 3μs	200×10^3	
LM339	商用		0. 25	0. 050	5	1. 3μs	200×10^3	
LM160	军用	±4. 5 ~ ±6. 5	10	2	2	16	3×10^3	超高速比较器，输出端与DTL/TTL逻辑电平兼容
LM260	工业用		10	2	2	16	3×10^3	
LM360	商用		15	4	4	16	3×10^3	
LM710	军用	+16 −6	20	3	2	40	1750	单比较器,差分输入，单端输出
LM710C	商用		25	5	5	40	1500	

注：1. 温度范围:军用(Military) −55℃ ~ +125℃;工业用(Industrial) −25℃ ~ +85℃;商用(Commercial)0℃ ~ +70℃。

2. 响应时间规定为施加 100 mV 的阶跃输入电压,有 5 mV 超调。

▶8.3 信号处理电路 Multisim 仿真实例

1. 二阶低通滤波器 Multisim 仿真

（1）在 Multisim 中构建二阶有源低通滤波器如图 8.3.1(a)所示，利用 Multisim 的交流分析功能测得低通滤波器的频率特性见图 8.3.1(b)。由图可知，低通滤波器的通带截止频率 $f_0=100$ kHz，通带电压放大倍数 $A_{up}=2$，则等效品质因数 $Q=\frac{1}{3-A_{up}}=1$。读者可将仿真结果与本章例 8.1.1 的估算结果进行比较。

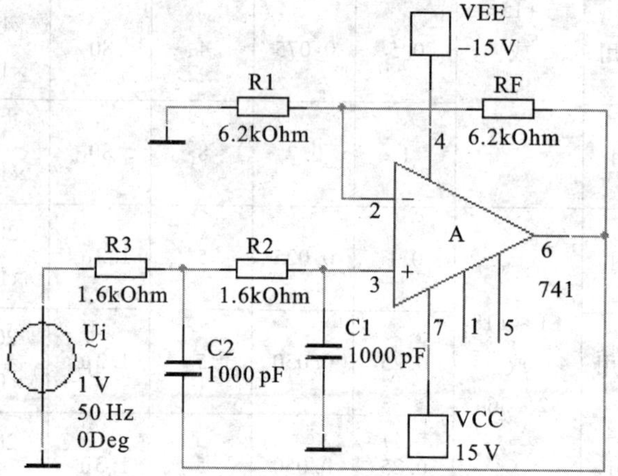

(a) 仿真电路

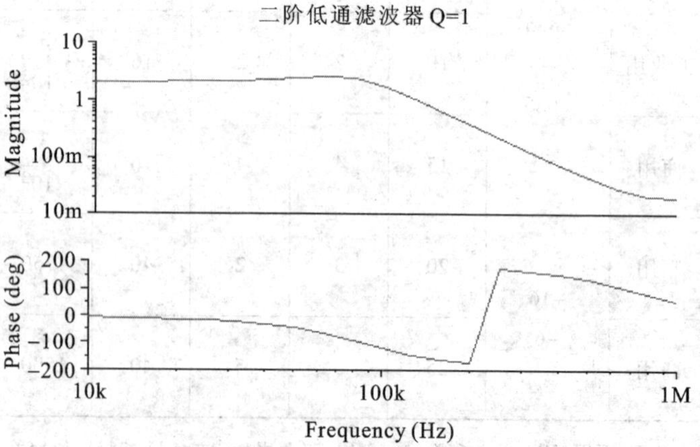

(b) Q=1时频率特性

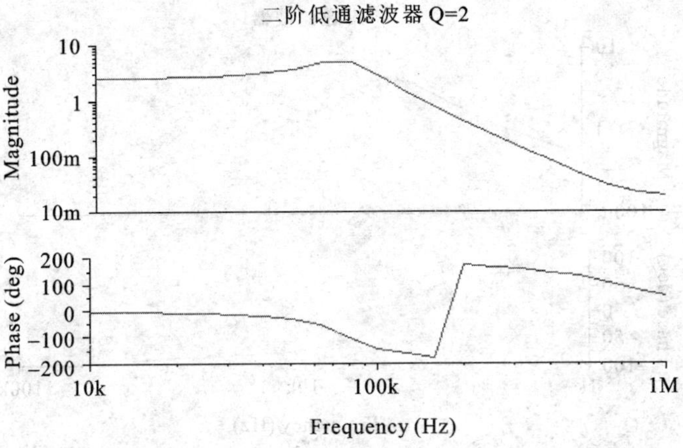

(c) Q=2时频率特性

图 8.3.1　二阶低通滤波器

(2) 修改电路参数,使滤波器的 $Q=2$,(请思考:应改变电路中哪个参数,改为何值?)此时可测得低通滤波器的频率特性如图 8.3.1(c)所示。由图可知,f_0 值不变,仍为 100 kHz,而 $A_{up}=2.5$,而且,幅频特性在 $f=f_0$ 处有一个凸峰。

2. 带通滤波器 Multisim 仿真

在 Multisim 中构建带通滤波器如图 8.3.2(a)所示,利用交流分析功能测得其频率特性如图 8.3.2(b)所示。由图可得,带通滤波器的中心频率 $f_0=4.8$ kHz,通带电压放大倍数 $A_{up}=4.7$。读者可根据给定的电路参数自行估算带通滤波器的 f_0、A_{uo}、A_{up} 和 Q。

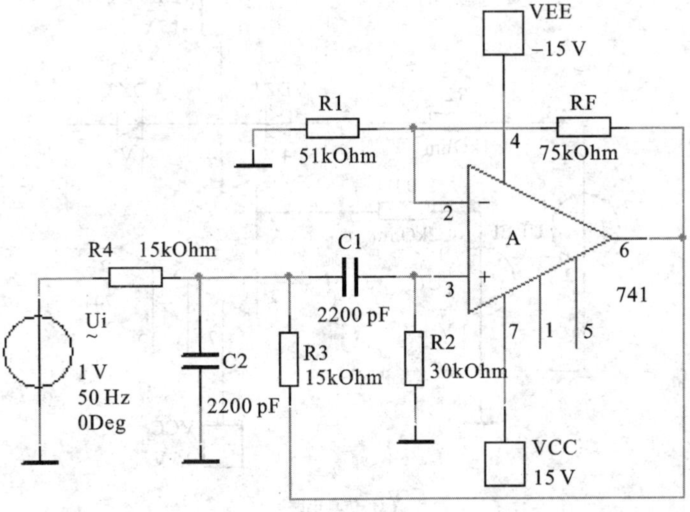

(a) 仿真电路

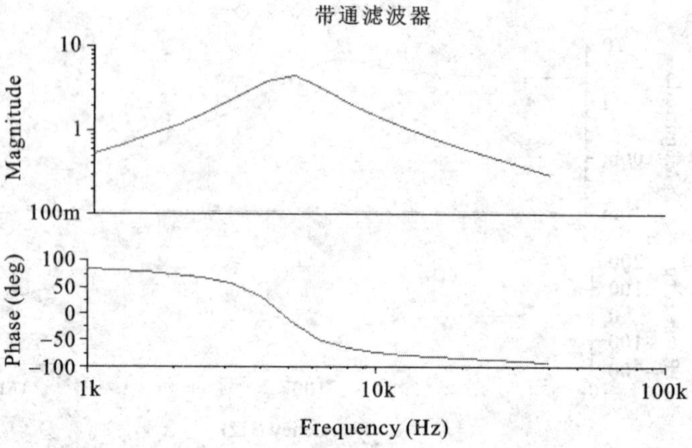

(b) 频率特性

图 8.3.2　带通滤波器

3. 单限比较器 Multisim 仿真

在 Multisim 中构建单限比较器如图 8.3.3(a)所示，利用 Multisim 的直流扫描分析功能(DC Sweep Analysis)测出其传输特性如图 8.3.3(b)所示。由图可知，单限比较器的门限电平 $U_T = -4$ V。读者可根据给定的电路参数自行估算 U_T 值。

4. 滞回比较器 Multisim 仿真

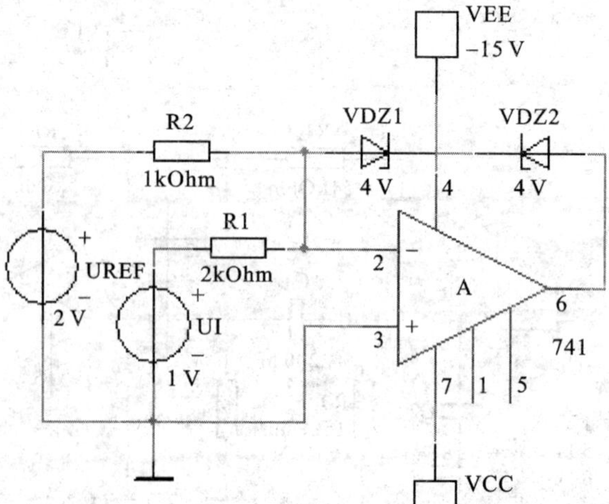

(a) 仿真电路

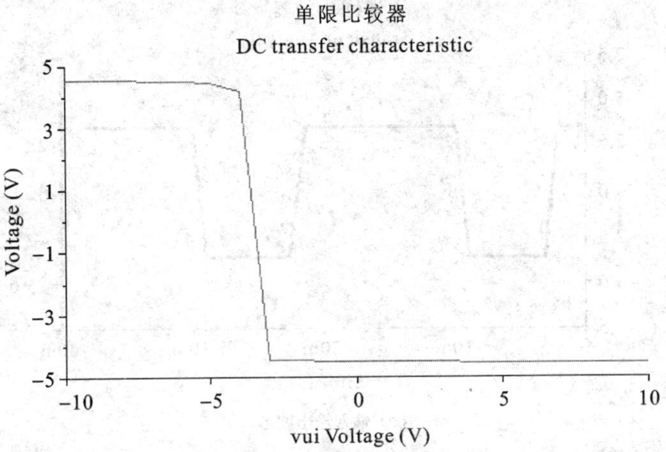

(b) 传输特性

图 8.3.3　单限比较器

在 Multisim 中构建滞回比较器如图 8.3.4(a)所示,在输入端加上有效值为 5 V 的正弦电压,利用 Multisim 的瞬态分析功能(Transient Analysis)测得其输入、输出波形如图 8.3.4(b)所示。由图可见,输出波形为矩形波,而且,当 u_I 增大时,在 $u_I \approx 5$ V 时 u_O 发生跳变,而当 u_I 减小时,则在 $u_O \approx 2$ V 时发生跳变,即滞回比较器的门限电平为 $U_{T+} \approx 5$ V,$U_{T-} \approx 2$ V。读者可根据给定的电路参数估算滞回比较器的 U_{T+} 和 U_{T-}。

5. 双限比较器 Multisim 仿真

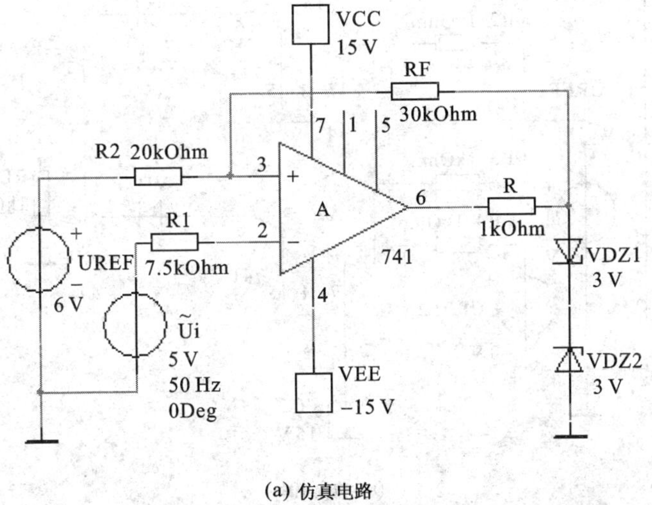

(a) 仿真电路

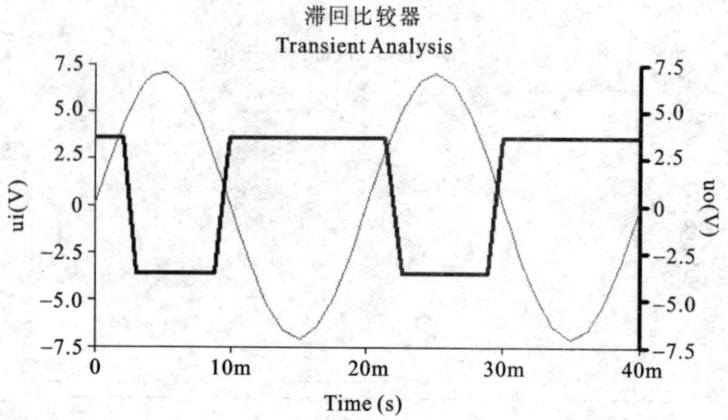

(b) 输入输出波形

图 8.3.4　滞回比较器

在 Multisim 中构建双限比较器如图 8.3.5(a)所示，利用 Multisim 的直流扫描分析功能测得双限比较器的传输特性如图 8.3.5(b)所示。由图可得，双限比较器的两个门限电平为 $U_{TL}=-3\ V$，$U_{TH}=8\ V$。

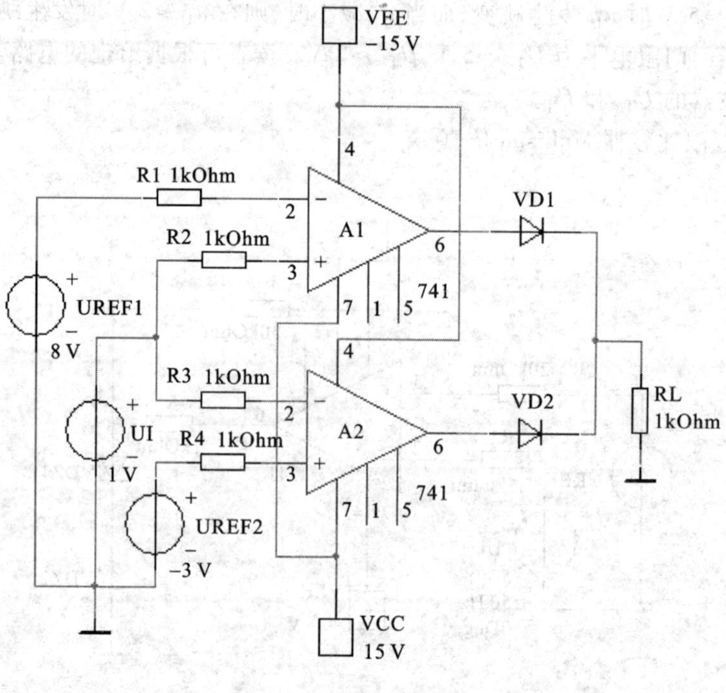

(a) 仿真电路

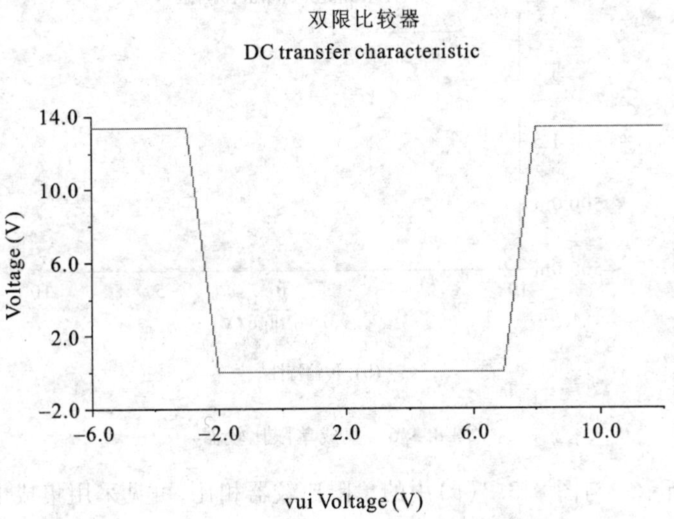

(b) 传输特性

图 8.3.5　双限比较器

6. 集成电压比较器 Multisim 仿真

在 Multisim 中构建由集成电压比较器 LM710 AMJ 组成的单限比较器如图

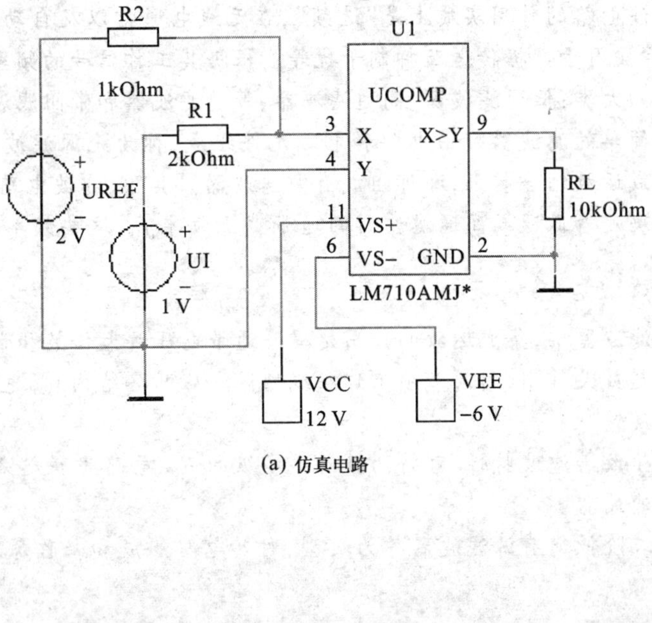

(a) 仿真电路

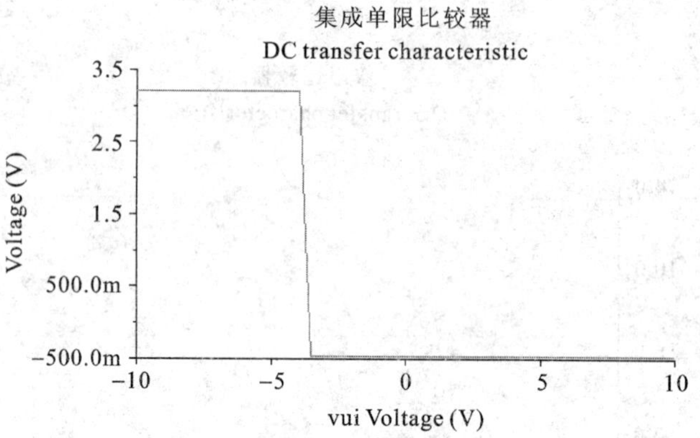

(b) 传输特性

图 8.3.6　集成单限比较器

8.3.6(a)所示。与图 8.3.3(a)中的单限比较器相比,可见采用集成电压比较器时,电路中不需加上限幅措施。

利用 Multisim 的直流扫描功能测出单限比较器的传输特性如图 8.3.6(b)所示。由图可知,此单限比较器的门限电平仍为 $U_T \approx -4$ V,但输出高电平约为 3.2 V,输出低电平约为-0.5 V,可与数字电路的逻辑电平兼容。

本章小结

本章介绍两种常用的模拟信号处理电路,它们是有源滤波器和电压比较器。

1. 有源滤波器

(1) 滤波电路的作用实质上是"选频",在无线电通信以及自动测量和控制系统中,常常被用于数据传送及抑制干扰等。根据其工作信号的频率范围,滤波器主要分为四大类:低通滤波器、高通滤波器、带通滤波器和带阻滤波器。

(2) 最简单的滤波器可由电阻和电容元件组成,称为无源滤波器。将无源滤波器与集成运放结合起来,即可组成有源滤波器。其中,滤波电路中的 RC 元件的参数值决定着低通或高通滤波器的通带截止频率 f_0,这些频率的表达式均为 $f_0 = \dfrac{1}{2\pi RC}$。

在有源滤波器中,集成运放的作用是提高通带电压放大倍数和带负载能力。由于要求它起放大作用,因此必须工作在线性区。从电路结构看,通常引入了一个深度的负反馈。

(3) 为了改善滤波特性,可将两级或更多级的 RC 电路串联起来,组成二阶或更高阶的滤波器。

本章以二阶低通有源滤波器作为典型,对其电路组成和工作原理进行较详细的分析。

(4) 将一个 RC 低通电路与一个 RC 高通电路串联或并联在一起,在满足一定的条件时,可以分别组成带通滤波器或带阻滤波器。

2. 电压比较器

(1) 电压比较器的作用是将模拟输入电压与参考电压进行比较,并将比较的结果以数字量的形式输出,由于比较器的输出信号只有高电平或低电平两种状态,因此可以认为,比较器是模拟电路和数字电路的"接口"。

电压比较器中的集成运放常常工作在非线性区,运放一般处于开环状态,有时还引入一个正反馈。

(2) 根据比较器的门限电平(或阈值电压)和传输特性来分类,常用的比较器有过零比较器、单限比较器、滞回比较器和双限比较器等。

过零比较器的门限电平等于零。单限比较器只有一个门限电平。滞回比较器具有滞回曲线形状的传输特性。双限比较器有两个门限电平:上门限电平和下门限电平,传输特性呈窗孔状,故又称为窗孔比较器。

(3) 以上各种类型的比较器可由通用集成运放组成,也可选用专用的集成电压比较器。

(4) 电压比较器广泛应用于自动控制和测量系统中,用以实现越限报警、模数转换以及诸如矩形波、锯齿波等各种非正弦波的产生和变换等。

学完本章以后,应能达到以下教学要求:

① 正确理解各种电压比较器的电路组成、工作原理和性能特点。

② 正确理解有源滤波电路的作用和分类。

③ 了解各种滤波电路的特点、电路组成和分析方法。

④ 了解集成电压比较器的特点。

习题与思考题

习题 8-1 试从以下几方面对有源滤波器和电压比较器这两种信号处理电路进行比较:

① 电路中的集成运放主要工作在哪个区域(非线性区,线性区);

② 集成运放的作用(开关元件,放大元件);

③ 电路中是否引入反馈以及反馈的极性(开环,负反馈,正反馈)。

习题 8-2 假设实际工作中提出以下要求,试选择滤波电路的类型(低通、高通、带通、带阻):

① 有效信号为 20 Hz 至 200 kHz 的音频信号,消除其他频率的干扰及噪声;

② 抑制频率低于 100 Hz 的信号;

③ 在有效信号中抑制 50 Hz 的工频干扰;

④ 抑制频率高于 20 MHz 的噪声。

习题 8-3 试判断图 P8-3 中的各种电路是什么类型的滤波器(低通、高通、带通还是带阻滤波器，有源还是无源滤波，几阶滤波）。

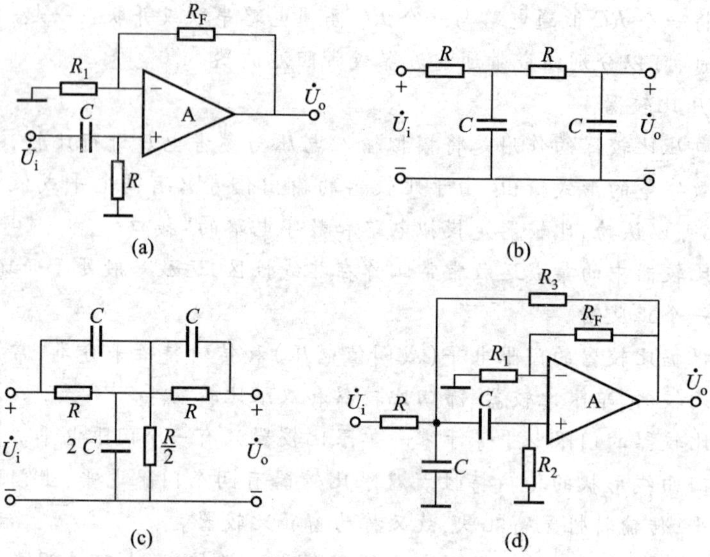

图 P8-3

习题 8-4　在图 8.1.4(a)所示的二阶低通有源滤波电路中，设 $R=R_1=10\ \text{k}\Omega$，$C=0.1\ \mu\text{F}$，$R_F=10\ \text{k}\Omega$：

① 试估算通带截止频率 f_0、通带电压放大倍数 A_{up} 和等效品质因数 Q；

② 示意画出滤波电路的对数幅频特性；

③ 如将 R_F 增大到 100 kΩ，是否可改善滤波特性？

习题 8-5　在图 8.1.4(a)电路中，如果要求通带截止频率 $f_0=2$ kHz，等效品质因数 $Q=0.707$，试确定电路中电阻和电容元件的参数值。

习题 8-6　在图 8.1.7(a)所示的二阶高通有源滤波电路中，设 $R=R_1=20\ \text{k}\Omega$，$R_F=30\ \text{k}\Omega$，$C=2\ 000$ pF，试估算通带截止频率 f_0、通带电压放大倍数 A_{up} 和等效品质因数 Q，并示意画出滤波电路的对数幅频特性。

习题 8-7　在图 P8-7(a)所示的单限比较器电路中，假设集成运放为理想运放，参考电压 $U_{REF}=-3$ V，稳压管的反向击穿电压 $U_Z=\pm 5$ V，电阻 $R_1=20\ \text{k}\Omega$，$R_2=30\ \text{k}\Omega$：

① 试求比较器的门限电平，并画出电路的传输特性；

② 若输入电压 u_I 是图 P8-7(b)所示幅度为±4 V 的三角波，试画出比较器相应的输出电压 u_O 的波形。

习题 8-8　在图 P8-8(a)电路中，设 A_1、A_2 均为理想运放，稳压管的 $U_Z=\pm 4$ V，电阻 $R_2=R_3=10\ \text{k}\Omega$，电容 $C=0.2\ \mu\text{F}$，当 $t=0$ 时电容上的电压为零。输入电压 u_I 是一个正弦波，如图 P8-8(b)所示，试画出相应的 u_{O1} 和 u_{O2} 的波形，在图上注明电压的幅值。

习题 8-9　在图 P8-9 所示的滞回比较器电路中，已知 $R_1=68\ \text{k}\Omega$，$R_2=100\ \text{k}\Omega$，$R_F=200\ \text{k}\Omega$，$R=2\ \text{k}\Omega$，稳压管的 $U_Z=\pm 6$ V，参考电压 $U_{REF}=8$ V，试估算其两个门限电平 U_{T+} 和 U_{T-} 以及门限宽度 ΔU_T 的值，并画出滞回比较器的传输特性。

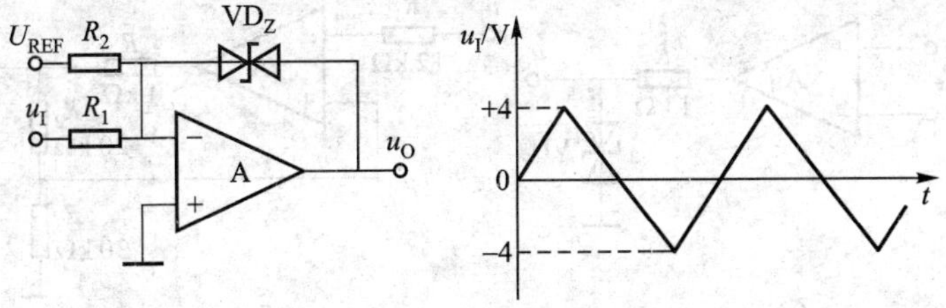

图 P8-7

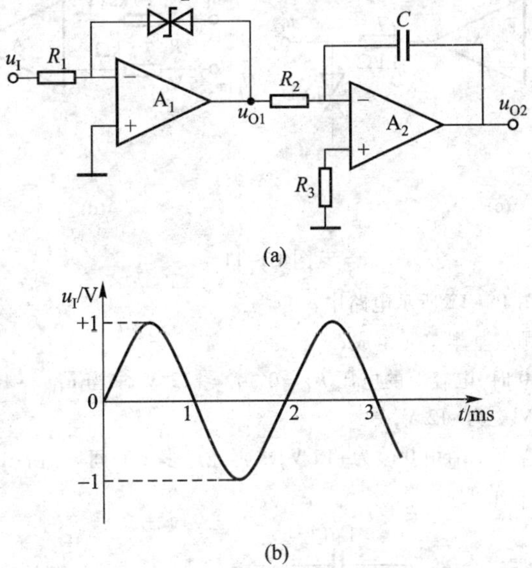

图 P8-8

习题 8-10 图 P8-10 中是正向输入滞回比较器的电路图，试估算其两个门限电平 U_{T+} 和 U_{T-} 以及门限宽度 ΔU_T，并画出正向输入滞回比较器的传输特性。

习题 8-11 在图 P8-11 所示各比较器电路中，设稳压管的稳定电压均为 $U_Z=\pm6$ V，分别画出它们的传输特性，并分别说明它们是什么类型的比较器。

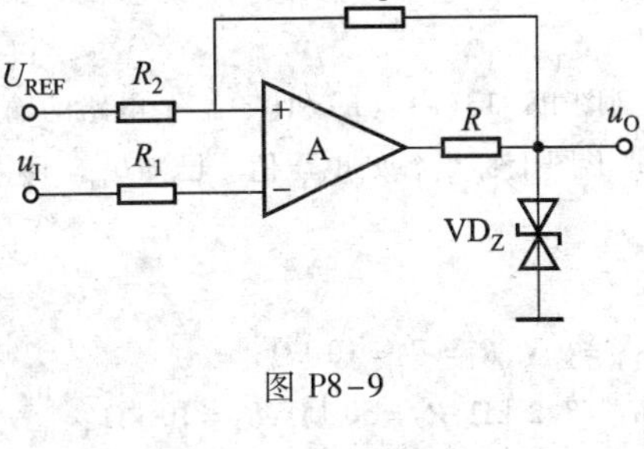

图 P8-9

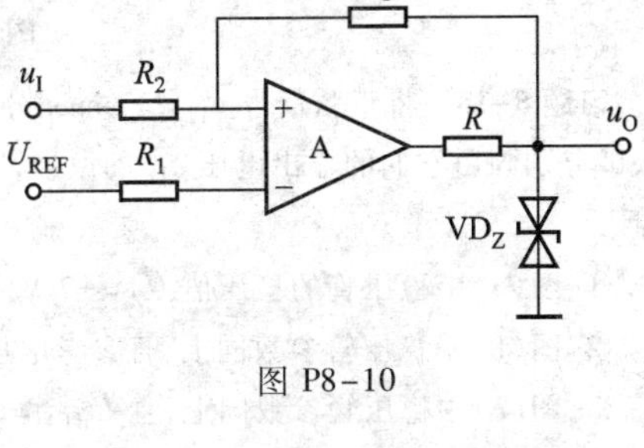

图 P8-10

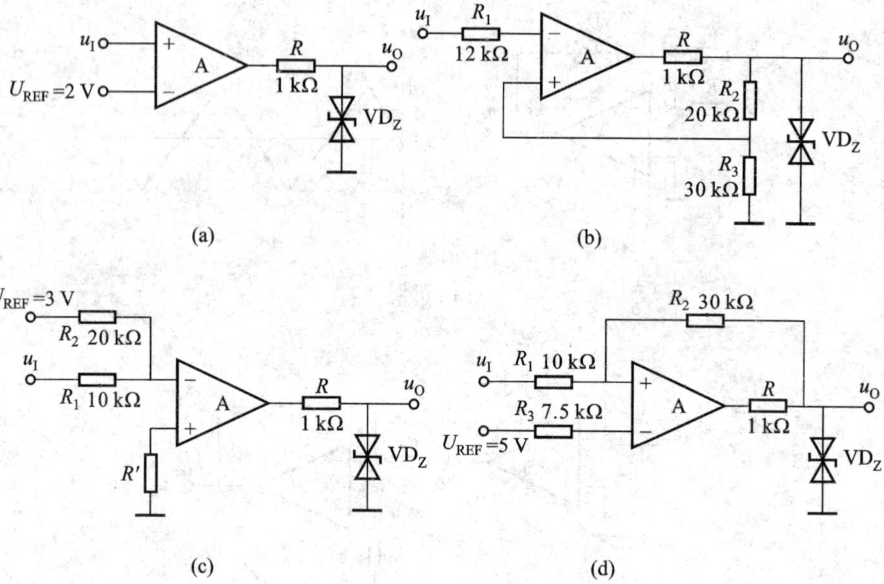

图 P8-11

习题 8-12　在图 P8-12 所示电路中：

① 分析电路由哪些基本单元组成；

② 设 $u_{I1}=u_{I2}=0$ 时，电容上的电压 $U_C=0$，$u_O=+12$ V，求当 $u_{I1}=-10$ V，$u_{I2}=0$ 时，经过多少时间 u_O 由+12 V 变为-12 V；

③ u_O 变成-12 V 后，u_{I2} 由 0 改为+15 V，求再经过多少时间 u_O 由-12 V 变为+12 V；

④ 画出 u_{O1} 和 u_O 的波形。

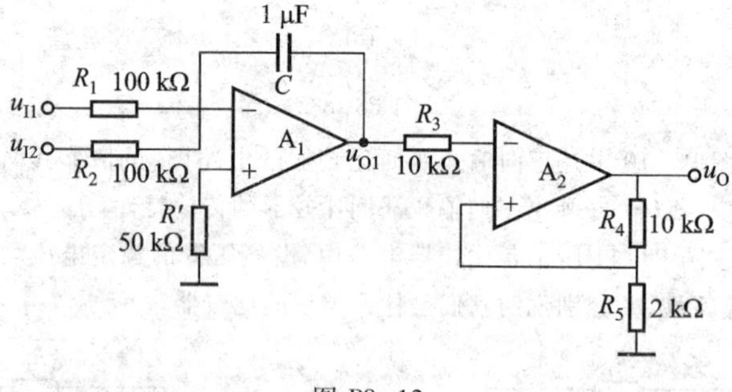

图 P8-12

习题 8-13　将正弦信号 $u_I=U_m\sin\omega t$ 分别送到图 P8-13(a)、(b)和(c)三个电路的输入端，试分别画出它们的输出电压 u_O 的波形，并在波形图上标出各处电压值。已知 $U_m=15$ V，而且：

① 图(a)中稳压管的稳压值 $U_Z=\pm7$ V；

② 图(b)中稳压管参数同上，且参考电压 $U_{REF}=6$ V，$R_1=R_2=10$ kΩ；

③ 图(c)中稳压管参数同上，且 $U_{REF}=6$ V，$R_1=8.2$ kΩ，$R_2=50$ kΩ，$R_F=10$ kΩ。

习题 8-14 在图 P8-14 所示的双限比较器电路中，设 $U_A=+10\ V$，$U_B=-10\ V$，集成运放 A_1、A_2 的最大输出电压 $U_{OPP}=\pm12\ V$，二极管的正向导通电压 $U_D=0.7\ V$，

① 试画出电路的传输特性；

② 若将上题中的正弦输入加在本电路的输入端，试画出对应的输入、输出波形。

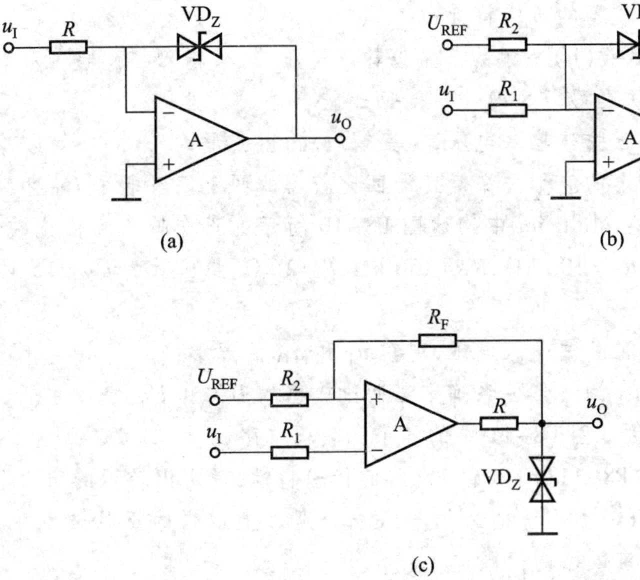

图 P8-13

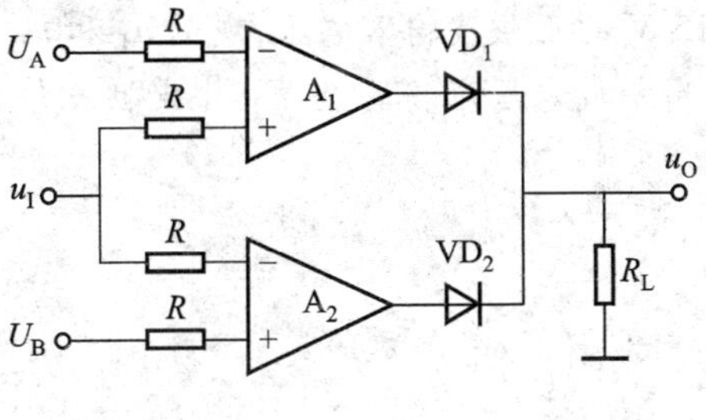

图 P8-14

习题 8-15 在图 P8-14 中，若 $U_A<U_B$，能否实现双限比较，试画出此时的输入-输出关系曲线。

Multisim 仿真练习题

仿真题 8-1 仿真图 8.1.4(a)所示的二阶低通滤波器，电路中的参数为 $R=R_1=10\ k\Omega$，$R_F=10\ k\Omega$，$C=0.1\ \mu F$，

① 测试低通滤波器的频率特性；

② 由频率特性确定电路的通带截止频率 f_0 和通带电压放大倍数 A_{up}。

仿真题 8-2　仿真习题 8-6 的二阶高通滤波器，

① 测试高通滤波器的频率特性；

② 由频率特性确定高通滤波器的 f_0 和 A_{up}。

仿真题 8-3　在 Multisim 中构建习题 8-7 中的单限比较器，

① 测试单限比较器的传输特性；

② 加上如图 P8-7(b)所示的三角波输入电压，观察输入、输出波形。

仿真题 8-4　仿真习题 8-9 中的滞回比较器，

① 加上适当的正弦波输入电压，观察输入、输出波形；

② 根据输入输出的波形关系确定滞回比较器的两个门限电平 U_{T+}和 U_{T-}。

仿真题 8-5　在 Multisim 中构建图 P8-10 所示的正向输入滞回比较器，令电路中 $R_1 = 62\ k\Omega$，$R_2 = 100\ k\Omega$，$R_F = 150\ k\Omega$，$R = 2\ k\Omega$，稳压管的 $U_Z = \pm 5\ V$，参考电压 $U_{REF} = 3\ V$，

① 加上适当的正弦波输入电压，观察 u_I 和 u_O 的波形；

② 根据 u_I 和 u_O 的波形关系确定滞回比较器的 U_{T+}和 U_{T-}。

仿真题 8-6　仿真图 P8-11 中的各个比较器电路，

① 分别测试图 P8-11(a)和(b)电路的传输特性，确定比较器的门限电平；

② 在图 P8-11(c)和(d)电路的输入端分别加上适当的正弦波电压，观察 u_I 和 u_O 的波形，确定电路的门限电平。

仿真题 8-7　仿真图 P8-14 中的双限比较器，令 $R_L = 10\ k\Omega$，

① 测试比较器的传输特性；

② 加上幅度为 15 V 的正弦波输入电压，观察 u_I 和 u_O 波形。

仿真题 8-8　采用集成电压比较器组成一个滞回比较器，并测出其输入、输出波形。

第 9 章　波形发生电路

内容提要

本章首先论述产生正弦波振荡的条件，介绍正弦波振荡电路的基本组成和分析步骤，然后讨论几种典型的 RC 正弦波振荡电路和 LC 正弦波振荡电路。在讨论这两种正弦波振荡电路时，首先分别论述 RC 选频网络和 LC 谐振回路的频率特性，然后根据正弦波振荡的相位平衡条件和幅度平衡条件，分析各种振荡电路的振荡频率和起振条件。

本章也扼要地介绍了石英晶体振荡电路的工作原理和特点。

随后，本章介绍几种常用的非正弦波发生电路，包括矩形波发生电路、三角波发生电路和锯齿波发生电路，介绍这些电路的组成和工作原理，并分析它们的输出幅度和振荡周期。

▶9.1　正弦波振荡电路的分析方法

正弦波和非正弦波发生电路常常作为信号源被广泛应用于无线电通信以及自动测量和自动控制等系统中。

电子技术实验中经常使用的低频信号发生器就是一种正弦波振荡电路。大功率正弦波振荡电路还可以直接为工业生产提供能源，例如高频加热炉的高频电源。此外，如超声波探伤、无线电和广播电视信号的发送和接收等，都离不开正弦波振荡电路。

▶▶9.1.1　产生正弦波振荡的条件

由第 6 章已经知道，放大电路引入反馈后，在一定的条件下可能产生自激振荡，使电路不能正常工作，因此必须消除这种振荡。但是，在另一些情况下，又要有意识地利用自激振荡现象，以便产生各种高频或低频的正弦波信号。

那么，产生正弦波振荡的条件是什么呢？在图 9.1.1 的电路中，假设先将开关 S 接在 1 端，并在放大电路的输入端加上一个正弦电压 u_i，设

$$u_i = \sqrt{2}U_i\sin\omega t$$

u_i 经过放大电路和反馈网络后，在 2 端将得到一个同样频率的正弦波反馈电压 u_f，即

$$u_f = \sqrt{2}U_f\sin(\omega t+\varphi)$$

如果 u_f 与原来的输入信号 u_i 相比,无论在幅度或者相位上都完全相等,即

$$\sqrt{2}U_f\sin(\omega t+\varphi)=\sqrt{2}U_i\sin\omega t$$

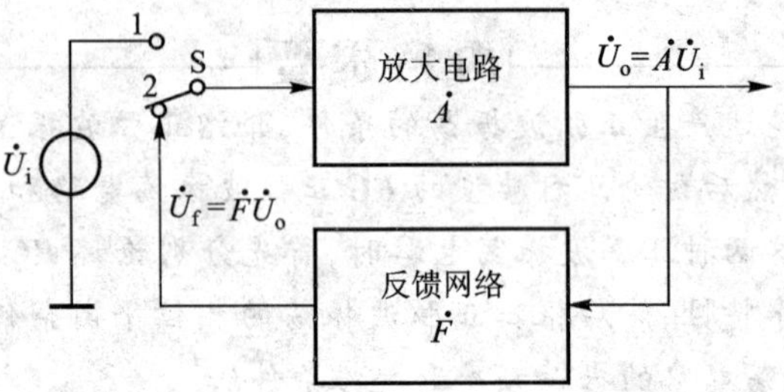

图 9.1.1　产生自激振荡的条件

此时若将开关 S 倒向 2 端,放大电路的输出信号 u_O 将仍与原来完全相同,没有任何改变。注意到此时电路未加任何输入信号,但在输出端却得到了一个正弦波信号。也就是说,放大电路产生了角频率为 ω 的正弦波振荡。由此可知,放大电路产生自激振荡的条件可表示如下:

$$\dot{U}_f=\dot{U}_i$$

因为

$$\dot{U}_f=\dot{F}\dot{U}_o=\dot{F}\dot{A}\dot{U}_i=\dot{U}_i$$

所以产生正弦波振荡的条件是

$$\dot{A}\dot{F}=1 \tag{9.1.1}$$

上式可以分别用幅度平衡条件和相位平衡条件来表示:

$$|\dot{A}\dot{F}|=1 \tag{9.1.2}$$

$$\arg\dot{A}\dot{F}=\varphi_A+\varphi_F=\pm 2n\pi \quad (n=0,1,2,\cdots) \tag{9.1.3}$$

式(9.1.2)所示的幅度平衡条件 $|\dot{A}\dot{F}|=1$,是表示振荡电路已经达到稳幅振荡时的情况。但若要求振荡电路能够自行起振,开始时必须满足 $|\dot{A}\dot{F}|>1$ 的幅度条件。然后在振荡建立的过程中,随着振幅的增大,由于电路中非线性元件的限制,使 $|\dot{A}\dot{F}|$ 值逐步下降,最后达到 $|\dot{A}\dot{F}|=1$,此时振荡电路处于稳幅振荡状态,输出电压的幅度达到稳定。

本书第 6 章已经讨论过,负反馈放大电路产生自激振荡的条件是

$$\dot{A}\dot{F}=-1$$

此式与式(9.1.1)差一个负号。产生这个差别的根本原因在于两种情况下反馈的极性不同。在放大电路中,为了改善性能,引入的是负反馈,如果在某一频率下满

足条件 $\dot{A}\dot{F}=-1$，表示放大电路和反馈网络产生的附加相移为 $(2n+1)\pi$，此时，反馈信号的极性与中频时相反，负反馈已变成了正反馈，并最终产生了自激振荡。

而在振荡电路中，我们的目的就是要产生正弦波振荡，因此有意识地将反馈接成正反馈，由图 9.1.1 可见，此时产生振荡的条件是 $\dot{U}_f=\dot{U}_i$，即 $\dot{A}\dot{F}=1$。

▶▶9.1.2 正弦波振荡电路的组成

一般说来，正弦波振荡电路应该具有以下四个组成部分：

1. 放大电路
2. 反馈网络
3. 选频网络
4. 稳幅环节

其中放大电路和反馈网络构成正反馈系统，共同满足条件 $\dot{A}\dot{F}=1$。选频网络的作用是实现单一频率的正弦波振荡。稳幅环节的作用是使振荡幅度达到稳定，通常可以利用放大元件的非线性特性来实现。

如果正弦波振荡电路的选频网络由电阻和电容元件组成，通常称为 *RC* 振荡电路；如果选频网络由电感和电容元件组成，则称为 *LC* 振荡电路。此外，还可以利用石英谐振器来实现选频作用，组成石英晶体振荡器。

▶▶9.1.3 正弦波振荡电路的分析步骤

一般可以采用以下几个步骤来分析正弦波振荡电路的工作情况：

(1) 检查电路是否具有正弦波振荡电路的基本组成部分，并检查其中放大电路的静态工作点是否能保证电路工作在放大状态。

(2) 分析电路是否满足自激振荡条件。在产生正弦波振荡的两个条件中，一般情况下，相位平衡条件是主要的，幅度平衡条件相对来说比较容易满足。

判断相位平衡条件可以采用瞬时极性法，即假设在适当的位置断开反馈回路，加上输入信号 $\dot{U}_i$，经过放大电路和反馈网络后得到反馈信号 $\dot{U}_f$，分析 $\dot{U}_f$ 与 $\dot{U}_i$ 的相位关系，如果二者同相，则满足相位平衡条件。

(3) 估算振荡频率和起振条件

振荡频率由相位平衡条件决定。如果电路在某一个特定的频率时满足相位平衡条件，即 $\arg\dot{A}\dot{F}=\varphi_A+\varphi_F=\pm 2n\pi$，则该频率即是振荡频率。通常振荡频率的值与选频网络的参数有关。

起振条件由幅度平衡条件决定。根据 $|\dot{A}\dot{F}|>1$ 的关系式可求得振荡电路的起振条件。下面将结合具体电路进行分析。

▶9.2　RC 正弦波振荡电路

RC 正弦波振荡电路的选频网络由电阻和电容元件组成，其中，RC 串并联网络振荡电路是一种使用十分广泛的电路，本节将主要介绍这种 RC 振荡电路。

▶▶9.2.1　RC 串并联网络的选频特性

图 9.2.1(a)示出了一个 RC 串并联网络，首先来定性地分析一下它的频率特性。假设输入一个幅度恒定的正弦电压 $\dot{U}$，当其频率逐渐变化时，观察 R_2C_2 并联支路两端电压 $\dot{U}_f$的变化情况。在频率比较低的情况下，由于 $1/\omega C_1 \gg R_1$，$1/\omega C_2 \gg R_2$，此时可将 R_1 和 $1/\omega C_2$ 忽略，则图 9.2.1(a)的低频等效电路如图(b)所示。ω 愈低，则 $1/\omega C_1$ 愈大，$\dot{U}_f$的幅度愈小，且其相位超前于 $\dot{U}$ 愈多。当 ω 趋近于零时，$|\dot{U}_f|$ 趋近于零，φ_F 接近 +90°。而当频率较高时，由于 $1/\omega C_1 \ll R_1$，$1/\omega C_2 \ll R_2$，此时可将 $1/\omega C_1$ 和 R_2 忽略，则图 9.2.1(a)的高频等效电路如图(c)所示。ω 愈高，则 $1/\omega C_2$ 愈小，$\dot{U}_f$的幅度也愈小，而其相位滞后于 $\dot{U}$ 愈多。当 ω 趋近于无穷大时，$|\dot{U}_f|$ 趋近于零，φ_F 接近−90°。由此可见，只有当角频率为某一中间值时，有可能得到 $|\dot{U}_f|$ 的值较大，且 $\dot{U}_f$ 与 $\dot{U}$ 同相。

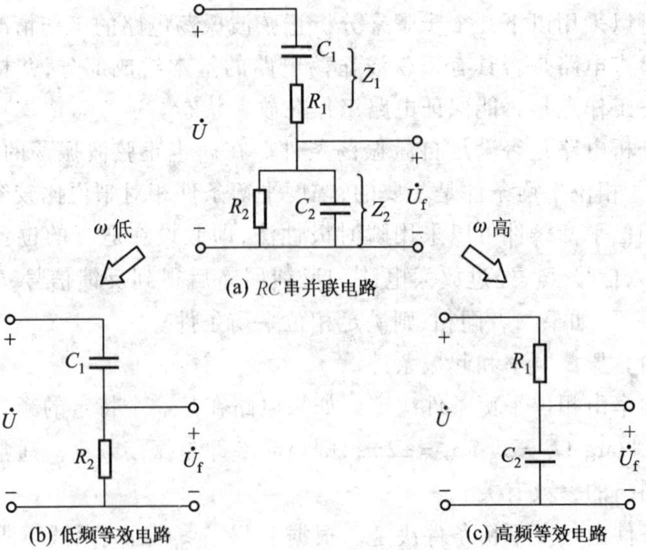

图 9.2.1　RC 串并联网络

下面进行定量分析。在实用的 RC 串并联网络中，为了便于调整参数，通常使 $R_1=R_2=R, C_1=C_2=C$，此时，图 9.2.1(a) 所示 RC 串并联网络的频率特性可表示为

$$\dot{F}=\frac{\dot{U}_f}{\dot{U}}=\frac{Z_2}{Z_1+Z_2}=\frac{\dfrac{R}{1+j\omega RC}}{R+\dfrac{1}{j\omega C}+\dfrac{R}{1+j\omega RC}}$$

$$=\frac{1}{3+j\left(\omega RC-\dfrac{1}{\omega RC}\right)}$$

令 $\omega_0=\dfrac{1}{RC}$，则上式可简化为

$$\dot{F}=\frac{1}{3+j\left(\dfrac{\omega}{\omega_0}-\dfrac{\omega_0}{\omega}\right)} \tag{9.2.1}$$

以上频率特性的表达式可以分别用幅频特性和相频特性的表达式表示如下：

$$|\dot{F}|=\frac{1}{\sqrt{3^2+\left(\dfrac{\omega}{\omega_0}-\dfrac{\omega_0}{\omega}\right)^2}} \tag{9.2.2}$$

$$\varphi_F=-\arctan\left(\frac{\dfrac{\omega}{\omega_0}-\dfrac{\omega_0}{\omega}}{3}\right) \tag{9.2.3}$$

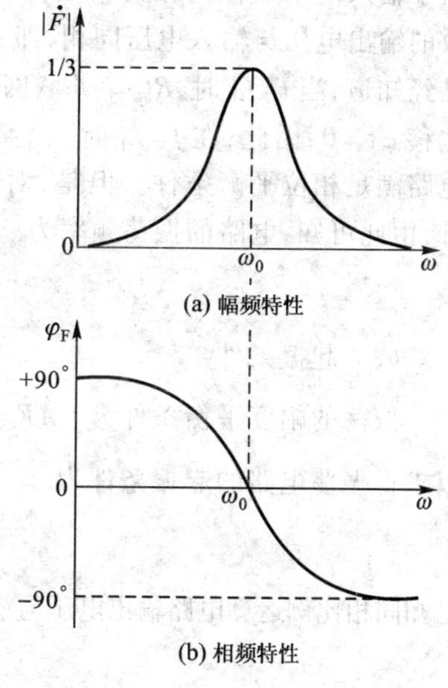

图 9.2.2 RC 串并联网络的频率特性

根据式(9.2.2)和(9.2.3)可以分别画出 RC 串并联网络的幅频特性和相频特性如图 9.2.2 所示。由图可知，当 $\omega=\omega_0=\dfrac{1}{RC}$时，$\dot{F}$ 的幅值最大，此时

$$|\dot{F}|_{max}=\frac{1}{3}$$

同时，$\dot{F}$ 的相位角为零，即

$$\varphi_F=0$$

也就是说，当 $f=f_0=\dfrac{1}{2\pi RC}$时，$\dot{U}_f$的幅值达到最大，等于 $\dot{U}$ 幅值的$\dfrac{1}{3}$，而且，$\dot{U}_f$与 $\dot{U}$ 同相。

▶▶9.2.2 *RC* 串并联网络振荡电路

1. 电路组成

振荡电路的原理图如图 9.2.3 所示。其中集成运放 A 作为放大电路，RC 串并联网络是选频网络，而且，当 $f=f_0$ 时，它是一个接成正反馈的反馈网络。另外，R_F 和 R' 支路引入一个负反馈。由图可见，RC 串并联网络中的串联支路和并联支路，以及负反馈支路中的 R_F 和 R'，正好组成一个电桥的四个臂，因此这种电路又称为**文氏电桥振荡电路**①。

2. 振荡频率和起振条件

(1) 振荡频率

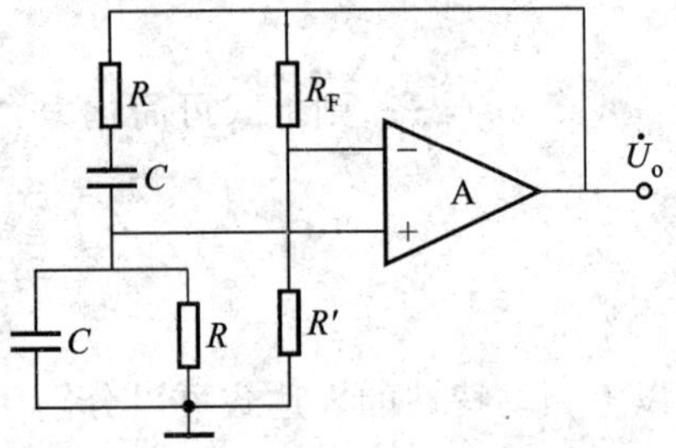

图 9.2.3 *RC* 串并联网络振荡电路

为了判断电路是否满足产生振荡的相位平衡条件，可假设在集成运放的同相输入端将电路断开，并加上输入电压 $\dot{U}_i$。由于输入电压加在同相输入端，故集成运放的输出电压与输入电压同相，即 $\varphi_A=0$。已经知道，当 $f=f_0$ 时，RC 串并联网络的相位移 $\varphi_F=0$，因此，在 $f=f_0$ 时，$\varphi_A+\varphi_F=0$，电路满足相位平衡条件。但是，对于其他任何频率，电路均不满足相位平衡条件，由此可知，电路的振荡频率为

$$f_0=\frac{1}{2\pi RC} \tag{9.2.4}$$

(2) 起振条件

振荡的幅度平衡条件为 $|\dot{A}\dot{F}|>1$，已经知道当 $f=f_0$ 时，$|\dot{F}|=\frac{1}{3}$，由此可以求得振荡电路的起振条件为

$$|\dot{A}_u|>3 \tag{9.2.5}$$

已知同相比例运算电路输出电压与输入电压之间的比例系数为 $1+\frac{R_F}{R'}$，为了达到

$$1+\frac{R_F}{R'}>3$$

负反馈支路的参数应满足关系

$$R_F>2R'$$

3. 振荡电路中的负反馈

根据以上分析可知，RC 串并联网络振荡电路中，只要达到 $|\dot{A}_u|>3$，即可满

① 文氏电桥以人的姓氏 Wien 命名。

足产生正弦波振荡的起振条件。如果 $|\dot{A}_u|$ 的值过大，由于振荡幅度超出放大电路的线性放大范围而进入非线性区，输出波形将产生明显的失真。另外，放大电路的放大倍数因受环境温度及元件老化等因素影响，也要发生波动。以上情况都将直接影响振荡电路输出波形的质量，因此，通常都在放大电路中引入负反馈以改善振荡波形。在图 9.2.3 所示的 RC 串并联网络振荡电路中，电阻 R_F 和 R' 引入了一个电压串联负反馈，它的作用不仅可以提高放大倍数的稳定性，改善振荡电路的输出波形，而且能够进一步提高放大电路的输入电阻，降低输出电阻，从而减小了放大电路对 RC 串并联网络选频特性的影响，提高了振荡电路的带负载能力。

改变电阻 R_F 或 R' 阻值的大小可以调节负反馈的深度。R_F 愈小，则负反馈系数 $F=\dfrac{R'}{R_F+R'}$ 愈大，负反馈深度愈深，放大电路的电压放大倍数愈小；反之，R_F 愈大，则负反馈系数 F 愈小，即负反馈愈弱，电压放大倍数愈大。如电压放大倍数太小，不能满足 $|\dot{A}_u|>3$ 的条件，则振荡电路不能起振；如电压放大倍数太大，则可能输出幅度太大，使振荡波形产生明显的非线性失真，应调整 R_F 和 R' 的阻值，使振荡电路产生比较稳定而失真较小的正弦波信号。

在实际工作中，希望电路能够根据振荡幅度的大小自动地改变负反馈的强弱，以实现自动稳幅。例如，若振荡幅度增大，要求负反馈系数 F 随之增大，加强负反馈，限制输出幅度继续增长；反之，若振荡幅度减小，要求负反馈系数 F 也随之减小，削弱负反馈，避免输出幅度继续减小，甚至无法起振。

可以在负反馈支路中采用热敏电阻来实现自动稳幅，例如，在图 9.2.3 中，利用具有负温度系数的热敏电阻代替原来的反馈电阻 R_F。当振荡幅度增大时，流过热敏电阻的电流也增大，于是温度升高，使热敏电阻的阻值减小，则负反馈系数 F 增大，即负反馈得到加强，使放大电路的电压放大倍数降低，结果抑制了输出幅度的增长；反之，若振荡幅度减小，则流过热敏电阻的电流也减小，温度降低，热敏电阻的阻值增大，则负反馈系数 F 减小，即负反馈被削弱，使电压放大倍数升高，阻止输出幅度继续减小，从而达到自动稳幅的效果。

根据同样的原理，也可以在图 9.2.3 中采用具有正温度系数的热敏电阻代替原来的电阻 R'，来达到自动稳幅的目的。

4. 振荡频率的调节

由式(9.2.4)可知，RC 串并联网络正弦波振荡电路的振荡频率为

$$f_0=\frac{1}{2\pi RC}$$

因此，只要改变电阻 R 或电容 C 的值，即可调节振荡频率。图 9.2.4 示出了一种常用的调节振荡频率的方法。在 RC 串并联网络中，利用同轴波段开关换接不同容

量的电容对振荡频率进行粗调,利用同轴电位器 R_W 对振荡频率进行细调。采用这种办法可以很方便地在一个比较宽广的范围内对振荡频率进行连续调节。

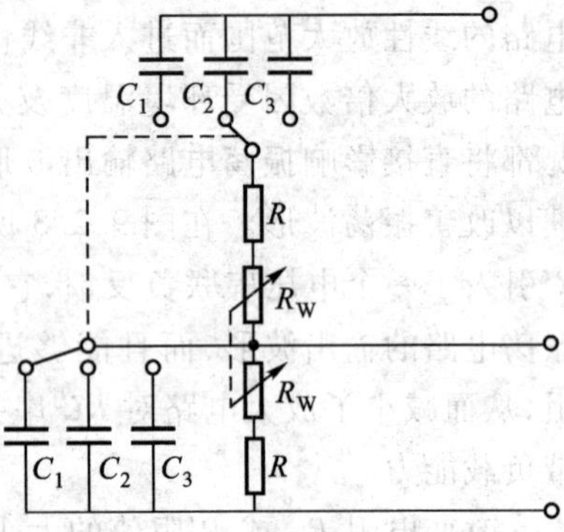

图 9.2.4　振荡频率的调节

【例 9.2.1】　一台由文氏电桥振荡电路组成的正弦波信号发生器,采用图 9.2.4 所示的方法调节输出频率。切换不同的电容作为频率粗调,调节同轴电位器作为细调。已知 C_1、C_2、C_3 分别为 0.25 μF、0.025 μF、0.0025 μF,固定电阻 $R=3\ \text{k}\Omega$,电位器 $R_W=30\ \text{k}\Omega$。试估算该仪器三挡频率的调节范围。

解: 在低频挡,$C=0.25\ \mu\text{F}$。当电位器调至最大时,$R+R_W=(3+30)\ \text{k}\Omega=33\ \text{k}\Omega$,

$$f=\left(\frac{1}{2\pi\times33\times10^3\times0.25\times10^{-6}}\right)\ \text{Hz}=19\ \text{Hz}$$

当电位器调至零时,$R+R_W=3\ \text{k}\Omega$,

$$f=\left(\frac{1}{2\pi\times3\times10^3\times0.25\times10^{-6}}\right)\ \text{Hz}=212\ \text{Hz}$$

在中频挡,$C=0.025\ \mu\text{F}$。当 R_W 调至最大时,

$$f=\left(\frac{1}{2\pi\times33\times10^3\times0.025\times10^{-6}}\right)\ \text{Hz}=190\ \text{Hz}$$

当 R_W 调至零时,

$$f=\left(\frac{1}{2\pi\times3\times10^3\times0.025\times10^{-6}}\right)\ \text{Hz}=2.12\times10^3\ \text{Hz}=2.12\ \text{kHz}$$

在高频挡,$C=0.0025\ \mu\text{F}$。当 R_W 调至最大时,

$$f=\left(\frac{1}{2\pi\times33\times10^3\times0.0025\times10^{-6}}\right)\ \text{Hz}=1.9\times10^3\ \text{Hz}=1.9\ \text{kHz}$$

当 R_W 调至零时,

$$f=\left(\frac{1}{2\pi\times3\times10^3\times0.0025\times10^{-6}}\right)\ \text{Hz}=2.12\times10^4\ \text{Hz}=21.2\ \text{kHz}$$

综合以上估算结果,可得三挡频率的调节范围为

19 ~ 212 Hz,　190 Hz ~ 2.12 kHz,　1.9 ~ 21.2 kHz。

可见三挡的频率均在音频范围内,且三挡之间互相有一部分覆盖,故能在 19 Hz ~ 21.2 kHz的全部频率范围内连续可调,实际上这是一台频率可调的音频

信号发生器。

除了 RC 串并联网络振荡电路以外，其他的 RC 振荡电路有移相式振荡电路和双 T 型选频网络振荡电路等，但它们的应用都不如 RC 串并联网络振荡电路广泛，此处不再赘述。

各种 RC 振荡电路的振荡频率均与 R、C 的乘积成反比，如欲产生振荡频率很高的正弦波信号，势必要求电阻或电容的值很小，这在制造上和电路实现上将有较大的困难，因此，RC 振荡器一般用来产生几赫～几百千赫的低频信号，若要产生更高频率的信号，可以考虑采用 LC 正弦波振荡器。

▶9.3 LC 正弦波振荡电路

LC 振荡电路以电感和电容元件组成选频网络，一般可以产生几十兆赫以上的正弦波信号。

为了说明 LC 正弦波振荡电路的工作原理，首先需要讨论 LC 并联电路的特性。

▶▶9.3.1 LC 并联电路的选频特性

图 9.3.1 示出了一个 LC 并联电路，图中的 R 表示回路中和回路所带负载的等效总损耗电阻。

先来定性分析一下，当信号频率变化时，LC 并联电路的阻抗 Z 的大小和性质将如何变化。当频率很低时，容抗很大，可以认为开路，而感抗很小，则并联阻抗主要取决于电感支路，故阻抗 Z 呈感性，且频率愈低，阻抗值愈小。当频率很高时，感抗很大，可以认为开路，但容抗很小，此时并联阻抗主要取决于电容支路，因此阻抗 Z 呈容性，且频率愈高，阻抗值也愈小。可以证明，只有在中间某一个频率时，并联阻抗为纯阻性，且等效阻抗达到最大值，这个频率称为 LC 电路的并联谐振频率。

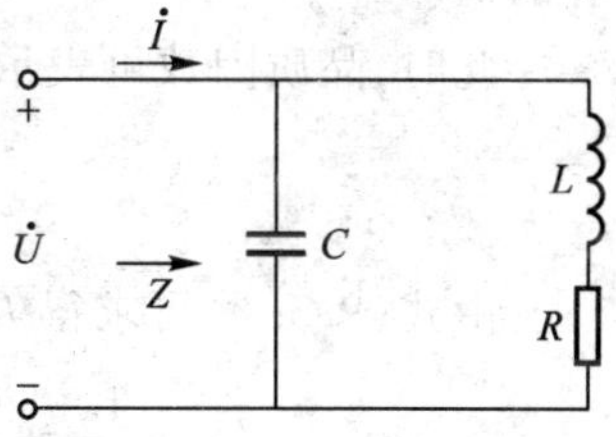

图 9.3.1　LC 并联电路

为了求得 LC 电路的并联谐振频率，列出图 9.3.1 中 LC 并联电路的复数导纳 Y 的表达式，

$$
\begin{aligned}
Y &= \mathrm{j}\omega C + \frac{1}{R + \mathrm{j}\omega L} \\
&= \frac{R}{R^2 + (\omega L)^2} + \mathrm{j}\left[\omega C - \frac{\omega L}{R^2 + (\omega L)^2}\right]
\end{aligned}
\tag{9.3.1}
$$

当回路导纳的虚部等于零时，回路电流 $\dot{I}$ 与电压 $\dot{U}$ 同相，并联阻抗为纯阻性，电路发生并联谐振，由此可得到并联谐振的角频率 ω_0，由上式可知

$$\omega_0 C - \frac{\omega_0 L}{R^2 + (\omega_0 L)^2} = 0$$

从而解出

$$\omega_0 = \frac{1}{\sqrt{\left(\frac{R}{\omega_0 L}\right)^2 + 1}} \cdot \frac{1}{\sqrt{LC}} \tag{9.3.2}$$

上式说明 ω_0 不仅与 L、C 有关,还与 R 有关。通常令

$$Q = \frac{\omega_0 L}{R} \tag{9.3.3}$$

Q 称为谐振回路的**品质因数**,是 LC 电路的一项重要指标。一般 LC 谐振电路的 Q 值约为几十到几百。

由式(9.3.2)可见,当 $Q \gg 1$ 时

$$\omega_0 \approx \frac{1}{\sqrt{LC}} \tag{9.3.4}$$

或

$$f_0 \approx \frac{1}{2\pi\sqrt{LC}} \tag{9.3.5}$$

上式说明,当品质因数很高时,并联谐振频率基本上决定于并联回路的电感和电容的值。

此时,品质因数可表示为

$$Q = \frac{\omega_0 L}{R} \approx \frac{1}{R}\sqrt{\frac{L}{C}} \tag{9.3.6}$$

由式(9.3.1)可求得 LC 并联电路发生谐振时的等效阻抗为

$$Z_0 = \frac{1}{Y_0} = \frac{R^2 + (\omega_0 L)^2}{R} = \frac{(\omega_0 L)^2}{R}\left(1 + \frac{1}{Q^2}\right) \approx \frac{L}{RC} \tag{9.3.7}$$

由以上分析可知,LC 回路的等效电阻 R 愈小,电感值 L 愈大,或电容值 C 愈小,则品质因数 Q 愈高,并联谐振时的等效阻抗 Z_0 也愈大。

为了分析不同 Q 值时 LC 并联回路的频率特性,列出图 9.3.1 所示 LC 并联电路阻抗 Z 的一般表达式。

$$Z = \frac{-\mathrm{j}\frac{1}{\omega C}(R + \mathrm{j}\omega L)}{-\mathrm{j}\frac{1}{\omega C} + R + \mathrm{j}\omega L} \approx \frac{\left(-\mathrm{j}\frac{1}{\omega C}\right) \cdot \mathrm{j}\omega L}{R + \mathrm{j}\left(\omega L - \frac{1}{\omega C}\right)}$$

$$= \frac{\frac{L}{RC}}{1 + \mathrm{j}\frac{\omega L}{R}\left(1 - \frac{1}{\omega^2 LC}\right)}$$

在谐振频率附近，即当 $\omega \approx \omega_0$ 时，上式可近似表示为

$$Z \approx \frac{Z_0}{1 + \mathrm{j}Q\left(1 - \dfrac{\omega_0^2}{\omega^2}\right)} \tag{9.3.8}$$

由此可以画出不同 Q 值时，LC 并联电路的幅频特性和相频特性，如图 9.3.2 所示。

由前面的分析以及图 9.3.2 中的频率特性可以得出几个结论：

① LC 并联电路具有选频特性，在谐振频率 f_0 处，电路呈纯电阻性，且等效阻抗值最大。当 $f<f_0$ 时，呈电感性；$f>f_0$ 时，呈电容性。而且随着频率的下降或上升，等效阻抗的值 $|Z|$ 都将减小。

② 谐振频率 f_0 的数值与 LC 并联电路的参数有关，当 $Q \gg 1$ 时，$f_0 \approx \dfrac{1}{2\pi\sqrt{LC}}$。

③ 电路的品质因数 Q 的值愈大，则幅频特性愈尖锐，即选频特性愈好，同时，谐振时的阻抗值 Z_0 也愈大。

下面将利用 LC 并联电路的特性，来分析各种 LC 正弦波振荡电路的工作原理。

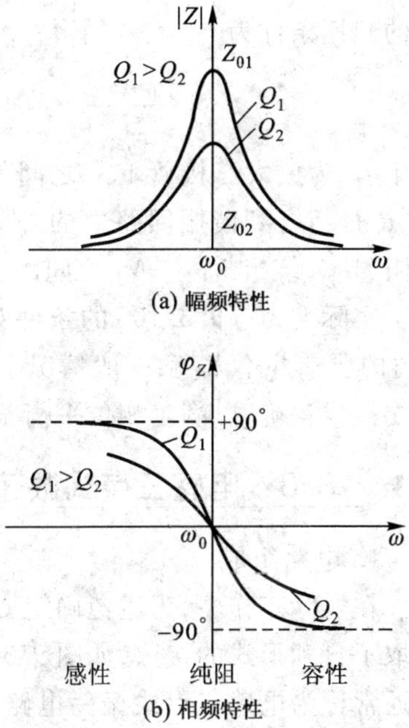

图 9.3.2　LC 并联电路的频率特性

►►9.3.2　变压器反馈式振荡电路

1. 电路组成

由图 9.3.3 可见，振荡电路由放大、选频和反馈等部分组成。选频网络是一个 LC 并联电路，反馈由变压器实现，因此称为变压器反馈式振荡电路。

为了判断电路是否满足产生振荡的相位平衡条件，可以假设将放大电路的输入端 a 点处断开，并加输入信号 $\dot{U}_\mathrm{i}$，其频率为 LC 并联电路的谐振频率，此时放大管的集电极等效负载为一纯阻，则集电极电压 $\dot{U}_\mathrm{c}$ 与 $\dot{U}_\mathrm{i}$ 反相。根据图中标明的变压器的同名端，可知变压器二次边绕组 N_2 上的反馈电压 $\dot{U}_\mathrm{f}$ 与 $\dot{U}_\mathrm{c}$ 反相，因此，$\dot{U}_\mathrm{f}$ 与 $\dot{U}_\mathrm{i}$ 同相，说明电路满足振荡的相位平衡条件。

2. 振荡频率和起振条件

从分析相位平衡条件的过程中看出，只有在谐振频率处，电路才满足相位平

衡条件,所以,振荡电路的振荡频率就是 LC 并联电路的谐振频率,即

$$f_0 \approx \frac{1}{2\pi\sqrt{LC}} \qquad (9.3.9)$$

根据幅度平衡条件,可以得到振荡电路的起振条件为[①]

$$\beta > \frac{r_{be}R'C}{M} \qquad (9.3.10)$$

式中 r_{be}为放大三极管 b、e 之间的等效电阻,R'是折合到谐振回路中的等效总损耗电阻,M 为绕组 N_1 与 N_2 之间的互感。

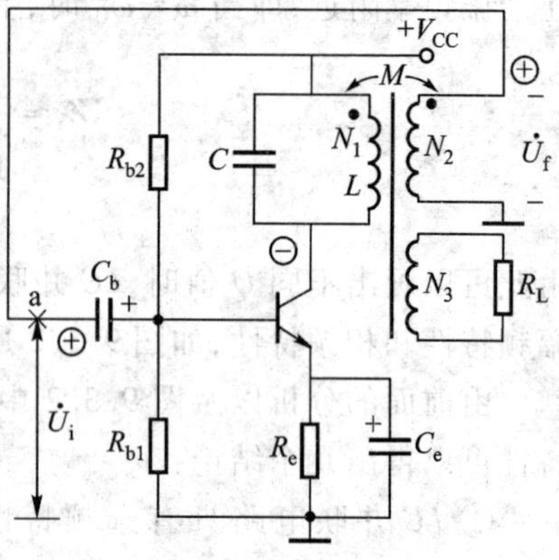

图 9.3.3　变压器反馈式振荡电路

实际上,式(9.3.10)的条件对三极管 β 值的要求并不太高,一般情况下比较容易满足。关键要保证变压器绕组的同名端接线正确,以满足相位平衡条件。如果同名端接错,则电路不能起振。

▶▶9.3.3　电感三点式振荡电路

1. 电路组成

在实际工作中,为避免确定变压器同名端的麻烦,也为了绕制线圈的方便,采取了自耦形式的接法,如图 9.3.4 所示。由于电感 L_1 和 L_2 引出三个端点,所以通常称为电感三点式振荡电路[②]。图中 LC 并联电路的下端 3 通过耦合电容 C_b 接三极管的基极,中间抽头 2 接至电源 V_{CC},在交流通路中 2 端接地,所以电感 L_2 上的电压就是送回到三极管基极回路的反馈电压 $\dot{U}_f$。

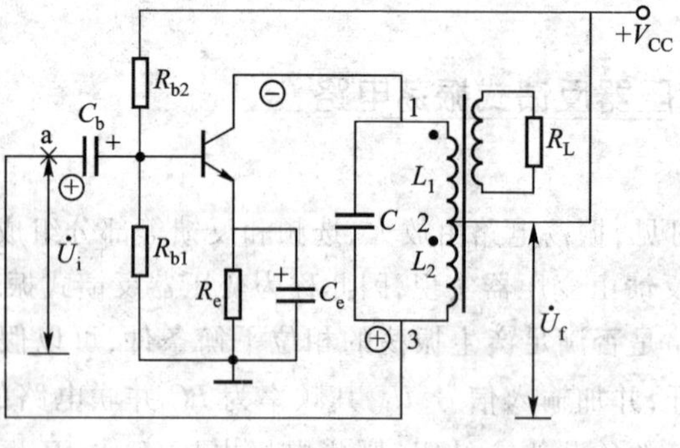

图 9.3.4　电感三点式振荡电路

① 详见参考文献[1],第 399 ~400 页。

② 又名哈特莱(Hartley)振荡电路。

假设在图中 a 点处将电路断开,并加上输入信号 $\dot{U}_i$。由于谐振时 LC 并联回路的阻抗为纯阻性,因此集电极电压 $\dot{U}_c$ 与 $\dot{U}_i$ 反相,即 $\varphi_A = 180°$。而 L_2 上的反馈电压 $\dot{U}_f$ 与 $\dot{U}_c$ 也反相,即 $\varphi_F = 180°$,所以电路满足相位平衡条件。

2. 振荡频率和起振条件

当谐振回路的 Q 值很高时,振荡频率可表示为

$$f_0 \approx \frac{1}{2\pi\sqrt{LC}} = \frac{1}{2\pi\sqrt{(L_1 + L_2 + 2M)C}} \tag{9.3.11}$$

式中 L 为回路的总电感,即

$$L = L_1 + L_2 + 2M$$

其中 M 为线圈 L_1 与 L_2 之间的互感。

根据幅度平衡条件可以证明,起振条件为

$$\beta > \frac{L_1 + M}{L_2 + M} \cdot \frac{r_{be}}{R'} \tag{9.3.12}$$

式中 R' 为折合到管子集电极和发射极间的等效并联总损耗电阻。

电感三点式振荡电路的特点是:

① 由于线圈 L_1 和 L_2 之间耦合很紧,因此比较容易起振。改变电感抽头的位置,即改变 L_2/L_1 的比值,可以获得满意的正弦波输出,且振荡幅度较大。根据经验,通常可以选择反馈线圈 L_2 的圈数为整个线圈的1/8 到 1/4。具体的圈数比应该通过实验调整来确定。

② 调节频率方便。采用可变电容,可获得一个较宽的频率调节范围。

③ 一般用于产生几十兆赫以下的频率。

④ 由于反馈电压取自电感 L_2,而电感对高次谐波的阻抗较大,不能将高次谐波短路掉。因输出波形中含有较大的高次谐波,故波形较差。

⑤ 由于电感三点式振荡电路的输出波形较差,且频率稳定度不高,因此通常用于要求不高的设备中,例如高频加热器、接收机的本机振荡等。

▶▶9.3.4 电容三点式振荡电路

为了获得良好的正弦波,可将图 9.3.4 中的电感 L_1、L_2 改用对高次谐波呈现低阻抗的电容 C_1、C_2,同时将原来的电容 C 改为电感 L,如图 9.3.5 所示,这就是电容三点式振荡电路①。

在图 9.3.5 中,由于 3 端通过耦合电容 C_b 接三极管的基极,而 2 端接地,所以电容 C_2 两端的电压就是反馈电压 $\dot{U}_f$。

① 又名考毕兹(Colpitts)振荡电路。

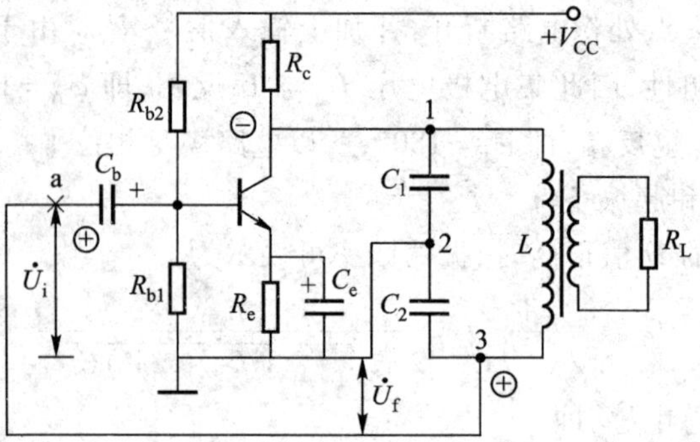

图 9.3.5　电容三点式振荡电路

假设从图中 a 点处断开,加上输入电压 $\dot{U}_i$,利用瞬时极性法可以分析得到,当 LC 回路谐振时,$\dot{U}_f$与 $\dot{U}_i$同相,电路满足相位平衡条件。因此,振荡频率就是 LC 回路的谐振频率,即

$$f_0 \approx \frac{1}{2\pi\sqrt{LC}} = \frac{1}{2\pi\sqrt{L\dfrac{C_1C_2}{C_1+C_2}}} \tag{9.3.13}$$

根据幅度平衡条件,可以证明起振条件为

$$\beta > \frac{C_2}{C_1}\cdot\frac{r_{be}}{R'} \tag{9.3.14}$$

式中 R'为折合到管子集电极和发射极间的等效并联总损耗电阻。

电容三点式振荡电路的特点是:

① 由于反馈电压取自电容 C_2,电容对于高次谐波阻抗很小,于是反馈电压中的谐波分量很小,所以输出波形较好。

② 因为电容 C_1、C_2 的容量可以选得较小,并将放大管的极间电容也计算到 C_1、C_2 中去,因此振荡频率较高,一般可以达到 100 MHz 以上。

③ 调节 C_1 或 C_2 可以改变振荡频率,但同时会影响起振条件,因此这种电路适于产生固定频率的振荡。如果要改变频率,可在 L 两端并联一个可变电容,由于固定电容 C_1、C_2 的影响,频率的调节范围比较窄。另外也可以采用可调电感来改变频率。

通常选择两个电容之比为 $C_1/C_2 \leqslant 1$,可通过实验调整来最后确定电容的比值。

▶▶9.3.5　改进型电容三点式振荡电路

对于前面图 9.3.5 所示的电容三点式振荡电路来说,当要求进一步提高振荡频率时，电容 C_1 和 C_2 的容值将减得很小。然而，在交流通路中，电容 C_2 并联在放大三极管的 b、e 之间，而 C_1 并联在三极管的 c、e 之间，因此，如果 C_1、C_2 的容值减小到可与三极管的极间电容相比拟的程度，则管子极间电容随温度等因素的变化，将对振荡频率产生显著的影响，导致振荡频率不稳定。

为了克服这个缺点，提高频率的稳定性，可在图 9.3.5 电路的基础上加以改进，在电感 L 支路中串联一个电容 C_3，如图 9.3.6 所示，这就是所谓改进型电容三点式振荡电路①。

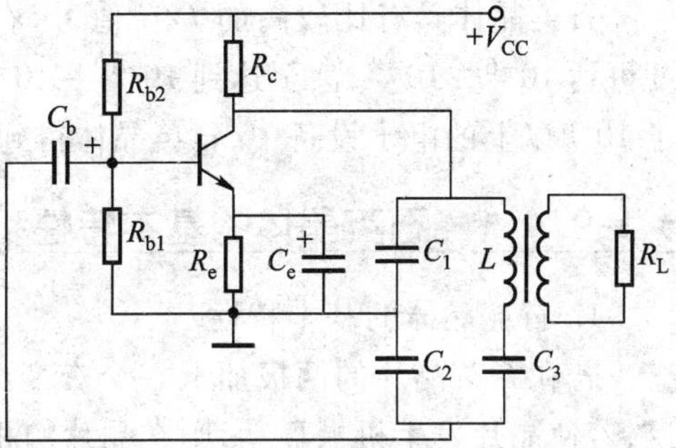

图 9.3.6　改进型电容三点式振荡电路

在选择电路的参数时，取 C_1、C_2 的容值比较大，以避免极间电容变化对振荡频率产生影响，而使 C_3 的容值比较小，即 $C_3 \ll C_1$，$C_3 \ll C_2$，此时振荡频率可表示为

$$f_0 \approx \frac{1}{2\pi\sqrt{L \cdot \frac{1}{\frac{1}{C_1}+\frac{1}{C_2}+\frac{1}{C_3}}}} \approx \frac{1}{2\pi\sqrt{LC_3}} \tag{9.3.15}$$

由于振荡频率 f_0 基本上由 L 和 C_3 确定，与 C_1、C_2 的关系很小，所以当三极管的极间电容改变时，对 f_0 的影响也很小。这种振荡电路的频率稳定度可达 10^{-4} 至 10^{-5}。

▶9.4　石英晶体振荡器

根据前面的分析已经知道，LC 谐振回路的品质因数 Q 值的大小对 LC 振荡电路的性能影响很大，Q 值愈大，LC 并联电路的幅频特性曲线的形状愈尖锐，即选频特性愈好。由式(9.3.6)可知，LC 回路的 Q 值为

$$Q=\frac{\omega_0 L}{R} \approx \frac{1}{R}\sqrt{\frac{L}{C}}$$

可见，为了提高 LC 回路的品质因数，应尽量减小回路的损耗电阻，并增大 L/C 值。但实际上 LC 回路的 L/C 值不能无限制地增大。因为如 L 值选得太大，电感的体积将要增加，线圈的损耗电阻和分布电容也随之增大；如 C 选得太小，当

① 又名克莱普(Clapp)振荡电路。

并联的分布电容及杂散电容变化时,将对频率的稳定性产生显著影响,因此 L/C 值有一定限制。一般 LC 回路的 Q 值最高可达数百。实践证明,在 LC 振荡电路中,即使采用了各种稳频措施,频率稳定度很难超过 10^{-5} 的数量级。在要求高频率稳定度的场合,往往采用高 Q 值的石英晶体谐振器代替一般的 LC 回路。

石英晶体具有比较高的 L/C 值,用石英晶体组成的振荡电路,其频率稳定度可达 $10^{-6}\sim10^{-8}$,甚至达到 $10^{-10}\sim10^{-11}$ 数量量级,所以在要求频率稳定度高于 10^{-6} 以上的电子设备中,石英晶体得到了广泛的应用。

▶▶9.4.1　石英晶体的基本特性和等效电路

1. 石英晶体的基本特性

若在石英晶片的两极加上一个交变电压,晶片将会产生机械变形振动。相反,若使晶片发生机械振动,则在晶片的相应方向上将产生一定的交变电场。在一般情况下,晶片机械振动的振幅和交变电场的振幅都非常微小,只有当外加交变电压的频率为某一特定频率时,振幅才会突然增大,这种现象称为**压电谐振**。上述特定频率称为晶体的**固有频率**或**谐振频率**。这种现象与 LC 回路的谐振现象十分相似,因此,石英晶体又称为**石英谐振器**。

2. 石英晶体的等效电路

石英谐振器的符号和等效电路如图 9.4.1 所示。当晶体不振动时,可以看成是一个平板电容器 C_0,称为静电电容。C_0 与晶片的几何尺寸和电极面积有关,一般约为几个皮法到几十皮法。当晶体振动时,有一个机械振动的惯性,用电感 L 来等效,一般 L 值为 $10^{-3}\sim10^{2}$ H。晶片的弹性一般以电容 C 来等效,C 值为 $10^{-2}\sim10^{-1}$ pF。L、C 的具体数值与晶体的切割方式,晶片和电极的尺寸、形状等有关。晶片振动时,因摩擦而造成的损耗则用电阻 R 来等效,它的阻值约为 10^{2} Ω 的数量级。由于晶片的等效电感 L 很大,而等效电容 C 很小,电阻 R 也小,因此回路的品质因数 Q 很大,可达 $10^{4}\sim10^{6}$,再加上晶片本身的固有频率只与晶片的几何尺寸有关,所以很稳定,而且可做得很精确。因此,利用石英谐振器组成振荡电路,可获得很高的频率稳定性。

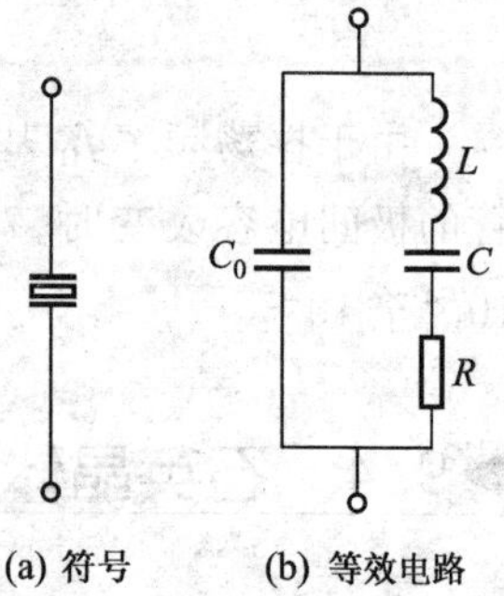

(a) 符号　　(b) 等效电路

图 9.4.1　石英谐振器的符号和等效电路

从石英谐振器的等效电路可知,这个电路有两个谐振频率,当 L、C、R 支路串联谐振时,等效电路的阻抗最小(等于 R),串联谐振频率为

$$f_s=\frac{1}{2\pi\sqrt{LC}}\tag{9.4.1}$$

当等效电路并联谐振时，并联谐振频率为

$$f_p=\frac{1}{2\pi\sqrt{L\frac{CC_0}{C+C_0}}}=f_s\sqrt{1+\frac{C}{C_0}} \tag{9.4.2}$$

由于 $C \ll C_0$，因此 f_s 和 f_p 两个频率非常接近。

图 9.4.2 示出了石英谐振器的电抗-频率特性（设 $R=0$）。由图可见，在 f_s 与 f_p 之间，石英谐振器呈现出电感性，而在此频率范围之外则呈现出电容性。

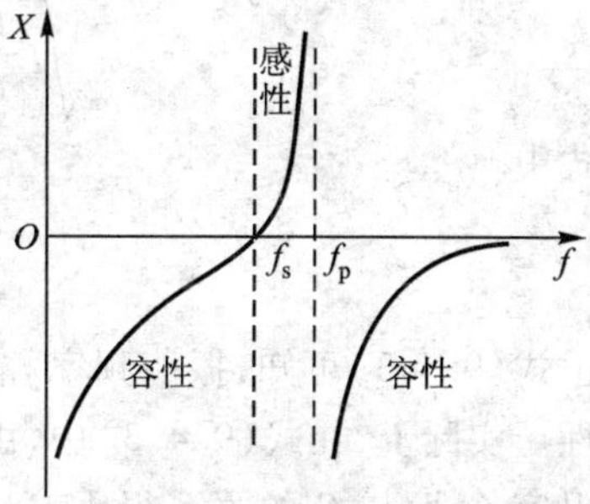

图 9.4.2 石英谐振器的电抗-频率特性

▶▶9.4.2 石英晶体振荡电路

石英晶体振荡电路的形式多种多样，但其基本电路只有两类，即并联型和串联型石英晶体振荡电路。

1. 并联型石英晶体振荡电路

并联型石英晶体振荡电路利用石英晶体作为一个电感来组成选频网络，晶体工作在 f_s 和 f_p 之间。

图 9.4.3(a)示出了并联型石英晶体振荡电路的原理电路图，电路的交流等效电路见图(b)，图中 $R_b=R_{b1}/\!/R_{b2}$。

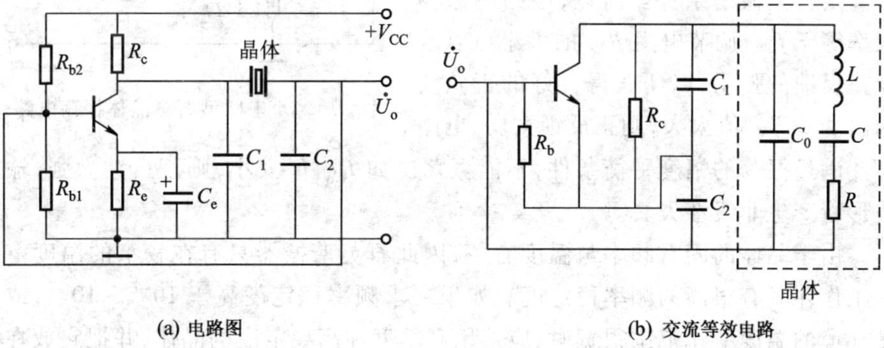

图 9.4.3 并联型石英晶体振荡电路

由图 9.4.3(b)中的等效电路可见，电路实质上是一个改进型电容三点式振荡电路，因此，电路的振荡频率可表示为

$$f_0 \approx \frac{1}{2\pi\sqrt{L\frac{C(C_0+C')}{C+C_0+C'}}} = f_s\sqrt{1+\frac{C}{C_0+C'}} \qquad (9.4.3)$$

式中

$$C' = \frac{C_1C_2}{C_1+C_2}$$

由式(9.4.3)可知,振荡频率 f_0 处于 f_s 和 f_p 之间,此时石英晶体的阻抗呈电感性。实际上,在式(9.4.3)中,由于 $C \ll C_0+C'$,因此对振荡频率起决定作用的是电容 C,而与 C'的关系很小。也就是说,由于电容 C_1、C_2 不稳定而引起的频率漂移很小,因此振荡频率的稳定度很高。

2. 串联型石英晶体振荡电路

串联型石英晶体振荡电路利用石英晶体串联谐振时阻抗最小的特性组成振荡电路,晶体工作在 f_s 处。

在图 9.4.4 的电路中,石英晶体接在三极管 VT_1 与 VT_2 之间的正反馈电路中。当振荡频率等于晶体的串联谐振频率 f_s 时,晶体的阻抗最小,且为纯阻性,此时正反馈最强,而且相移为零,电路满足自激振荡条件。而对于除 f_s 以外的其他频率,晶体的阻抗增大,而且相移不为零,因此不满足自激振荡条件。所以,电路的振荡频率等于 f_s。调节电阻 R_W 的大小可以改变正反馈的强弱,以便获得良好的正弦波输出。如 R_W 值太大,则正反馈太弱,电路不能满足振荡的幅度平衡条件,不能振荡。如 R_W 值太小,则正反馈太强,输出波形将产生非线性失真。

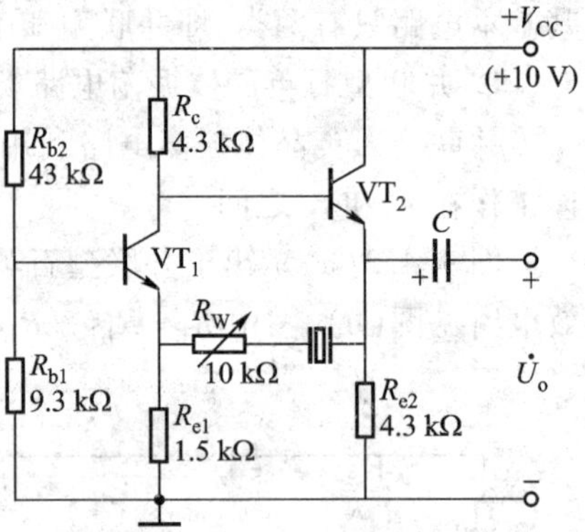

图 9.4.4 串联型石英晶体振荡电路

由于晶体的固有频率与温度有关,因此石英谐振器只有在较窄的温度范围内工作才具有很高的频率稳定度。如果要求频率稳定度高于 $10^{-6} \sim 10^{-7}$,或工作环境的温度变化范围很宽时,应选用高精度和高稳定度的晶体,并把它放在恒温槽中。

▶9.5 非正弦波发生电路

非正弦波发生电路常常用于脉冲和数字系统中作为信号源。常用的非正弦波发生电路有矩形波发生电路、三角波发生电路和锯齿波发生电路等。

非正弦波发生电路的电路组成、工作原理以及分析方法均与正弦波振荡电路有着明显的区别。

►►9.5.1 矩形波发生电路

1. 电路组成

矩形波发生器的电路见图9.5.1。电路实际上由一个滞回比较器和一个 RC 充放电回路组成。其中集成运放和电阻 R_1、R_2 组成滞回比较器，电阻 R 和电容 C 构成充放电回路，稳压管 VD_Z 和电阻 R_3 的作用是钳位，将滞回比较器的输出电压限制在稳压管的稳定电压值 $\pm U_Z$。

2. 工作原理

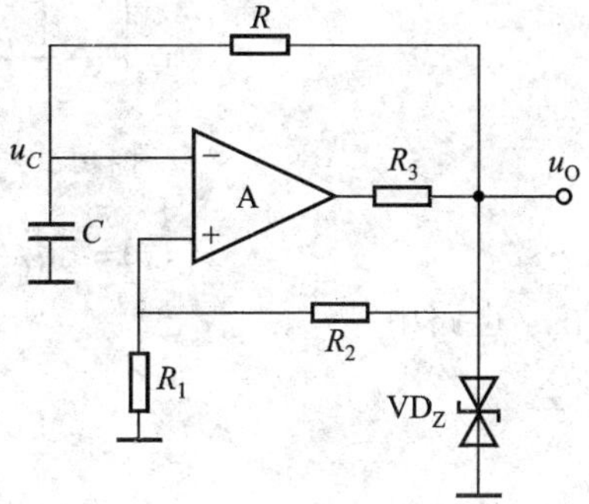

图 9.5.1 矩形波发生电路

假设 $t=0$ 时电容 C 上的电压 $u_C=0$，而滞回比较器的输出端为高电平，即 $u_O=+U_Z$。则集成运放同相输入端的电压为输出电压在电阻 R_1、R_2 上分压的结果，即

$$u_+=\frac{R_1}{R_1+R_2}U_Z$$

此时输出电压 $+U_Z$ 将通过电阻 R 向电容 C 充电，使电容两端的电压 u_C 升高，而此电容上的电压接到集成运放的反相输入端，即 $u_-=u_C$。当电容上的电压上升到 $u_-=u_+$ 时，滞回比较器的输出端将发生跳变，由高电平跳变为低电平，使 $u_O=-U_Z$，于是集成运放同相输入端的电压也立即变为

$$u_+=-\frac{R_1}{R_1+R_2}U_Z$$

输出电压变为低电平后，电容 C 将通过 R 放电，使 u_C 逐渐降低。当电容上电压下降到 $u_-=u_+$ 时，滞回比较器的输出端将再次发生跳变，由低电平跳变为高电平，即 $u_O=+U_Z$。以后又重复上述过程。如此电容反复地进行充电和放电，滞回比较器的输出端反复地在高电平和低电平之间跳变，于是产生了正负交替的矩形波。

电容 C 两端的电压 u_C 以及滞回比较器的输出电压 u_O 的波形如图 9.5.2 所示。

3. 振荡周期

由图 9.5.2 可知，在电容放电的过程中，电容两端电压 u_C 从 $+\frac{R_1}{R_1+R_2}U_Z$ 下降至 $-\frac{R_1}{R_1+R_2}U_Z$ 所需的时间等于 $\frac{T}{2}$，而电容放电时，u_C 的表达式为

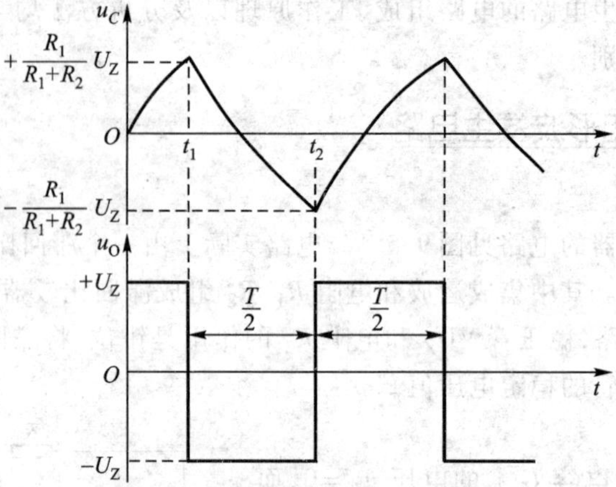

图 9.5.2　图 9.5.1 电路的波形图

$$u_C(t)=[u_C(0)-u_C(\infty)]e^{-\frac{t}{\tau}}+u_C(\infty)$$

在本电路中

$$u_C(0)=+\frac{R_1}{R_1+R_2}U_Z$$

$$u_C(\infty)=-U_Z$$

$$\tau=RC$$

代入上面 u_C 的表达式,得

$$u_C(t)=\left(\frac{R_1}{R_1+R_2}U_Z+U_Z\right)e^{-\frac{t}{RC}}-U_Z$$

由图 9.5.2 可见,当 $t=\frac{T}{2}$ 时,$u_C(t)=-\frac{R_1}{R_1+R_2}U_Z$,将此二值代入上式,可得

$$-\frac{R_1}{R_1+R_2}U_Z=\left(\frac{R_1}{R_1+R_2}U_Z+U_Z\right)e^{-\frac{T}{2RC}}-U_Z$$

根据此式可解得矩形波的振荡周期为

$$T=2RC\ln\left(1+\frac{2R_1}{R_2}\right) \tag{9.5.1}$$

由此可知,改变充放电时间常数 RC 以及滞回比较器的电阻 R_1 和 R_2,即可调节矩形波的振荡周期。但振荡周期与稳压管的电压 U_Z 无关。矩形波的幅度决定于 U_Z。

4. 占空比可调的矩形波发生电路

图 9.5.2 中的输出电压 u_O 是正负半周对称的矩形波,这种矩形波的占空比等于 50%。如果要求矩形波的占空比能够根据需要进行调节,则可以通过改变电路中充电和放电的时间常数来实现,如图 9.5.3 所示。

在图 9.5.3 中，电位器 R_W 和二极管 VD_1、VD_2 的作用是将电容充电和放电的回路分开，并调节充电和放电两个时间常数的比例。如将电位器的滑动端向下移动，则充电时间常数减小，放电时间常数增大，于是输出端为高电平的时间缩短，输出端为低电平的时间加长，u_C 和 u_O 的波形如图 9.5.4 所示，图中 $T_1 < T_2$。相反，如将电位器滑动端向上移动，则充电时间常数增大，放电时间常数减小，可得 $T_1 > T_2$。

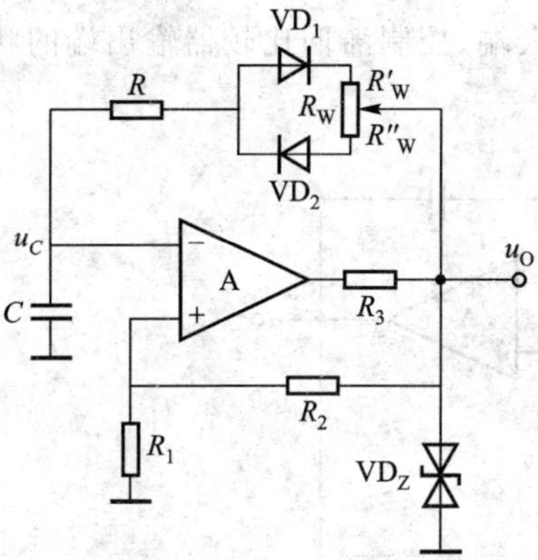

图 9.5.3　占空比可调的矩形波发生电路

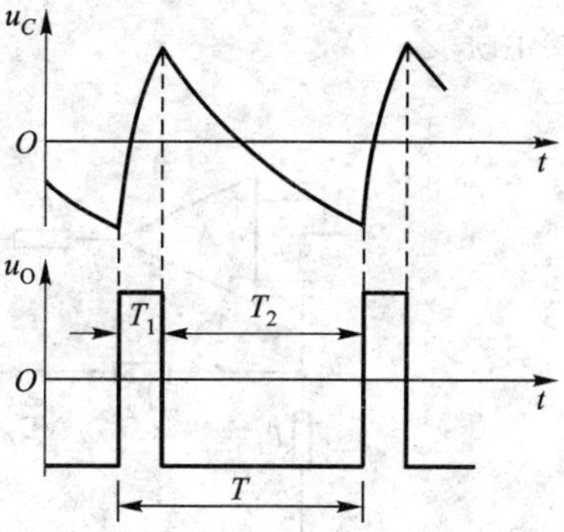

图 9.5.4　图 9.5.3 电路的波形图

当忽略二极管 VD_1、VD_2 的导通电阻时，利用类似的分析方法，可求得电容充电和放电的时间分别为

$$T_1 = (R + R''_W)C\ln\left(1 + \frac{2R_1}{R_2}\right)$$

$$T_2 = (R + R'_W)C\ln\left(1 + \frac{2R_1}{R_2}\right)$$

输出波形的振荡周期为

$$T = T_1 + T_2 = (2R + R_W)C\ln\left(1 + \frac{2R_1}{R_2}\right) \tag{9.5.2}$$

矩形波的占空比为

$$D = \frac{T_1}{T} = \frac{R + R''_W}{2R + R_W} \tag{9.5.3}$$

改变电路中电位器滑动端的位置即可调节矩形波的占空比，而总的振荡周期不受影响。

除了以上介绍的利用集成运放组成的矩形波发生电路以外，利用数字电路（例如集成定时器 555 等）也可方便地产生矩形波等，有关内容请参阅数字电路方面的教材或参考书。

▶▶9.5.2 三角波发生电路

已经知道，将矩形波进行积分，可以得到线性度比较好的三角波。因此，将滞回比较器和积分电路适当地连接起来，即可组成三角波发生电路。

1. 电路组成

图 9.5.5 示出了一个三角波发生电路，其中集成运放 A_1 组成滞回比较器，A_2 组成积分电路。滞回比较器的输出加在积分电路的反相输入端进行积分，而积分电路的输出又接到滞回比较器的同相输入端，控制滞回比较器输出端的状态发生跳变。

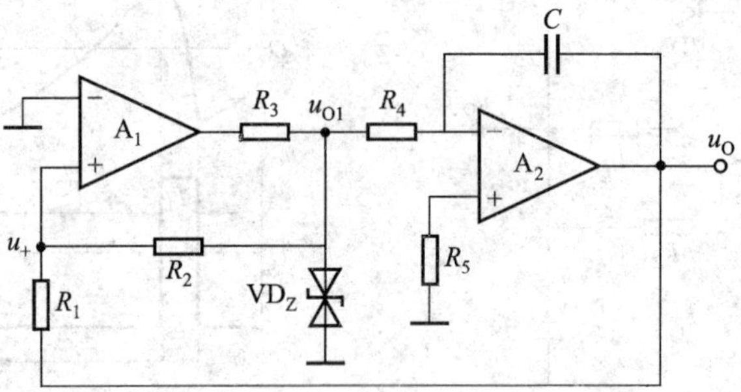

图 9.5.5 三角波发生电路

2. 工作原理

假设 $t=0$ 时积分电容上的初始电压为零，而滞回比较器输出端为高电平，即 $u_{O1}=+U_Z$。因集成运放 A_1 同相输入端的电压 u_+ 同时与 u_{O1} 和 u_O 有关，根据叠加定理可得

$$u_+=\frac{R_1}{R_1+R_2}u_{O1}+\frac{R_2}{R_1+R_2}u_O \tag{9.5.4}$$

此时 $u_O=0$，而 $u_{O1}=+U_Z$，故 u_+ 也为高电平。而当 $u_{O1}=+U_Z$ 时，经反向积分，输出电压 u_O 将随着时间往负方向线性增长，则 u_+ 将随之逐渐减小，当减小至 $u_+=u_-=0$ 时，滞回比较器的输出端将发生跳变，使 u_{O1} 由 $+U_Z$ 跳变为 $-U_Z$，此时 u_+ 也将跳变成为一个负值。当 $u_{O1}=-U_Z$ 时，积分电路的输出电压 u_O 将随着时间往正方向线性增长，u_+ 将随之逐渐增大，当增大至 $u_+=u_-=0$ 时，滞回比较器的输出端再次发生跳变，u_{O1} 由 $-U_Z$ 跳变为 $+U_Z$。以后重复上述过程，于是滞回比较器的输出电压 u_{O1} 成为周而复始的矩形波，而积分电路的输出电压 u_O 也成为周期性重复的三角波，如图 9.5.6 所示。

3. 输出幅度和振荡周期

(1) 输出幅度

由图 9.5.6 可见，在 $u_{O1}=-U_Z$ 期间，积分电路的输出电压 u_O 往正方向线性

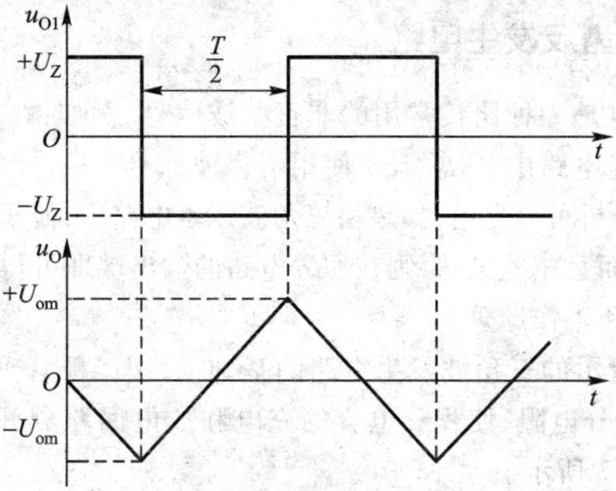

图 9.5.6　图 9.5.5 电路的波形图

增长，此时 u_+ 也随着增长，当增长至 $u_+=u_-=0$ 时，滞回比较器的输出电压 u_{O1} 发生跳变，而发生跳变时的 u_O 值即是三角波的最大值 U_{om}。将条件 $u_{O1}=-U_Z$，$u_+=0$ 和 $u_O=U_{om}$ 代入式(9.5.4)，可得

$$0=\frac{R_1}{R_1+R_2}(-U_Z)+\frac{R_2}{R_1+R_2}U_{om}$$

可解得三角波的输出幅度为

$$U_{om}=\frac{R_1}{R_2}U_Z \tag{9.5.5}$$

(2) 振荡周期

由图 9.5.6 可见，在积分电路对 $u_{O1}=-U_Z$ 进行积分的半个振荡周期内，输出电压 u_O 由 $-U_{om}$ 上升至 $+U_{om}$，则对积分电路可列出以下表达式：

$$-\frac{1}{R_4C}\int_0^{\frac{T}{2}}(-U_Z)\,\mathrm{d}t=2U_{om}$$

即

$$\frac{U_Z}{R_4C}\cdot\frac{T}{2}=2U_{om}$$

所以三角波的振荡周期为

$$T=\frac{4R_4CU_{om}}{U_Z}=\frac{4R_1R_4C}{R_2} \tag{9.5.6}$$

由式(9.5.5)和(9.5.6)可知，三角波的输出幅度与稳压管的 U_Z 以及电阻值之比 R_1/R_2 成正比。三角波的振荡周期则与积分电路的时间常数 R_4C 以及电阻值之比 R_1/R_2 成正比。在实际工作中调整三角波的输出幅度和振荡周期时，在 U_Z 值确定之后，应该先调整电阻 R_1 和 R_2，使输出幅度达到规定值，然后再调整 R_4 和 C 使振荡周期满足要求。

▶▶9.5.3 锯齿波发生电路

锯齿波信号也是一种比较常用的非正弦波信号，例如，在示波器的扫描电路以及数字电压表等电路中，常常需要使用锯齿波信号。

根据前面的分析可以看出，如果在三角波发生电路中，使积分电容充电和放电的时间常数不同，而且相差悬殊，则在积分电路的输出端即可得到锯齿波信号。

1. 电路组成和工作原理

在图 9.5.5 所示的三角波发生电路的基础上，用二极管 VD_1、VD_2 和电位器 R_W 代替原来的积分电阻，使积分电容的充电和放电回路分开，即成为锯齿波发生电路，如图 9.5.7 所示。

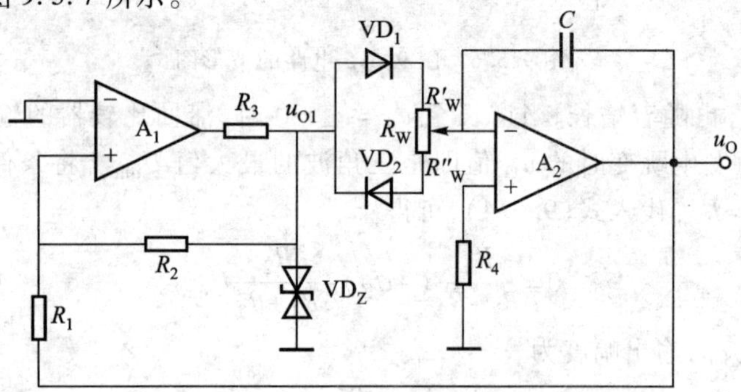

图 9.5.7 锯齿波发生电路

假设调节电位器 R_W 滑动端的位置，使 $R'_W \ll R''_W$，则电容充电的时间常数将比放电时间常数小得多，于是充电过程很快，而放电过程很慢，此时积分电路的输出波形 u_O 如图 9.5.8 所示。由图可见，$T_1 \ll T_2$，u_O 成为锯齿波。

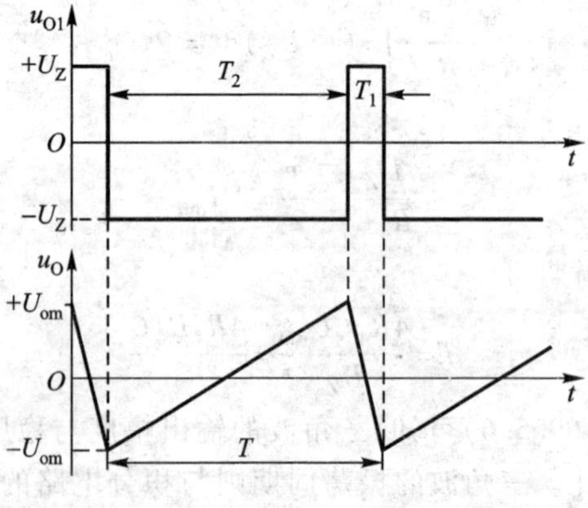

图 9.5.8 图 9.5.7 电路的波形图

2. 输出幅度和振荡周期

根据与前面类似的分析方法，可求得锯齿波的幅度为

$$U_{om} = \frac{R_1}{R_2} U_Z \tag{9.5.7}$$

当忽略二极管 VD_1、VD_2 的导通电阻时，电容充电和放电的时间 T_1、T_2 以及锯齿波的振荡周期 T 分别为

$$T_1 = \frac{2R_1 R'_W C}{R_2} \tag{9.5.8}$$

$$T_2 = \frac{2R_1 R''_W C}{R_2} \tag{9.5.9}$$

$$T = T_1 + T_2 = \frac{2R_1 R_W C}{R_2} \tag{9.5.10}$$

▶9.6 波形发生电路 Multisim 仿真实例

1. *RC* 串并联网络振荡电路 Multisim 仿真

在 Multisim 中构建 *RC* 串并联网络振荡电路如图 9.6.1(a)所示。

(1) 调节电位器 R_W，观察电路的输出情况。由虚拟示波器可见，当减小 R_W 至一定值时，电路将不能振荡。增大 R_W 至一个合适的值时，电路能够振荡，且输出波形较好，如图 9.6.1(b)所示，若继续增大 R_W，当 R_W 的值太大时，输出波形产生严重失真，见图 9.6.1(c)。

(2) 根据图 9.6.1(b)，从示波器上测得正弦波的周期 $T=475\ \mu s$，则振荡频率为 $f_0 = \frac{1}{T} = 2.105\ kHz$。

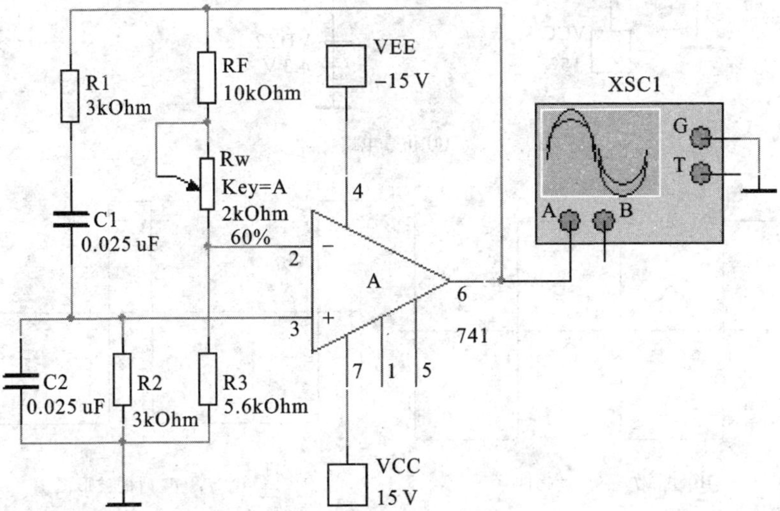

(a) 仿真电路

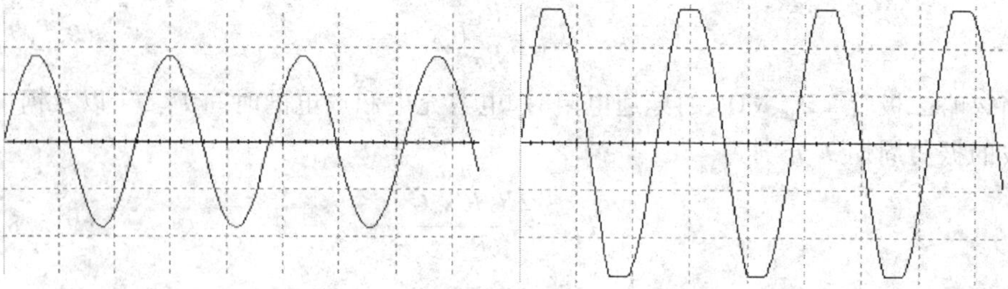

(b) 输出波形正常　　　　　　　　(c) 输出波形严重失真

图 9.6.1　*RC* 串并联网络振荡电路

2. 矩形波发生电路 Multisim 仿真

在 Multisim 中构建占空比可调的矩形波发生电路如图 9.6.2(a)所示。

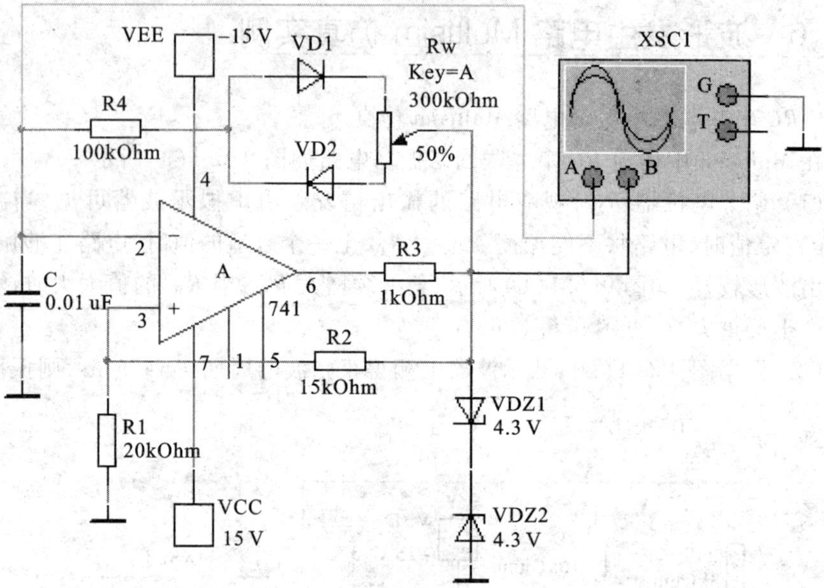

(a) 仿真电路

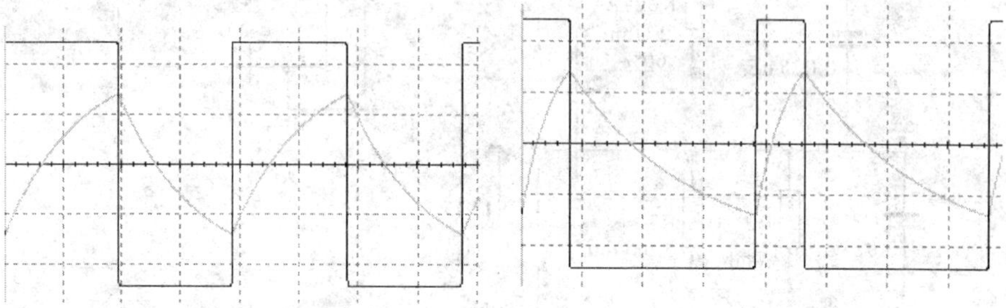

(b) $T_1=T_2$ 时的波形图　　　　　　　　(c) $T_1<T_2$ 时的波形图

图 9.6.2　矩形波发生电路

(1) 当电位器 R_W 的滑动端调在中间位置时，由虚拟示波器可见，输出波形为正负半周对称的矩形波，电容上的电压 u_C 为充放电波形，如图 9.6.2(b) 所示。从虚拟示波器上可测得，矩形波的幅度 $U_{om}=5$ V，振荡周期 $T=7.7$ ms。

(2) 将电位器 R_W 的滑动端向上移动，由虚拟示波器可见，矩形波的正半周 T_1 增大，而负半周 T_2 减小。相反，如 R_W 的滑动端向下移动，则正半周 T_1 减小，负半周 T_2 增大。

(3) 当 R_W 的滑动端调至最下端时，波形如图 9.6.2(c) 所示。可测得此时 $T_1=1.6$ ms，$T_2=6.1$ ms，$T=T_1+T_2=7.7$ ms，占空比 $D=\frac{T_1}{T}=\frac{1.6}{7.7}\approx 20\%$。

3. 三角波发生电路 Multisim 仿真

在 Multisim 中构建三角波发生电路如图 9.6.3(a) 所示。

(1) 由虚拟示波器可观察到电路的输出波形为三角波，而前一级滞回比较器的输出波形为矩形波，如图 9.6.3(b) 所示。

(2) 从虚拟示波器上可测得，三角波的幅度为 $U_{om}=9.5$ V，振荡周期 $T=9$ ms。

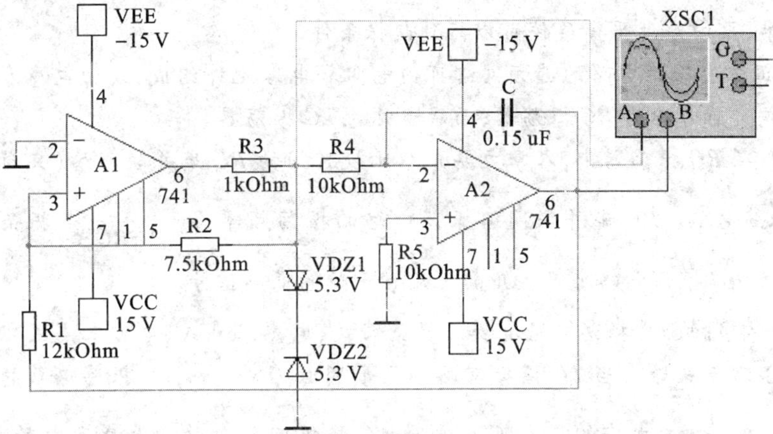

(a) 仿真电路

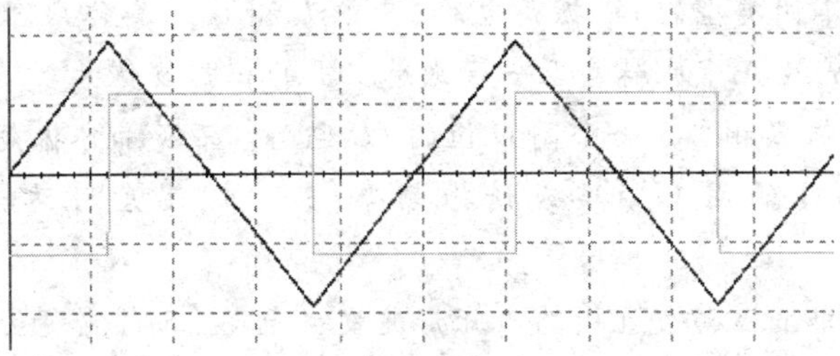

(b) 波形图

图 9.6.3　三角波发生电路

本章小结

本章介绍波形发生电路，包括正弦波振荡电路和非正弦波发生电路。

1. 正弦波振荡电路一般包括四个组成部分：放大电路、反馈网络、选频网络和稳幅环节。

2. 电路接成正反馈时，产生正弦波振荡的条件为

$$\dot{A}\dot{F}=1$$

上式可分别用幅度平衡条件和相位平衡条件表示为

$$\left|\dot{A}\dot{F}\right|=1$$

$$\arg\dot{A}\dot{F}=\varphi_{\mathrm{A}}+\varphi_{\mathrm{F}}=\pm2n\pi(n=0,1,2,\cdots)$$

在判断电路能否产生正弦波振荡时，通常可首先利用瞬时极性法判断电路是否满足相位平衡条件。如果在满足相位平衡条件的某一特定频率 f_0 下，能同时满足幅度平衡条件，则电路能够产生正弦波振荡。而且，该特定频率 f_0 即是振荡频率，再由幅度平衡条件可以得到起振条件。

3. 正弦波振荡电路的选频网络可由电阻和电容元件组成，或由电感和电容元件组成。前者称为 *RC* 振荡器，而后者称为 *LC* 振荡器。

(1) 在 *RC* 振荡器中，本章主要介绍比较常用的 *RC* 串并联网络(又称文氏桥式)振荡电路。*RC* 串并联网络振荡电路的振荡频率 $f_0=\dfrac{1}{2\pi RC}$，起振条件为 $\left|\dot{A}_u\right|>3$。*RC* 振荡电路可产生几赫至几百千赫的低频信号。

(2) 常用的 *LC* 振荡电路有变压器反馈式、电感三点式、电容三点式以及改进型电容三点式等。当 *LC* 谐振回路的品质因数 $Q\gg1$ 时，*LC* 振荡电路的振荡频率 $f_0\approx\dfrac{1}{2\pi\sqrt{LC}}$，式中的 L 和 C 分别是 *LC* 谐振回路中总的电感和总的电容。对于上述各种不同类型的 *LC* 振荡电路，其中 L 和 C 的具体内容有所不同。*LC* 振荡电路可以产生几十兆赫甚至一百兆赫以上的正弦波信号。

4. 石英谐振器相当于一个高 Q 值的 *LC* 电路。石英晶体振荡器的振荡频率决定于石英晶体的固有频率或谐振频率，频率稳定度可达 $10^{-6}\sim10^{-8}$ 的数量级。

5. 常见的非正弦波发生电路有矩形波发生电路、三角波发生电路和锯齿波发生电路等。

(1) 矩形波发生电路可以由滞回比较器和 *RC* 充放电回路组成。图 9.5.1

所示矩形波发生电路的振荡周期为 $T=2RC\ln\left(1+\frac{2R_1}{R_2}\right)$。

使电容充电和放电的时间常数不同,即可得到占空比可调的矩形波信号。

(2) 将矩形波进行积分即可得到三角波,因此三角波发生电路可由滞回比较器和积分电路组成。图 9.5.5 中三角波发生电路的输出幅度为 $U_{om}=\frac{R_1}{R_2}U_Z$,振荡周期为 $T=\frac{4R_1R_4C}{R_2}$。

(3) 在三角波发生电路中,使积分电容充电和放电的时间常数不同,且相差悬殊,在输出端即可得到锯齿波信号。图 9.5.7 所示电路中,锯齿波的输出幅度与三角波相同,振荡周期为 $T=T_1+T_2=\frac{2R_1R'_WC}{R_2}+\frac{2R_1R''_WC}{R_2}=\frac{2R_1R_WC}{R_2}$。

学完本章之后,应能达到以下教学要求:

① 掌握正弦波振荡电路的组成,以及产生正弦波振荡的相位平衡条件和幅度平衡条件。

② 掌握文氏电桥 RC 振荡电路的组成、工作原理、振荡频率、起振条件以及电路的特点。

③ 正确理解典型的 LC 振荡电路(变压器反馈式、电感三点式、电容三点式和改进型电容三点式等)的电路组成、工作原理和性能特点。

④ 正确理解常用的非正弦波发生电路(矩形波、三角波和锯齿波)的电路组成、工作原理和主要参数的估算方法。

⑤ 了解石英晶体振荡电路的工作原理和性能特点。

习题与思考题

习题 9-1 试用相位平衡条件和幅度平衡条件,判断图 P9-1 中各电路是否可能产生正弦波振荡,简述理由。

△**习题 9-2** 在图 P9-2 电路中:

① 将图中 A、B、C、D 四点正确连接,使之成为一个正弦波振荡电路,请将连线画在图上;

② 根据图中给定的电路参数,估算振荡频率 f_0;

③ 为保证电路起振,R_2 应为多大?

△**习题 9-3** 在图 P9-3 中:

① 判断电路是否满足正弦波振荡的相位平衡条件。如不满足,修改电路接线使之满足(画在图上)。

② 在图示参数下能否保证起振条件?如不能,应调节哪个参数,调到什么值?

③ 起振以后,振荡频率 f_0=?

④ 如果希望提高振荡频率 f_0,可以改变哪些参数,增大还是减小?

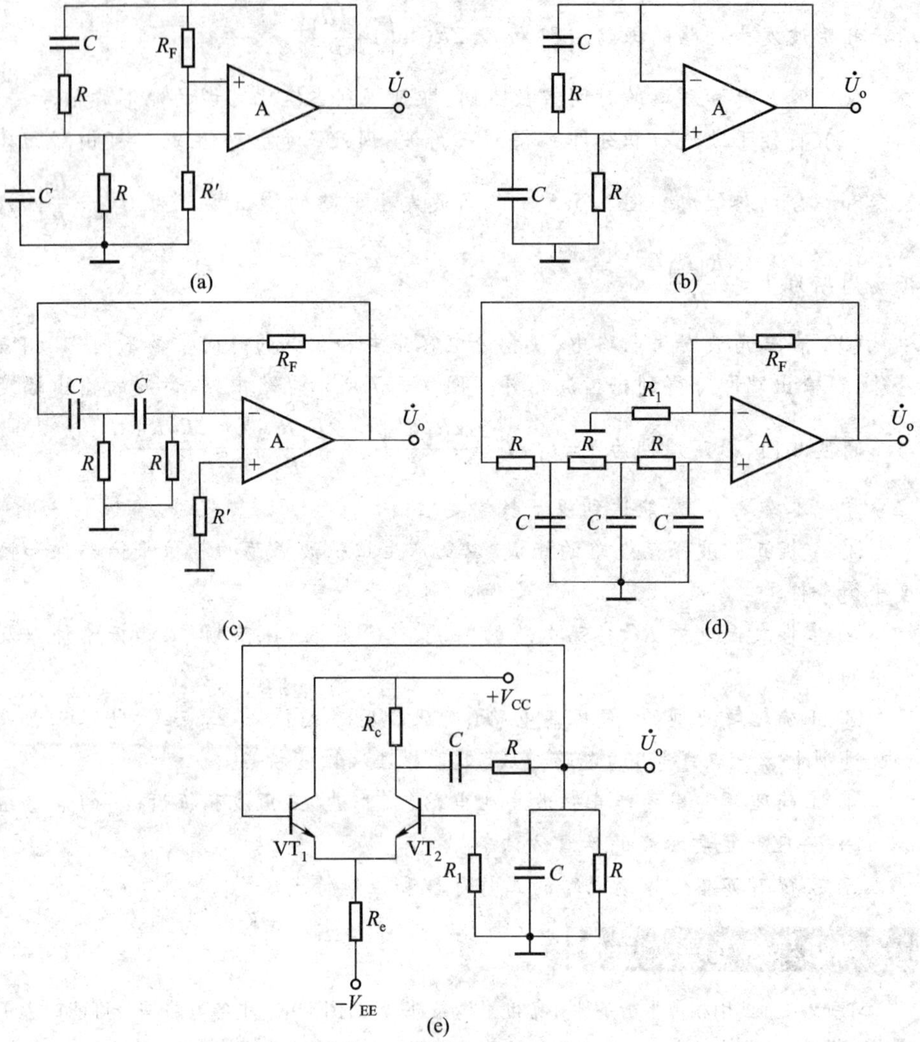
C
R
C
R
R_F
R'
A
$\dot{U}_o$
(a)
C
R
C
R
A
$\dot{U}_o$
(b)
C
C
R
R
R_F
R'
A
$\dot{U}_o$
(c)
R
R
R
R_1
R_F
C
C
C
A
$\dot{U}_o$
(d)
$+V_{CC}$
R_c
C
R
$\dot{U}_o$
VT_1
VT_2
R_1
C
R
R_e
$-V_{EE}$
(e)

图 P9-1

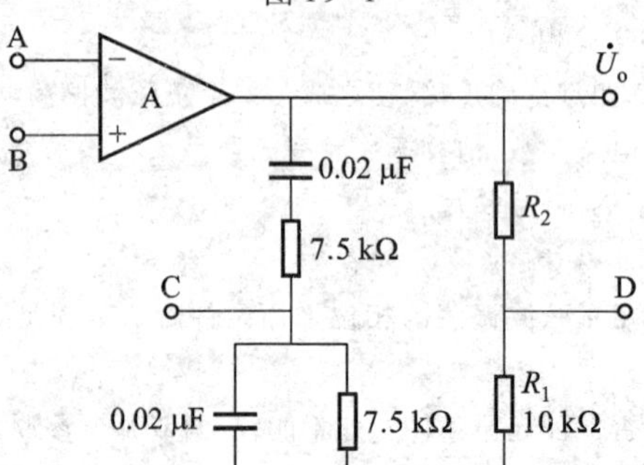
A
B
A
$\dot{U}_o$
0.02 μF
7.5 kΩ
C
D
R_2
0.02 μF
7.5 kΩ
R_1
10 kΩ

图 P9-2

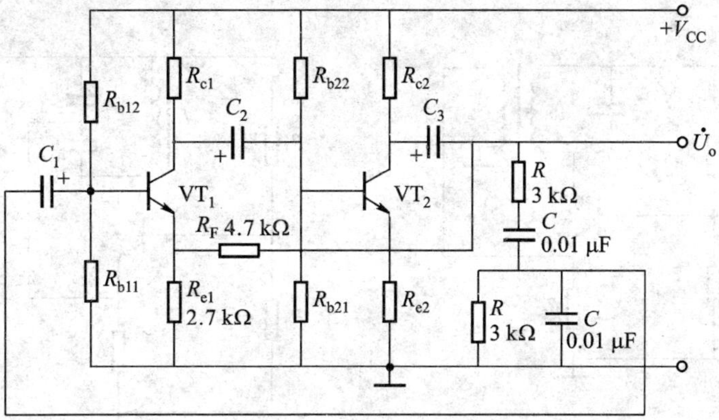

图 P9-3

⑤ 如果要求改善输出波形,减小非线性失真,应调节哪个参数,增大还是减小?

△**习题 9-4** 在图 P9-4 中:

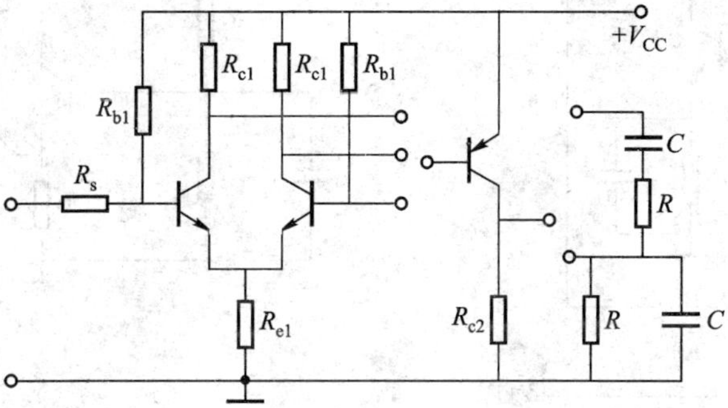

图 P9-4

① 要组成一个文氏电桥 RC 振荡器,图中的电路应如何连接(在图中画出接线)?

② 当 $R=10\ \text{k}\Omega$,$C=0.1\ \mu\text{F}$ 时,估算振荡频率 $f_0=$?(忽略负载效应)

③ 为了提高带负载能力,改善输出电压波形,试在电路中引入一个适当的负反馈,请画在图上。

习题 9-5 实验室自制一台由文氏电桥振荡电路组成的音频信号发生器,要求输出频率共四挡,频率范围分别为 20~200 Hz,200 Hz~2 kHz,2~20 kHz 以及 20~200 kHz。各挡之间频率应略有覆盖。可采用图 9.2.4 所示的方案对频率进行粗调和细调。已有 4 个电容,其容值分别为 0.1 μF,0.01 μF,0.001 μF 和 0.0001 μF,试选择固定电阻 R 和电位器 R_W 的值。

习题 9-6 试用相位平衡条件判断图 P9-6 所示电路中,哪些可能产生正弦波振荡?哪些不能?简单说明理由。

习题 9-7 试说明图 P9-7 中的变压器反馈振荡电路能否产生正弦波振荡。

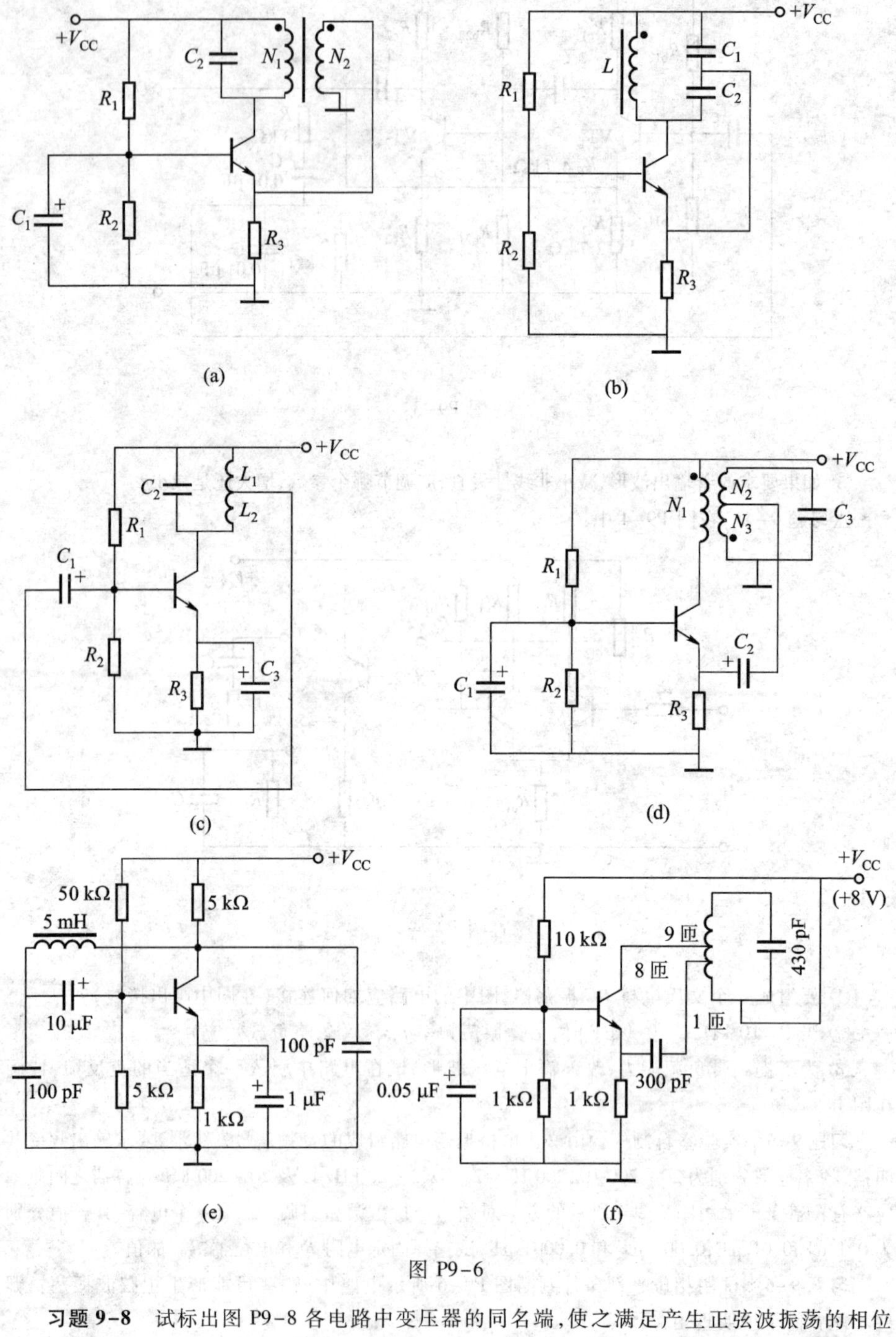

图 P9-6

习题 9-8　试标出图 P9-8 各电路中变压器的同名端，使之满足产生正弦波振荡的相位平衡条件。

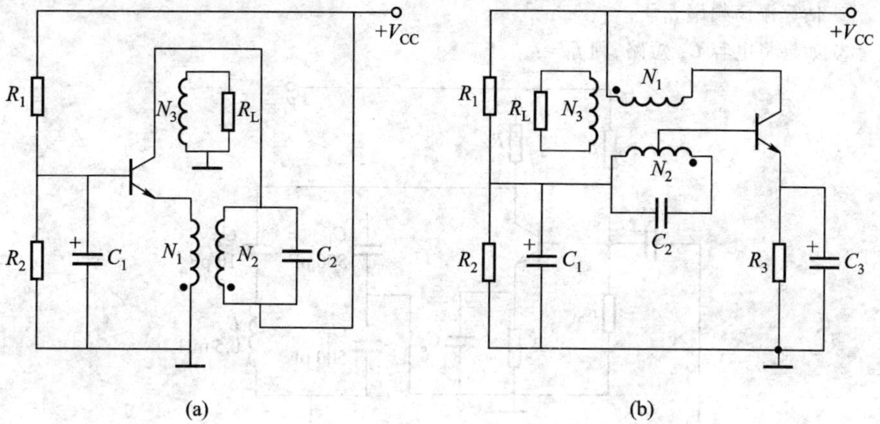

图 P9-7

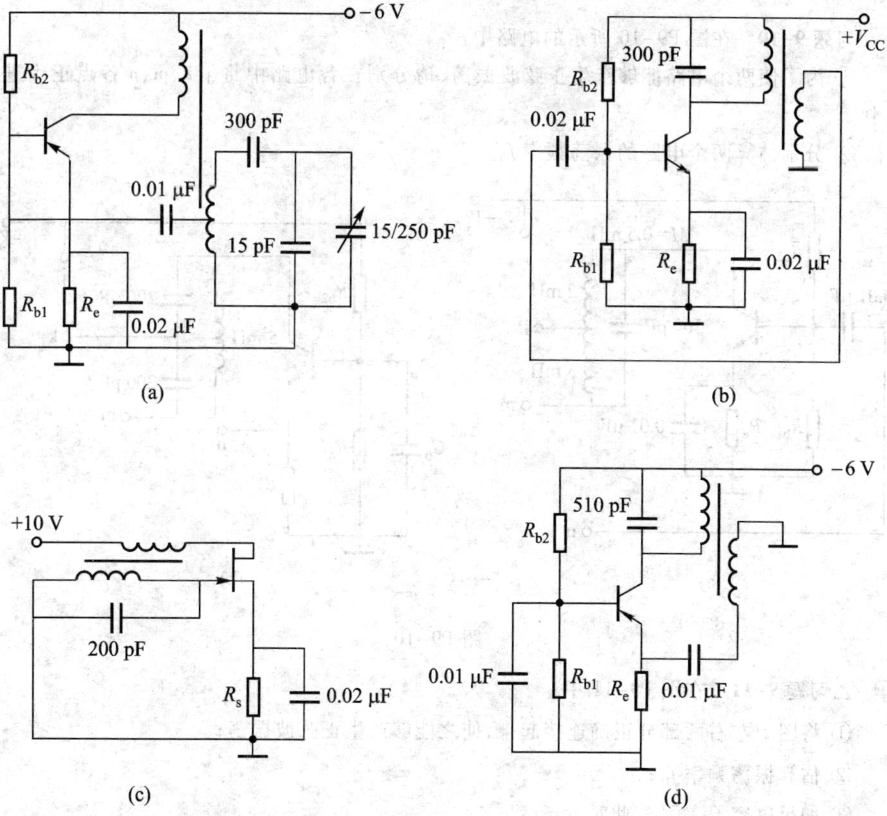

图 P9-8

△习题 9-9 在图 P9-9 中：

① 判断电路是否满足振荡条件，如不满足，修改电路的接法，使之能够产生振荡；

② 估算振荡频率 f_0。

③ 如果将电容 C_3 短路，则 f_0 = ?

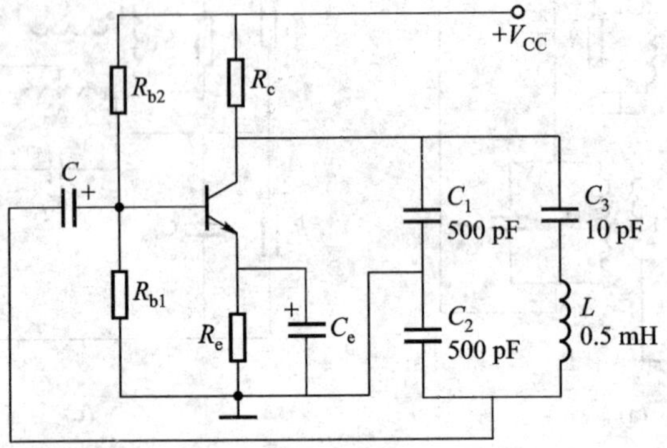

图 P9-9

习题 9-10 在图 P9-10 所示的电路中：

① 为了使两个电路能够产生正弦波振荡，请分别在各电路中将 j、k、m、n 各点正确进行连接；

② 分别估算两个电路的振荡频率 f_0。

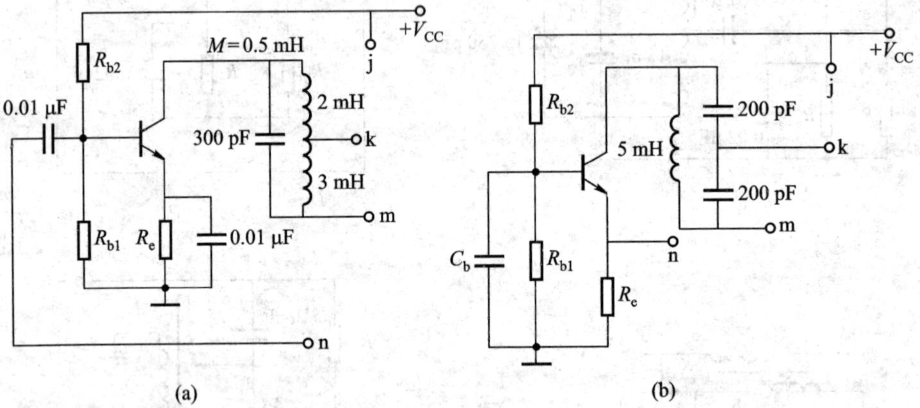

图 P9-10

△**习题 9-11** 在图 P9-11 中：

① 将图中左右两部分正确连接起来，使之能够产生正弦波振荡；

② 估算振荡频率 f_0；

③ 如果电容 C_3 短路，此时 f_0 = ?

习题 9-12 在图 P9-12 的石英晶体振荡电路中：

① 在 j、k、m 三点中应连接哪两点，才能使电路产生正弦波振荡？

② 电路属于何种类型的石英晶体振荡器（并联型还是串联型）？

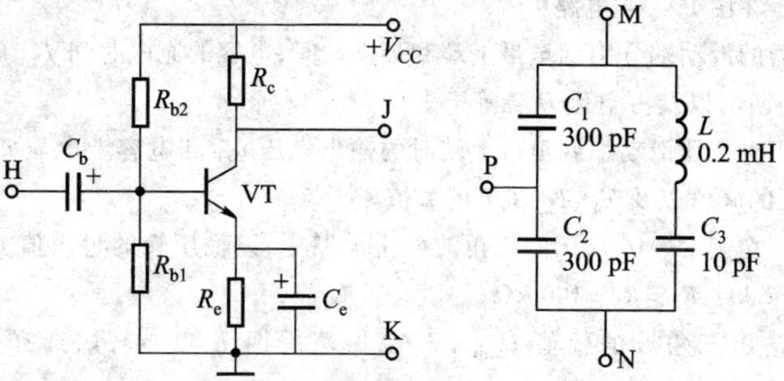

图 P9-11

③ 当产生振荡时，石英晶体工作在哪一个谐振频率（f_s 还是 f_p）？此时石英晶体在电路中等效于哪一种元件（电感、电容还是电阻）？

习题 9-13 试判断图 P9-13 中的石英晶体振荡电路是否满足自激振荡的相位平衡条件。如不满足，修改电路使之产生振荡。说明电路是什么类型的石英晶体振荡器，石英晶体等效于何种性质的元件，它工作在什么频率范围（图中的 RFC 是高频扼流圈）。

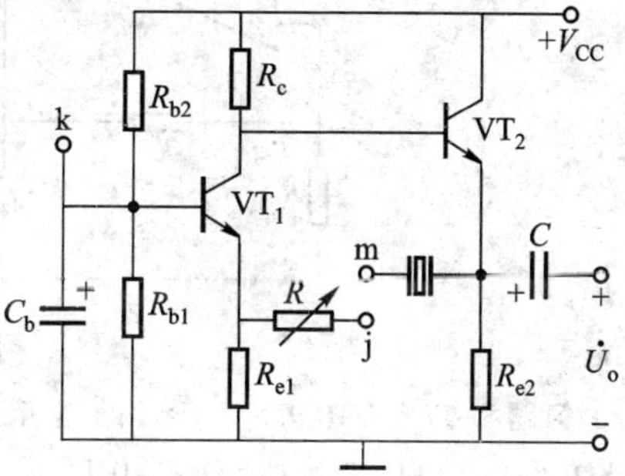

图 P9-12

习题 9-14 在图 P9-14 所示的矩形波发生电路中，假设集成运放和二极管均为理想的，已知电阻 $R=10\ \text{k}\Omega$，$R_1=12\ \text{k}\Omega$，$R_2=15\ \text{k}\Omega$，$R_3=2\ \text{k}\Omega$，电位器 $R_W=100\ \text{k}\Omega$，电容 $C=0.01\ \mu\text{F}$，稳压管的稳压值 $U_Z=\pm6\ \text{V}$。如果电位器的滑动端调在中间位置，

① 画出输出电压 u_O 和电容上电压 u_C 的波形；

② 估算输出电压的振荡周期 T；

③ 分别估算输出电压和电容上电压的峰值 U_{om} 和 U_{Cm}。

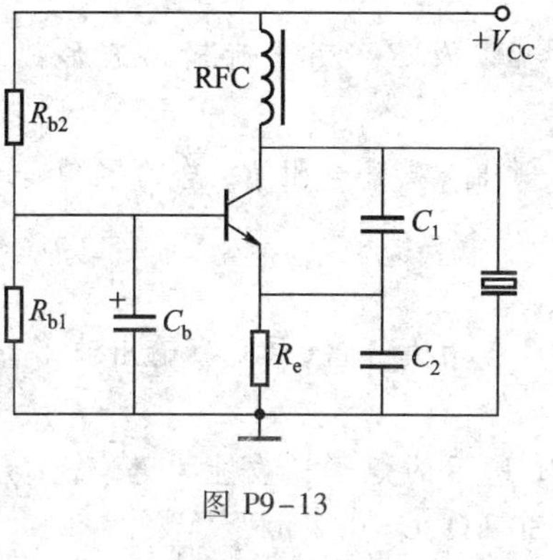

图 P9-13

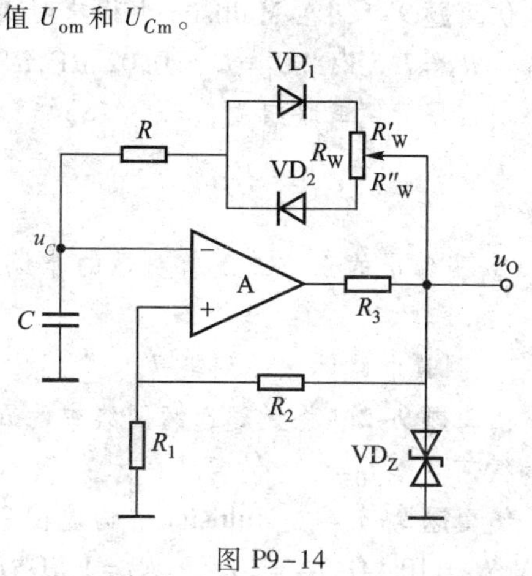

图 P9-14

习题 9-15 在图 P9-14 电路中：

① 当电位器的滑动端分别调至最上端和最下端时，电容的充电时间 T_1、放电时间 T_2，输出波形的振荡周期 T 以及占空比 D 各等于多少？

② 试画出当电位器滑动端调至最上端时的输出电压 u_O 和电容上电压 u_C 的波形图，在图上标出各电压的峰值以及 T_1、T_2 和 T 的数值。

习题 9-16 在图 P9-16 所示的三角波发生电路中，设稳压管的稳压值 $U_Z = \pm 4\ \text{V}$，电阻 $R_2 = 20\ \text{k}\Omega$，$R_3 = 2\ \text{k}\Omega$，$R_4 = R_5 = 100\ \text{k}\Omega$，

① 若要求输出三角波的幅值 $U_{om} = 3\ \text{V}$，振荡周期 $T = 1\ \text{ms}$，试选择电容 C 和电阻 R_1 的值；

② 试画出电压 u_{O1} 和 u_O 的波形图，并在图上标出电压的幅值以及振荡周期的值。

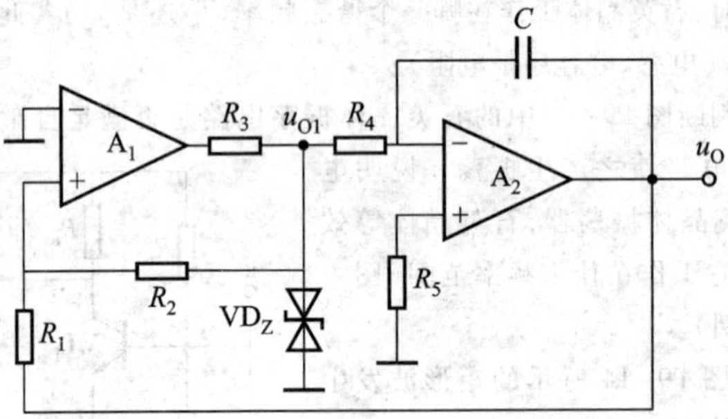

图 P9-16

习题 9-17 在图 9.5.7 所示的锯齿波发生电路中，假设 $R_1 = 20\ \text{k}\Omega$，$R_2 = 15\ \text{k}\Omega$，$R_3 = 1\ \text{k}\Omega$，$R_W = 30\ \text{k}\Omega$，$R_4 = 15\ \text{k}\Omega$，$C = 0.05\ \mu\text{F}$，稳压管的 $U_Z = \pm 6\ \text{V}$，试问，当电位器 R_W 的滑动端调在离上端 10% 的位置时（即 R'_W 占 10%，R''_W 占 90%），锯齿波的 T_1、T_2 和 T 分别等于多少？锯齿波的幅度 U_{om} 等于多少？画出 u_{O1} 和 u_O 的波形图。

Multisim 仿真练习题

仿真题 9-1 在 Multisim 中构建图 9.2.3 所示的 RC 串并联网络振荡电路，令 $R_1 = R_2 = 7.5\ \text{k}\Omega$，$C_1 = C_2 = 0.02\ \mu\text{F}$，$R' = 12\ \text{k}\Omega$，$R_F$ 可由一个固定电阻 R_{F1} 和一个电位器 R_W 串联组成，

① 改变 R_W 的大小，观察电路何时起振，以及 R_W 变化时输出波形的变化情况；

② 当输出的正弦波没有明显的非线性失真时，观察电阻 R_F 总的阻值等于多少；

③ 测量电路的振荡周期 T。

仿真题 9-2 将上题选频网络中的 R 和 C 各增大一倍，再观察输出波形，并测量振荡频率 $f_0 = ?$

仿真题 9-3 在 Multisim 中构建图 9.5.1 所示的矩形波发生电路，令 $U_Z = \pm 7\ \text{V}$，$R_1 = 10\ \text{k}\Omega$，$R_2 = 20\ \text{k}\Omega$，$R_3 = 1\ \text{k}\Omega$，$R_4 = 30\ \text{k}\Omega$，$C = 0.2\ \mu\text{F}$，

① 利用虚拟示波器观察电容电压 u_C 和输出电压 u_O 的波形；

② 测量 u_O 的幅度 U_{om}和振荡周期 T。

仿真题 9-4 仿真图 P9-14 中占空比可调的矩形波发生电路，电路参数见习题 9-14，

① 将电位器 R_W 的滑动端调在中间位置，利用虚拟示波器观察 u_C 和 u_O 的波形，并分别测量 u_C 和 u_O 的幅度 U_{Cm}和 U_{om}，以及振荡频率 T；

② 将 R_W 的滑动端分别向上和向下移动，观察 u_C 和 u_O 波形的变化情况；

③ 将 R_W 的滑动端移到最上端和最下端时，分别测量两种情况下的电容充电时间 T_1、放电时间 T_2 和矩形波的振荡周期 T，以及占空比 D。

仿真题 9-5 仿真图 P9-16 中的三角波发生电路，给定 $U_Z = \pm 4$ V，$R_2 =$ 20 kΩ，$R_3 = 2$ kΩ，$R_4 = R_5 = 100$ kΩ。要求三角波的幅值 $U_{om} = 3$ V，振荡周期 $T=$ 1 ms，试在 Multisim 中调试电路，确定电容 C 和电阻 R_1 的值。

仿真题 9-6 仿真图 9.5.7 中的锯齿波发生电路，电路参数见习题 9-17，

① 将 R_W 的滑动端调在离上端 10% 的位置，利用虚拟示波器观察 u_{O1}和 u_O 的波形；

② 测量锯齿波的幅度 U_{om}，以及积分电容充电时间 T_1、放电时间 T_2 和锯齿波的振荡周期 T。

第 10 章　直流电源

内容提要

本章根据直流电源的组成，首先介绍小功率直流电源中常用的单相整流电路，随后介绍各种滤波电路，并扼要介绍倍压整流电路，然后介绍硅稳压管稳压电路以及串联型直流稳压电路。对于应用日益广泛的集成稳压器和开关型稳压电路，本章也作了扼要的介绍。

为了适应电力电子技术发展的要求，在本章的最后，介绍由晶闸管组成的可控整流电路。

▶10.1　直流电源的组成

前面几章介绍的各种电子电路，如各种放大电路、信号运算和处理电路以及波形发生电路等，通常都需要用直流电源来供电。电子设备中所用的直流电源，通常是由电网提供的交流电经过整流、滤波和稳压以后得到的。对于直流电源的主要要求，除了能够输出不同电路所需要的电压和电流以外，还应做到，直流输出电压平滑，脉动成分小；输出电压的幅值稳定，即当电网电压或负载电流波动时能保持基本稳定；交流电变换成直流电时的转换效率高等。

根据上述要求，直流电源一般包括四个组成部分，即电源变压器、整流电路、滤波器和稳压电路，如图 10.1.1 所示。

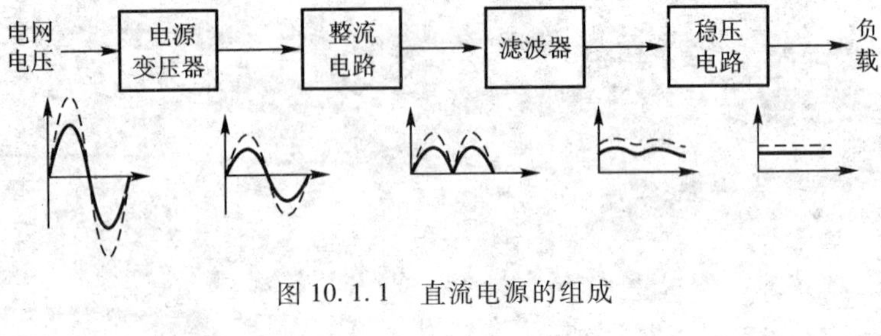

图 10.1.1　直流电源的组成

各个组成部分的作用分别为，

1. 电源变压器

电网提供的交流电一般为 220 V（或 380 V），而各种电子设备所需要直流电压的幅值却各不相同。因此,常常需要将电网电压先经过电源变压器,然后将变换以后的二次电压再去整流、滤波和稳压,最后得到所需要的直流电压幅值。

2. 整流电路

整流电路的作用是利用具有单向导电性能的整流元件,将正负交替的正弦交流电压整流成为单方向的脉动电压。但是,这种单向脉动电压往往包含着很大的脉动成分,距离理想的直流电压还差得很远。

3. 滤波器

滤波器主要由电容、电感等储能元件组成。它的作用是尽可能地将单向脉动电压中的脉动成分滤掉,使输出电压成为比较平滑的直流电压。但是,当电网电压或负载电流发生变化时,滤波器输出直流电压的幅值也将随之而变化,如图10.1.1中下面的虚线所示。在要求比较高的电子设备中,这种情况是不符合要求的。

4. 稳压电路

稳压电路的作用是采取某些措施,使输出的直流电压在电网电压或负载电流发生变化时保持稳定。

▶10.2 单相整流电路

由第1章可知,二极管具有单向导电性,因此可以利用二极管的这一特性组成整流电路,将交流电压变换为单向脉动电压。在小功率直流电源中,经常采用单相半波、单相全波和单相桥式整流电路。

▶▶10.2.1 单相半波整流电路

图10.2.1(a)表示一个最简单的单相半波整流电路。图中T为电源变压器,VD为整流二极管,R_L 代表需要用直流电源的负载。

在变压器二次电压 u_2 的正半周,二极管导通,电流经过二极管流向负载,在 R_L 上得到一个极性为上正下负的电压。而在 u_2 的负半周,二极管被反向偏置,电流基本上等于零。所以,在负载电阻 R_L 两端得到的电压 u_O 的极性是单方向的,如图10.2.1(b)所示。

设整流二极管VD是理想二极管,即其正向电阻为零,反向电阻为无穷大,同时忽略整流电路中变压器等的内阻,则正半周内流过负载的电流 i_O 和二极管的电流 i_D 为

$$i_O = i_D = \frac{u_2}{R_L}$$

负载上的电压 u_O 等于变压器的二次电压 u_2,即

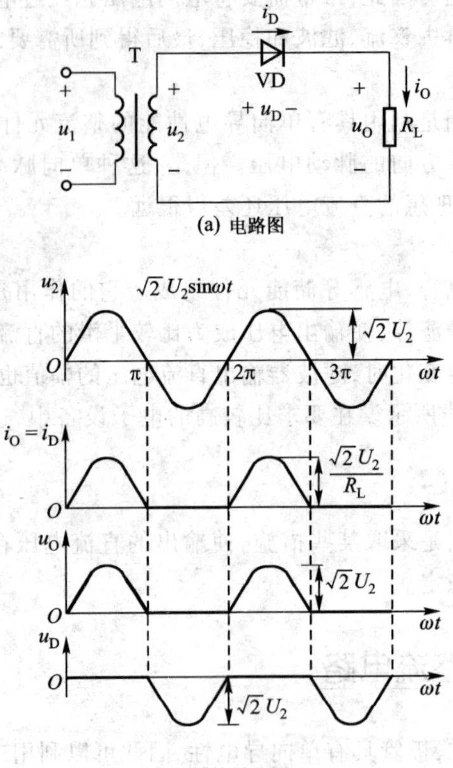

图 10.2.1　单相半波整流电路

$$u_O = u_2, u_D = 0$$

在负半周内,二极管截止,因此

$$i_O = i_D = 0$$

此时,负载上的输出电压也等于零,而二极管两端承受一个反向电压,其值就是变压器二次电压 u_2,即

$$u_O = 0, u_D = u_2$$

综上所述,整流电路中各处的波形如图 10.2.1(b)所示。由图可见,由于二极管的单向导电作用,使变压器二次交流电压变换成为负载两端的单向脉动电压,达到了整流的目的。因为这种电路只在交流电压的半个周期内才有电流流过负载,所以称为单相半波整流电路。

半波整流电路的优点是结构简单,使用的元件少。但是也有明显的缺点:输出波形脉动大;直流成分比较低;变压器有半个周期不导电,利用率低;变压器电流含有直流成分,容易饱和。所以只能用在输出电流较小,要求不高的场合。

►►10.2.2 单相桥式整流电路

针对半波整流电路的缺点，提出了单相桥式整流电路，如图 10.2.2(a)所示。电路中采用了四个二极管，接成电桥形式，故称为桥式整流电路。

在 u_2 的正半周，二极管 VD_1、VD_2 导电，VD_3、VD_4 截止，电流 i_{D1}、i_{D2} 流过 R_L，在负载上得到的输出电压极性为上正下负。在 u_2 的负半周，VD_3、VD_4 导电，VD_1、VD_2 截止，i_{D3}、i_{D4} 流过 R_L 时产生的电压极性也是上正下负，因此在负载上得到一个单方向的脉动电压。桥式整流电路的波形图见图 10.2.2(b)。

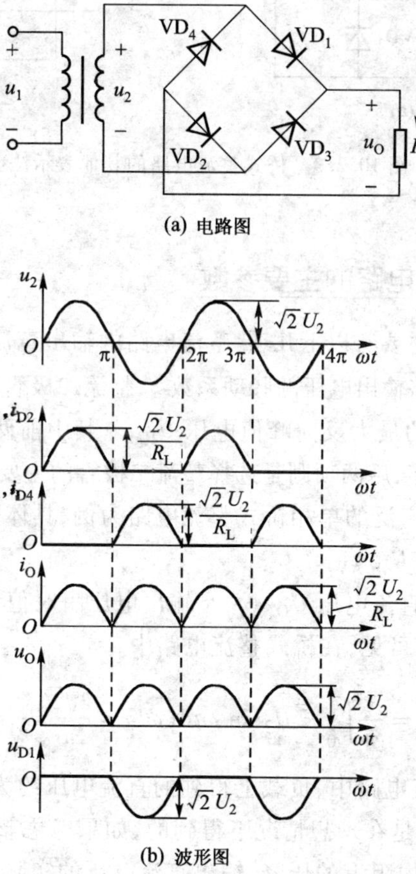

图 10.2.2 单相桥式整流电路

由图 10.2.2(b)可见,在同样的变压器二次电压 u_2 之下,桥式整流电路输出电压 u_O 的波形所包围的面积是半波整流电路的两倍,因此其平均值也将是半波整流电路的两倍。由图也可明显看出,桥式整流输出电压的脉动成分也比半波整流时下降了。

桥式整流电路有时也画成如图 10.2.3(a)和(b)所示的形式,其中图(a)是另一种常用画法,图(b)是它的简化表示法。

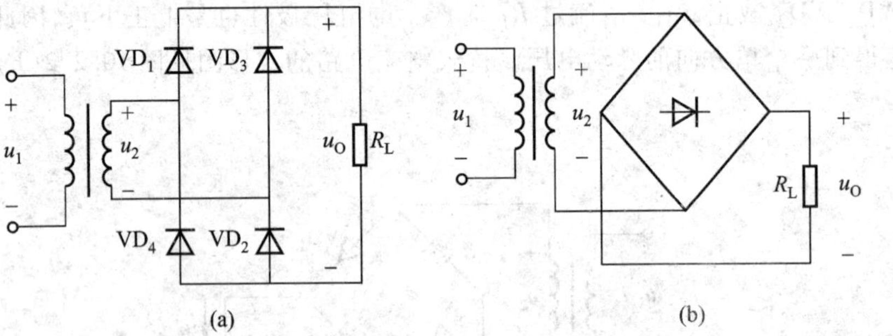

图 10.2.3　桥式整流电路的其他表示法

▶▶10.2.3　整流电路的主要参数

整流电路的参数主要有以下几项:整流电路的输出直流电压即输出电压的平均值 $U_{O(AV)}$,整流电路输出电压的脉动系数 S,整流二极管正向平均电流 $I_{D(AV)}$,以及整流二极管承受的最大反向峰值电压 U_{RM}。其中前两项描述整流电路的输出直流电压的技术性能,后两项则是选择整流二极管的主要依据。

现在以应用比较广泛的单相桥式整流电路为例,具体分析上述各项参数。

1. 输出直流电压 $U_{O(AV)}$

整流电路的输出直流电压 $U_{O(AV)}$ 是输出电压瞬时值 u_O 在一个周期内的平均值,由图 10.2.2(b)可见,在桥式整流电路中,

$$U_{O(AV)} = \frac{1}{\pi}\int_0^{\pi}\sqrt{2}\,U_2 \sin \omega t \mathrm{d}(\omega t) = \frac{2\sqrt{2}}{\pi}U_2 = 0.9U_2 \qquad (10.2.1)$$

上式说明,在桥式整流电路中,负载上得到的直流电压约为变压器二次电压有效值的 90%。这个结果是在理想情况下得到的,如果考虑整流电路内部二极管正向内阻和变压器等效内阻上的压降,输出直流电压的实际数值还要低一些。

2. 脉动系数 S

整流电路输出电压的脉动系数 S 定义为输出电压基波的最大值 U_{O1m} 与其平均值 $U_{O(AV)}$ 之比。为了估算 U_{O1m},可将图 10.2.2(b)中桥式整流电路输出

电压 u_O 的波形用傅里叶级数表示如下：

$$u_O=\sqrt{2}U_2\left(\frac{2}{\pi}-\frac{4}{3\pi}\cos 2\omega t-\frac{4}{15\pi}\cos 4\omega t-\frac{4}{35\pi}\cos 6\omega t-\cdots\right)$$

式中第一项为输出电压的平均值，第二项即是其基波成分。由式可见，基波频率为 2ω，基波的最大值为

$$U_{O1m}=\frac{4\sqrt{2}}{3\pi}U_2$$

因此脉动系数为

$$S=\frac{U_{O1m}}{U_{O(AV)}}=\frac{\frac{4\sqrt{2}}{3\pi}U_2}{\frac{2\sqrt{2}}{\pi}U_2}=0.67 \tag{10.2.2}$$

即桥式整流电路输出电压的脉动系数为67%。可见，桥式整流电路的脉动成分虽然比半波整流电路有所下降，但数值仍然比较大。

3. 二极管正向平均电流 $I_{D(AV)}$

温升是决定半导体器件使用极限的一个重要指标，整流二极管的温升本来应该与通过二极管的电流有效值有关，但是由于平均电流是整流电路的主要工作参数，因此在出厂时已将二极管允许的温升折算成半波整流电流的平均值，在器件手册中给出。

在桥式整流电路中，二极管 VD_1、VD_2 和 VD_3、VD_4 轮流导电，由图 10.2.2(b)的波形图可以看出，每个整流二极管的平均电流等于输出电流平均值的一半，即

$$I_{D(AV)}=\frac{1}{2}I_{O(AV)} \tag{10.2.3}$$

当负载电流平均值已知时，可以根据 $I_{O(AV)}$ 来选定整流二极管的 $I_{D(AV)}$。

4. 二极管最大反向峰值电压 U_{RM}

每个整流管的最大反向峰值电压 U_{RM} 是指整流管不导电时，在它两端出现的最大反向电压。选管时应选耐压比这个数值高的管子，以免被击穿。由图 10.2.2(b)很容易看出，整流二极管承受的最大反向电压就是变压器二次电压的最大值，即

$$U_{RM}=\sqrt{2}U_2 \tag{10.2.4}$$

单相半波整流电路的主要参数也可以利用以上方法分析得到，此处不再重复。现将理想情况下两种单相整流电路的主要参数值列于表 10-1 中，以便读者进行比较。

表 10-1　单相整流电路的主要参数

电路 \ 参数	$U_{O(AV)}/U_2$	S	$I_{D(AV)}/I_{O(AV)}$	U_{RM}/U_2
半波整流	0.45	157%	100%	1.41
桥式整流	0.90	67%	50%	1.41

由上表可知，在同样的 U_2 之下，桥式整流电路与半波整流电路相比，输出直流电压高一倍，而脉动系数降低很多，因此应用比较广泛。但桥式整流电路需用 4 个二极管。

【例 10.2.1】 某电子装置要求电压值为 15 V 的直流电源，已知负载电阻 R_L 等于 100 Ω，试问：

① 如果选用单相桥式整流电路，则变压器二次电压 U_2 应为多大？整流二极管的正向平均电流 $I_{D(AV)}$ 和最大反向峰值电压 U_{RM} 等于多少？输出电压的脉动系数 S 等于多少？

② 如果改用单相半波整流电路，则 U_2、$I_{D(AV)}$、U_{RM} 和 S 各等于多少？

解： ① 由式(10.2.1)可知

$$U_2=\frac{U_{O(AV)}}{0.9}=\frac{15\ \text{V}}{0.9}=16.7\ \text{V}$$

根据给定条件，可得输出直流电流为

$$I_{O(AV)}=\frac{U_{O(AV)}}{R_L}=\frac{15}{100}\ \text{A}=0.15\ \text{A}=150\ \text{mA}$$

则由式(10.2.3)和(10.2.4)可得

$$I_{D(AV)}=\frac{1}{2}I_{O(AV)}=\frac{1}{2}\times150\ \text{mA}=75\ \text{mA}$$

$$U_{RM}=\sqrt{2}U_2=\sqrt{2}\times16.7\ \text{V}=23.6\ \text{V}$$

此时脉动系数为

$$S=0.67=67\%$$

② 如改用单相半波整流电路，则

$$U_2=\frac{U_{O(AV)}}{0.45}=\frac{15\ \text{V}}{0.45}=33.3\ \text{V}$$

$$I_{D(AV)}=I_{O(AV)}=150\ \text{mA}$$

$$U_{RM}=\sqrt{2}U_2=\sqrt{2}\times33.3\ \text{V}=47.1\ \text{V}$$

$$S=1.57=157\%$$

▶10.3 滤波电路

由表 10-1 可知，整流电路的输出电压都含有较大的脉动成分，因此极少直接用作电子电路的直流电源。通常在整流电路后面还要加上一定的滤波电路。对滤波电路的要求是,一方面尽量降低输出电压中的脉动成分,另一方面又要尽量保留其中的直流成分,使输出电压成为比较平滑的直流电压。

电容和电感都是基本的滤波元件,利用它们的储能作用,在二极管导电时将一部分能量储存在电场或磁场中,然后再逐渐释放出来,从而在负载上得到比较平滑的波形。从另一个角度看,电容和电感对于交流成分和直流成分呈现的阻抗是不同的,如果把它们合理地安排在电路中,可以达到降低交流成分,保留直流成分的目的,实现滤波作用。下面介绍几种常用的滤波电路。

►►10.3.1 电容滤波电路

1. 电路组成和工作原理

将一个大电容 C 与负载电阻 R_L 并联,即可组成电容滤波电路,如图 10.3.1(a)所示。由于电容有维持其两端电压不变的特性,因此,将电容与负载并联,将使负载两端的电压波形比较平滑。

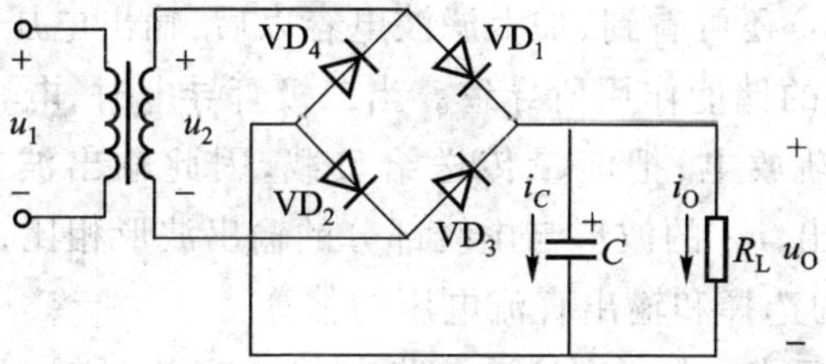

(a) 电路图

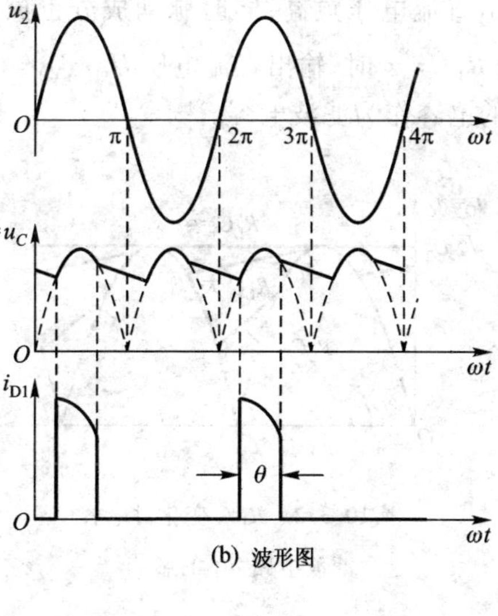

(b) 波形图

图 10.3.1 桥式整流、电容滤波电路

如果不接电容，u_2 的正半周时二极管 VD_1、VD_2 导电，负半周时 VD_3、VD_4 导电，输出电压的波形如图 10.3.1(b)中虚线所示。并联电容以后，由图(a)可见，在 u_2 的正半周，当 VD_1、VD_2 导通时，除了有一个电流 i_O 流向负载外，同时还有一个电流 i_C 向电容充电，电容电压 u_C 的极性为上正下负。如果忽略二极管的内阻，则在二极管导通时，$u_C=u_O=u_2$。当 u_2 达到最大值后开始下降，此时电容上的电压 u_C 也将由于放电而逐渐下降。当 $u_2<u_C$ 时，二极管 VD_1、VD_2 被反向偏置，因而不导电，于是 u_C 以一定的时间常数按指数规律下降，直到下一个半周，当 $\left|u_2\right|>u_C$ 时，二极管 VD_3、VD_4 导通，输出电压 u_O 的波形如图 10.3.1(b)中实线所示。

由图 10.3.1(b)可见，加了电容滤波电路以后，输出电压的直流成分提高了。不接电容时，桥式整流电路的输出电压为半个正弦波的形状，如图 10.3.1(b)中虚线所示。在 R_L 上并联电容以后，输出电压 u_O 的波形如图 10.3.1(b)中的实线所示，显然 u_O 波形包围的面积比原来虚线部分包围的面积增大了，因此，输出电压的平均值提高了。

由图 10.3.1(b)还可看到，加上滤波电容以后，输出电压中的脉动成分降低了。这是由于电容的储能作用所导致。当二极管导电时，电容被充电，将能量储存起来，然后再逐渐放电，把能量传送给负载，因此输出波形比较平滑。由图 10.3.1(b)明显看出，u_O 的波形与虚线部分的输出波形相比，脉动成分减少了。

2. 滤波电容的选择和输出直流电压的估算

根据以上分析可知，在电容滤波电路中，电容放电的时间常数 $\tau=R_LC$ 愈大，放电过程愈慢，则输出直流电压愈高，同时脉动成分也愈小，即滤波效果愈好。由图 10.3.2 可见，当 $R_LC=\infty$ 时，输出直流电压 $U_{O(AV)}=\sqrt{2}U_2$，脉动系数 $S=0$。所以，应选择大容量的电容作为滤波电容。

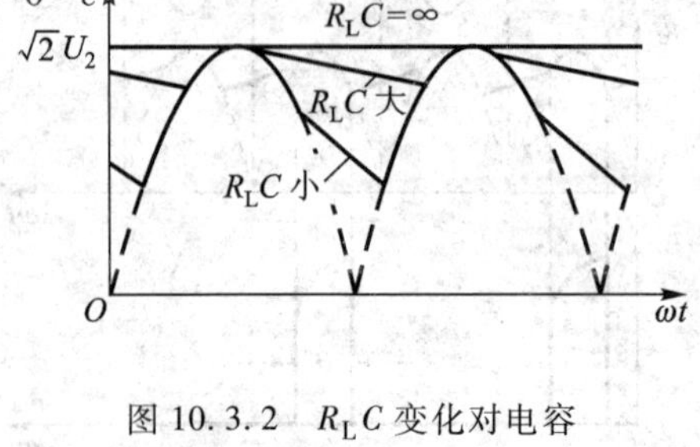

图 10.3.2　R_LC 变化对电容滤波电路 u_O 的影响

在实际工作中，为了得到比较好的滤波效果，常常根据下式来选择滤波电容的容量（在桥式整流情况下）：

$$R_{L}C \geqslant (3\sim5)\frac{T}{2} \tag{10.3.1}$$

式中 T 为电网交流电压的周期。由于电容值比较大，一般为几十至几千微法，通常可选用电解电容器。电容器的耐压应大于$\sqrt{2}U_2$。连线时注意电容的极性不要接反。

当滤波电容的容值满足式(10.3.1)时，可以认为输出直流电压近似为

$$U_{O(AV)} \approx 1.2U_2 \tag{10.3.2}$$

此时脉动系数约为20%～10%左右。

3. 电容滤波电路的特点

电容滤波电路结构简单，因而常常被采用。电容滤波电路具有以下几个主要特点：

（1）电容滤波电路适用于小电流负载。已经知道 R_LC 的乘积愈大，则滤波效果愈好。为此，不仅要选择大容量的滤波电容，而且要求 R_L 也尽量大，因此电容滤波适用于负载电阻比较大，即负载电流比较小的场合。

（2）电容滤波电路的外特性比较软。滤波电路的输出电压 $U_{O(AV)}$ 与输出电流 $I_{O(AV)}$ 之间的关系曲线称为外特性。由图10.3.2可以看出，电容滤波电路的 $U_{O(AV)}$ 将随着 $I_{O(AV)}$ 而变化。当 $I_{O(AV)}=0$，即 $R_L=\infty$（即负载开路）时，$U_{O(AV)}=\sqrt{2}U_2$，达到最大。当 $I_{O(AV)}$ 增大，即 R_L 减小时，由于电容放电过程加快而使 $U_{O(AV)}$ 减小。

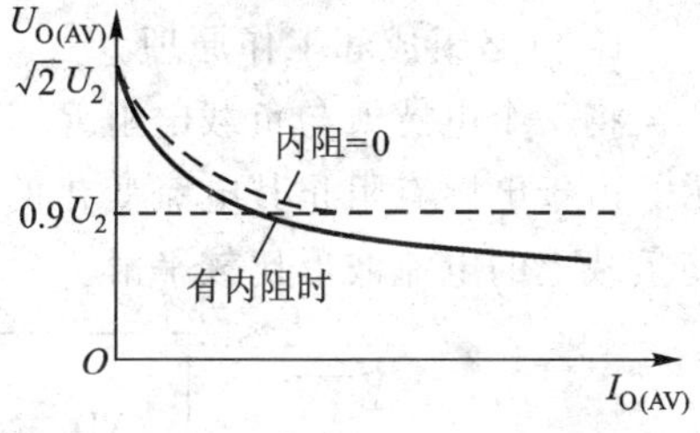

图 10.3.3　电容滤波电路的外特性

如果不考虑电流在二极管和变压器等效内阻上的降落，$U_{O(AV)}$ 的变化范围在$\sqrt{2}U_2$至 $0.9U_2$ 之间。若考虑整流电路的内阻，则 $U_{O(AV)}$ 值将更低。电容滤波电路的外特性如图10.3.3所示。由图可见，随着 $I_{O(AV)}$ 的增加，$U_{O(AV)}$ 下降很快，即外特性比较软，所以电容滤波适用于负载电流变化不大的场合。

（3）采用电容滤波时，整流二极管中将流过较大的冲击电流。由图10.3.1(b)可见，接入电容后，整流二极管的导电角 $\theta<180°$，而且，R_LC 的乘积愈大，则导电角愈小。由于加了电容滤波后，输出电流的平均值比原来提高了，而导电角却减小了，因此，整流管在短暂的导电时间内将流过一个很大的冲击电流，对管子的寿命带来不利的影响，所以必须选用较大容量的整流二极管。

【例 10.3.1】　要求某直流电源的输出电压 $U_{O(AV)}=12$ V，输出电流 $I_{O(AV)}=100$ mA，脉动系数 $S<10\%$。拟采用桥式整流电容滤波电路，

① 试选择滤波电容；

② 估算变压器二次电压 U_2 的值。

解: ① 根据给定条件可知负载电阻为

$$R_L = \frac{U_{O(AV)}}{I_{O(AV)}} = \frac{12}{0.1}\ \Omega = 120\ \Omega$$

若要求脉动系数 $S<10\%$,则由式(10.3.1)可知,应满足

$$R_L C > 5\frac{T}{2}$$

即
$$C > \frac{5\times\frac{T}{2}}{R_L} = \frac{5\times\frac{1}{2}\times0.02}{120}\text{F} = 0.000\ 42\ \text{F} = 420\ \mu\text{F}$$

可选电容量为 500 μF,耐压 16 V 的电解电容器。

② 由式(10.3.2)可求得变压器二次电压的有效值为

$$U_2 \approx \frac{U_{O(AV)}}{1.2} = \frac{12\ \text{V}}{1.2} = 10\ \text{V}$$

▶▶10.3.2 电感滤波电路

1. 电路组成和工作原理

将一个电感 L 与负载电阻 R_L 串联,即可组成电感滤波电路,如图 10.3.4 所示。由于电感有阻止其电流变化的特点,因此,在负载回路中串联一个电感,将使负载上的电流波形比较平滑。

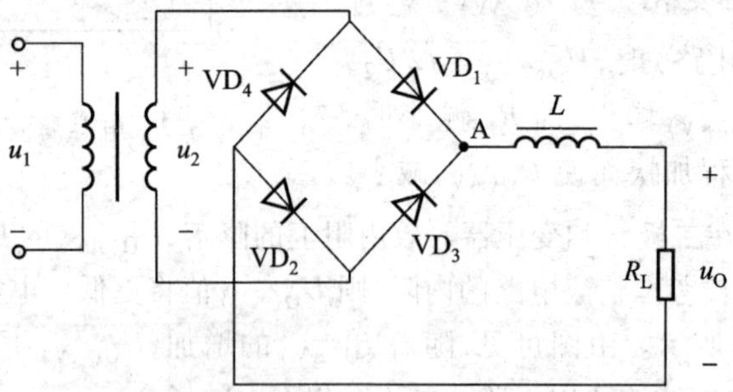

图 10.3.4 电感滤波电路

根据电感的特点,当输出电流发生变化时,L 中将感应出一个反电势,其方向将阻止电流发生变化。在半波整流电路中,这个反电势将使整流管的导电角大于 180°。但是,在桥式整流电路中,VD_1、VD_2 和 VD_3、VD_4 不能同时导电。例如,当 u_2 的极性由正变负后,虽然 L 上的反电势有助于 VD_1、VD_2 继续导电,但是,由于此时 VD_3 和 VD_4 导电,变压器二次电压全部加在 VD_1、VD_2 两端,使 VD_1、VD_2 因反向偏置而截止。所以在桥式整流电路中,虽然采用电感滤波,每个整流管仍然导电 180°,故图 10.3.4 中 A 点的电压波形与桥式整流纯阻负载

时相同(参见图 10.2.2(b))。

接入滤波电感后,由于电感的直流电阻很小,交流阻抗很大,因此直流成分经过电感后基本上没有损失,但是对于交流分量,在 $j\omega L$ 和 R_L 上分压后,很大部分降落在电感上,从而降低了输出电压中的脉动成分。ωL 愈大,R_L 愈小,则滤波效果愈好。

2. 输出直流电压和脉动系数

在图 10.3.4 所示的电感滤波电路中,设 A 点的直流电压为 $U'_{O(AV)}$,基波电压的最大值为 U'_{O1m},脉动系数为 S'。如果忽略电感的直流电阻,则输出直流电压为

$$U_{O(AV)} \approx U'_{O(AV)} \tag{10.3.3}$$

输出的基波电压最大值为

$$U_{O1m} \approx \frac{R_L}{\sqrt{R_L^2+(\omega L)^2}} U'_{O1m}$$

故输出电压的脉动系数为

$$S=\frac{U_{O1m}}{U_{O(AV)}} \approx \frac{R_L}{\sqrt{R_L^2+(\omega L)^2}} \cdot \frac{U'_{O1m}}{U'_{O(AV)}} \approx \frac{R_L}{\sqrt{R_L^2+(\omega L)^2}} S' \tag{10.3.4}$$

通常情况下,要求电感滤波电路中 $\omega L \gg R_L$,则上式可简化为

$$S \approx \frac{R_L}{\omega L} S' \tag{10.3.5}$$

由式(10.3.5)也可看出,ωL 愈大,R_L 愈小,则电感滤波电路输出电压的脉动系数愈小。

3. 电感滤波电路的特点

① 已经知道 ωL 愈大,R_L 愈小,则滤波效果愈好,因此,电感滤波电路适用于大电流负载。

② 由于电感的直流电阻比较小,故输出电流 $I_{O(AV)}$ 增大时,电感上的直流压降较小,则输出直流电压 $U_{O(AV)}$ 的下降也较小,所以电感滤波电路的外特性比较硬。

③ 由于电感有延长整流管导电角的趋势,因此电流的波形比较平滑,避免了在整流管中产生较大的冲击电流。

电感滤波与电容滤波相比,输出电压 $U_{O(AV)}$ 较低,另外,由于采用了电感,比较笨重,通常用于功率较大的电源中。

▶▶10.3.3 复式滤波电路

为了得到更好的滤波效果,可以将基本的滤波元件电容和电感(有时还有

电阻)用适当的方式组合起来,构成各种复式滤波电路。常用的复式滤波电路有 LC 滤波电路、$LC-\Pi$ 型滤波电路以及 $RC-\Pi$ 型滤波电路等。

1. LC 滤波电路

在电感滤波电路的基础上,再在 R_L 上并联一个电容,即可组成 LC 滤波电路,如图 10.3.5 所示。需要注意,在 LC 滤波电路中,如果电感 L 的值太小,或 R_L 太大,则将呈现出电容滤波的特性。为了保证整流管的导电角为 180°,参数之间要恰当配合,近似条件为 $R_L<3\omega L$。

在 LC 滤波电路中,交流分量在 $j\omega L$ 和 $R_L /\!/ \frac{1}{j\omega C}$ 之间分压,所以输出电压的脉动成分比仅用电感滤波时更小。显然,ωL 愈大,$\frac{1}{\omega C}$ 愈小,则脉动系数愈小。

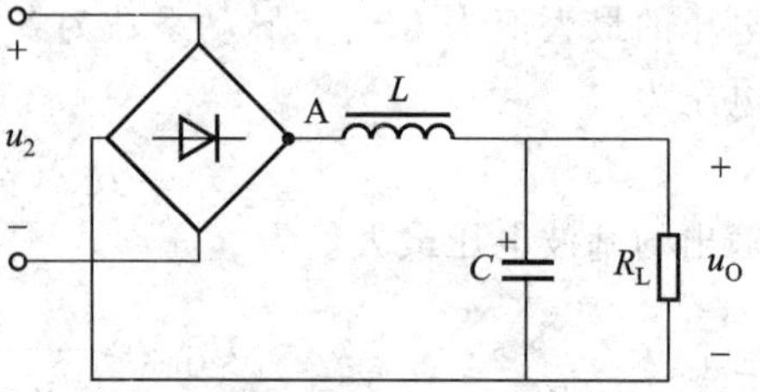

图 10.3.5 LC 滤波电路

LC 滤波电路的特点是,在负载电流较大或较小时均有良好的滤波作用,也就是说,LC 滤波电路对负载的适应性比较强。

2. $LC-\Pi$ 型滤波电路

在电容滤波的基础上再加上一级 LC 滤波,即成为 $LC-\Pi$ 型滤波电路,如图 10.3.6 所示。

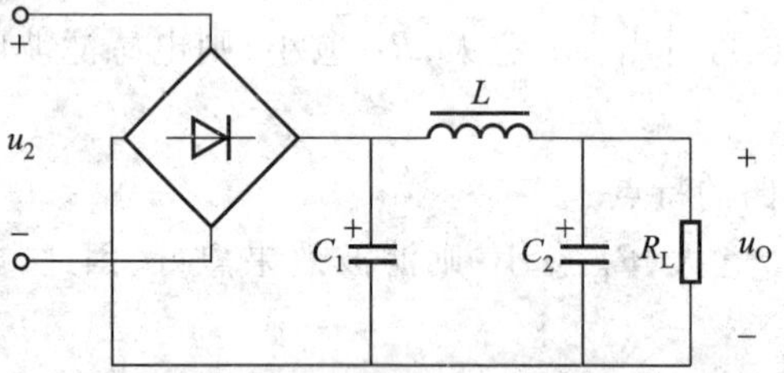

图 10.3.6 $LC-\Pi$ 型滤波电路

十分明显,$LC-\Pi$ 型滤波电路输出电压的脉动系数比仅有 LC 滤波时更小,波形更加平滑。又由于在输入端接了电容,因而输出直流电压 $U_{O(AV)}$ 提高了。但是,随之而来的缺点是整流管的冲击电流比较大,滤波电路的外特性比较软。$LC-\Pi$ 型滤波电路的外特性与电容滤波电路基本相同,如果考虑电感上的直流压降,则将下降更多一些。

3. $RC-\Pi$ 型滤波电路

将 $LC-\Pi$ 型滤波电路中的电感 L 换为电阻 R,就成为 $RC-\Pi$ 型滤波电路,如图 10.3.7 所示。

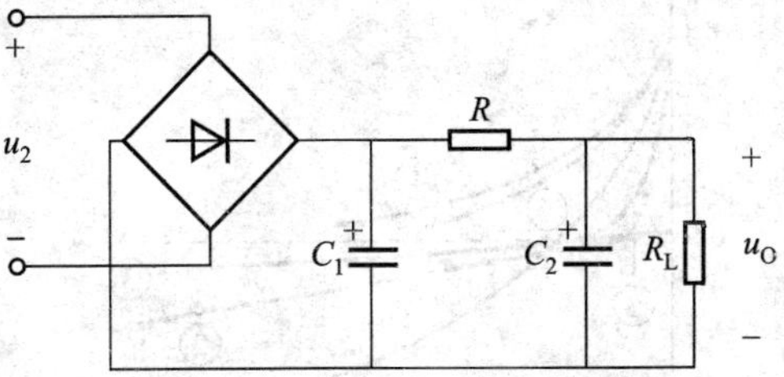

图 10.3.7　RC-∏型滤波电路

经过第一级电容滤波以后，电容 C_1 两端的电压包含一个直流分量和一个交流分量。其中的直流分量将在 R 和 R_L 之间分压，而交流分量则在 R 和 $R_L /\!/ \frac{1}{j\omega C_2}$ 之间分压，由于 $R_L /\!/ \frac{1}{j\omega C_2}$ 总是小于 R_L，故在电阻 R 上直流成分衰减较少，而交流成分衰减较多，因此输出电压的脉动成分得到进一步的降低。

RC-∏型滤波电路采用简单的电阻、电容元件可以进一步改善滤波效果，但是这种滤波电路的缺点是在电阻 R 上有直流压降，为此需要提高变压器的二次电压；而且，由于 R 上产生压降，外特性比电容滤波更软；同时整流管的冲击电流仍然比较大。

最后将各种滤波电路的主要性能列在表 10-2 中。另外将各种滤波电路的外特性集中画在图 10.3.8 中，以便进行比较。

表 10-2　各种滤波电路的性能比较

序号	性能 / 类型	$U'_{O(AV)}/U_2$	适用场合	整流管的冲击电流	外特性
1	电容滤波	≈1.2	小电流	大	软
2	电感滤波	0.9	大电流	小	硬
3	LC 滤波	0.9	适应性较强	小	硬
4	LC-∏型滤波	≈1.2	小电流	大	软
5	RC-∏型滤波	≈1.2	小电流	大	更软

注：1：$U'_{O(AV)}$ 指整流电路输出端、滤波电路输入端的直流电压。

2：在满足 $R_L<3\omega L$ 的条件下，LC 滤波电路的外特性较硬。

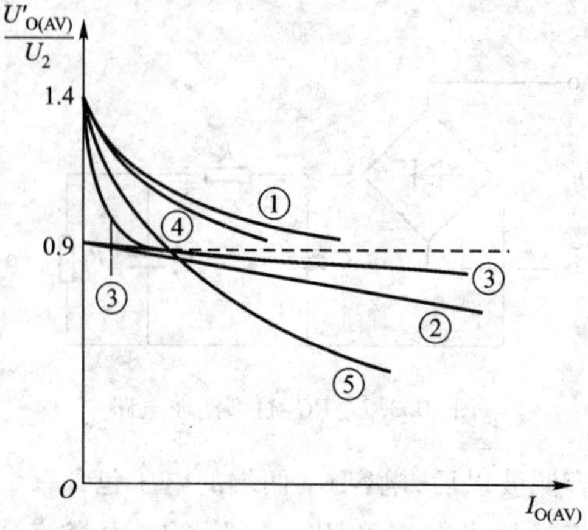

图 10.3.8　各种滤波电路外特性的比较

▶10.4　倍压整流电路

倍压整流电路的作用是，不仅将交流电转换成直流电（整流），而且能够在一定的变压器二次电压之下，得到高出若干倍的直流电压（倍压）。实现倍压整流的方法，是利用二极管的整流和导引作用，将较低的直流电压分别存在多个电容器上，然后将它们按照相同的极性串联起来，从而得到较高的输出直流电压。所以，倍压整流电路的主要组成元器件是二极管和电容器。

▶▶10.4.1　二倍压整流电路

图 10.4.1 所示电路就是运用上述方法组成的二倍压整流电路。

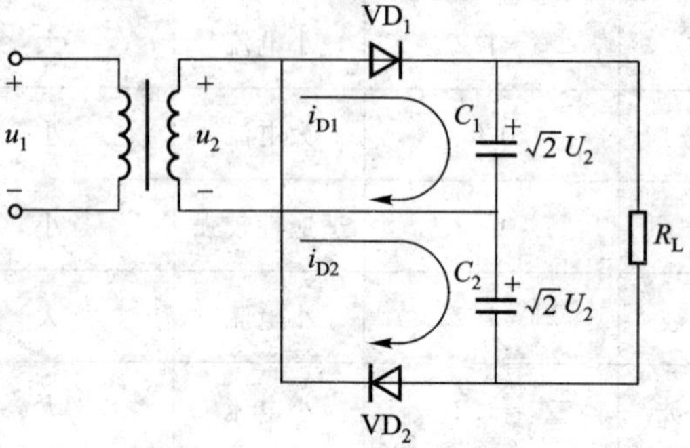

图 10.4.1　二倍压整流电路

在变压器二次电压 u_2 的正半周，二极管 VD_1 导通，在理想情况下，电容 C_1 被充电至$\sqrt{2}U_2$，极性为上正下负。在 u_2 的负半周，VD_2 导通，将 C_2 充电至$\sqrt{2}U_2$，极性也是上正下负。由图可见，负载上的电压是两个电容上的电压之和，所以在理想情况下，输出直流电压为 $2\sqrt{2}U_2$，实现了二倍压整流。

▶▶10.4.2 多倍压整流电路

根据同样的原则，只要把更多的电容串联起来，并安排相应的二极管分别给它们充电，即可得到更多倍的直流输出电压。

在图 10.4.2 中，当 u_2 为正半周时，VD_1 导电，将电容 C_1 充电至$\sqrt{2}U_2$。然后在 u_2 的负半周时（负半周时 u_2 的极性用⊕⊖表示），VD_2 导电，由图可见，此时电容 C_1 上的电压与 u_2 的极性一致，它们共同将 C_2 充电至 $2\sqrt{2}U_2$。到另一个正半周时，通过 VD_3 向 C_3 充电，$u_{C_3}=u_2+u_{C_2}-u_{C_1}\approx2\sqrt{2}U_2$。而在另一个负半周时，通过 VD_4 向 C_4 充电，$u_{C_4}=u_2+u_{C_1}+u_{C_3}-u_{C_2}\approx2\sqrt{2}U_2$。以此类推，可以分析出电容 C_5、C_6 等也都充电至 $2\sqrt{2}U_2$，电容上电压的极性如图所示。最后，只需将负载电阻 R_L 接到有关电容组的两端，即可得到相应的多倍压直流输出。

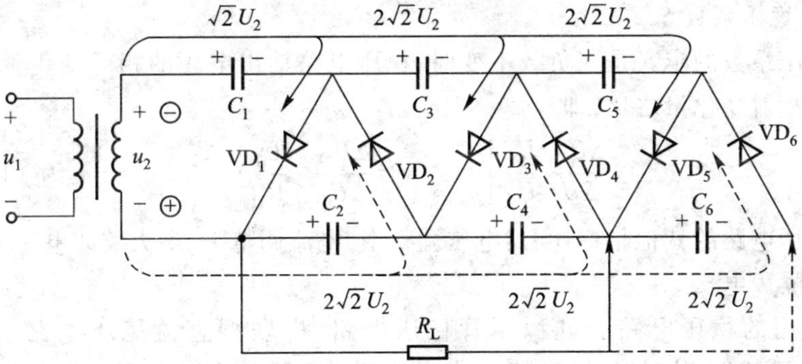

图 10.4.2　多倍压整流电路

以上分析倍压整流电路的工作原理时，都假定在理想情况下，即电容电压被充电至变压器二次电压的最大值。实际上由于存在放电回路，所以电容上的电压达不到最大值，而且在充放电过程中电容电压还将上下波动，即包含有脉动成分。

由于负载电阻 R_L 愈小，电容放电过程愈快，则输出直流电压愈低，同时脉动成分愈大，所以倍压整流电路适用于要求输出电压较高，但是负载电流比较小的场合。

▶10.5 硅稳压管稳压电路

▶▶10.5.1 稳压电路的主要指标

整流电路把交流电变换为单方向的脉动电压，而滤波电路降低了输出电压中的脉动成分。但是，整流滤波电路的输出电压与理想的直流电源还有相当距离，主要存在两方面的问题：首先，当负载电流变化时，由于整流滤波电路存在内阻，因此输出直流电压将随之发生变化。其次，当电网电压波动时，因整流电路的输出电压直接与变压器二次电压 U_2 有关，故也要相应地变化。为了得到更加稳定的直流电源，需要在整流滤波电路的后面再加上稳压电路。

通常用以下两个主要指标来衡量稳压电路的质量：

1. 内阻 R_o

稳压电路内阻的定义为，输入到稳压电路的直流电压 U_I 不变时，稳压电路的输出电压变化量 ΔU_O 与输出电流变化量 ΔI_O 之比，即

$$R_o=\left.\frac{\Delta U_O}{\Delta I_O}\right|_{U_I=\text{常数}} \tag{10.5.1}$$

2. 稳压系数 S_r

稳压系数的定义是当负载不变时，稳压电路输出电压的相对变化量与输入电压的相对变化量之比，即

$$S_r=\left.\frac{\Delta U_O/U_O}{\Delta U_I/U_I}\right|_{R_L=\text{常数}}=\left.\frac{\Delta U_O}{\Delta U_I}\cdot\frac{U_I}{U_O}\right|_{R_L=\text{常数}} \tag{10.5.2}$$

稳压电路的其他指标还有：电压调整率、电流调整率、最大纹波电压、温度系数以及噪声电压等。

常用的稳压电路有硅稳压管稳压电路、串联型直流稳压电路、集成稳压器以及开关型稳压电路等。本节首先讨论比较简单的硅稳压管稳压电路。

▶▶10.5.2 硅稳压管稳压电路的组成和工作原理

硅稳压管稳压电路的原理图如图 10.5.1 所示。整流滤波后得到的直流电压作为稳压电路的输入电压 U_I，稳压管 VD_Z 与负载电阻 R_L 并联。为了保证工作在反向击穿区，稳压管作为一个二极管，要处于反向接法（极性如图 10.5.1 所示）。限流电阻 R 也是稳压电路必不可少的组成元件，当电网电压波动或负载电流变化时，通过调节 R 上的压降来保持输出电压基本不变。

下面分析电路的稳压原理。

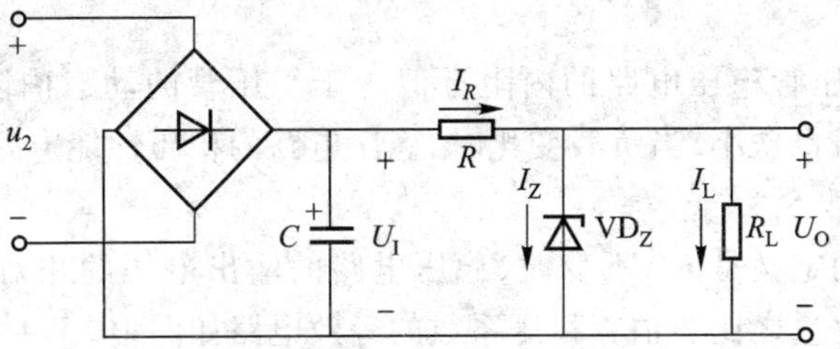

图 10.5.1　硅稳压管稳压电路

(1) 假设稳压电路的输入电压 U_I 保持不变，当负载电阻 R_L 减小，负载电流 I_L 增大时，由于电流在电阻 R 上的压降升高，输出电压 U_O 将下降。而稳压管并联在输出端，由图 10.5.2 中稳压管的伏安特性可见，当稳压管两端的电压有一个很小的下降时，稳压管的电流将减小很多。由于 $I_R = I_Z + I_L$，因此 I_R 也有减小的趋势。实际上利用 I_Z 的减小来补偿 I_L 的增大，使 I_R 基本保持不变，从而使输出电压也保持基本稳定。

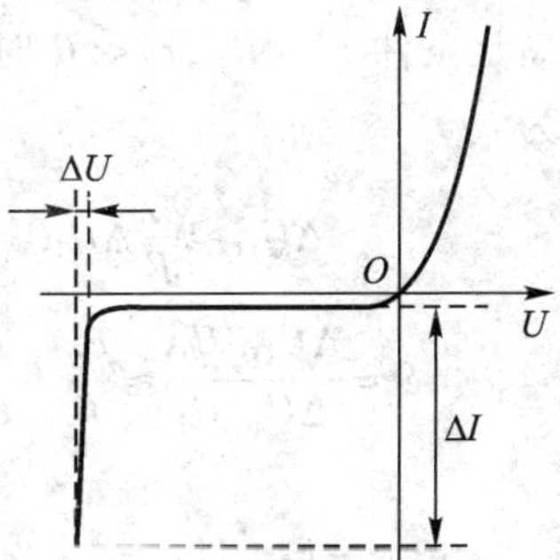

图 10.5.2　硅稳压管的伏安特性

(2) 假设负载电阻 R_L 保持不变，由于电网电压升高而使 U_I 升高时，则输出电压 U_O 也将随之上升。但是，由稳压管的伏安特性可见，此时稳压管的电流 I_Z 将急剧增加，于是电阻 R 上的压降增大，以此来抵消 U_I 的升高，从而使输出电压基本保持不变。

▶▶10.5.3　稳压电路的内阻和稳压系数

1. 内阻 R_o

稳压电路的内阻定义为直流输入电压 U_I 不变时，输出端的 ΔU_O 与 ΔI_O 之比。根据定义，估算电路的内阻时，应将负载电阻 R_L 开路。又因 U_I 不变，故其变化量 $\Delta U_I = 0$。此时图 10.5.1 中硅稳压管稳压电路的交流等效电路如图 10.5.3 所示。图中 r_Z 为稳压管的动态内阻。

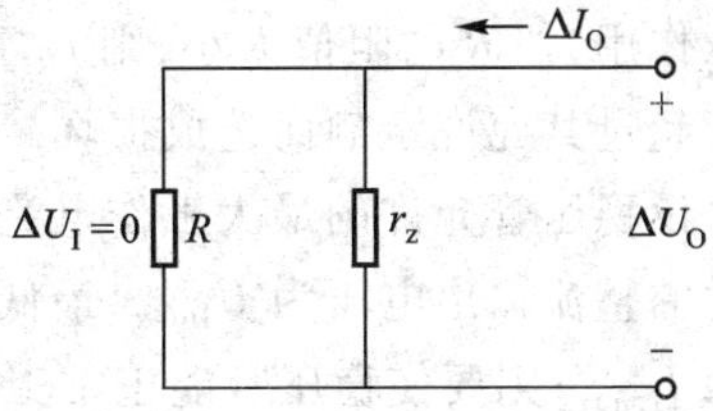

图 10.5.3　估算稳压电路 R_o 的等效电路

由图可得

$$R_o = \frac{\Delta U_O}{\Delta I_O} = r_Z // R$$

由于一般情况下能够满足条件 $r_Z \ll R$，故上式可简化为

$$R_o \approx r_Z \tag{10.5.3}$$

由此可知,硅稳压管稳压电路的内阻近似等于稳压管的动态内阻。r_Z 愈小,则稳压电路的内阻也愈小,当负载变化时,稳压电路的稳压性能愈好。

2. 稳压系数 S_r

稳压系数的定义是 R_L 不变时,稳压电路的输出电压的相对变化量与输入电压的相对变化量之比。估算稳压系数的等效电路如图 10.5.4 所示。

由图可得

$$\Delta U_O = \frac{r_Z /\!/ R_L}{(r_Z /\!/ R_L) + R}\Delta U_I$$

当满足条件 $r_Z \ll R_L$,$r_Z \ll R$ 时,上式可简化为

$$\Delta U_O \approx \frac{r_Z}{R}\Delta U_I$$

则

$$S_r = \frac{\Delta U_O / U_O}{\Delta U_I / U_I} \approx \frac{r_Z}{R} \cdot \frac{U_I}{U_O} \tag{10.5.4}$$

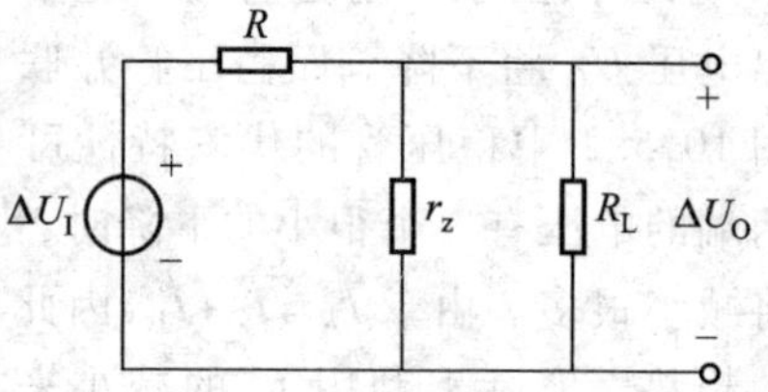

图 10.5.4　估算稳压电路 S_r 的等效电路

由上式可知,r_Z 愈小,R 愈大,则 S_r 愈小,即电网电压波动时,稳压电路的稳压性能愈好。

▶▶10.5.4　稳压电路中限流电阻的选择

硅稳压管稳压电路中的限流电阻是一个很重要的组成元件。限流电阻 R 的阻值必须选择适当,才能保证稳压电路很好地实现稳压作用。

在图 10.5.1 所示的硅稳压管稳压电路中,如限流电阻 R 的阻值太大,则流过 R 的电流 I_R 很小,当 I_L 增大时,稳压管的电流可能减小到临界值以下,失去稳压作用;如 R 的阻值太小,则 I_R 很大,当 R_L 很大或开路时,I_R 都流向稳压管,可能超过其允许定额而造成损坏。

设稳压管允许的最大工作电流为 I_{Zmax},最小工作电流为 I_{Zmin};电网电压最高时的整流输出电压为 U_{Imax},最低时为 U_{Imin};负载电流的最小值为 I_{Lmin},最大值为 I_{Lmax};则要使稳压管能正常工作,必须满足下列关系:

(1) 当电网电压最高和负载电流最小时,I_Z 的值最大,此时 I_Z 不应超过允许的最大值,即

$$\frac{U_{Imax} - U_Z}{R} - I_{Lmin} < I_{Zmax}$$

或

$$R > \frac{U_{Imax} - U_Z}{I_{Zmax} + I_{Lmin}} \tag{10.5.5}$$

式中 U_Z 为稳压管的标称稳压值。

(2) 当电网电压最低和负载电流最大时,I_Z 的值最小,此时 I_Z 不应低于其允许的最小值,即

$$\frac{U_{\mathrm{Imin}}-U_Z}{R}-I_{\mathrm{Lmax}}>I_{\mathrm{Zmin}}$$

或

$$R<\frac{U_{\mathrm{Imin}}-U_Z}{I_{\mathrm{Zmin}}+I_{\mathrm{Lmax}}} \tag{10.5.6}$$

如式(10.5.5)及(10.5.6)不能同时满足,例如既要求 $R>500\ \Omega$,又要求 $R<400\ \Omega$,则说明在给定条件下已超出稳压管的工作范围,需限制输入电压 U_I 或负载电流 I_L 的变化范围,或选用更大容量的稳压管。

【例 10.5.1】 在图 10.5.1 所示的硅稳压管稳压电路中,设稳压管的 $U_Z=6\ \mathrm{V}$,$I_{\mathrm{Zmax}}=40\ \mathrm{mA}$,$I_{\mathrm{Zmin}}=5\ \mathrm{mA}$;$U_{\mathrm{Imax}}=15\ \mathrm{V}$,$U_{\mathrm{Imin}}=12\ \mathrm{V}$;$R_{\mathrm{Lmax}}=600\ \Omega$,$R_{\mathrm{Lmin}}=300\ \Omega$。给定当 I_Z 由 I_{Zmax}变到 I_{Zmin}时,U_Z 的变化量为 0.35 V。

① 试选择限流电阻 R;

② 估算在上述条件下的输出电阻和稳压系数。

解: ① 由给定条件知

$$I_{\mathrm{Lmin}}=\frac{U_Z}{R_{\mathrm{Lmax}}}=\left(\frac{6}{600}\right)\ \mathrm{A}=0.01\ \mathrm{A}=10\ \mathrm{mA}$$

$$I_{\mathrm{Lmax}}=\frac{U_Z}{R_{\mathrm{Lmin}}}=\left(\frac{6}{300}\right)\ \mathrm{A}=0.02\ \mathrm{A}=20\ \mathrm{mA}$$

由式(10.5.5)可得

$$R>\left(\frac{15-6}{0.04+0.01}\right)\ \Omega=180\ \Omega$$

由式(10.5.6)可得

$$R<\left(\frac{12-6}{0.005+0.02}\right)\ \Omega=240\ \Omega$$

可取 $R=200\ \Omega$。电阻上消耗的功率为

$$P_R=\left[\frac{(15-6)^2}{200}\right]\ \mathrm{W}\approx 0.4\ \mathrm{W}$$

可选 200 Ω,1 W 的碳膜电阻。

② 再由给定条件可求得

$$r_Z=\frac{\Delta U_Z}{\Delta I_Z}=\left(\frac{0.35}{0.04-0.005}\right)\ \Omega=10\ \Omega$$

则输出电阻为

$$R_o\approx r_Z=10\ \Omega$$

估算稳压系数时,取 $U_I=\frac{1}{2}(15+12)\ \mathrm{V}=13.5\ \mathrm{V}$,则

$$S_r \approx \frac{r_Z}{R} \cdot \frac{U_I}{U_O} = \frac{10}{200} \cdot \frac{13.5}{6} = 0.11 = 11\%$$

在输出电压不需调节,负载电流比较小的情况下,硅稳压管稳压电路的效果较好,所以在小型的电子设备中经常采用这种电路。但是,硅稳压管稳压电路存在两个缺点:首先,输出电压由稳压管的型号决定,不可随意调节;其次,电网电压和负载电流的变化范围较大时,电路将不能适应。为了改进以上缺点,可以采用串联型直流稳压电路。

▶10.6 串联型直流稳压电路

所谓串联型直流稳压电路,实际上就是在输入直流电压与负载之间串联一个调整三极管,当 U_I 或 R_L 波动引起输出电压 U_O 变化时,U_O 的变化将反映到三极管的输入电压 U_{BE},于是 U_{CE} 也随之改变,从而调整 U_O,保持输出电压基本稳定。

▶▶10.6.1 电路组成和工作原理

串联型直流稳压电路的原理图如图 10.6.1 所示,电路包括四个组成部分。

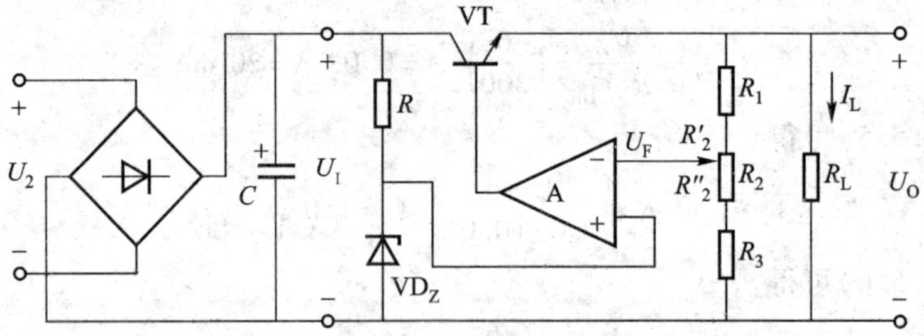

图 10.6.1 串联型直流稳压电路

1. 采样电阻

由电阻 R_1、R_2 和 R_3 组成。当输出电压发生变化时,采样电阻对变化量进行采样,并传送到放大电路的反相输入端。

2. 放大电路

放大电路 A 的作用是将采样电阻送来的变化量进行放大,然后传送到调整管的基极。

3. 基准电压

基准电压由稳压管 VD_Z 提供,接在放大电路的同相输入端。采样电压与基准电压进行比较,得到的差值再由放大电路进行放大。

4. 调整管

调整管 VT 接在输入直流电压 U_I 与输出端的负载电阻 R_L 之间，当输出电压 U_O 发生波动时，调整管的集电极电压产生相应的变化，使输出电压基本保持稳定。

下面分析串联型直流稳压电路的稳压原理。假设由于 U_I 增大或 I_L 减小而导致输出电压 U_O 增大，则通过采样以后反馈到放大电路反相输入端的电压 U_F 也按比例地增大，但同相输入端的基准电压 U_Z 保持不变，故放大电路的差模输入电压 $U_{Id}=U_Z-U_F$ 将减小，于是放大电路的输出电压减小，使调整管的基极输入电压 U_{BE} 减小，则调整管的集电极电流 I_C 随之减小，同时集电极电压 U_{CE} 增大，最后使输出电压 U_O 保持基本不变。

以上稳压过程可简明表示如下：

$$U_I\uparrow \text{ 或 } I_L\downarrow \rightarrow U_O\uparrow \rightarrow U_F\uparrow \rightarrow U_{Id}\downarrow \rightarrow U_{BE}\downarrow \rightarrow I_C\downarrow \rightarrow U_{CE}\uparrow \rightarrow U_O\downarrow$$

由此看出，串联型直流稳压电路稳压的过程，实质上是通过电压负反馈使输出电压保持基本稳定的过程。

▶▶10.6.2　输出电压的调节范围

串联型直流稳压电路的一个优点是允许输出电压在一定范围内进行调节。这种调节可以通过改变采样电阻中电位器 R_2 的滑动端位置来实现。

定性地看，当 R_2 的滑动端向上移动时，反馈电压 U_F 增大，放大电路的差模输入电压减小，使调整管的 U_{BE} 减小，则 U_{CE} 增大，于是输出电压 U_O 减小。反之，若 R_2 的滑动端向下移动，则 U_O 增大。

在图 10.6.1 中，假设放大电路 A 是理想运放，且工作在线性区，则可以认为其两个输入端“虚短”，即 $U_+=U_-$，在本电路中 $U_+=U_Z$，$U_-=U_F$，故 $U_Z=U_F$，而且两个输入端不取电流，则由图可得

$$U_Z=U_F=\frac{R''_2+R_3}{R_1+R_2+R_3}U_O$$

则

$$U_O=\frac{R_1+R_2+R_3}{R''_2+R_3}U_Z \tag{10.6.1}$$

当 R_2 的滑动端调至最上端时，$R'_2=0$，$R''_2=R_2$，U_O 达到最小值，此时

$$U_{Omin}=\frac{R_1+R_2+R_3}{R_2+R_3}U_Z \tag{10.6.2}$$

而当 R_2 的滑动端调至最下端时，$R'_2=R_2$，$R''_2=0$，U_O 达到最大值，可得

$$U_{Omax}=\frac{R_1+R_2+R_3}{R_3}U_Z \tag{10.6.3}$$

▶▶10.6.3 调整管的选择

调整管是串联型直流稳压电路的重要组成部分，担负着“调整”输出电压的重任。调整管不仅需要根据外界情况的变化，随时调整本身的管压降，以保持输出电压稳定，而且还要提供负载所要求的全部电流，因此管子的功耗比较大，通常选用大功率的三极管。为了保证安全，在选择调整管时，应对管子的主要参数进行初步的估算。

1. 集电极最大允许电流 I_{CM}

由图 10.6.1 可见，流过调整管集电极的电流，除负载电流 I_L 以外，还有流入采样电阻的电流 I_R，因此，调整管的集电极最大允许电流应为

$$I_{CM} \geqslant I_{Lmax}+I_R \tag{10.6.4}$$

式中 I_{Lmax} 是负载电流的最大值。

2. 集电极和发射极之间的最大允许反向电压 $U_{(BR)CEO}$

稳压电路正常工作时，调整管上的电压降约为几伏。但若负载短路，则整流滤波电路的输出电压将全部加在调整管的两端。在电容滤波电路中，输出电压的最大值可能接近于变压器二次电压的峰值，即 $U_I \approx \sqrt{2}\,U_2$，考虑电网电压可能有 10% 的波动，因此，调整管的 $U_{(BR)CEO}$ 应为

$$U_{(BR)CEO} \geqslant U'_{Imax}=1.1\times\sqrt{2}\,U_2 \tag{10.6.5}$$

式中 U'_{Imax} 表示空载时整流滤波电路的最大输出电压。

3. 集电极最大耗散功率 P_{CM}

调整管的功耗为

$$P_C=U_{CE}I_C=(U_I-U_O)I_C$$

可见，当电网电压最高，而输出电压最低，同时负载电流达到最大时，调整管的功耗最大。如果采用桥式整流、电容滤波电路，则 $U_I \approx 1.2U_2$。考虑到电网电压可能有 10% 的波动，因此，调整管的 P_{CM} 应为

$$\begin{aligned} P_{CM} &\geqslant (U_{Imax}-U_{Omin})I_{Cmax} \\ &\approx (1.1\times1.2U_2-U_{Omin})\times(I_{Lmax}+I_R) \end{aligned} \tag{10.6.6}$$

另外，为了保证调整管工作在放大状态，通常使 $U_{CE}=(3\sim8)$ V。由于 $U_{CE}=U_I-U_O$，因此，整流滤波电路的输出电压，即稳压电路的输入直流电压应为

$$U_I=U_{Omax}+(3\sim8)\ \text{V} \tag{10.6.7}$$

则要求变压器二次电压为

$$U_2 \approx 1.1\times\frac{U_I}{1.2} \tag{10.6.8}$$

【例 10.6.1】 在图 10.6.1 所示的稳压电路中，要求输出电压 $U_O=(10\sim15)$ V，负载电流 $I_L=(0\sim100)$ mA。已选定基准电压的稳压管的稳定电压 $U_Z=$

7 V，最小电流 $I_{Zmin}=5$ mA，最大电流 $I_{Zmax}=33$ mA。

① 假设采样电阻总的阻值选定为 2 kΩ 左右，则 R_1、R_2 和 R_3 三个电阻分别为多大？

② 估算电源变压器二次电压的有效值 U_2；

③ 估算基准稳压管的限流电阻 R 的阻值；

④ 估算稳压电路中的调整管的极限参数。

解： ① 由式(10.6.3)可知

$$U_{Omax}\approx\frac{R_1+R_2+R_3}{R_3}U_Z$$

故
$$R_3\approx\frac{R_1+R_2+R_3}{U_{Omax}}U_Z=\left(\frac{2}{15}\times7\right)\ \text{k}\Omega=0.93\ \text{k}\Omega$$

取 $R_3=910\ \Omega$。

由式(10.6.2)可知

$$U_{Omin}\approx\frac{R_1+R_2+R_3}{R_2+R_3}U_Z$$

故
$$R_2+R_3\approx\frac{R_1+R_2+R_3}{U_{Omin}}U_Z=\left(\frac{2}{10}\times7\right)\ \text{k}\Omega=1.4\ \text{k}\Omega$$

则
$$R_2=(1.4-0.91)\ \text{k}\Omega=0.49\ \text{k}\Omega$$

取 $R_2=510\ \Omega$（电位器），则

$$R_1=(2-0.91-0.51)\ \text{k}\Omega=0.58\ \text{k}\Omega$$

取 $R_1=560\ \Omega$。

在确定了采样电阻 R_1、R_2 和 R_3 的阻值以后，再来验算输出电压的变化范围是否符合要求，此时

$$U_{Omax}\approx\frac{0.56+0.51+0.91}{0.91}\times7\ \text{V}=15.23\ \text{V}$$

$$U_{Omin}\approx\frac{0.56+0.51+0.91}{0.51+0.91}\times7\ \text{V}=9.76\ \text{V}$$

输出电压的实际变化范围为 $U_O=(9.76\sim15.23)$ V，所以符合给定的要求。

② 稳压电路的直流输入电压应为

$$U_I=U_{Omax}+(3\sim8)\ \text{V}=15\ \text{V}+(3\sim8)\ \text{V}=(18\sim23)\ \text{V}$$

取 $U_I=23$ V，则变压器二次电压的有效值为

$$U_2=1.1\times\frac{U_I}{1.2}=1.1\times\frac{23}{1.2}\ \text{V}=21\ \text{V}$$

③ 基准电压支路中的电阻 R 的作用是保证稳压管 VD_Z 的工作电流比较合适，通常使稳压管中的电流略大于其最小参考电流值 I_{Zmin}。在图 10.6.1 中，可认为

$$I_Z=\frac{U_I-U_Z}{R}$$

故基准稳压管的限流电阻应为

$$R\leqslant\frac{U_{Imin}-U_Z}{I_{Zmin}}=\frac{0.9\times23-7}{5}\ \mathrm{k\Omega}=2.74\ \mathrm{k\Omega}$$

取 $R=2\ \mathrm{k\Omega}$。

④ 根据稳压电路的各项参数，可知调整管的极限参数应为

$$I_{CM}\geqslant I_{Lmax}+I_R=\left(100+\frac{15.23}{0.56+0.51+0.91}\right)\ \mathrm{mA}=108\ \mathrm{mA}$$

$$U_{(BR)CEO}\geqslant1.1\times\sqrt{2}U_2=1.1\times\sqrt{2}\times21\ \mathrm{V}=32.3\ \mathrm{V}$$

$$\begin{aligned}P_{CM}&\geqslant(1.1\times1.2U_2-U_{Omin})\times I_{Cmax}\\&=[(1.1\times1.2\times21-9.76)\times0.108]\ \mathrm{W}=1.94\ \mathrm{W}\end{aligned}$$

▶▶10.6.4 稳压电路的过载保护

使用稳压电路时，如果输出端过载甚至短路，将使通过调整管的电流急剧增大，假如电路中没有适当的保护措施，可能使调整管造成损坏，所以在实用的稳压电路中通常加有必要的保护电路。下面介绍两种常用的保护电路。

1. 限流型保护电路

一个简单的限流型保护电路如图 10.6.2 所示。主要保护元件是串接在调整管发射极回路中的检测电阻 R_4 和保护三极管 VT_2。R_4 的阻值很小，一般为 1 Ω左右。

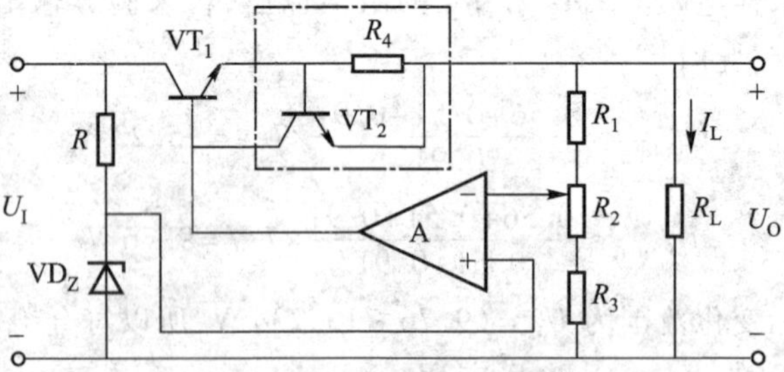

图 10.6.2 限流型保护电路

稳压电路正常工作时，负载电流 I_L 不超过额定值，电流在 R_4 上的压降很小，故三极管 VT_2 截止，保护电路不起作用，电路工作在图 10.6.3 中的正常稳压区。当负载电流超过某一临界值后，R_4 上压降增大，使 VT_2 导通，将调整管 VT_1 的基极电流分流掉一部分，于是限制了 VT_1 中电流的增长，保护了调整管。

2. 截流型保护电路

限流型保护电路虽然能够限制过大的输出电流，但当负载短路时，整流滤波

后的输出直流电压 U_I 将全部加在调整管的两端，而且，此时通过调整管的电流也相当大。由图 10.6.3 可见，当 $U_O=0$ 时，I_L 较大，所以此时消耗在调整管上的功率仍很可观。因此，在容量较大的稳压电路中，希望一旦发生过载，输出电压和输出电流同时下降到较低的数值。这样的保护电路称为截流型保护电路。

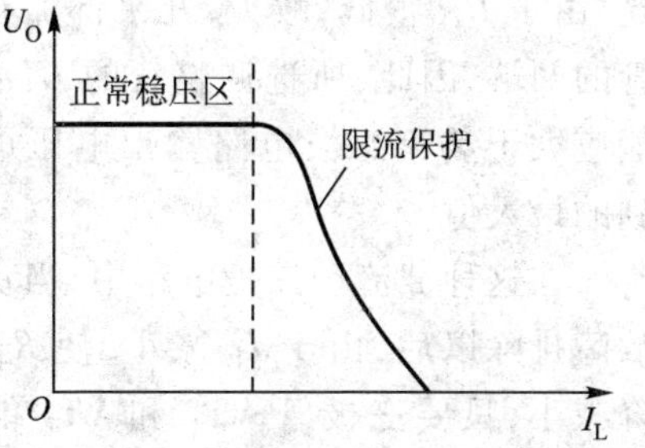

图 10.6.3　限流型保护电路的输出特性

截流型保护电路的原理图如图 10.6.4 所示。电路中也需接入一个检测电阻 R_4 和一个保护三极管 VT_2。一个辅助电源经电阻 R_5、R_6 分压后接至 VT_2 的基极，输出电压 U_O 经 R_7、R_8 分压后接至 VT_2 的发射极。正常工作时，电阻 R_4 两端的电压降较低，此时 $U_{R_6}+U_{R_4}<U_{R_8}$，即 VT_2 的 $U_{BE2}<0$，故 VT_2 截止。当负载电流 I_L 增大时，电阻 R_4 上的压降随之增大。若 U_{BE2} 增大到使 VT_2 进入放大区后，将产生集电极电流 I_{C2}。而 VT_2 的导通将使调整管的基流被分流，故 I_{B1} 减小，于是引起以下正反馈过程：

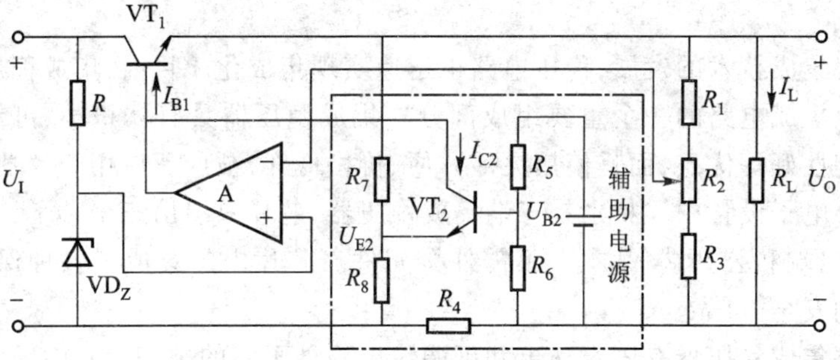

图 10.6.4　截流型保护电路

$$I_{C2}\uparrow \rightarrow I_{B1}\downarrow \rightarrow U_O\downarrow \rightarrow U_{E2}\downarrow \rightarrow U_{BE2}\uparrow$$
$$\rightarrow I_{C2}\uparrow$$

上述正反馈使 I_{C2} 迅速增大，很快使 VT_2 达到饱和，最后，稳压电路的输出电压为

$$U_O=U_{CES2}+U_{R_8}-I_LR_4-U_{BE1}$$

其中 U_{CES2} 为 VT_2 的饱和管压降，约为 0.3 V，U_{R_8} 一般选定为 1 V 左右，U_{BE1} 为临界导电值，而此时 I_L 值很小，所以当保护电路动作以后，输出电压 U_O 将很快下降到 1 V 左右，过载后的工作点见图 10.6.5，因而调整管的功率损耗很小。但

是，由于 U_O 很低，故 U_I 几乎都加在调整管的两端，因此，所选调整管的 $U_{(BR)CEO}$ 值应大于整流滤波电路输出电压可能达到的最大值。

在这种截流型保护电路中，当负载端故障排除以后，由于 I_L 减小，使 R_4 上压降减小，只要三极管 VT_1 和 VT_2 能够进入放大区，则稳压电路的输出电压将由于以下正反馈过程而很快地恢复到原来的数值：

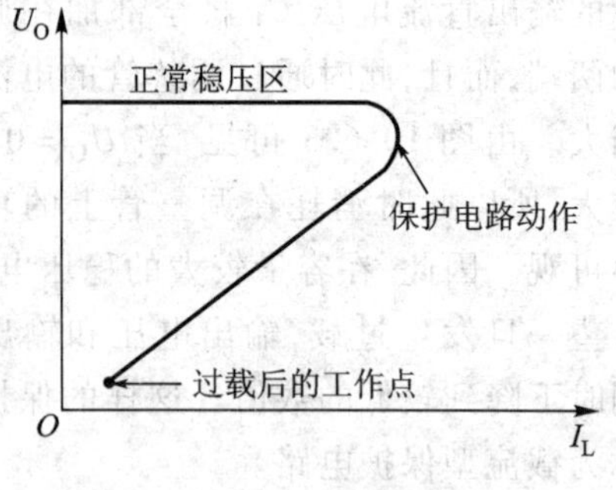

图 10.6.5　截流型保护电路的输出特性

$$U_{R_4}\downarrow \rightarrow U_{B2}\downarrow \rightarrow I_{C2}\downarrow \rightarrow I_{B1}\uparrow \rightarrow U_O\uparrow \rightarrow U_{E2}\uparrow \rightarrow U_{BE2}\downarrow \rightarrow I_{C2}\downarrow$$

稳压电路的保护电路类型很多，除了以上介绍的几种过流保护电路以外，还有过压保护、过热保护等。读者如有兴趣，可参阅有关文献。

▶10.7　集成稳压器

随着集成技术的发展，稳压电路也迅速实现集成化。目前，集成稳压器已经成为模拟集成电路的一个重要组成部分。集成稳压器具有体积小、可靠性高以及温度特性好等优点，而且使用灵活方便、价格低廉，被广泛应用于仪器、仪表及其他各种电子设备中。特别是三端集成稳压器，芯片只引出三个端子，分别接输入端、输出端和公共端，基本上不需外接元件。芯片内却集成了各种保护电路，使用更加安全、可靠。

三端集成稳压器有固定输出和可调输出两种不同的类型。其中固定输出集成稳压器又分为正输出和负输出两大类。本节以 W7800 系列固定正输出三端集成稳压器为例，介绍电路的组成、主要参数以及它们的应用。

▶▶10.7.1　三端集成稳压器的组成

三端集成稳压器的组成如图 10.7.1 所示。由图可见，电路内部实际上包括了串联型直流稳压电路的各个组成部分，另外加上保护电路和启动电路。

1. 调整管

在 W7800 系列三端集成稳压电路中，调整管为由两个三极管组成的复合管。这种结构要求放大电路用较小的电流即可驱动调整管发射极回路中较大的输出电流，而且提高了调整管的输入电阻。

2. 放大电路

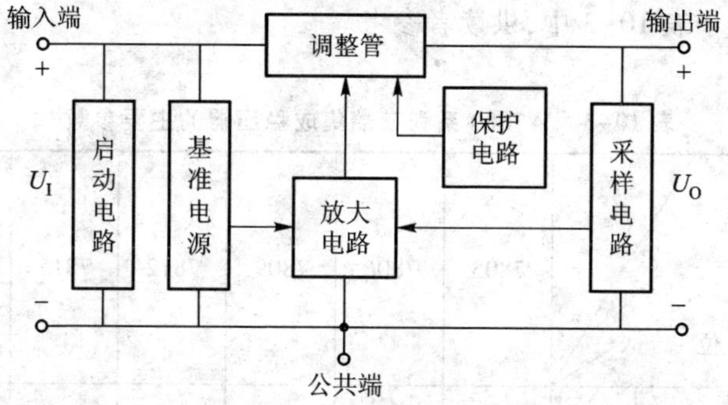

图 10.7.1 三端集成稳压器的组成

在 W7800 系列三端集成稳压器中,放大管也是复合管,电路组态为共射接法,并采用有源负载,可以获得较高的电压放大倍数。

3. 基准电源

由式(10.6.1)可知,串联型直流稳压电路的输出电压 U_O 与基准电压 U_Z 成正比,因此,基准电压的稳定性将直接影响稳压电路输出电压的稳定性。在 W7800 系列三端集成稳压器中,采用一种能带间隙式基准源①,这种基准源具有低噪声、低温漂的特点,在单片式大电流集成稳压器中被广泛采用。

4. 采样电路

在 W7800 系列三端集成稳压器中,采样电阻由两个分压电阻组成,它对输出电压进行采样,并送到放大电路的输入端。

5. 启动电路

启动电路的作用是在刚接通直流输入电压时,使调整管、放大电路和基准电源等部分建立起各自的工作电流。当稳压电路正常工作后,启动电路被断开,以免影响稳压电路的性能。

6. 保护电路

在 W7800 系列三端集成稳压器中,芯片内部集成了三种保护电路,它们是限流保护电路、过热保护电路和过压保护电路。

▶▶10.7.2 三端集成稳压器的主要参数

W7800 系列(固定正输出)和 W7900 系列(固定负输出)三端集成稳压器的输出电压值主要有,±5 V、±6 V、±9 V、±12 V、±15 V、±18 V 和±24 V。输出电流则有三个等级:1.5 A(W7800 和 W7900 系列)、500mA(W78M00 和 W79M00 系列)以及 100mA(W78L00 和 W79L00 系列)。现将 W7800 系列三端集成稳压器

① 参阅文献[1],第 530~531 页。

的主要参数列于表 10-3 中,供读者参考。

表 10-3　W7800 系列三端集成稳压器的主要参数①

参数名称	符号	单位	7805	7806	7809	7812	7815	7818	7824
输出电压	U_O	V	5	6	9	12	15	18	24
电压调整率	S_U	%/V	0.007 6	0.008 6	0.009 8	0.008	0.006 6	0.01	0.011
电流调整率（5 mA≤I_O≤1.5 A）	S_I	mV	40	43	50	52	52	55	60
最小压差	U_I-U_O	V	2	2	2	2	2	2	2
输出噪声	U_N	μV	10	10	10	10	10	10	10
输出电阻	R_o	mΩ	17	17	18	18	19	19	20
峰值电流	I_{OM}	A	2.2	2.2	2.2	2.2	2.2	2.2	2.2
输出温漂	S_T	mV/℃	1.0	1.0	1.2	1.2	1.5	1.8	2.4

▶▶10.7.3　三端集成稳压器的应用

1. 三端集成稳压器的封装形式和引脚

W7800 和 W78M00 系列固定正输出三端集成稳压器的封装形式有两种,一种是金属菱形式,另一种是塑料直插式,如图 10.7.2(a)和(b)所示,W7900 系列和 W79M00 系列固定负输出三端集成稳压器的封装形式与前者相同,但是引脚有所不同。

输出电流较小的 W78L00 系列和 W79L00 系列三端集成稳压器的封装形式也有两种,一种为塑料截圆式,另一种为金属圆壳式,分别如图 10.7.2(c)和(d)所示。

① 参阅蔡惟铮、吴建强主编:《常用电子元器件简明手册》,哈尔滨工业大学出版社,1989 年,第 62 页。

W7800 系列和 W7900 系列三端集成稳压器的引脚列于表 10-4 中。

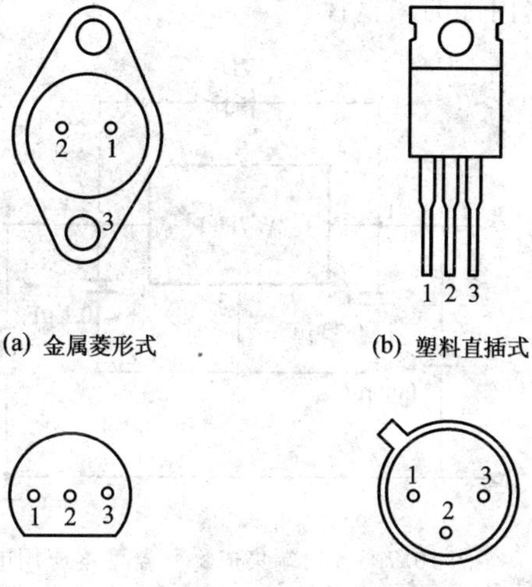

(a) 金属菱形式　(b) 塑料直插式　(c) 塑料截圆式　(d) 金属圆壳式

图 10.7.2　三端集成稳压器的封装形式

表 10-4　W7800、W7900 系列三端集成稳压器的引脚

封装形式 / 引脚 / 系列	金属封装			塑料封装		
	IN	GND	OUT	IN	GND	OUT
W7800	1	3	2	1	2	3
W78M00	1	3	2	1	2	3
W78L00	1	3	2	3	2	1
W7900	3	1	2	2	1	3
W79M00	3	1	2	2	1	3
W79L00	3	1	2	2	1	3

2. 三端集成稳压器应用电路

(1) 基本应用电路

三端集成稳压器最基本的应用电路如图 10.7.3 所示。整流滤波后得到的直流输入电压 U_I 接在输入端和公共端之间，在输出端即可得到稳定的输出电压 U_O。为了改善纹波电压，常在输入端接入电容 C_I。同时，在输出端接上电容 C_O，以改善负载的瞬态响应。一般 C_I 的容量为 0.33 μF，C_O 的容量为 0.1 μF。两个电容均应直接接在集成稳压器的引脚处。

若输出电压比较高，应在输入端与输出端之间跨接一个保护二极管 VD，如

图 10.7.3 中的虚线所示。其作用是在输入端短路时，使 C_O 通过二极管放电，以便保护集成稳压器内部的调整管。

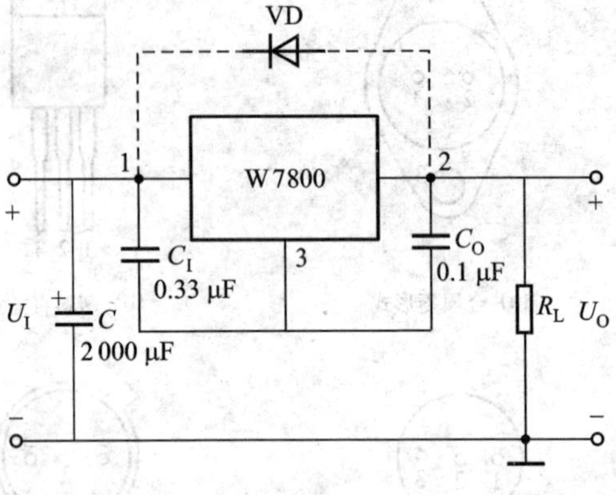

图 10.7.3　三端集成稳压器基本应用电路

（2）扩大输出电流

三端式集成稳压器的输出电流有一定限制，例如 1.5 A、0.5 A 或 0.1 A 等，如果希望在此基础上进一步扩大输出电流则可以通过外接大功率三极管的方法实现，电路接法如图 10.7.4 所示。

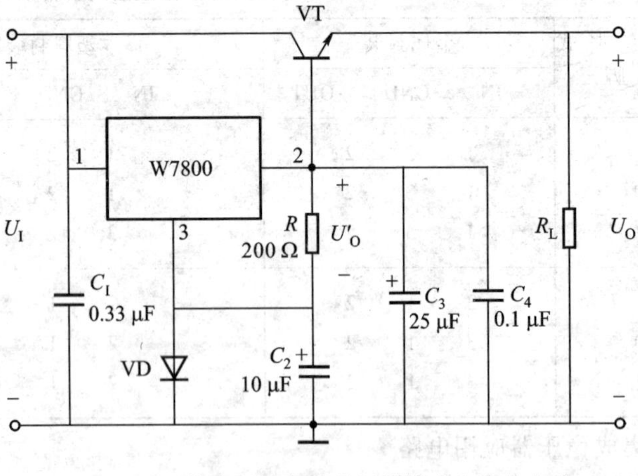

图 10.7.4　扩大三端集成稳压器输出电流的电路

在图 10.7.4 中，负载所需的大电流由大功率管 VT 提供，而三极管的基极由三端集成稳压器驱动。电路中接入一个二极管 VD，用以补偿三极管的发射极电压 U_{BE}，使电路的输出电压 U_O 基本上等于三端集成稳压器的输出电压 U'_O。由图可得

$$U_O = U'_O - U_{BE} + U_D \approx U'_O$$

调节电阻 R 的阻值可以改变流过二极管的电流，使二极管两端的电压 $U_D \approx$

U_{BE}。接入二极管也补偿了温度对三极管 U_{BE} 的影响，使输出电压比较稳定。电容 C_2 的作用是滤掉二极管 VD 两端的脉动电压，以减小输出电压的脉动成分。

(3) 提高输出电压

如果实际工作中要求得到更高的输出电压，也可以在原有三端集成稳压器输出电压的基础上加以提高，电路如图 10.7.5(a)和(b)所示。

图 10.7.5(a)中的电路利用稳压管 VD_Z 来提高输出电压。由图可见，电路的输出电压为

$$U_O = U'_O + U_Z \tag{10.7.1}$$

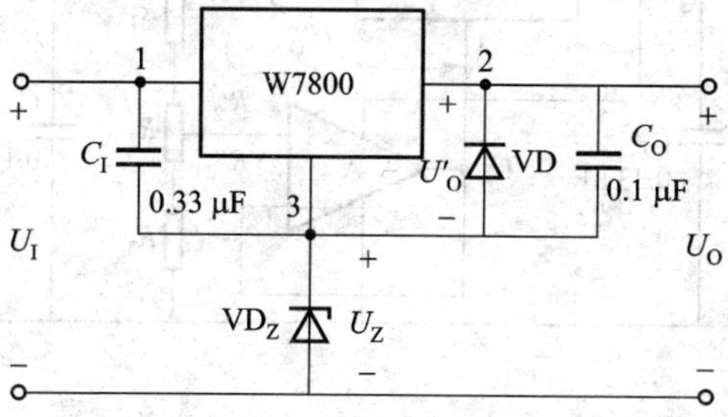

(a)

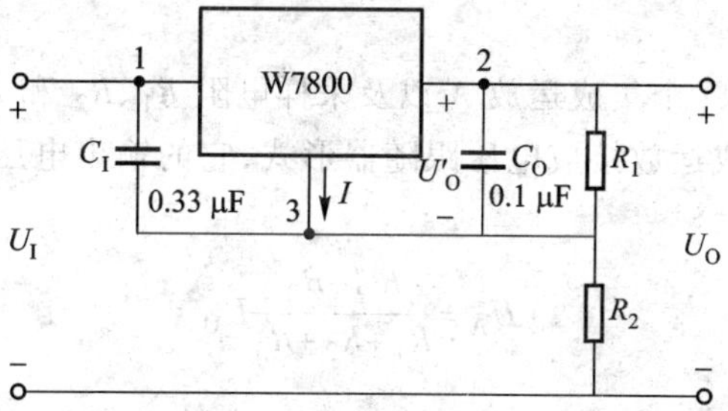

(b)

图 10.7.5 提高三端集成稳压器输出电压的电路

电路中输出端的二极管 VD 是保护二极管。正常工作时，VD 处于截止状态，一旦输出电压低于 U_Z 或输出端短路，二极管 VD 将导通，于是输出电流被旁路，从而保护集成稳压器的输出级免受损坏。

图 10.7.5(b)中的电路利用电阻来提升输出电压。假设流过电阻 R_1、R_2 的电流比三端集成稳压器的静态电流 I(约为 5 mA)大得多，则可认为

$$U'_O \approx \frac{R_1}{R_1+R_2} U_O$$

即输出电压为

$$U_O \approx \left(1+\frac{R_2}{R_1}\right) U'_O \tag{10.7.2}$$

此种提高输出电压的电路比较简单，但稳压性能将有所下降。

(4) 使输出电压可调

W7800 和 W7900 均为固定输出的三端集成稳压器，如果希望得到可调的输出电压，可以选用可调输出的集成稳压器，也可以将固定输出集成稳压器接成图 10.7.6 所示的电路。

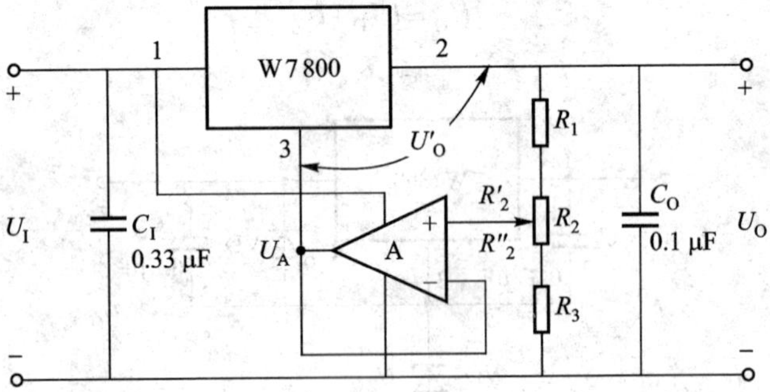

图 10.7.6 输出电压可调的稳压电路

电路中接入了一个集成运放 A 以及采样电阻 R_1、R_2 和 R_3，其中 R_2 为电位器。不难看出，集成运放接成电压跟随器形式，它的输出电压 U_A 等于其输入电压，即

$$U_A = \frac{R''_2+R_3}{R_1+R_2+R_3} U_O$$

由图可得

$$U'_O + U_A = U_O$$

即

$$U'_O + \frac{R''_2+R_3}{R_1+R_2+R_3} U_O = U_O$$

则电路的输出电压为

$$U_O = U'_O \Big/ \left(1-\frac{R''_2+R_3}{R_1+R_2+R_3}\right) = \left(1+\frac{R''_2+R_3}{R_1+R'_2}\right) U'_O \tag{10.7.3}$$

由上式可知，只需移动电位器 R_2 的滑动端，即可调节输出电压的大小。但要注意，当输出电压 U_O 调得很低时，集成稳压器的 1、2 两端之间的电压（U_I-U_O）很高，使内部调整管的管压降增大，同时调整管的功率损耗也随之增大，此时应防止其管压降和功耗超过额定值，以保证安全。

▶10.8 开关型稳压电路

前面两节介绍的稳压电路,包括串联型直流稳压电路和三端集成稳压器,均属于线性稳压电路,这是由于稳压电路中的调整管总是工作在线性放大区。线性稳压电路的优点是结构简单,调整方便,输出电压脉动较小。但是,这种稳压电路的主要缺点是效率低,一般只有(20～40)%。另外,由于调整管消耗的功率较大,有时需要在调整管上安装散热器,故电源的体积和重量大,比较笨重。而开关型稳压电路克服了上述缺点,因而在计算机、电视机、通信及空间技术等领域得到了愈来愈广泛的应用。

▶▶10.8.1 开关型稳压电路的特点和分类

开关型稳压电路的特点主要有以下几点:

1. 效率高

开关型稳压电路中的调整管工作在开关状态,通过改变调整管导通与截止时间的比例来改变输出电压的大小。当调整管饱和导电时,虽然流过较大的电流,但饱和管压降很小;当调整管截止时,管子将承受较高的电压,但流过调整管的电流基本等于零。可见,工作在开关状态调整管的功耗很小,因此,开关型稳压电路的效率较高,一般可达(65～90)%。

2. 体积小重量轻

因调整管的功耗小,故散热器也可随之减小。而且,许多开关型稳压电路还可省去50 Hz工频变压器,而开关频率通常为几十千赫,故滤波电感、电容的容量均可大大减小,所以,开关型稳压电路与同样功率的线性稳压电路相比,体积和重量都将小得多。

3. 对电网电压的要求不高

由于开关型稳压电路的输出电压与调整管导通与截止时间的比例有关,而输入直流电压的幅度变化对其影响很小,因此,允许电网电压有较大的波动。一般线性稳压电路允许电网电压波动±10%,而开关型稳压电路在电网电压为140 V至260 V,电网频率变化±4%时仍可正常工作。

4. 调整管的控制电路比较复杂

为使调整管工作在开关状态,需要增加控制电路,调整管输出的脉冲波形还需经过LC滤波后再送到输出端,因此相对于线性稳压电路,其结构比较复杂,调试比较麻烦。

5. 输出电压中纹波和噪声成分较大

因调整管工作在开关状态,将产生尖峰干扰和谐波信号,虽经整流滤波,输出电压中的纹波和噪声成分仍较线性稳压电路为大。

开关型稳压电路的类型很多。可以按不同的方法来分类。

例如，按控制的方式分类，有脉冲宽度调制型（PWM）、脉冲频率调制型（PFM）以及混合调制型，其中脉冲宽度调制型用得较多。

按是否使用工频变压器来分类，有低压开关稳压电路，即 50 Hz 电网电压先经工频变压器转换成较低电压后再进入开关型稳压电路；高压开关稳压电路，即不用工频变压器，采用高压大功率三极管，直接将 220 V 交流电网电压进行整流滤波，然后再进行稳压。前者需用笨重的工频变压器，且效率较低，目前已很少采用。实际工作中大量使用的，主要是无工频变压器的开关型稳压电路。

又如，按激励的方式分类，有自激式和他激式。按所用开关调整管的种类分，有双极型三极管、MOS 场效应管和晶闸管开关电路等。此外还有其他许多分类方法，在此不一一列举。

▶▶10.8.2　开关型稳压电路的组成和工作原理

串联式开关型稳压电路的组成如图 10.8.1 所示。电路中包括开关调整管、滤波电路、脉冲调制电路、比较放大器、基准电压和采样电路等组成部分。

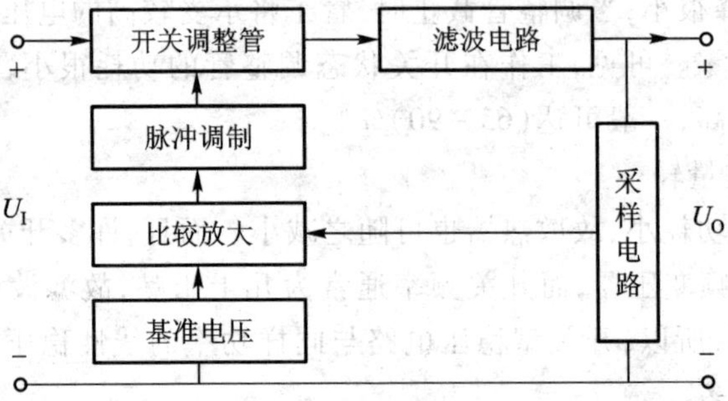

图 10.8.1　开关型稳压电路的组成

当输入直流电压或负载电流波动而引起输出电压发生变化时，采样电路将输出电压变化量的一部分送到比较放大电路，与基准电压进行比较并将二者的差值放大后送至脉冲调制电路，使脉冲波形的占空比发生变化。此脉冲信号作为开关调整管的输入信号，使调整管导通和截止时间的比例也随之发生变化，从而使滤波以后输出电压的平均值基本保持不变。

图 10.8.2 示出了一个最简单的开关型稳压电路的原理示意图。电路的控制方式采用脉冲宽度调制式。三极管 VT 为工作在开关状态的调整管。由电感 L 和电容 C 组成滤波电路，二极管 VD 称为续流二极管。脉冲宽度调制电路由一个比较器 C 和一个产生三角波的振荡器组成。运算放大器 A 作为比较放大电路，基准电源产生一个基准电压 U_{REF}，电阻 R_1、R_2 组成采样电阻。

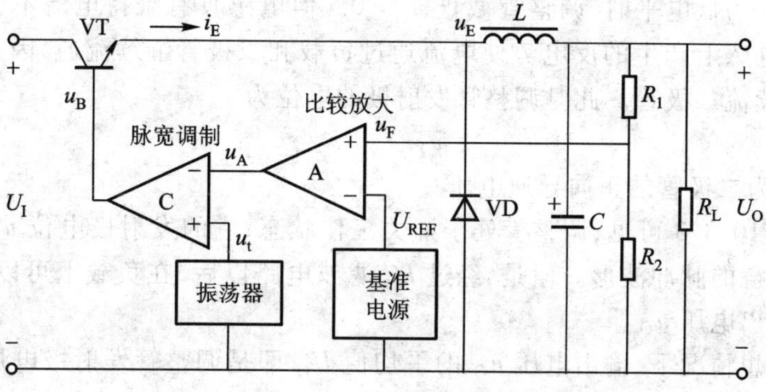

图 10.8.2　脉冲调宽式开关型稳压电路示意图

下面分析电路的工作原理。采样电路得到的电压 u_F 与基准电压进行比较并放大以后得到 u_A，传送到比较器的反相输入端。振荡器产生的三角波信号 u_t 则加在比较器的同相输入端。当 $u_t>u_A$ 时，比较器输出高电平，即 $u_B=+U_{OPP}$；当 $u_t<u_A$ 时，比较器输出低电平，$u_B=-U_{OPP}$。因此，调整管 VT 的基极电压 u_B 成为高、低电平交替的脉冲波形，如图 10.8.3 所示。

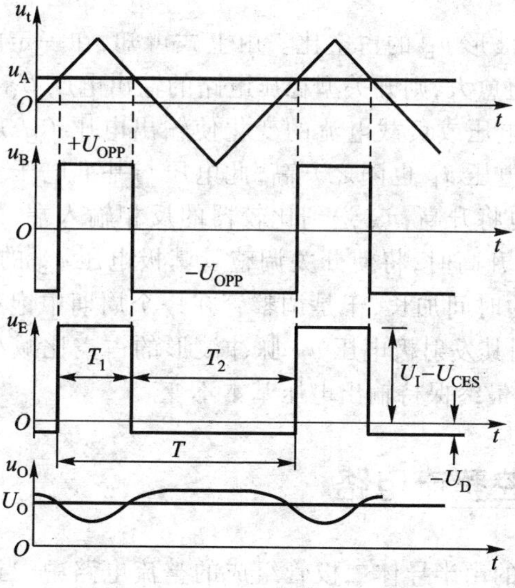

图 10.8.3　图 10.8.2 电路的波形图

当 u_B 为高电平时，调整管饱和导电，因此其发射极电位为

$$u_E = U_I - U_{CES}$$

式中 U_I 为直流输入电压，U_{CES} 为三极管的饱和管压降。u_E 的极性为上正下负，则二极管 VD 被反向偏置，不能导通，故此时二极管不起作用。

当 u_B 为低电平时,调整管截止,$i_E=0$。但电感具有维持电流不变的特性,此时,在电感上产生的反电势使电流通过负载和二极管继续流通,因此,二极管 VD 称为续流二极管。此时调整管发射极的电位为

$$u_E=-U_D$$

式中 U_D 为二极管的正向导通电压。

由图 10.8.3 可见,调整管处于开关工作状态,它的发射极电位 u_E 也是高、低电平交替的脉冲波形。但是,经过 LC 滤波电路以后,在负载上可以得到比较平滑的输出电压 u_O。

在理想情况下,输出电压 u_O 的平均值 U_O 即是调整管发射极电压 u_E 的平均值。根据图 10.8.3 中 u_E 的波形可求得

$$U_O=\frac{1}{T}\int_0^T u_E\mathrm{d}t=\frac{1}{T}\left[\int_0^{T_1}(U_I-U_{CES})\mathrm{d}t+\int_{T_1}^{T}(-U_D)\mathrm{d}t\right]$$

因三极管的饱和管压降 U_{CES} 以及二极管的正向导通电压 U_D 的值均很小,与直流输入电压 U_I 相比通常可以忽略,则上式可近似表示为

$$U_O\approx\frac{1}{T}\int_0^{T_1}U_I\mathrm{d}t=\frac{T_1}{T}U_I=DU_I \qquad (10.8.1)$$

上式中之 D 为脉冲波形 u_E 的占空比。由上式可知,在一定的直流输入电压 U_I 之下,占空比 D 的值愈大,则开关型稳压电路的输出电压 U_O 愈高。

假设由于电网电压或负载电流的变化使输出电压 U_O 升高,则经过采样电阻以后得到的采样电压 u_F 也随之升高,此电压与基准电压 U_{REF} 比较以后再放大得到的电压 u_A 也将升高,u_A 送到比较器的反相输入端,由图 10.8.3 所示的波形图可见,当 u_A 升高时,将使开关调整管基极电压 u_B 的波形中高电平的时间缩短,而低电平的时间加长,于是调整管在一个周期中饱和导电的时间减少,截止的时间增加,则其发射极电压 u_E 脉冲波形的占空比减小,从而使输出电压的平均值 U_O 减小,最终保持输出电压基本不变。

▶ *10.9 可控整流电路

本章前面介绍的由半导体二极管组成的整流电路中,当输入的交流电压不变时,整流电路输出的直流电压也是固定的,不能任意控制和改变,故称为**不可控整流电路**。然而在实际工作中,有时希望输出直流电压能够根据需要进行调节,例如交、直流电动机的调速、随动系统和变频电源等。在这种情况下,需要采用**可控整流电路**,而晶闸管正是可以实现这一要求的可控整流元件。

▶▶10.9.1 晶闸管的基本特性

晶闸管是半导体闸流管的简称,又名可控硅整流元件①。它既有单向导电的整流作用,又有可控的开关作用,是一种新型的可控整流元件。晶闸管具有体积小、重量轻、效率高和使用方便等优点,对于实现生产过程自动化、提高生产效率、降低成本等方面都有显著的效果。

1. 结构

晶闸管是用硅材料制成的半导体器件。普通晶闸管的外形有两种形式:一种是螺栓式,另一种是平板式,分别见图 10.9.1(a)和(b)。

这两种形式的晶闸管都有三个电极:阳极 A、阴极 K 和控制极 G。螺栓式晶闸管的阳极是一个螺栓,使用时把它拧紧在散热器上,另一端引出两根线,其中较粗的绞线是阴极,另一根较细的导线是控制极。目前 100 A 以下的晶闸管多采用这种结构。平板式晶闸管的中间金属环是控制极,上面是阴极,下面是阳极。区分的方法是阴极距控制极比阳极近。使用时,两个散热器把晶闸管紧紧地夹在中间,这种结构散热效果好,但更换不方便。目前 200 A 以上的晶闸管多采用平板式结构。

晶闸管的结构见图 10.9.2(a),内部由四层半导体构成:P_1、N_1、P_2 和 N_2,有三个 PN 结:J_1、J_2 和 J_3。由最下一层的 P_1 引出阳极 A,最上一层的 N_2 引出阴极 K,中间的 P_2 引出控制极 G。晶闸管的电路图形符号如图 10.9.2(b)所示。

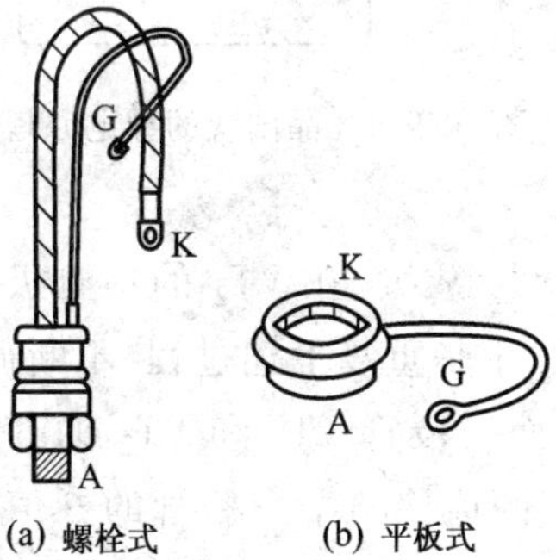

图 10.9.1 晶闸管的外形图

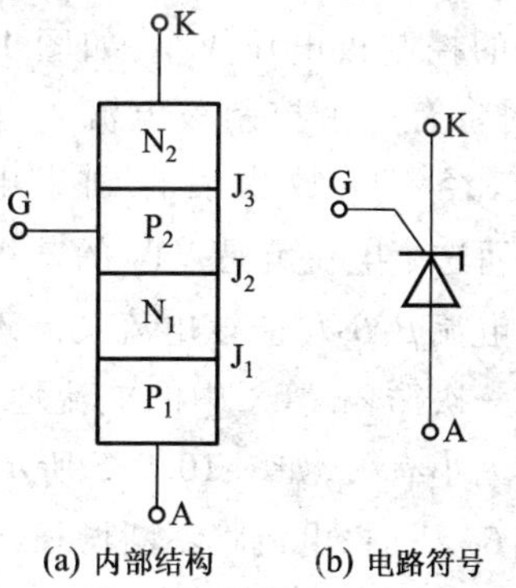

图 10.9.2 晶闸管的结构和符号

2. 工作原理

为了说明晶闸管的工作原理,可以把它等效地看成由一个 NPN 型三极管

① 取自英文原名 Silicon Controlled Rectifier,简写为 SCR。晶闸管则译自 Thyristor。

VT_1 和一个 PNP 型三极管 VT_2 组合而成,如图 10.9.3 所示。阳极 A 由 VT_2 的发射极引出,阴极 K 由 VT_1 的发射极引出,VT_1 的基极和 VT_2 的集电极连接在一起并引出控制极 G,而 VT_1 的集电极和 VT_2 的基极也连接在一起,如图 10.9.3 所示。

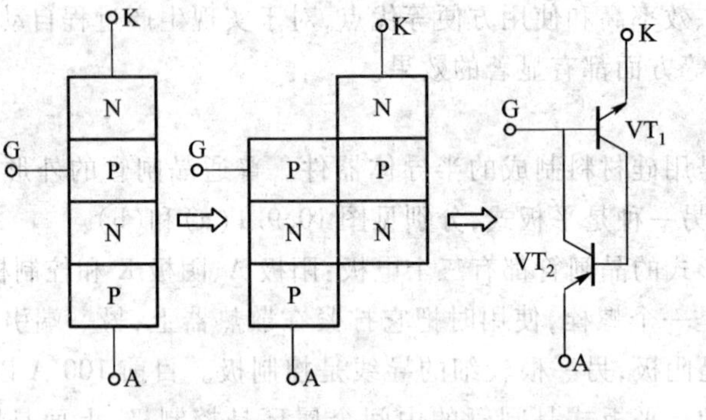

图 10.9.3　晶闸管等效为两个三极管

如果仅在晶闸管的阳极和阴极之间加上正向电压 V_{AA} 而不加控制极电压,则由图 10.9.4 可见,虽然 V_{AA} 的极性对两个三极管都是合适的,但因不加控制极电压,故 $I_G=0$,即 VT_1 的基极电流为零,则 VT_1、VT_2 中只有比较小的漏电流,所以晶闸管处于**阻断状态**。

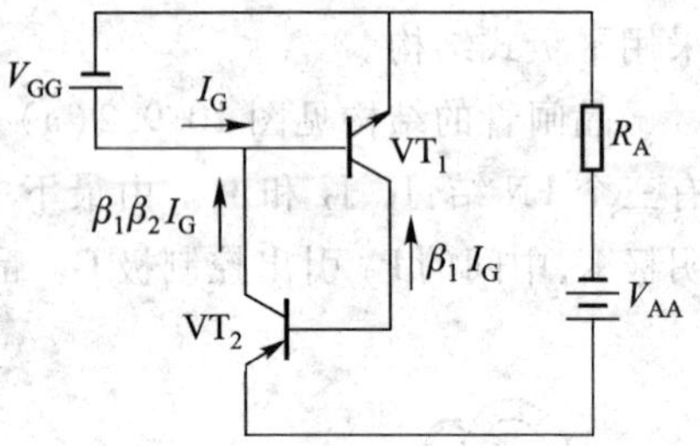

图 10.9.4　晶闸管的导电原理

若在加上正向电压 V_{AA} 的同时,再加一个正向的控制极电压 V_{GG},如图 10.9.4 所示,此时将有一个控制极电流 I_G 流入 VT_1 的基极,经 VT_1 放大后得到集电极电流 $\beta_1 I_G$。而这个电流就是 VT_2 的基极电流,再经 VT_2 放大,在 VT_2 的集电极得到更大的电流 $\beta_1\beta_2 I_G$。该电流又流入 VT_1 的基极,于是重复上述过程,不断循环。每经过一次循环,管子中的电流增大 $\beta_1\beta_2$ 倍。而三极管 VT_1 和 VT_2 的 β 值与电流的大小有关,如图 10.9.5 所示。当电流 I_G 的值使两个三极管的 β 值满足条件 $\beta_1\beta_2>1$ 时,电流将不断增长,于是在极短时间内很快使两个管子充分饱和,此时晶闸管成为**导通状态**。导通以后,晶闸管的阳极电流 I_A 很大,而管子两端的管压降很小,约 1 V 左右,此时外加电源电压 V_{AA} 基本上都降落在负载电阻 R_A 上。

晶闸管导通后,VT_1 中的基流比原来外加的电流 I_G 大得多,所以此时即使将控制极电压去掉,晶闸管仍能继续导通。由此可见,为使晶闸管由阻断状态变为导通状态,控制极只需加一个正的触发脉冲。

由上可知,晶闸管导通以后,控制极就失去了控制作用。那么,如何能使晶闸管由导通变为阻断状态呢?只能通过降低电源电压,或增大负载电阻,或改变电源电压极性等方法,使阳极电流 I_A 减小到某一特定数值以下,才能使晶闸管重新阻断。这是由于当 I_A 减小时,相当于三极管 VT_1、VT_2 的电流也随着减小,由图 10.9.5 可知,当三极管的 I_E 很小时,β 值下降。若 $\beta_1\beta_2<1$,则在图 10.9.4 的两个三极管中,不断地反复循环,电流将愈来愈小,最终很快使晶闸管阻断。

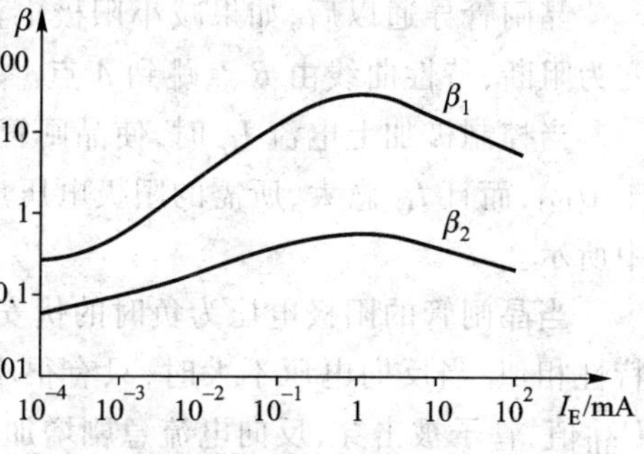

图 10.9.5　三极管 β 值与 I_E 的关系

由此也可知道,若不加控制极正向电压,而提高阳极电压,则当达到某一限度时,由于正向漏电流的增大使 $\beta_1\beta_2>1$,也会导致晶闸管导通。

晶闸管加反向电压时,由于两个三极管的集电极电压极性接反,因此都不能放大,管子中只有较小的反向漏电流,晶闸管处于阻断状态。

3. 伏安特性和主要参数

(1) 伏安特性

晶闸管的伏安特性如图 10.9.6 所示。

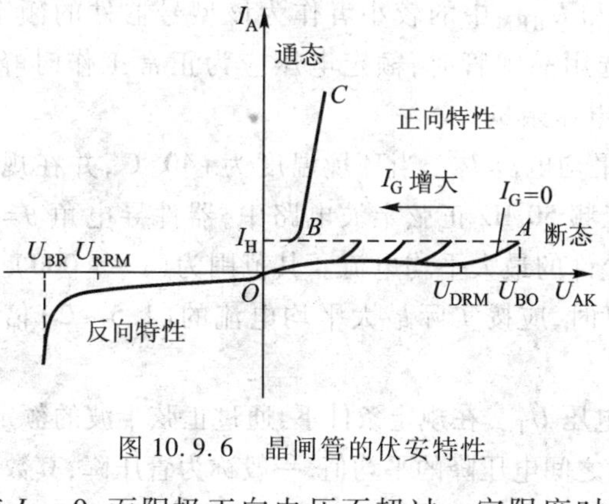

图 10.9.6　晶闸管的伏安特性

当控制极电流 $I_G=0$,而阳极正向电压不超过一定限度时,晶闸管处于阻断状态,管子中只有很小的正向漏电流。图中的 OA 段称为**正向阻断特性**。当阳极电压继续增加到图中的 U_{BO}值时,阳极电流急剧上升,特性曲线突然由 A 点跳到 B 点,晶闸管导通。U_{BO}称为**正向转折电压**。晶闸管导通以后,电流很大而管压降只有 1 V 左右,此时的伏安特性与二极管的正向特性相似,如图中的 BC 段,称为**正向导通特性**。

晶闸管导通以后，如果减小阳极电流，则当 I_A 小于 I_H 时，突然由导通状态变为阻断，特性曲线由 B 点跳到 A 点。I_H 称为**维持电流**。

当控制极加上电流 I_G 时，使晶闸管由阻断变为导通所需的阳极电压值将小于 U_{BO}，而且 I_G 愈大，所需的阳极电压愈小。不同 I_G 时的正向特性如图 10.9.6 中所示。

当晶闸管的阳极电压为负时的伏安特性称为**反向特性**。它与二极管的反向特性相似：当反向电压不大时，只有很小的反向漏电流；若反向电压超过图中的 U_{BR}值，管子被击穿，反向电流急剧增加。U_{BR}称为**反向击穿电压**。

晶闸管正常工作时，外加电压不允许超过反向击穿电压，否则管子将被损坏。同时，外加电压也不允许超过正向转折电压，否则不论控制极是否加 I_G，晶闸管均将导通，这是所不希望的。在可控整流电路中，应该由控制极电压来决定晶闸管何时导通，使之成为一个可控开关。

(2) 主要参数

普通晶闸管的主要参数及意义如下：

① 断态重复峰值电压 U_{DRM}。当控制极断路，器件的结温为额定值时，允许重复加在器件上的正向峰值电压。一般规定此电压小于正向转折电压 U_{BO}100 V。

② 反向重复峰值电压 U_{RRM}。当控制极断路，结温为额定值时，允许重复加在器件上的反向峰值电压。一般规定此电压小于反向击穿电压 U_{BR}100 V。

通常把 U_{DRM}和 U_{RRM}中的较小者作为该型号器件的额定电压。其范围为(100 ~ 300) V。选用晶闸管时，额定电压应为正常工作时峰值电压的(2 ~ 3)倍，作为允许的过电压余量。

③ 额定通态平均电流 I_T。当环境温度为+40 ℃，并在规定的冷却条件下，电阻性负载单相工频 50 Hz 正弦半波电路中，器件导电角 $\theta = 180°$，稳定温结不超过额定值时所允许的最大平均电流。其范围为(1 ~ 1 000) A。

在选用晶闸管时，应按实际最大平均电流的(1.5 ~ 2)倍来考虑，作为过电流的安全余量。

④ 通态平均电压 U_T。在规定条件下，通过正弦半波的额定通态平均电流时，晶闸管阳极和阴极之间电压降的平均值，一般称为管压降，其数值为(0.6 ~ 1)V。

⑤ 维持电流 I_H。在室温下，当控制极开路时，晶闸管被触发导通后，维持导通状态所必需的最小电流。一般为几十至一百多毫安。

⑥ 控制极触发电压 U_{GT}和控制极触发电流 I_{GT}。在室温下，阳极电压为直流 6 V 时，使晶闸管完全导通所必需的最小控制极直流电压和电流。一般 U_{GT}为(1 ~ 5) V，I_{GT}为几十到几百毫安。实际应用时，加到控制极的触发电压和电流应大于器件的额定值，以保证可靠触发。

▶▶10.9.2　单相桥式可控整流电路

利用晶闸管可以组成可控整流电路。可控整流也有多种电路形式，如单相半波或单相桥式可控整流电路等。当功率比较大时，常常采用三相交流电源，组成三相半波或三相桥式可控整流电路。本节以单相桥式电路为例，来讨论可控整流电路的工作原理。

1. 电路组成和工作原理

图 10.9.7 示出了一个带纯阻负载的单相桥式可控整流电路。电路中用晶闸管 VT_1、VT_2 代替桥式不可控整流电路中的二极管。

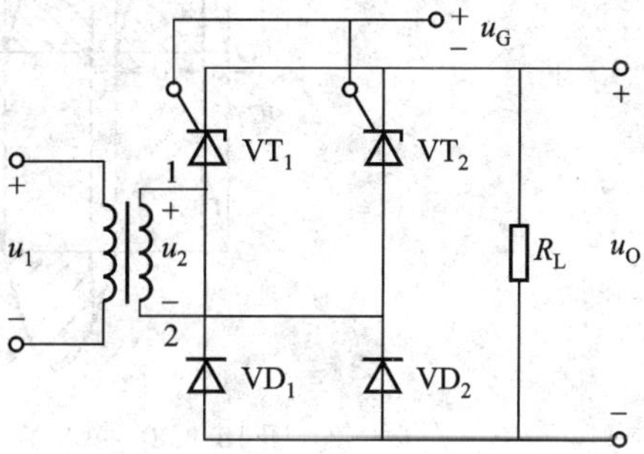

图 10.9.7　单相桥式可控整流电路

在 u_2 的正半周，VT_1 和 VD_2 承受正向电压，但若控制极不加触发脉冲，VT_1 仍不能导通。假设当 $\omega t=\alpha$ 时，VT_1 的控制极加上触发脉冲 u_G，则 VT_1 突然导通，电流从 u_2 的 1 端出发，经 VT_1、R_L 和 VD_2，流向 2 端。由于晶闸管导通时管压降很小，u_2 基本上都降落在 R_L 上，因此可以认为 $u_O \approx u_2$，如图 10.9.8 所示。此时 VT_2 和 VD_1 承受反向电压，所以均不导通。当 $\omega t=180°$时，u_2 降为零，VT_1 又变为阻断。

在 u_2 的负半周，VT_2 和 VD_1 承受正向电压，当 VT_2 的控制极加上触发脉冲时，VT_2 导通，电流从 u_2 的 2 端出发，经 VT_2、R_L 和 VD_1 流向 1 端，直到 $\omega t=360°$时，VT_2 恢复阻断状态。

电路中各处波形如图 10.9.8 所示。图中 α 称为**控制角**，θ 称为**导电角**，α 和 θ 之间满足关系 $\alpha+\theta=180°$。显然，当 α 愈小，即 θ 愈大时，输出电压的平均值愈大。

2. 电路参数的估算

根据图 10.9.8 中 u_O 的波形图，可求得可控整流电路输出电压的平均值为

$$U_{O(AV)}=\frac{1}{\pi}\int_{\alpha}^{\pi}\sqrt{2}U_2\sin\omega t\mathrm{d}(\omega t)=\frac{2\sqrt{2}}{\pi}U_2\frac{1+\cos\alpha}{2}$$

即

$$U_{O(AV)}=0.9U_2\frac{1+\cos\alpha}{2} \tag{10.9.1}$$

由式可见，当 U_2 固定时，只需改变控制角 α 的大小就可以调节 $U_{O(AV)}$ 的数值。

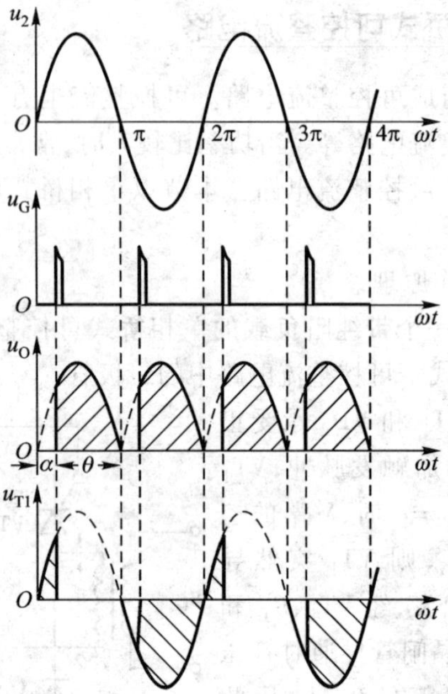

图 10.9.8　单相桥式可控整流电路波形图

输出电流的平均值为

$$I_{O(AV)} = \frac{U_{O(AV)}}{R_L} = 0.9\frac{U_2}{R_L}\frac{1+\cos\alpha}{2} \tag{10.9.2}$$

由图 10.9.8 的波形图还可看出，晶闸管承受的最大反向电压为

$$U_{TM} = \sqrt{2}U_2 \tag{10.9.3}$$

单相桥式可控整流电路的调整及维护都较方便，但由于是单相供电，故输出功率一般在 10 kW 以下为宜，以免造成三相电网的不平衡。若功率较大，可采用三相可控整流电路。

▶▶10.9.3　单结管触发电路

晶闸管由阻断变为导通的条件，除在阳极与阴极之间加上正向电压外，还必须在控制极与阴极之间加上适当的触发信号，产生和控制触发信号的电路称为晶闸管触发电路。为了保证晶闸管可靠地工作，对触发电路有以下几点要求：

① 触发时，能提供足够的触发脉冲电压和电流。由于晶闸管控制极参数的分散性及随温度变化的不稳定性，为了使所有合格的晶闸管均能触发导通，又不损坏控制极，一般要在触发电路接到晶闸管控制极时，输出脉冲的幅度为(4 ~ 10) V。

② 晶闸管不应导通时，触发电路输出的漏电电压不超过 0.25 V，以免发生

误导通。

③ 触发脉冲的前沿要陡，以保证触发时间准确，一般要求前沿时间小于10 μs。

④ 触发脉冲要有足够的宽度。因为晶闸管的导通需要一定时间，触发脉冲的持续时间必须比其更长，才能达到可靠地触发。对于电阻性负载电路，一般要求脉冲宽度大于 20 μs。

⑤ 由触发脉冲所产生的控制角 α 要能平稳移动并有足够宽的移动范围。对于单相可控整流电路，控制角的范围要求接近或大于150°。

⑥ 触发电路必须与主电路同步，即在每个半周中，触发脉冲出现的时间均相同。

触发电路的种类很多，这里仅介绍应用较为广泛的单结晶体管触发电路。

1. 单结管的结构和特性

单结管是**单结晶体管**的简称，又称为**双基极晶体管**。它的结构如图 10.9.9(a)所示。在一块 N 型硅片的上下两端各引出一个电极，下面的称为第一基极 b_1，上面的称为第二基极 b_2，故称为双基极晶体管。在硅片的另一侧靠近 b_2 处掺入 P 型杂质，引出电极，称为发射极 e。发射极与 N 型硅片之间构成一个 PN 结，故称为单结管。图 10.9.9(b)示出了单结管的符号。

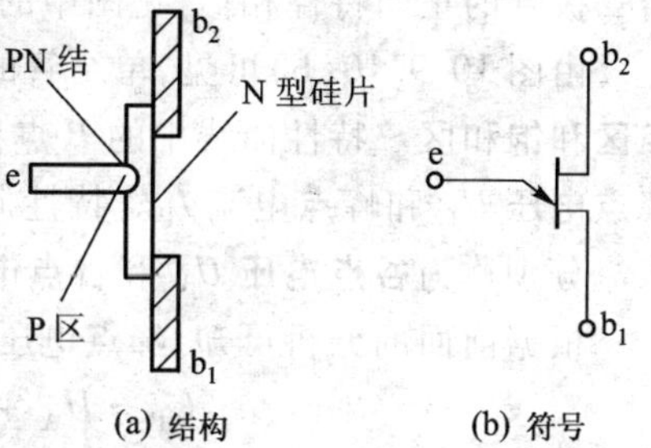

图 10.9.9　单结管的结构及符号

图 10.9.10(a)的点画线框内是单结管的等效电路，图 10.9.10(b)为单结管的特性曲线。自 PN 结处的 A 点至两个基极 b_1、b_2 之间的等效电阻分别为

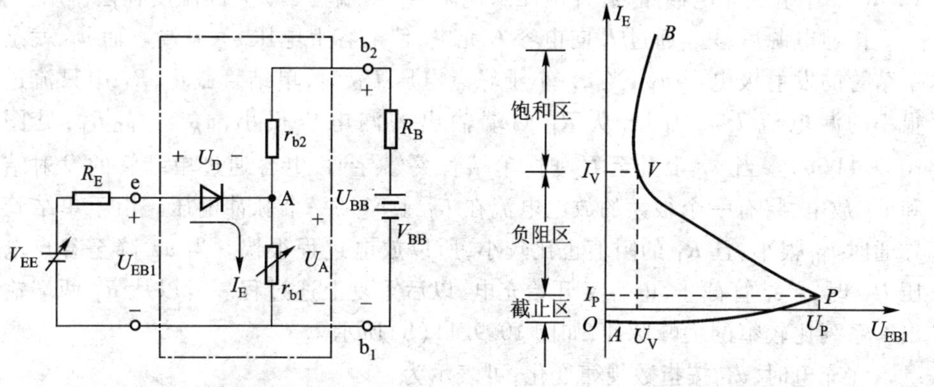

图 10.9.10　单结管等效电路及特性曲线

r_{b1}、r_{b2}，当接上电源后，设 b_1、b_2 之间的电压为 U_{BB}，则 A 点与 b_1 之间的电压为

$$U_A = \frac{r_{b1}}{r_{b1} + r_{b2}} U_{BB} = \eta U_{BB} \tag{10.9.4}$$

式中 $\eta = \frac{r_{b1}}{r_{b1}+r_{b2}}$，称为**分压比**，这是单结管的一个重要参数，其数值主要与管子的结构有关，一般在 0.5 ~ 0.8 之间。

当外加电压 U_{EB1} 由零逐渐增大时，若 $U_{EB1} < U_A$，则 PN 结被反向偏置，只有一个很小的反向电流流过 PN 结，此时 r_{b1} 呈现很大的电阻，单结管处于截止状态，见特性曲线中的 AP 段。当 $U_{EB1} > U_A + U_D$ 时（式中 U_D 为 PN 结的死区电压），单结管突然导通，I_E 迅速增大。由于从硅片的 P 区向 N 区大量注入空穴，使 r_{b1} 急剧减小，因此，当 I_E 增大时，发射极电压 U_{EB1} 反而减小，呈现出负阻特性，见特性曲线中的 PV 段。过了 V 点后，单结管进入饱和导通状态，特性曲线与二极管的正向特性相似，见图中的 VB 段。

由图 10.9.10(b) 可见，单结管的特性曲线可以大致分为三个区：**截止区**、**负阻区**和**饱和区**。特性曲线中的 P 点称为峰点，对应 P 点的电压和电流分别称为**峰点电压** U_P 和**峰点电流** I_P。特性曲线中的 V 点称为谷点，对应 V 点的电压和电流分别称为**谷点电压** U_V 和**谷点电流** I_V。

根据前面的分析可知，峰点电压的值应为

$$U_P = U_A + U_D \approx U_A = \eta U_{BB} \tag{10.9.5}$$

显然，对于同一个单结管，U_P 不是一个固定值，而与外加电压 V_{BB} 的大小有关。

2. 单结管脉冲发生电路

图 10.9.11(a) 是一个典型的单结管脉冲发生电路，电路中有一个单结管 VT，R 和 C 组成充电回路，脉冲电压从电阻 R_1 两端输出，R_2 起温度补偿作用。

接通电源后，V_{BB} 通过 R 向电容 C 充电，使电容上电压 u_C 升高。而 u_C 就是单结管的发射极电压 u_E，当 u_C 小于峰点电压 U_P 时，单结管截止，R_1 中只流过很小的漏电流 I_{BB}，因此，从 R_1 两端输出的漏电压很小，$u_{R_1} = I_{BB} R_1$，见图 10.9.11(b)。当 u_C 上升至 U_P 时，单结管突然导通，电容通过单结管的发射结和 R_1 放电，将有一个很大的放电电流在 R_1 上产生一个脉冲电压。由于单结管导通时 r_{b1} 很小，且 R_1 的阻值也比较小，所以放电过程很快。当 u_C 降至谷点电压 U_V 时，单结管截止，电容又开始充电，以后重复上述过程。所以从 R_1 两端输出一系列比较窄的尖峰脉冲，如图 10.9.11(b) 所示。

在充电时，u_C 按指数规律变化，可表示为

$$u_C = V_{BB}(1 - e^{-\frac{t}{RC}})$$

由图可见，当 $t = T_1$ 时，$u_C = U_P \approx \eta V_{BB}$，将此关系代入上式，并近似认为脉冲周期

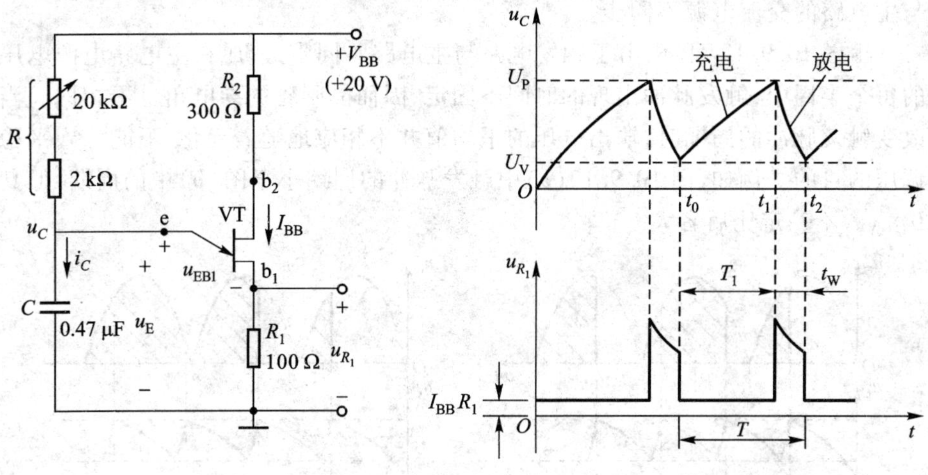

(a) 电路图　　　　(b) 波形图

图 10.9.11　单结管脉冲发生电路

$T \approx T_1$，则可求得

$$T \approx T_1 \approx RC\ln\frac{1}{1-\eta} \tag{10.9.6}$$

由此式可以看出，当单结管选定以后，改变 R 或 C 的数值即可改变脉冲周期的大小。

当 u_C 达到 U_P 以后，电容开始放电，在放电过程中，若忽略 r_{b1}，认为电容主要通过 R_1 放电，则

$$u_C \approx U_P e^{-\frac{t-t_1}{R_1C}}$$

当放电到谷点时，$u_C = U_V$，$t = t_2$，则脉冲宽度为

$$t_W = t_2 - t_1 \approx R_1 C\ln\frac{U_P}{U_V} \tag{10.9.7}$$

由此式可见，当单结管及电容均已确定时，改变电阻 R_1 的数值可以调节脉冲宽度。一般情况下 $R_1 = (50 \sim 100)\ \Omega$。

电阻 R_2 起温度补偿作用。因为峰点电压 $U_P = \eta U_{BB} + U_D$，当温度升高时，U_D 减小，使 U_P 随温度的升高而减小。但单结管内部两个基极之间的电阻将随温度的升高而增加，使 I_{BB} 随之减小，则 R_2 上的压降 $I_{BB}R_2$ 相应减小，结果使 U_{BB} 升高，从而补偿了 U_D 的减小，使 U_P 基本不变，保证产生脉冲的时间比较稳定。一般情况下，选 $R_2 = (300 \sim 500)\ \Omega$。

3. 单结管触发电路

图 10.9.11(a)所示的单结管脉冲发生电路虽然能够产生周期可调的脉冲系列，但还不能直接作为可控整流器的触发电路。它的主要问题在于触发脉冲

与主电路的交流电源不同步。

由图 10.9.12 可见，由于触发电路与主电路不同步，造成在主电路电源电压的每个半周中，触发脉冲出现的时间不固定，因而晶闸管的导电角也不相同。当改变触发脉冲的周期时，输出电压的平均值并不相应地随着变化，不能达到平稳调压的目的。例如，图 10.9.12(a)中触发脉冲的周期小于图(b)中的周期，但其 $U_{O(AV)}$ 不一定比后者大。

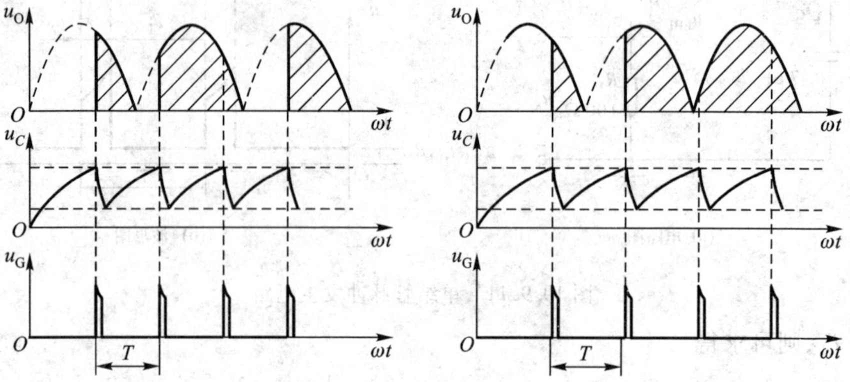

(a) T 较小　　　　(b) T 较大

图 10.9.12　触发脉冲与主电路电源不同步

为了实现同步，可以采取措施使主电路电源每次过零时，触发电路中的电容将原有的电荷全部放掉，然后从零开始充电，这样就能保证每个半周中第一个脉冲出现的时间保持一致。

在图 10.9.13 所示的触发电路中，采用了一个同步变压器 T，变压器的一次侧与主电路接至同一个交流电源，二次电压经桥式整流后再由电阻 R_3 和稳压管 VD_Z 削波，在稳压管两端得到一个高度为 U_Z 的梯形波，然后用这个梯形波作为单结管触发电路的电源电压。

电路中各处波形如图 10.9.14 所示。由图可见，当主电路电源过零时，梯形波 u_Z 也过零点，也就是单结管触发电路的电源电压 $U_{BB}=0$，由式(10.9.5)可知，此时峰点电压 U_P 也接近于零，因此单结管的 e-b_1 结导通，电容 C 迅速将电荷放掉，然后在下一个半周重新从零开始充电，从而保证了触发电路和主电路的同步。由图 10.9.14 还可看出，在主电路交流电源的半个周期内，触发电路可能产生若干个脉冲，但是其中只有第一个脉冲将晶闸管触发，使之由阻断变为导通，随后的一系列脉冲对晶闸管不起作用。为了改变控制角 α，可以调节充电回路中的电阻 R，以达到调节输出直流电压的目的。

【例 10.9.1】　图 10.9.13 所示的触发电路中，设单结管的分压比 $\eta=0.6$，充电回路的固定电阻为 2 kΩ，可变电阻为 16 kΩ，电容 C 为 0.47 μF，电阻 $R_1=$

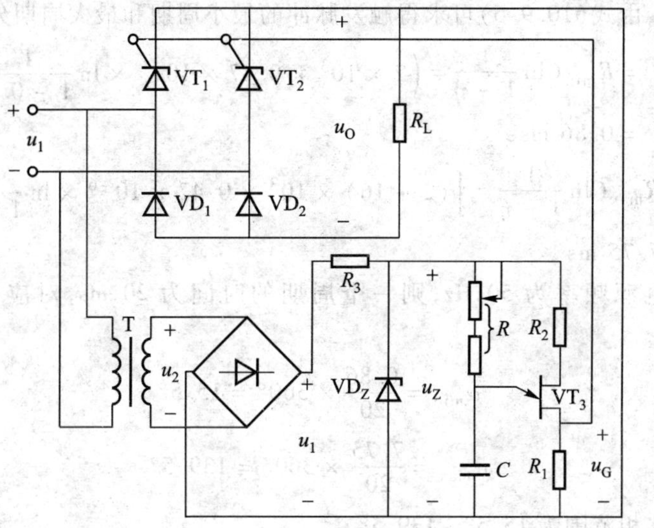

图 10.9.13　单结管触发电路

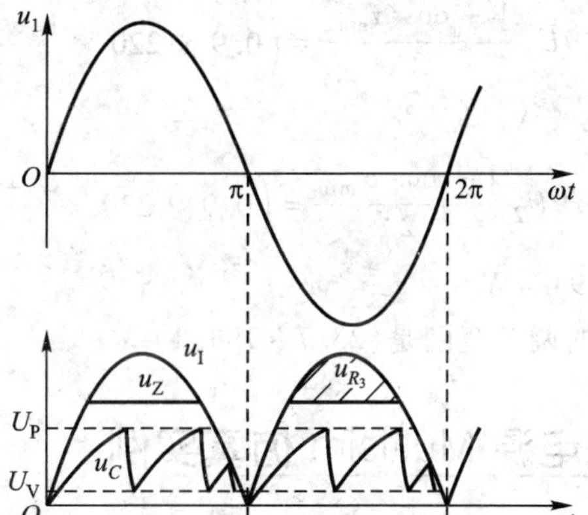

图 10.9.14　单结管触发电路波形图

100 Ω, R_2 = 300 Ω。

① 试求控制角 α 的移相范围；

② 设主电源的交流电压为 220 V，试求输出直流电压 $U_{O(AV)}$ 的调节范围。

解：① 由式(10.9.6)可求得触发脉冲的最小周期和最大周期分别为

$$T_{\min} = R_{\min}C\ln\frac{1}{1-\eta} = \left(2\times10^{3}\times0.47\times10^{-6}\times\ln\frac{1}{1-0.6}\right)\ \text{s}$$

$$= 0.86\ \text{ms}$$

$$T_{\max} = R_{\max}C\ln\frac{1}{1-\eta} = \left[(2+16)\times10^{3}\times0.47\times10^{-6}\times\ln\frac{1}{1-0.6}\right]\ \text{s}$$

$$= 7.75\ \text{ms}$$

交流电源频率为 50 Hz，则一个周期的时间为 20 ms，对应的电角度为 360°，则

$$\alpha_{\min} = \frac{0.86}{20}\times360° = 15.5°$$

$$\alpha_{\max} = \frac{7.75}{20}\times360° = 139.5°$$

所以 α 的移相范围为 15.5° ~ 139.5°。

② 根据式(10.9.1)可得

$$U_{O(AV)\min} = 0.9U_2\frac{1+\cos\alpha_{\max}}{2} = \left(0.9\times220\times\frac{1+\cos139.5°}{2}\right)\ \text{V}$$

$$= 23.7\ \text{V}$$

$$U_{O(AV)\max} = 0.9U_2\frac{1+\cos\alpha_{\min}}{2} = \left(0.9\times220\times\frac{1+\cos15.5°}{2}\right)\ \text{V}$$

$$= 194.4\ \text{V}$$

所以，输出直流电压的调节范围是(23.7 ~ 194.4) V。

▶10.10　直流电源 Multisim 仿真实例

1. 单相桥式整流电路 Multisim 仿真

在 Multisim 中构建单相桥式整流电路如图 10.10.1(a)所示。

(1) 电路运行后，利用虚拟示波器可观察到正常情况下输出电压 u_O 的波形如图 10.10.1(b)所示。并用虚拟仪表测得，当 U_2 = 15 V(有效值)时，$U_{O(AV)}$ = 12.006 V。

(2) 将二极管 VD_1 设置为开路故障，此时可观察到 u_O 的波形如图 10.10.1(c)所示，测得 $U_{O(AV)}$ = 6.003 V。实际上，此时电路已成为单相半波整流电路。

2. 桥式整流电容滤波电路 Multisim 仿真

在 Multisim 中构建桥式整流电容滤波电路如图 10.10.2(a)所示。

(1) 在给定的电路参数下，利用虚拟示波器观察输出电压 u_O 的波形，并用虚拟仪表测得，变压器二次电压 U_2 = 9.998 V(有效值)，$U_{O(AV)}$ = 11.586 V。

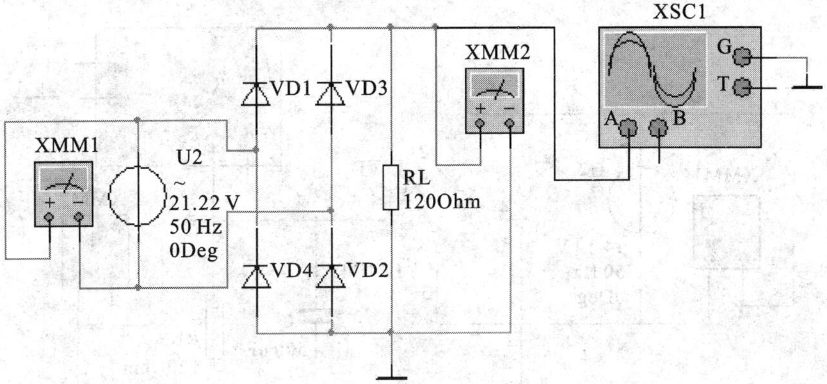

(a) 仿真电路

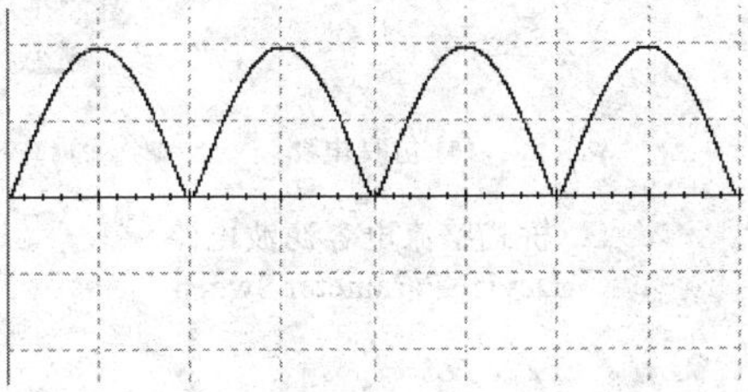

(b) 正常工作时的 u_O 波形

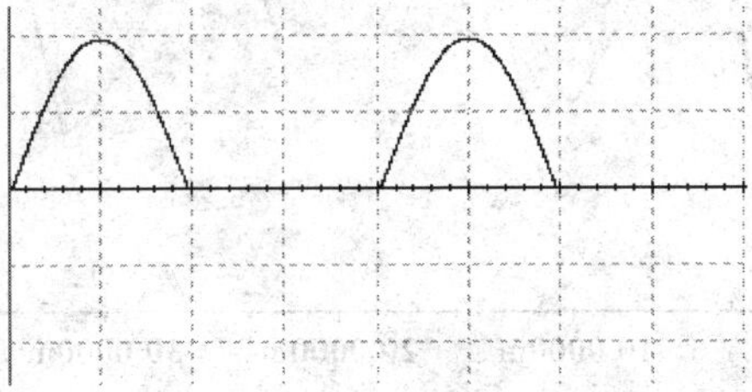

(c) VD_1 开路故障时的 u_O 波形

图 10.10.1　单相桥式整流电路

（2）保持 U_2 和 R_L 不变，改变滤波电容的值分别成为 $C=50\ \mu F$ 和 $C=0$，再观察输出电压波形并测量 $U_{O(AV)}$。可测得，当 $C=50\ \mu F$ 时，$U_{O(AV)}=9.061\ V$；当 $C=0$ 时，$U_{O(AV)}=7.528\ V$。

（3）利用 Multisim 的参数扫描分析功能（Parameter Sweep Analysis）可在一张图上同时显示滤波电容 $C=500\ \mu F$，$C=50\ \mu F$ 和 $C=0$ 三种情况下的输出电压 u_O 的波形，如图 10.10.2(b)所示。由图可见，滤波电容 C 愈大，则输出波形的脉动成分愈小，而 $U_{O(AV)}$ 值愈大。

3. 硅稳压管稳压电路 Multisim 仿真

在 Multisim 中构建硅稳压管稳压电路如图 10.10.3 所示。

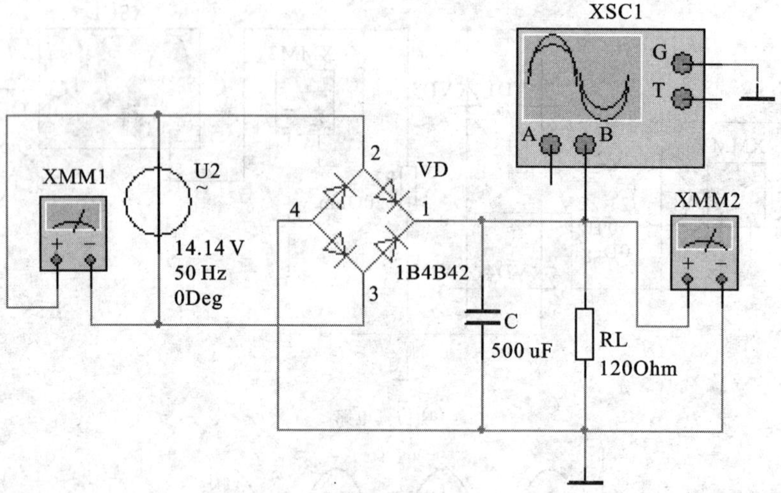

(a) 仿真电路

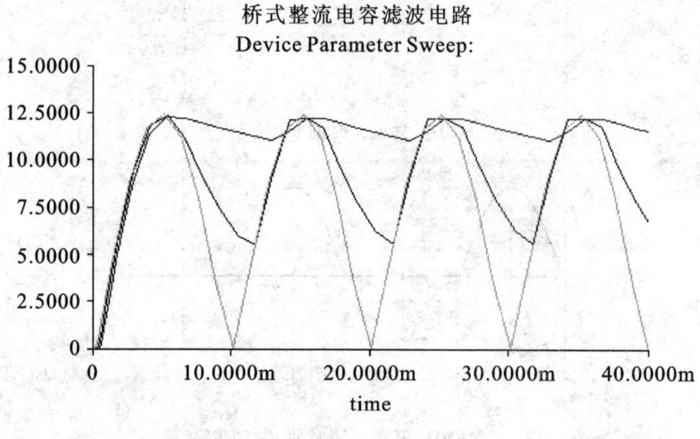

(b) $C=500\ \mu F$,50 μF 和 0 时的 u_O 波形

图 10.10.2　桥式整流电容滤波电路

（1）当 $U_I=12$ V,$R_L=450\ \Omega$ 时,利用虚拟仪表测得 $U_O=5.012$ V。

（2）令 $R_L=450\ \Omega$ 不变,改变 U_I,观察 U_O 的变化情况,结果为,当 $U_I=10$ V 时,$U_O=4.913$ V;当 $U_I=14$ V 时,$U_O=5.079$ V。可见,当 U_I 增大时,U_O 将随之增大。由以上结果可得到稳压电路的稳压系数为

$$S_r=\frac{\Delta U_O}{\Delta U_I}\cdot\frac{U_I}{U_O}=\frac{5.079-4.913}{14-10}\times\frac{12}{5.012}=0.099\ 36=9.936\%$$

可知稳压系数约为 10% 的数量级。

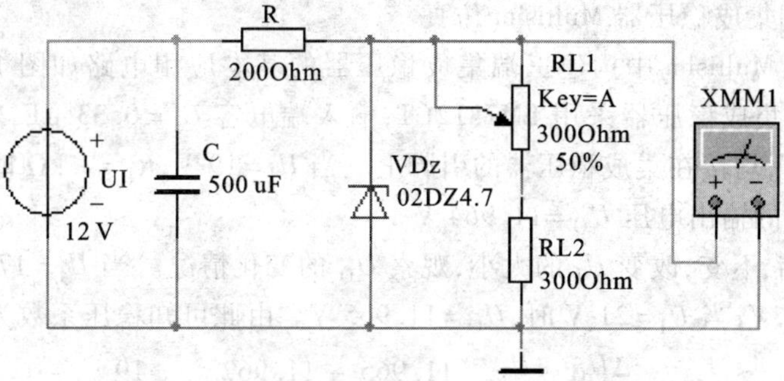

图 10.10.3　硅稳压管稳压电路仿真电路

（3）令 $U_I=12$ V 不变，改变 R_L，观察 U_O 的变化情况，结果为，当 $R_L=600\ \Omega$ 时，$U_O=5.033$ V；当 $R_L=300\ \Omega$ 时，$U_O=4.963$ V。可见，当 R_L 减小，即 I_L 增大时，U_O 将减小。

令 $U_I=12$ V 不变，将 R_L 开路，测得 $U_O'=5.087$ V，则稳压电路的内阻为

$$R_o=\left(\frac{U_O'}{U_O}-1\right)R_L=\left(\frac{5.087}{5.012}-1\right)\times 450\ \Omega=6.734\ \Omega$$

4. 串联型直流稳压电路 Multisim 仿真

在 Multisim 中构建串联型直流稳压电路如图 10.10.4 所示。

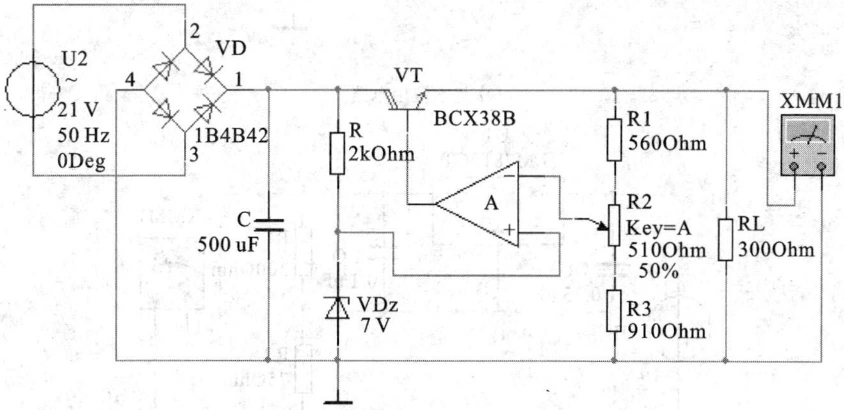

图 10.10.4　串联型直流稳压电路仿真电路

（1）将电位器 R_2 的滑动端向上移动，由虚拟仪表可看到输出电压 U_O 将减小。相反，将滑动端向下移动时，U_O 将增大。

（2）当 R_2 的滑动端调至最上端时，可测得 $U_O=9.728$ V。当滑动端调至最下端时，测得 $U_O=15.18$ V。因此，稳压电源输出电压的可调范围为 9.728 V ~ 15.18 V。读者可将此仿真结果与本章例 10.6.1 的估算结果进行比较。

5. 三端集成稳压器 Multisim 仿真

（1）在 Multisim 中构建三端集成稳压器的基本应用电路如图 10.10.5(a)所示。三端集成稳压器采用 LM7812CT，输入端电容 $C_I = 0.33\ \mu F$，输出端电容 $C_O = 0.1\ \mu F$，均接在集成稳压器的引脚上。当 $U_I = 19\ V$，$R_L = 1\ k\Omega$ 时，测得三端集成稳压管的输出电压 $U_O = 11.964\ V$。

保持 R_L 不变，改变 U_I 的大小，观察 U_O 的变化情况。当 $U_I = 17\ V$ 时，测得 $U_O = 11.962\ V$；当 $U_I = 21\ V$ 时，$U_O = 11.965\ V$。由此可知稳压系数为

$$S_r = \frac{\Delta U_O}{\Delta U_I} \cdot \frac{U_I}{U_O} = \frac{11.965 - 11.962}{21 - 17} \times \frac{19}{11.964}$$

$$= 0.001\ 19 = 0.119\%$$

可见稳压系数高达1‰的数量级。

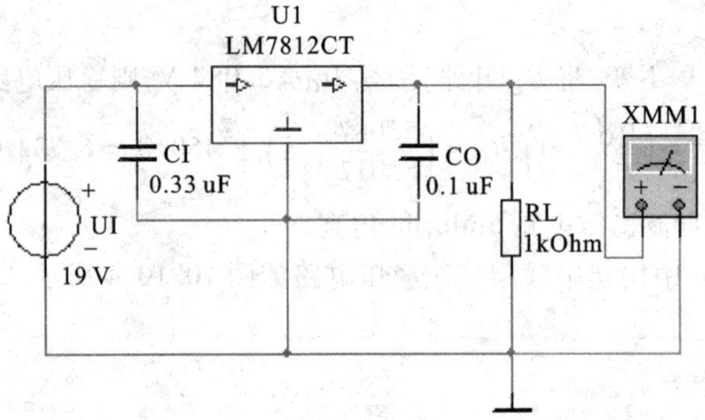

(a) 基本应用电路

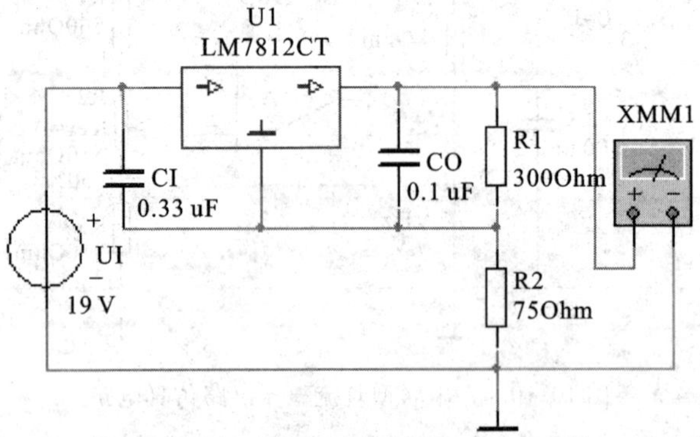

(b) 提高输出电压的电路

图 10.10.5　三端集成稳压器仿真电路

（2）在 Multisim 中构建提高三端集成稳压器输出电压的电路如图 10.10.5(b)所示。仍然采用 LM7812CT 三端集成稳压器，$U_I = 19\ V$。当 $R_1 = 300\ \Omega$，$R_2 =$

75 Ω 时，测得 $U_O=14.934$ V，可见，输出电压得到了提高。

本章小结

各种电子设备通常都需要用直流电源供电。比较经济实用地获得直流电源的方法，是利用电网提供的交流电，经过整流、滤波和稳压以后得到。

1. 利用二极管的单向导电性可以组成整流电路。与单相半波整流电路相比，单相桥式整流电路的输出电压较高，输出波形的脉动成分相对较低，而变压器的利用率较高，因此应用比较广泛。

2. 滤波电路的主要任务是尽量滤掉输出电压中的脉动成分，同时，尽量保留其中的直流成分。滤波电路主要由电容、电感等储能元件组成。电容滤波适用于小负载电流，而电感滤波适用于大负载电流。在实际工作中常常将二者结合起来，以便进一步降低脉动成分。

3. 稳压电路的任务是在电网电压波动或负载电流变化时，使输出电压保持基本稳定。常用的稳压电路有以下几种：

(1) 硅稳压管稳压电路

电路结构最为简单，适用于输出电压固定，且负载电流较小的场合。主要缺点是输出电压不可调节；当电网电压和负载电流变化范围较大时，电路无法适应。

(2) 串联型直流稳压电路

串联型直流稳压电路主要包括四个组成部分：调整管、采样电阻、放大电路和基准电压。其稳压的原理实质上是引入电压负反馈来稳定输出电压。串联型稳压电路的输出电压可以在一定的范围内进行调节。

为了防止负载电流过大或输出短路造成元器件损坏，在实用的稳压电路中常常加上各种保护电路，例如限流型和截流型保护电路等。

(3) 集成稳压器

集成稳压器由于其体积小、可靠性高以及温度特性好等优点，得到了广泛的应用，特别是三端集成稳压器，只有三个引出端，使用更加方便。

三端集成稳压器的内部，实质上是将串联型直流稳压电路的各个组成部分，再加上保护电路和启动电路，全部集成在一个芯片上而做成的。

(4) 开关型稳压电路

与线性稳压电路相比，开关型稳压电路的特点是调整管工作在开关状态，因而具有效率高、体积小、重量轻以及对电网电压要求不高等突出优点，被广泛用于计算机、电视机、通信及空间技术等领域。但也存在调整管的控制电路比较复杂、输出电压中纹波和噪声成分较大等缺点。

4. 利用晶闸管组成的可控整流电路，在变压器二次电压 U_2 不变的条件下，其直流输出电压能够在一定的范围内进行调节。可以利用单结晶体管的负阻效应使电容充电和放电来产生触发脉冲,以控制晶闸管的导电时间。

学完本章以后,应能达到以下教学要求:

① 掌握单相桥式整流电路的工作原理,输出电压 $U_{O(AV)}$ 与变压器二次电压 U_2 的关系。

② 正确理解电容滤波电路的工作原理和特点,电容 C 的选择原则,$U_{O(AV)}$ 与 U_2 的关系。了解其他滤波电路的特点以及各种滤波电路的性能比较。了解倍压整流电路的工作原理和特点。

③ 正确理解硅稳压管稳压电路的工作原理,稳压系数和内阻的估算,限流电阻的选择原则。正确理解串联型直流稳压电路的组成、稳压原理以及输出电压调节范围的估算方法。

④ 掌握三端集成稳压器的使用方法,了解三端集成稳压器的优点和电路组成。了解开关型稳压电路的特点和工作原理。

⑤ 正确理解晶闸管组成的桥式可控整流电路的工作原理,$U_{O(AV)}$ 与控制角 α 的关系;了解晶闸管和单结晶体管的工作原理,以及单结管触发电路的工作原理。

习题与思考题

习题 10-1　在图 P10-1 所示的单相桥式整流电路中,已知变压器二次电压的有效值为 $U_2=10$ V,试问

① 正常时,直流输出电压 $U_{O(AV)}=?$

② 如果二极管 VD_1 虚焊,将会出现什么现象?

③ 如果 VD_1 极性接反,可能出现什么问题?

④ 如果四个二极管全部接反,则 $U_{O(AV)}=?$

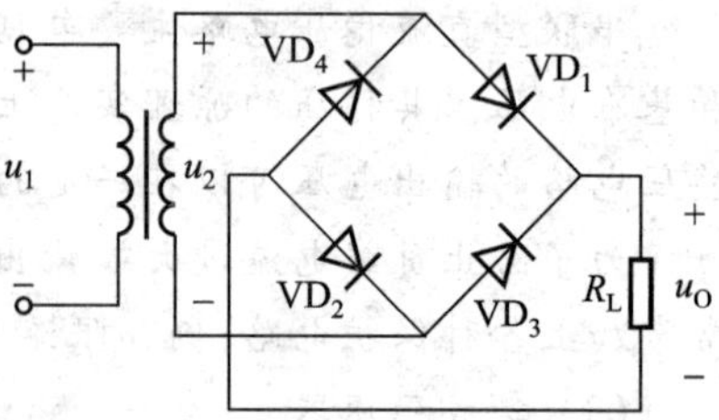

图 P10-1

习题 10-2　图 P10-2 是能输出两种整流电压的桥式整流电路。试分析各个二极管的导电情况,在图上标出直流输出电压 $U_{O(AV)1}$ 和 $U_{O(AV)2}$ 对地的极性,并计算当 $U_{21}=U_{22}=20$ V(有效值)时,$U_{O(AV)1}$ 和 $U_{O(AV)2}$ 各为多少?如果 $U_{21}=22$ V,$U_{22}=18$ V,则 $U_{O(AV)1}$ 和 $U_{O(AV)2}$ 各为多少?在后一种情况下,画出 u_{O1} 和 u_{O2} 的波形并估算各个二极管的最大反向峰值电压将各为多少?

习题 10-3　试分析图 P10-3 中的三个电路,哪个能够起滤波作用,哪个不能起滤波作用,简述理由。

习题 10-4　试分析在下列几种情况下,应该选用哪一种滤波电路比较合适。

① 负载电阻为 1 Ω,电流为 10 A,要求 $S=10\%$;

② 负载电阻为 1 kΩ,电流为 10 mA,要求 $S=0.1\%$;

③ 负载电阻从 20 Ω 变到 100 Ω,要求 $S=1\%$,且输出电压 $U_{O(AV)}$ 变化不超过 20%;

④ 负载电阻为 100 Ω 可调,电流从零变到 1 A,要求 $S=1\%$,且希望 U_2 尽可能低。

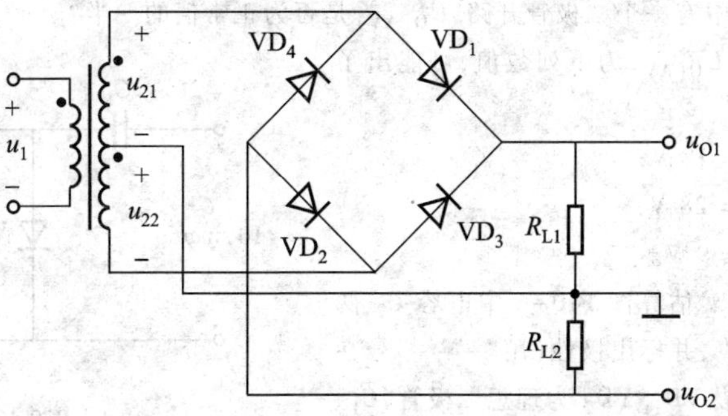

图 P10-2

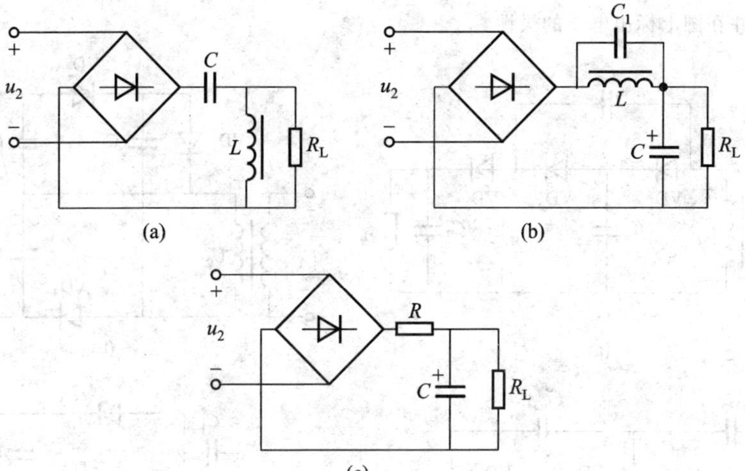

图 P10-3

习题 10-5　在图 P10-5 的桥式整流、电容滤波电路中，$U_2=20$ V(有效值)，$R_L=40\ \Omega$，$C=1\ 000\ \mu F$。试问：

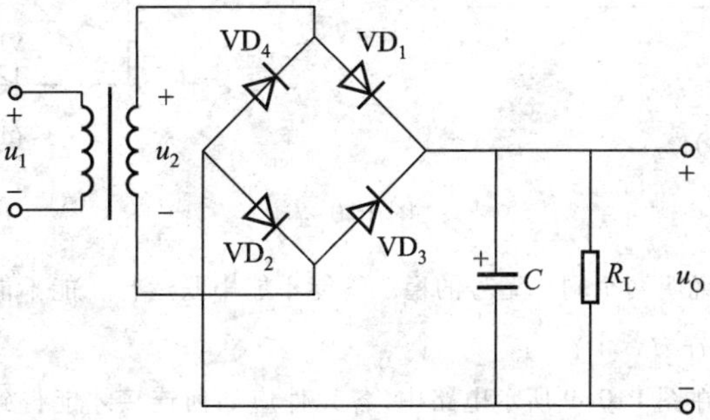

图 P10-5

① 正常时 $U_{O(AV)}\approx$？

② 如果电路中有一个二极管开路，$U_{O(AV)}$是否为正常值的一半？

③ 如果测得 $U_{O(AV)}$ 为下列数值，可能出了什么故障：

(a) $U_{O(AV)} = 18$ V；

(b) $U_{O(AV)} = 28$ V；

(c) $U_{O(AV)} = 9$ V。

△**习题 10-6** 估算图 P10-6 中电容 C_2 两端的电压等于多少，并标出极性（用"+""-"号在电容两端标出），设 VD_1、VD_2 为理想二极管，C_1、C_2 的泄漏电阻为无穷大。

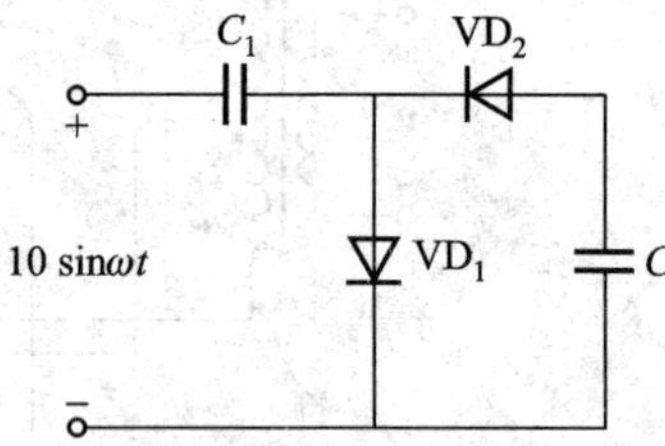

图 P10-6

习题 10-7 试分析图 P10-7 所示的电路各为几倍压整流电路，近似估算各电容两端的电压值，并在图上标出电压的极性。

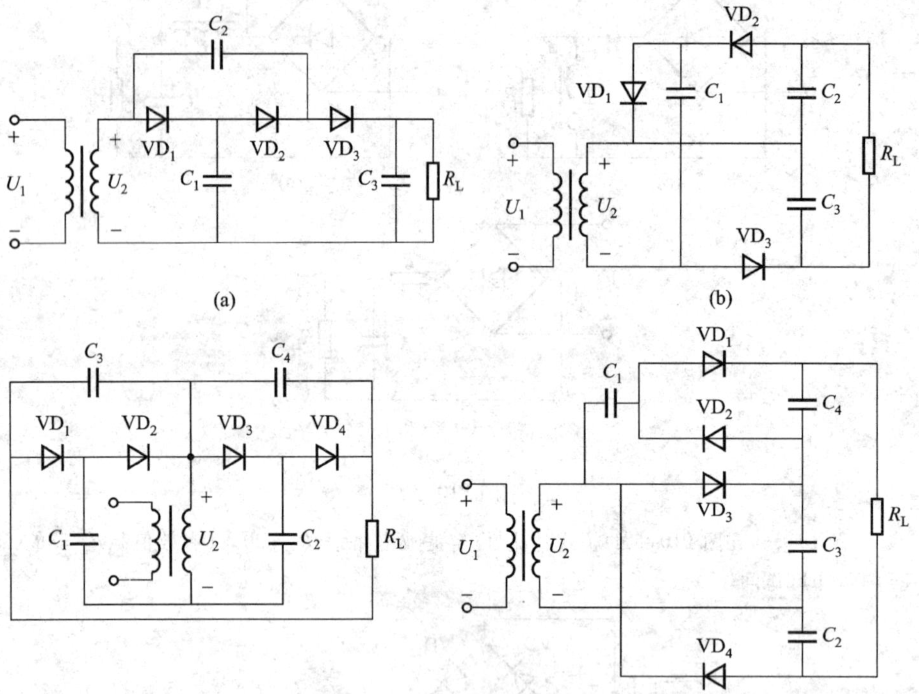

图 P10-7

习题 10-8 试说明两个同一型号的稳压管能不能串联运行？能不能并联运行？在上述两种情况下，端电压各为若干？

△**习题 10-9** 在图 P10-9 所示电路中，各元件应如何连接才能得到对地为±15 V 的直流电压（在图中画出）？

习题 10-10 在图 10.5.1 所示的硅稳压管稳压电路中，要求输出直流电压 6 V，输出直

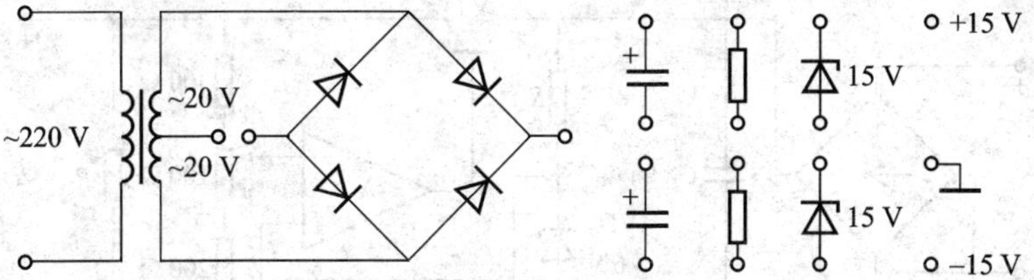

图 P10–9

流电流为(10 ~ 30) mA,若稳压管的稳压值为 6 V,允许耗散功率 250 mW,稳压管最小稳定电流为 5 mA,设整流、滤波后的输出电压在(12 ~ 14) V 之间变化,试问:

① 稳压管中的电流何时最大,何时最小?

② 选择多大的限流电阻值,能使稳压电路正常工作?

习题 10–11 在图 10.5.1 的硅稳压管稳压电路中,设 $U_I=30$ V,变化±10%,稳压管的稳压值为 9 V,动态内阻 $r_Z=10\ \Omega$,限流电阻 $R=750\ \Omega$,输出电流为 10 mA,试求:

① 稳压电路的输出电阻 $R_o=?$

② 稳压系数 $S_r=?$

习题 10–12 在图 P10–12 中:

① 要求当 R_W 的滑动端在最下端时 $U_O=15$ V,电位器 R_W 的阻值应是多少?

② 在第①小题选定的 R_W 值之下,当 R_W 的滑动端在最上端时,$U_O=?$

③ 为保证调整管很好地工作在放大状态,要求其管压降 U_{CE} 任何时候不低于 3 V,则 U_I 应为多大?

④ 稳压管 VD_Z 的最小电流为 $I_Z=5$ mA,试选择电阻 R 的阻值。

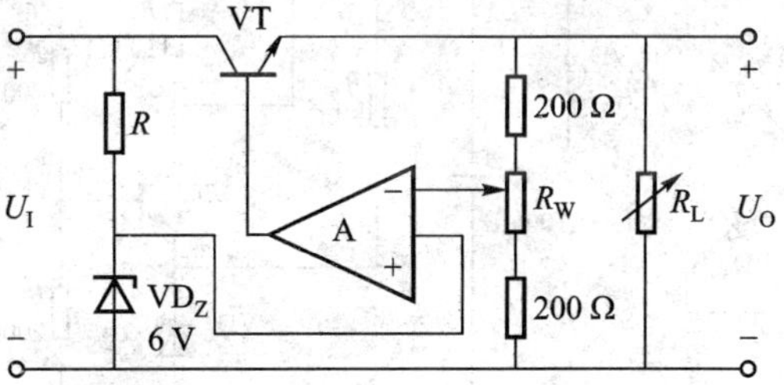

图 P10–12

习题 10–13 在图 P10–13 中:

① 估算当 R_W 变化时 U_O 的变化范围;

② 设 $U_I=24$ V,试说明三极管 VT 是否能够符合调整电压的要求;

③ 当调整管的 $I_E=50$ mA 时,其最大耗散功率 P_{Cmax} 出现在 R_W 的滑动端处于什么位置处(上或下)?此时 P_{Cmax} 值等于多少?

④ 如果滤波电容 C 足够大,为得到 $U_I=24$ V,所需的变压器二次电压 U_2(有效值)等于多少?

△**习题 10 – 14** 为了要得到±15 V 的直流稳压电源,某同学设计了一个方案,如图 P10–14 所示。经审查,至少有三处以上出现错误(包括结构与参数),请你指出错误所在,将

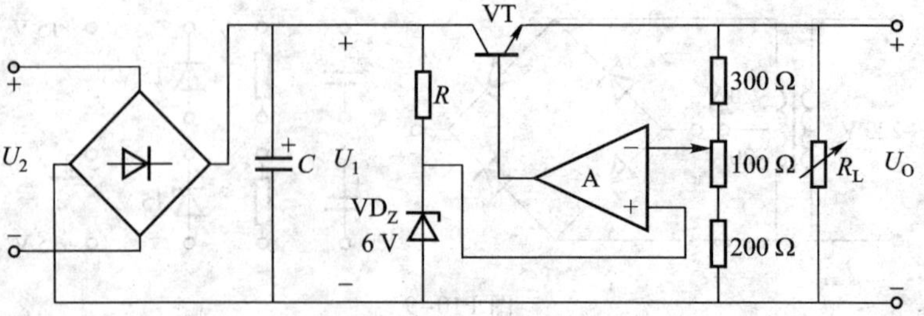

图 P10-13

改正措施填入下表：

序号	错误所在	改正措施
例	VD_4	将正负极颠倒
1		
2		
3		
4		
5		

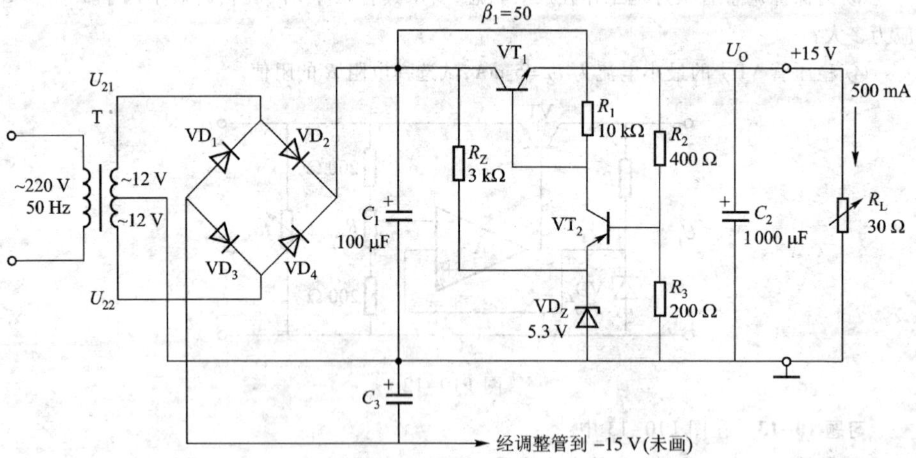

图 P10-14

习题 10-15　在图 P10-15 所示电路中，试分别标出哪一个（或几个）管子是起过流保护作用的？并分析过流后是限流型、截流型（输出短路时，$I_L \approx 0$）还是减流型（输出短路时，I_L 比较小，但不能为零）。

习题 10-16　要求得到下列直流稳压电源，试分别选用适当的三端式集成稳压器，画出电路原理图（包括整流、滤波电路），并标明变压器二次电压 U_2 及各电容的值。

① ±24 V，1 A；

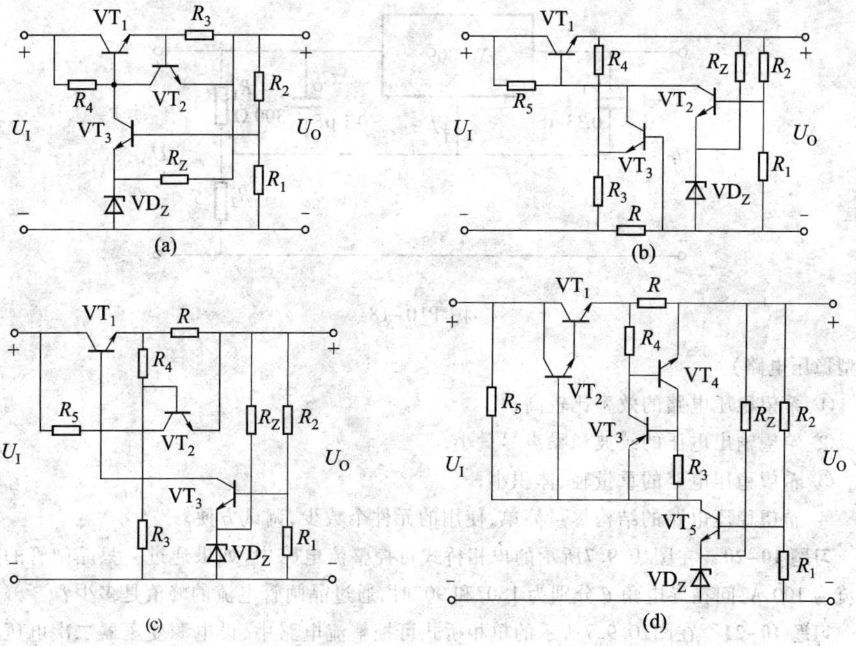

图 P10-15

② -5 V,100 mA;

③ ±15 V,500 mA(每路)。

习题 10-17 某同学设计了如图 P10-17(a)和(b)所示的电路,旨在分别得到±18 V,1 A 以及-6 V,500 mA 两路直流稳压电源,试指出电路中是否存在错误,如有,请改正之。

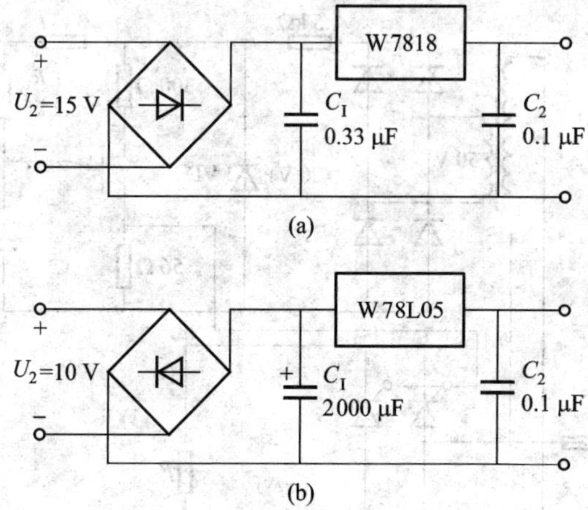

图 P10-17

习题 10-18 在图P10-18所示电路中,为了获得 $U_O = 11$ V 的稳定输出电压,电阻 R_2 应为多大?假设三端集成稳压器的电流 I 与 R_1、R_2 中的电流相比可以忽略。

习题 10-19 在下列各种情况下,试问应分别采用何种稳压电路(线性稳压电路还是开

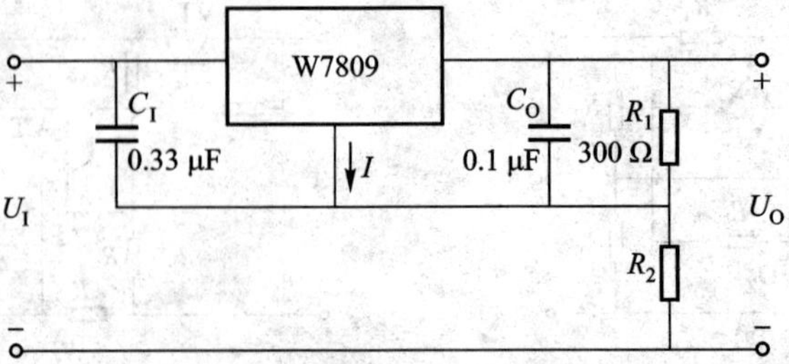

图 P10-18

关型稳压电路)?

① 希望稳压电路的效率比较高;

② 希望输出电压的纹波和噪声尽量小;

③ 希望稳压电路的重量轻、体积小;

④ 希望稳压电路的结构尽量简单,使用的元件个数少,调试方便。

习题 10-20 在图10.9.7所示的单相桥式可控整流电路中,如果通过一只晶闸管的平均电流为 100 A,问在导电角 θ 分别为 180°和 90°时,通过晶闸管电流的峰值是多少?

习题 10-21 在图10.9.7所示的单相桥式可控整流电路中,设电源变压器二次电压有效值为 $U_2=380\text{V}$,负载电阻 $R_L=10\ \Omega$,达到额定输出电压时晶闸管的导电角 $\theta=150°$,试求输出电压平均值和负载电流平均值。

习题 10-22 在图10.9.11(a)所示的单结管脉冲发生器中,设单结管分压比 $\eta=0.7$,谷点电压 $U_V=5\ \text{V}$,电源电压 $V_{BB}=20\ \text{V}$,充电电阻 $R=17.7\ \text{k}\Omega$,电容 $=0.47\ \mu\text{F}$,电阻 $R_1=100\ \Omega$。试求输出脉冲的频率及脉冲宽度。

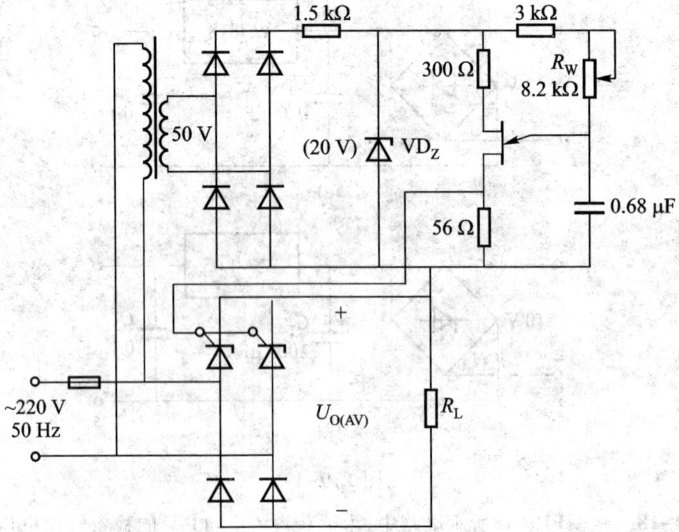

图 P10-23

习题 10-23 已知图P10-23电路中单结管的分压比 $\eta=0.56$,试问:

① 电位器 R_W 的滑动端处于什么位置时,输出直流电压最大?

② 晶闸管导电角的变化范围是多少?

③ 直流输出电压的可调范围是多少?

Multisim 仿真练习题

仿真题 10-1 在 Multisim 中构建一个桥式整流电容滤波电路,电路中变压器二次电压的有效值 $U_2=20\ \mathrm{V}$,负载电阻 $R_L=200\ \Omega$,滤波电容 $C=220\ \mu\mathrm{F}$。

① 电路正常工作时,利用虚拟示波器,观察输出电压 u_O 的波形,并用虚拟仪表测量输出直流电压 $U_{O(AV)}$;

② 令 $R_L=200\ \Omega$,将电容 C 改为 $22\ \mu\mathrm{F}$,观察 u_O 的波形,测量 $U_{O(AV)}$;

③ 将负载电阻 R_L 开路,$C=22\ \mu\mathrm{F}$ 不变,观察 u_O 的波形,测量 $U_{O(AV)}$;

④ 令 $R_L=200\ \Omega$,将电容 C 设置为开路故障,观察 u_O 的波形,测量 $U_{O(AV)}$;

⑤ 令 $R_L=200\ \Omega$,$C=220\ \mu\mathrm{F}$,将二极管 VD_1 设置为开路故障,观察 u_O 的波形,测量 $U_{O(AV)}$;

⑥ 令 $R_L=200\ \Omega$,将二极管 VD_1 和电容 C 同时设置为开路故障,观察 u_O 的波形,测量 $U_{O(AV)}$。

根据以上仿真结果,小结桥式整流以及电容滤波电路的特点。

仿真题 10-2 仿真本章图 10.4.1 所示的二倍压整流电路,令 $U_2=10\ \mathrm{V}$(有效值),$C_1=C_2=100\ \mu\mathrm{F}$。

① 使负载电阻 R_L 开路,观察 u_O 的波形,并测量 $U_{O(AV)}$;

② 令 $R_L=300\ \Omega$,观察 u_O 的波形,测量 $U_{O(AV)}$;

根据以上仿真结果,小结倍压整流电路的特点以及适用场合。

仿真题 10-3 仿真本章图 10.5.1 所示的硅稳压管稳压电路,电路中直流输入电压 $U_I=20\ \mathrm{V}$,稳压管选用 Multisim 元件库提供的 1N4739A,限流电阻 $R=450\ \Omega$,负载电阻 $R_L=900\ \Omega$;

① 电路正常工作时,测量输出电压 U_O 的值;

② 使 $R_L=900\ \Omega$ 保持不变,当 U_I 分别等于 18 V 和 22 V 时,测出相应的 U_O 值,并估算稳压电路的稳压系数 S_r;

③ 使 $U_I=20\ \mathrm{V}$ 保持不变,当 R_L 分别等于 750 Ω 和 1 050 Ω 时,测出相应的 U_O 值;

④ 当 $U_I=20\ \mathrm{V}$ 时,将 R_L 开路,测出此时的输出电压 U_O',并估算稳压电路的内阻 R_o。

仿真题 10-4 仿真本章图 10.6.1 所示的串联型直流稳压电路,变压器二次电压有效值为 $U_2=20\ \mathrm{V}$,稳压管的 $U_Z=6\ \mathrm{V}$,电阻 $R_1=300\ \Omega$,$R_3=200\ \Omega$,电位

器 $R_2=100\ \Omega$，负载电阻 $R_L=300\ \Omega$。因电流较大，调整管可采用复合管。

① 将电位器的滑动端向上、向下移动，观察输出电压的变化情况；

② 测出稳压电路输出电压的调节范围。

仿真题 10-5 选用Multisim元件库中适当的三端集成稳压器构建稳压电路，使输出电压分别为以下值。设负载电阻均为 $R_L=1\ k\Omega$。

① +24 V； ② -5 V； ③ ±15 V。

仿真题 10-6 仿真图P10-18所示电路，采用三端集成稳压器 LM7809CT，将输出电压提高到 11 V。已给定 $R_1=300\ \Omega$，确定电阻 R_2 的阻值，构建电路，并测出其输出电压 U_O。

附　　录

▶附录 A　Multisim 7 简介

Multisim 是加拿大 IIT 公司(Interactive Image Technologies Ltd.)推出的基于 Windows 的电路仿真软件,由于采用交互式的界面,比较直观,操作方便,具有丰富的元器件库和品种繁多的虚拟仪器,以及强大的分析功能等特点,因而得到了广泛的应用。

针对不同的用户,提供了多种版本,如学生版、教育版、个人版、专业版和超级专业版等。其中教育版适合高校的教学使用。

本附录以 Multisim 7 教育版为背景,扼要介绍 Multisim 的基本使用方法。如欲了解深入的内容,可参阅有关文献。

▶▶A.1　Multisim 7 主界面

启动 Multisim 7 后,屏幕上将显示如图 A.1.1 所示的主界面。主界面主要由菜单栏、系统工具栏、设计工具栏、元件工具栏、仪器工具栏、使用中元件列表、仿真开关、状态栏以及电路图编辑窗口等组成。

1. 菜单栏

菜单栏中有一些项与 Windows 许多应用程序中的一致,如 File、Edit、View、Window、Help 等,大家比较熟悉,另外一些则为 Multisim 特有。单击其中任一项,即可拉出一个下拉式菜单,与 Windows 相似。它们的用途如下:

File　提供文件操作命令,如新建、打开、关闭、保存和打印文件等。

Edit　提供图形编辑命令,如剪贴、删除和旋转等。

View　提供对视图进行设置的命令,如是否打开工具条,是否显示网格、页边界,以及放大、缩小等。

Place　提供放置命令,如在电路图中放置零件、接点、总线和文字等。

Simulate　提供仿真命令,如执行、暂停或结束仿真,取用仪表以及启动各种分析功能等。

Transfer　提供传送命令,如将设计的电路图传送到 Ultiboard V7 或 Ultiboard 2001 等。

Tools　提供管理和编辑命令,如数据库管理、元器件编辑等。

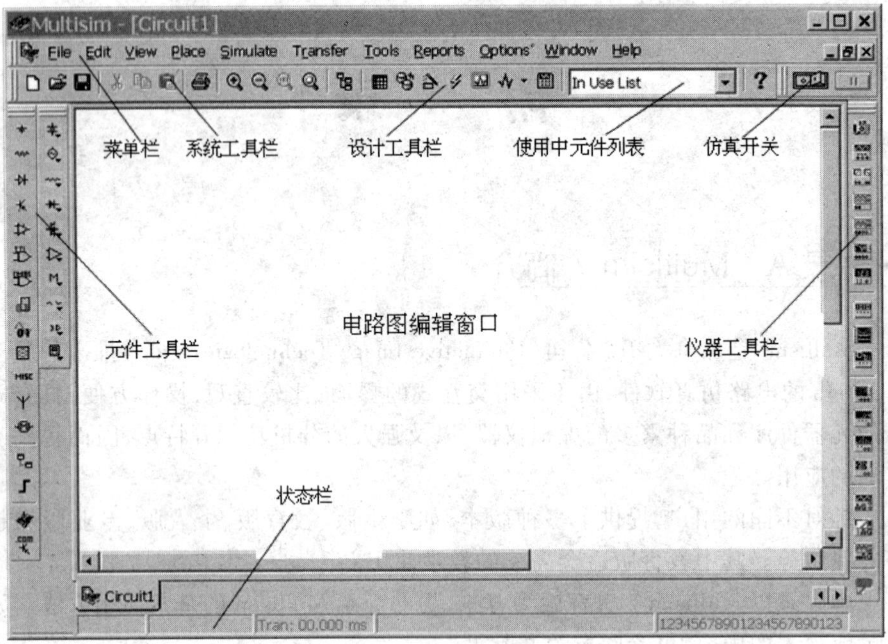

图 A.1.1　Multisim 7 主界面

Reports　提供生成各种报表的命令，如材料清单、元器件详细报告以及元器件交叉参照表等。

Option　提供设置环境的命令，如设置操作环境、修改标题栏等。

Window　提供对窗口进行管理的命令，如层叠、平铺、重排等。

Help　提供帮助命令，如 Multisim 在线帮助、Multisim 参考资料等。

2. 系统工具栏

菜单栏下面一栏的左边部分为系统工具栏，如图 A.1.2 所示。其中包括新建、打开、保存、剪切、复制、粘贴、打印、放大、缩小、打印预览等按钮，均与 Windows 中一致，此处不再重复。

图 A.1.2　系统工具栏

3. 设计工具栏

菜单栏下面一栏的右边部分为设计工具栏，如图 A.1.3 所示。与使用菜单相比，使用其中的按钮，将使电路设计的过程十分方便和快捷。对各个按钮的作用分别简述如下：

 分层项目栏按钮（Toggle Project Bar），打开或关闭分层项目栏（Hierarchy

图 A.1.3　设计工具栏

View)。

 分层电子数据表按钮(Toggle Spreadsheet View),打开或关闭当前电路的电子数据表。

 数据库管理按钮(Database Management),对数据库进行管理。

 元件编辑按钮(Create Component),创建新的元件。

 仿真按钮(Run/Stop Simulation),启动/停止仿真过程。

 显示图形按钮(Show Grapher),显示分析结果的图形。

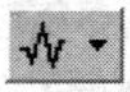 分析按钮(Analysis),选择分析功能的类型。

 后处理按钮(Postprocessor),对仿真结果作进一步处理。

4. 元件工具栏

在构建电路图时,由此取用元器件。

5. 仪表栏

对电路进行仿真时,如果需要,由此取用虚拟仪器。

6. 使用中元件列表(In Use List)

列出当前电路中使用的所有元器件,供检查用,也可取用其中的元器件继续构建电路。

7. 仿真开关

启动/停止仿真过程,作用与仿真按钮相同。

8. 状态栏

显示关于当前操作的状态。

►►A.2　Multisim 7 元器件库

Multisim 7 提供了丰富的元器件,供用户构建电路图时取用。在 Multisim 7 的主元器件库(Multisim Master)中,将各种元器件的模型按不同的种类分别存放在若干个分类库中。

这些元器件包括现实元件和虚拟(Virtual)元件。从根本上说,仿真软件中的元器件都是虚拟的。这里所谓的现实元件,给出了具体的型号,它们的模型参数根据该型号元件参数的典型值确定。现实元件有相应的封装,可以将现实元件构成的电路图传送到印刷电路板设计软件 Ultiboard V7 中去。而这里所谓的虚拟元件没有型号,它的模型参数是根据这种元件各种型号参数的典型值,而不是某一种特定型号的参数典型值确定。虚拟元件的某些参数可以由用户根据自己的要求任意设定，如电阻器的阻值、电容器的容值以及三极管的 β 值等，这对于教学实验的仿真十分方便。虚拟元件没有相应的封装，因而不能传送到 Ultiboard V7 中去。为了与现实元件相区别，虚拟元件图标的背景色为深绿色。

另外，Multisim 7 的元器件库还提供一种 3D 虚拟元件，这是 Multisim 以前的版本所没有的。这种元件以三维图形的方式显示，比较形象、直观。

Multisim 7 还允许用户根据自己的需要创建新的元器件，存放在用户元器件库中。

由图 A.1.1 可见，Multisim 7 主界面的元件工具栏共有两列，其中左边一列是 Multisim 7 的主元器件库工具栏，右边一列蓝绿底色的是专为取用虚拟元器件的虚拟元器件工具栏。

1. Multisim 7 的主元器件库

现将主元器件库工具栏横向显示在图 A.2.1 中。

图 A.2.1　元件工具栏

Multisim 7 的主元器件库中分成 13 个类（Group），按类组成分类库，对应图 A.2.1 中左边 13 个按钮。每个类中又分成若干个系列（Family），在有的系列中再给出各种元器件的具体型号。

（1）电源库（Source）

其中有各种电源和信号源系列，如交流电源、直流电源、接地端、三相电源，以及电压信号源、电流信号源、受控电压源、受控电流源等。

（2）基本元件库（Basic）

其中有各种现实的电阻器、电容器、电感器、电位器、变压器、继电器、接插件和开关、插座等系列，以及基本虚拟元件、3D 虚拟元件等。

（3）二极管库（Diodes）

其中有各种现实的普通二极管、齐纳二极管、发光二极管、二极管桥式整流器、晶闸管等系列，以及虚拟二极管、虚拟齐纳二极管等。

（4）三极管库（Transistors）

其中有各种现实的双极型三极管、达林顿三极管、MOS 场效应管、结型场效应管等系列，以及虚拟双极型三极管、MOS 场效应管、结型场效应管等。

（5）模拟器件库（Analog）

其中有各种现实的运算放大器、比较器、宽带放大器，以及虚拟运算放大器等。

(6) TTL 器件库(TTL)

其中有各种 74STD 系列和 74LS 系列的芯片,均为现实器件。

(7) CMOS 器件库(CMOS)

其中有各种 5 V、10 V、15 V 的 CMOS 系列和 2 V、4 V、6 V 的 74HC 系列的芯片,也均为现实器件。

(8) 其他数字器件库(Misc Digital)

其中有各种 TIL 系列、VHDL 系列和 VERILOG_HDL 系列的数字芯片,也均为现实器件。

(9) 模拟和数字混合器件库(Mixed)

其中有各种现实的定时器、模数和数模转换器、模拟开关等系列,以及虚拟混合器件等。

(10) 指示器件库(Indicators)

其中有各种现实的电压表、电流表、蜂鸣器、灯等系列,以及虚拟的探头、灯、十六进制显示器、柱状图标等。

(11) 其他器件库(Misc)

其中有各种现实的传感器、石英晶体、真空管、熔断丝、调压器系列,以及虚拟器件。

(12) 射频器件库(RF)

其中有各种现实的射频电容器、射频电感器、射频双极型三极管、射频 MOS 场效应管、隧道二极管等系列。

(13) 电机类器件库(Electron_Mechanical)

其中有各种现实的灵敏开关、瞬时开关、辅助开关、定时触点、线圈继电器、线性变压器、保护器件、输出器件等系列。

2. 虚拟元器件

如果需要取用虚拟元器件,当然也可以到 Multisim 7 的主元器件库中去找,但是,更方便的办法是直接打开 Multisim 7 主界面上元器件工具栏中右边一列蓝绿色的虚拟元器件工具栏。现将虚拟元器件工具栏横向显示在图 A.2.2 中。

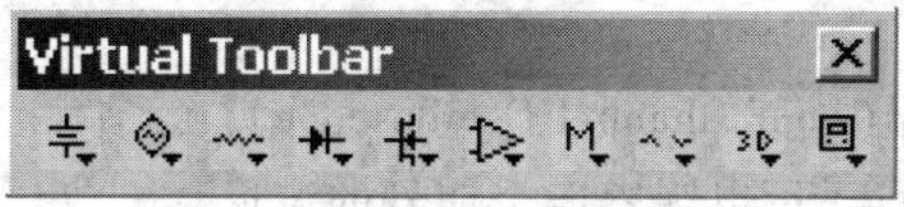

图 A.2.2　虚拟元器件工具栏

由图可见,Multisim 7 可以提供以下 10 种虚拟元器件。

(1) 电源

(2) 信号源

(3) 虚拟基本元器件

(4) 虚拟二极管

(5) 虚拟三极管

(6) 虚拟模拟器件

(7) 其他虚拟元器件

(8) 额定虚拟元器件(Rated Virtual Components)

(9) 3D 虚拟元器件

(10) 虚拟测量元器件

►►A.3 Multisim 7 虚拟仪器

Multisim 7 提供了品种繁多、方便实用的虚拟仪器。取用这些虚拟仪器,适当连接在构建的电路图中,可以将仿真的结果以数字或图形的方式实时显示出来,比较直观。虚拟仪器的连接和操作方式与实验室中的实际仪器相似,比较方便。点击主界面中仪表栏的相应按钮即可方便地取用所需的虚拟仪器。Multisim 7 的仪表栏如图 A.3.1 所示。其中有 17 个按钮,对应以下 17 种虚拟仪器。

图 A.3.1 仪表栏

1. 数字万用表(Multimeter)

可以测量直流电压、直流电流、交流电压、交流电流和电阻。是电子技术实验中最常用的仪器之一。

2. 信号发生器(Function Generator)

可以产生正弦波、方波、三角波三种波形信号,作为电路的输入信号。

3. 瓦特计(Wattmeter)

用以测量电路某处的交直流功率。

4. 示波器(Oscilloscope)

用以观察输入或输出波形,有两个通道。也是电子技术实验中最常用的仪器之一。

5. 四通道示波器(Four Channel Oscilloscope)

示波器有四个通道,可以观察四个信号的波形。

6. 波特图示仪(Bode Plotter)

用以测量和显示电路的幅频特性和相频特性曲线,即波特图,分析电路的频率响应。

7. 频率计数器(Frequency Counter)

可对信号的频率进行计数。

8. 字发生器(Word Generator)

用在数字电路中,能产生32路同步的逻辑信号。

9. 逻辑分析仪(Logic Analyzer)

用在数字电路中,可以同时测量和分析16路逻辑信号。

10. 逻辑转换器(Logic Coverter)

在数字电路中用以对逻辑电路、真值表、逻辑表达式相互之间进行转换。

11. IV 特性分析仪(IV-Analyzer)

用以分析二极管的伏安特性以及双极型三极管和场效应管的输出特性。

12. 失真度分析仪(Distortion Analyzer)

测量和分析信号的失真度和信噪比。

13. 频谱分析仪(Spectrum Analyzer)

测量和显示信号的频谱。

14. 网络分析仪(Network Analyzer)

用以对二端口网络进行分析。

15. Agilent 信号发生器(Agilent Function Generator)

虚拟的 Agilent 33120A 15 MHz 函数/任意波形发生器。

16. Agilent 万用表(Agilent Multimeter)

虚拟的 Agilent 34401A 数字万用表。

17. Agilent 示波器(Agilent Oscilloscope)

虚拟的 Agilent 546220 100 MHz 混合信号示波器。

另外,图中最右边是动态测量探头的按钮。

►►A.4 Multisim 7 分析工具

Multisim 7 提供了各种不同功能的分析工具,点击设计工具栏中的分析按钮 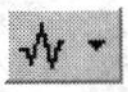 ,即可拉出如图 A.4.1 所示的分析菜单,其中列出了 Multisim 7 的各种分析工具。

1. 直流工作点分析(DC Operating Point Analysis)

分析电路的静态工作点,给出电路中指定点的直流电压值。

2. 交流分析(AC Analysis)

分析电路的频率响应,测量并显示电路的幅频特性和相频特性。与虚拟仪器中波特图示仪的功能基本相同。

3. 瞬态分析(Transient Analysis)

分析电路响应与时间的关系,测量并显示给定的时间范围内电路中指定点的波形。

4. 傅里叶分析(Fourier Analysis)

对周期性信号进行傅里叶变换，分析其中的各次谐波成分。

5. 噪声分析（Noise Analysis）

在指定的噪声源和频率范围下，分析电路中所有元器件在给定输出点产生的噪声。

6. 失真分析（Distortion Analysis）

分析电路的小信号谐波失真（Harmonic Distortion）和互调失真（Intermodulation Distortion）。

7. 直流扫描分析（DC Sweep Analysis）

分析电路中给定输出点的参数随着一个或两个直流源变化的关系曲线。

8. 灵敏度分析（Sensitivity Analysis）

包括直流灵敏度分析和交流灵敏度分析。前者分析电路中某一直流电压或直流电流对电路中元件参数变化的灵敏度；后者分析电路中某一交流电压或交流电流对电路中元件参数变化的灵敏度。

9. 参数扫描分析（Parameter Sweep Analysis）

分析电路中某些参数变化时对电路性能的影响。

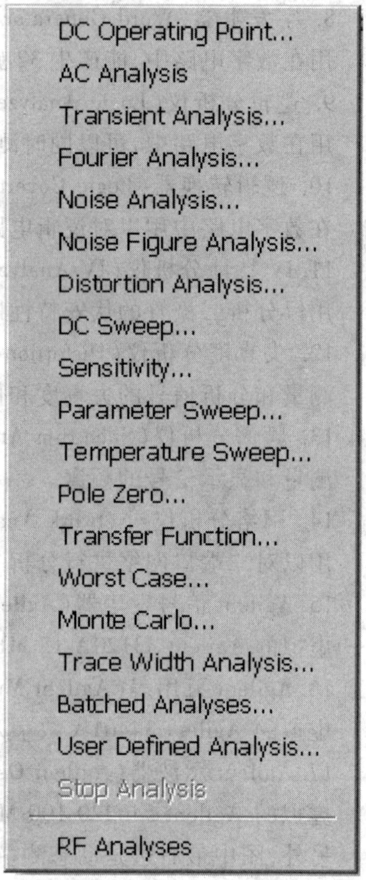

图 A.4.1 分析菜单

10. 温度扫描分析（Temperature Sweep Analysis）

分析温度变化时对电路性能的影响。

11. 极点零点分析（Pole Zero Analysis）

分析电路交流小信号传递函数的极点和零点。

12. 传递函数分析（Transfer Function Analysis）

分析电路的交流小信号传递函数，以及电路的输入电阻和输出电阻。

13. 最坏情况分析（Worst Case Analysis）

属于一种统计分析，用以分析电路元件参数按容差范围变化时，电路性能的最坏情况。

14. 蒙特卡洛分析（Monte Carlo Analysis）

是一种常用的统计分析方法，用以分析电路元件参数为某种误差分布类型（均匀分布或高斯分布）时，电路批量生产的成品率。

15. 批处理分析(Batch Analysis)

将各种分析方法按需要组合起来,依次进行。

16. 用户自定义分析(User Defined Analysis)

由用户自行使用和编辑 Spice 命令定义某种分析。

▶▶A. 5　Multisim 7 的基本操作方法

在 Multisim 7 中对电路进行仿真的过程主要分两步:第一步,构建电路原理图,第二步,进行分析仿真。

1. 构建电路原理图

为了在计算机屏幕上构建电路原理图,首先要从元器件工具栏中抓取所需的元器件放在电路图编辑窗口。取用元器件之前,应先选择元器件的符号标准系统。Multisim 7 提供以下两种符号标准:

ANSI　美国标准零件符号,例如,电阻的符号为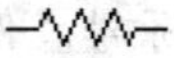

DIN　欧洲标准零件符号,电阻的符号为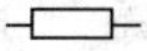

其中欧洲标准零件符号与我们熟悉的国标符号比较接近。可以通过环境设置命令来选择符号标准系统,可依次点击以下菜单项或命令: Option/ Preference/ Component Bin,然后在图 A. 5. 1 所示的符号标准选择页中选择"DIN"项,再点击下面的 OK 按钮即可。

(1) 取用元器件

取用元器件时,先用鼠标点击元器件工具栏中的按钮,打开相应的分类库,再从中选择所需的元器件。

图 A. 5. 1　符号标准选择页

例如,要取用一个直流电源 VCC,首先,点击主元器件工具栏中最上面的电源库按钮,弹出如图 A. 5. 2 所示的电源分类库菜单。在左边的系列(Family)一栏中选择第一行的电源(POWER_SOURCES),然后,在中间的元件(Component)一栏中选择"VCC",再点击右上角的 OK 按钮,即可将一个直流电源元件取到电路图编辑窗口中。

又如,要取用一个虚拟电阻,先点击蓝绿色的虚拟元器件工具栏中的虚拟基本元器件按钮,弹出如图 A. 5. 3 所示的选择框,点击右上角的虚拟电阻图标,即可将一个虚拟电阻取到电路图编辑窗口中。

(2) 设置元器件的参数

将各种元器件放置在电路编辑窗口中以后,还应根据仿真电路的需要,对所有元器件设置参数值,以及给各个元器件确定一个标号。

用鼠标双击一个元器件,即可弹出该元器件的属性对话框。例如双击一个虚拟电阻,弹出如图 A. 5. 4 所示的属性对话框,打开其中的"Value"页设置阻值,

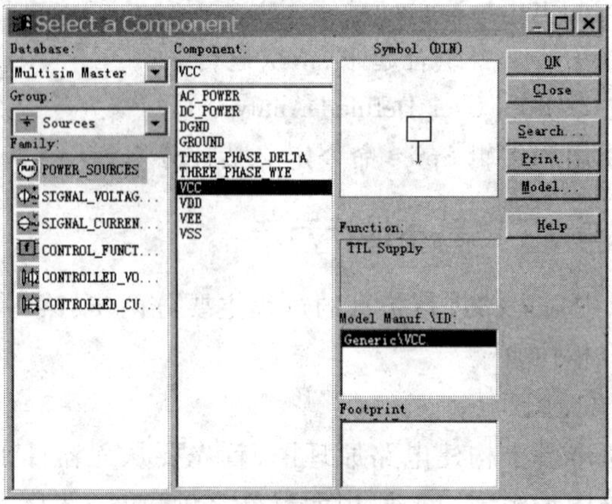

图 A.5.2　取用直流电源

打开“Label”页设置标号。例如将一个电阻的阻值设置为 3 kΩ,将电阻的标号设置为 Rc 等。

(3) 调整元器件的位置和方向

为了便于连接电路原理图,需要将各个元器件放置在适当的位置,形成合理的布局,有些元器件还要调整方向。

将鼠标指向元器件,按住左键,可将元器件拖曳到所需的位置。

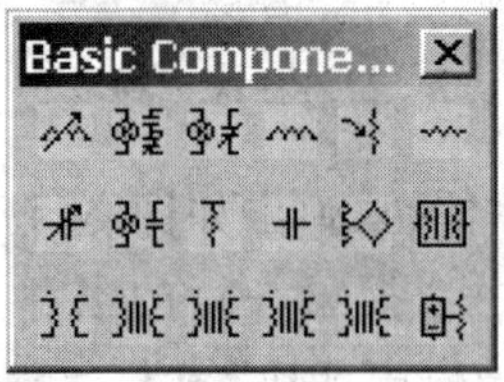

图 A.5.3　取用虚拟电阻

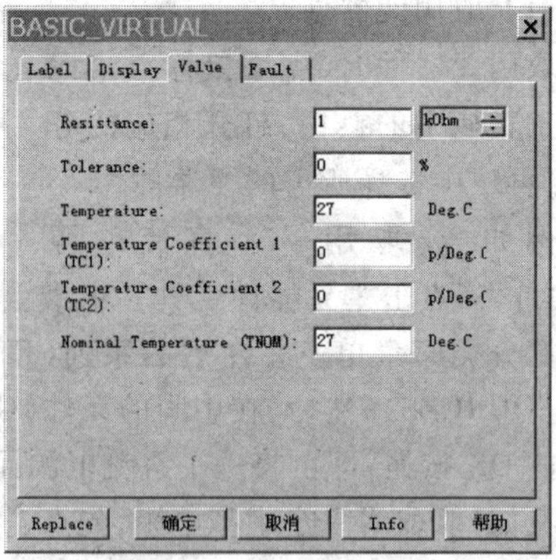

图 A.5.4　虚拟电阻属性对话框

调整元器件方向的办法是,将鼠标指向元器件,单击右键,即可弹出一个元器件操作命令菜单,如图 A.5.5 所示。从菜单中选择适当的命令,可使元件的方向左右翻转、上下翻转、顺时针转 90°或逆时针转 90°等。

(4) 放置虚拟仪器

如果仿真时需用虚拟仪器测量数据或观察波形,则在构建电路图时可从仪器工具栏中取用所需的虚拟仪器，放置在电路图编辑窗口中，并安排在适当的位置。

(5) 连接电路

现在需要将放置在电路编辑窗口的元器件连接成电路图。为了将两个元器件的引脚连接起来，可将鼠标指向其中一个引脚，该处将出现一个小黑圆点，单击左键，然后移动鼠标，此小黑圆点也跟着移动，移至另一个元件引脚时再单击左键，两个引脚之间就出现一条连线。

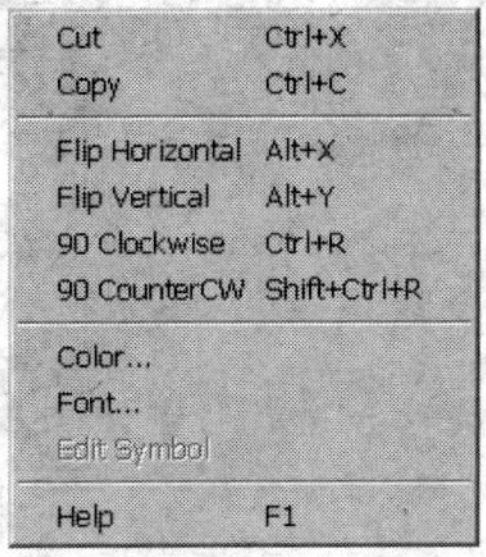

图 A.5.5 元器件操作命令菜单

如果两个引脚靠得太近，可能使连接失败。

如欲删除连线，可用鼠标单击连线，此时连线两端及连线上的拐角处将出现小黑方块，按 Del 键即可删除此连线。

如欲改变连线的路径，也可用鼠标单击连线，则连线两端及拐角处出现小黑方块，当鼠标移近其中一个线段时，线段上出现黑色的双向箭头，按下左键移动鼠标，即可移动线段，改变连线的路径。

2. 分析仿真

构建电路原理图后，即可进行分析仿真。按照放大电路的一般分析过程，应该先静态后动态。

(1) 静态分析

在 Multisim 7 中可以采用以下两种方法测量放大电路的静态工作点：

① 利用虚拟仪表

在仿真电路中接入虚拟数字万用表，并设置为直流电压表或直流电流表，如第 2 章图 2.9.1(b)所示。电路仿真后，即可在虚拟仪表上实时显示电路的静态电压或静态电流。

② 利用 Multisim 7 的直流工作点分析功能(DC Operating Point Analysis)

点击设计工具栏的分析按钮 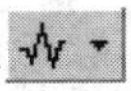 ，即可出现下拉的分析菜单，在其中选择“DC Operating Point Analysis”项，弹出如图 A.5.6 所示的直流工作点分析参数设定窗口。

打开输出参数页(Output variables)，在左边的窗口中选中需要分析的参数，然后按 Add 键，所选的参数就加到右边的窗口中。如欲去掉某个已经选择的参数，可在右边窗口中选中该参数，然后按 Remove 键。最后点击 Simulate 键，即可得到直流工作点分析的结果。

(2) 动态分析

对放大电路进行动态分析包括测量电压放大倍数、输入电阻和输出电阻等。

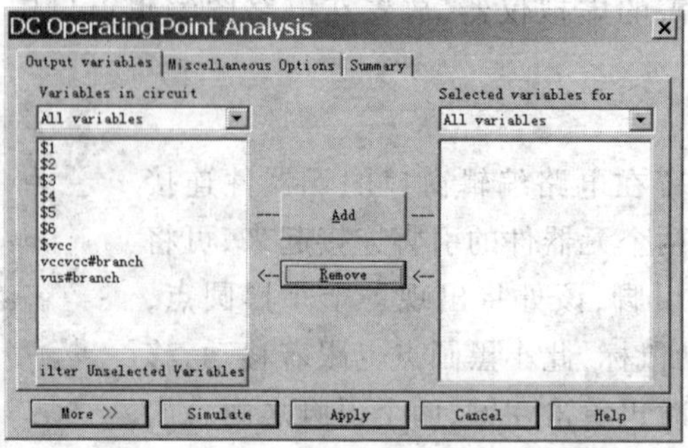

图 A.5.6　直流工作点分析参数设定窗口

在测量各项动态技术指标之前，首先要观察输入、输出波形，只有在输出波形基本不失真的前提下，测出的数据才有意义。

测量电压放大倍数和输入电阻时，可以将虚拟数字万用表设置成为交流电压表或交流电流表，分别接在放大电路的输入端和输出端或串联在放大电路的输入回路中，如图 A.5.7 中所示，测出输入电压、输出电压和输入电流的交流有效值，然后再求电压放大倍数和输入电阻。也可以在虚拟示波器上测量输出电压和输入电压的变化量，再求电压放大倍数。

(3) 频率特性分析

在 Multisim 7 中可以采用两种方法来测量放大电路的频率特性：一种是利用虚拟仪器波特图示仪（Bode Plotter）分别测量放大电路的幅频特性和相频特性，如第 3 章图 3.5.1(b)、(c)以及图 3.5.2(b)、(c)所示。另一种方法是利用 Multisim 7 的交流分析功能（AC Analysis）。

下面举几个例子来说明 Multisim 7 的基本操作。

【例 A.5.1】　仿真图 A.5.7 中阻容耦合单管共射放大电路，分析放大电路的静态工作点，电压放大倍数，输入、输出电阻以及频率特性。电路中三极管 VT 的参数设置为 $\beta=50$，$r_{bb'}=300\ \Omega$，$C_{b'c}=4\ \text{pF}$，$C_{b'e}=41\ \text{pF}$。

① 静态分析

现在利用 Multisim 7 的直流工作点分析功能（DC Operating Point Analysis）测量放大电路的静态工作点。

点击设计工具栏的分析按钮 ，在分析菜单中选择"DC Operating Point Analysis"项，弹出如图 A.5.8 所示的直流工作点分析参数设定窗口。

在输出参数页（Output variables）选择 4 点（基极）、5 点（集电极）、vcc（直流电源）和 vccvcc#branch。最后一个参数表示流入直流电源 V_{CC} 的电流。点击 Simulate 按钮，即可得到直流工作点分析的结果如图 A.5.9 所示。

直流工作点分析结果表明，阻容耦合单管共射放大电路的 $U_{BEQ}=$

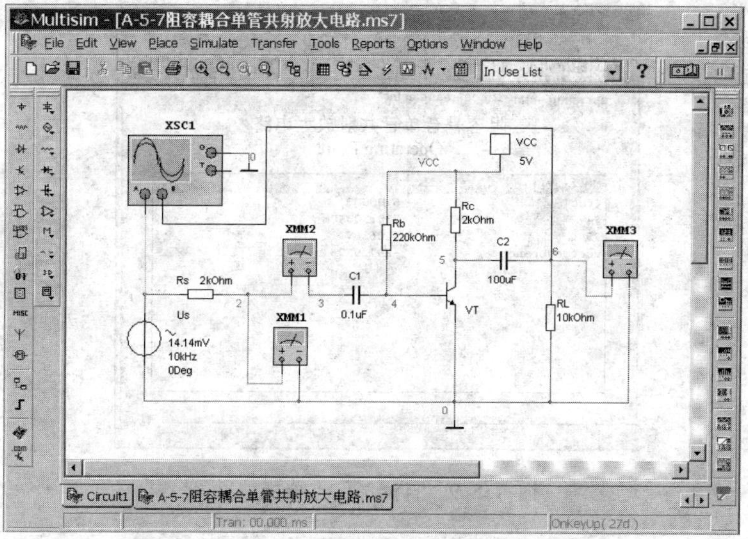

图 A. 5. 7 阻容耦合单管共射放大电路

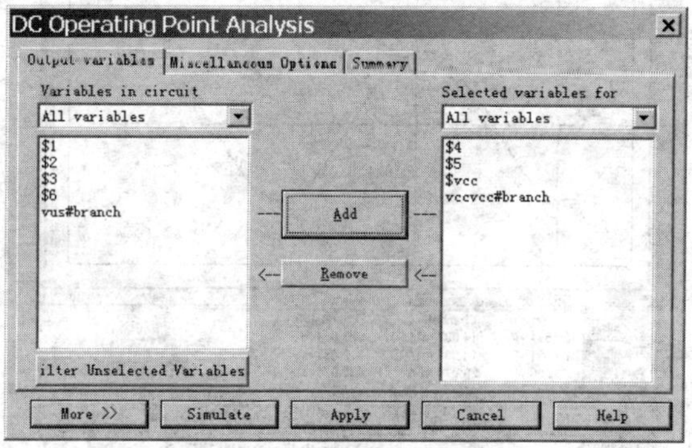

图 A. 5. 8 选择直流工作点分析参数

738. 308 47 mV, U_{CEQ} = 3. 062 87 V。

② 动态分析

首先观察图 A. 5. 7 所示阻容耦合单管共射放大电路的输入、输出波形，点击窗口右上角的仿真开关，然后双击电路中的虚拟示波器，出现示波器的面板，经适当调整，即可看到图 A. 5. 10 所示的波形。由图可见，输出波形没有明显的非线性失真，而且，输出波形与输入波形反相。

由图 A. 5. 10 中示波器屏幕下面的 T_1 和 T_2 的读数区可见，在示波器红色游标 T_1 处，输入电压的正向峰值为 14. 037 mV，输出电压的负向峰值为 −323. 653 mV；在蓝色游标 T_2 处，输入电压的负向峰值为 −14. 037 mV，输出电压的正向峰值为 312. 423 mV，则电压放大倍数为

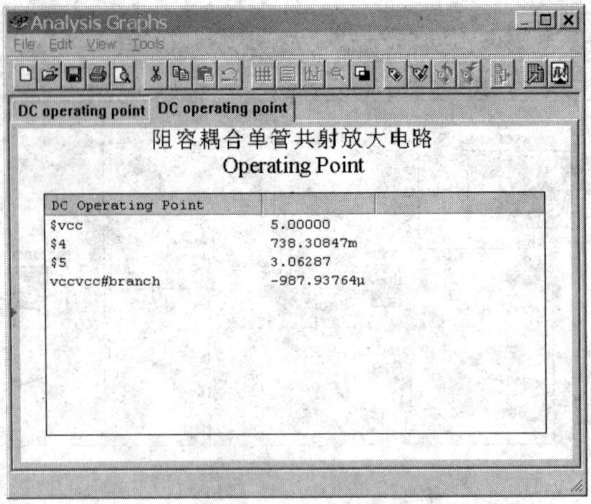

图 A.5.9　直流工作点分析结果

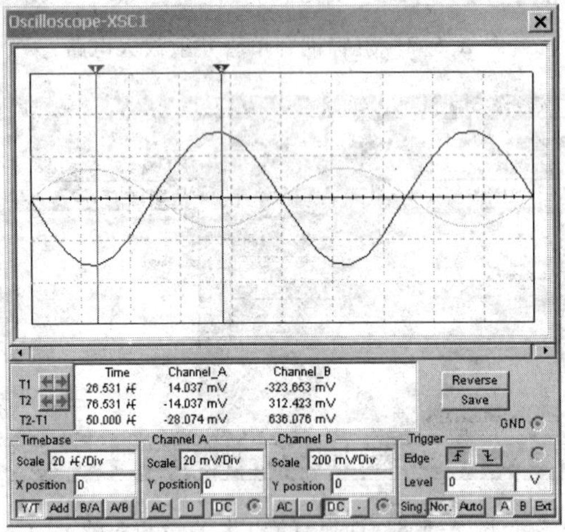

图 A.5.10　阻容耦合单管共射放大电路波形

$$\dot{A}_{us}=\frac{\Delta u_O}{\Delta u_S}=\frac{-323.653-312.423}{14.037-(-14.037)}=-22.657$$

图 A.5.7 中的阻容耦合单管共射放大电路仿真以后，由虚拟仪表 XMM1 和 XMM2 分别测得当信号源电压 $U_s=9.998$ mV 时，输入电压 $U_i=4.52$ mV，输入电流 $I_i=2.749$ μA，由 XMM3 测得输出电压 $U_o=227.283$ mV，则放大电路的输入电阻为

$$R_i=\frac{U_i}{I_i}=\frac{4.52}{2.749}\ \text{k}\Omega=1.644\ \text{k}\Omega$$

保持信号源电压不变，将负载电阻 R_L 开路，测得此时的输出电压 $U_o'=$

272. 707 mV，则输出电阻为

$$R_{\mathrm{o}}=\left(\frac{U_{\mathrm{o}}'}{U_{\mathrm{o}}}-1\right)R_{\mathrm{L}}=\left(\frac{272.707}{227.283}-1\right)\times 10\ \mathrm{k\Omega}=1.998\ \mathrm{k\Omega}$$

③ 频率特性分析

由 Multisim 7 中可以采用两种方法来测量放大电路的频率特性：一种是利用虚拟仪器波特图示仪（Bode Plotter）分别测量放大电路的幅频特性和相频特性，如第 3 章图 3. 5. 1（b）和（c）所示。另一种方法是利用 Multisim 7 的交流分析功能（AC Analysis）。

现在利用 Multisim 7 的交流分析功能来分析图 A. 5. 7 所示阻容耦合单管共射放大电路的频率特性。首先，点击设计工具栏的分析按钮 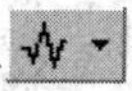 ，在下拉的分析菜单中选择“AC Analysis”项，弹出如图 A. 5. 11 所示的交流分析参数设定窗口。

在频率参数页（Frequency Parameters），选择开始频率 10 Hz，终止频率 10 MHz，扫描方式为十进制，每十倍频 10 点，纵坐标为对数，如图 A. 5. 11 所示。在输出参数页（Output variables）选择 6 点（输出端）。

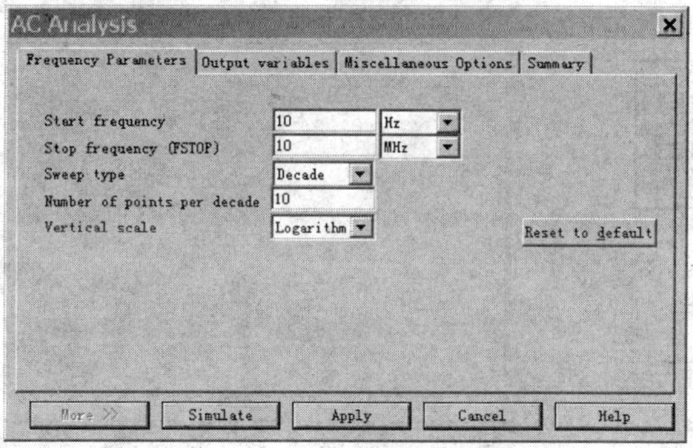

图 A. 5. 11　交流分析参数设定窗口

然后点击下面的 Simulate 按钮，即可得到交流分析的结果，如图 A. 5. 12 所示。由图可见，在中频段，$|\dot{A}_{usm}|$ 约等于 23。当 $|\dot{A}_{us}|$ 降至 0. 707 $|\dot{A}_{usm}|$ 时，在低频段，f_{L} 约为 440 Hz，在高频段，f_{H} 约为 630 kHz。

【例 A. 5. 2】　利用 Multisim 7 的虚拟仪器测量半导体器件的特性曲线。

① 测量二极管的伏安特性

在 Multisim 7 的仪器工具栏中取用虚拟仪器 IV 特性分析仪，与被测二极管 VD 组成图 A. 5. 13（a）所示的测试电路。设置仿真参数为，二极管两端电压：0 ~ 750 mV，增量 10 mV。电路仿真后，可测得二极管的伏安特性，如图 A. 5. 13（b）所示。

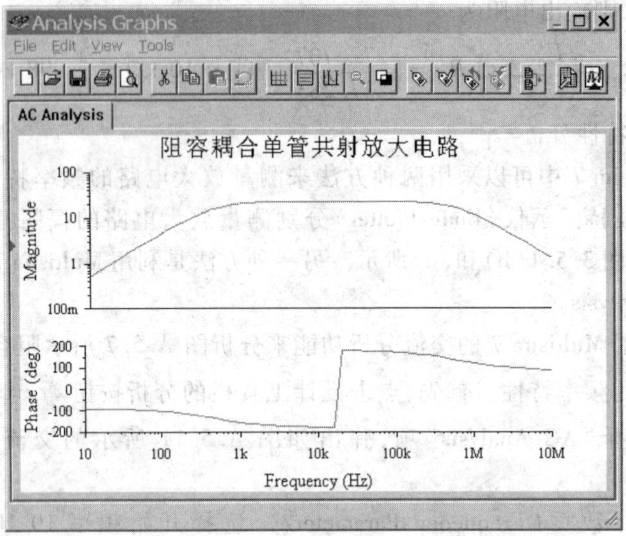

图 A. 5. 12　阻容耦合单管共射放大电路的波特图

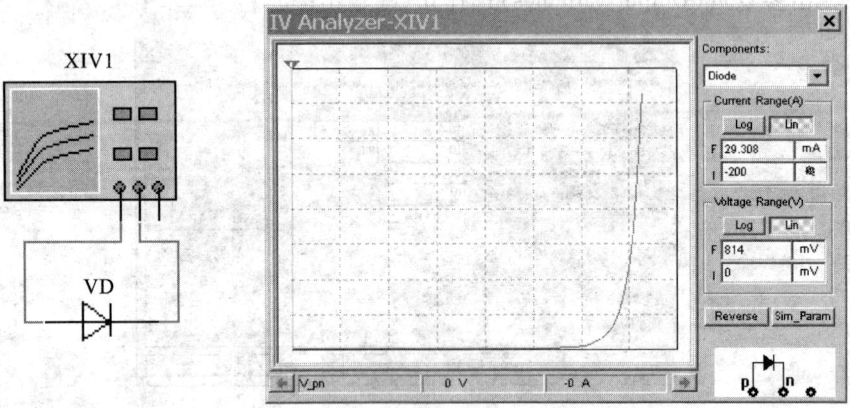

(a) 仿真电路　　　　(b) 测量结果

图 A. 5. 13　用虚拟 IV 特性分析仪测量二极管的伏安特性

② 测量双极型三极管的输出特性

取用虚拟仪器 IV 特性分析仪,与被测三极管 VT 组成图 A. 5. 14(a)所示的测试电路。设置仿真参数为,集电极电压:0 ~ 10 V,增量 10 mV;基极电流:0 ~ 50 μA,分为 6 级。电路仿真后,可直接测得三极管的输出特性曲线族,如图 A. 5. 14(b)所示。

③ 测量 MOS 场效应管的输出特性

取用虚似仪器 IV 特性分析仪,与被测场效应管 VT 组成图 A. 5. 15(a)所示的测试电路。设置仿真参数为,漏极与源极之间电压:0 ~ 20 V,增量 1 V;栅极与源极之间电压:0 ~5 V,分为6级。电路仿真后,可直接测得MOS场效应管的输出特性族,如图A.5.15(b)所示。

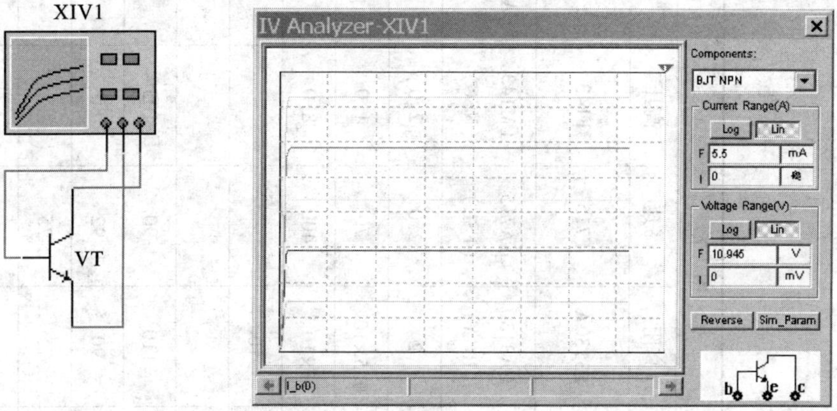

(a) 仿真电路　　　(b) 测量结果

图 A.5.14　用虚拟IV特性分析仪测量三极管的输出特性

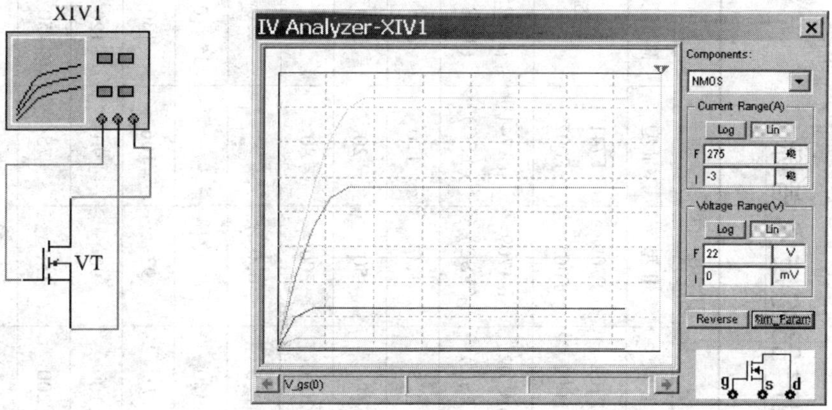

(a) 仿真电路　　　(b) 测量结果

图 A.5.15　用虚拟IV特性分析仪测量场效应管的输出特性

▶附录 B　集成运放典型产品的技术指标

技术指标名称 \ 类型	符号	单位	通用型			专用型					
			Ⅰ型	Ⅱ型	Ⅲ型	高精度	低功耗	高阻	高速	高压	宽带
国内外同类产品			F702 F002	F709 F005	F741 F007	F725	F253A	F3130A	F715	F143	F507K
			μA702 (FSC)	μA709 (FSC)	μA741 (FSC)	μA725 (FSC)	μPC253 (NEC)	CA3130 (RCA)	μA715 (FSC)	LM143 (NSC)	AD507 (ANA)
输入失调电压	U_{IO}	mV	0.5	1.0	1.0	0.5	1.0	2	2.0	2.0	1.5
输入失调电流	I_{IO}	nA	180	50	20	2.0	4	0.5×10^{-3}	70	1.0	15
输入偏置电流	I_{IB}	nA	2000	200	80	42	20	5×10^{-3}	400	8.0	15
U_{IO}的温漂	α_{UIO}	μV/℃	2.5	6.0		2.0	3	10			8
I_{IO}的温漂	α_{IIO}	nA/℃	3.0			35×10^{-3}					0.2
开环差模增益	A_{od}	dB	71	93	106	130	110	110	90	105	104
共模抑制比	K_{CMR}	dB	100	90	90	120	100	90	92	80	100
输出电阻	r_o	Ω	200	150	75	150		75	75		
最大共模输入电压	U_{Icm}	V	+0.5, -4.0	±10	±13		±15	-0.5 ~ +12	±12	±40	±11

续表

技术指标名称	符号	单位	通用型			专用型					
类型			Ⅰ型	Ⅱ型	Ⅲ型	高精度	低功耗	高阻	高速	高压	宽带
国内同类产品			F702 F002	F709 F005	F741 F007	F725	F253A	F3130A	F715	F143	F507K
国外同类产品			μA702 (FSC)	μA709 (FSC)	μA741 (FSC)	μA725 (FSC)	μPC253 (NEC)	CA3130 (RCA)	μA715 (FSC)	LM143 (NSC)	AD507 (ANA)
最大差模输入电压	U_{Idm}	V	±5	±5.0	±30	±14	±30	±8		80	±12
差模输入电阻	r_{id}	MΩ	0.04	0.4	2.0	1.5	6	1.5×10^6	1.0		300
最大输出电压	U_{OPP}	V	±4.0	±14	±14	±13.5	±13.5	13.3	±13	±37	±12
−3 dB 带宽	f_H	Hz			7						
单位增益带宽	BW_G	MHz	30		1		1	15	65	1.0	35
静态功耗	P_D	mW	90	80	50	80	0.6		165	680	
静态电流	I_D	mA	5.0		1.7		0.04		5.5	2.0	3.0
转换速率	S_R	V/μs	5		0.5			30	100(当 $\dot{A}_u=-1$)	2.5	35
电源电压		V	+12,−6	±15	±15	±15	±15	+15V,0V	±15	±28	±15
工作电压范围		V		±9 ~ ±18			±3 ~ ±18	5 ~ 16 或 ±2.5 ~ ±8		±4.0 ~ ±40	±5 ~ ±20

▶附录C 光盘内容简介

本光盘是与《模拟电子技术基础简明教程》(第三版)(清华大学电子学教研组编,杨素行主编,高等教育出版社)一书配套的光盘,并随书出版。光盘的内容包括以下两部分:

- 《模拟电子技术基础简明教程》(第三版)一书中的全部 Multisim 仿真实例
- Multisim 7 Demo 演示程序

《模拟电子技术基础简明教程》(第三版)仿真实例

1. 所有仿真实例均可在 Multisim 7 正版软件的环境下调用,并直接进行仿真。

2. 本光盘中的 Multisim 7 Demo 演示程序不能调用各仿真实例。

3. 仿真实例目录:

第 1 章

1-5-1a	二极管仿真电路 . ms7
1-5-2	稳压管仿真电路 . ms7
1-5-3	BJT 仿真电路 . ms7
1-5-4a	MOSFET 仿真电路 . ms7

第 2 章

2-9-1a	单管共射放大电路 . ms7
2-9-1b	单管共射放大电路直流通路 . ms7
2-9-2	工作点稳定电路 . ms7
2-9-3a	共集电极放大电路 . ms7
2-9-4a	共基极放大电路 . ms7
2-9-5a	共源极放大电路 . ms7

第 3 章

3-5-1a	*RC* 高通电路 . ms7
3-5-2a	*RC* 耦合单管共射放大电路 . ms7

第 4 章

4-5-1a	OTL 乙类互补对称电路 . ms7

4-5-2a　OTL 甲乙类互补对称电路.ms7

4-5-3a　复合管 OCL 甲乙类互补对称电路.ms7

第 5 章

5-7-1　长尾式差分放大电路.ms7

5-7-2　恒流源式差分放大电路.ms7

第 6 章

6-6-1　电流串联负反馈电路.ms7

6-6-2　电压并联负反馈电路.ms7

6-6-3　电压串联负反馈电路.ms7

第 7 章

7-7-1a　反相比例电路.ms7

7-7-1b　同相比例电路.ms7

7-7-1c　差分比例电路.ms7

7-7-2　三运放数据放大器.ms7

7-7-3　求和电路.ms7

7-7-4a　积分电路.ms7

第 8 章

8-3-1a　二阶低通滤波器.ms7

8-3-2a　带通滤波器.ms7

8-3-3a　单限比较器.ms7

8-3-4a　滞回比较器.ms7

8-3-5a　双限比较器.ms7

8-3-6a　集成单限比较器.ms7

第 9 章

9-6-1a　*RC* 串并联网络振荡电路.ms7

9-6-2a　矩形波发生电路.ms7

9-6-3　三角波发生电路.ms7

第 10 章

10-10-1a　单相桥式整流电路.ms7

10-10-2a　桥式整流电容滤波电路.ms7

10-10-3　硅稳压管稳压电路.ms7

10-10-4　串联型直流稳压电路.ms7

10-10-5a　三端集成稳压器-a. ms7

10-10-5b　三端集成稳压器-b. ms7

附录

A-5-7　阻容耦合单管共射放大电路.ms7

A-5-13a　Ⅳ分析仪测二极管.ms7

A-5-14a　Ⅳ分析仪测 BJT. ms7

A-5-15a　Ⅳ分析仪测 FET. ms7

Multisim 7 Demo 演示程序

1. 本演示程序由加拿大 IIT 公司(Interactive Image Technologies Ltd.)授权高等教育出版社将原厂之 Multisim 7 演示盘随《模拟电子技术基础简明教程》(第三版)一书出版。

2. 读者可通过 Multisim 7 Demo 演示程序了解 Multisim 7 软件的基本功能。

3. 如欲安装和运行 Multisim 7 Demo,应退出所有的 Windows 应用程序,然后将鼠标双击本光盘中的“autorun. exe”程序。

参考文献

[1] 清华大学电子学教研组编．童诗白,华成英主编．模拟电子技术基础．3版．北京:高等教育出版社,2001.

[2] 华中理工大学电子学教研室编．康华光主编,陈大钦副主编．电子技术基础．模拟部分．4版．北京:高等教育出版社,1999.

[3] 浙江大学电工电子基础教学中心电子学组编．郑家龙,王小海,章安元主编．集成电子技术基础教程．3版．北京:高等教育出版社,2002.

[4] 西安交通大学电子学教研组编．杨拴科主编．模拟电子技术基础．北京:高等教育出版社,2003.

[5] 哈尔滨工业大学电子学教研室编．蔡惟铮主编．王立欣副主编．基础电子技术．北京:高等教育出版社,2004.

[6] 冯民昌主编．模拟集成电路系统．2版．北京:中国铁道出版社,1998.

[7] 李哲英主编．电子技术及其应用基础．模拟部分．北京:高等教育出版社,2003.

[8] 周淑阁主编．模拟电子技术基础．北京:高等教育出版社,2004.

[9] 殷瑞祥主编．电路与模拟电子技术．北京:高等教育出版社,2004.

[10] 胡宴如,耿苏燕主编．模拟电子技术基础．北京:高等教育出版社,2004.

[11] 童诗白,何金茂主编．电子技术基础试题汇编．模拟部分．北京:高等教育出版社,1992.

[12] 李良荣主编,罗伟雄副主编．现代电子设计技术——基于 Multisim 7& Ultiboard 2001. 北京:机械工业出版社,2004.

[13] 郑步生,吴渭编著．Multisim 2001 电路设计及仿真入门与应用．北京:电子工业出版社,2002.

[14] 韦思健编著．电脑辅助电路设计——Multisim 2001 电路实验与分析测量．北京:中国铁道出版社,2002.

[15] Thomas L. Floyd, David Buchla. Fundamentals of Analog Circuits. 2nd ed.. Prentice-Hall Inc. , 2002.

[16] Allan R. Hambley. Electronics. 2nd ed.. Prentice-Hall Inc. , 2000.

[17] Adel S. Sedra, Kenneth Smith. Microelectronic Circuits. 4th ed.. Oxford University Press Inc. , 1998.

[18] Multisim 7 Simulation & Capture Education User Guide. Interactive Image

Technologies Ltd. , Canada, 2003.

[19] Multisim 7 Simulation & Capture Getting Started & Tutorial Guide. Interactive Image Technologies Ltd. , Canada, 2003.

[20] Paul Horowitz, Winfield Hill. The Art of Electronics. 2nd ed. . Cambridge University Press, 1989.

September, 01,2005

Subject: Authorization to write book using Multisim

This letter shall serve as authorization for Professor Su xing Yang of Department of automation Tsinghua University to write a book using Multisim.

Professor Su xing Yang accepts IIT's ownership of the software in conjunction with the License Agreements provided with the software. All copyright and registered trademarks, trade names, or logos used in conjunction with IIT's Products are the property of IIT and can only be used in the context of the documentation being created for the purposes stated above.

All documentation written shall be subject to review by IIT at its discretion.

Best Regards,

Michael Benedick
International Channel Sales Manager
Electronics Workbench

授权同意书

北京掌宇金仪科教仪器设备有限公司为加拿大 IIT(Interactive Image Technologies Ltd.)与中国大陆市场总代理,并接受该公司之书面委托负责中国大陆地区有关产品之中文书籍编著授权作业。

兹同意清华大学自动化系教授杨素行老师所编写中文书名《模拟电子技术简明教程》(第三版)的引用 multisim、ultiboard 中的荧幕画面、专有名词、指令命令、使用方法及程序描述,并同意将原厂之演示盘(DEMO DISK)授权由高等教育出版社印制随书出版发行。

北京掌宇金仪科教仪器设备有限公司

二零零六年三月十日

郑重声明

内容简介

本书依据“教育部电子信息科学与电气信息类基础课程教学指导分委员会”制订的“电子技术基础(A)课程教学基本要求”修订。本书上一版以通俗易懂、便于自学的特点广受全国高校师生欢迎，是电子技术基础课程比较有影响的教材之一。本次修订主要有以下变化：1. 删减比较陈旧的内容，加强对新技术的介绍，如集成运算放大器和其他模拟集成电路的应用。2. 引入EDA内容，每章增加Multisim仿真实例，仿真围绕教学的基本要求和重点内容进行。3. 将功率放大器的内容提前安排在第4章。

全书内容共10章，分别是半导体器件、放大电路的基本原理和分析方法、放大电路的频率响应、功率放大电路、集成运算放大电路、放大电路中的反馈、模拟信号运算电路、信号处理电路、波形发生电路、直流电源。

本书简明扼要，深入浅出，便于自学，可作为高校电气信息类及相关专业“模拟电子技术”课程教材，也可供从事电子技术工作的工程技术人员参考。

图书在版编目(CIP)数据

模拟电子技术基础简明教程/杨素行主编;清华大学电子学教研组编. —3 版. —北京:高等教育出版社，2006.5(2019.12重印)

ISBN 978-7-04-019285-8

Ⅰ. 模… Ⅱ. ①杨… ②清… Ⅲ. 模拟电路-电子技术-高等学校-教材 Ⅳ. TN710

中国版本图书馆 CIP 数据核字(2006)第 021898 号

策划编辑 韩 颖　责任编辑 欧阳舟　封面设计 于 涛　责任绘图 朱 静
版式设计 张 岚　责任校对 王 超　责任印制 耿 轩

出版发行	高等教育出版社	网　址	http://www.hep.edu.cn
社　址	北京市西城区德外大街4号		http://www.hep.com.cn
邮政编码	100120	网上订购	http://www.hepmall.com.cn
印　刷	北京鑫海金澳胶印有限公司		http://www.hepmall.cn
开　本	787mm×960mm 1/16		
印　张	31.25	版　次	1985年10月第1版
字　数	580千字		2006年5月第3版
购书热线	010-58581118	印　次	2019年12月第23次印刷
咨询电话	400-810-0598	定　价	58.60元

物 料 号　19285-A0